Flsoher, Franz

Gesammelte Abhandlungen Kenntnis der Kohle

6. Band

Flsoher, Franz

Gesammelte Abhandlungen Kenntnis der Kohle

6. Band

Inktank publishing, 2018

www.inktank-publishing.com

ISBN/EAN: 9783747768891

Arbeiten des
Kaiser-Wilhelm-Instituts für Kohlenforschung
in Mülheim-Ruhr

Gesammelte Abhandlungen
zur
Kenntnis der Kohle

herausgegeben

von

Professor Dr. Franz Fischer
Geheimer Regierungsrat
Direktor des Kaiser-Wilhelm-Instituts für Kohlenforschung in Mülheim-Ruhr

---

Sechster Band
(umfassend das Jahr 1921)
einschließlich systematischem und Stichwortregister der Bände 1—6

Berlin
Verlag von Gebrüder Borntraeger
W 35 Schöneberger Ufer 12a
1923

Vorwort zum sechsten Band

Der vorliegende sechste Band bringt in der Hauptsache die Weiterführung der Arbeiten des fünften. Sie lassen sich unter folgende Gesichtspunkte einordnen:

I. Druckoxydation.
II. Druckerhitzung.
III. Thermische Behandlung in Gasform.
IV. Hydrierung.
V. Untersuchungen über Huminsäuren.
VI. Untersuchungen über das Lignin.
VII. Untersuchungen von Urteeren.
VIII. Untersuchungen über die Umwandlung des Kohlenoxyds.
IX. Verschiedenartige Untersuchungen.
X. Vorträge und anderweitige Veröffentlichungen.

Neu in Angriff genommene Arbeitsgebiete betreffen die Säuren des Montanwachses und die Umwandlungen des Kohlenoxyds. Den Abschluß des Bandes bildet die Wiedergabe einiger Vorträge aus dem Gebiete der Kohlenforschung.

Auch dieses Jahr wieder ist es mir ein Bedürfnis, meinen Mitarbeitern, besonders aber den Herren Privatdozent Dr. Hans Schrader und Dr. Hans Tropsch für ihre eifrige und erfolgreiche Tätigkeit bestens zu danken. Herrn Dr. Hans Tropsch bin ich für seine Mühe bei der Zusammenstellung des Bandes und beim Lesen der Korrekturen besonderen Dank schuldig.

Auf vielfache Anregung von außerhalb und auch aus den Bedürfnissen des Instituts heraus wurde ein ausführliches systematisches und Wortregister für die bisher erschienenen 6 Bände von Herrn Dr. Schneider begonnen und dann von Herrn Dr. Zerbe ausgearbeitet und vollendet. Insbesondere letzterem, der die Hauptarbeit geleistet hat, gebührt besonderer Dank.

Mülheim-Ruhr, im Juni 1922.

Franz Fischer

Inhaltsverzeichnis

I. Druckoxydation des Lignins.

Von

Franz Fischer, Hans Schrader und Alfred Friedrich.

Im vorigen Band dieser Abhandlungen war in einer Arbeit über die Druckoxydation des Lignins[1]) unter anderm gezeigt worden, daß man bei diesem Abbauverfahren in Gegenwart von Sodalösung zunächst zu dunklen, huminsäurehaltigen Lösungen, bei weiterer Einwirkung zu hellen Abbauprodukten und zwar zu Säuren kommt, deren mit Wasserdampf nicht flüchtige Anteile 30 % der angewandten Ligninmenge erreichten. Mit der Trennung dieses Säuregemisches in einzelne Verbindungen war begonnen worden, und wir hatten daraus Benzolpentakarbonsäure und Mellithsäure isolieren können. Die Fortsetzung dieser Untersuchung bildet den Inhalt der vorliegenden Arbeit.

Um die Trennung der Säuren zu erleichtern, haben wir die Lösung durch Verlängerung der Dauer der Behandlung noch weiter abgebaut und so einerseits die nicht oder schwer kristallisierenden höher molekularen Säuren in einfachere übergeführt, anderseits durch Zerstörung der leicht oxydablen Säuren die Mannigfaltigkeit der verschiedenen Individuen zugunsten der beständigeren verringert, wobei allerdings auch eine allgemeine Verringerung der Ausbeute mit in den Kauf zu nehmen war, da die beständigen Säuren ebenfalls im gewissen Maße der Oxydation unterliegen.

Durch Anwendung der bereits bei der Druckoxydation der Cellulose, des Lignins und der Kohlen ausgearbeiteten Verfahren haben wir eine ziemlich weitgehende Trennung der Säuren erreicht. Wir fanden an aliphatischen Säuren:

Ameisensäure,
Essigsäure,
Oxalsäure,
Bernsteinsäure,
Fumarsäure,

[1]) Abh. Kohle 5, 221 (1920).

also die gleichen Säuren, wie wir sie früher bei der Druckoxydation der Cellulose[1]) erhalten haben.

An aromatischen Säuren fanden wir nur Benzolkarbonsäuren, nämlich:

Benzoesäure,
Phthalsäure,
Isophthalsäure,
Trimellithsäure,
Hemimellithsäure (?),
Prehnitsäure,
Pyromellithsäure,
Benzolpentakarbonsäure,
Mellithsäure.

Was die Menge der einzelnen Säuren angeht, so ist dieselbe, wie aus der auf S. 21 befindlichen Aufstellung ersichtlich, ziemlich gering. Wir isolierten nämlich an aliphatischen Säuren, bezogen auf angewandtes Reinlignin, 8,3 % und an Benzolkarbonsäuren 3,1 %.

Die Menge der Benzolkarbonsäuren steht der Menge der früher gefundenen nicht flüchtigen Säuren erheblich nach. Der Grund für die geringere Ausbeute, die wir diesmal erzielten, ist erstens darin zu suchen, daß wir, wie bereits weiter oben bemerkt, diesmal den oxydativen Abbau weiter getrieben haben, und zweitens darin, daß die angegebenen Mengen sich meistens auf sehr gut gereinigte Substanzen beziehen, so daß der beträchtliche Verlust, der gewöhnlich bei der Reinigung der Säure eintrat, nicht in Rechnung gestellt ist.

Die Tatsache, daß bei dem Abbau des Lignins durch Druckoxydation so mannigfache Benzolkarbonsäuren entstehen, kann auf Grund unserer heutigen mangelhaften Kenntnis vom Bau des Lignins nicht befriedigend erklärt werden[2]). Dafür wird man die Vorgänge, die sich bei der Druckoxydation abspielen, ermitteln und ferner weiter eindringen müssen in den Bau desjenigen Lignin-

---

[1]) Abh. Kohle 5, 211 (1920).

[2]) Neuerdings hat der eine von uns (S.) darauf hingewiesen (Ref. Brennstoff-Chemie 3, 189 [1922]), daß die Erklärung dafür wahrscheinlich folgende ist. Wie frühere Versuche ergeben haben (Abh. Kohle 4, 298 [1919]), gehen Phenole bei der Druckoxydation zunächst zum Teil infolge Kondensation in höher molekulare Verbindungen über, die dann bei weiterer Behandlung zu kleineren Molekülen abgebaut werden. In entsprechender Weise wird sich auch der phenolische Anteil des Ligninkomplexes teilweise zunächst zu komplizierteren Stoffen kondensieren, aus denen dann beim Abbau, je nach der Konfiguration derselben, die verschiedenen Benzolkarbonsäuren entstehen können.

anteiles, aus dem die Benzolkarbonsäuren durch Oxydation entstehen. Heute müssen wir uns damit begnügen, auf die Folgerung hinzuweisen, welche auf alle Fälle der Vergleich zu ziehen erlaubt zwischen den Ergebnissen der Druckoxydation des Lignins und der Kohle einerseits, und der der Cellulose anderseits. Dieser Vergleich ergibt mit aller Deutlichkeit die strukturelle Verwandtschaft des Lignins und der Kohlen, indem diese Stoffe durch aromatische Elemente in ihrem Aufbau charakterisiert sind, während die Cellulose als aliphatische, dem Zucker verwandte Verbindung auch nur aliphatische Abbauprodukte oder höchstens Furanabkömmlinge zu liefern vermag. Aus dieser Eigenart des Baues erklärt sich zwanglos die Beständigkeit des Ligninkomplexes in der Natur und die geringe Widerstandsfähigkeit der Cellulose gegen die natürlichen biologischen Einflüsse. Darüber haben wir an anderer Stelle ausführlicher gesprochen und möchten deshalb hier nur darauf verweisen[1]).

Die Versuche.

Das zur Druckoxydation verwandte Lignin war das gleiche Material, das bereits früher[2]) dafür gedient hatte. Es wurde gewaschen und getrocknet und zur Befreiung von den gröbsten Anteilen abgesiebt. Sein Wassergehalt betrug 7,96%, sein Aschegehalt 3,78%.

Es war zunächst beabsichtigt, die Oxydation des Lignins in Gegenwart von Natronlauge auszuführen und zwar in der Weise, daß 500 g Lignin, in 3 Liter 1,66 n. Natronlauge aufgeschwemmt, solange der Druckoxydation unterworfen werden sollten, bis alles in Lösung gegangen war, um dann weitere Mengen Lignin hinzuzufügen. Das Lignin bildete jedoch schon in den ersten Stunden voluminöse, gallertartige Massen, die den Blasautoklaven vollkommen ausfüllten und verstopften. Selbst wenn mit wenig Material gearbeitet wurde, so daß im Autoklaven noch reichlich freier Raum vorhanden war, wurde doch durch das Schäumen der Ligninlösung und insbesondere durch die Beständigkeit des gebildeten Schaumes der Autoklav nach und nach mit Schaum gefüllt, bis derselbe schließlich in die Ventile gelangte und diese infolge der in ihm

[1]) Franz Fischer und Hans Schrader, Entstehung und chemische Struktur der Kohle. 2. Aufl., S. 22 u. f.

[2]) Abh. Kohle 5, 221 (1920).

suspendierten festen Teilchen verstopfte. Die Oxydation in ätzalkalischer Lösung wurde daher nach einigen Versuchen aufgegeben und wie früher in sodaalkalischer Lösung ausgeführt.

Zur Verarbeitung von 2 kg Lignin wurden zunächst je 500 g Lignin in 2 Liter 1,25 n. Sodalösung aufgeschwemmt und im Blasautoklav 16 Stunden bei einer Temperatur von 200° und einem Druck von 55 Atm. oxydiert. Um ein Überschäumen des Lignins, welches in den ersten Phasen der Oxydation auch in sodaalkalischer Lösung voluminös aufquillt, zu verhindern, wurde zunächst nur mit einem stündlichen Gasdurchgang von 35 Litern gearbeitet und die Pumpe auf 60 Kolbenstöße in der Minute eingestellt. Durchschnittlich wurde erst nach der 10. Stunde der Oxydation der Gasdurchgang auf 200 Liter je Stunde und die Pumpengeschwindigkeit auf 80 Kolbenstöße in der Minute erhöht. Die Analyse der abziehenden Gase ergab schon nach der ersten Stunde ein rasches Fallen des Sauerstoffgehaltes von ursprünglich 20% auf wenige Zehntelprozente und umgekehrt ein Steigen des Kohlensäuregehaltes auf 16% CO_2. Im Verlaufe der weiteren Oxydation erreichte der Sauerstoffgehalt allmählich einen Wert von etwa 6%, der Kohlensäuregehalt 14%.

Nachdem vier Portionen zu 500 g Lignin auf diese Weise oxydiert waren, wurde die gesamte Lösung von 8 Liter auf etwa 3 Liter eingeengt und in einem Blasautoklav gemeinsam 69 Stunden weiter oxydiert. Die Lösung war nun ziemlich hell. Die Analyse der abziehenden Gase ergab von der 50. Stunde an einen konstanten Sauerstoffgehalt von rund 20% und einen Kohlensäuregehalt von 0,8%. Die Oxydation war also nur noch sehr gering. Die Kohlensäurezahl der Lösung, welche nach der 57. Stunde 7,2 betrug, war nach der 63. Stunde auf 8,4 gestiegen, hatte somit ihren Tiefstand anscheinend bereits überschritten. Trotzdem wurden zur Sicherheit nach der 63. Stunde noch 66,2 g feste Soda zugefügt, um ein Sauerwerden der Urlösung zu verhindern.

Urlösung und Rückstand.

Die so erhaltene Urlösung wurde filtriert; das Filtrat war eine klare Flüssigkeit, hellgelb im Tropfen, durchsichtig rotgelb in dickeren Schichten. Der abgesaugte unlösliche Rückstand wurde einmal mit Wasser ausgekocht und filtriert und das Filtrat der Urlösung hinzugefügt. Der getrocknete Rückstand wog 156,9 g;

er stellte eine lichtgraue Masse dar. Das Gewicht ist geringer, als sich nach dem Aschegehalt des Lignins berechnet, es ist also ein Teil der Asche in Lösung gegangen.

Um uns darüber klar zu werden, wieviel vom angewandten Lignin bei der Druckoxydation in organische Säuren überging, und wieviel bis zu Kohlendioxyd und Wasser abgebaut wurde, haben wir die Menge des Kohlenstoffs der durch Druckoxydation gebildeten und in der alkalischen Urlösung befindlichen organischen Säuren ermittelt und mit dem Kohlenstoffgehalt des angewandten Lignins verglichen. Zur Bestimmung des Kohlenstoffgehaltes der organischen Säuren unterwarfen wir eine bestimmte Menge des Eindampfrückstandes der Lösung der Elementaranalyse und ermittelten die im Schiffchen zurückgebliebene Menge Soda durch Titration mit n/10 Schwefelsäure. Da wir ferner den Sodagehalt der alkalischen Urlösung bestimmt hatten, ergab sich der Kohlenstoffgehalt der organischen Säuren durch folgende Rechnung:

Kohlenstoffgehalt der organischen Säuren = (Kohlenstoffgehalt aus Kohlendioxyd bei der Verbrennung des Eindampfrückstandes der Urlösung + Kohlenstoffgehalt der im Schiffchen verbliebenen Soda) — Kohlenstoff der in der Urlösung vorhandenen freien Soda. Wir fanden auf die gesamte Urlösung berechnet:

Kohlenstoff aus Kohlendioxyd bei der Verbrennung des Eindampfrückstandes + Kohlenstoffgehalt des Schiffchenrückstandes	155,08 g,
Kohlenstoffgehalt der in der Urlösung vorhandenen Soda	21,38 g,
somit Kohlenstoffgehalt aus organischen Bestandteilen der Urlösung	133,70 g.

Da das angewandte Reinlignin 1044 g Kohlenstoff enthält, so waren 12,81 % dieser Menge in lösliche organische Substanz übergegangen.

Aufarbeitung der Urlösung.

Die Aufarbeitung der Urlösung haben wir in der Weise vorgenommen, daß wir die wasserdampfflüchtigen Säuren mit Wasserdampf abbliesen. Die Lösung der nichtflüchtigen Säuren wurde auf dem Wasserbade zur Trockene eingedampft. Aus dem Rückstand zogen wir zunächst mit Äther, dann mit Methylalkohol die freien Säuren aus. Im einzelnen ist die Aufarbeitung im folgenden in Form eines Schemas dargestellt, in welches zugleich die bisher identifizierten Säuren eingetragen sind.

Urlösung.

Mit Salzsäure angesäuert	keine Ausscheidung schwerlöslicher Säuren.
Wasserdampfflüchtige Säuren	Ameisensäure, Essigsäure, Benzoesäure.

Wasserlösliche, nicht flüchtige Säuren.

In Bariumsalze übergeführt

Leicht lösliche Bariumsalze.

1. mit HCl versetzt	Isophthalsäure.
2. mit Cd-acetat gefällt	Benzoltrikarbonsäure (?).
3. mit Cu-acetat gefällt	Freie Säure nicht identifiziert.

Schwer lösliche Bariumsalze.

Freie Säuren.

1. Äther-schwerlöslich	Bernsteinsäure.
2. Äther-löslich	Bernsteinsäure, Trimellithsäure.

Unlösliche Bariumsalze.

1. beim Aufnehmen mit Salzsäure ungelöst bezw. aus der Lösung wieder ausgefallen	Fumarsäure, Oxalsäure.
2. in Salzsäure gelöste Bariumsalze in Calciumsalze übergeführt.	

Calciumsalze.

1. Mit Kalkmilch in saurer Lösung gefällte Calciumsalze	Oxalsäure.
2. Bis zur Erreichung der schwach alkalischen Reaktion mit Kalkmilch gefällte Calciumsalze.	
α) in Wasser kalt lösliches, heiß schwerlösliches Calciumsalz	Pyromellithsäure.
β) in Essigsäure kalt lösliche, heiß schwerlösliche Calciumsalze	Benzolpentakarbonsäure.

γ) Unlösliche Calciumsalze	Mellithsäure, Benzoltrikarbonsäure (?), Prehnitsäure, Benzolpentakarbonsäure.
δ) Lösliche Calciumsalze	Hemimellithsäure (?).

Mit Wasserdampf flüchtige Säuren.

Zur Bestimmung der flüchtigen Säuren wurden zunächst 50 ccm der Urlösung mit dem doppelten Äquivalent verdünnter Schwefelsäure versetzt und durch Wasserdampfdestillation die flüchtigen Säuren abgeblasen. Die Destillation wurde solange fortgesetzt, bis 100 ccm des übergehenden Destillates bei der Titration nur noch 0,2 ccm n/10 Lauge verbrauchten. Bis zur Erreichung dieses Punktes destillierten 2,1 l.

In dieser Lösung waren an Säuren 26,40 ccm n. Säure vorhanden. Demnach waren durch Destillation insgesamt erhalten worden 1,94 Äqu. wasserdampfflüchtige Säuren. Davon waren 0,067 Äqu. Ameisensäure (Bestimmung nach H. C. Jones[1]) durch Titration mit Kaliumpermanganat in alkalischer Lösung). Außerdem war eine geringe Menge Benzoesäure vorhanden, auf deren Isolierung wir sogleich eingehen. Die Hauptmenge der flüchtigen Säuren, nämlich 1,86 Äqu., war jedenfalls Essigsäure.

Zur Gewinnung der Benzoesäure wurde die gesamte Urlösung mit konzentrierter Salzsäure kongosauer gemacht; darauf wurden die flüchtigen Säuren durch eine achtstündige Wasserdampfdestillation abgeblasen. Das Destillat wurde mit Soda neutralisiert und eingedampft, der gesamte Eindampfrückstand mit konzentrierter Salzsäure angesäuert und ausgeäthert. Nach Abdampfen des Äthers hinterblieb eine klare, stechend riechende Flüssigkeit, die im Exsikkator über stark angefeuchtetem Ätznatron zur Entfernung der flüchtigen Fettsäuren abgedunstet wurde. Es ist zweckmäßig, dabei nicht zu evakuieren, da sonst bei der schnellen Verdunstung auch Benzoesäure mitgeht und sich zum Teil an den Wandungen des Exsikkators absetzt, zum Teil von der Natronlauge aufgenommen wird.

Die als Rückstand verbliebene Benzoesäure wurde im Vakuum bei 20 mm Druck sublimiert, das Sublimat aus Wasser umkristallisiert. Ausbeute rund 1 g.

---

[1]) Treadwell, Lehrbuch d. analyt. Chemie II, S. 529 (1913).

4,987 mg Sbst.: 12,590 mg CO_2, 2,160 mg H_2O. — 4,426 mg Sbst.: 11,180 mg CO_2, 1,940 mg H_2O.

$C_7H_6O_2$ (122,08). Ber. C 68,83, H 4,95,
gef. „ 68,88, 68,91, „ 4,85, 4,90.

Titration. 5,726 mg Sbst.: verbraucht 2,11 ccm $^n/_{45}$ NaOH.
Äqu.-Gew. für Benzoesäure: Ber. 122,08,
gef. 122,15.

Mit Wasserdampf nicht flüchtige Säuren.

Nach dem Abblasen der flüchtigen Säuren wurde die salzsaure Urlösung zur Trockne eingedampft, der Rückstand fein pulverisiert und noch einmal mit Salzsäure abgedampft. Der fein gepulverte Eindampfrückstand wurde in eine Pulverflasche gegeben und mit ungefähr dem gleichen Volumen Äther auf der Schüttelmaschine unter öfterem Ersatz des Äthers durch frischen erschöpfend ausgeschüttelt. Die Hauptmenge des Äthers wurde abdestilliert und das hinterbleibende sirupartige Gemisch der freien Säuren in heißes Wasser gegossen. Dabei ging alles in Lösung bis auf einen geringen Anteil eines huminartigen Produktes. Eine Titration der wässerigen Lösung ergab 2,85 Äqu. Säuren.

Der bei der Ätherextraktion zurückgebliebene gelbe Salzrückstand wurde nunmehr mit Methylalkohol ausgezogen; dabei blieb Kochsalz weiß zurück, während sich die Lösung schwarzbraun färbte. Darin waren noch 0,16 Äqu. Säuren vorhanden. Sie wurden in Wasser gelöst und den ausgeätherten Säuren zugefügt.

Das zurückgebliebene Kochsalz färbte sich bei der Glühprobe etwas grau. Zur Prüfung, ob noch wesentliche Mengen organischer Substanz darin enthalten waren, wurde es mit 250 ccm n. Sodalösung auf dem Wasserbade ausgezogen. Im abgesaugten Kochsalz ließ sich nun durch die Glühprobe fast kein organischer Anteil mehr feststellen. Die rotgelb gefärbte Sodalösung wurde auf dem Wasserbade eingedampft, der Rückstand mit verdünnter Salzsäure aufgenommen. Die Lösung wurde vom ausgeschiedenen Kochsalz abgesaugt und zur Trockne gedampft. Aus diesem Rückstand ließ sich durch Äther 0,37 g, durch Alkohol 1,5 g an organischen Anteilen extrahieren. Es waren also durch die oben beschriebene Behandlung die organischen Säuren so gut wie vollständig gewonnen worden.

Aufarbeitung der festen Säuren.

Zur Trennung des Säuregemisches in einzelne Gruppen wurde dasselbe zunächst in die Bariumsalze übergeführt, und diese wurden dann in leichtlösliche, schwerlösliche und unlösliche geschieden. Bei der Gruppe der unlöslichen Bariumsalze, die bei weitem die Hauptmenge ausmacht, ergab es sich als zweckmäßig, die Säuren in die Calciumsalze überzuführen und dadurch eine weitere Trennung mittels der verschiedenen Löslichkeit zu bewirken.

Die Überführung in die Bariumsalze wurde in der Weise vorgenommen, daß man zur heißen wässerigen Lösung der Säuren die äquivalente Menge heißer, nahezu gesättigter Bariumhydroxydlösung zufließen ließ. Nach der Fällung wurde der Kolben unter zeitweisem Umschütteln einige Stunden auf dem Wasserbade gehalten. Über Nacht hatte sich der gesamte Niederschlag abgesetzt. Er wurde kalt abgesaugt und mit 2 Liter Wasser ausgekocht. Das klare Filtrat wurde mit dem Filtrat von der Bariumfällung vereinigt. Die löslichen Bariumsalze wurden weiter in zwei Gruppen geteilt, nämlich in schwer- und leichtlösliche. Das ganze Filtrat wurde unter ständigem Rühren eingeengt, bis schließlich ein Volumen von ungefähr 100 ccm erreicht war, so daß nur die leichtest löslichen Bariumsalze in Lösung blieben. Der ausgefallene Anteil wurde abgesaugt.

Aufarbeitung der leichtlöslichen Bariumsalze.

Die heiß abgesaugte Lösung der leichtlöslichen Bariumsalze blieb auch nach dem Erkalten klar. Auf Zusatz von Salzsäure fiel ein wolkiger Niederschlag aus, der sich beim Erhitzen wieder löste. Nach 24-stündigem Stehen hatte sich eine größere Menge abgeschieden, die abgesaugt und getrocknet 0,82 g wog. Der Körper wurde unter 20 mm bei 200° bis 220° sublimiert. Das Sublimat war ein gelblicher, fein kristallinischer Beschlag. Zur näheren Charakterisierung wurde der Methylester dargestellt. Schmp. 62°—64,5°.

4,810 mg Sbst.: 10,925 mg CO_2, 2,164 mg H_2O. — 3,179 mg Sbst.: 7,220 mg CO_2, 1,505 mg H_2O.

$C_{10}H_{10}O_4$ (194,13). Ber. C 61,84, H 5,19,
gef. „ 61,96, 61,96, „ 5,03, 5,30.

Der Ester war also der der Isophthalsäure.

Nach dem Absaugen der Isophthalsäure wurde aus der salzsauren Lösung das Barium mit der entsprechenden Menge Schwefelsäure ausgefällt und nach Absaugen des Bariumsulfates die Lösung auf dem Wasserbade auf 100 ccm eingeengt. Dann wurde zur Entfärbung mit Tierkohle gekocht. Von den 100 ccm wurden 10 ccm für Vorversuche entnommen. Beim Eindunsten der Probelösung schieden sich wenige Kristalle ab, während der Hauptteil salbenartig erstarrte. Die Säuren waren ein wachsgelbes Produkt, in Äther, Alkohol, Eisessig und Pyridin löslich. Sie sublimierten nicht, sondern zersetzten sich beim Erhitzen, wobei ein braunes Öl destillierte. Mit Calcium- und Zinkacetat gaben sie keine fällbaren Salze, dagegen lieferte Kupferacetat in der Hitze eine voluminöse Fällung, Cadmiumacetat eine geringere, aber körnige Fällung.

Zur weiteren Reinigung bezw. Isolierung der Säuren wurde zunächst das Cadmiumsalz gefällt. Die noch vorhandene Lösung von 90 ccm wurde in der Hitze mit Cadmiumacetat versetzt, der Niederschlag abgesaugt, mit heißem Wasser gewaschen, dann in Wasser aufgeschwemmt und mit Schwefelwasserstoff zerlegt. Die freie Säure kristallisierte aus der vom Cadmiumsulfid abfiltrierten Lösung beim Einengen in schönen sternförmigen Büscheln. Die Substanz wurde getrocknet und im Vakuum bei 160—200° sublimiert. Ausbeute 0,06 g. Schmelzpunkt über 305°. Die Analyse des Körpers ergab einen Kohlenstoffgehalt von 50,2%, einen Wasserstoffgehalt von 3,0%, ein Äquivalent von 71,34. Die Analyse sowie der hohe Schmelzpunkt lassen auf eine Benzoltrikarbonsäure (51,43% C, 2,88% H, Äquivalent 70,03) schließen. In Anbetracht der geringen Ausbeute mußte von einer weiteren Untersuchung der Substanz Abstand genommen werden.

Aus dem Filtrat von der Cadmiumfällung wurde das Cadmium durch Schwefelwasserstoff entfernt und dann die Fällung des Kupfersalzes vorgenommen. Trotz Zusatz von überschüssigem Kupferacetat schied sich zunächst nur ein Teil des Kupfersalzes aus. Nach dem Absaugen desselben fiel bei erneutem Erhitzen wiederum unlösliches Kupfersalz aus und durch wiederholtes Erhitzen, Absaugen des allmählich weiter eingeengten Filtrates usw. wurde nahezu die gesamte Menge der darin befindlichen organischen Säure zur Ausscheidung gebracht. Das gesamte so gewonnene Kupfersalz wurde mit Wasser gewaschen, dann mit Schwefelwasserstoff zerlegt. Die freie Säure, 2,21 g, stellte eine klebrige Masse dar mit rotbraunem Farbstich. Sie war schwierig kristallisiert zu erhalten. Am besten eignete sich zum Umkristallisieren Eisessig, in welchem sie zunächst mit Tierkohle gekocht und dann umkristallisiert wurde. Die Säure sublimierte nicht, sondern zersetzte sich beim Erhitzen vollkommen unter Entwicklung eines zum Husten reizenden, brenzlich riechenden Dampfes. Da die freie Säure keine brauchbaren Analysenresultate ergab, wurde versuchsweise der Methylester dargestellt. Derselbe bildete jedoch ein schmieriges, braunes Produkt und wurde nicht weiter verarbeitet.

Das Filtrat von der Kupfersalzfällung wurde mit Schwefelwasserstoff zerlegt, dann eingedampft. Der Rückstand, 0,2 g, war ein bräunlichgelbes, klebriges Produkt, das an die freie Säure des Kupfersalzes erinnerte.

Schwerlösliche Bariumsalze.

Die schwerlöslichen Bariumsalze wurden zur Trockne eingedampft, dann mit verdünnter Salzsäure in Lösung gebracht. Darauf wurde das Barium mit der entsprechenden Menge Schwefelsäure gefällt. Die durch Eindampfen der salzsauren Lösung erhaltenen festen freien Säuren wurden durch Behandeln mit Äther in einen darin löslichen und einen schwerlöslichen Anteil (4,6 g) geschieden. Durch Sublimation konnten dieselben gereinigt werden.

Bei der Sublimation der ätherschwerlöslichen Anteile wurde die Hauptmenge des Sublimates bei 105—170° erhalten. Unterwarf man dieses Sublimat der erneuten Sublimation, so ging die Hauptmenge bereits bei 80—105° flüchtig, und zwar wurden Nadeln vom Schmelzpunkt 117—118° und kleine derbe Kristalle vom Schmelzpunkt 119—119,5° erhalten. Gesamtausbeute an Sublimat 2,60 g. Wie die Analyse zeigt, lag Bernsteinsäureanhydrid vor.

5,021 mg Sbst.: 8,825 mg CO_2, 1,760 mg H_2O. — 4,434 mg Sbst.: 7,810 mg CO_2, 1,630 mg H_2O.

$C_4H_4O_3$ (100,05). Ber. C 48,00, H 4,03,
gef. „ 47,95, 48,05, „ 3,92, 4,11.

Titration 7,392 mg Sbst.: verbraucht 6,61 ccm $^n/_{45}$ NaOH.

Äqu.-Gew. für Bernsteinsäureanhydrid: Ber. 50,02, gef. 50,34.

Der in Äther lösliche Anteil der freien Säuren gab in Wasser gelöst mit Calcium- und Cadmiumacetat keine Fällung, dagegen mit Kupferacetat in der Hitze eine weiße voluminöse Fällung, die sich in der Kälte wieder auflöste. Umgekehrt wurde mit Barin acetat in der Kälte eine Fällung erhalten, die beim Erhitzen Lösung ging.

Unter den Säuren befand sich eine sehr leicht sublimierba Substanz. Zur Gewinnung derselben wurde der gesamte Äthe rückstand fein pulverisiert und in einem evakuierten Rundkolb im Ölbade auf 115—125° lange Zeit erhitzt. Am Hals des Köl chens sammelte sich 0,8 g Sublimat, das sich bei einer zweit Sublimation bei derselben Temperatur in feinen, langen Nade verdichtete. Das Produkt war feucht von mitdestilliertem Öl; wurde auf Hartfiltern abgepreßt und aus Chloroform umkristallisie (Schmelzpunkt 114—119,5°). Bei der wiederholten Sublimati wurden in der Hauptmenge kurze Prismen vom Schmelzpunkt 12(erhalten.

Titration. 8,690 mg Sbst.: verbraucht 7,80 ccm $^{n}/_{45}$ NaOH.
Äqu.-Gew. für Bernsteinsäureanhydrid: Ber. 50,02, gef. 50,1

Im Sublimat traten vereinzelte Spieße von Phthalsäure anhydrid (Schmelzpunkt 128°) auf.

Bei der weiteren Sublimation ging bei 180—200° eine ande Substanz (0,88 g) in langen Spießen über (Schmelzpunkt 156—157° Die Analyse ergab auf Trimellithsäureanhydrid stimmend Zahlen.

4,240 mg Sbst.: 8,765 mg CO_2, 0,840 mg H_2O. — 3,325 mg Sbst 6,840 mg CO_2, 0,675 mg H_2O.

$C_9H_4O_5$ (192,07). Ber. C 56,25, H 2,09,
gef. „ 56,40, 56,12, „ 2,22, 2,27.

Titration. 8,588 mg Sbst.: verbraucht 6,03 ccm $^{n}/_{45}$ NaOH.
Äqu.-Gew. für Trimellithsäureanhydrid: Ber. 64,02, gef. 64,11.

Als Rückstand hinterblieb eine dunkle spröde Schmelze vo 0,63 g, aus der wir keine bestimmte Verbindung mehr gewinne konnten.

Wasserunlösliche Bariumsalze.

Die wasserunlöslichen Bariumsalze wurden in einer Abdamp schale mit verdünnter Salzsäure übergossen und unter ständige Rühren erhitzt. Dabei ging fast alles in Lösung bis auf eine kleinen Bodensatz, der abfiltriert wurde. Beim Erkalten d Filtrates schied sich am Boden eine kristallinische Abscheidun aus. Der ungelöste und der ausgefallene Anteil wurden vereinigt und mit Wasser ausgekocht. Dabei blieben 8,7 g Bariumoxalat zurück. Beim Erkalten der wässerigen Lösung schieden sich schöne Kristalle ab (1,1 g). Die wässerige Lösung derselben reduzierte Kaliumpermanganat. Ein Teil des Salzes wurde bei 200° bis zur Gewichtskonstanz getrocknet und eine Bariumbestimmung ausgeführt.

8,594 mg Sbst.: 7,968 mg $BaSO_4$.

Das Salz war also offenbar fumarsaures Barium.

$C_4H_2O_4$ Ba (251,40). Ber. 54,64% Ba.
Gef. 54,56% Ba.

Das Filtrat des Bariumfumarats wurde eingedampft. Zur Gewinnung der letzten Mengen desselben wurde die oben beschriebene Auskochung der unlöslichen Bariumsalze mit einem großen Überschuß an Wasser wiederholt.

Insgesamt erhielten wir 1,8 g Fumarat.

In der salzsauren Lösung der wasserunlöslichen Bariumsalze wurde das Barium mit der entsprechenden Menge Schwefelsäure gefällt und die Lösung der freien Säuren nach Absaugen des Bariumsulfates auf dem Wasserbade zur Trockne gedampft. Die freien Säuren wurden zur weiteren Trennung in die Calciumsalze übergeführt, indem man ihre wässerige Lösung mit Kalkmilch versetzte. Bei der Fällung waren deutlich zwei Stufen zu unterscheiden. Zunächst fiel ein schwerer, sich rasch absetzender Niederschlag, dann trat ein Zustand ein, wo weiter zugesetzte Kalkmilch klar in Lösung ging. Es wurde nun von dem ausgefallenen Niederschlag abgesaugt und dann erst mit dem Zusatz von Kalkmilch bis zur alkalischen Reaktion fortgefahren. Dabei schied sich die größere Menge Calciumsalz aus. Das zuerst ausgefallene Calciumsalz von 23,15 g war im wesentlichen Oxalat. Eine Titration ergab einen Gehalt von 91,15% Oxalsäure der Theorie. Das gesamte Calciumsalz war in kochender Essigsäure vollständig unlöslich, und wir vermuteten daher im restlichen Anteil mellithsaures Calcium.

Die Prüfung auf Mellithsäure verlief jedoch negativ, und wir fanden die Säure erst unter den bei der Fällung mit Kalkmilch in zweiter Stufe sich ausscheidenden wasserunlöslichen Calciumsalzen.

Die beim Zusatz von Kalkmilch bis zur alkalischen Reaktion erhaltenen Calciumsalze wurden mit der Mutterlauge eingedampft.

Eine Probe der trocknen Calciumsalze wurde mit Wasser au genommen und filtriert. Das Filtrat zeigte beim Erhitzen reic liche Ausscheidungen von in der Hitze schwerer löslichem Calciu salz. Die gesamten Calciumsalze wurden nun fein pulverisie und in einem großen Filtrierstutzen mit 2 Liter Wasser ei halbe Stunde unter kräftigem Rühren ausgelaugt, wodurch d Calciumsalz ständig in der Schwebe erhalten wurde. Dann wur absitzen gelassen, die über dem Bodensatz stehende Flüssi keit abgesaugt und das klare Filtrat zum Sieden erhitzt. D Ausscheidung des heiß unlöslichen Calciumsalzes ist mit starke Stoßen der Flüssigkeit verbunden, und es muß daher der Kolbe während des Erhitzens häufig geschüttelt werden. Mit dem b ginnenden Sieden gibt das Stoßen nach. Die ausgefallenen Calciun salze wurden in einer heißen Nutsche abgesaugt und mit etw kochendem Wasser nachgewaschen. Mit dem abgekühlten Filtr wurde das im Filtrierstutzen befindliche Calciumsalz von neuem au gelaugt. Selbst bei der 15. Auslaugung wurde beim Erhitzen de Filtrates noch eine gewisse Menge Niederschlag erhalten. Währen jedoch die anfangs erhaltenen, heiß unlöslichen Calciumsalze bei Auflösen in wenig Salzsäure eine kristallisierte Säure abschiede war dies bei den späteren Anteilen nicht mehr der Fall. Die Au laugung mit Wasser wurde somit abgeschlossen und gab eine Ge samtausbeute von 30,7 g in Wasser heiß unlöslichen Calciumsalze Die wässerige Mutterlauge, die sich bei den Auslaugungen ergebe hatte, wurde eingedampft und der Rückstand mit 30 ccm 50%ige Essigsäure versetzt, wobei sich alles löste. Die Lösung wurde z den mit Wasser ausgelaugten Calciumsalzen gegeben, die späte in essigsaurer Lösung weiter ausgezogen wurden.

Die gesamten 30,7 g wurden in verdünnter heißer Salzsäur gelöst; beim Abkühlen schied sich die freie Säure in schöne Kristallen ab, die nochmals aus Wasser umkristallisiert wurden Die getrocknete Säure (4,75 g) wurde titriert.

Die Titration ergab ein Äquivalentgewicht von 69,70. Die würde sowohl auf eine Benzoltrikarbonsäure als auch eine Benzol tetrakarbonsäure mit 2 Mol. Kristallwasser passen.

Ein Teil der freien Säure wurde unter 20 mm Druck be 170°—200° sublimiert. Das Sublimat hatte einen Schmelzpunk von 282—283°, die Analysen stimmen auf Benzoltetrakarbon-

4,808 mg Sbst.: 9,710 mg CO_2, 0,360 mg H_2O. — 3,463 mg Sbst.: 7,000 mg CO_2, 0,310 mg H_2O.

$C_{10}H_2O_6$ (218,02). Ber. C 55,05, H 0,92,
gef. „ 55,10, 55,15, „ 0,84, 1,00.

Titration. 7,174 mg Sbst.: verbraucht 5,95 ccm n/45 NaOH.
Äqu.-Gew. für Benzoltetrakarbonsäuredianhydrid: Ber. 54,50,
gef. 54,27.

Die Säure ist also Pyromellithsäure (Schmelzpunkt des Dianhydrids wird zu 280° angegeben[1]).

Theoretisch berechnet müßten aus 30,7 g Calciumsalz einer Benzoltetrakarbonsäure 23,6 g freie Säure erhalten werden. Die gefundene Pyromellithsäure ist nur 1/5 dieser theoretischen Ausbeute, der Rest müssen andere in Wasser leichtlösliche Säuren gewesen sein und zwar höchstwahrscheinlich Benzolpentakarbonsäure und vielleicht auch Mellophansäure. Die Pyromellithsäure wurde an dieser Stelle gefunden, da ihr Calciumsalz die Eigenschaft hat, sich in der Kälte nur langsam, in der Hitze dagegen rasch abzuscheiden.

Die salzsaure Mutterlauge wurde nach Absaugen der Pyromellithsäure mit Calciumhydroxyd neutralisiert, wobei sich eine größere Menge Salz ausschied, welches mit Wasser gründlichst gewaschen wurde. Der größte Teil des Salzes blieb jedoch ungelöst und wurde den weiter zu extrahierenden Calciumsalzen zugefügt. Die Mutterlauge wurde mit Sodalösung gekocht, um das gesamte Calcium als Karbonat zu fällen. Nach Absaugen des Calciumkarbonates, welches beim Glühen sich nicht schwärzte, wurde die Lösung mit Salzsäure angesäuert und eingedampft, der Rückstand mit Alkohol aufgenommen. Der Eindampfrückstand der alkoholischen Lösung, welcher etwas Kochsalz enthielt, wurde ausgeäthert. Der Ätherrückstand war ein schmieriges Produkt; es wurde mit Salzsäure abgedampft. Aus dem Trockenrückstand (0,96 g) wurde durch Behandeln mit Äther ein lichtgelbes Pulver erhalten, dessen Analyse auf ein Gemisch einer Benzoldi- und Benzoltrikarbonsäure schließen ließ. Für eine weitere Untersuchung war die Menge zu gering.

Es wurden nun die gesamten übrigen Calciumsalze mit 1½ Liter verdünnter Essigsäure in entsprechender Weise wie früher

---

[1]) Abh. Kohle 5, 598 (1920).

mit Wasser in der Kälte ausgelaugt und durch Aufkochen der klaren Lösung die heiß unlöslichen Calciumsalze zur Fällung gebracht. Bei fünfmaliger Wiederholung dieser Arbeitsweise erhielten wir eine Gesamtausbeute von 94,9 g heiß unlöslichem Calciumsalz. Die essigsaure Mutterlauge wurde mit den später zu besprechenden wasserlöslichen Calciumsalzen gemeinsam verarbeitet. In den in der Hitze ausgefallenen Calciumsalzen mußte sich die bereits in der früheren Arbeit ermittelte Benzolpentakarbonsäure befinden. Zur Isolierung der Säure sollte der Methylester dienen. In Vereinfachung der früher angewandten Methode[1]) wurde eine direkte Umsetzung des Calciumsalzes mit Methyljodid versucht. Nach sechsstündigem Kochen von 1 g Calciumsalz mit 1,5 ccm Methyljodid in trockenem Benzol hatte sich jedoch kein Ester gebildet. Die Veresterung wurde nun über das Silbersalz der Säure vorgenommen. 1 g Calciumsalz wurde mit überschüssiger Sodalösung gekocht, bis das gelbe Calciumsalz verschwunden und an seine Stelle der einheitliche, feine, weiße Niederschlag des Calciumkarbonates getreten war. Das klare, alkalische Filtrat wurde in der Siedehitze mit verdünnter Salpetersäure genau neutralisiert und mit Silbernitratlösung versetzt, der Niederschlag mit heißem Wasser gewaschen und getrocknet. Das getrocknete Silbersalz wog 1,39 g. Es wurde fein pulverisiert, in Benzol suspendiert und mit 1,5 ccm Methyljodid 5 Stunden unter Rückflußkühlung gekocht. Die Benzollösung wurde dann abfiltriert und eingedampft. Zur Gewinnung benzolunlöslicher Ester kochten wir den festen Rückstand mit Methylalkohol aus. Nach Abdampfen des Benzols bezw. des Alkohols hinterblieb eine klebrige rötliche Masse, die beim Behandeln mit Äther eine pulverige Substanz hinterließ, welche aus Methylalkohol umkristallisiert gelbliche Kristalle bildete (Schmp. 146—148°).

3,185 mg Sbst.: 6,100 mg CO_2, 1,245 mg H_2O. — 3,478 mg Sbst.: 6,670 mg CO_2, 1,365 mg H_2O.

$C_{16}H_{16}O_{10}$ (368,20). Ber. C 52,17, H 4,37,
gef. „ 52,25, 52,32, „ 4,37, 4,39.

Die dem Ester zu Grunde liegende Säure ist also Benzolpentakarbonsäure. Der Schmelzpunkt des reinen Esters soll bei 148,2° liegen.

---

[1]) Abh. Kohle 5, 258 (1920).

Das dem Ester beigemengte, in Äther lösliche Produkt war braun und zähflüssig. Es zeigte keine Neigung zum Kristallisieren und wurde nicht weiter untersucht.

Bei Verwendung von 10 g Calciumsalz erhielten wir trotz wiederholter Zugabe von Jodmethyl nur 2,9 g Ester, während aus dem Calciumsalz der Benzolpentakarbonsäure 9,4 g Ester zu erwarten waren. Daraus geht hervor, daß neben der Benzolpentakarbonsäure noch andere Säuren vorhanden waren, die sich auf diese Weise nicht verestern ließen. Zur Isolierung derselben wurde das zurückgebliebene Silbersalz fein pulverisiert in Wasser aufgeschwemmt und mit Schwefelwasserstoff zerlegt. Das Filtrat vom Silbersulfidniederschlag wurde eingedampft und von dem sich dabei ausscheidenden Jod (nach Zusatz von etwas verdünnter Salpetersäure zur vollständigen Zersetzung der Jodwasserstoffsäure) durch Abblasen mit Wasserdampf befreit. Nach Filtrieren und Eindampfen der Lösung hinterblieb ein schön aussehender hellgelber Rückstand (1 g), der sich jedoch nur schlecht umkristallisieren ließ. Durch Umlösen aus Eisessig und Behandeln der ausgefallenen Substanz mit Äther wurde ein hellgelbes Pulver erhalten.

Die weitere Untersuchung des Körpers zeigte, daß keine Säure vorlag, sondern ein Nitroprodukt, das sich durch Einwirkung der Salpetersäure gebildet hatte. In Anbetracht der geringen Menge, welche noch zur Verfügung stand, haben wir es nicht weiter untersucht.

Die gesamten Calciumsalze, welche nach Abscheidung der in Wasser und Essigsäure kalt löslichen, heiß unlöslichen Calciumsalze übrig blieben, wurden mit einem großen Überschuß an Wasser ausgekocht. Nach Absaugen des unlöslichen Anteiles wurden die löslichen Calciumsalze mit den essigsauren Mutterlaugen vereinigt und eingedampft. Ihre Verarbeitung wird später besprochen.

Wasserunlösliche Calciumsalze.

Die wasserunlöslichen Calciumsalze betrugen getrocknet und gepulvert 28,5 g. Zur Darstellung der freien Säuren wurden die Calciumsalze in verdünnter Salzsäure gelöst und zur Fällung des Calciums mit der entsprechenden Menge Schwefelsäure versetzt. Das salzsaure Filtrat wurde zur Trockene gedampft und dann mit Alkohol aufgenommen. Dabei blieben 4,9 g ungelöst, deren Aufarbeitung später besprochen wird. Die alkoholische Lösung wurde eingedampft, der etwas zähe Rückstand zur Zerstörung von möglicherweise gebildetem Ester mit Salzsäure digeriert und abgedampft. Die so erhaltenen, getrockneten freien Säuren waren ein gelbes pulveriges Produkt, 13 g. Als wir 2 g desselben der Sublimation unterwarfen, wurde erst bei 180—200° ein Sublimat von 0,06 g erhalten (Schmelzpunkt 201—237°). Die Analyse stimmte annähernd auf Benzoltrikarbonsäure. Zu einem beträchtlichen Teil bestand das Säuregemisch aus Mellithsäure.

Durch Einleiten von gasförmigem Ammoniak in die wässerige Lösung von 2 g der freien Säuren wurden 0,8 g Ammoniumsalz, aus der stark eingeengten Mutterlauge noch 0,25 g Ammoniumsalz gewonnen. Dasselbe gab stark die Euchronreaktion. Das mellithsaure Ammonium wurde aus ammoniakhaltigem Wasser umkristallisiert, getrocknet und auf Ammoniakgehalt untersucht. 0,0671 g Substanz wurden mit überschüssiger Lauge bis zur gänzlichen Entweichung des Ammoniaks gekocht und dann zurücktitriert; verbraucht 9,25 $^{n}/_{10}$ NaOH.

Berechnet 24,37 % NH_4, gefunden 24,85 %.

Die nach Fällung des mellithsauren Ammoniums zurückgebliebene Mutterlauge wurde eingedampft, mit Salzsäure abgedampft und ausgeäthert. Dabei wurde ein hellgelber Körper isoliert, der nach Sintern von 216° ab bei 253° schmolz. Die Titration der Substanz ergab ein Äquivalent von 64,7, also nahezu das einer Benzoltetrakarbonsäure (Äqu. 63,5). Durch Sublimation im Vakuum bei 250—275° wurde $^{1}/_{4}$ der Substanzmenge als Sublimat erhalten, welches bei nochmaliger Sublimation bei 190° überging und sich zu schönen Nadeln (Schmp. 238,5°) verdichtete. Der sublimierbare Anteil der Benzoltetrakarbonsäuren war sonach Prehnitsäure. (Freie Säure Schmp. 252—253°, Anhydrid Schmp. 239°.)

Zur Isolierung des bei dieser Temperatur nicht sublimierenden Anteiles wurden von 3 g des ursprünglichen Gemisches der freien Säuren die Calciumsalze dargestellt. Aus diesen konnten 1,6 g in verdünnter Essigsäure kalt löslichen, heiß schwerlöslichen Calciumsalzes isoliert werden. Dasselbe wurde in heißer konzentrierter Salpetersäure gelöst; beim Abkühlen schied sich dann die freie Säure aus. Durch Umkristallisieren aus Salpetersäure, Absaugen und Waschen mit etwas Alkohol ergab die hellgelbe Säure ein Äquivalent von 59,25, war also offenbar Benzolpentakarbonsäure (Äqu. 59,62). Bei vorsichtigem Erhitzen wurde daraus ein nicht kristallisierendes, weißes Produkt erhalten, welches ein Äquivalent von 51,92 hatte und sich über 280° zersetzte, ohne vorher zu schmelzen: Benzolpentakarbonsäuredianhydrid (Äqu. 52,41).

Die in diesem Abschnitte eingangs erwähnten 4,9 g Substanz, die sich beim Aufnehmen mit Alkohol nicht lösten, wurden mit Wasser und etwas verdünnter Salzsäure in Lösung gebracht und die kleine Menge vorhandenen Calciums mit Soda als Karbonat gefällt. Mit dem Calciumkarbonat fiel auch eine größere Menge organischer Substanz aus. Der Niederschlag wurde mit Salzsäure abgedampft und mit Äther und Alkohol bis zur Erreichung einer unveränderten Glühprobe ausgezogen. Das Filtrat von der Calciumfällung wurde ebenfalls mit Salzsäure versetzt, eingedampft und mit Äther und Alkohol erschöpfend ausgezogen. Aus den gesamten Alkohol- und Ätherauszügen erhielten wir 3,6 g eines hellgelben Pulvers, das beträchtliche Mengen Mellithsäure enthielt. Durch Einleiten von gasförmigem Ammoniak in die wässerige Lösung derselben konnten insgesamt 1,5 g Ammoniumsalz gefällt werden (= 1,16 g Mellithsäure).

Wasserlösliche Calciumsalze.

Die in Wasser und verdünnter Essigsäure löslichen Calciumsalze wurden eingedampft und pulverisiert. Um die letzten Anteile von Essigsäure zu entfernen, wurde das gepulverte Salz mit Wasser tüchtig gekocht. Beim Aufnehmen mit Wasser ging das gesamte Salz in Lösung; beim Kochen der Lösung fiel ein Teil des Calciumsalzes aus, welcher abgesaugt und mit etwas heißem Wasser gewaschen wurde, 13,3 g. Die daraus über die Natriumsalze erhaltenen Säuren waren braun und harzig. Bestimmte Verbindungen haben wir daraus nicht erhalten können.

Nach Absaugen der 13,3 g heiß unlöslichen Calciumsalze wurde das klare Filtrat, die übrigen Calciumsalze enthaltend, eingedampft. Der Rückstand (151,5 g) wurde pulverisiert und getrocknet und in einer Pulverflasche mit 500 ccm kaltem Wasser $^1/_2$ Stunde auf der Schüttelmaschine geschüttelt. Dabei ging der Hauptteil klar in Lösung. Der ungelöste Anteil wurde abgesaugt. Er löste sich auch in heißem Wasser nicht ganz. Er wurde daher mit etwas konzentrierter Salzsäure in Lösung gebracht und die Lösung erschöpfend ausgeäthert. Ausbeute 2 g auch nach dem Trocknen zusammenbackende Substanz. Durch Äther konnte daraus in geringer Menge eine hellgelbe pulverige Säure isoliert werden. Schmp. 224—230°. Die Titration des Körpers ergab ein Äquivalent von 70,31; derselbe dürfte sonach eine Benzoltrikarbonsäure (Äqu. 70,03), wahrscheinlich Trimellithsäure (Schmp. 218—234°)

2*

gewesen sein. Eine weitere Reinigung wurde in Anbetracht der geringen Ausbeute nicht vorgenommen.

Der mit Äther ausgezogene Rückstand löste sich leicht in Wasser, die Lösung reduzierte stark Kaliumpermanganat und addierte glatt Brom. Beim Erhitzen verkohlte der Körper rasch unter Entwicklung eines zum Husten reizenden, an verbrennenden Zucker erinnernden Dampfes. Eine kleine Probe des harzigen Hauptanteiles wurde mit konzentrierter Salpetersäure behandelt, wobei sich ein gelber pulveriger Körper abschied, indes der harzige Anteil in Lösung zu gehen schien. Um eine größere Menge dieses gelben Produktes zu gewinnen, wurde der harzige Anteil mit konzentrierter kalter Salpetersäure digeriert. Nach wenigen Minuten setzte jedoch plötzlich eine heftige Reaktion ein, die von starker Entwicklung von Stickoxydgasen begleitet war. Die Lösung hinterließ beim Eindampfen einen hellgelben Körper, der die Eigenschaften eines Nitrokörpers zeigte (Verpuffung unter Abgabe rotbrauner Dämpfe).

Die beim Schütteln in kaltem Wasser klar gelösten Calciumsalze stellten die Hauptmenge der löslichen Calciumsalze dar.

Die klare wässerige Lösung wurde in der Siedehitze mit Sodalösung versetzt, um die Natriumsalze darzustellen. Das abgesaugte Calciumkarbonat mußte wiederholt mit verdünnter Sodalösung ausgekocht werden, bis die letzten Reste der mitgerissenen organischen Anteile daraus entfernt waren. Die sodaalkalischen Filtrate wurden mit Salzsäure angesäuert und eingedampft, dann nochmals mit Salzsäure versetzt und eingeengt. Der Salzrückstand wurde daher mit konzentrierter Salzsäure extrahiert. Das zurückbleibende Kochsalz wurde dabei sogleich feinpulverig. Es wurde nach dem Extrahieren mit Salzsäure noch mit Äther und schließlich mit Alkohol ausgezogen, bis es eine unveränderte Glühprobe ergab. Beim Einengen der Salzsäure begann sich ein braunes, gallertartiges Produkt auszuscheiden. Die salzsaure Lösung wurde nun nicht weiter eingeengt, sondern ausgeäthert, die Ätherlösung sowie auch die ausgeätherte Salzsäurelösung eingedampft.

Durch Äther und Alkohol wurden daraus 22,0 g eines ockergelben Pulvers erhalten, aus dem sich trotz verschiedener Versuche kristallisierte Produkte nicht gewinnen ließen. Erst weiterer Abbau scheint zum Ziel zu führen. So erhielten wir bei der Behandlung mit konz. Salpetersäure ein Produkt, das sich zwar in der Hauptmenge nicht sublimieren ließ, aus dem jedoch mit Äther kristallisierte Anteile herausgelöst werden konnten. Ein sehr leicht in Äther löslicher, nicht sublimierender Stoff, der bei 189°, allerdings nach starkem Sintern schmolz, schien einer Titration nach Hemimellithsäure zu sein.

8,332 mg Sbst.: verbraucht 5,33 ccm n/45 Lauge.

Äqu.-Gew. für Benzoltrikarbonsäure: Ber. 70,00, gef. 70,36.

Auch durch Erhitzen der Bariumsalze dieser Säuren auf 500° [1]) versuchten wir vergebens eine Vereinfachung des Säuregemisches zu erzielen.

Offenbar bestehen die den leichtlöslichen Calciumsalzen zugrunde liegenden Säuren aus Komplexen, welche neben aromatischen Kernen noch erheblich aliphatische Seitenketten enthalten, und es wird eines eingehenderen Studiums bedürfen, um diese Gemische zu zerlegen.

Aufrechnung.

Es wurden 2 kg Lignin der Druckoxydation unterworfen. Diese enthielten 1665 g Reinlignin. An organischen Säuren wurden daraus gewonnen:

Aliphatische Säuren	Ausbeute in g	Bezogen auf angewandtes Reinlignin. %
1. Ameisensäure	3,1	0,19
2. Essigsäure	111,6	6,70
3. Oxalsäure	18,54	1,11
4. Bernsteinsäure	3,4	0,20
5. Fumarsäure	1,29	0,08
	137,93	8,28
Benzolkarbonsäuren		
1. Benzoesäure	1,0	0,06
2. Phthalsäure	Spuren	
3. Isophthalsäure	0,82	0,05
4. Trimellithsäure	0,88	0,05
5. Hemimellithsäure (?)	8,76	0,53
6. Prehnitsäure	1,95	0,12
7. Pyromellithsäure	4,75	0,28
8. Benzolpentakarbonsäure	27,54	1,65
9. Mellithsäure	6,41	0,38
	52,11	3,12
	190,04	11,40

Mülheim-Ruhr, April 1922.

[1]) Über die Methode vergl. Franz Fischer, Hans Schrader und Wilhelm Treibs, Abh. Kohle 5, 311 (1920).

2. Vorläufige Mitteilung über die Druckoxydation des Holzes.

Von

Franz Fischer, Hans Schrader und Alfred Friedrich.

In einer früheren[1]) und in der vorangehenden Arbeit haben wir gezeigt, daß bei dem oxydativen Abbau von Lignin eine ganze Reihe von Benzolkarbonsäuren erhalten wird. Dieses Ergebnis ist von besonderer Wichtigkeit für die Beurteilung des chemischen Baues des Lignins, insbesondere im Vergleich mit dem der Cellulose. Geht doch aus unseren Versuchen hervor, daß man im Gegensatz zu dem zuckerartigen Bau der Cellulose im Lignin aromatische Komplexe annehmen muß, wie auch in den Huminsäuren und Kohlen, und bildet doch der Gehalt an aromatischen Strukturelementen einen Beweis für die genetische Verwandtschaft der letzteren Stoffe.

Es galt jedoch noch einen Einwand zu entkräften, den man möglicherweise unserer Arbeitsweise beim Lignin machen konnte, nämlich daß das Material, das wir für unsere Versuche verwandten, aus Holz nach der Methode von Willstätter, nämlich durch Behandeln mit hochkonzentrierter Salzsäure gewonnen war, und daß bei dieser Methode die aromatischen Anteile aus aliphatischem Material sich erst gebildet haben. Nach dem Beispiel der Mesitylenkondensation aus Aceton mittels Schwefelsäure war die Möglichkeit eines solchen Vorgangs durchaus vorhanden.

Die Prüfung dieser Frage haben wir vorgenommen, indem wir einfach Holz der Druckoxydation unterwarfen und nun feststellten, ob sich unter den gebildeten Säuren ebenfalls Benzolkarbonsäuren befanden. Diese mußten dann aus dem Lignin stammen, da die Cellulose nach unseren früheren Versuchen so gut wie keine Benzolkarbonsäuren liefert, und dasselbe auch von den außerdem in noch geringerer Menge im Holz vorhandenen Stoffen, nämlich Zucker, Holzgummi, Eiweißstoffen (Wachse und Öle wurden vorher durch Extraktion entfernt), mit Sicherheit anzunehmen ist.

---

[1]) Abh. Kohle 5, 221 (1920).

Bei der Aufarbeitung der Lösung haben wir davon abgesehen, wieder die ganze Reihe der Benzolkarbonsäuren zu isolieren, sondern haben uns vielmehr darauf beschränkt, nur die leicht abzuscheidende und rein zu gewinnende Benzolpentakarbonsäure herauszuarbeiten.

Diese haben wir in der Tat, unseren Erwartungen entsprechend, gefunden, und es kann somit als einwandfrei bewiesen gelten, daß das Lignin in der Tat bei der Druckoxydation aromatische Abbauprodukte liefert.

Das zur Druckoxydation verwendete Kiefernsägemehl wurde durch Absieben von den gröberen Bestandteilen befreit, dann im lufttrockenen Zustand mit einem Alkohol-Benzolgemisch (im Volumverhältnis 1 : 1) 6—7 Stunden im Extraktionsapparat extrahiert. Dabei wurden 3,65 % vom Gewicht des angewandten Sägemehles an harzigem Extraktionsgut erhalten. Diese Menge ist verhältnismäßig groß; Wiesner[1]) gibt z. B. für Kiefernholz 1,63 % Harzanteil an. Es ist daraus zu entnehmen, daß unsere Extraktion recht wirksam gewesen sein muß.

Von 4 kg des extrahierten Sägemehles, die wir verarbeiten wollten, wurden zunächst je 500 g des Stoffes mit 3 Liter 1,25 n. Sodalösung 15 Stunden lang bei 200° und einem Druck von 55 Atmosphären druckoxydiert. Während der Oxydation wurden 200 Liter Luft in der Stunde durchgeleitet, ausgenommen in den ersten 3 Stunden, in welchen nur mit 50 Liter Gasdurchgang in der Stunde gearbeitet wurde. Der Sauerstoffgehalt der abziehenden Gase betrug in der ersten Stunde der Oxydation nur einige Zehntelprozente, stieg dann stetig an und erreichte zum Schluß einen Wert von rund 19 %. Umgekehrt war der Kohlendioxydgehalt der abziehenden Gase in den ersten Stunden etwa 20 % und sank dann im Verlauf der weiteren Oxydation allmählich auf rund 1 %.

Nachdem 8 Portionen des Sägemehles in der vorstehend beschriebenen Art in Lösung gebracht waren, wurden je 4 Portionen, 2 kg oxydiertes Sägemehl und 6 Liter 2,5 n. Sodalösung enthaltend, auf ein Volumen von 2,5 Liter eingeengt und gleichzeitig in zwei Autoklaven weiter oxydiert. Diese Oxydation wurde unter gleichen Bedingungen wie früher 26 Stunden fortgesetzt. Der Sauerstoffgehalt der abziehenden Gase betrug zu Beginn der Oxydation rund 7 % und stieg dann allmählich, bis er nach 21 Stunden 19,5 %

[1]) Wiesner, Die Rohstoffe des Pflanzenreiches, II. Band, S. 882 (1918).

betrug; diesen Wert behielt er in den letzten 5 Stunden bei. Der Kohlensäuregehalt betrug anfangs 7 % und sank mit gewissen Schwankungen bis zum Schluß der Oxydation auf 1 %.

Die soweit oxydierte Urlösung war eine grünlich-gelbe Flüssigkeit, in der ein rotbraunes Pulver suspendiert war, das getrocknet 76,5 g wog. Dasselbe enthielt im wesentlichen Mineralbestandteile des Holzes.

Die Urlösung schied beim Stehen beträchtliche Mengen Kristalle aus, die aus Soda bestanden und abgesaugt wurden. Um nun die Urlösung noch weiter von überschüssiger Soda zu befreien, haben wir sie auf dem Wasserbade stufenweise weiter eingeengt. Auf diese Weise wurden vier Abscheidungen schwerlöslicher Natriumsalze erzielt, die zusammen 541 g Soda enthielten. Die Zusammensetzung der einzelnen Abscheidungen war verschieden. Die erste Abscheidung war fast reine Soda mit kleinen Mengen von Natriumoxalat, die zweite Abscheidung war ein Gemisch von Soda (55,5 %) und Natriumoxalat (44,4 %), die dritte und vierte Abscheidung enthielten nunmehr zur Hälfte Soda, einen geringen Anteil Natriumoxalat, der Rest waren organische Säuren mit schwerlöslichen Natriumsalzen.

Insgesamt enthielt die Urlösung noch 727 g Soda = 13,7 Äquivalente. Angewandt waren 30 Äquivalente Soda, es hatten sich also 16,3 Äquivalente organischer Säuren aus 4 kg Sägemehl gebildet.

Bei der Aufarbeitung der Urlösung (3,14 l) beschränkten wir uns, wie gesagt, auf die Gewinnung der für die Druckoxydationsprodukte des Lignins durch seine große Ausbeute charakteristischen Benzolpentakarbonsäure. Durch die erwähnte Abscheidung des größten Teiles der Soda und Oxalsäure sowie der organischen Säuren mit schwerlöslichen Natriumsalzen war die Isolierung der Benzolpentakarbonsäure wesentlich erleichtert.

Ein Liter der klaren Urlösung wurde mit überschüssiger Salzsäure versetzt und zur Entfernung der flüchtigen Säuren auf dem Wasserbade eingedampft. Das als Abdampfrückstand zurückbleibende Kochsalz und die freien Säuren wurden zuerst mit Äther, dann mit Alkohol auf der Schüttelmaschine erschöpfend ausgeschüttelt. Der Eindampfrückstand des Äthers war ein helles, rötlichgelbes Produkt und wurde mit Wasser aufgenommen (403 ccm). Der Rückstand aus dem Alkoholauszug war dunkelgrün und wurde in 250 ccm Wasser gelöst.

300 ccm wässerige Lösung der ausgeätherten Säuren wurden mit Kalkmilch bis zur schwach alkalischen Reaktion versetzt; darauf gab man kalte, verdünnte Essigsäure zu, schüttelte und saugte vom Ungelösten ab. Das klare Filtrat wurde zum Sieden erhitzt, wobei die in der Hitze schwerlöslichen Calciumsalze ausfielen. Diese wurden heiß abgesaugt. Das heiße Filtrat wurde abgekühlt und mit ihm nach Zusatz von etwas frischer Essigsäure das Auslaugen der Calciumsalze wiederholt. Nach dreimaliger Wiederholung dieser Extraktion war fast das ganze Calciumsalz in Lösung gegangen. Die Ausbeute an heiß schwerlöslichen Calciumsalzen betrug 23,22 g. Von der wässerigen Lösung des Alkoholauszuges wurden 200 ccm in der gleichen Weise behandelt, ergaben jedoch nur eine Ausbeute von 6,14 g heiß schwerlöslichen Calciumsalzen. Die Gesamtausbeute aus einem Liter Urlösung betrug somit 38,87 g.

Diese Calciumsalze wurden nun durch doppelte Umsetzung mit Sodalösung in die Natriumsalze übergeführt. Die Lösung derselben wurde stark eingeengt, dann mit überschüssiger konzentrierter Salzsäure versetzt und weiter abgedampft. Der Eindampfrückstand wurde in noch schwach feuchtem Zustande auf der Schüttelmaschine erschöpfend ausgeäthert. Die so erhaltenen freien Säuren waren ockergelb (17,3 g).

2 g derselben führten wir über das Natriumsalz in das Silbersalz über (4,4 g Ag-Salz), suspendierten dieses in gut ausgewaschenem und getrocknetem Zustand in Benzol und kochten mit 5,5 ccm Jodmethyl 3 Stunden unter Rückflußkühlung. Nach Abfiltrieren des Benzols wurde das Silbersalz mit etwas Methylalkohol ausgekocht. Das abdestillierte Benzol und der im gleichen Kölbchen nachher abdestillierte Methylalkohol hinterließen ein rötlichbraunes schmieriges Produkt. Durch Behandeln mit wenig Äther wurde der harzige Anteil in Lösung gebracht, während der Ester pulverig zurückblieb. Er wurde aus Methylalkohol umkristallisiert und getrocknet, 0,32 g. Der Schmelzpunkt des Esters lag bei 147—148°. Der reine Ester der Benzolpentakarbonsäure schmilzt bei 148,2°.

5,705 mg Sbst.: 10,920 mg CO_2, 2,100 mg H_2O. — 3,221 mg Sbst.: 6,170 mg CO_2, 1,250 mg H_2O.

$C_{16}H_{16}O_{10}$ (368,20). Ber. C 52,17, H 4,37,
Gef. „ 52,22, 52,26; „ 4,12, 4,34.

Berechnet man die Ausbeute an Pentakarbonsäure für die gesamte Urlösung, so ergeben sich 9,35 g Benzolpentakarbonsäure.

Die Berechnung der Ausbeute für das angewandte Lignin ergibt sich aus folgendem: Das lufttrockene Kiefernsägemehl enthält gegen 28 % Lignin[1]), auf 4 kg lufttrockenes Kiefernsägemehl kommen also etwa 1120 g. Die Druckoxydation des Kiefernsägemehls ergab somit eine Ausbeute von 0,83 % Benzolpentakarbonsäure bezogen auf das im Holz enthaltene Lignin.

Bei der in vorangehender Arbeit ausgeführten Druckoxydation von Lignin, welches mittels konzentrierter Salzsäure nach Willstätter und Zechmeister gewonnen war, wurde eine Ausbeute von 1,65 % Benzolpentakarbonsäure erzielt. Wenn diese beiden Werte auch erheblich voneinander abweichen, so ist doch festgestellt, daß auch aus dem Lignin, so wie es im Holz vorliegt, Benzolpentakarbonsäure erhalten wird, und man daher annehmen kann, daß daneben auch die übrigen Benzolkarbonsäuren gebildet werden, wie wir sie beim Willstätter-Lignin fanden, daß also die Salzsäurebehandlung bei der Isolierung des Lignins wesentliche Veränderungen in dieser Hinsicht nicht bedingt. Daß die Menge an Benzolpentakarbonsäure beim Lignin nach Willstätter doppelt so groß gefunden wurde als beim unveränderten Holzlignin, kann verschiedene Ursachen haben. Einmal war vielleicht die Druckoxydation beim Holz im Verhältnis weiter fortgeschritten und infolgedessen ein Teil der Pentakarbonsäure bereits weiter abgebaut worden. Dabei wäre zu berücksichtigen, daß die gleichzeitige Oxydation der Cellulose infolge Übertragung von Sauerstoff möglicherweise einen beschleunigten Abbau des Lignins verursacht. Ferner ist aber auch die Methode der Isolierung der Benzolpentakarbonsäure nicht genau, so daß auch hierdurch ein gewisser Unterschied in den Mengen bedingt sein kann. Jedenfalls kann man das erhaltene Ergebnis als Beweis dafür betrachten, daß die Benzolpentakarbonsäure durch oxydativen Abbau von aromatischen Komplexen entstanden ist, die dem Lignin eigentümlich sind, und daß nicht etwa solche aromatische Gebilde sich erst bei der Isolierung des Lignins aus dem Holz durch Behandlung mit hochkonzentrierter Salzsäure gebildet haben.

Mülheim-Ruhr, März 1922.

---

[1]) Abh. Kohle 5, 107 (1920).

3. Über die Autoxydation des Lignins, der natürlichen Humusstoffe und der Kohlen und ihre Beeinflussung durch Alkali.

Von

Hans Schrader.

Brennstoff-Chemie 3, 161, 181 (1922).

I. Über die Autoxydation des Lignins.

Die von Franz Fischer und mir aufgestellte Theorie über die Entstehung der Kohlen faßt den Humusanteil der letzteren als Umwandlungsprodukt des Lignins auf. Als unmittelbaren Beweis für unsere Ansicht haben wir seinerzeit Versuche angeführt, die den Übergang des Lignins in Huminsäuren zeigen. So geht bei der Druckoxydation bei 200° in Gegenwart von Sodalösung das Lignin allmählich vollständig unter Bildung von Huminsäuren in Lösung[1]), und das gleiche geschieht sehr rasch, wenn man Lignin mit Ätzalkalilösungen bei Abwesenheit von Sauerstoff auf etwa 200° erhitzt[2]).

Mit welchen einfachsten Mitteln läßt sich nun der Übergang des Lignins in Huminsäuren im Laboratorium bewirken? Das war eine Frage, deren Beantwortung von besonderem Interesse war für die weitere Beleuchtung und Ergänzung unserer bisherigen Versuche auf diesem Gebiet. Läßt sich die Huminsäurebildung bei viel niederer Temperatur, vielleicht überhaupt ohne besondere Wärmezufuhr erzielen? Letzteres ist in der Tat der Fall. Die Beobachtung, die den Weg zu den experimentellen Bedingungen zeigte, war folgende.

Die Lösungen der Huminsäuren, die durch Erhitzen von Lignin mit Ätzalkali erhalten werden, erwiesen sich als sehr leicht autoxydabel. So war bei der Behandlung derselben mit Luft unter

---

[1]) Abh. Kohle 5, 221 (1920).

[2]) Abh. Kohle 5, 332 (1920).

30 Atm. Druck bei 100° nach kurzer Zeit aller Sauerstoff aus der Luft verschwunden; bei höherer Temperatur steigerte sich naturgemäß noch die Geschwindigkeit der Sauerstoffaufnahme. Sicherlich verlief auch bei gewöhnlicher Temperatur die Autoxydation solcher Lösungen noch recht geschwind. Somit war Grund zu der Annahme gegeben, daß möglicherweise auch das Lignin nach dem Befeuchten mit Alkali merklich autoxydabel sei. Wenn auch vielleicht der erste Angriff des Alkalis nur langsam vor sich ging, so mußte doch, falls z. B. der bei der Autoxydation der gelösten Anteile auftretende aktive Sauerstoff eine günstige Wirkung auf den Vorgang hatte, die Reaktion bald eine beträchtliche Geschwindigkeit gewinnen. Wie die folgenden Versuche zeigen, haben sich diese Erwartungen jedenfalls insofern erfüllt, als das Lignin in Gegenwart von Alkali lebhaft Sauerstoff aufnimmt und dabei in Huminsäuren übergeht. Mit diesem Vorgang werden wir uns zunächst näher beschäftigen.

Einwirkung von Natronlauge auf Lignin in Gegenwart von Sauerstoff.

Als Lignin[1]) mit Natronlauge befeuchtet in einer Flasche mit dicht schließendem Stopfen einige Stunden gestanden hatte, war beim Öffnen starkes Ansaugen der Luft zu bemerken; es war also Sauerstoff vom Lignin aufgenommen worden. Die Natronlauge hatte sich braun gefärbt und schied beim Ansäuern einen Niederschlag von braunen Huminsäuren aus.

Es wurde daraufhin zunächst untersucht, ob ein wesentlicher Unterschied aufzufinden war bei der Einwirkung von Natronlauge in Gegenwart oder in Abwesenheit von Sauerstoff, insbesondere ob der Sauerstoff einen Einfluß auf die Bildung der Huminsäuren aus dem Lignin ausübt.

Eine Flasche von 1250 ccm Inhalt wurde mit 30 g Lignin (darin 23,7 g Reinlignin) beschickt und mit Sauerstoff aus der Bombe gefüllt. Darauf wurden 120 ccm 5 n. Natronlauge dazugegeben und die Flasche mittels paraffinierten Korkstopfens verschlossen. Nach 46stündigem Stehen wurde geöffnet. Dabei wurde die Luft stark angesogen. Das Lignin nahm man mit 450 ccm

[1]) Das in dieser Arbeit verwandte Lignin stammte von der Firma Th. Goldschmidt A.-G., Essen. Über die nähere Beschaffenheit desselben vergl. Abh. Kohle 5, 340 (1920).

Wasser auf und saugte ab. Nach dem Ansäuern mit Salzsäure erwärmte man das Filtrat auf dem Wasserbade, so daß sich die Huminsäuren gut absaugen ließen. Sie wurden mit Wasser gewaschen und bei 105° im CO_2-Strom getrocknet: 2,23 g = 9,4 % des angewandten Reinlignins.

Die salzsaure Lösung wurde zur Trockene gedampft und der Rückstand erschöpfend mit Äther ausgezogen. Der Äther hinterließ 0,45 g kristallinische Substanz. Auf die Untersuchung eines solchen in größerer Menge erhaltenen Säuregemisches kommen wir weiter unten zu sprechen.

Einwirkung von Natronlauge auf Lignin bei Abwesenheit von Sauerstoff.

In einer mit sauerstoffreiem Stickstoff gefüllten Flasche wurde die gleiche Menge Lignin wie beim vorigen Versuch mit ebenfalls der gleichen Menge Natronlauge während der gleichen Zeit stehen gelassen. Darauf wurde mit Wasser aufgenommen und die Aufschwemmung abgesaugt. Das Filtrat schäumte stark, was bei dem Versuch mit Sauerstoff nicht der Fall war. Die Huminsäuren wurden mit Salzsäure ausgeschieden und nach dem Erhitzen auf dem Wasserbade abgesaugt, gewaschen und bei 105° im CO_2-Strom getrocknet; ihre Menge betrug 0,62 g = 2,6 % des angewandten Reinlignins gegen 9,4 % bei dem Versuch mit Sauerstoff; diesmal also bedeutend weniger. Diese Huminsäuren waren heller als die in Gegenwart von Sauerstoff gewonnenen, welche tiefbraune Farbe zeigten. Die salzsaure Lösung wurde eingedampft und mit Äther erschöpfend ausgezogen. Der Ätherauszug war ein gelbbraunes Öl ohne kristallinische Ausscheidung, das stechend nach niederen Fettsäuren roch: 0,38 g. Die Menge der ätherlöslichen nichtflüchtigen Säuren war also ebenfalls kleiner als im vorigen Versuch.

Für die viel geringere Ausbeute an Huminsäuren bei diesem Versuch waren zwei Erklärungen möglich. Entweder ging die Humussäurebildung im Stickstoff nur viel langsamer vor sich, oder sie fand in Abwesenheit von Sauerstoff überhaupt nicht statt, und die vom Alkali gelösten Anteile waren bereits früher, im Laufe der Aufbewahrung oxydierte Anteile des Lignins, die nur bei der Behandlung mit Alkali in Lösung gingen. Falls der letztere Fall zutreffend war, dann dürfte die Menge der Huminsäuren bei der

1351

längeren Behandlung von Lignin mit Natronlauge bei Abwesenheit von Sauerstoff nicht zunehmen. Diese Prüfung wurde unter Verwendung einer größeren Menge Lignin angestellt. 210 g Lignin, mit 840 ccm 5 n. Alkali befeuchtet, blieben in einer mit Stickstoff gefüllten, mit Gummistopfen gut verschlossenen Flasche 3 Monate stehen. An Huminsäuren waren gebildet worden 3,84 g = 2,3 % des angewandten Reinlignins, an ätherlöslichen Säuren, die zum Teil aus Essigsäure bezw. Ameisensäure bestanden, 3,78 g, also ebenfalls 2,3 %. Wie ein Vergleich mit dem kurzfristigen Versuch im Stickstoff zeigt, war die Menge der Huminsäuren in diesem letzteren Versuch trotz der längeren Dauer noch etwas geringer als in jenem. Ziehen wir außerdem in Betracht, daß die Huminsäurebildung in Gegenwart von Sauerstoff nach kurzer Zeit 9,4 % erreicht und bei längerer Dauer weiter steigt — ein nachstehend beschriebener, 8 Monate fortgesetzter Versuch ergab 27,6 % — so kommen wir zu dem Ergebnis: Die Bildung der Huminsäuren aus dem Lignin unter der Einwirkung von Alkali findet bei gewöhnlicher Temperatur nur unter gleichzeitiger Mitwirkung des Sauerstoffs statt.

Wir werden uns sogleich mit diesem Ergebnis weiter beschäftigen, wollen uns aber zuvor durch einen Versuch in größerem Maßstabe über die Autoxydation des Lignins etwas eingehender bezüglich der dabei entstehenden Stoffe unterrichten.

Autoxydation des Lignins in größerem Maßstabe.

Die Autoxydation des Lignins bei gewöhnlicher Temperatur führt, wie wir oben gesehen haben, zu einem Abbau desselben, wobei als Spaltstücke einerseits hochmolekulare Stoffe, nämlich Huminsäuren, anderseits Säuren mit kleinerem Molekulargewicht entstehen. Da nun die Autoxydation jedenfalls ein sehr mildes Oxydationsverfahren darstellt, ist die nähere Kenntnis ihres Verlaufs, abgesehen von der Frage der Huminsäurebildung, zugleich auch für die Aufklärung der Konstitution des Lignins von Bedeutung. Es wurde ein Versuch mit einer größeren Menge Lignin, über einen längeren Zeitraum sich erstreckend, angesetzt.

450 g Lignin, enthaltend 375 g Reinlignin, wurden mit 1330 ccm etwa 9 n. Natronlauge in einer Reibschale angefeuchtet und die Masse in dünner Schicht auf drei übereinanderliegende, durch Glasstäbe getrennte Eisendrahtnetze ausgebreitet, die sich auf der Siebplatte

einer Steinzeugnutsche von 34 cm Durchmesser befanden. Zum Abschluß gegen die Luft wurde die Nutsche mit einer Glasplatte bedeckt. Durch das an der unteren Kammer befindliche Saugloch wurde in langsamem Strom tagsüber Luft eingeleitet, die zuvor durch Kalilauge von ihrem Kohlendioxydgehalt befreit war. In der unteren Kammer der Nutsche befand sich Wasser, so daß die langsam darüberstreichende Luft sich damit sättigen konnte, ehe sie die Ligninschichten passierte. Der Versuch wurde 8 Monate im Gang gehalten. Während dieser Zeit wurde das Lignin ein paar mal mit einem Spatel gewendet, um frische Teile der Beschickung mit der Luft in Berührung zu bringen. Auch wurde noch etwas verdünnte Natronlauge zur Befeuchtung hinzugegeben.

Das Reaktionsprodukt zeigte bereits äußerlich die Merkmale der Veränderung. Das anhängende Alkali war tiefbraun gefärbt, und das Lignin, das ursprünglich aus kleinen, aber festen Stücken bestand, war nunmehr in eine weiche, moderähnliche Masse übergegangen. Während das angewandte Lignin unter dem Mikroskop im allgemeinen nur hin und wieder an dünnen Bruchrändern mit gelber oder brauner Farbe durchscheinend war, bestand das feste Reaktionsprodukt zum größten Teil aus dünnen, gelb oder braun durchscheinenden, Faserstruktur zeigenden Blättchen. Offenbar war das Lignin gequollen und in einzelne Schichten zerteilt worden.

Zur Aufarbeitung nahmen wir das Produkt mit viel Wasser auf und saugten die Hauptmenge der Flüssigkeit ab. Der Rückstand wurde mit Wasser ausgekocht und die Suspension durch Absaugen von den festen Teilen befreit. Um die Menge der letzteren genau festzustellen, wurde ein durch Wägung bestimmter Teil des Nutschenrückstandes mit viel Wasser erschöpfend ausgekocht. Die so ermittelte Menge an fester Substanz betrug insgesamt 221,9 g. Da darin 13,26% Asche enthalten waren, blieben von 375 g Reinlignin 192,5 g reine organische Substanz gleich 51,3% des Reinlignins übrig, d. h. es war durch die Einwirkung des Sauerstoffs und der Natronlauge rund die Hälfte des Lignins in Lösung gebracht worden.

Die braune alkalische Lösung, aus der mit Äther so gut wie nichts extrahiert werden konnte, wurde mit Salzsäure bis zur kongosauren Reaktion versetzt. Dabei entwich viel Kohlendioxyd, das größtenteils durch Oxydation des Lignins entstanden sein mußte. Die salzsaure Lösung wurde zum Kochen erhitzt, so daß sich die Huminsäuren beim Stehen gut absetzten. Die klare Lösung wurde abgehebert und das übrige zentrifugiert. Die Huminsäuren wurden auf der Zentrifuge erschöpfend gewaschen und dann in möglichst wenig Ammoniak gelöst. Dabei blieben reichliche Mengen Aluminiumhydroxyd zurück, das wohl im wesentlichen aus der angewandten Natronlauge stammte. Die Menge der wieder ausgefällten und ausgewaschenen Huminsäuren betrug nach dem Trocknen bei 105° 84,5 g. Aus dem mit Wasser ausgekochten festen Ligninrückstand ließen sich durch Kochen mit verdünnter Natronlauge noch 19,0 g Huminsäuren ausziehen, die sich von den erst erhaltenen dadurch unterschieden, daß sie sich nach dem Trocknen bei 105° nicht mehr vollständig in Natronlauge lösten.

Im ganzen waren also 103,5 g Huminsäuren entstanden, d. h. 28% des angewandten Reinlignins. Die Huminsäuren waren nahezu aschefrei.

Die salzsaure Lösung, aus der die Huminsäuren ausgeschieden waren, wurde nun auf weitere darin enthaltene organische Säuren untersucht. Äther extrahierte daraus eine geringere Menge eines Säuregemisches, das stechend nach niederen Fettsäuren (Essigsäure und Ameisensäure) roch. Aus der konzentrierten Ätherlösung dieser Säuren schied sich eine braune pulverige Substanz aus (0,26 g), die unter 20 mm Druck bei 200—230° ein reichliches, schwach gelbliches Sublimat lieferte. Der Schmelzpunkt dieser Säure lag über 285°. In kaltem Wasser war dieselbe schwer löslich. Durch Umlösen daraus wurde sie in kleinen Kristallen erhalten. Das nochmals sublimierte Produkt ergab bei der Titration einen nahezu auf Benzoldikarbonsäure stimmenden Wert.

Titration I. 10,915 mg Subst.: 7,10 ccm n/45 NaOH, 0,95 ccm n/45 HCl; also verbraucht 6,15 ccm n/45 HCl. — II. 11,075 mg Sbst.: 6,97 ccm n/45 NaOH, 0,82 ccm n/45 HCl; also verbraucht 6,15 ccm n/45 HCl. Äqu.-Gew. für Benzoldikarbonsäure: Ber. 83,04, gef. I. 79,89, II. 81,09.

Da die Substanz ein leichtlösliches Bariumsalz bildete, ist anzunehmen, daß Isophthalsäure vorlag, die auch bei der Druckoxydation des Lignins erhalten wurde[1]). Für die Vornahme weiterer Identifizierungsversuche reichte die Substanzmenge nicht mehr aus.

Die salzsaure Lösung der Säuren wurde zur Trockene gedampft und der Rückstand zunächst wiederholt mit Äther, dann

---

[1]) Brennstoff-Chemie 3, 67 (1922).

mit Alkohol ausgezogen. Aus der eingeengten braungelben, ätherischen Lösung schieden sich beim Stehen im Eisschrank 1,62 g einer kristallinischen Substanz aus, die zunächst bei 170° sublimiert wurde und dann bei der wiederholten Sublimation bei 100—120° die charakteristischen Nadeln des Bernsteinsäureanhydrids (Schmelzpunkt 119°—119,5°) lieferte.

Nach stärkerem Einengen der ätherischen Lösung schieden sich während mehrtägigen Stehens im Eisschrank noch 0,47 g Substanz aus, die im wesentlichen Oxalsäure war.

Im übrigen wurden die ätherlöslichen Säuren vereinigt und mit Wasser aufgenommen. Ihre Menge betrug 8,3 g. Um zu prüfen, ob in denselben vielleicht Mellithsäure vorhanden sei, wurde die wässerige Lösung stark eingeengt und dann mit Ammoniak gesättigt. Die sich ausscheidenden Kristalle wurden abgesaugt und nach dem Trocknen in der üblichen Weise auf Mellithsäure geprüft (Euchronreaktion). Die Reaktion fiel jedoch vollständig negativ aus; offenbar bestanden die Kristalle lediglich aus Ammoniumoxalat.

Ein Teil der Lösung der Ammoniumsalze wurde mit überschüssigem Calciumhydroxyd versetzt. Die durch Eindampfen der Suspension auf dem Wasserbade dargestellten Calciumsalze waren z. T. in Wasser löslich. Ihre kalt gesättigte Lösung ließ beim Erhitzen zum Kochen einen Niederschlag von schwerlöslichen Calciumsalzen fallen, der sich in der Kälte wieder auflöste.

Obwohl die Säuren selber noch nicht untersucht wurden, scheinen sie doch durch die auffallende Eigenschaft ihrer Calciumsalze, beim Erwärmen der wässerigen Lösung sich auszuscheiden, genügend gekennzeichnet und sind aller Wahrscheinlichkeit nach identisch mit jenen Säuren, die wir bei der Druckoxydation des Lignins ebenfalls mit Hilfe der beim Erwärmen aus wässeriger Lösung ausfallenden Calciumsalze isolierten. Diese Gruppe von Säuren machte einen beträchtlichen Teil der überhaupt bei der Druckoxydation aus dem Lignin gebildeten Säuren aus; wir identifizierten davon bisher Benzolpentakarbonsäure und Pyromellithsäure[1]).

---

[1]) Vgl. Franz Fischer u. Hans Schrader, Brennstoff-Chemie 3, 67 (1922); an der Arbeit über die Druckoxydation des Lignins ist Herr Dr. Friedrich mitbeteiligt. Siehe ferner Franz Fischer, Hans Schrader und Wilhelm Treibs, Abh. Kohle 5, 228 (1920).

Im folgenden sind die bei der Autoxydation des Lignins erhaltenen Produkte übersichtlich zusammengestellt.

Angew.: 375 g Reinlignin

Erhalt.: 192,5 g ungelöste organische Substanz,
182,5 g gelöste organische Substanz.

Letztere setzt sich zusammen aus:

103,5 g Huminsäuren,
10,3 g ätherlöslichen, nicht flüchtigen Säuren,
davon bisher ermittelt:
1,62 g Bernsteinsäure,
0,47 g Oxalsäure,
0,26 g Isophthalsäure (?),
nicht bestimmte Mengen von höheren Benzolkarbonsäuren (Pyromellithsäure oder Benzolpentakarbonsäure),
6,1 g alkohollösliche, nicht flüchtige Säuren.

Der noch fehlende Rest von 62,3 g dürfte im wesentlichen aus Essigsäure, Ameisensäure, Kohlendioxyd und Wasser bestehen.

II. Über die Autoxydation des Lignins und die Bildung der Huminsäuren bei der natürlichen Vermoderung.

Es ist naturgemäß verlockend, die Betrachtung des Verlaufs der Autoxydation des Lignins in Gegenwart von Alkali unter dem Gesichtspunkte des Vergleichs mit den natürlichen Vermoderungsvorgängen zu betrachten. Selbstverständlich bin ich mir dabei bewußt, daß ein bedeutender Unterschied zwischen den Bedingungen des Laboratoriumsversuchs und des Bodens besteht. Immerhin ist derselbe doch nicht so groß, als es zunächst den Anschein hat. Die Temperatur ist in beiden Fällen im Durchschnitt etwa die gleiche; sie kann unter natürlichen Bedingungen im Sommer sehr viel höher sein. Die Konzentration des Alkalis braucht im Laboratoriumsversuch keineswegs so hoch zu sein, als sie tatsächlich gewählt wurde. Wie aus folgendem zu schließen, wird auch die G…vart von Ammoniak oder Kalk genügen, die ja in der Natur … Vermoderung häufig zugegen sind. Der Hauptunterschied …hl in der Gegenwart der Kleinlebewesen bei der Entstehung …uminsäuren, und hier ist zu sagen, daß wir über … Bakterien, so groß sie unzweifelhaft für die …lose ist, bezüglich der Huminsäurebildung aus dem Lignin noch sehr wenig wissen. Aber wir können unter Berücksichtigung der im folgenden angeführten Tatsachen voraussetzen, daß an sich für das nach der Aufzehrung der Cellulose in feinster Verteilung daliegende feuchte Lignin insbesondere bei Gegenwart alkalischer Reaktion bereits die Einwirkung des Luftsauerstoffs genügt, um die Überführung desselben in Humussäuren zu bewirken.

Gehen wir kurz auf die bei der Autoxydation des Lignins erhaltenen Stoffe ein. Es ist bemerkenswert, daß die Menge der Humussäuren nur 57% der in Lösung gegangenen Substanz beträgt, und daß die wasserlöslichen Säuren einen verhältnismäßig großen Bruchteil davon ausmachen. Die unter den letzteren aufgefundene Bernsteinsäure und Oxalsäure sind schon früher als Absorptionsprodukte der natürlichen Humussäuren ermittelt worden [1]), doch war ihre Herkunft nicht bekannt. Wir können nunmehr annehmen, daß dieselben als Autoxydationsprodukte bei der natürlichen Vermoderung des Lignins gebildet werden. Selbstverständlich ist außerdem auch ihre Entstehung aus andern Stoffen, wie Cellulose und Zucker, in Betracht zu ziehen.

Unter den bei der Autoxydation des Lignins entstehenden wasserlöslichen Säuren befinden sich ferner anscheinend Benzolkarbonsäuren. Ihre Entstehung kann nicht wundernehmen, nachdem der Abbau des Lignins durch Druckoxydation eine reichliche Menge dieser Säuren ergeben hat [2]).

Der Verlauf der Autoxydation des Lignins bietet einen Anhalt für die Ermittlung der Tatsachen, auf denen die rein chemische, für den Pflanzenwuchs günstige Wirksamkeit der Ligninstoffe, des daran reichen tierischen Düngers und ferner des Humus im Boden beruht. Folgende Punkte dürften vor allem dabei von Bedeutung sein.

1. Bei der durch Alkali (Ammoniak, Kalk) beschleunigten Autoxydation dieser Stoffe (wie auch durch Zersetzung von Karbonaten, vgl. Nr. 2) wird Kohlensäure gebildet, welche für die Assimilation von Bedeutung ist.
2. Gleichzeitig entstehen niedere Säuren, welche das Ammoniak zu binden, die Gesteine aufzuschließen und lösliche Salze zu bilden vermögen; außerdem entstehen solche Säuren natürlich auch bei der Vergärung der Cellulose [3]).

[1]) Vgl. Odén, Die Huminsäuren, S. 64.

[2]) Brennstoff-Chemie 3, 67 (1922).

[3]) Vgl. Brennstoff-Chemie 3, 69 (1922).

3. Infolge ihrer kolloiden Beschaffenheit sind die Humusstoffe in der Lage, außer dem Wasser auch die entstehenden Säuren und Salze aufzuspeichern und nach und nach an die Pflanzen abzugeben.

An dieser Stelle sei darauf hingewiesen, daß die Beschleunigung der Autoxydation von Huminstoffen durch Alkali sicherlich von schwerwiegender Bedeutung ist für die Verschlechterung von Ackerböden bei alkalischer Reaktion. Über die Wirkung von Alkali auf den Boden schreibt z. B. Ehrenberg[1]): „So lernen wir zwei wichtige Wirkungen des Chilesalpeters bezw. der durch ihn bedingten alkalischen Reaktion der Bodenlösung kennen. Einmal, und zunächst bemerkbar, die Beeinträchtigung und unter Umständen Vernichtung des Krümelzustandes, verbunden mit Krustenbildung, und zweitens die Auswaschung der Bodenkolloide."

Diese Auswaschung der Bodenkolloide ist meiner Meinung nach keineswegs nur auf die kolloidchemische Wirkung des Alkalis zurückzuführen, sondern ich möchte aus den vorstehend beschriebenen Versuchen schließen, daß die stark beschleunigte Überführung bezw. das Verschwinden der unlöslichen Humusstoffe infolge der durch das Alkali erhöhten Oxydation in solche, die leicht in den Solzustand überzugehen vermögen, einen sehr bedeutenden Anteil an der Verschlechterung alkalischer Böden haben wird. Wie deutlich der Einfluß von Soda ist, geht z. B. aus einer Arbeit von Hilgard[2]) hervor. Derselbe schreibt (S. 3628): „Denn das kohlensaure Natron zerfrißt nicht nur direkt die Pflanze an der Wurzelkrone . . . . ." und „Überdies löst das Natriumkarbonat auch die Humussubstanz auf."

Unsere Theorie über die Entstehung der Kohlen haben Franz Fischer und ich auf die Behauptung gegründet, daß die Huminsäuren in der Natur aus dem Lignin entstehen. Diese Behauptung haben wir durch eine Reihe von Versuchen bewiesen. Über die Art und Weise, wie die Entstehung der Huminsäuren aus dem Lignin bei der Vermoderung erfolgt, war jedoch bisher nichts Näheres bekannt. Durch die vorstehend beschriebenen Versuche scheint mir nunmehr die Erklärung dieses Vorgangs seinem Wesen nach gegeben.

---

[1]) Die Bodenkolloide, 3. Aufl., S. 684; siehe auch die folgenden Seiten, ferner S. 359 u. f.

[2]) B. 25, 3624 (1892).

Die außerordentliche Bedeutung der Autoxydation für die Bildung und Art der Huminsäuren ist leicht zu erweisen. Wie wir gesehen haben, geht Lignin unter der Einwirkung von Alkali in Abwesenheit von Sauerstoff bei gewöhnlicher Temperatur nicht in Huminsäuren über. Dagegen läßt sich dieser Übergang erzwingen, wenn man es mit Alkalilösung auf etwa 200° erhitzt. Die Menge der so erhaltenen „primären" Huminsäuren ist etwa gleich der des angewandten Lignins, und diese Huminsäuren zeigen ein außerordentliches Autoxydationsvermögen. Ihr Kohlenstoffgehalt ist sehr hoch, nämlich 69,6%, der Wasserstoff beträgt 5,0%, während das Lignin C = 62,7%, H = 5,2% aufwies[1]). Vergleicht man damit die in der Natur vorkommenden Huminsäuren, so findet man bei diesen beträchtlich geringere Werte, nämlich

für C 57—64%,
„ H 4,3—5,4%[2]).

Nun enthielten die bei der 8-monatigen Autoxydation des Lignins in Gegenwart von Alkali gebildeten Huminsäuren 64,0% C, 4,5% H, schließen sich somit den natürlichen Huminsäuren hinsichtlich ihrer Zusammensetzung befriedigend an.

Ohne den angeführten Analysenzahlen im einzelnen bezüglich ihrer Genauigkeit großes Gewicht beizumessen aus Gründen, die sich, wenn man die übliche Isolierung und Trocknung der Huminsäuren berücksichtigt, aus der vorliegenden Arbeit von selbst ergeben[3]), läßt sich doch aus den Zahlen entnehmen, daß die Huminsäuren um so kohlenstoffärmer und um so sauerstoffreicher sind, je weiter die Autoxydation fortgeschritten ist.

Viele natürliche Huminsäuren zeigen ähnlich den durch Erhitzen mit Alkali aus Lignin entstehenden „primären" Huminsäuren die lebhaftesten Autoxydationserscheinungen, die besonders auffällig bei Gegenwart von Alkalien hervortreten.

Dies scheint mir ein Punkt, der gegenwärtig meiner Meinung nach in seiner Bedeutung keineswegs genügend beachtet wird, und an dem auch die bekannte vortreffliche Monographie von Odén

---

[1]) Abh. Kohle 5, 356 (1920).

[2]) Odén, Die Huminsäuren, S. 100.

[3]) Um die Huminsäuren möglichst unversehrt zu erhalten, müßte man vor allem die Behandlung mit Alkalien und das Trocknen in indifferenter Atmosphäre vornehmen. Daraus folgt die Unzuverlässigkeit aller bisherigen Angaben über die Zusammensetzung natürlicher Huminsäuren.

sehr zu Unrecht vorübergeht[1]) und zwar merkwürdigerweise trotz Anführung einer zahlreichen Literatur, aus der die allgemeine lebhafte Neigung der natürlichen Huminsäuren zur Autoxydation, insbesondere in Gegenwart von Alkalien zweifelfrei hervorgeht. Odén läßt sich zu dieser Ablehnung bestimmen durch einen Autoxydationsversuch mit Torf in Gegenwart von Natronlauge und eine Reihe anderer Versuche mit Torf, Humussäure und Humaten, die von Assarsson ausgeführt wurden[2]).

Ich kann hier nicht ausführlich auf die von Odén angeführten Arbeiten älterer Autoren eingehen oder, was ein leichtes wäre, eine Reihe weiterer Beweise aus denjenigen Arbeiten aufzählen, welche das Verzeichnis zu Beginn des Buches enthält, sondern muß mich damit begnügen, auf ein paar Arbeiten hinzuweisen, die, zum Teil der älteren Literatur angehörend, die Autoxydation der Humusstoffe sehr anschaulich beschreiben.

Berthelot und André[3]) untersuchten die Oxydation, welche möglichst gereinigte Huminsäuren des Bodens beim Aufbewahren erleiden. Sie fanden, daß sich dieselben, dem Lichte ausgesetzt, unter Bildung von CO_2, einer gelben Substanz und einer geringen Menge eines löslichen Produktes langsam autoxydieren.

Die Autoxydation von Huminsäuren in Gegenwart von Alkalien verläuft vielfach außerordentlich lebhaft. So berichtet Hermann[4]): Aus faulem Holz oder Torf durch Kaliumkarbonat kochend ausgezogene Huminsäuren wurden in überschüssiger Kalilauge gelöst. Die Flüssigkeit absorbierte so rasch Sauerstoff, daß sie als eudiometrisches Mittel gebraucht werden könnte.

Besonders interessant aber ist eine Arbeit von Soubeiran aus dem Jahre 1850[5]). Soubeiran nennt „Dammerde" das mehr oder minder dunkelgefärbte, in Alkali noch nicht lösliche Vermoderungsprodukt des Holzes. Aus einem alten Eichenstamm entnommener Moder gab mit Ammoniak eine dunkle Lösung; nach Behandlung mit Säure zur Zersetzung der Calciumsalze wurde mit Ammoniak abermals ein dunkler Auszug erhalten. Das so aus-

[1]) Die Huminsäuren, S. 160 u. f.

[2]) Nachträglich finde ich, daß auch Ehrenberg (Die Bodenkolloide, 3. Aufl., S. 55, Anm. 4) diesen Standpunkt Odéns ablehnend zu beurteilen scheint.

[3]) A. ch. (6) 25, 420 (1892).

[4]) J. pr. 22, 71, 76 (1841).

[5]) Über den Humus und die Wirkung des Düngers bei der Ernährung der Pflanzen, J. pr. 50, 291 (1850).

gezogene Vermoderungsprodukt, die eigentliche „Dammerde“, gab unter Einwirkung von Luft und Alkali von neuem eine gefärbte Flüssigkeit, und dieser Prozeß konnte beliebig oft wiederholt werden. „Das Pulver des alten Holzes bestand demnach aus einem Gemenge von reinem Humus, etwas humussaurem Kalk und einer noch nicht umgewandelten Substanz, die aber bei Luftzutritt unter dem Einfluß der Alkalien in Humus überzugehen fähig ist.“ (S. 299—300.)

Nach den Anschauungen, wie sie von Franz Fischer und mir entwickelt worden sind, lag in der noch nicht umgewandelten Substanz im wesentlichen Lignin oder doch ein ihm noch sehr nahestehendes Vermoderungsprodukt vor, indem die Cellulose bei der Vermoderung weitgehend der Gärung anheimfiel. Das von der Cellulose befreite Lignin autoxydierte sich dann in Gegenwart von Alkali leicht zu Huminsäuren, so wie ich es ganz entsprechend für das nach Willstätter dargestellte Lignin gefunden und weiter oben beschrieben habe.

Den gleichen Versuch wie den soeben angeführten hat Soubeiran mit einer aus einem botanischen Garten stammenden „Dammerde“ vorgenommen und die gleichzeitig mit der Bildung der Humussäuren erfolgende Absorption des Sauerstoffs der Luft nachgewiesen. Auch findet er, daß die Humussäurebildung in Gegenwart von Alkalikarbonaten und besonders ätzenden Alkalien schneller geht als bei Gegenwart von Ammoniak (S. 296).

Genau die gleichen Ergebnisse erhält Soubeiran bei den entsprechenden Versuchen mit Torf. Auch hier stellt er die Aufnahme von Sauerstoff fest. Als er frischen Torf, mit Ammoniak befeuchtet, in einer Glocke über Quecksilber stehen ließ, war die Absorption des Sauerstoffs, die zuerst außerordentlich schnell verlief, nach zwei Monaten fast vollständig. Die Fruchtbarmachung sauren Torfs durch Kalk, Kali und Ammoniak führt er zurück auf die beschleunigte Überführung alkaliunlöslicher Humusstoffe in alkalilösliche Huminsäuren (S. 436).

Endlich schreibt Ehrenberg über die Sauerstoffaufnahmefähigkeit von Torf[1]): An der Luft nimmt Torfsubstanz, „sobald sie mit alkalisch reagierenden Flüssigkeiten zusammengebracht wird — es genügt bereits erwärmte Aufschwemmung von kohlensaurem Kalk in Wasser — Sauerstoff auf und oxydiert sich weiter.“

[1]) Chem. Ztg. 34, 1157 (1910).

Diese Beispiele mögen genügen. Über die besondere Neigung der Huminstoffe zur Autoxydation[1]) kann kein Zweifel bestehen, und wir müssen diesen Vorgängen eine wesentliche Bedeutung für die Entstehung und Wirkung der Huminsäuren in der Natur zuerkennen.

Auf Grund der vorstehenden Ausführungen möchte ich die Bedeutung der Oxydation für die Humusstoffe in folgende Sätze zusammenfassen: Humusstoffe sind hochmolekulare Verseifungs- und Oxydationsprodukte des Lignins. Ob bei dieser Umwandlung auch Kondensation eintritt, ist nicht bekannt. In der Natur setzt die Autoxydation des Lignins wahrscheinlich in dem Maße ein, als die Auflösung der Cellulose der Pflanzenstoffe fortschreitet. Sie geht viel geschwinder in Gegenwart von basischen Stoffen vor sich. Auch für die Übergänge der verschiedenen Arten und Gruppen von Humusstoffen (alkaliunlöslichen und alkalilöslichen) ineinander sind Oxydationsvorgänge wesentlich. Die dem Lignin am nächsten stehenden Huminstoffe unterliegen weiterer Autoxydation und gehen dabei unter Abspaltung kleiner Gruppen in gegen Sauerstoff gesättigtere Huminsäuren über. Je weiter die Autoxydation fortschreitet, desto mehr nimmt naturgemäß der Sauerstoffgehalt der Huminstoffe zu und entsprechend fällt der Kohlenstoffgehalt.

Neben den Oxydationsvorgängen werden, wie es vielfach angenommen wird, Kondensationsvorgänge eine Rolle spielen. Über die Mitwirkung der Kleinlebewesen bei diesen Vorgängen der Humusbildung sind wir nicht unterrichtet. Der beschleunigende Einfluß der Basen auf die Oxydation der Huminsäuren, wie er ähnlich auch bei den mehrwertigen Phenolen zu beobachten ist, stützt übrigens die von mancher Seite vertretene Annahme, daß die Säurenatur der Huminsäuren mindestens zum Teil durch Phenolgruppen bedingt ist.

Für die weitere Erforschung der Huminsäuren wird man vorteilhaft vom Lignin ausgehen, das man in möglichst schonender Weise, vielleicht nach der Methode von Schmidt und Graumann[2]), aus dem Holz in Lösung gebracht hat. Auch kann das einfach durch Lauge aus Stroh erhältliche Lignin[3]) ein geeignetes Aus-

[1]) Die ersten Beobachtungen darüber gehen auf das 18. Jahrhundert zurück. Vgl. A. 29, 127 (1799); s. a. Ehrenberg, Bodenkolloide, 3. Aufl., S. 55, Anm. 4.

[2]) B. 54, 1860 (1921).

[3]) Beckmann und Liesche, Z. ang. 34, 285 (1921).

gangsmaterial darstellen. Die Aufklärung seiner Konstitution wird zugleich auch den Schlüssel für die der Huminsäuren bieten und Einblick in die Natur der Kohlen geben. Die weiter unten angeführte Tatsache, daß Oxydation wie beim Lignin auch bei den Kohlen, insbesondere Steinkohlen, die Bildung von Huminsäuren bewirkt, wird vielleicht einen Anhalt geben zur Erforschung des besonderen Zustandes der Huminstoffe in jenen.

III. Vergleichende Autoxydation von Lignin, Cellulose, Holz, Braunkohle und Steinkohle in Gegenwart von Natronlauge.

Der folgende Versuch bezweckt einen Vergleich zwischen der Autoxydierbarkeit der Hauptbestandteile des Holzes, der Cellulose und dem Lignin und dem Holz selber in Gegenwart von Alkali; ferner wurden noch Braunkohle (Unionbrikett) und Steinkohle in den Versuch einbezogen. Letztere war eine wegen ihrer Neigung zur Selbstentzündlichkeit beim Lagern bekannte Kohle von der Gewerkschaft Trier, die sofort nach der Entnahme aus dem Flöz in einer Blechbüchse verlötet worden war, allerdings so über ein Jahr gestanden hatte. Von den genannten Stoffen wurden die Kohlen fein gepulvert, Cellulose in Form von Filtrierpapier, Lignin und Kiefernsägemehl ebenfalls in feiner Verteilung für die Versuche verwendet. Die Substanzen wurden mit Natronlauge befeuchtet und der Einwirkung des Sauerstoffs ausgesetzt; die Aufnahme desselben wurde messend verfolgt. Die Versuche führte man in der Weise aus, daß zylindrische Schütteltrichter mit 50 ccm Inhalt mit solchen Mengen der Stoffe beschickt wurden, daß dieselben etwa annähernd $^1/_4$ bis $^1/_3$ des Raums einnahmen und man dann die Gefäße durch das Abflußrohr mit reinem Kohlendioxyd füllte. Während des Durchströmens des Kohlendioxyds wurde der obere Stopfen des Schüttelzylinders mit Kröningschem Glaskitt (4 Teile Wachs, 1 Teil Kolophonium) in der Wärme eingesetzt und der Hahn des Abflußrohrs geschlossen. Beim Eintauchen des letzteren in 5 n. Natronlauge, die sich in einem Meßzylinder befand, stieg diese unter Absorption der Kohlensäure in den Schütteltrichter. Die Lauge wurde so bemessen, daß bei gründlichem Durchschütteln die Substanz gut befeuchtet war. Die hierfür gebrauchte Menge ist aus der folgenden Tafel ersichtlich.

Sodann wurden die Abflußrohre der Schütteltrichter durch Kapillarschläuche mit Gasbüretten verbunden, die mit Sauerstoff

Tafel 1.

Stoff	angewandt g	Natronlauge ccm
Cellulose	5	20
Lignin	5	25
Holz	2,5	20
Braunkohle	10	25
Steinkohle	15	15

gefüllt waren. Nach dem Öffnen der Hähne der Abflußrohre füllte sich das Vakuum in den Schütteltrichtern, das infolge der Absorption der Kohlensäure durch die Natronlauge entstanden war, mit Sauerstoff und die Absorption begann. Der Verlauf derselben ist aus

Tafel 2.

Verlauf der Sauerstoffaufnahme, bezogen auf je 1 g angewandte Substanz.

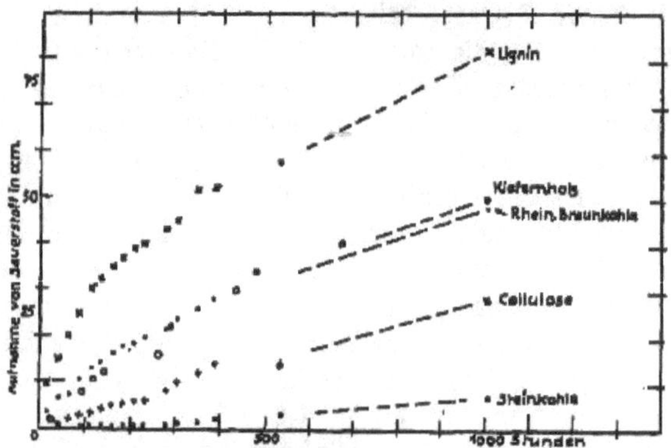

vorstehendem Zahlenbild zu ersehen, in dem die Sauerstoffaufnahme, bezogen auf je 1 g der angewandten Substanz, im Verlauf von 1000 Stunden in ccm angegeben ist. Während des Versuchs wurden die Schütteltrichter mit den Substanzen ab und zu kräftig umgeschüttelt.

Aus der Darstellung geht hervor, daß Lignin die größte Neigung unter den untersuchten Substanzen zur Autoxydation zeigt, Cellulose sehr viel weniger; zwischen beiden steht das Holz. Von den beiden untersuchten Kohlen verhält sich die Braunkohle gleich dem Holz, während die Steinkohle nur eine sehr schwache Sauerstoffaufnahme zeigt. Der Verlauf der einzelnen Kurven ist nicht ganz regelmäßig, da die Sauerstoffaufnahme natürlich wesentlich davon abhängig ist, wie weitgehend die breiige Mischung des Stoffs mit Natronlauge gesättigt ist. Bei den obigen Versuchen begnügte ich mich damit, die Schütteltrichter mit den Substanzen alle paar Tage kräftig umzuschütteln. Nun mag das Schütteln an einem Tag etwas kräftiger, an dem andern schwächer gewesen sein. Doch kann man annehmen, daß es für alle Proben im Durchschnitt gleich stark geschah, so daß die Ergebnisse jedenfalls untereinander vergleichbar sind. Wieviel häufigeres Schütteln ausmacht, zeigte ein Versuch mit Braunkohle, der sich von dem auf dem Zahlenbild eingetragenen bzgl. seiner Ausführung nur dadurch unterschied, daß die Probe jeden Tag anstatt nur alle paar Tage durchgeschüttelt wurde. Die Sauerstoffaufnahme verlief hier, auf 1 g Substanz bezogen, folgendermaßen:

Nach	113	Stunden	26	ccm
„	304	„	38	„
„	544	„	51	„
„	706	„	59	„
„	792	„	63	„
„	1000	„	72	„

Die Sauerstoffaufnahme war also in diesem Falle infolge des häufigen Schüttelns nahezu um die Hälfte höher, als in dem ersten Versuch. Um möglichst einwandfreie Ergebnisse zu erhalten, müßte man daher die Proben dauernd stark schütteln, so daß die alkalische Flüssigkeit ständig mit Sauerstoff gesättigt wäre. Dann wäre aber noch der Einfluß der Größe der Oberfläche (Verteilungsgrad) der verschiedenen Stoffe genau zu ermitteln.

Wie die Richtungen der einzelnen Kurven in der graphischen Darstellung zeigen, hatte sich die Sauerstoffaufnahme nach 1000 Stunden noch nicht merklich verlangsamt, wenn man für den Vergleich die Geschwindigkeit heranzieht, die sich nach der rascheren Aufnahme der ersten 100—200 Stunden einstellt. Wie wir weiter unten sehen werden, beträgt die Gesamtaufnahmefähigkeit z. B. der Braunkohle mehr als das Doppelte der unter den beschriebenen Versuchsbedingungen nach 1000 Stunden aufgenommenen Menge Sauerstoff. Die der Autoxydation unterworfenen alkalibefeuchteten Stoffe waren durch die Aufnahme des Sauerstoffs zum Teil tiefgreifend verändert, ähnlich wie wir es bereits beim Lignin ausführlicher beschrieben haben. In den Fällen, in denen bei der Autoxydation zum Teil Lignin in Lösung gegangen war, nämlich beim Lignin selbst und beim Holz, war die Farbe der Lösungen braun, während die Lösung der Cellulose hell war. Braune Farbe zeigte natürlich auch die Lösung der Huminsäuren der Braunkohle. Außer den Huminsäuren waren ferner wasserlösliche, durch Äther extrahierbare Säuren entstanden.

Die folgende Tafel 3 gibt in Spalte 3—5 die Mengen der Stoffe, die bei der Aufarbeitung der alkalischen Lösungen isoliert wurden, und ferner die festen Rückstände, die bei der Autoxydation unter der Einwirkung des Alkalis nicht in Lösung gegangen waren. Die beim Ansäuern ausgefallenen huminartigen Stoffe sind verhältnismäßig beträchtlich beim Lignin, bei der Braunkohle ist deren Menge nur halb so groß, bei den übrigen Stoffen noch geringer. An ätherlöslichen Säuren wurde bei allen nur wenig erhalten. Beim Holz hat anscheinend die Cellulose, sei es in chemischer Bindung, sei es nur mechanisch, als Schutzdecke für das Lignin gewirkt und so die Aufnahme von Sauerstoff und die Huminsäurebildung verzögert.

Weitere interessante Ausblicke auf die natürlichen Vermoderungsvorgänge ergaben sich, als wir die Veränderung des Methoxylgehaltes der einzelnen Stoffe bei der Autoxydation untersuchten (Tafel 3, Spalte 6—8). Bei der Aufstellung unserer Lignintheorie haben Franz Fischer und ich es als auffallend empfunden, daß die natürlichen Huminsäuren, die nach unserer Ansicht aus dem Lignin stammten, einen so geringen Methoxylgehalt besaßen, während doch die Huminsäuren, die man durch Erhitzen von Lignin mit Alkali bei 200° unter Druck — also durch eine im Vergleich mit den Mitteln der Natur jedenfalls gewaltsam anmutende Behandlung — erhält, nahezu den gleichen Methoxylgehalt zeigen wie das angewandte Lignin.

Nun ergab es sich, daß die Autoxydation des Lignins bei gewöhnlicher Temperatur nicht nur eine bedeutend geringere Ausbeute an Huminsäuren ergibt, indem zugleich eine beträchtliche Menge niederer Säuren, Wasser und Kohlendioxyd entsteht, sondern daß auch die durch Autoxydation gebildeten Huminsäuren nur nahezu halb soviel Methoxyl enthalten, als die in oben beschriebener Weise dargestellten.

So enthielt das angewandte Lignin 13,6 % OCH_3, während die daraus entstandenen löslichen Huminsäuren nur noch 7,6 % bezw. 7,9 % bei dem früher beschriebenen 8 Monate dauernden Versuch enthielten. Aber auch der Methoxylgehalt des unlöslichen Rück-

Tafel 8.

Autoxydation von Cellulose, Lignin, Holz und Kohle in Gegenwart von Natronlauge.

Dauer der Versuche 41 Tage. Die Zahlen gelten für 1 g Substanz.

Stoff	Aufnahme von Sauerstoff	Aufarbeitung der autoxyd. Substanz			Methoxylgehalt (% OCH_3)		
		beim Ansäuern ausgefallen	in Äther löslich	Rückstand	des ursprünglich angewandten Stoffes	des beim Ansäuern ausgefallenen Stoffes	des Rückstandes
	ccm	g	g	g			
Cellulose . . . (Filtrierpapier)	28	0,06	0,01	0,75	0	—	—
Lignin . . . . (Willstätter)	32	0,21	0,04	0,59	13,6	7,6 [1])	10,7 [1])
Kiefernsägemehl .	50	0,04	0,04	0,64	5,8	9,0	5,8
Braunkohle . .	48	0,10	0,04	0,17	2,7	2,0	4,0
Steinkohle . .	6,7	0,01	0,01	0,99	0	—	—

[1]) Bei dem im Abschnitt I beschriebenen, 8 Monate fortgesetzten Autoxydationsversuch betrug der Methoxylgehalt der Huminsäuren 7,9 %, der des Rückstandes 9,8 %.

standes, der eine dunkelbraune, leicht zerreibliche Substanz darstellte, war auf 10,7% bezw. 9,8 % zurückgegangen. Auch die aus Lignin durch Alkali in Abwesenheit von Sauerstoff ausgezogenen Huminsäuren enthielten nur 7,9 % OCH_3. Man kann wohl annehmen, daß der Methoxylgehalt des Ligninkomplexes, ebenso wie er sich bei dem autoxydativen Übergang von Lignin in Huminsäuren verringerte, unter dem Einfluß der in der Natur wirkenden Kräfte, darunter auch der Tätigkeit der Kleinlebewesen, sich leicht weiter vermindern und immer mehr den Zahlen nähern wird, welche die natürlichen Vermoderungsprodukte zeigen. Beim Holz enthielten die in Alkali löslich gewordenen und durch Säuren fällbaren Stoffe 9 % OCH_3, das ursprüngliche Holz dagegen nur 5,8 %. Daraus geht hervor, daß es hier im wesentlichen Bestandteile des Lignins waren, die bei der Autoxydation in alkalilöslichen, wasserunlöslichen Zustand übergeführt wurden.

IV. Über die Autoxydation der Kohlen.

So gering die Zahl der Arbeiten ist, die sich in der letzten Zeit mit der Autoxydation der frischen oder in den ersten Graden der Vermoderung befindlichen Pflanzenteile beschäftigt haben, so reichhaltig ist die Literatur, die sich auf die Autoxydation der Kohlen bezieht. Die Ursache dafür liegt natürlich in der Bedeutung, welche das Problem der Selbstentzündlichkeit der Kohlen vom praktischen Standpunkt aus besitzt. Deutsche, englische und französische Forscher haben eingehend auf diesem Gebiet gearbeitet[1]); jedoch ist es bisher noch nicht gelungen, eine befriedigende Aufklärung über die Stoffe, welche die Selbstentzündlichkeit verursachen, zu erreichen und einfache, bequem anwendbare Mittel anzugeben, welche die Selbstentzündung der Kohlen verhüten oder doch wesentlich erschweren.

Der nachstehende Teil dieser Untersuchung, der sich mit der Autoxydation der Kohlen beschäftigt, verdankt seine Entstehung einem doppelten Anlaß. Einmal ergab sich im engen Anschluß an die vorstehenden Versuche über die Autoxydation des Lignins und der Huminsäuren die Frage: Wie steht es mit der Autoxydation der fossilen Humusstoffe der Kohlen in Gegenwart von Alkali? Gleichen dieselben in der Lebhaftigkeit ihrer Wirkung dem Lignin und den jungen Vermoderungsprodukten? Als dann der bereits angeführte Versuch (Tafel 2 und 3) eine bezüglich der Größe der Sauerstoffaufnahme überraschende bejahende Antwort lieferte, machte sich natürlich sogleich das Bestreben geltend, die Ergebnisse für die Frage der Selbstentzündlichkeit der Kohlen nutzbar zu machen und weitere Versuche im Interesse dieser Frage anzustellen. Letztere sind allerdings noch nicht zu einem endgültigen Abschluß gelangt, da die Arbeit zugunsten anderer Aufgaben vorläufig zurückgestellt werden mußte.

In einer vor kurzem von Franz Fischer und mir veröffentlichten Abhandlung, „Neue Beiträge zur Entstehung und chemischen Struktur der Kohle“[2]), wurden einige der vorstehend beschriebenen Versuche bereits kurz als experimentelle Beweisstücke unserer damaligen Ausführungen erwähnt. Daraufhin haben von Walther

---

[1]) Absehend von ausführlichen Literaturangaben über die Autoxydation und Selbstentzündung der Kohlen, führe ich nur eine Reihe von Arbeiten an, aus denen sich die weitere Literatur ergibt: Ferd. Fischer, Z. ang. **12**, 564, 764, 767 (1899); Erdmann in Klein, Handbuch f. d. deutsch. Braunkohlenbergbau, 2. Aufl., S. 41; Hinrichsen-Taczak, Chemie der Kohle 1916, S. 256 u. f.; Parr u. Wheeler, Am. Soc. **30**, 1027 (1908); Dennstedt und Bünz, Z. ang. **21**, 1825 (1908); Boudouard, Bl. [IV] **5**, 365—381 (1909); Dennstedt und Schaper, Z. ang. **25**, 2625 (1912); Parr und Hadley, Soc. **84**, 213 (1915); Charpy und Godchot, C. r. **163**, 745 (1916); Tideswell und Wheeler, Soc. **113**, 945 (1918), **115**, 895 (1919), **118**, 794 (1920); Godchot, C. r. **171**, 32 (1920); Charpy und Decorps, C. r. **173**, 807 (1921); Erdmann, Brennstoff-Chemie **3**, 257 (1922).

[2]) Brennstoff-Chemie **3**, 65 (1922).

und Bielenberg in einer Notiz mitgeteilt[1]), daß auch sie in bezug auf Braunkohle die Beobachtung gemacht hätten, daß Anfeuchten mit Alkali die Sauerstoffaufnahme verstärkt, und daß sie den Zusammenhang zwischen letzterer und der Selbstentzündlichkeit untersuchen wollten. Das ist also der gleiche Gedanke, wie er diesem Teil meiner Arbeit zugrunde liegt, und wie er sich ja aus der erwähnten Beobachtung von selber ergibt. Leider kann ich auf die von von Walther und Bielenberg angeführten Ergebnisse nicht näher eingehen, da die experimentellen Einzelheiten einstweilen noch nicht mitgeteilt wurden.

Es war im vorhergehenden darauf hingewiesen worden, daß auch der Torf in Gegenwart von Alkali ähnliche lebhafte Autoxydationserscheinungen zeigt wie das Lignin und die auf der ersten Stufe der Vermoderung befindlichen Pflanzenstoffe. Der letztbeschriebene vergleichende Autoxydationsversuch weist ferner die gleiche Eigenschaft auch bei den Kohlen nach.

Bekanntlich unterliegen alle Kohlen, wenn auch in verschiedenem Grade, der Autoxydation. Dieselbe ist bei den Braunkohlen stärker als bei den Steinkohlen, bei den jüngeren Steinkohlen stärker als bei den älteren. Sie äußert sich augenfällig in der Neigung mancher Kohlen zur Selbstentzündung, und ferner weniger auffallend, aber doch deutlich genug in einer Veränderung der Kohlensubstanz, die Verschlechterung des Heizwertes, Verminderung der Teerausbeute und Verlust der Backfähigkeit des Koks zur Folge hat. Bei Temperaturerhöhung nimmt die Autoxydation naturgemäß zu; so konnte Boudouard[2]) bei 100° die Sauerstoffaufnahme von Steinkohle durch Wägung verfolgen.

Ganz überraschend ist nun aber die Lebhaftigkeit der Autoxydation der Kohlen in Gegenwart von Alkali, wie die nachstehenden Versuche zeigen werden, und es verhalten sich also in dieser Beziehung die fossilen Vermoderungsprodukte genau wie die rezenten.

Merkwürdigerweise finden sich in der Literatur, so weit ich feststellen konnte, keine Angaben über diese Tatsache. Nur Andeutungen über die oxydationsbeschleunigende Wirkung von Alkali auf Kohlen liegen vor. So berichten Dennstedt und Schaper[3])

---

[1]) Brennstoff-Chemie 3, 97 (1922).

[2]) C. r. 147, 987 (1908).

[3]) Z. ang. 25, 2629 (1912).

über ihre Versuche zur Prüfung der Selbstentzündlichkeit: „Mit Soda- und Pottaschelösungen wurde die Selbsterwärmung und Zündung sogar gefördert“, und Franz Fischer und Glund[1]) geben an, daß auf 500° erhitzte Tabletten aus Fettkohle und Ätznatron nach dem Erkalten pyrophore Eigenschaften zeigten.

Bei der Humussubstanz der Kohlen finden wir außer der Autoxydierbarkeit auch die Eigenschaft, unter dem Einfluß dieses Vorganges in alkalilösliche Huminsäuren überzugehen, also ganz dem früher geschilderten Verhalten junger Vermoderungsprodukte entsprechend. So konnte Boudouard[2]) aus jüngeren Steinkohlen und Lignit nach dem Behandeln mit Luft bei 100° oder wirksamer mit Salpetersäure die Bildung von alkalilöslichen Huminsäuren feststellen. Leichter kann man diese Umwandlung durch gleichzeitige Anwendung von Luft und Alkali bei höherer Temperatur bewirken, wie zahlreiche in den letzten Jahren ausgeführte Druckoxydationsversuche zeigen, und es lassen sich auf diese Weise selbst aus Magerkohle und sicherlich auch aus Anthrazit große Mengen Huminsäuren gewinnen[3]). Kürzlich berichteten ferner Charpy und Decorps[4]) über eine nordfranzösische Steinkohle, die durch 2000 stündiges Erhitzen mit Soda in Gegenwart von Sauerstoff vollständig in Lösung ging. Allerdings kann man mit Sicherheit annehmen, daß die Humussubstanz der Kohle nicht mehr die erste noch nicht alkalilösliche Oxydationsstufe des Lignins darstellt, sondern daß dieselbe wenigstens zum größten Teil ein aus der Stufe der alkalilöslichen Huminstoffe rückgebildetes Produkt ist. Dieser Rückbildungsprozeß ist vielleicht eine Selbstreduktion der Huminsäuren, indem infolge des Reduktionsvermögens des Lignin- bezw. Huminsäurekomplexes hauptsächlich unter Wasser- und Kohlensäureabspaltung allmählich immer kohlenstoffreichere Produkte entstehen. Es ist dies vielleicht neben der Kondensation (Anhydridbildung) der wesentlichste der Vorgänge, die wir heute, ohne sie näher zu kennen, mit dem Worte Inkohlung bezeichnen.

Daß die Vermoderungs- und Inkohlungsvorgänge in den tieferen Schichten unter dem Einfluß lebhaft reduzierender Substanzen verlaufen, ist bekannt. Ich erinnere an die Bildung von

---

[1]) Abh. Kohle 1, 175 (1915/16).

[2]) C. r. 147, 987 (1908).

[3]) Vgl. z. B. Franz Fischer u. Hans Schrader, Abh. Kohle 4, 342 (1919); Franz Fischer, Hans Schrader und Wilh. Treibs, Abh. Kohle 5, 323 (1920).

[4]) C. r. 173, 807 (1921).

Pyriten aus Sulfat, ferner an die auffallende Dunkelfärbung, die frische rheinische Braunkohle oder frisch gestochener Torf an der Luft infolge Oxydation erleiden.

Gehen wir nunmehr zu den Versuchen über, welche zeigen, daß die Autoxydation der Kohlen, die unter gewöhnlichen Bedingungen ein recht langsam verlaufender Vorgang ist, durch die Gegenwart von Alkali in ganz außerordentlicher Weise beschleunigt wird.

A. Autoxydationsversuche, bei denen das Gemisch von Kohle und Alkali nicht dauernd geschüttelt wird.

(Statische Methode.)

Versuche bei Wasserbadtemperatur.

In dem vergleichenden Versuch mit Lignin, Cellulose, Holz und Kohlen verlief die Autoxydation unter den dort angewandten Bedingungen verhältnismäßig langsam und lieferte bei mehr oder weniger häufigem Schütteln verschiedene Werte. Die Geschwindigkeit der Autoxydation läßt sich naturgemäß steigern durch Beförderung des Sauerstoffzutritts oder durch Erhöhung der Temperatur; ersteres wird am einfachsten erreicht durch Schütteln der alkalischen Kohlesuspension. Nötigenfalls kann man das Schütteln bei höherer Temperatur vornehmen.

Um nun den zweiten dieser beiden Faktoren, nämlich den Einfluß der Temperatur zu untersuchen, wurde die Sauerstoffaufnahme der mit Alkali befeuchteten rheinischen Braunkohle (Unionbrikett) bei Wasserbadtemperatur messend verfolgt.

0,5 g gepulverte Braunkohle (16,3 % Wasser, 4,6 % Asche) wurden mit 3 ccm 5 n. Alkali in ein kleines Rundkölbchen mit langem Hals gegeben. In das Kölbchen wurde mittels gut schließenden Gummistopfens ein Zuleitungsrohr mit Dreiweghahn eingesetzt. Das Zuleitungsrohr wurde durch Druckschlauch mit einer 100 ccm fassenden Gasbürette verbunden. Das Kölbchen wurde mittels einer Ölpumpe vollständig luftleer gepumpt und dann mit Sauerstoff gefüllt. Ebenso wurde auch in die Bürette Sauerstoff gelassen, und zwar etwa 50 ccm. Nachdem der Hahn des Zuleitungsrohrs so gestellt war, daß Verbindung zwischen Kölbchen und Bürette bestand, wurde der Stand in der Bürette abgelesen. Nun wurde das Kölbchen auf ein Wasserbad gesetzt, so daß der kugelförmige Teil zu etwa $^3/_4$ sich unterhalb der Ringe befand.

Ab und zu schüttelte man den Inhalt etwas um, und ferner wurde von Zeit zu Zeit die Abnahme des Sauerstoffs abgelesen, nachdem man dazu zuvor das Kölbchen aus dem Wasserbad herausgenommen und gewartet hatte, bis Temperaturgleichgewicht eingetreten war. Den Gang der Sauerstoffaufnahme zeigt nachstehendes Zahlenbild (Tafel 4):

Tafel 4.

Sauerstoffaufnahme von Braunkohle und Steinkohle in Gegenwart von Natronlauge beim Erhitzen im Sauerstoff auf dem Wasserbad.

0,5 g rhein. Braunkohle (Unionbrikett), 3 ccm 5 n. Natronlauge, 1 g selbstentzündliche Fettkohle, 1 ccm 5 n. Natronlauge.

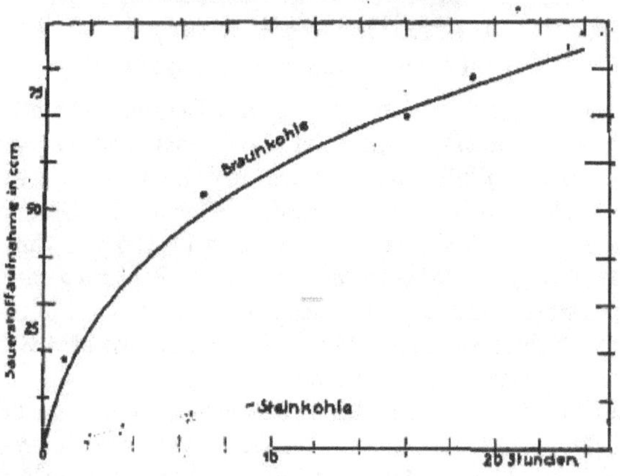

Aus der Richtung der Kurve geht hervor, daß selbst nach 19 Stunden, nachdem bereits 79 ccm Sauerstoff von den angewandten 0,5 g Braunkohle verbraucht waren, die Sauerstoffaufnahme noch lange nicht zum Stillstand gekommen war.

In gleicher Weise wurde ein Versuch mit der bereits weiter oben erwähnten selbstentzündlichen Fettkohle ausgeführt, der, wie ja zu erwarten, eine weit geringere Geschwindigkeit der Sauerstoffaufnahme ergab.

Versuche bei gewöhnlicher Temperatur.

Wie die folgenden Versuche zeigen, ist es zumal bei Braunkohlen im allgemeinen keineswegs nötig, das Kohle-Alkali-Gemisch zu erwärmen, um eine lebhafte Sauerstoffabsorption zu erzielen. Schon bei gewöhnlicher Temperatur findet unter geeigneten Versuchsbedingungen eine merkliche, ja bei manchen Kohlen eine überraschend lebhafte Sauerstoffaufnahme statt.

Arbeitsweise: Um die Versuche gut untereinander vergleichen zu können, haben wir stets die gleiche Apparatur angewendet. Dieselbe bestand einfach in einer Flasche mit 900 ccm Leerraum, die mit einem gut schließenden Gummistopfen versehen war, in dessen Bohrung sich ein Glasrohr mit Hahn befand. In die Flasche wurde eine abgemessene Menge der alkalischen Flüssigkeit gegeben und darauf das abgewogene Kohlenpulver geschüttet. Sodann setzte man bei geöffnetem Hahn den mit ein wenig Glyzerin befeuchteten Gummistopfen ein und schloß den Hahn. Nun wurde die Flasche 25 mal kräftig hin und her geschüttelt, wobei sie zur Vermeidung von Erwärmung durch die Hand mittels Handtuchs angefaßt wurde. Der Glashahn wurde durch Druckschlauch mit einer halb mit Luft gefüllten Bürette verbunden, die Luftmenge in letzterer abgelesen und der Hahn geöffnet. Gewöhnlich war im ersten Augenblick eine Ausdehnung der in der Flasche enthaltenen Luft zu bemerken, die durch die Benetzungswärme und die bei der Einwirkung des Alkalis auf die Huminsäuren auftretende Neutralisationswärme hervorgerufen wurde; doch setzte gewöhnlich sehr bald Sauerstoffabsorption ein, so daß der ursprüngliche, als Nullpunkt angenommene Flüssigkeitsstand in der Bürette wieder erreicht und überschritten wurde. In den nachstehend aufgeführten Versuchen, welche die Sauerstoffabsorption eingehender untersuchen, ist dieselbe gewöhnlich von dem Augenblick an verfolgt worden, in dem dieser Nullpunkt wieder erreicht wurde. Es sei erwähnt, daß wir es bequem fanden, anstatt der Bürette ein Azotometer zu nehmen, dessen Ansatzstück oben über dem Hahn mit der Schüttelflasche verbunden und dessen unteres Einleitungsrohr verschlossen wurde. Als Nullpunkt wählten wir den Teilstrich 80 ccm. Betont muß werden, daß sich bei allen diesen „statischen“ Versuchen die Beobachtung der Sauerstoffabsorption nur über einige Minuten erstreckte.

Vorversuche über den Einfluß der Art und Konzentration alkalischer Flüssigkeiten auf die Autoxydation rheinischer Braunkohle (Unionbrikett).

Es wurden je 25 g Braunkohle verwandt, die in einer Kugelmühle gepulvert worden waren. Das Schütteln geschah mit der

Hand, wie oben beschrieben. Die Beobachtung der Absorption erstreckte sich jedesmal über 5—10 Minuten. Die Versuche sind in Tafel 5 zusammengestellt.

Tafel 5.

Lfde. Nr.	Art	Menge des Alkalis ccm	Konzentration Normalität	Geschwindigkeit der Sauerstoffabsorption
1	Natronlauge	25[1]	1	Keine merkliche Sauerstoffabsorption.
2	"	100	5	dgl.
3	"	50	5	dgl.
4	"	25	5	Starke Sauerstoffabsorption. Die Masse erwärmt sich an bestimmten Stellen.
5	"	12,5	5	Sauerstoffabsorption anscheinend noch lebhafter als bei 4.
6	Kalilauge	25	5	Schnelle Sauerstoffabsorption.
7	"	25	9,5	Deutlich fühlbare Erwärmung der Masse an bestimmten Stellen. Mäßig schnelle Absorption.
8	"	25	13,9	Kaum merkliche Absorption.
9	Ammoniak	25	6,65	Ziemlich langsame Sauerstoffabsorption.
10	"	25	13,3	Etwas schnellere Absorption als bei 9.
11	Natriumkarbonat	25	2,5	Langsame Gasentwicklung.

[1]) Bei Verwendung von 25 ccm Lauge bildete das Kohle-Lauge-Gemisch eine ziemlich dicke, an den Wänden haftende Paste.

Aus den Versuchen mit Natronlauge geht hervor, daß bei Anwendung von ebensoviel Kubikzentimeter Lauge wie Gramm Kohle 5 n. Natronlauge eine lebhafte Absorption verursacht, und daß diese ebenfalls eintritt, wenn die Menge der Lauge auf die Hälfte verringert wird, dagegen nahezu aufhört, wenn sie auf das Doppelte oder Achtfache gesteigert, oder wenn die Konzentration auf $^1/_5$ herabgesetzt wird.

Die Versuche mit Kalilauge zeigen, daß bei starker Erhöhung der Konzentration der Lauge die Sauerstoffabsorption ebenfalls schwächer wird.

In Gegenwart von Ammoniak ist die Sauerstoffaufnahme der Kohle schwächer als bei den Ätzalkalien. Bei der Soda endlich t langsame Kohlendioxydentwicklung infolge Einwirkung von säuren auf die Soda ein. Hierdurch wird eine etwaige offabsorption überdeckt.

Wie in den Bemerkungen der Tabelle angegeben, tritt manchmal infolge der Benetzung und der Neutralisation, von der bereits die Rede war, und weiterhin infolge der Sauerstoffabsorption eine deutlich fühlbare Erwärmung der Masse und damit auch der benachbarten Stellen der Flaschenwandung ein, wodurch natürlich die Sauerstoffabsorption erheblich beschleunigt wird. Dadurch wird wiederum die Erwärmung erhöht usw. Wenn sich auch, worauf wir noch zu sprechen kommen, die einzelnen Versuche ganz gut reproduzieren lassen, so daß also die Erwärmung anscheinend jedesmal mit ungefähr gleicher Stärke auftritt, so wird durch diese Erscheinung ein Vergleich der Kohlen untereinander doch insofern gestört, als die Versuche nicht bei ein und derselben Temperatur stattfinden. Auch sind Ungleichmäßigkeiten bei der Verteilung des meist pastenartigen Kohle-Alkali-Gemisches auf der inneren Flaschenwand und daher im Sauerstoffzutritt zu erwarten. Ich bin deshalb später zur Methode des dauernden Schüttelns übergegangen unter Anwendung von einer solchen Menge Alkalilauge, daß eine leichtbewegliche Kohlesuspension entstand. Von der wässerigen Alkalilösung wird dann die zunächst eintretende Erwärmung aufgenommen, so daß die Temperatur nicht wesentlich steigen kann.

Sauerstoffaufnahme verschiedener Mengen rheinischer Braunkohle, die im gleichen Verhältnis mit Natronlauge befeuchtet waren.

Ich ging nunmehr dazu über, in der Art wie vorstehend beschrieben die Sauerstoffaufnahme messend zu verfolgen, und zwar wurde zunächst der Gang der Absorption festgestellt, den rheinische Braunkohle (Unionbrikett) bei der Befeuchtung mit 5 n. Natronlauge zeigt. Es wurden jedesmal ebensoviel ccm Lauge wie g Kohle verwendet.

Das untenstehende Zahlenbild (Tafel 6) zeigt die Ergebnisse. Die an den Kurven befindlichen Zahlen geben die Menge der jeweils angewandten g Kohle und gleichzeitig der ccm Lauge an.

Wie gesagt, tritt beim Schütteln infolge Benetzung der Kohle mit dem Alkali eine Erwärmung ein, und die dadurch verursachte Ausdehnung übertrifft gewöhnlich die anfängliche Sauerstoffabsorption. Daher verlaufen die Kurven vom Nullpunkt aus zunächst nach unten, und zwar muß naturgemäß die Erwärmung der in der Flasche befindlichen Luft eine um so größere sein, je größer die Menge der zusammengebrachten Kohle und Lauge ist, wie es auch dem tatsächlichen Befund entspricht. In das Zahlenbild sind die einzelnen Punkte der Messung eingetragen, und wie ersichtlich, ist der Verlauf der Kurven ziemlich regelmäßig. Während bei der Steigerung der Kohlenmenge bis hinauf zu 20 g die Sauerstoffabsorption in annähernd dem gleichen Maße zunimmt, ist dieser Unterschied bei einer weiteren Erhöhung auf 25 g viel geringer,

Tafel 6.

Sauerstoffaufnahme verschiedener Mengen rheinischer Braunkohle, die im gleichen Verhältnis mit Natronlauge befeuchtet waren.

Die Zahlen bezeichnen die jeweils angewandte Menge der Braunkohle in Gramm, der Natronlauge (5 n.) in ccm.

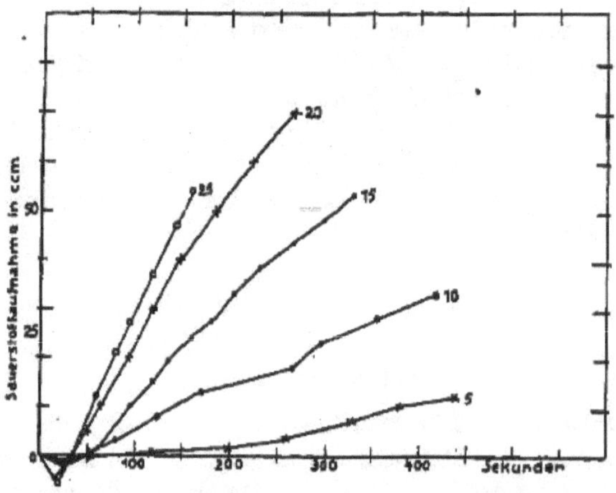

und ein weiteres Fortschreiten in dieser Richtung wird eine im Verhältnis noch geringere Wirkung erzielen, wie es sich ja aus der statischen Anordnung des Versuches ergeben muß. Für die folgenden Versuche wurden daher stets nur 15 g Kohle angewendet, nach der graphischen Darstellung zu urteilen, eine für die gewählte Flaschengröße offenbar geeignete Menge.

Ich möchte an dieser Stelle auf die überraschende Geschwindigkeit der Sauerstoffaufnahme hinweisen, welche die mit Alkali befeuchtete Braunkohle zeigt. Diese lebhafte Autoxydation kann man mit Leichtigkeit als Vorlesungsversuch zeigen, indem man z. B. 25 g Braunkohle mit 25 ccm 5 n. Natronlauge kurz schüttelt und dann das mittels Gummistopfens eingesetzte Gasableitungsrohr mit einer Bürette, deren Flüssigkeit man zweckmäßig gefärbt hat, verbindet. Bei der von mir untersuchten rheinischen Braunkohle z. B. würde die Sauerstoffabsorption etwa 1 ccm in 2,4 Sekunden betragen, also ein mit bloßem Auge leicht wahrzunehmender Anstieg.

Einfluß der Konzentration der Natronlauge auf die Sauerstoffaufnahme rheinischer Braunkohle (Unionbrikett).

Wie bereits die Vorversuche zeigen, ist die Konzentration der Natronlauge von großem Einfluß auf die Geschwindigkeit der Sauerstoffaufnahme. Das folgende Zahlenbild (Tafel 7) zeigt, daß

Tafel 7.

Einfluß der Konzentration der Natronlauge auf die Sauerstoffaufnahme rheinischer Braunkohle (Unionbrikett).

Je 15 g Braunkohle und 15 ccm Natronlauge bezw. Ammoniak.

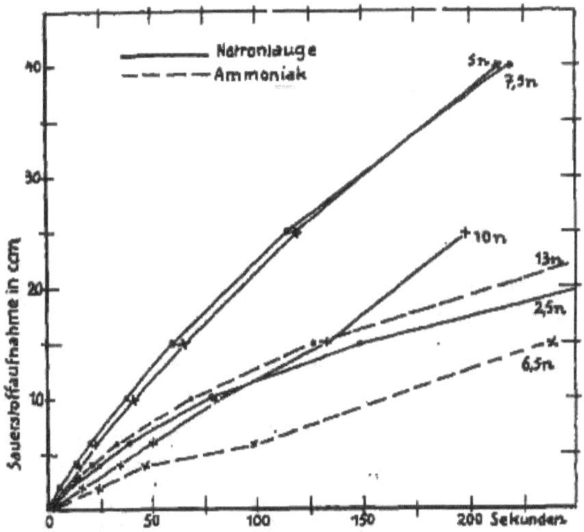

bei Befeuchtung von 15 g Braunkohle mit 15 ccm Natronlauge die höchste Absorptionsgeschwindigkeit bei Verwendung von 5 n. bezw. 7,5 n. Lauge erreicht wird, während 2,5 n. oder 10 n. Lauge, also höhere oder niedere Konzentration, eine bei weitem geringere Absorption ergeben. Anders waren dagegen die Verhältnisse beim Ammoniak. Hier ergab konzentrierte Ammoniakflüssigkeit (etwa

13 n.) eine Sauerstoffaufnahme, die nahe der von 10 n. bezw. 2,5 n. Natronlauge lag, während halb so starkes Ammoniak auch eine viel schwächere Absorption verursachte.

Es wurde ferner noch ein Versuch mit 15 g Braunkohle und der doppelten Menge 5 n. Natronlauge, also 30 ccm, gemacht, um den Einfluß der Flüssigkeitsmenge festzustellen. In diesem Falle ging die Sauerstoffaufnahme beträchtlich zurück. Die Kurve lag zwischen der mit 2,5 n. Natronlauge und 6,5 n. Ammoniak erhaltenen. Wahrscheinlich tritt die Behinderung dadurch ein, daß die dickere Benetzungsschicht den Sauerstoffzutritt verlangsamt.

In dem Zahlenbild ist die anfängliche Ausdehnung der Luft infolge der Erwärmung nicht zum Ausdruck gebracht, sondern die Versuche sind von dem Augenblick an eingetragen, in dem der Meniskus die ursprüngliche Stellung wieder erreicht hat. Die Ausdehnung durch Erwärmung bei den einzelnen Versuchen erreichte folgende Größen (Tafel 8).

Tafel 8.

15 g Braunkohle und:

15 ccm n. Natronlauge	8,0 ccm
15 ccm 2,5 n. „	18,0 ccm
15 ccm 5 n. „	15,3 ccm
15 ccm 7,5 n. „	10,8 ccm
15 ccm 10 n. „	6,8 ccm
30 ccm 5 n. „	11,2 ccm
15 ccm kons. Ammoniak	> 20 ccm
15 ccm $^1/_2$ kons. Ammoniak	> 20 ccm
15 ccm gesättigte Barytlösung	7,8 ccm
15 ccm Wasser	4,2 ccm

Die Ausdehnung steigt also mit der Konzentration der Natronlauge zunächst an, um dann bei höherer Konzentration wieder zu fallen. Sie geht nicht parallel mit der Sauerstoffaufnahme, wie die Werte für 2,5 n. und 7,5 n. zeigen und weitere Versuche bestätigen werden.

Beim Ammoniak ist die Ausdehnung eine außerordentlich große, offenbar hervorgerufen durch bei der Erwärmung entweichendes Ammoniakgas.

In der Tafel 8 ist zum Schluß die Ausdehnung angeführt, die bei Behandlung der Braunkohle mit gesättigter Barytlösung und bei der Benetzung mit reinem Wasser auftritt. In beiden Fällen war eine Sauerstoffabsorption nicht zu bemerken.

Einfluß von Zusätzen zur Natronlauge auf die Sauerstoffaufnahme rheinischer Braunkohle (Unionbrikett).

Wie aus der Tafel 9 zu entnehmen, hatte der Zusatz geringer Mengen Pyridin oder Wasser zur Natronlauge eine gewisse Be-

Tafel 9.

Einfluß von Zusätzen auf die Sauerstoffabsorption von mit Natronlauge befeuchteter rheinischer Braunkohle (Unionbrikett).

Angewandt 15 g Braunkohle und 15 ccm 5 n. Natronlauge. Die Menge der Zusätze betrug: Pyridin und Wasser je 8 ccm, Benzol und Alkohol je 4 ccm.

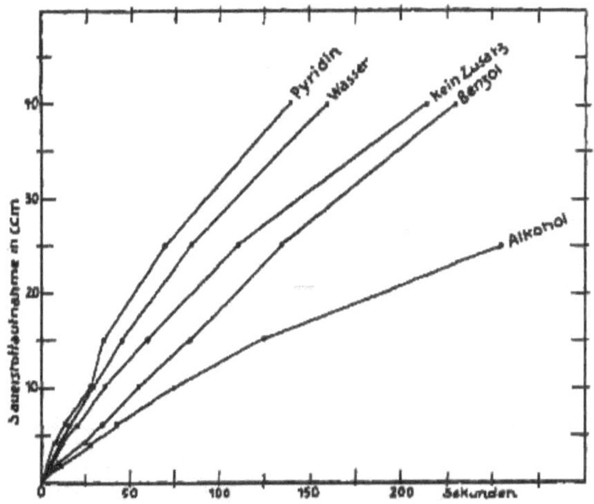

schleunigung der Sauerstoffabsorption, der Zusatz von Benzol und besonders von Alkohol eine nachteilige Wirkung zur Folge.

Sauerstoffaufnahme verschiedener Braunkohlen und Torfe nach dem Befeuchten mit Natronlauge.

Nachdem die Umstände, unter denen die Sauerstoffabsorption von Braunkohle beim Befeuchten mit Natronlauge in verschiedenem Maße eintritt, in großen Umrissen geklärt waren, habe ich eine Reihe vergleichender Versuche mit Kohlen und Torfen[1]) ausgeführt, und zwar wurden je 15 g des betreffenden Brennstoffs und 15 ccm 5 n. Natronlauge unter Innehaltung der oben beschriebenen Arbeits-

[1]) Nähere Angaben über die einzelnen Stoffe finden sich in Tafel 12.

weise untersucht. Tafel 10 zeigt die dabei erhaltenen Ergebnisse. Wie ersichtlich, zeigen die einzelnen Kurven einen verhältnismäßig stetigen Verlauf. Es ist also die Sauerstoffaufnahme recht gleichmäßig erfolgt.

Nicht so einfach ist allerdings das Bild, das sich ergibt, wenn man versucht, die Sauerstoffaufnahme der verschiedenen Stoffe mit der Eigenart derselben in Verbindung zu bringen. Aus der Reihenfolge nach der Größe der Absorption ergibt sich keine Ordnung, die z. B. durch das geologische Alter der Stoffe bedingt wäre. Bemerkenswert ist, daß bei der rheinischen Braunkohle sowohl als auch bei der sächsischen Schwelkohle die Entbituminierung durch

Tafel 10.

Sauerstoffaufnahme von Braunkohlen und Torf nach Befeuchten mit Natronlauge.

Angewandt je 15 g Brennstoff und 15 ccm 5 n. Natronlauge.

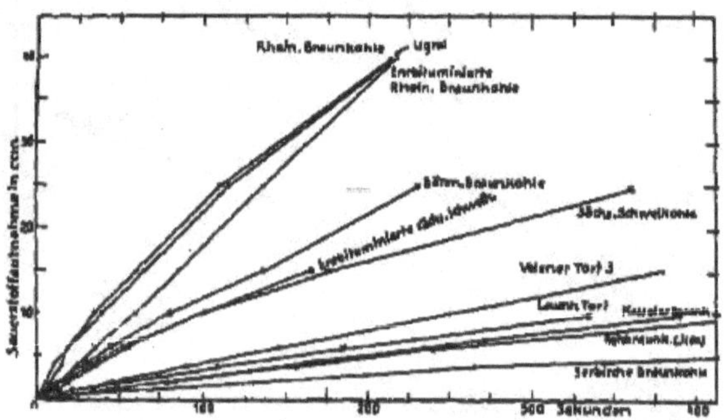

Druckextraktion mit Benzol keine Veränderung in der Größe der Sauerstoffabsorption hervorbringt.

In Tafel 11 sind unter Nr. 12—18 diejenigen Kohlen angegeben, welche im Gegensatz zu den unter Nr. 1—11 aufgeführten, deren Absorptionskurven Tafel 10 zeigt, bei der gleichen Behandlung keine Sauerstoffabsorption zeigten. Es fällt nun auf, daß, wie das Zahlenbild zeigt, z. B. die böhmische Braunkohle verhältnismäßig schnell Sauerstoff absorbiert, dagegen die Rohbraunkohle Ilse nur sehr langsam, und daß die niederlausitzer Braunkohle (Rosenthalkohle) und rheinische Braunkohle (Büttner) überhaupt keine Absorption erkennen lassen.

Auch die Erwärmung, die bei der Benetzung der Kohle mit Natronlauge eintritt, und für die die anfängliche Ausdehnung der

Tafel 11.

Anfängliche Volumenvermehrung der Luft, hervorgerufen durch die beim Befeuchten der Stoffe mit Natronlauge eintretende Erwärmung.

Lfde. Nr.	Kohle	Ausdehnung beim Befeuchten mit Natronlauge ccm
	Kohlen mit merklicher Sauerstoffabsorption (vergl. Tafel 10).	
1	Rheinische Braunkohle	14,0
2	Lignit	11,0
3	Entbituminierte rheinische Braunkohle	5,0
4	Böhmische Braunkohle	18,8
5	Entbituminierte sächsische Schwelkohle	15,2
6	Sächsische Schwelkohle	6,8
7	Velener Torf III	13,6
8	Lauchhammer Torf	8,6
9	Kasseler Braunkohle	3,4
10	Rohbraunkohle Ilse	18,2
11	Serbische Braunkohle	6,4
	Kohlen, die sehr geringe oder keine Sauerstoffabsorption zeigen.	
12	Velener Torf [1])	5,8
13	Rheinische Braunkohle (Büttner)	7,4
14	Rosenthalkohle	7,6
15	Schwedische Kohle	0,6
16	Spanische Braunkohle	8,8
17	Chilenische Lignitkohle	0,6
18	Gasflammkohle	0,7

[1]) Das Torfpulver ist so voluminös und saugt die Natronlauge so kräftig auf, daß über der mit Natronlauge benetzten Schicht einige Kubikzentimeter Torfpulver stehen.

Luft als ein gewisses Maß gelten kann, läßt, wie bereits bemerkt, bezüglich ihrer Größe keine einfache Beziehung zu der Sauerstoffaufnahme der Stoffe erkennen. In der vorstehenden Tafel 11 ist die durch die Erwärmung verursachte anfängliche Ausdehnung für die einzelnen Stoffe angegeben.

In Nr. 1—11 der Tafel 11 sind die Kohlen aufgeführt, deren Sauerstoffaufnahme das Zahlenbild 10 graphisch zeigt, und zwar geordnet nach der Lebhaftigkeit der Sauerstoffaufnahme. Wie man sieht, steht die Ausdehnung, die beim Befeuchten mit Natronlauge eintritt, in keinem regelmäßigen Zusammenhang mit der Größe der Sauerstoffabsorption. Große und kleine Zahlen wechseln miteinander ab. Bei den Stoffen, bei denen die Sauerstoffaufnahme sehr gering oder unmerklich war (Nr. 12—18), waren allerdings die Zahlen im Durchschnitt kleiner.

B. Versuche, bei denen das Gemisch von Kohle und Alkalilösung längere Zeit auf der Maschine geschüttelt wird.

(Dynamische Methode.)

Die bei der Befeuchtung der Kohlen mit Lauge und bei der Sauerstoffabsorption auftretende Erwärmung, die mehr oder weniger große Konsistenz des Kohle-Alkaligemisches und andere unübersehbare Faktoren ließen die Ergebnisse der vorigen Versuche bezüglich der Sauerstoffaufnahme mit einem erheblichen Maß von Zufälligkeit und Unsicherheit behaftet erscheinen.

Ich bin daher zur dynamischen Methode übergegangen und habe fortan in der Weise gearbeitet, daß ich die Kohlen, in einer reichlichen Menge Alkalilösung suspendiert, einige Zeit auf der Maschine schüttelte. Bei genügendem Luftüberschuß und genügender Schüttelgeschwindigkeit, die eine Sättigung des Alkalis mit Sauerstoff gewährleistet, war als Faktor nur noch die verschiedene Korngröße der Kohlen zu berücksichtigen, und dieser ist der experimentellen Prüfung leicht zugänglich oder läßt sich in vielen Fällen durch entsprechendes Absieben der Kohlen berücksichtigen. Wo es anging (bei Torf und nassen Braunkohlen war es nicht möglich), wurden die gepulverten Kohlen durch ein Sieb von 576 Maschen je qcm getrieben. Aber möglicherweise ist der Einfluß der Verteilung innerhalb gewisser Grenzen gar nicht so groß.

Die Versuche.

Läßt man Braunkohlen mit überschüssiger Natronlauge nach kräftigem Umschütteln stehen, so ist die Sauerstoffaufnahme infolge der trägen Diffusion des Sauerstoffs in die Lösung nur gering; recht erheblich dagegen bei ständigem Schütteln, so daß es bei einer Schütteldauer von 45 Minuten genügt, 10 g Braunkohle zu nehmen. Von den Steinkohlen wurden je 50 g angewandt, um die Versuchs- und Ablesungsfehler gegenüber der verhältnismäßig geringen Absorption zurücktreten zu lassen. Doch sind in Tafel 12 die Ergebnisse für die Steinkohlen zum Vergleich auf 10 g umgerechnet. Da die Schüttelmaschine in dem etwas kühleren Keller stand, wurde nach dem Schütteln die Flasche zunächst

Tafel 12.

Sauerstoffaufnahme von Kohlen und Torfen beim Schütteln mit Luft und Natronlauge.

Die in der Tabelle angegebene Sauerstoffaufnahme gilt für 10 g der betreffenden Substanz. Bei den Versuchen wurden von den Steinkohlen je 50 g, von den Braunkohlen je 10 g angewandt. Die Menge des Alkalis betrug 100 ccm 5 n. Natronlauge. Dauer des Schüttelns 45 Minuten. Der Leerraum der Flasche, in der das Schütteln vorgenommen wurde, war 900 ccm.

Lfde. Nr.	Kohlen	O_2-Aufnahme ccm	Zusammensetzung der Kohle: Reinkohle C %	Reinkohle H %	Urteer %	trock. Rohkohle, Asche %
	Steinkohlen:					
1	Gasflammkohle	8,4			18,0	8,2
2	Kennelkohle	2,7			29,5	18,9
3	Selbstentzündliche Fettkohle	1,5				6,8
4	Fettkohle	0,4			4,7	4,8
5	Magerkohle	0,8			1,8	8,7
6	Anthrazit	—[1])			0,8	5,4
	Braunkohlen und Torfe:					
1	Sächsische Schwelkohle	55,0			21,8	14,1
2	Lignit	50,4			6,5	6,1
3	Rhein. Braunkohle (Büttner)	47,0	67,8	5,8		27,9
4	Velener Torf III[2])	45,2				1,8
5	Rohbraunkohle Ilse	42,1				
6	Rosenthalkohle	41,9			6,1	12,0
7	Rheinische Braunkohle	39,6	62,5[3])	4,7[3])	7,0	5,5
8	Spanische Braunkohle	37,4	69,1	5,0	18,0[3])	28,4
9	Lauchhammer Torf	36,2			18,0	7,6
10	Schwedische Kohle	32,7	78,8	5,8		6,6
11	Böhmische Braunkohle	30,1				
12	Kasseler Kohle	27,8				
13	Entbituminierte rheinische Braunkohle	27,0				
14	Chilenische Lignitkohle	26,7	78,1	6,0	16,8[3])	8,0
15	Serbische Braunkohle	19,8	64,4	6,8	10,6[3])	28,9
16	Velener Torf I[1])[2])[4])	7,5	51,3[3])	5,2[3])		1,8

[1]) Es hatte keine Absorption stattgefunden, sondern im Gegenteil eine geringe Volumenvermehrung.

[2]) Über die Art und Herkunft des Torfes vgl. Abh. Kohle 5, 94 (1920).

[3]) Auf trockene Rohkohle berechnet.

[4]) Zum Befeuchten 200 ccm 5 n. Natronlauge gebraucht; siehe Tafel 11, Anm. 1.

durch Einstellen in Wasser auf die Temperatur des Laboratoriums gebracht (1° Temperaturdifferenz würde einen Fehler von 3,3 ccm bedingen), ehe sie an die Bürette angeschlossen und der Hahn geöffnet wurde[1]).

Die Ergebnisse der Versuche zeigt Tafel 12, in der die Kohlen nach der Größe der Sauerstoffaufnahme angeordnet sind.

Für die Steinkohlen zeigt es sich, daß ihre Sauerstoffaufnahme in dem gleichen Sinne steigt, als ihr geologisches Alter abnimmt. Bei den Braunkohlen und Torfen ist besonders bemerkenswert, daß ihre Reihenfolge nach der Sauerstoffaufnahme eine ganz andere ist, als wir sie nach der statischen Methode (vgl. Tafel 11) erhielten. Die in der jetzigen Tafel aufgeführten Kohlen hatten in Tafel 11 folgende Stelle:

Braunkohle Nr. 1 in Tafel 12 war Nr. 6 in Tafel 11
2 „ „ 12 „ „ 2 „ „ 11
3 „ „ 12 „ „ 13 „ „ 11
4 „ „ 12 „ „ 7 „ „ 11 usw.

Bei der Schüttelmethode zeigen auch diejenigen Kohlen eine recht beträchtliche Autoxydation, welche früher sich indifferent zeigten, also die Kohlen in Tafel 11 von Nr. 12 an. Ganz allgemein kann man das Ergebnis der in Tafel 12 verzeichneten Versuche dahin zusammenfassen, daß die Steinkohlen eine geringere Sauerstoffabsorption zeigen als die Braunkohlen und Torfe. Selbst der ganz junge Velener Torf I macht darin keine Ausnahme. Unter den von mir gewählten Bedingungen liegt die Sauerstoffaufnahme bei den Steinkohlen unter 5 ccm, bei den Braunkohlen und Torfen darüber. Sicherlich wird es Steinkohlen mit einem höheren Wert als den bei der Gasflammkohle gefundenen (3,4 ccm) geben, den von Braunkohle werden dieselben voraussichtlich jedoch nicht erreichen. **Man hat daher in der Ermittlung der Sauerstoffabsorption ein einfaches Mittel zur Unterscheidung von Braunkohlen und Steinkohlen.**

Als Ergänzung zu den Versuchen von Tafel 12 seien noch folgende angeführt. Braunkohlen (rheinische [Unionbrikett] und

---

[1]) Bei einer weiteren Ausgestaltung der Methode wird man zweckmäßig dazu übergehen, bei jedem Stoff den Verlauf der Absorptionskurve festzustellen, indem man während des Schüttelns die Sauerstoffaufnahme messend verfolgt. Auch wird man Kohlenmenge und Flaschengröße so wählen, daß die Luft nicht wesentlich an Sauerstoff verarmt, oder vielleicht auch reinen Sauerstoff anwenden. Zur Kontrolle der Temperatur empfiehlt es sich, durch den Stopfen ein Thermometer in die Flasche einzusetzen.

sächsische Schwelkohle), gepulvert, trocken mit Luft geschüttelt, zeigen keine Sauerstoffabnahme. Verwendet man Wasser statt Alkali, so tritt sogar eine geringe Volumenzunahme ein, wohl infolge Entweichens von in der Kohle okkludierten Gasen. Die Reaktion des Wassers nach dem Schütteln war deutlich sauer.

Bemerkenswert ist, daß Pyridin ähnlich, wenn auch schwächer wie Natronlauge wirkt. Beim Arbeiten mit 10 g Kohle, 100 ccm Pyridin und 45 Minuten Schüttteldauer war die Sauerstoffaufnahme bei Unionbrikett 6,5 ccm, bei sächsischer Schwelkohle 3,0 ccm. Man muß also bei Pyridinextraktionen von Kohlen im Auge behalten, daß bei Gegenwart von Sauerstoff, z. B. bei längerem Verweilen der mit Pyridin befeuchteten Kohle an der Luft, Veränderungen eintreten und sich wahrscheinlich durch Autoxydation unlöslicher Substanz lösliche Stoffe bilden können[1]).

Die Nutzbarmachung dieser Versuche über die beschleunigte Sauerstoffaufnahme der Kohlen in Gegenwart von Alkali für die Frage der Selbstentzündlichkeit der Kohlen würde als nächsten Schritt die Prüfung erfordern, inwieweit Beziehungen bestehen zwischen der alkalischen Sauerstoffaufnahme und dem Grade der Selbstentzündlichkeit der Kohlen, wobei man letzteren zunächst nach den bekannten Laboratoriumsmethoden (Dennstedt, Wheeler oder Erdmann) ermitteln könnte, dann aber die Prüfung an den Erfahrungen der Technik vornehmen müßte. Durch Kombination der Methoden wird man vielleicht zu einer maßgeblichen Beurteilung der natürlichen Verhältnisse gelangen. Besonderes Interesse bietet noch die Frage, ob die feuchten Kohlen stets saure Reaktion zeigen, und ob der Gehalt an Säuren mit der Selbstentzündlichkeit in Beziehung steht. Eine weitere Aufgabe wäre es auch zu prüfen, wie weit die alkalische Sauerstoffaufnahme mit der Heizwertverminderung der Kohlen beim Lagern parallel geht.

Schluß.

Die Stoffe der natürlichen Reihe

Lignin	Torf
frischer Pflanzenmoder	Braunkohlen
Huminsäuren	Steinkohlen

---

[1]) Bone und Sarjant haben bereits darauf hingewiesen, daß die Einwirkung von Sauerstoff bei der Pyridinextraktion von Kohle auf den Lösungsvorgang verzögernd einwirkt. [Ref. Soc. 88, 752 A (1919)].

sind, wie die vorliegende Untersuchung gezeigt hat, dadurch gekennzeichnet, daß sie in Gegenwart von Alkali eine außerordentlich beschleunigte Sauerstoffaufnahme zeigen. Dabei bilden sich aus alkaliunlöslichen Stoffen alkalilösliche Huminsäuren. Es ist nicht anzunehmen, daß die Huminsäuren bildenden Stoffe bei den rezenten und fossilen Vegetabilien identisch sind. Während es beim Lignin und den frisch der Vermoderung anheimgefallenen Pflanzenstoffen der im wesentlichen unversehrte Ligninkomplex ist, welcher die Huminsäuren liefert, ist anzunehmen, daß die lösliche Huminsäuren bildenden Stoffe der Kohlen bereits einmal den Zustand der löslichen Huminsäuren durchlaufen haben, ehe sie durch Reduktions- und Kondensationsvorgänge in den unlöslichen Zustand übergingen.

Man war sich bisher noch nicht darüber klar, welches die Stoffe sind, an die die Selbstentzündlichkeit der Kohlen geknüpft ist. Früher glaubte man den Pyriten diese Rolle zuschreiben zu sollen. In neuerer Zeit hat man mehr und mehr die Aufmerksamkeit auf die Huminsäuren gerichtet[1]).

Die vorliegende Untersuchung zeigt auf das Deutlichste, daß tatsächlich die Huminsäuren diejenigen Bestandteile der Kohlen sind, welche infolge ihrer Autoxydation die Selbstentzündlichkeit verursachen. Die Beschleunigung der Sauerstoffaufnahme durch Alkalien, die Bildung von Phenolen bei der trockenen Destillation oder Kalischmelze von Huminsäuren, die dunkelgefärbten Lösungen, welche Huminsäuren in Alkalilauge bilden, das alles sind Anhaltspunkte dafür, daß es phenolische Gruppen sind, welche die Autoxydierbarkeit der Huminsäuren und also auch der Kohlen bedingen.

Mülheim-Ruhr, April 1922.

---

[1]) Hinrichsen-Taczak, Chemie der Kohle, S. 282, erblicken jedoch die Ursache der Selbstentzündlichkeit in den ungesättigten Kohlenwasserstoffen.

---

4. Über die Ameisensäurebildung aus Kohlenoxyd und Wasser bezw. aus Kohlendioxyd und Wasserstoff bei höherer Temperatur und höherem Druck.

Von

Hans Schrader.

Die unmittelbare thermische Synthese der Ameisensäure aus den Komponenten Kohlenoxyd und Wasser oder Kohlendioxyd und Wasserstoff ist bisher ohne Katalysatoren oder die besondere Wirkung der stillen elektrischen Entladung noch nicht durchgeführt worden. Bekanntlich kann man die Hydratisierung des Kohlenoxyds leicht dadurch bewirken, daß man es mit einer Lösung von Basen zusammenbringt und durch letztere die Konzentration der freien Ameisensäure fortdauernd äußerst gering erhält. Schon bei unter 150° findet dann eine recht geschwinde Aufnahme des Kohlenoxyds und Bildung von Formiat statt. Durch die Einwirkung der dunkeln, elektrischen Entladungen haben zuerst Losanitsch und Jovitschitsch[1]) Ameisensäure aus Kohlenoxyd und Wasser erhalten. Doch finden neben dieser Reaktion eine Reihe anderer Vorgänge statt. Wie ferner Baumann[2]) fand, gehen Kohlenoxyd und Wasser bei Gegenwart von Palladiumschwarz bei gewöhnlicher Temperatur in Kohlendioxyd und Wasserstoff über. Wieland[3]) hat später gezeigt, daß sich als Zwischenstufe bei diesem Vorgang Ameisensäure bildet, die dann durch die Einwirkung des Katalysators dehydriert wird, ein Vorgang, der für das Rhodium, Iridium und Rhutenium längst von St. Claire-Deville und Debray[4]), für das Palladium später von Zelinsky und Glinka[5]) beobachtet

---

[1]) B. 30, 186 (1897).

[2]) Z. physiol. Ch. 5, 244.

[3]) B. 45, 681 u. 2618 (1912).

[4]) B. 7, 1088 (1874).

[5]) B. 44, 2309 (1911).

wurde. Ferner fand Wieland, daß sich unter der Einwirkung des Palladiumschwarz ebenfalls aus Kohlendioxyd und Wasserstoff bei gewöhnlicher Temperatur in geringer Menge Ameisensäure bildet[1]).

Wieland erklärt aus dem Auftreten von Ameisensäure als Zwischenstufe die Unentbehrlichkeit von geringen Mengen Wasser für die Verbrennung des Kohlenoxyds[2]) und wies Ameisensäure in der Kohlenoxydflamme nach. Die Auffassung Wielands über die Kohlenoxydflamme wurde kürzlich durch v. Wartenberg und Sieg[3]) bestätigt.

So wurde also nachgewiesen, daß einerseits die Verbrennung des Kohlenoxyds über die Ameisensäure als Zwischenstufe verläuft, und daß andrerseits bei der bei gewöhnlicher Temperatur durch Katalysatoren vermittelten Einstellung des Wassergasgleichgewichts, gleichgültig von welcher Seite, von CO oder von CO_2 aus, Ameisensäure auftritt.

Während also sowohl für sehr hohe Temperatur, als auch für gewöhnliche Temperatur Untersuchungen auf diesem Gebiet vorliegen, fehlten bisher Versuche, die die Untersuchungen auf das Gebiet derjenigen Temperaturen ausdehnten, bei denen die Einstellung des Wassergasgleichgewichts sich auch ohne Katalysatoren mit merklicher Geschwindigkeit vollzieht, also bei Temperaturen von einigen hundert Grad.

Auf diese Frage bezieht sich ein von F. A. Weber[4]) auf Veranlassung von Haber ausgeführter Versuch, in dem die Prüfung der Ameisensäurebildung aus Kohlenoxyd und Wasser bei 200° unter Druck unternommen wurde. Die aus der Bombe abblasenden, durch Kühlung verdichteten Kondensate hatten zwar reduzierende Eigenschaften, doch konnte ein sicherer Nachweis der Ameisensäure nicht erbracht werden.

Versuche, die von mir gelegentlich der Arbeit über die Hydrierung von Kohlen durch Kohlenoxyd[5]) ausgeführt wurden, ergaben, daß diese Bildung von Ameisensäure beim Erhitzen von Kohlenoxyd mit Wasser unter Druck in merklichen Mengen ein-

---

[1]) Siehe ferner die Angaben von Sabatier über die katalytische Zersetzung der Ameisensäure (Katalyse, 1914, S. 209). Vgl. auch Bredig u. Carter, D.R.P. 339946 (C. 1921 IV, 1221).

[2]) Dixon, B. 38, 2432 (1905).

[3]) B. 53, 2194 (1920).

[4]) Dissertation, Karlsruhe 1908, S. 108.

[5]) Franz Fischer u. Hans Schrader, Brennstoff-Chemie 2, 257 (1921).

tritt, und die daraus hervorgegangene, nachstehend beschriebene Arbeit zeigt, daß es sich verlohnen würde, Druck, Temperatur, Katalysatoren u. a. eingehender zu untersuchen.

I. Über die Bildung der Ameisensäure bei der Reaktion: $CO + H_2O \rightarrow CO_2 + H_2$.

Die Bildung von Ameisensäure aus Kohlenoxyd und Wasser läßt sich leicht beobachten, wenn man das Gas unter Druck mit Wasser auf 300—400° erhitzt. Je nach dem Metall — es wurden Eisenautoklaven ohne Einsatz bezw. mit Kupfer- oder Silbereinsatz verwandt —, mit dem die Stoffe während der Reaktion in Berührung stehen, ist der Betrag verschieden, den die Umwandlung $CO + H_2O \rightarrow CO_2 + H_2$ erreicht. Wir gehen zunächst näher auf die Versuche ein, um dann auf diese von besonderer Bedeutung erscheinende Tatsache zurückzukommen.

1. Versuche im Eisenautoklaven.

Ein eiserner Hochdruckautoklav[1]) wurde mit einer bestimmten Menge Wasser beschickt und mit Kohlenoxyd mit einem Druck von über 100 Atm. gefüllt. Das Kohlenoxyd enthielt 1,8 % CO_2 und 0,4 % O_2. Nach 3-stündigem Erhitzen auf 350° bezw. 400° wurde der Autoklav abgekühlt, das Gas abgeblasen, seine Menge gemessen und sein Gehalt an Kohlendioxyd bestimmt. Das Gas zeigte den eigentümlich süßlichen Geruch, den das Gas in der Stahlflasche besaß, in verstärktem Maße infolge seines hohen Gehaltes an Eisenkarbonyl. Bei dem bei 350° ausgeführten Versuch brannte das Gas mit helleuchtender Flamme, welche auf ein hineingehaltenes Stück Porzellan einen reichlichen Beschlag von gelbbraunem Eisenoxyd abschied. Wir leiteten das Gas durch eine mit flüssiger Luft gekühlte Vorlage. Nach dem Abdunsten der bei Zimmertemperatur gasförmigen Kondensate hinterblieb neben wenig Wasser etwa 0,1 bis 0,2 ccm einer gelben, süßlich riechenden Flüssigkeit, die offenbar Eisenkarbonyl war. Dieselbe war schwerer als Wasser und verflüchtigte sich beim Kochen mit dem Wasserdampf; auf dem Uhrglas mit einer kleinen Flamme berührt, flammte sie hell auf und hinterließ einen hell- bis dunkelbraunen Beschlag von Eisenoxyd. Bei dem Versuch bei 400° enthielt das Gas, der

[1]) Die Bauart und Handhabung des Autoklaven ist Abh. Kohle 5, 476 (1920) beschrieben.

Flammenhelligkeit und dem Beschlag auf Porzellan nach zu urteilen, viel weniger Eisenkarbonyl.

Die zahlenmäßigen Ergebnisse der Versuche sind in Tafel 1 aufgeführt.

Tafel 1.

CO und H_2O unter Druck bei 350° und 400° im Eisenautoklaven.

Lfde. Nr.	Leerraum des Autoklaven ccm	Druck CO Atm.	Wasser ccm	Temperatur °C	Im abgeblasenen Gas CO_2 %	Wässerige Flüssigkeit		
						Menge ccm	Verbraucht zur Neutralisation ccm $^n/_{10}$ NaOH Insgesamt	je ccm
1	118	185	20	350	14,0	17	14,2	0,84
2	118	185	20	400	28,0	14	7,2	0,51
3	250	75	40	400[1]	31,3	31	14,8	0,48

Wie die Tafel zeigt, befanden sich in dem Gas nach dem Erhitzen auf 350° 14,0 % CO_2, nach dem Erhitzen auf 400° die doppelte Menge, nämlich 28,0 bezw. 31,3 % CO_2. Bei 350° verläuft der Vorgang also noch ziemlich langsam, während bei 400° reichliche Mengen Kohlendioxyd entstanden waren.

Die bei den Versuchen erhaltenen wässerigen Lösungen reagierten deutlich sauer. Die Menge der in ihnen enthaltenen Säure wurde durch Titration mit $^n/_{10}$ Natronlauge unter Benutzung von Phenolphthalein als Indikator ermittelt. Die Säuremenge (Spalte 8 und 9 der obigen Tafel) je ccm Lösung betrug bei dem Versuch bei 350° 0,84 ccm $^n/_{10}$, bei den Versuchen bei 400° 0,51 bezw. 0,48 ccm $^n/_{10}$. Beim Zusatz der Natronlauge schied sich ein geringer Niederschlag aus, der aus Ferrohydroxyd bestand. Auch beim längeren Stehen oder beim Kochen der sauren wässerigen Flüssigkeit setzte sich etwas Eisenhydroxyd ab.

Erhitzte man die vom Eisenniederschlag abfiltrierte und mit Essigsäure angesäuerte Lösung mit einem Gemisch von Quecksilberchlorid und Natriumacetatlösung, so schied sich beim Kochen eine reichliche Menge Quecksilberchlorür aus. Die entstandene Säure war also Ameisensäure, die sich durch die unmittelbare Vereinigung von Kohlenoxyd und Wasser gebildet hatte.

Wie die Tafel 1 zeigt, ist die Menge der entstehenden Ameisensäure nicht unbeträchtlich. Bei 350° ist sie größer als bei 400°. Die Menge derselben wird sich regeln nach der Umwandlungsgeschwindigkeit des Kohlenoxyds und der Beständigkeit der Ameisensäure unter den jeweiligen Bedingungen.

2. Versuche im Autoklaven mit Kupfereinsatz.

Um den Einfluß der Eisenwandung auf die Geschwindigkeit der Umsetzung zu ermitteln, wurden einige Parallelversuche in einem vollständig mit Kupfer ausgekleideten Druckgefäß gemacht. Allerdings gelang es nicht, das Eisen vollständig auszuschließen; stets war in der wässerigen Flüssigkeit ein wenig davon vorhanden, das beim Zusatz von Natronlauge als grünliches Hydroxyd ausfiel. Die Kupferauskleidung des Apparates hatte am Deckel für die Gaszu- und -ableitung ein kleines Loch, auf welches der Kanal des Autoklavenkopfes mündete. Durch dieses konnte also das Kohlenoxyd, das mit dem Eisen in Berührung war und daher Eisenkarbonyl enthielt, in das Innere des Kupfereinsatzes gelangen.

Tafel 2.

CO und H_2O unter Druck bei 300° und 400° im Kupferautoklaven.

Lfde. Nr.	Leerraum d. Autoklaven ccm	Druck CO Atm.	Wasser ccm	Temperatur °C	Abgeblasenes Gas, darin CO_2[1]) gefunden %	Wässerige Flüssigkeit: Menge ccm	Verbraucht zur Neutralisation ccm $^n/_{10}$ NaOH: Insgesamt	je ccm	Ameisensäure mittels $HgCl_2$ bestimmt entspr. ccm $^n/_{10}$
1	186	110	30	400	34,1	15	5,55	0,37	5,54
2	180	100	20	400	3,0	16	7,18	0,45	—
3	180	100	20	400	3,4	17	11,78	0,69	—
4	180	95	30	400	3,4	17	14,28	0,84	—
5	180	93	20	300	4,2	19	14,4	0,76	—

[1]) In dem angewandten CO waren 1,8 % CO_2, die von dem im abgeblasenen Gas vorhandenen CO_2 in Abzug gebracht werden müssen, um das neugebildete CO_2 zu erhalten.

Wie die Versuche bei 400° (1 bis 4 der Tafel 2) zeigen, wuchs mit der Zahl der Versuche die Menge der jedesmal gebildeten Ameisensäure von 0,37 auf 0,84 ccm $^n/_{10}$ je ccm Lösung (also eine Lösung mit einem Gehalt von 0,39 % Ameisensäure) stetig an, und zugleich fiel die Menge des nach der Reaktion im Gas vorhandenen CO_2 von 32,3 % bei Versuch 1 auf den geringen Wert von 1,2 bis 1,6 % bei den folgenden. Hieraus ist zu schließen, daß der neue Apparat anfänglich katalytisch wirkende Verunreinigung enthielt, die die Reaktion

$$CO + H_2O \rightarrow CO_2 + H_2$$

beschleunigten. Dieser Katalysator wurde anscheinend beim ersten Versuch entfernt oder unwirksam gemacht.

Als wir bei einem anderen mit Kupfer ausgekleideten Autoklaven die Versuche wiederholten, beobachteten wir die gleichen Erscheinungen. Es wurden 20 ccm Wasser mit CO unter 140 Atm. Druck 3 Stunden auf 400° erhitzt. Danach betrug der CO_2-Gehalt des Gases bei den 3 Versuchen

31,6 — 27,2 — 11,2%,

nahm also dauernd ab, wenn auch nicht so plötzlich, wie bei der obigen Versuchsreihe, die Menge der gebildeten Ameisensäure dagegen stieg, wie die Zahlen zeigen:

nicht bestimmt — 6,3 — 7,4 ccm $^n/_{10}$.

Der Katalysator, der zunächst den schnellen Übergang des Kohlenoxyds in Kohlendioxyd bewirkte, kann möglicherweise Eisen sein, das von der Bearbeitung des Kupfers her sich in geringen Mengen daran befand und durch das Kohlenoxyd in Karbonyl übergeführt und somit entfernt wurde.

Diese Beobachtungen scheinen sich jedoch nicht immer reproduzieren zu lassen. Mit einem Kupferautoklaven (130 ccm Leerraum), der mit Salpetersäure ausgebeizt war, wurden folgende Ergebnisse erhalten:

Tafel 3.

Versuch Nr.	Druck CO Atm.	Wasser ccm	Temperatur °C	Wässerige Flüssigkeit		
				Menge ccm	Verbraucht z. Neutralisation ccm $^n/_{10}$ NaOH Insgesamt ccm	je ccm
1	75	20	400	15,5	10,5	0,68
2	75	20	400	15,0	6,0	0,40

In diesem Falle hatte sich also beim zweiten Versuch die Menge der gebildeten Ameisensäure verringert.

Auch die Gasanalyse ergab hier ganz andere Werte als bei den zuerst aufgeführten Versuchen. Wie Tafel 4 zeigt, hatte ähnlich wie in den Versuchen im Eisenautoklaven und im Gegensatz zu den ersten Versuchen im Kupferautoklaven eine weitgehende Umsetzung des Kohlenoxyds zu Kohlendioxyd und Wasserstoff stattgefunden.

Tafel 4.
Gasanalyse zu Versuch 1 und 2 von Taf. 3.

Versuch Nr.	CO %	CO_2 %	H_2 %	Rest %
1	6,8	39,9	49,4	4,4
2	10,2	37,5	48,2	4,1

Daß das Kohlendioxyd in seiner Menge gegen den Wasserstoff zurückbleibt, erklärt sich einerseits aus der größeren Löslichkeit des ersteren in Wasser, wodurch ein Teil desselben beim Abblasen im Autoklaven zurückbleibt, anderseits daraus, daß das angewandte Kohlenoxyd etwas Wasserstoff (gegen 2,5 %) enthielt. Auch kann sich möglicherweise etwas Wasserstoff durch Einwirkung des Wassers auf die Eisenwandung und ferner auch Methan bilden.

3. Versuche im Autoklaven mit Silbereinsatz.

In der Hoffnung, durch geeignete Wahl des Gefäßmaterials die Ameisensäurebildung noch weiter steigern zu können, wurden einige Versuche im Autoklaven mit Silbereinsatz (Leerraum 262 ccm) ausgeführt (Tafel 5).

Tafel 5.
CO und H_2O unter Druck bei 300° und 400° im Silberrohr.

Versuch Nr.	Druck CO	Wasser	Temperatur	Wässerige Flüssigkeit		
				Menge	Verbraucht z. Neutralisation ccm n/10 NaOH	
					Insgesamt	je ccm
	Atm.	ccm	°C	ccm	ccm	
1	75[1])	20	300	19	2,7	0,14
2	75	20	400	16	5,0[2])	0,31
3	60	20	400	18	4,8[2])	0,27

[1]) Flaschen mit höheren Drucken waren zurzeit nicht vorhanden.
[2]) Bei der Titration schied sich etwas Eisenhydroxyd aus.

Wie aus den Zahlen zu ersehen, trat die gehoffte Wirkung nicht ein; die Ameisensäureausbeute blieb ziemlich niedrig. Durch die Benutzung des Silbereinsatzes, der durch einen lose eingesetzten Deckel verschlossen war, konnte ebenso wie beim Kupfereinsatz das Eisen nicht vollständig ausgeschlossen werden; als Karbonyl gelangte es in den Silbereinsatz und dann beim Abkühlen in die wässerige Flüssigkeit. Möglicherweise hat die Gegenwart von so geringen Eisenmengen doch schon Einfluß auf die Ameisensäurebildung. Dagegen ging die Umsetzung des Kohlenoxyds mit bemerkenswerter Trägheit vor sich, wie folgende Analysen zeigen.

Tafel 6.

Analyse der abgeblasenen Gase.

Versuch Nr.	CO %	CO_2 %	H_2 %	Rest %
1	90,9	2,0	4,7	2,4
2	78,3	13,0	6,5	2,2
3	81,4	9,8	5,1	3,7

Bei den Versuchen bei 400° trat am Boden zwischen Eisenwandung und Silberrohr reichliche Rußabscheidung auf. Bei Versuch 2 betrug die abgeschiedene Menge 0,25 g.

Bemerkungen zu den Versuchen mit Kohlenoxyd und Wasser

Bei den Versuchen mit Kohlenoxyd und Wasser hat sich gezeigt, daß bei 3-stündiger Versuchsdauer und bei einer Temperatur von 400° im Eisen- und auch manchmal im Kupferautoklaven eine weitgehende Umsetzung in Kohlendioxyd und Wasserstoff stattfindet, während in einigen Fällen im Kupfer- und stets im Silbergefäß diese Umsetzung nur verhältnismäßig langsam fortschreitet. Stets findet dabei die Bildung von Ameisensäure statt. Die Menge derselben schwankte in den einzelnen Versuchen zwischen 0,14 ccm und 0,84 ccm n/10 je ccm wässerige Flüssigkeit, die sich beim Abkühlen im Autoklaven befand. Die größten Mengen Ameisensäure wurden im Autoklaven mit Kupfereinsatz erhalten, obwohl gerade bei diesen Versuchen ein sehr kleiner Umsatz von Kohlenoxyd zu Kohlendioxyd stattgefunden hatte.

Vergegenwärtigt man sich die eingangs angeführten Versuche von Wieland, wonach sowohl bei gewöhnlicher Temperatur unter dem Einfluß von Katalysatoren, als auch bei Verbrennungstemperatur der Übergang von Kohlenoxyd in das Kohlendioxyd über die Ameisensäure als Zwischenstufe verläuft, so muß man in Anbetracht der vorstehend mitgeteilten Versuche zu dem Schluß kommen, daß auch bei mittleren Temperaturen die Einstellung des Wassergasgleichgewichtes über die Ameisensäure als Zwischenstufe verläuft:

$$CO + H_2O \rightarrow H \cdot COOH \rightarrow CO_2 + H_2.$$

Der verschiedene katalytische Einfluß des Eisens, Kupfers und Silbers auf den Verlauf der Wassergasreaktion bedarf zu seiner näheren Aufklärung weiterer eingehender Versuche. Bei der Anstellung derselben wird man sich vor Augen halten müssen, daß die Gesamtwirkung der Metalle auf den Vorgang sich zusammensetzt aus ihrer Wirkung auf den Übergang $CO + H_2O \rightarrow HCOOH$ und auf die weitere Zersetzung der Ameisensäure, wobei man in Betracht ziehen muß, daß letztere je nach der Art des Katalysators sich vorwiegend entweder in Kohlendioxyd und Wasserstoff oder in Kohlenoxyd und Wasser zersetzen kann[1]). Auf diesem Wege wird man zu einem klaren Verständnis der Tatsachen kommen, wie sie die vorstehend beschriebenen Versuche ergeben haben und wie sie auch z. B. von Armstrong und Hilditch[2]) auf dem gleichen Gebiete beobachtet worden sind. Man wird dann verstehen, auf welche Einzelvorgänge es zurückzuführen ist, daß im Gegensatz zum Eisen beim Silber und in manchen Fällen beim Kupfer die Umsetzung von Kohlenoxyd und Wasserdampf nur langsam vor sich geht, und weshalb beim Kupfer größere Mengen Ameisensäure zugegen sind als beim Silber. So leicht es wäre, darüber Vermutungen zu äußern, so möchten wir doch zugunsten des Experiments vorläufig darauf verzichten.

Bemerkt mag jedoch noch werden, daß die dem Wasserstoff überlegene hydrierende Wirkung des Kohlenoxyds, wie sie die Versuche über die Hydrierung von Kohlen dargetan haben[3]), wahrscheinlich auf der intermediären Entstehung von Ameisensäure beruht, so daß also die Wirkung des Kohlenoxyds der des Formiats[4]) analog ist.

---

[1]) Sabatier u. Mailhe, vgl. Sabatier, Die Katalyse, Leipzig 1914, S. 209 u. f.

[2]) Proc. Roy. Soc., Serie A, 97, 265 (1920); Ref. Brennstoff-Chemie 2, 288 (1921).

[3]) Brennstoff-Chemie 2, 257 (1921).

[4]) Brennstoff-Chemie 2, 161 (1921).

Über die Zersetzung der Ameisensäure durch Erhitzen.

In Anbetracht der Wichtigkeit, die die thermische Zersetzung der Ameisensäure für die vorliegenden und späteren Versuche auf dem Gebiet der Wassergasreaktion besitzt, seien an dieser Stelle kurz die darüber vorhandenen Arbeiten angeführt.

Die älteren Angaben der Literatur sind nur dürftig und widersprechen sich zum Teil scheinbar. Organische Lehrbücher[1]) geben an, daß die Ameisensäure bei 160° in CO_2 und H_2 zerfällt. Berthelot[2]) fand, daß sich reine Ameisensäure, in verschlossenen Röhren einige Stunden auf 200—250° erhitzt, zum größten Teil in CO und H_2O zersetzt. Riban[3]) erhitzte in evakuierter Röhre eine 2%ige Lösung aus Ameisensäure 24 Stunden auf 175° und erhielt an Gas 0,35 ccm CO_2, 0,39 ccm H_2 und 1,18 ccm CO. Engler und Grimm[4]) erhielten aus 10 ccm Säure durch 8stündiges Erhitzen im Einschluß auf 150—160° 300 ccm Gas mit 98,8 % CO und 1,2 % CO_2. Über den Verbleib des dem Kohlendioxyd entsprechenden Wasserstoffes findet sich keine Angabe. Maquenne[5]) erhielt beim Durchleiten des Dampfes der Ameisensäure durch ein rotglühendes Rohr 25,0 % CO_2, 23,9 % H_2 und 51,1 % CO.

Die Erklärungen für die verschiedenen Angaben der älteren Autoren bringt die bereits oben angeführte Arbeit von Sabatier und Mailhe, die den Einfluß von Katalysatoren auf die Art des Zerfalls der Ameisensäure behandelt.

Im Anschluß an die mit CO und H_2O ausgeführten Versuche habe ich die zwei folgenden Versuche über die thermische Zersetzung verdünnter Ameisensäure in Gegenwart von Kohlenoxyd unter Druck angestellt (Tafel 7).

Es zeigte sich also, daß die Ameisensäure so weitgehend zersetzt wird, daß die bei 400° noch vorhandene Menge etwa der aus CO und H_2O erhältlichen entspricht, während bei 300° der der Zersetzung entgehende Betrag etwas höher war.

Bei dem Versuch bei 300° waren 1,2 l Kohlendioxyd entstanden, während sich aus der zersetzten Ameisensäure im günstigsten

[1]) z. B. v. Richter, „Chemie der Kohlenstoffverbindungen", 1909, Bd. I, S. 266; Bernthsen, „Lehrbuch der organischen Chemie", 1914, S. 184.

[2]) C. r. 42, 447 (1856); A. ch. [3] 46, 477 (1856).

[3]) Ref. B. 15, 77 (1882).

[4]) B. 30, 2921 (1897).

[5]) Bl. [2] 39, 307 (1883).

Tafel 7.

Thermische Zersetzung von Ameisensäure.

20 ccm 1,96 n. Ameisensäure mit CO unter 120 Atm. Druck im Kupferautoklaven mit 180 ccm Leerraum.

Nr. des Versuchs	Dauer Stunden	Temperatur °C	Gas l	CO_2 im Gas %	CO_2 im Gas l	Erhaltene Flüssigkeit ccm	Ameisensäure ccm n/10
1	3	300	17,85	7,0	1,2	21	36,2
2	15	400	21,1	24,2	5,1	15,5	11,1

Falle 0,8 l bilden konnten. Bei 400° entstanden 5,1 l; es hat also hier ein reichlicher Übergang von Kohlenoxyd in Kohlendioxyd stattgefunden.

II. Über Ameisensäurebildung aus Kohlendioxyd und Wasserstoff beim Erhitzen unter hohem Druck.

Im ersten Teil war dargelegt worden, daß der Übergang von CO in CO_2 beim Erhitzen mit Wasser über die Ameisensäure als Zwischenstufe verläuft, und bei den in dieser Weise angestellten Versuchen wurden verhältnismäßig reichliche Mengen Ameisensäure gefunden. Es lag daher der Gedanke nahe, daß man auch von der anderen Seite des Wassergasgleichgewichtes, nämlich durch Erhitzen von CO_2 und H_2 zu dieser Zwischenstufe gelangen könne, zumal, wie eingangs erwähnt, bereits Wieland unter Anwendung eines Katalysators bei gewöhnlicher Temperatur Ameisensäure aus CO_2 und H_2 erhalten hat.

Es wurde deshalb Kohlendioxyd und Wasserstoff mit etwas Wasser im Eisenautoklaven 3 Stunden auf 400° erhitzt (Versuch 1 in Tafel 8). Die erhaltene wässerige Flüssigkeit sowie auch die aller anderen in Tafel 8 zusammengestellten und im Eisenautoklaven ausgeführten Versuche enthielt etwas Eisen und zwar zum Teil in der Ferrostufe, das beim Versetzen mit Natronlauge als Hydroxyd ausfiel. Wir fanden durch Titration mit Natronlauge 3,5 ccm n/10 Ameisensäure, während früher beim Erhitzen von CO und H_2O auf 400° 7,2 ccm n/10 erhalten worden waren.

Es war nun zu erwarten, daß sich die Ameisensäure bedeutend anreichern würde, wenn man sie sogleich nach ihrer Entstehung in ein beständiges Salz überführte. Wir haben daher den Versuch in Gegenwart von Natriumkarbonat wiederholt und dabei

Tafel 8.

Ameisensäurebildung aus CO_2 (bezw. Na_2CO_3) und H_2 beim Erhitzen unter hohem Druck.

Die Gase (CO_2 unter 30 Atm., H_2 unter 50 Atm.) wurden in Gegenwart von 15 ccm Wasser und 1 g Natriumkarbonat 3 Stunden auf 350° erhitzt. Nur Versuch 1 wurde bei 400° und ohne Zusatz von Natriumkarbonat ausgeführt. Vor dem Einpressen der Gase wurde der Autoklav mit der Wasserstrahlpumpe leergepumpt.

Nr. des Versuchs	Gas	Autoklav	Ameisensäure bezw. Formiat ccm $^n/_{10}$	Abgeblasenes Gas Menge l	Darin CO_2 %	Darin CO_2 l
1	$CO_2 + H_2$	Fe	3,5	12,2	44,6	5,44
2	"	"	78,3	11,2	50,0	5,60
3	CO_2	"	2,8	—	97,0[1])	—
4	"	Cu	0	—	97,0	—
5	H_2	Fe	15,7	—	0,2	—
6	"	Cu	fast 0	—	0	—
7	$CO_2 + H_2$	Cu	10,2	—	68,0	—

[1]) Das Kohlendioxyd, so wie wir es aus der Stahlflasche entnahmen, enthielt ebenfalls 97 % CO_2.

unsere Erwartung bestätigt gefunden: wir bekamen nämlich 78,3 ccm $^n/_{10}$ Ameisensäure als Formiat (Tafel 8, Versuch 2).

Da die Möglichkeit vorlag, daß entweder das Kohlendioxyd oder der Wasserstoff durch geringe Mengen CO verunreinigt war, die vielleicht die Bildung der geringen Menge Ameisensäure veranlaßt hatten, die wir bei Versuch 1 erhielten, wurden zwei weitere Versuche in der Weise angestellt, daß man jedes Gas für sich allein mit Sodalösung erhitzte. Tatsächlich wurde bei dem Versuch mit Kohlendioxyd (Versuch 3) etwas Formiat, nämlich entsprechend 2,8 ccm $^n/_{10}$ Ameisensäure, erhalten.

Es konnte nun aber sein, daß die Formiatbildung in Gegenwart von Kohlendioxyd oder Karbonat durch die reduzierende Wirkung der Eisenwandung auf diese beiden Stoffe verursacht wurde, und es wurde deshalb der Versuch im Kupferautoklaven wiederholt (Versuch 4). In der Tat wurde nunmehr keine Ameisensäure erhalten. Da, wie wir früher zeigten, Kohlenoxyd auch im Kupferautoklaven in Gegenwart von Wasser in Ameisensäure übergeht, ist anzunehmen, daß das angewandte Kohlendioxyd in seinen 3 % fremden Gasen keine störenden Mengen Kohlenoxyd enthielt.

Als wir Wasserstoff in Gegenwart von Sodalösung im Eisenautoklaven erhitzten (Versuch 5), erhielten wir eine verhältnismäßig reichliche Menge Formiat, nämlich entsprechend 15,7 ccm $^{n}/_{10}$ Ameisensäure. Der Wasserstoff war, wie wir uns vorher überzeugt hatten, möglicherweise durch geringe Mengen CO verunreinigt, während er CO_2 nicht enthielt. Als wir ihn nämlich im Gemisch mit Stickstoff über glühendes Kupferoxyd leiteten, schieden sich in dem vorgelegten Barytwasser geringe Mengen Karbonat ab, die vielleicht durch Oxydation von CO entstanden waren. Immerhin war die entstandene Menge Formiat zu groß, als daß sie sich aus dem Kohlenoxyd des Wasserstoffs hätte bilden können. Vielmehr konnte auch in diesem Falle eine reduzierende Wirkung des Eisens und zwar diesmal auf die Soda schuld sein. Um diese Annahme zu bestätigen, wurde derselbe Versuch im Kupferautoklaven wiederholt (Versuch 6). In diesem Falle gab die Lösung beim Versetzen mit Natronlauge und Kochen keinen Eisenniederschlag, beim Ansäuern mit Essigsäure und Erhitzen mit Quecksilberchlorid nur einen sehr geringen Niederschlag. Auch reduzierte die heiße alkalische Lösung nur eine ganz geringe Menge Kaliumpermanganat. Die entstandene Formiatmenge war somit nur äußerst gering. Daraus folgt also, daß durch die Einwirkung von Wasserstoff auf Soda unter unseren Bedingungen bei Abwesenheit von Katalysatoren Formiat nicht gebildet wird.

Als letzter Versuch wurde ein Gemisch von Kohlendioxyd und Wasserstoff in Gegenwart von Sodalösung im Kupferautoklaven erhitzt. Während die vorigen Versuche mit Kohlendioxyd allein oder mit Wasserstoff allein kein Formiat gegeben hatten, wurde diesmal eine verhältnismäßig beträchtliche Menge, nämlich entsprechend 10,2 ccm $^{n}/_{10}$ Formiat gebildet. Daraus muß geschlossen werden, daß in der Tat durch die Einwirkung von Wasserstoff auf Kohlendioxyd Ameisensäure entsteht. Wie Versuch 2 zeigt, wird diese Reaktion durch Eisen außerordentlich beschleunigt. Die Wirkung des Eisens könnte auf folgendem Reaktionsverlauf beruhen:

1. $Fe + 2\,H_2O = Fe(OH)_2 + 2\,H$,
2. $CO_2 + 2\,H = H \cdot COOH$,
3. $Fe(OH)_2 + H_2 = Fe + 2\,H_2O$,
4. $HCOOH = CO_2 + H_2$.

Nach diesem Schema würde der Vorgang also in der Weise verlaufen, daß der durch die Einwirkung des Eisens auf das Wasser entstehende nascierende Wasserstoff (1.) das Kohlendioxyd zu Ameisensäure reduziert (2.), welche eine bestimmte Konzentration nicht überschreiten kann, da sie dann wieder in Kohlendioxyd und Wasserstoff (bezw. in Kohlenoxyd und Wasser) zerfällt (4). Das entstandene Eisenhydroxyd wird durch den Wasserstoff wieder zu Eisen reduziert (3). Statt des Wechselspieles zwischen Eisen und Eisenhydroxyd könnte natürlich auch ein solches zwischen zwei andern Oxydationsstufen vor sich gehen. Ist eine alkalische Substanz wie z. B. Soda zugegen, so wird die Ameisensäure aus dem gasförmigen System herausgenommen und in Formiat übergeführt, es bildet sich weitere Ameisensäure nach, und eine größere Menge Formiat reichert sich daher an, wie es in Versuch 2 tatsächlich der Fall ist.

Die Ergebnisse dieser Versuche machen es wahrscheinlich[1]), daß man nicht nur für den Übergang vom Kohlenoxyd und Wasser zum Kohlendioxyd und Wasserstoff, sondern auch für den umgekehrten Vorgang die Ameisensäure als regelmäßige Zwischenstufe anzunehmen hat, so daß man das Schema für die Wassergasreaktion zu schreiben hätte:

$$CO + H_2O \rightleftarrows H \cdot COOH \rightleftarrows CO_2 + H_2.$$

Während bei gewöhnlichem Druck beim Erhitzen von Kohlenoxyd und Wasser bezw. Kohlendioxyd und Wasserstoff im Temperaturbereich von 300—400° diese Zwischenstufe der Ameisensäure sich nicht erhalten läßt, gelingt dies leicht unter Anwendung von erhöhtem Druck, wodurch nach dem Prinzip vom kleinsten Zwange die Bildung der Ameisensäure als kondensierteres System begünstigt wird. Es erscheint nicht ausgeschlossen, daß man durch Anwendung von höheren Drucken und sonstigen geeigneten Bedingungen zu einer technischen Darstellung von freier Ameisensäure aus Kohlenoxyd wird gelangen können.

Mülheim-Ruhr, Januar 1921.

---

[1]) Ein endgültiger Beweis ist nicht erbracht, da man immerhin die Ergebnisse auch so erklären könnte, daß etwa wenn auch in geringer Menge bei 350° aus CO_2 und H_2 unmittelbar sich bildendes CO zur Entstehung der gefundenen Ameisensäure geführt habe.

5. Über die Entkarboxylierung der Benzoesäure und der Phthalsäure.

Von

Hans Schrader und **Helmut Wolter.**

In einer früheren Arbeit[1]) war gezeigt worden, daß man die Karboxylgruppen von Salzen der Benzolkarbonsäuren dadurch abspalten kann, daß man die wässerige Lösung der Salze in druckfesten Autoklaven auf genügend hohe Temperaturen erhitzt. Es tritt dann Verseifung ein, die z. B. das Natriumphthalat zunächst in Natriumbenzoat und schließlich in Benzol überführt nach dem Schema:

$$\text{I.}\quad C_6H_4(COONa)_2 + H_2O = C_6H_5COONa + NaHCO_3;$$

$$\text{II.}\quad C_6H_5COONa + H_2O = C_6H_6 + NaHCO_3.$$

Es war seiner Zeit nur ein Versuch mit phthalsaurem Natrium ausgeführt worden, der im Sinne der angegebenen Gleichung Benzoesäure und Benzol ergab; aber die Methode erschien wichtig genug, sie zum Gegenstand einer eingehenderen Arbeit zu machen. Die Ergebnisse derselben werden im folgenden beschrieben.

Als besonderer Vorzug der Methode muß es gelten, daß sie keiner weiteren chemischen Reagenzien bedarf. Dagegen erfordert sie naturgemäß Apparaturen, welche den Druck des flüssigen Wassers bei mehreren hundert Grad auszuhalten vermögen.

Man könnte zunächst meinen, daß die Verwendung von überhitztem Wasserdampf bei gewöhnlichem Druck die gleichen Dienste zu leisten vermöchte, wie die Verwendung von flüssigem Wasser unter hohem Druck. Die Versuche haben jedoch gezeigt, daß bei der ersteren Arbeitsweise Verluste insofern eintreten, als ein Teil der Substanz verkohlt. Offenbar liegt das daran, daß der Dampf nicht bis ins Innere der einzelnen Teilchen vordringen und dort

---

[1]) Franz Fischer und Hans Schrader, Über die Entkarboxylierung organischer Säuren. Abh. Kohle 5, 307 (1920).

seine verseifende Wirkung entfalten kann. Die von allen Seiten geschützten Anteile fallen daher der Verkohlung anheim. Arbeitet man dagegen mit Lösungen, also in Gegenwart von flüssigem Wasser, so ist allen Teilen die gleiche Verseifungsmöglichkeit geboten.

Über die verwendeten Stoffe.

Die Alkalisalze der Benzoesäure und Phthalsäure wurden durch Neutralisation der Säuren mit den entsprechenden Laugen, Eindampfen zur Trockne und Erhitzen auf 160—180° bis zur vollständigen Entwässerung dargestellt. Das Kupferbenzoat enthielt 3 Mol. Kristallwasser; es wurde erhalten durch Umsetzen der heißen äquivalenten Lösungen von Kupfersulfat und Natriumbenzoat und Trocknen des gewaschenen, hellblauen Salzes über Schwefelsäure bis zur Gewichtskonstanz. Das phthalsaure Kupfer wurde in gleicher Weise dargestellt und enthielt 2 Mol. Kristallwasser. Das phthalsaure Calcium wurde durch Digerieren von Phthalsäure mit der berechneten Menge Kalk erhalten. Das bei 100° getrocknete Salz war wasserfrei. Phthalsaures Zink wurde durch Kochen äquivalenter wässeriger Lösungen von Zinksulfat und Natriumphthalat als ein Gemisch von weißen Nädelchen und amorphem Salz erhalten. Es enthielt 41,0 % ZnO, während das normale Salz 35,5 % verlangt. Ein Salz der gleichen Zusammensetzung erhielten Ekeley und Banta[1]) bei Verwendung von Zinknitrat.

Vorversuche bei gewöhnlichem Druck.

Trockene Destillation der Alkalisalze der Benzoesäure unter gewöhnlichem Druck.

Apparatur und Aufarbeitungsweise.

Bei der trockenen Destillation der Salze wurde entweder ein einfacher Aluminiumschwelapparat[2]) oder eine kleine Eisenretorte benutzt. Durch den angeschlossenen Kühler gingen die Destillate in einen mit Kältemischung gekühlten, gewogenen Kolben über. Die gasförmigen Produkte konnten weiter durch eine Waschflasche in einen Gasometer entweichen. Für das Arbeiten im Wasserdampfstrom wurde ein Aluminiumschwelapparat mit eingebauter Dampfüberhitzung[3]) verwandt. Das im Kolben aufgefangene Benzol

[1]) Am. Soc. 39, 767 (1917); C. 1921 I, 14.
[2]) Abh. Kohle 5, 55 (1920).
[3]) Abh. Kohle 5, 65 (1920).

wurde durch Abdestillieren und Rückwägung des Kolbens oder durch Umgießen des Kolbeninhalts in eine Mensur und Ablesen der Benzolmenge bestimmt. Hochsiedende im Kolben und Kühler befindliche Anteile wurden durch Herauslösen mit Äther und Abdampfen des letzteren gewonnen.

Die Versuche.

Die trockene Destillation der Alkalisalze der Benzoesäure scheint bisher wenig untersucht zu sein. Conrad[1]) erhielt beim Erhitzen des Natriumbenzoats bis zur Verkohlung iso- und terephthalsaures Natrium. Über die Benzolausbeute gibt derselbe nichts an. v. Richter[2]) hatte vorher die Meinung vertreten, daß zur Entstehung der beiden Dikarbonsäuren die Gegenwart von ameisensaurem Natrium notwendig sei, was jedoch nach dem Versuch von Conrad nicht zutrifft. Wir geben in Tafel 1 ein paar Versuche über die trockene Destillation der Alkalibenzoate bei gewöhnlichem Druck, die wir als Vorversuche für die Zersetzung derselben unter hohem Druck in Gegenwart von Wasser angestellt haben.

Tritt bei 460° auch schon Benzolbildung ein, so ist diese doch gering, während als wirkliche Zersetzungstemperatur erst 500—525° in Frage kommt. Bei dieser Temperatur bilden sich in geringer Menge Huminsäuren, die bei weiterem und höherem Erhitzen verkohlen.

In Versuch 3, in dem zugleich die stärkste Verkohlung eintrat, wurden etwa 2 % Iso- und Terephthalsäure neben Benzol und Diphenyl gebildet. Für Temperaturen über 540° wurde eine Eisenretorte benutzt; die damit erhaltenen Ergebnisse sind nicht gleichmäßig. So ergab Versuch 4 eine Benzolausbeute von 62 %, Versuch 5 dagegen unter gleichen Bedingungen nur 38 %.

Aus der Literatur geht hervor, daß bei der trockenen Destillation der Erdalkalisalze der Benzoesäure infolge von Ketonbildung erhebliche Mengen höher siedender Produkte erhalten werden. Im Gegensatz hierzu war bei einem Versuch mit Alkalibenzoat die Menge der letzteren gering; unter ihnen befand sich Benzophenon und Diphenyl[3]), während Anthrachinon[4]) nicht gefunden

---

1) B. 6, 1395 (1873).
2) B. 6, 876 (1873).
3) Brönner, A. 151, 50 (1869).
4) B. 5, 909 (1872).

Tafel 1.
Destillation von Benzoaten bei gewöhnlichem Druck.

Versuch Nr.	Versuchsbedingungen: Menge und Art des Salzes	Versuchsbedingungen: Beschaffenheit der Retorte; Destillationsart	Versuchsbedingungen: Versuchsdauer Stunden	Versuchsbedingungen: Temperatur °C	Destillat enthält %: Benzol d. Th.	Destillat enthält %: andere Stoffe [1]	Rückstand: insgesamt g	Rückstand: verkohlte Substanz g	Rückstand: verkohlte Substanz % [1]	Rückstand: Beschaffenheit	Gas: l	Gas: CO_2 %	Gas: Beschaffenheit
	Die Salze allein												
1	Natriumbenzoat 20 g	Aluminiumschwelapparat	3	bis 450	2,4	0,25	18,7	—	—	grauweiß mit einigen Kristallen durchsetzt, Spur von Huminsäuren	0,85	18	?
2	dgl.	dgl.	0,2	500—525	26,5	6,5	16,2	—	—	braunschwarz, huminsäurenhaltig	0,52	31	vor und nach Absorption mit leuchtender Flamme brennbar
3	dgl.	dgl.	1,1	520—540	55,6	11,6	10,6	3,0	17,7	verkohlt, Isophthal- und Terephthalsäure	1,32	27	mit heißer rötlicher Flamme brennbar
4	dgl.	Eisenretorte	5	Rotglut des Eisens	61,8	5,0	11,7	0,9	5,8	braunschwarz, verkohlt	0,56	enthält CO_2 und H_2, mit blaßblauer Flamme brennbar	
5	dgl.	dgl.	4		88,0	9,8	15,2	0,8	1,8	grauschwarz, verkohlt	0,44	dgl.	Ungesättigte Kohlenwasserstoffe vorhanden
6	Kaliumbenzoat 20 g	dgl.	3		58,7	5,8	11,4	2,4	14,2	schwarz, stark verkohlt	1,6	31	dgl.
	Die Salze in Gegenwart von Basen												
1	Gemisch von 5 g Natriumbenzoat und 40 g NaOH	Eisenretorte	0,6	Rotglut des Eisens	93	wenig	—			hellweiß	wenig nicht brennbares Gas		
2	Gemisch von 3,1 g Benzoesäure und 25 g $Ca(OH)_2$	dgl.	3,5		90	dgl.	—			hell grauweiß	dgl.		

[1]) Die Prozentzahlen für verkohlte Substanz und höher siedende Stoffe beziehen sich auf angewandte Benzoesäure.

wurde. Die Zersetzung des Kaliumbenzoats war von der des Natriumbenzoats nicht wesentlich verschieden.

Ganz allgemein findet bei der Erhitzung von Alkalibenzoaten starke Benzolbildung statt neben Verkohlung, Gasentwicklung und Entstehen geringer Mengen höher siedender Stoffe.

Unsere Versuche unter Zusatz von Basen bestätigen die Angaben der Literatur, wonach dabei eine gute Benzolausbeute erhalten wird. Während Barth und Schreder bei Zusatz von überschüssigem Natriumhydroxyd 70—80 % Benzol der Theorie erhielten, fanden wir sogar 93 %; bei der Destillation mit Kalk nach Mitscherlich kamen wir auf 90 %.

Wie Tafel 2 zeigt, führt die Zersetzung des Natriumbenzoats durch überhitzten Wasserdampf bei 450° mit guter Ausbeute zu

Tafel 2.

Destillation von Natriumbenzoat bei gewöhnlichem Druck mit überhitztem Wasserdampf.

Versuch	Versuchsbedingungen				Destillat enthält %		Rückstand					Bemerkungen
	Menge und Art des Salzes	Beschaffenheit der Retorte; Destillationsart	Versuchsdauer	Temperatur	Benzol d. Th.	andere Stoffe[1])	insgesamt	verkohlte Substanz		titriertes Alkali	Beschaffenheit	
Nr.			Std.	°C			g	g	%[1])	%		
1	20 g Na-benzoat	Al-Schwelapparat mit Dampfüberhitzung	2,5	450	16,2	0,2	17	—	—	20,8	grauweiß, aufgebläht	wässriges Destillat 41 ccm
2	10 g Natrium-benzoat		3,5	450	40,8	etwa 1	6,5	—	—	45,7	grauweiß	Destillat 150 ccm. 47,8 % des Salzes haben sich der Titration der ausgeätherten Säure gemäß umgesetzt
3	dgl.		6,3	450	66,8	etwa 2	5,0	—	—	72,5	weiß	Destillat 270 ccm
4	dgl.		1,5	500	80,1	etwa 7,7	4,1	0,14	1,6	90,2	braunschwarz	Destillat 150 ccm; 0,65 g höher siedende Anteile!

[1]) Die Prozentzahlen für verkohlte Substanz und höher siedende Stoffe beziehen sich auf angewandte Benzoesäure.

Benzol. Allerdings ist bei dieser Temperatur die Umsetzung ziemlich langsam. Bedeutend schneller verläuft dieselbe bei 500°, allein hier tritt bereits anderweitig Zersetzung und Bildung höher siedender Produkte ein, so daß am günstigsten eine dazwischen liegende Temperatur sein dürfte.

In dem entstandenen Benzol befand sich etwas Benzoesäure, deren Entstehung auf Hydrolyse des Natriumbenzoats durch den überhitzten Wasserdampf zurückzuführen ist, ähnlich wie z. B. auch Kochsalz vom Wasserdampf bei Rotglut zu einem geringen Betrage gespalten wird[1].

Trockene Destillation von Natriumphthalat.

(Tafel 3.)

Die Zersetzung des phthalsauren Natriums war bei 450° stärker als beim Benzoat. Es bildete sich zunächst Benzoesäure und in geringer Menge huminsäureartige Substanz. Letztere löste sich leicht in Alkali und wurde durch Säuren wieder ausgeschieden; bei weitgehendem Auswaschen ging sie kolloidal in Lösung. Bei längerer Versuchsdauer schreitet die Benzoesäurebildung fort, während die Huminstoffe verkohlen. Bei 500—520° treten Benzol und in erheblichen Mengen höher siedende Stoffe auf, während dementsprechend die Benzoesäurebildung abnimmt. Bei 550° tritt schnelle vollkommene Zersetzung ein.

Die Zersetzung von phthalsaurem Natrium in Gegenwart von Wasserdampf bei gewöhnlichem Druck lieferte uns entgegen unseren Erwartungen nur wenig Benzoat und zwar bei 450°. Bei 530° trat etwas Benzol auf, bei 550° entstanden erhebliche Mengen davon, und zwar etwa $2^1/_2$ mal so viel, als bei Abwesenheit von Wasserdampf. Außerdem war die Menge der höher siedenden Stoffe und die Verkohlung des Rückstandes viel geringer.

Über die Entkarboxylierung von Benzoesäure und Phthalsäure oder ihren Salzen durch Erhitzen mit Wasser unter Druck.

Apparatur und Arbeitsweise.

Die Versuche wurden in dem früher bereits beschriebenen Hochdruckautoklaven ausgeführt[2]). Das bei der Druckerhitzung abgespaltene Gas wurde nach dem Erkalten des Autoklaven in einen

---

[1]) Vergl. Spring, B. 18, 345 (1885).

[2]) Abh. Kohle 5, 476 (1920).

Gasbehälter abgeblasen und analysiert. Dabei wurde die Menge des im Autoklaven verbleibenden Gasanteils rechnerisch berücksichtigt. Ein gewisser Fehler wird durch die Löslichkeit der Gase, insbesondere der Kohlensäure in der wässerigen Salzlösung verursacht. Durch wiederholtes, kräftiges Schütteln wurden die gelösten Gasmengen möglichst herausgetrieben und der Fehler zu mindern gesucht. Auch war zu berücksichtigen, daß ein Teil der Kohlensäure als Bikarbonat gebunden war.

So dienen die Gasanalysen im wesentlichen als Ergänzung der den Grad der Zersetzung genau festlegenden Daten, die durch Titration des entstandenen Alkalis und Ausäthern der noch vorhandenen Benzoesäure bezw. bei den späteren Versuchen Fällung der noch vorhandenen Phthalsäure erhalten wurden.

Die Verarbeitung der flüssigen und festen Reaktionsprodukte geschah in der Weise, daß Lösung und Benzol in eine Mensur

Tafel 8.

Destillation von phthalsaurem Natrium bei gewöhnlichem Druck.

Versuch	Versuchsbedingungen			Destillat					Gas		Rückstand				
	Angewandt Natriumphthalat	Dauer d. Erhitzens	Temperatur	insgesamt	Benzol		höher siedende Stoffe			CO_2	insgesamt	verkohlte Substanz		titriertes Alkali	Aussehen, Zusammensetzung
Nr.	g	Std.	°C	g	g	% d. Th.	g	%[1]	l	%	g	g	%[1]	% d. Th.	
1	20	8	450	0,22	—	—	—	—	0,48	18	19,7	—	—	9,8	aufgebläht, poröse, braunschwarz mit 11 % Benzoesäure, 2,5 % Huminsäuren
2	5	6	450	0,22	—	—	—	—	?	—	4,7	0,4	10,8	88,7	braunschwarz, 25 % Benzoesäure d. Th.
8	20	1	500—520	2,1	1	18,4	0,67	4,2	1,65	41	15,7	5,1	82,8	?	aufgebläht, schwarz
4	10	1	550—560	1,26	0,72	19,4	0,88	4,8	0,73	24	7,5	2,8	28,4	90,7	dgl.

[1]) Bezogen auf angewandte Phthalsäure.

gegossen wurden und die Menge des letzteren abgelesen wurde. Der Autoklav wurde mit Wasser ausgespült und die gesamte Lösung in einen 500 ccm Meßkolben filtriert. Häufig schied die Lösung eine geringe Menge Eisen als Hydroxyd aus, das aus dem Autoklaven stammte und wahrscheinlich als Bikarbonat in Lösung gegangen war.

Zur Bestimmung der entstandenen Menge Natriumkarbonat bezw. -bikarbonat wurde die erwärmte Lösung im Erlenmeyer mit überschüssiger $^{n}/_{10}$ Schwefelsäure versetzt und 10 Minuten unter öfterem Umschütteln zur Vertreibung der Kohlensäure auf dem Wasserbade gehalten. Bei dieser Art des Erhitzens traten keine Verluste an Benzoesäure ein; sodann wurde die Lösung abgekühlt und mit $^{n}/_{10}$ Natronlauge unter Verwendung von Phenolphthalein zurücktitriert.

Die Zersetzung der freien Benzoesäure bezw. Phthalsäure wurde im Kupferautoklaven (130 ccm Leerraum) untersucht, da bei der hohen Temperatur der Eisenautoklav von den Säuren unter Wasserstoffentwicklung angegriffen wird. Bei diesen Versuchen waren die Verluste des Benzols bei seiner Isolierung größer, da sich eine Lösung der Benzoesäure in Benzol bildet und zur Abtrennung des Benzols eine Destillation nötig ist.

Trennung der Benzoesäure von der Phthalsäure. Bei der Zersetzung der Phthalsäure und ihrer Salze entsteht Benzoesäure, und es war daher notwendig, eine geeignete Trennungsmethode für diese beiden Säuren anzuwenden. Wenn man viele Versuche macht, ist das Überblasen der Benzoesäure mit Wasserdampf zu langwierig. Schneller kommt man zum Ziel, wenn man die Lösung zunächst ausäthert und aus den so erhaltenen Säuren durch Chloroform die Benzoesäure herauslöst[1]). 100 g Chloroform lösten bei Zimmertemperatur 10,5 g Benzoesäure, aber nur 0,009 g Phthalsäure. Es ist zweckmäßig, die wässerige Lösung der Benzoesäure und Phthalsäure nicht unmittelbar mit Chloroform, sondern zunächst mit Äther auszuschütteln, da sich beim Chloroform gewöhnlich eine schwer trennbare Emulsion bildet. Beim Ausäthern geht nur die Benzoesäure, nicht aber die Phthalsäure praktisch vollständig in den Äther über, da letztere für sich allein in Äther schwer löslich ist[2]), und

[1]) Zincke und Breuer, A. 226, 52 (1884).
[2]) Vergl. Bourgoin, Bl. 29, 247 (1878).

nur durch die Gegenwart von Benzoesäure darin viel leichter löslich wird[1]).

Eine einfache Bestimmungsmethode der Phthalsäure war nicht bekannt. Wir haben eine solche auf Grund der Schwerlöslichkeit des Bleisalzes in Wasser und Essigsäure ausgearbeitet.

Mit 2 n. Bleiacetatlösung tritt in wässeriger Lösung noch Fällung ein bei einer Konzentration von

0,02 % Phthalsäure,
0,025 % phthalsaurem Natrium,
0,71 % Natriumbenzoat.

Die Fällung des phthalsauren Natriums tritt auch ein in Gegenwart der gleichen Menge benzoesauren Natriums.

Die Mengen von Natriumbenzoat und Natriumphthalat, die eben noch eine Fällung bewirken, verhalten sich wie 28 : 1. Nun ist das benzoesaure Blei in verdünnter Essigsäure noch leichter löslich, während das phthalsaure Blei praktisch darin unlöslich ist. Nach einer ganzen Reihe von Versuchen kamen wir daher zu folgendem Fällungsverfahren:

Durch einen Vorversuch oder durch Berechnung auf Grund der bereits ermittelten Menge Benzoesäure und des gebildeten Alkalikarbonats wurde die ungefähre Menge Phthalsäure in der Lösung festgestellt. Sodann wurde die Lösung so verdünnt, daß sich etwa 0,5 g Natriumphthalat in 200 ccm Wasser befand. Zu der Lösung wurden 20 ccm 50%ige Essigsäure gesetzt und das ganze bis nahe zum Kochen erhitzt. Nun wurden langsam unter Umrühren 7 ccm 2 n. Bleiacetatlösung zugefügt. Es wurde noch 10 Minuten auf dem Wasserbade erwärmt und dann abkühlen gelassen. Nach 3 Stunden wurde der Niederschlag in einem Goochtiegel abgesaugt und mit 30 ccm Wasser gewaschen. Das Trocknen geschah bei 110°. Der Niederschlag enthält weniger Phthalsäure, als der Formel des normalen Phthalats entspricht, und zwar ist er um etwa 20 % zu schwer. Man muß daher zur Berechnung der Phthalsäure einen Faktor anwenden, der unter den angegebenen

[1]) Durch die Erhöhung der Löslichkeit der Phthalsäure durch andere Stoffe ist wahrscheinlich die in vielen Lehrbüchern (z. B. Bernthsen, Hollemann), sowie auch in der Zeitschriftenliteratur sich findende Ansicht veranlaßt, die Phthalsäure sei in Äther leicht löslich.

Fällungsbedingungen 0,38 ist. Es muß hervorgehoben werden, daß diese Fällungsmethode keine ganz genauen Ergebnisse liefert, daß ihre Genauigkeit jedoch für unsere Zwecke genügte.

Druckerhitzung von Benzoesäure und von Benzoaten in Gegenwart von Wasser.

Zersetzung der Benzoesäure.

Aus den Angaben der Literatur geht hervor, daß sich freie Benzoesäure erst bei verhältnismäßig hoher Temperatur in Kohlensäure und Benzol spaltet. Viel leichter erfolgt die Spaltung, wenn man die Benzoesäure in gelöster Form, z. B. in Anilin erhitzt[1]). In entsprechender Weise trat auch die Zersetzung der Benzoesäure bei der Druckerhitzung in Gegenwart von Wasser verhältnismäßig leicht ein, wie folgende Versuche zeigen.

Tafel 4.

Druckerhitzung von Benzoesäure mit Wasser.

1 Mol Benzoesäure und 8 Mol Wasser, Versuchsdauer 8 Stunden.

Versuch Nr.	Temperatur °C	Benzol isoliert % d. Th.	Umgesetzte Benzoesäure titriert % d. Th.	Gas insgesamt l	Gas darin CO_2 %	Gas insgesamt CO_2 % d. Th.
1	200	nicht bestimmt	6	—	—	—
2	300	18,1	28,8	1,11	57	17,2
3	350	18,8	26,2	1,2	57	18,4
4	400	22,0	69	2,7	94	69,2

Die Zersetzung beginnt bei 200° und erfolgt offenbar glatt nach der Gleichung:

$$C_6H_5COOH = C_6H_6 + CO_2.$$

Bei 400° ist die Benzolbildung bereits recht weitgehend, während bei der trockenen Benzoesäure hier erst die Zersetzung beginnt.

Druckerhitzung von Benzoaten in Gegenwart von Wasser.

Die Versuche verlaufen in der Hauptsache nach der Formel:

$$C_6H_5COONa + H_2O = C_6H_6 + NaHCO_3.$$

[1]) Vergl. Cazeneuve, Bl. 15, 75 (1896); Vaubel, J. pr. 53, 556 (1896).

Tafel 5.

Druckerhitzung von Natriumbenzoat[1]) in Gegenwart von Wasser.

Versuch	Auf 1 Mol Benzoat	Art des Zusatzes	Versuchs-		Benzol				Gas	
					isoliert		berechnet aus der Titration			darin CO_2
Nr.	Mol Wasser	von 1 Mol	Temperatur °C	Dauer Std.	g	% d. Th.	g	% d. Th.	l	%
1	8	—	350	3	0,1	0,6	0,4	2,5	0,15	?
2	8	—	375	3	2,6	16,0	3,9	24	wenig	—
3	8	—	400	3	4,0	24,6	5,1	31	0,37	68
4	8	—	450	3	15,0	92,2	15,0	92	1,8	88
5	8	—	400	½	0,4	2,5	0,5	3	0,16	84,5
6	8	—	400	6	7,1	43,7	7,3	45	1,15	76,5
7	2	—	400	3	3,2	19,7	8,3	51	0,5	85,7
8	8	—	350	3	0,9	5,5	1,1	7	0,28	50
9	8	—	400	3	10,6	65,2	12,2	75	1,88	86
10	8	Natriumhydroxyd	350	3	0,4	2,5	1,8	11	0,18	?
11	8	Calciumhydroxyd	350	3	Spur	—	0,3	2	—	—
12	8	Natriumbikarbonat	400	3	14,1	86,7	15,3	94	3,2	96
13	8 [2])	—	400	3	12,3	84,1	11,7	80	0,38	87

[1]) Der Eisenautoklav wurde mit je 30 g Natriumbenzoat beschickt.

[2]) Angewandt Kaliumbenzoat.

Einfluß der Temperatur (Tafel 5, Versuch 1—4).

Der Grad des Umsatzes ist naturgemäß von der Temperatur und von der Zeitdauer abhängig. Der Zersetzungsbeginn liegt bei 350°; bei 450° ist die Zersetzung fast vollständig. Hier wie auch bei den übrigen Versuchen nähert sich die Menge des isolierten Benzols der durch Titration ermittelten Menge um so mehr, je mehr Benzol überhaupt durch Zersetzung gebildet wurde, da dann die Arbeitsverluste verhältnismäßig geringer werden.

Den Einfluß der Zeitdauer zeigen die Versuche 5, 3 und 6. Bei einer Steigerung der Versuchszeit von ½ auf 6 Stunden stieg die gebildete Benzolmenge von 3 auf 45 %.

Es muß bemerkt werden, daß die Zersetzung des Natriumbenzoats anscheinend von der Beschaffenheit der Autoklavenwandung abhängig ist. Es wurde nämlich gefunden, daß die Zersetzung um so leichter vor sich ging, je mehr Versuche in dem Autoklaven ausgeführt wurden. (Vergl. z. B. Versuch 1 u. 8 bezw.

3 u. 9.) Aus diesem Grunde sind die Versuche in der Tafel nach der zeitlichen Aufeinanderfolge aufgeführt.

Der Einfluß der Konzentration scheint sehr gering zu sein, wenigstens steht Versuch 7, der mit 2 statt mit 8 Mol Wasser auf 1 Mol Benzoat ausgeführt wurde, sowohl zeitlich als auch bezüglich der Benzolausbeute in der Mitte zwischen Versuch 3 u. 9. Der Einfluß von Basen wie Natrium- und Calciumhydroxyd sollte insofern eine Begünstigung der Reaktion erwarten lassen, als das abgespaltene Kohlendioxyd durch die Basen gebunden wird. Die Versuche 10 und 11 zeigen, daß Natriumhydroxyd in der Tat die Umsetzung etwas beschleunigt, Kalk dagegen hindernd wirkt. Natriumbikarbonat sollte eigentlich einen verzögernden Einfluß haben. Ein in dieser Richtung angestellter Versuch (12) ergab hierfür keine Bestätigung; im Gegenteil, die Benzolausbeute war in diesem Falle besser als bei den übrigen Versuchen.

Ein Versuch mit Kaliumbenzoat zeigte kein vom Natriumsalz abweichendes Verhalten.

Die Druckerhitzung von Kupferbenzoat.

Bei der trockenen Destillation tritt eine komplette Zersetzung ein, bei der Benzol, Benzophenon, Benzoesäure, Phenol und salicylsaures Kupfer[1]) entstehen. Dagegen führt die Druckerhitzung in Gegenwart von Wasser zu einer glatten Benzolbildung.

Tafel 6.

Druckerhitzung von 1 Mol Kupferbenzoat und 8 Mol Wasser bei 3-stündiger Versuchsdauer im Kupferautoklaven.

Versuch	Temperatur	Benzol isoliert		Von dem Salz haben sich umgesetzt, festgestellt durch		Aus Nebenreaktionen stammende Stoffe		Gas	
				Ausäthern u. Titrieren	CO_2-Gehalt	Ausgeätherte K. W.	Huminsäuren	insgesamt	CO_2
Nr.	°C	g	% d. Th.	% d. Th.	% d. Th.	g	Gew.-%	l	%
1	200	einige Tropfen		21,8	17	0,06	3	0,45	94,2
2	300	2,6	80	78,8	74	0,2	2	1,94	92,6

Das Reaktionsprodukt roch stark nach Phenol, doch konnte ... Eisenchloridreaktion weder dieses noch die Salicylsäure ...n werden. Im Autoklaven befanden sich große Benzoe-

...g, A. 58, 88 (1846).

säurekristalle; das Salz war also hydrolisiert worden. Das dabei entstandene Kupferhydroxyd war zu Kupferoxydul und metallischem Kupfer reduziert worden; ersteres war in rubinroten, durchsichtigen Kristallen vorhanden[1]). Wie folgende Zusammenstellung zeigt, steigt die Zersetzlichkeit der Benzoesäure und ihrer Salze in folgender Reihenfolge:

Natriumbenzoat — Benzoesäure — Kupferbenzoat.

Tafel 7.

Bei 3-stündiger Druckerhitzung von 1 Mol Substanz mit 8 Mol Wasser zersetzten sich folgende Mengen:

Versuch Nr.	Art der angewandten Substanz	Art des Autoklaven	Versuchs-temperatur °C	Zersetzungsgrad % titriert
1[1])	Natriumbenzoat	Eisen	350	9
2	Benzoesäure	Kupfer	300	23,8
3	Kupferbenzoat	„	300	78,8

[1]) Infolge der geringen Umsetzung wurde bei 300° kein Versuch unternommen. Der Zersetzungsgrad von 9% ist ein Mittelwert von zwei Versuchen, die kurz vor Versuch 2 und 3 gemacht wurden.

Wie außerordentlich die Zersetzungsgeschwindigkeit des Natriumbenzoats von den Arbeitsbedingungen abhängig ist, zeigt folgende Übersicht.

Tafel 8.

3-stündiges Erhitzen von Natriumbenzoat bei 450°.

Versuch Nr.	Zersetzungsart	% Benzol d. Th. isoliert	% Benzol d. Th. durch Titration des Alkalis ermittelt	Höher siedende Stoffe g	Bemerkung
1	Trockene Destillation	2,4	5,6	0,25	Zersetzung im Aluminiumschwelapparat
2	Desgl. mit Wasserdampf	40,6	45,7	1	
3	Mit Wasser unter Druck	92	92	wenig	im Eisenautoklaven

Während also bei 3-stündigem Erhitzen auf 450° das trockene Benzoat sich kaum zersetzt, unterliegt bei Gegenwart von Wasserdampf nahezu die Hälfte, und beim Erhitzen mit Wasser unter Druck nahezu die ganze Substanz der Zersetzung.

[1]) Arzruni erhielt bereits solche Kristalle aus einem Röstofen (Gmelin-Kraut V_1, 729).

Druckerhitzung von Phthalsäure und Phthalaten in Gegenwart von Wasser.

Druckerhitzung freier Phthalsäure.

Über die thermische Zersetzung von Phthalsäure finden sich in der Literatur zwei Mitteilungen. Hébert[1]) erhielt Benzol in erheblichen Mengen, als er Phthalsäure bei 350—400° über Zinkstaub leitete, und Carius[2]) bekam Benzoesäure und Benzol bei der Erhitzung mit Jodwasserstoffsäure im Einschlußrohr auf 150°. Wie folgende Tafel zeigt, beginnt bei der Druckerhitzung der Phthalsäure mit Wasser die Zersetzung bei unter 300°. Wie früher angegeben, war die Isolierung des Benzols in diesen Versuchen nur durch Abdestillieren möglich, so daß bei den kleinen Mengen große Verluste eintraten.

Tafel 9.

Druckerhitzung von Phthalsäure.

(1 Mol Substanz und 8 Mol Wasser; Versuchsdauer 3 Stunden.)

Versuch	Versuchsbedingungen				Reaktionsprodukt in % d. Th.			Gas		
	Menge	Wasser	Art des Autoklaven	Temperatur	Aussehen	Umgesetzte Säuremenge	Entstandene Benzoesäure		darin CO_2	CO_2 von der im Karboxyl der angew. Substanz vorhandenen Menge
Nr.	g	ccm		°C				l	%	%
1	10	8,7	Eisen	200	Wegen der geringen Umsetzung wurde d. Autoklav weiter erhitzt			0,25	2,8 [1])	0,3
2	10	8,7	Eisen	300	gelbliche mit Eisen durchsetzte Masse, aromatisch riechend	21,9	9,8	1,69	10,4 [1])	6,5
3	20	17,4	Eisen	375	nach Benzaldehyd riechend	93,9	32,1	6,36	28,4 [1])	33,6
4	20	17,4	Kupfer	350	grauweiß, Benzoesäurekristalle	etwa 100	68,5	3,85	77,5	55,2
5	20	17,4	Kupfer	350	grauweiß, Benzoesäurekristalle	etwa 100	71	3,23	93	55,7

[1]) Durch Angriff der Säure auf den Autoklaven hat sich viel Wasserstoff gebildet.

---

[1]) Bl. [4] 5, 17 (1909); C. 1909 I, 736.

[2]) A. 148, 73 (1868).

Jedoch kann man annehmen, daß die Zersetzung der Phthalsäure ziemlich glatt in Benzoesäure und Benzol erfolgt, so daß man die gebildeten Benzolmengen erhält, wenn man von der überhaupt umgesetzten Säuremenge die entstandene Menge Benzoesäure abzieht. Im Eisenautoklaven bildete sich bei 300° etwa die gleiche Menge Benzol und Benzoesäure; bei 375° verschoben sich die erhaltenen Mengen zugunsten des Benzols. Im Kupferautoklaven, den wir zur Vermeidung des Angriffs der Säure auf den Autoklaven anwandten, schien die Zersetzung leichter vor sich zu gehen, schon bei etwa 350° trat vollständige Zersetzung ein, und zwar bildete sich in der Hauptmenge Benzoesäure. Das hängt offenbar damit zusammen, daß sich phthalsaures Kupfer besonders leicht zersetzt (vergl. Tafel 13, Nr. 6). Geringe Mengen von Kupferoxyd können hinreichen, um durch intermediäre Bildung von phthalsaurem Kupfer die Zersetzung zu beschleunigen.

Vergleich der Zersetzung von Benzoesäure und Phthalsäure bei der Druckerhitzung.

Tafel 10.

Druckerhitzung von Benzoesäure und Phthalsäure im Kupferautoklaven in Gegenwart von Wasser bei 3-stündiger Versuchsdauer.

Temperatur °C	Versuch Tafel	Versuch Nr.	Benzoesäure umgesetzt %	Versuch Tafel	Versuch Nr.	Phthalsäure umgesetzt %
300	7	2	23,8	9	2[1])	31,9
350	[2])		28	9	4	100

[1]) Bei diesem Versuch wurde ein Eisenautoklav angewandt.

[2]) Der Wert ist das Mittel aus dem Versuch 3 der Tafel 4 und einer Wiederholung desselben.

Wie die Tafel zeigt, ist für die Benzoesäurebildung die Temperatur von 350° günstig, da sich dabei Phthalsäure vollständig unter Bildung von etwa 64% Benzoesäure (Tafel 9, Versuch 4) zersetzt, während die reine Benzoesäure sich nur zu rund 30% in Benzol verwandelte.

Druckerhitzung von phthalsauren Salzen in Gegenwart von Wasser.

Saures phthalsaures Natrium gibt viel bessere Ausbeute als die freie Säure und läßt sich leicht in Benzoat überführen.

Schon bei 300° trat bei 3-stündigem Erhitzen im Kupferautoklav eine fast vollständige Zersetzung ein, und die nach der Gleichung:

$$C_6H_4(COO)_2HNa = C_6H_5COONa + CO_2$$

entstehende Benzoatmenge betrug über 90% der Theorie.

Neutrales phthalsaures Natrium. Hier sind zwei Patente[1]) zu erwähnen, welche die Darstellung von Benzoesäure und intermediär entstehender Phthalsäure bezwecken. Der erste Patentanspruch lautet: „Verfahren zur Darstellung von Phthalsäure und Benzoesäure, darin bestehend, daß man Naphtole mit Alkalien und oxydierend wirkenden Metalloxyden bezw. Superoxyden auf 200° übersteigende Temperaturen erhitzt". Im Patent wird erwähnt, daß bei einer Steigerung der Temperatur und der Versuchsdauer mehr Benzoesäure auf Kosten der Phthalsäure gebildet wird. In einem Beispiel wird die angewandte Temperatur von 240—260° angegeben, so daß Benzolbildung vermieden wird. Ein Zusatzpatent schützt außer der Alkalischmelze auch die Erhitzung unter Druck mit Alkalilaugen oder wässerigen Suspensionen von Erdalkalien.

Die folgende Tafel zeigt unsere Versuche über die Druckerhitzung von phthalsaurem Natrium mit Wasser.

Tafel 11.

Druckerhitzung von phthalsaurem Natrium[1]) mit Wasser.

(1 Mol Salz und 3 Mol Wasser.)

Versuch	Versuchsbedingungen		Alkali	Benzol	Das Reaktionsprodukt enthält in % d. Th.		Gas	
			% d. Th.					
Nr.	Versuchsdauer Stunden	Temperatur °C	titriert[2])	isoliert	umgesetztes Salz[3])	Benzoesäure[4])	l	darin CO_2 %
1	3	300	2,2	—	4,3	4,3	0,16	20
2	3	350	21,1	—	45,9	41,5	0,54	84
3	3	375	20,7	Spuren	44,3	36,4	0,61	84
4	3	400	76	43	etwa 100	42,2	1,63	96
5	3	450	96	95	dgl.	wenig	2,06	98
6	9	375	21,7	Spuren	47	40,2	0,73	85

[1]) Ein Eisenautoklav von 120 ccm Leerraum wurde mit je 30 g Salz beschickt.

[2]) Es wurde folgende Gleichung zugrunde gelegt:

$$C_6H_4\begin{matrix}COONa\\COONa\end{matrix} + H_2O = C_6H_6 + Na_2CO_3 + CO_2.$$

[3]) Durch Subtraktion des aus der Bleifällung erhaltenen Wertes von 100 berechnet.

[4]) Durch Ausäthern bestimmt.

---

[1]) C. 1902 II, 1371; 1903 I, 546, 357, 1106.

Bei 300° ist die Umsetzung des phthalsauren Natriums noch gering, während dieselbe bei 400° annähernd vollständig ist. Mit steigender Temperatur wächst natürlich die gebildete Benzolmenge auf Kosten des entstandenen Benzoats. Bei 450° entsteht fast nur Benzol. Wie Versuch 6 zeigt, scheint sich durch Verlängerung der Versuchsdauer eine wesentliche Erhöhung der Benzoatmenge nicht erreichen zu lassen.

Aus der folgenden Tafel geht hervor, daß sich das Natriumphthalat leichter als das Natriumbenzoat zersetzt.

Tafel 12.

3-stündige Druckerhitzung von Natriumbenzoat und Natriumphthalat im Eisenautoklaven.

(1 Mol Salz und 8 Mol Wasser.)

Temperatur	umgesetzte Menge in %					
	Versuch		Natriumbenzoat	Versuch		Natriumphthalat
°C	Tafel	Nr.		Tafel	Nr.	
350	[1]		9	11	2	46
400	5	9 [2]	75	11	4	etwa 100

[1]) Mittelwert zweier Versuche.

[2]) Dieser Versuch wurde kurz vor Versuch 4 der Tafel 11 ausgeführt.

Zusatz von Natriumhydroxyd in Mengen von 2 Mol auf 1 Mol Natriumphthalat und 8 Mol Wasser hatte keinen merklichen Einfluß auf die Zersetzung.

Zersetzung anderer Phthalate.

Calciumphthalat. Versuchsdauer 3 Stunden; Eisenautoklav; 1 Mol Salz, 8 Mol Wasser. Die Zersetzung begann bei 375°; sie war bei 450° fast vollständig und lieferte dann etwa 90% Benzol und 10% Benzoat.

Zinkphthalat. Versuchsdauer 3 Stunden; Kupferautoklav[1]); 1 Mol Salz auf 16 Mol Wasser. Bei 250° tritt geringe, bei 300° nahezu vollständige Zersetzung in etwa 80% Benzoat und 20% Benzol ein. Hier wird also vorwiegend Benzoesäure gebildet. Das entstandene Zinkkarbonat zerfällt größtenteils in Zinkoxyd und Kohlendioxyd.

[1]) Infolge Hydrolyse des Salzes wird der Eisenautoklav angegriffen.

Kupferphthalat. 3-stündige Versuchsdauer; 1 Mol Salz, 8 Mol Wasser; Eisen- und Kupferautoklav (letzterer ist vorzuziehen). Bei der trockenen Destillation lieferte das Salz nach Ekeley und Banta in guter Ausbeute Benzophenon, bei der Druckerhitzung dagegen wird die Karboxylgruppe vorwiegend verseift. Die Zersetzung beginnt unter 200° und ist bei 300° schon vollständig, indem annähernd gleiche Mengen Benzoat und Benzol entstehen. Wie beim Natriumbenzoat roch auch hier der Autoklavinhalt stark nach Phenol; das Destillat gab eine violette Färbung mit Eisenchlorid. Bei 350° entstand im Kupferautoklaven fast nur Benzol. Das bei der Zersetzung gebildete Kupferoxyd ging in Kupferoxydul über. Dementsprechend wurde im Gas eine größere Menge Kohlendioxyd gefunden, die durch Oxydation organischer Substanzen entstanden war.

Ordnet man die Phthalsäure und ihre Salze nach dem Grade ihrer Zersetzlichkeit bei der Druckerhitzung, so erhält man folgende Reihenfolge:

Tafel 13.

Druckerhitzung von freier Phthalsäure und ihrer Salze in Gegenwart von Wasser[1]) bei 3-ständiger Versuchsdauer und 300°.

Versuch Nr.	Art der Substanz	Art des Autoklaven	% d. Th.		
			Umgesetzte Menge	Entstanden	
				Benzoesäure	Benzol
1	phthalsaures Calcium	Eisen	—	fast keine Umsetzung	
2	phthalsaures Natrium	„	4,3	4,3	—
3	Phthalsäure	„	21,9	9,8	12,1
4	phthalsaures Zink	„	96,2	57,2	etwa 39
5	saures phthalsaures Natrium	Kupfer	etwa 99	91,8	> 2,1
6	phthalsaures Kupfer	Eisen	etwa 100	45	etwa 50

[1]) Mit Ausnahme von Versuch Nr. 4 wurden auf 1 Mol Substanz 8 Mol Wasser angewandt.

Beim Zink- und Kupferphthalat ist wie beim sauren phthalsauren Natrium die Zersetzung fast vollständig, doch bezüglich der entstandenen Produkte verschieden, da bei den ersteren Benzoat und Benzol, bei dem letzteren fast nur Benzoat entsteht.

Druckerhitzung von terephthalsaurem Natrium.

Versuchsdauer 3 Stunden; Kupferautoklav; 1 Mol Salz, 8 Mol Wasser. Das Salz zersetzte sich viel schwerer, als das der o-Phthalsäure. Bei 400°, wo bei letzterem vollständige Zersetzung eintritt, erreichte die Zersetzung des terephthalsauren Natriums erst 10 %, bei 450° 26 %. Das Reaktionsprodukt war vorwiegend Benzol, da etwa gebildete Benzoesäure sich bei dieser Temperatur schnell weiter zersetzte.

Ergebnisse der Arbeit.

Die Untersuchungen über die CO_2-Abspaltung bei der Benzoesäure und Phthalsäure lieferten, kurz zusammengefaßt, folgendes Ergebnis.

1. Die Natriumsalze zersetzen sich schon bei gewöhnlichem Druck durch Wasserdampf bei etwa 450°; so läßt sich aus Natriumbenzoat Benzol mit 90 % Ausbeute gewinnen. Beim phthalsauren Natrium liegen die Verhältnisse weniger günstig.

2. Durch Druckerhitzung von Natriumbenzoat mit Wasser läßt sich Benzol in fast theoretischer Ausbeute erhalten. Der Einfluß der Konzentration und Versuchsdauer auf die Umsetzung ist gering; die Temperatur spielt die Hauptrolle. Ohne wesentlichen Einfluß sind Zusätze von Natriumhydroxyd und Natriumbikarbonat; Calciumhydroxyd dagegen setzt die Umsetzungsfähigkeit des Natriumbenzoats stark herab.

3. Die Umsetzungsfähigkeit bei der Druckerhitzung der freien Säure und ihrer Salze mit Wasser steigt in dieser Reihenfolge: Natriumbenzoat, Kaliumbenzoat, Benzoesäure, Kupferbenzoat. Auch beim Kupferbenzoat ist das Reaktionsprodukt im wesentlichen Benzol.

4. Die Zersetzungsgeschwindigkeit von Natriumbenzoat ist bei gleicher Temperatur und Versuchsdauer bei der trockenen Destillation des Salzes am geringsten; sie steigt bei Anwendung von Wasserdampf annähernd auf das 8-fache, bei der Druckerhitzung aber auf das 16-fache.

5. Die Druckerhitzung von phthalsaurem Natrium mit Wasser kann Benzoat neben Benzol ohne Nebenreaktion liefern; es ließen sich nie mehr als 40 % d. Th. an Benzoesäure gewinnen. Weder eine Änderung der Temperatur noch der Versuchsdauer konnte eine Steigerung der Benzoatmenge bewirken.

6. Ein gutes Verfahren zur Herstellung von Benzoesäure aus Phthalsäure bietet die Druckerhitzung des sauren Natriumphthalats mit Wasser (über 90 % Ausbeute).

7. Durch Druckerhitzung mit Wasser sind Calcium-, Zink- und Kupferphthalat ohne wesentliche Nebenreaktionen in Benzoesäure und Benzol überführbar. Die Umsetzungsfähigkeit der freien Phthalsäure und ihrer Salze nimmt in dieser Reihenfolge zu:

Calciumphthalat, Natriumphthalat, freie Phthalsäure, phthalsaures Zink, saures phthalsaures Natrium, phthalsaures Kupfer. Terephtalsaures Natrium setzt sich im Vergleich zum o-phthalsauren Natrium sehr schwer um.

8. Eine rasche, annähernde Trennung von Benzoesäure und Phthalsäure aus ihren Natriumsalzlösungen wurde über ein schwer lösliches phthalsaures Bleisalz in essigsaurer Lösung unter bestimmten Bedingungen erreicht.

Mülheim-Ruhr, November 1921.

---

6. Über die Entkarboxylierung der Milchsäure.

Von

Franz Fischer, Hans Schrader und Helmut Wolter.

Die Überführung der Milchsäure in Alkohol durch einfache Kohlendioxydabspaltung durch Erhitzen mit Kalk gelang Hanriot[1]). Er fand, daß die Entkarboxylierung der Bernstein- und Glutarsäure glatt erfolgt, während bei der einfachsten Oxyfettsäure, der Glykolsäure, statt der Bildung von Methylalkohol weitgehende Spaltung in Kohlensäure, Methan und Wasserstoff eintritt. Aus Milchsäure wollte Hanriot bis zu 25 % Äthylalkohol erhalten haben. Er machte auf die Wichtigkeit der Tatsache aufmerksam, ohne Gärung aus Glukose Alkohol herstellen zu können, da es möglich sei, durch Behandeln dieses oder anderer Zucker mit Alkalien mit einer Ausbeute bis zu 60 % Milchsäure darzustellen[2]). Buchner und Meisenheimer[3]) erhielten bei der Wiederholung der Versuche Hanriots bestenfalls 16,7 % Äthylalkohol, daneben aber beträchtliche Mengen an Isopropylalkohol, den Hanriot als Äthylalkohol gerechnet hatte, und Aceton. Die wenig befriedigende Ausbeute bei diesem Verfahren ist wohl der Grund dafür, daß seitdem keine Arbeiten über die Alkoholgewinnung durch Zersetzung von Milchsäure erschienen sind. Veranlassung, dieses alte Problem wieder aufzunehmen, gab uns einerseits die Möglichkeit, Milchsäure durch ein einfaches Verfahren, nämlich durch Erhitzen von Cellulose mit Alkalien[4]) zu gewinnen, und andrerseits die Aussicht, durch das im Vergleich zur trockenen Destillation der Salze wesentlich mildere und vorteilhaftere Verfahren der Druckerhitzung die Überführung der Milchsäure in Alkohol in einer weit besseren Ausbeute zu erreichen.

---

[1]) Bl. **43**, 417 (1885); **45**, 80 (1886).

[2]) Nencki und Sieber, J. pr. **24**, 498 (1881); **26**, 1 (1882).

[3]) B. **38**, 626 (1905).

[4]) Vergleiche Arbeit Nr. 8 dieses Bandes.

Wir haben unsere Untersuchungen ausgedehnt auf die freien Säuren und auf die Natrium-, Calcium- und Bariumsalze der Milchsäure, und zwar wurden jedesmal die sauren, neutralen und basischen Salze angewandt. Bei keinem dieser Versuche haben wir eine glatte Bildung von Alkohol erzielen können. Stets verlief die Zersetzung wenigstens zu einem beträchtlichen Teil in anderer Richtung. Zum Teil bildeten sich erhebliche Mengen von Gasen, wie Kohlenoxyd, Wasserstoff, ungesättigten Kohlenwasserstoffen, Methan und Äthan; auch traten Öle, Harze, Aldehyde und andere Stoffe auf.

Arbeitsweise.

Wir verwendeten Gärungsmilchsäure von Kahlbaum und Merck, mit einem Gehalt von 93,3 bezw. 85,6 % Milchsäure. Die titrimetrischen Bestimmungen der Milchsäure wurden nach der Vorschrift des Deutschen Arzneibuches vorgenommen. Die milchsauren Salze wurden durch Hinzufügen der berechneten Menge der betreffenden Base zu der in den Autoklaven gebrachten Milchsäure hergestellt.

Die Bestimmung der im Reaktionsprodukt als Karbonat gebundenen Kohlendioxydmenge wurde nach einer bereits früher beschriebenen Methode[1]) durch Zersetzen einer bestimmten Menge Lösung mit Salzsäure im Nitrometer und Messen der entwickelten Kohlensäure bestimmt.

Vor jedem Versuch wurde die Luft mit der Wasserstrahlpumpe aus dem Autoklaven entfernt. Nach Beendigung des Versuchs und Abkühlung des Autoklaven wurden die gebildeten Gase in einen Gasometer abgeblasen und gemessen. Die flüssigen und festen Reaktionsprodukte wurden mit möglichst wenig Wasser in einen Kolben gespült und durch Abblasen mit Wasserdampf von den flüchtigen Produkten — Alkohol, Öl, Acetaldehyd, Aceton u. dgl. befreit. Das Destillat wurde in einer in $^1/_{10}$ ccm geteilten Mensur aufgefangen und die Menge des sich an der Oberfläche abgeschiedenen Öles genau abgelesen. Für die Berechnung wurden die Anzahl der erhaltenen Kubikzentimeter Öl trotz des etwas geringeren spez. Gewichtes als g eingesetzt. Der dadurch begangene Fehler dürfte sich etwa gegen den ausgleichen, der durch das Hängenbleiben von Öltröpfchen an der Wandung der Mensur verursacht wurde. Die nicht flüchtigen öligen Bestandteile im Kolben

[1]) Abh. Kohle 4, 390 (1919).

wurden durch Aufnehmen mit Äther gewonnen. Der Alkaligehalt der wäßrigen Lösungen wurde durch Titration ermittelt.

Leider sind bisher noch keine Methoden bekannt, um bei kleineren Mengen die Bestimmung des Äthylalkohols im Gemisch mit Methyl- und Isopropylalkohol, Aceton- und Acetaldehyd, auf die es uns natürlich ganz besonders ankam, auszuführen.

Infolge der Beimengungen war eine Bestimmung durch Ermittlung der Dichte oder durch Oxydation oder auf Grund der Äthoxylbestimmung nach Stritar[1]) nicht möglich. Auch erschien die gebräuchliche Methode zur Bestimmung des Alkohols als Urethan oder p-Nitrobenzoesäureäthylester[2]) wegen der geringen und verdünnten Alkoholmenge nicht anwendbar. Wir haben uns daher mit einer recht rohen Methode behelfen müssen, die auf der Ermittlung der Brennbarkeit von Alkohol-Wasser-Gemischen beruht. Die alkoholhaltige Flüssigkeit wurde allmählich so weit mit Wasser verdünnt, bis ein damit getränkter Asbestfaden in wagerechter Haltung gerade noch brannte, wenn man ihn in die Sparflamme eines Bunsenbrenners kurz hineinhielt und außerhalb derselben weiter brennen ließ. Die Grenze der Brennbarkeit zeigt einen Gehalt von rund 35 Gewichtsanteilen an. Verdünnt man also die alkoholhaltige Flüssigkeit bis zur Grenze der Brennbarkeit, so ergab das Produkt aus der Menge in Kubikzentimeter und dem Faktor 0,35 die ungefähre Alkoholmenge in g. Fehler konnten dabei durch andere brennbare Stoffe wie Acetaldehyd, Aceton und andere Alkohole entstehen.

Die Versuche.

Die Versuche sind in folgender Tafel und in der graphischen Darstellung zusammengefaßt, und zwar ist die Reihenfolge jedesmal dieselbe. Der erste Teil der Tafel zeigt die Versuchsbedingungen, dann folgt die Menge der abgespaltenen Gase; dieselbe ist ausgedrückt in Molen, bezogen auf Mole umgesetzte Milchsäure. Im dritten Teil der Tafel findet sich die im Destillat des Reaktionsproduktes ermittelte Menge Alkohol und die flüchtige Menge Öl, im vierten endlich die im Rückstand befindlichen Stoffe.

In der graphischen Darstellung ist die Menge der einzelnen Gase in Molprozenten aufgetragen, ferner die Menge des gebildeten Alkohols, der flüchtigen Öle, der Harze und der durch Titration

[1]) H. 50, 22.

[2]) Buchner und Meisenheimer, B. 38, 624 (1905).

Druckerhitzung von Milchsäure

Die Versuchs-

Gruppe	Freie Säure						Natriumsalze									
Art der Substanz	Milchsäure						Saures milchsaures Natrium			Neutrales milchsaures Natrium					1 Mol Milchsäure, 5 Mol NaOH	
Auf 1 Mol Substanz Mole Wasser	5		12		8		20			13					etwa 50	
Versuchsdauer in Stunden: je	3	3	3	3	3	3	3	3	3	3	3	3	3	3	3	3
Versuchsdauer in Stunden: insgesamt	3	3	6	9	3	3	3	6	9	3	6	9	12	3	3	6
Temperatur °C	200	250	275	300	350	400	200	300	400	200	250	300	350	400	300	350
Versuchsnummer	1	2	3	4	5	6	7	8	9	10	11	12	13	14	15	16
Autoklavenart	Kupfer						Kupfer			Eisen					Eisen	
Der Autoklav enthält g Milchsäure	10,5	11,1	10		11,6	11	12,6		14	9,4		8,5	7,5	10,6	29,2	
Bemerkungen			Lösung¹) von Vs. 2 (25/28)	Lösung von Versuch 3					Lösung von Versuch 8		Lösung von Versuch 10	Lösung von Vs. 11 (9/12)	Lösung von Vs. 12 (9/12)			Lösung von Vs. 15 (1/2)
Menge des ab-																
Insgesamt: Liter bei 0°	—	0,35	1	1,08	4,42	4,82	0,13	0,86	5,01	—	—	0,84	1,74	4,87	2,11	3,19
Insgesamt: Mol %	Spur	9	40,5	55	154	158	4,4	27,5	144	wenig		16,1	91	167	38,3	115
De-																
Alkohol: theor. Menge g	5,4	5,7	5,1	3,8	6	5,6	6,5	<5,4	7,1	4,8	4,5	4,8	3,9	5,4	11,8	<5,7
Alkohol: % d. Th.	—	—	Spuren		wenig		wenig		13	—	—	Spur	5	10	wenig	
Mit Wasserdampf flüchtiges Öl % der angew. Milchsäure	—	—	—	0,3	2,2	0,5	—	0,8	5,6	—	—	1,3	2,5	3,3	—	—
Rück-																
Ausgeätherte harzartige Stoffe % der angew. Milchsäure	—	—	wenig	6,5	4,3	1,7	—	1,1	5	—	—	wenig		—	—	—
Mol % CO_2: im Gas	—	1,2	6,7	24,5	48,4	50,7	3,5 →	21	100	—	Spuren	3,4	30,8	63,0	—	—
Mol % CO_2: als Karbonat gebunden	—	—	—	—	—	—	—	—	3,4	—	"	2,2	8,3	7,6	11 →	63,3
Mol % CO_2: insgesamt abgespalten	—	1,2	6,7	24,5	48,4	50,7	etwa 3,5	21	108,4	—	etwa 5	5,6	39,1	71,2	11 →	63,2
Mol % umgesetzte Milchsäure nach Titration: Bemerkungen	Nicht titriert	Die freie Säure titriert	Durch Gasanalyse ermittelt				Nicht titriert	Einschließl. Versuch 7		Nicht titriert	Einschließl. Versuch 10	Einschließl. Versuch 11	Einschließl. Versuch 12			Titration einschließl. Versuch 15
Mol % umgesetzte Milchsäure nach Titration: Titrationswert	—	5,7²) →	etwa 35 →	55,3	92,5	96	etwa 2,5 →	26,3	36,7	7 →	5,4 →	4,4 →	16,5	15,3	−3,6²) →	−6,9

¹) Die für einen früheren Versuch benutzte Lösung wurde wieder verwendet. Die Zahl in () gibt den Bruchteil derselben an.

und ihren Salzen mit Wasser.

bedingungen.

Calciumsalze										Bariumsalze							
Saures milchsaures Calcium		Neutrales milchsaures Calcium					1 Mol Milchsäure 2 Mol CaO			Saures milchsaures Barium			Neutrales milchsaures Barium			1 Mol Milchsäure, 2 Mol BaO	
70		16					40 →			← 40 →			← 16 →			← 20 →	
6	6	3	6	3	3	3	6	6	6	3	6	3	3	6	3	6	6
3	9	3	9	3	3	3	6	6	6	3	9	3	3	9	3	6	6
300	300	300	300	350	400	450	300	350	400	300	300	400	300	300	400	300	350
17	18	19	20	21	22	23	24	25	26	27	28	29	30	31	32	33	34
Kupfer		Eisen					Kupfer			Kupfer			Eisen			Kupfer	
14,9		9,8		14,1	6,7	9,7	13,7	10,7	12,2	23,7		19,4	12,5		14,5	16,7	11,5
	Lösung von Versuch 17		Lösung von Versuch 19								Lösung von Versuch 27			Lösung von Versuch 30			
gespaltenen Gases.																	
0,96	1,15	0,37	0,29	2,55	0,67	2,12	0,19	0,6	1,04	0,42	1,29	5,06	1,23	0,58	2,81	3,18	3,31
26,8	31	15	11,3	72,5	40,5	87,5	5,5	22,5	33,3	7,1	31,8	104	39,5	17,1	77,5	78	132
stillat.																	
7,6	< 7,6	5	< 5	7,2	8,4	5	7	5,5	6,3	12,2	< 12,2	10,0	6,4	< 6,4	7,5	8,5	6
?	11	—	2,5	18	wenig	20	2,8	16	10	—	8	19	—	20	12	3,2	20
?	2,1	—	3,1	—	7,5	11,8	—	7,5	17,2	—	0,2	7,8	—	3,2	11,8	0,6	1,3
stand.																	
?	6,1	?	wenig	6,2	6,5	5,8	3,8	3,5	6,5	—	7,7	8,8	?	2,7	8,5	0,8	0,5
16,6 →	39,6	7,3 →	16,2	39,5	24	36,5	?	1,2	1,1	4,7 →	26	74	9,6 →	20	52	1,5	14,5
?	—	7,3	19	37,7	29,5	46	17,6	78	85	?	—	11	9,6	20	45	49	55
> 16,6 →	40	14,6	35,2	77,2	53,5	78,5	17,6	74,2	86	> 4,7	etwa 26	85	19,6 →	etwa 40	97	50,0	79,6
Nicht titriert	Einschließlich Versuch 17	Nicht titriert	Einschließl. Versuch 19	$CaCO_3$ titriert wie Versuch 20	Wie Versuch 20	Wie Versuch 20	CO_2-Bestimmung im Apparat von Lunge	Wie Versuch 24	Wie Versuch 24	Nicht titriert	Titration wie Versuch 18	Wie Versuch 28	Nicht titriert	Titrationswert einschließlich Versuch 30	Wie Versuch 31	CO_2-Bestimmung wie Versuch 24	Wie Versuch 24
? →	45,7	? →	38	75,4	59	86,1	?	78	88	? →	34,5	72,3	— →	40,2	90	46	86

¹) Die Säurebildung ist stärker als die Menge an freigewordenem Alkali.
²) ⟶ bedeutet Weitererhitzen derselben Lösung.

ermittelte Grad der Zersetzung, wobei die Voraussetzung gemacht ist, daß die Zersetzung des Moleküls unter einfacher Kohlendioxydabspaltung ohne Nebenreaktion erfolgt ist.

Die Druckerhitzung der freien Milchsäure (Vs. 1—6) mit Wasser ergab, daß die durch folgende Gleichung bezeichnete Umsetzung:

$$CH_3 \cdot CHOH \cdot COOH = CH_3 \cdot CH_2 \cdot OH + CO_2$$

nur in ganz geringem Umfange eintritt. Dagegen ist eine starke Bildung von Acetaldehyd neben Aceton und Harzen zu verzeichnen; zudem übertrifft die erhebliche Kohlenoxydabspaltung noch die Kohlendioxydbildung; andere Gase entstehen in ansehnlicher Menge. Die bei den Versuchen 1—6 auftretenden Gase sind auf weitere Spaltung der in Ameisensäure und Acetaldehyd „dissoziierten" Milchsäure zurückzuführen:

$$CH_3 \cdot CHOH \cdot COOH = CH_3 \cdot CHO + HCOOH.$$

Nef[1]) zeigte, daß bei 450° beim trocknen Erhitzen der Milchsäure diese Aldehydspaltung ohne die geringste Alkoholbildung eintritt. Bei der Druckerhitzung mit Wasser ist das Verhalten ähnlich, wie die Versuche zeigen. Bei 250° liegt der Beginn der Zersetzung, bei 300° wird etwa die Hälfte der angewandten Milchsäure umgesetzt, während bei 400° die Zersetzung nahezu vollständig wird.

Die Druckerhitzung der milchsauren Salze mit Wasser gestaltete sich für die Alkoholbildung günstiger. Dafür spricht die im Vergleich zu den Versuchen über freie Milchsäure bedeutend geringere Kohlenoxydabspaltung; nachteilig für die Alkoholbildung ist der Umstand, daß bei der Druckerhitzung von Salzen manchmal ein mit Wasserdampf flüchtiges Öl[2]) von heller, gelber Farbe auftritt, dem ein pfefferminzartiger Geruch anhaftet.

Saures milchsaures Natrium (Vs. 7—9). Als Höchstmenge wurden 18 % Alkohol d. Th. (Vs. 9) festgestellt. Der Grund für die unbefriedigenden Alkoholmengen sind die beträchtlichen Anteile an Zersetzungsprodukten: flüchtige Öle, Harze, und von den Gasen insbesondere die ungesättigten Kohlenwasserstoffe.

[1]) A. **335**, 298 (1904); über die weitere Spaltung des Acetaldehyds vergl. **318**, 198 (1901).

[2]) Es ist möglicherweise mit dem von L. Carpenter (C. **1914**, 959) erhaltenen identisch; er isolierte beim Erhitzen von milchsaurem Natrium mit Natronkalk unter vermindertem Druck neben Aceton ein braunes Öl von Pfefferminzgeruch, das nach seiner Vermutung größtenteils aus Mesityloxyd bestand.

Nicht groß ist die Menge an Kohlenoxyd und Acetaldehyd. Noch ein Umstand kennzeichnet die für die Alkoholbildung ungünstig verlaufende Reaktion. Der Titration zufolge zersetzt sich das Salz bei 300° zu 25%, bei 400 zu etwa 60%. Da nun die bei 400° ermittelte Kohlendioxydmenge die an die Karboxylgruppe ursprünglich gebundene übertraf, muß eine Säure entstanden sein, bezw. sich abgespaltenes Kohlenoxyd durch Umsetzung mit Wasser in Kohlendioxyd verwandelt haben.

Neutrales milchsaures Natrium (Vs. 10—14). Trotz des günstigen Umstandes, daß Öle, Acetaldehyd und Aceton nur in geringer Menge entstanden, harzartige Stoffe sowie Kohlenoxyd gar nicht auftraten, stellten wir bestenfalls nur 10% Alkohol fest. Dem Entstehen von Alkohol wirkt insbesondere hier offenbar eine Säurebildung[1]) entgegen, wie ein Vergleich der Titrationswerte mit der abgespaltenen Kohlendioxydmenge auf der graphischen Darstellung deutlich zeigt; dazu kommt noch eine auffallend starke Wasserstoffentwicklung.

Milchsäure mit überschüssigem Natriumhydroxyd. Die Versuche 15 und 16 ergaben die vollständige Unbrauchbarkeit der Druckerhitzung der Milchsäure mit überschüssiger Natronlauge für die Alkoholgewinnung. Unter außerordentlich starker Wasserstoffentwicklung und unter Kohlendioxydabspaltung, aber ohne Öl- und Harzbildung entstanden Säuren. In ähnlicher Weise, wie beim Erhitzen von Milchsäure in der Natriumhydroxydschmelze[2]) unter Kohlendioxyd- und Wasserstoffentwicklung Ameisen-, Propion- und Essigsäure[3]) entstehen — letztere rund 30% —, wird hier bei der Druckerhitzung mit Natronlauge offenbar die Bildung dieser Säuren eingetreten sein. Ein Vergleich der Titrationswerte und der abgespaltenen CO_2-Menge läßt diese starke Säurebildung erkennen, welche das Entstehen von Alkohol verhinderte.

Die schlechten Ergebnisse mit den Natriumsalzen veranlaßten uns, die Barium- und Calciumsalze auf die Alkoholbildung zu untersuchen.

Saures milchsaures Calcium (Vs. 17 u. 18). Die Versuche zeigten, daß Alkoholbildung in geringem Maße eintritt (11% d. Th. bei Vs. 18). Gegenüber dem sauren Natriumsalz (Vs. 8)

---

[1]) Diese ist wohl z. T. auf Oxydation und Umsetzung von entstandenem Acetaldehyd zurückzuführen.

[2]) Nef, A 335, 299 (1904).

[3]) J. Soc. Chem. Ind. 11, 968 (1892).

scheint bei Vs. 18 die Alkoholbildung günstiger zu sein, zumal die Gasbildung, abgesehen vom Kohlendioxyd, gering ist. Jedoch entstanden auch hier Acetaldehyd, Harze und Öle.

Neutrales milchsaures Calcium (Vs. 19—23). Im Gegensatz zum Natriumsalz tritt keine Oxydation oder Säurebildung der Lösung ein, denn die abgespaltene Kohlendioxydmenge entspricht etwa dem titrierten Calciumkarbonat. Dennoch sind die entstandenen Alkoholmengen nicht groß, da außer den ungesättigten und gesättigten Kohlenwasserstoffen noch Harze und Öle in beträchtlicher Menge auftraten; Die Zersetzung des Salzes beginnt bei etwa 300 ° und ist bei 450 ° recht beträchtlich. Bei dieser Temperatur wurde die Höchstmenge, nämlich 20 % d. Th. Alkohol, bei einer Umsetzung von 86 % erhalten.

Milchsäure mit überschüssigem Calciumhydroxyd (Vs. 24—26). Die Bedingungen für die Alkoholbildung gestalten sich hier schlechter als beim neutralen Salz, was schon durch die zahlenmäßig in stärkerer Menge auftretenden Harze und Öle zum Ausdruck kommt. Die das Entstehen von Alkohol herabsetzende Abspaltung von Gasen war etwa so groß wie bei Vs. 19—23, nur Kohlenoxyd fehlte hier im Gas. Die beste Alkoholmenge lieferte der Versuch 25 mit 15 % d. Th., eine Menge, die auch auf dem Wege der trockenen Destillation mit überschüssigem Kalk von Hanriot und ferner Buchner und Meisenheimer erreicht wurde. Die Zersetzung der Bariumsalze gestaltete sich den Calciumsalzen gegenüber günstiger.

Saures milchsaures Barium (Vs. 27—29). Bei 400 ° war die Höchstmenge, nämlich 19 % Alkohol d. Th. Die ungünstigen Einflüsse auf die Alkoholbildung sind ähnlicher Art wie beim sauren Calciumsalz. Die Menge des entstandenen Gases und Acetaldehyds ist etwa dieselbe. Bei 300 ° setzen sich unter den angegebenen Bedingungen etwa 1/3, bei 400 ° etwa 3/4 des Moleküls um. Während bei beiden Salzen um 300 ° herum die Anteile an Harzen und Ölen nicht erheblich sind, entsprechen beim Bariumlactat bei 400 ° die entstandenen Ölmengen schon etwa 8 % und die Harze ungefähr 9 % der angewandten Milchsäure.

Neutrales milchsaures Barium (Vs. 30—32). Die dem Calciumlactat entsprechenden Versuche ergaben dieselben Spaltungsprodukte, doch waren die Mengen verschieden. Von allen Salzen wurde hier die günstigste Alkoholbildung festgestellt, und zwar bei 300 °, nämlich etwa 20 % d. Th., bei einer durch

Titration festgestellten Umsetzung des Salzes zu 40 %. Während bei den eingangs erwähnten Versuchen von Hanriot und Buchner sich die Milchsäure bei der Destillation mit Kalk vollständig umgesetzt hatte, bleibt bei diesem Versuche der größte Teil des Salzes nach der Druckerhitzung als solches erhalten, wie es z. T. auch bei anderen Versuchen geschah. Eine höhere Temperatur, wie sie bei Versuch 32 angewandt wurde, ist der Zersetzung nicht günstig.

Milchsäure mit überschüssigem Bariumhydroxyd (Vs. 33—34). Im Gegensatz zum Calciumsalz ist hier die Alkoholbildung etwas stärker. Die Höchstmenge Alkohol beträgt etwa 20 % d. Th. Die Menge an ungesättigten Kohlenwasserstoffen ist etwa so groß wie beim Calciumsalz, doch entstehen weniger Harze und Öle. Das Auftreten von Methan bei 350° zeigt, daß gleichzeitig eine andere als die gewünschte Reaktion nebenher geht.

Zusammenfassung.

Zusammenfassend läßt sich sagen, daß eine glatte Entkarboxylierung der Milchsäure und ihrer Salze nur schwer zu erreichen ist; die Zersetzung geht leicht andere Wege, vor allem treten Acetaldehyd und Ameisensäure auf, die dann weitere Umsetzung, einerseits Kondensation zu Harzen und Ölen, anderseits Zersetzung in gasförmige Stoffe (CO, H_2, CH_4, ungesättigte Kohlenwasserstoffe usw.) erleiden.

Doch zeigt insbesondere das Verhalten des neutralen Bariumlactats, daß eine günstigere Alkoholbildung als mit Hilfe der trocknen Destillation mit Kalk durch Anwendung der Druckerhitzung mit Wasser sehr wohl zu erzielen ist. Nicht ausgeschlossen scheint es, daß durch Verwendung anderer Salze und bei Änderung der Bedingungen sich die Ausbeute an Alkohol weiter verbessern ließe.

Mülheim-Ruhr, November 1921.

7. Über die Entkarboxylierung der Mellithsäure.

Von

Hans Schrader und Alfred Friedrich.

In einer früheren Arbeit[1]) wurde ausgeführt, daß die Überführung von mehrwertigen Benzolkarbonsäuren in Benzoesäure bezw. Benzol sich sehr glatt in der Weise bewirken läßt, daß man das Natriumsalz der betreffenden Säure oder auch die freie Säure selbst mit Wasser im druckfesten Autoklaven auf einige hundert Grad erhitzt. Es tritt dann unter Einwirkung des Wassers eine Abspaltung der Karboxylgruppen ein, die um so weitgehender ist, je höher die Temperatur genommen wird. An einem Beispiel wurde gezeigt, daß man auf diese Weise Phthalsäure in Benzoesäure bezw. Benzol überführen kann. Da nun die Möglichkeit besteht, durch elektrolytische Oxydation von Kohle in einfacher Weise Mellithsäure in Form von mellithsaurem Natrium in technischem Maßstabe darzustellen, da aber andererseits noch keine lohnende Verwendung für dieses Präparat vorliegt, schien es uns der Mühe wert, zu versuchen, ob man vielleicht durch das soeben erwähnte Verfahren der Entkarboxylierung die Mellithsäure in technisch gut verwendbare Produkte wie Phthalsäure und Benzoesäure überführen kann. Die weitere Überführung in Benzol kann allerdings kaum als wirtschaftlich betrachtet werden, wenn man bedenkt, daß dabei von den aus der Kohle stammenden 12 Kohlenstoffatomen eines Mellithsäuremoleküls die Hälfte in Form von CO_2 abgespalten wird und man aus 10 g Mellithsäure bei theoretischer Ausbeute nur 2,28 g Benzol erhält.

Reinigung des mellithsauren Natriums.

Das uns zur Verfügung stehende mellithsaure Natrium war ı gelbes, nicht ganz reines Produkt. Wir unterwarfen es daher ʒender Reinigung:

[1]) 'scher u. Hans Schrader, Abh. Kohle 5, 307 (1920).

100 g mellithsaures Natrium wurden in 250 ccm Wasser aufgelöst, dann mit 250 ccm 5 n. Salpetersäure und 10 g Tierkohle versetzt und 2 Stunden lang gekocht. Nach dem Abfiltrieren wurde in die erkaltete Lösung gasförmiges Ammoniak eingeleitet, wobei sich zunächst das saure Ammoniumsalz abschied, welches sich beim weiteren Einleiten wieder löste. Später fiel das neutrale Ammoniummellat in weißen Rhomboedern aus. Das Salz wurde abgesaugt und mit wenig Wasser gewaschen. Zur Überführung in das neutrale Natriumsalz wurde das Ammoniummellat mit der berechneten Menge 2,5 n. Sodalösung versetzt und solange gekocht, bis der Geruch nach Ammoniak verschwunden und eine Probe mit Neßlerschem Reagens negativ ausfiel. Nach Filtrieren durch ein heißes Faltenfilter wurde die Lösung eingeengt und abkühlen gelassen. Der abgeschiedene Kristallbrei wurde abgesaugt, mit wenig eisgekühltem Wasser gewaschen und getrocknet. Die auf diese Weise erhaltenen Kristalle waren ganz farblos.

Die Versuche.

Da bei der Abspaltung von Karboxylgruppen sich Soda bildet nach den Gleichungen

$$R{-}COONa + H_2O = NaHCO_3 + R{-}H$$

$$2\ NaHCO_3 \rightleftharpoons Na_2CO_3 + CO_2 + H_2O,$$

konnte das Fortschreiten des Vorganges durch Titration der entstehenden Soda leicht verfolgt werden. Das nach der zweiten Gleichung freiwerdende CO_2 findet sich in dem aus dem erkalteten Autoklaven abgelassenen Gas. Die Druckerhitzungen wurden stets im gleichen Autoklaven mit 125 ccm Leerraum vorgenommen; für jeden Versuch verwendeten wir 10 g mellithsaures Natrium und 50 ccm Wasser.

1. Versuch.

Druckerhitzung bei 400°, Dauer 3 Stunden. Nach Abkühlen des Autoklaven erhielten wir 60 ccm Gas, welches mit blaßblauer Flamme brannte. Dasselbe enthielt 20% CO_2. Die Autoklavflüssigkeit wurde von Spuren rußähnlicher Verunreinigungen abfiltriert. Durch Titration konnte eine Bildung von Soda nicht festgestellt werden.

2. Versuch.

Nunmehr steigerten wir die Temperatur der Druckerhitzung auf 450°, Dauer wieder 3 Stunden. Nach Abkühlen des Autoklaven waren 170 ccm mit blaßblauer Flamme brennenden Gases mit

16,6 % CO_2 vorhanden. Der Autoklavinhalt roch deutlich nach Benzol. Er wurde auf 250 ccm verdünnt und filtriert. Eine Probe davon titriert, ergab für die Gesamtflüssigkeit einen Verbrauch von 12,7 ccm n. Säure. Diese Sodamenge entspricht noch nicht der Abspaltung einer COONa-Gruppe, bezogen auf die gesamte angewandte Substanz. Es ist also nur ein Teil des mellithsauren Natriums bei der Druckerhitzung angegriffen worden.

Ein Teil der Autoklavflüssigkeit wurde zur Trockene gedampft und der Rückstand mit Alkohol ausgekocht, um zu prüfen, ob sich vielleicht Säuren mit alkohollöslichen Natriumsalzen gebildet hätten. Wir fanden z. B. für das mellithsaure Natrium eine Löslichkeit in 96 %igem Alkohol von 0,01 %, indes die Löslichkeit von benzoesaurem Natrium in 96 %igem Alkohol 1,55 % beträgt. Es waren berechnet auf die Gesamtmenge 0,17 g Salz in Lösung gegangen. Die Druckerhitzung scheint sonach nur einen geringen Teil des mellithsauren Natriums angegriffen zu haben; dieser wurde jedoch vollständig zu Benzol entkarboxyliert.

3. Versuch.

Wir wiederholten die Druckerhitzung bei 450 °, verlängerten jedoch die Zeitdauer auf 6 Stunden. Dabei erhielten wir 150 ccm Gas, welches mit leuchtender Flamme brannte und 53 % CO_2 enthielt. Vom Autoklavinhalt isolierten wir 46 ccm wäßrige Flüssigkeit und 1,3 ccm Benzol. Die Titration der wäßrigen Flüssigkeit ergab für die Gesamtlösung einen Säureverbrauch von 121,6 ccm n. Säure. Für die vollständige Entkarboxylierung von 10 g mellithsaurem Natrium berechnet sich eine Sodamenge von 126,6 ccm n. und eine Benzolausbeute von 1,65 g. Die Entkarboxylierung war also in diesem Versuche fast vollständig.

4. Versuch.

Das Ergebnis des vorangehenden Versuches zeigte, daß die Dauer der Druckerhitzung für die Abspaltung des Karboxyls von wesentlicher Bedeutung ist, und wir arbeiteten nun wieder bei niedrigeren Temperaturen, jedoch mit langer Zeitdauer, um dadurch eine teilweise Abspaltung von Karboxyl zu erzielen.

Der erste Versuch in dieser Richtung wurde bei 400 ° und mit einer Zeitdauer von 20 Stunden ununterbrochenen Erhitzens ausgeführt. Das Ergebnis war negativ, es ließ sich in der Lösung durch Titration die Bildung von Soda nicht nachweisen.

5. Versuch.

Die Druckerhitzung wurde mit dem gleichen Material bei 425 ° 20 Stunden fortgesetzt. Dabei erhielten wir 40 ccm nicht brennbares Gas mit 17,5 % CO_2. Die Titration ergab für die Gesamtflüssigkeit einen Verbrauch von 10,75 ccm n. Säure, was auf keine wesentliche Veränderung des mellithsauren Natriums hinweist.

6. Versuch.

Um uns noch einmal zu vergewissern, daß das mellithsaure Natrium tatsächlich bei verhältnismäßig niederer Temperatur keine merkliche Zersetzung erleidet, führten wir folgende Versuche von langer Dauer aus.

10 g mellithsaures Natrium in 100 ccm Wasser gelöst wurden in einen Schüttelautoklaven mit 334 ccm Leerraum eingefüllt, die Luft durch Stickstoff verdrängt und nun 50 Stunden bei 250 ° geschüttelt. Die Erhitzung erfolgte mit Unterbrechungen, täglich durchschnittlich 8 Stunden. Die Titration des Autoklaveninhaltes ergab nach diesem Druckversuch einen Gesamtverbrauch von 6,05 ccm n. Säure. Es waren also ungefähr 5 % des vorhandenen Karboxyls abgespalten worden.

Sonach war eine zwar geringe, aber doch merkliche Entkarboxylierung eingetreten. Um nachzuweisen, ob der zersetzte Anteil tatsächlich mellithsaures Natrium war oder die Entkarboxylierung von einer in geringer Menge als Verunreinigung vorhandenen niederen Benzolkarbonsäure herrührte, müßte man die bereits angewandte Lösung einer zweiten Druckerhitzung unter gleichen Bedingungen unterwerfen und sehen, ob die Entkarboxylierung im gleichen Grade fortschreitet. Letzteres dürfte nicht der Fall sein, wenn sich der frühere Zersetzungsvorgang an einer Verunreinigung vollzogen hatte.

7. Versuch.

Die bisherigen Versuche zeigen, daß eine befriedigende Überführung von mellithsaurem Natrium in niedere Benzolkarbonsäuren durch teilweise Abspaltung von Karboxyl mittels Druckerhitzung mit Wasser nicht gelingt. Bei niederer Temperatur ist die überhaupt eintretende Entkarboxylierung sehr gering, bei Temperaturen über 450 ° tritt sogleich die vollständige Entkarboxylierung ein. Offenbar ist das mellithsaure Natrium ein außerordentlich beständiges Gebilde, und zwar kann man annehmen, daß diese Widerstandsfähigkeit in der Symmetrie des Molekülbaues beruht. Geht man mit der Temperatur so hoch, daß dieser innere Zusammenhalt gesprengt wird und die Entkarboxylierung an einer Stelle beginnt, dann schreitet dieselbe auch sogleich unaufhaltsam fort, da wahrscheinlich die Natriumsalze aller anderen Benzolkarbonsäuren schon bei niedrigerer Temperatur vollständig entkarboxyliert werden und daher, falls sie als Zwischenstufen beim Zerfall des mellithsauren Natriums entstehen, nicht mehr beständig sind.

Es liegt nun der Gedanke nahe, die teilweise Entkarboxylierung der Mellithsäure dadurch zu erreichen, daß man die Symmetrie des Natriumsalzes stört, etwa indem man dasselbe durch Zusatz von Mineralsäuren in ein saures Salz überführt.

Zu diesem Versuche verwendeten wir das gleiche Material, das bei den letzten Druckerhitzungen (Vs. 4 u. 5) bereits gebraucht worden war. Die Lösung, die nach der Entnahme der Titrationsproben noch 8,5 g mellithsaures Natrium enthielt, wurde mit 2,38 g konz. Schwefelsäure (d = 1,84) versetzt, welches, einschließlich der Neutralisation der in der Flüssigkeit vorhandenen Soda, die zur Umsetzung von 2 COONa-Gruppen äquivalente Menge darstellte. Die Druckerhitzung wurde bei 400° und mit 4stündiger Dauer ausgeführt. Nach dem Abkühlen des Autoklaven erhielten wir 400 ccm Gas mit 75 % CO_2. Die Autoklavflüssigkeit, die vorher sauer reagierte, war nun alkalisch; eine Probe davon wurde titriert. Die durch die Titration festgestellte Menge freier Soda und die während der Druckerhitzung gebildete, zur Neutralisation der sauren Autoklavflüssigkeit verbrauchte Sodamenge entsprachen zusammen 42,65 ccm n. Sodalösung. Dies würde, wenn das gesamte Natriummellat gleichmäßig entkarboxyliert wurde, einer Abspaltung von 2 COONa-Gruppen, das heißt, der Bildung von Tetrakarbonsäure entsprechen. In Wirklichkeit war jedoch neben unveränderter Mellithsäure ein Gemisch niederer Benzolkarbonsäuren vorhanden, wie aus folgenden Versuchen hervorgeht.

Zur Feststellung, wieviel Natriummellat erhalten blieb, wurde in die filtrierte abgekühlte Lösung gasförmiges Ammoniak bis zur Sättigung eingeleitet. Dabei erhielten wir insgesamt 8 g lufttrockenes mellithsaures Ammonium. Es waren also rund $^4/_5$ des mellithsauren Natriums erhalten geblieben.

Nach Absaugen des mellithsauren Ammoniums wurde das ammoniakalische Filtrat bis zum gänzlichen Entweichen des Ammoniaks gekocht. Auf Zufügen von Salzsäure fiel eine schwerlösliche Säure aus, deren Menge nach Absaugen und Trocknen 1,36 g betrug. Dieselbe sublimierte zum größten Teil unter 20 mm Druck bei 200 ° und wurde durch nochmalige Sublimation gereinigt. Das Sublimat schmolz über 300 °; es war in organischen Lösungsmitteln und auch in Wasser schwer löslich. Die Titration stimmte auf Benzoldikarbonsäure.

Titration. 9,766 mg Sbst.: verbraucht 5,26 ccm $^{n}/_{45}$ NaOH. Äqu.-Gew. für Benzoldikarbonsäure ber. 83,04, gef. 83,57.

Zur Reinigung wurde die Säure durch Kochen mit einer Aufschlämmung von Bariumkarbonat in das Bariumsalz übergeführt und die heiße wäßrige Lösung des letzteren nach Abfiltrieren von überschüssigem Bariumkarbonat durch Salzsäure zersetzt. Beim Abkühlen kristallisierte die freie Säure in kleinen Nadeln aus. Sie wurde bei 105 ° getrocknet.

Titration. 5,183 mg Sbst.: verbraucht 2,80 ccm $^{n}/_{45}$ NaOH. Äqu.-Gew. für Benzoldikarbonsäure ber. 83,04, gef. 83,32. Die Säure war also Isophthalsäure.

Die saure Lösung der übrigen Benzolkarbonsäuren wurde mit Äther erschöpfend ausgeschüttelt. Der Ätherrückstand (0,14 g) sublimierte bei 100 ° und wurde auf diese Weise gereinigt. Das Sublimat waren seidenglänzende Blättchen und kleine Nadeln mit dem Schmelzpunkt der Benzoesäure (120 ° bis 122 °).

Titration. 10,476 mg Sbst.: verbraucht 3,85 ccm $^{n}/_{45}$ Lauge. Äqu.-Gew. für Benzoesäure ber. 122,08, gef. 122,40.

Die außer Isophthalsäure und Benzoesäure in der ausgeätherten Lösung noch vorhandenen Benzolkarbonsäuren sowie die bei der Sublimation der genannten Säuren im Rückstand vorhandenen Säuren wurden vorläufig nicht weiter untersucht.

Der Versuch zeigt, daß in der Tat das zweifachsaure Salz viel leichter unter CO_2-Abspaltung in die Salze niederer Benzolkarbonsäuren übergeht. Um das wertvollste Produkt, die Benzoesäure zu erhalten, wird man möglicherweise zweckmäßiger das fünffachsaure Salz der Druckerhitzung unterwerfen.

8. Versuch.

Wir haben im Versuch 7 gezeigt, daß ein Zusatz einer gewissen Menge Schwefelsäure zur Lösung des mellithsauren Natriums die Entkarboxylierung wesentlich erleichtert hat. Nun wäre es für ein technisches Verfahren unzweckmäßig, Schwefelsäure zu nehmen, da einerseits der Verbrauch dieser Säure, anderseits der Verbrauch des Natriums durch Überführung in Sulfat anstatt in Karbonat einen Verlust bedeutet. Wir haben daher einen Versuch angestellt, ob man nicht vielleicht durch Kohlensäure, wenn man sie unter Druck auf die Lösung einwirken läßt, die Schwefelsäure ersetzen kann.

Wir arbeiteten unter gleichen Bedingungen wie bei Versuch 6, preßten jedoch vor Beginn der Erhitzung 53 Atmosphären Kohlensäure auf. Der Autoklav zeigte nach Beendigung des Versuchs im abgekühlten Zustande einen Druck von 50 Atmosphären.

Die Lösung war nach dem Versuch durch suspendiertes Eisenoxyd rostbraun gefärbt. Die Titration ergab einen Gesamtverbrauch von 31,9 ccm n. Säure, was eine Abspaltung von rund 25 % des gesamten Karboxyls darstellt, also gegenüber Versuch 6, wo nur 5 % erreicht wurden, ein merklicher Fortschritt. Die Anwesenheit von Benzol konnte auch durch den Geruch nicht festgestellt werden; es scheint also die Bildung niederer Benzolkarbonsäuren eingetreten zu sein. Jedenfalls ist Aussicht vorhanden, auf diesem Wege, und zwar wirksamer vielleicht noch unter Verwendung von CO anstatt CO_2, die Zersetzung des mellithsauren Natriums in befriedigender Weise zu erreichen.

Mülheim-Ruhr, März 1921.

8. Überführung der Cellulose in Milchsäure durch Druckerhitzung mit wässerigem Alkali.

Von

Franz Fischer und Hans Schrader.

Bereits früher haben wir Cellulose mit wässerigen Alkalilösungen bei höheren Temperaturen behandelt[1]). Es handelte sich damals darum, festzustellen, welche Verschiedenheiten Lignin und Cellulose bei dieser Behandlung zeigen. Es wurde gefunden, daß Lignin verhältnismäßig leicht, schon bei Temperaturen unter 200°, in Lösung geht; aus den dunkelbraunen Lösungen schieden Säuren Huminsäuren aus, deren Menge nahezu gleich der des in Lösung gegangenen Lignins war. Erhitzt man die braunen Lösungen auf hohe Temperatur, so wird der größte Teil der Huminsäuren unlöslich und fällt als dunkle kohleartige Masse aus.

Ganz anders verhält sich die Cellulose. Bei 200° wird dieselbe verhältnismäßig langsam angegriffen, bei 250° geht sie leicht in Lösung. Dabei tritt eine geringe Menge Öl auf, das sich beim Erhitzen der Lösung auf höhere Temperaturen vermehrt. Offenbar entsteht das Öl auf Kosten der in der wässerig-alkalischen Lösung vorhandenen organischen Stoffe, und wir haben es uns als Aufgabe gestellt, die Art und Eigenschaften der letzteren näher zu untersuchen.

Zu diesem Zwecke haben wir Cellulose — wir verwandten schwedisches Filtrierpapier Nr. 1 von Schleicher und Schüll (Wassergehalt 6,6%) — mit 5 n. Natronlauge im eisernen Hochdruckautoklaven auf verschiedene Temperaturen zwischen 240 und 450° erhitzt. Unter 240° erfolgte die Lösung der Cellulose nur sehr langsam. Das bei den Versuchen entstehende Gas wurde nach dem Erkalten des Apparates in einen Gasometer abgeblasen und sein CO_2-Gehalt bestimmt. Der flüssige Autoklaveninhalt wurde

---

[1]) Abh. Kohle 5, 332 (1920).

zur Gewinnung der gebildeten Öle mit Äther ausgeschüttelt. Die abgezogene wässerige Lösung säuerten wir mit Schwefelsäure an, wobei meistens in geringer Menge eine dunkelbraune, ziemlich zähe, ölige Masse ausfiel, die nahezu vollständig in Äther löslich war und beim Stehen asphaltartig eintrocknete. Wir unterwarfen dann das Ganze der Dampfdestillation, um die flüchtigen Säuren abzublasen. Im Destillat wurde die Ameisensäure, die stets einen beträchtlichen Teil der flüchtigen Säuren ausmachte, nach der Methode von Klein[1]) bestimmt. Die ausgeblasene Lösung wurde von dem dunklen Rückstand abgegossen und erschöpfend ausgeäthert. Dann wurde die Lösung annähernd zur Trockene gedampft und der Rückstand zunächst mit Äther und dann mit Alkohol ausgezogen. Die ätherischen und alkoholischen Auszüge wurden vor dem Abdampfen mit Natriumsulfat getrocknet. Die zahlenmäßigen Ergebnisse dieser Versuche zeigt Tafel 1.

Bei dem zuletzt ausgeführten Versuch (Tafel 1, Nr. 5) haben wir, anstatt die Lösung nach dem Ausäthern einzudampfen und schließlich den Rückstand mit Alkohol auszuziehen, die Lösung im Extraktionsapparat erschöpfend ausgeäthert. Dieses schonende Verfahren ist dem ersteren bei weitem vorzuziehen, zumal es gestattet, die Säuren so gut wie restlos zu gewinnen. Wenigstens gibt der aus der extrahierten Lösung nach dem Neutralisieren durch Eindampfen gewonnene Rückstand beim Glühen nur eine schwache Graufärbung.

Betrachtet man die Zahlen näher, so läßt sich folgendes über den Einfluß der Temperatur auf den Verlauf des Vorgangs sagen. Die Menge der während der Erhitzung entstehenden Gase nimmt mit steigender Temperatur zu. Sie ist bei niederer Temperatur gering, nämlich 1 l oder weniger, steigt aber mit der Temperatur schließlich bis auf 8 l. Gleichzeitig mit der Menge des Gases wächst die darin vorhandene Kohlensäure. Bei niederer Temperatur tritt davon fast nichts auf, bei 450° war schließlich $^1/_2$ l im Gase vorhanden; dazuzurechnen sind die bei weitem größeren Mengen an Kohlendioxyd, die von der Lauge aufgenommen wurden. Wir bestimmten dasselbe, indem wir die wässerig-alkalische Lösung zur Trockne dampften und dann die beim Zersetzen des Rückstandes mit Salzsäure entwickelten Kohlendioxydmengen maßen. Da mindestens noch ein Teil der Soda als Bikarbonat in der Lösung vor-

[1]) B. 39, 2641 (1906).

Tafel 1.

Druckerhitzung von 60 g Cellulose (Filtrierpapier) mit 150 ccm 5 n. Natronlauge im Eisenautoklaven (Leerraum 245 ccm)

8 Stunden bei verschiedenen Temperaturen.

Versuch Nr.	Temperatur	Gas	CO_2 im Gas	CO_2 in der Lösung als Na_2CO_3	Alkaliunlösliche Öle	Beim Ansäuern ausgefallen	Flüchtige Säuren insgesamt	Flüchtige Säuren davon Ameisensäure	Nicht flüchtige ausätherbare Säuren aus wässeriger Lösung	Nicht flüchtige ausätherbare Säuren aus eingedampfter Lösung	In Alkohol lösliche Säuren	Oxalsäure
	°C	l	ccm	l	g	g	ccm n.	ccm n.	g	g	g	g
1	2	3	4	5	6	7	8	9	10	11	12	13
1[1])	240	0,52	—	3,37	1,2	5,0	185	123	7,8	10,3	11,4	—
2	250	0,10	5	6,25	0,4	1,5	220	89	4,7	0,7	—	0,05
3[2])	250	1,05	— }	6,09	1,2	3,5	120	102	7,7	6,8	18,7	—
4	250	0,37	— }									
5	250	0,32	21	—	1,9	—	136	—	17,5 [3])	—	—	—
6	300	1,00	0	3,95	2,6	3,6	178	87	4,8	5,7	13,6	0,3
7	350	1,05	44	3,98	3,4	0,3	273	186	3,2	3,7	4,5	0,1
8	350	1,00	84	—	7,5	Nicht weiter aufgearbeitet						
9	400	1,48	77	—	9,8							
10	400	1,35	127	4,37	9,9	0,5	378	288	2,6	1,2	—	—
11[4])	450	3,00	480	6,16	9,3	0,04	381	191	0,4	0,04	—	—

[1]) Angewandt 30 g Cellulose und 112,5 ccm 5 n. NaOH, also die Hälfte der Lauge mehr, als bei den andern Versuchen. Die Zahlen sind auf 60 g Cellulose umgerechnet.

[2]) Versuch 3 und 4, Wiederholungen von Versuch 2, wurden zur Aufarbeitung vereinigt; die Zahlen geben zum Vergleich mit den andern Versuchen die auf 60 g berechnete mittlere Ausbeute an.

[3]) Im Extraktionsapparat mit Äther ausgezogen.

[4]) Angewandt 25 g Cellulose und 62,5 ccm 5 n. NaOH (entsprechend 60 g Cellulose und 150 ccm 5 n. NaOH). Die Zahlen sind auf 60 g Cellulose umgerechnet.

gelegen hat, stellen die angegebenen Zahlen nur Mindestwerte dar. Wie die Tafel 1 zeigt, liegen die Mengen der als Soda gebundenen Kohlensäure zwischen 3,09 und 6,16 l.

Aus der nächsten Spalte der Tafel geht hervor, daß mit steigender Temperatur die Bildung von Öl zunimmt. Bei 250° ist dieselbe noch sehr gering, beim Erhitzen auf 350° steigt sie etwa auf das 6—7fache und erhöht sich bei weiterer Steigerung der Temperatur noch etwas. Die höchste Ausbeute an Öl wurde bei 400° erhalten und betrug 17,7% der angewandten trockenen Cellulose. Dementsprechend ist die Menge der in der alkalischen Lösung enthaltenen nicht flüchtigen, ausätherbaren bezw. alkohollöslichen Säuren bei den Versuchen bei niederer Temperatur eine sehr beträchtliche, fällt aber mit steigendem Erhitzen auf ein ganz geringes Maß.

Auch an flüchtigen Säuren, Ameisensäure und Essigsäure, war jedesmal eine gewisse Menge entstanden, die zwischen 120 und 373 ccm n. schwankte, derart, daß bei höherer Temperatur größere Mengen gebildet wurden. Gewöhnlich machte die Ameisensäure davon den größeren Teil aus. Eine bestimmte Regelmäßigkeit im Verhältnis Ameisensäure zu Essigsäure läßt sich nicht erkennen. Die Prüfung auf Oxalsäure ergab stets nur sehr geringe Mengen. In einzelnen Fällen haben wir die Säure quantitativ bestimmt und fanden, daß insgesamt aus 60 g Cellulose 0,3 g und darunter entstanden. Die Farbe der Lösung wurde mit steigender Temperatur immer heller. Bei den bei 250° gewonnenen Lösungen war sie braunrot, bei den bei 400° dargestellten bereits fast wasserhell mit einem Stich ins Gelbe, während die dunkelfärbenden Substanzen sich offenbar mit der alkaliunlöslichen öligen Masse ausgeschieden hatten.

Untersuchung der nichtflüchtigen Säuren.

Wie bereits erwähnt, machten die nichtflüchtigen Säuren bei niederer Temperatur das Hauptreaktionsprodukt aus, während sie bei stärkerer Erhitzung in alkaliunlösliche Öle umgewandelt wurden.

Die leichter ausätherbaren löslichen Säuren waren gelbliche bis bräunliche, dicksölige Flüssigkeiten. Die schwer ausätherbaren, mit Alkohol ausgezogenen Säuren waren braun und dickflüssig. Beim Stehen im Vakuum über Schwefelsäure wurden sie zäh und trockneten an der Oberfläche lackartig ein. Die ätherlöslichen Säuren erinnerten in ihrem Verhalten an Milchsäure. Das Entstehen dieser Säure durch Einwirkung von Alkali auf Cellulose war ja sehr naheliegend, da dieselbe bekanntlich durch Einwirkung von Alkalien auf Zuckerarten leicht und in reichlicher Menge entsteht[1]).

Da nun Cellulose, nach dem Ergebnis der Hydrolyse zu schließen, aus Glukosemolekülen aufgebaut ist, so ist es weiter nicht wunderbar, daß die Beobachtungen der genannten Autoren bei der Glukose das Gegenstück der unsrigen bei der Cellulose zu bilden scheinen, wobei nur in unseren Versuchen die Temperatur eine weit höhere war. Bei der Cellulose muß diese hohe Temperatur angewandt werden, damit zunächst die Sprengung des großen Molekülverbandes stattfinden kann. Die Verwandlung der Spaltstücke in Milchsäure würde dann wahrscheinlich auch bei niederer Temperatur vor sich gehen.

Der Nachweis, daß der Hauptteil der ausätherbaren Säuren Milchsäure war, ließ sich leicht erbringen. Dieselben gaben mit Erdalkalien keine schwerlöslichen Salze, dagegen kristallisierte das Zinksalz, wenn man die Säuren mit überschüssigem Zinkhydroxyd kochte und das Filtrat im Exsikkator über Schwefelsäure eindunsten ließ. Um das Zinksalz gleich möglichst rein zu erhalten, haben wir die durch Ausäthern der wässerigen Lösung aus Versuch 3 und 4 erhaltenen Säuren vorher im Vakuum bei etwa 1 mm Druck und einer Badtemperatur von 90—122° unter Vorschaltung einer zweiten, mit flüssiger Luft gekühlten Vorlage destilliert[2]). Der quantitative Verlauf der Destillation war folgender:

Angewandt: 7,73 g;
erhalten: Destillat 2,75 g
Rückstand 3,93 g
Wasser 0,92 g (in der mit flüssiger Luft gekühlten Vorlage.)
zusammen 7,60 g

Eine Titration des Destillates mit Natronlauge unter Verwendung von Phenolphthalein zeigte, daß dasselbe 28,9 ccm n. Säure enthielt. Diese würde als Milchsäure 2,60 g ausmachen, während

---

1) Vergl. Hoppe-Seyler, B. 4, 346 (1871); Schützenberger, Bl. 25, 289 (1876); Nencki und Sieber, J. pr. 24, 498 (1881); Kiliani, B. 15, 136 (1882); Beythien, Parcus und Tollens, A. 255, 222 (1889); Patentanmeldung Koepp u. Co., Friedlaender 12, 98 (1894—1897); Nef, A. 335, 328; s. a. 279 (1904); 357, 215, 296 (1907).

2) Vergl. Krafft und Dyes, B. 28, 2589 (1895).

unser Destillat 2,75 g wog. Letzteres war also anscheinend noch ein wenig wasserhaltig. Das Destillat war eine wasserhelle Flüssigkeit von glyzerinartiger Konsistenz, die sich vollständig in Wasser löste. Wir stellten das Zinksalz her, indem wir die Säure mit überschüssigem Zinkhydroxyd kochten, das Filtrat auf dem Wasserbade einengten und zur Kristallisation stehen ließen. Das in hübschen, kleinen Kristallen ausgeschiedene Salz wurde aus wenig heißem Wasser umgelöst, mit 80%igem Alkohol auf der Nutsche gewaschen und an der Luft getrocknet. Gleichzeitig bereiteten und analysierten wir ein Zinksalz aus reiner Milchsäure. Die bei den Analysen erhaltenen Zahlen stellen wir zum Vergleich nebeneinander:

	Zinksalz aus Cellulosemilchsäure	Zinksalz aus reiner Milchsäure
angewandt:	0,1254 g	0,1252 g
bei 105° abgegebenes Wasser	0,0210 g	0,0209 g
	= 16,75%	= 16,69%
durch Glühen erhaltenes ZnO	0,0338 g	0,0340 g
ZnO des lufttrockenen Salzes	26,95%	27,16%
ZnO des wasserfreien Salzes	= 32,38%	= 32,60%

Wie ersichtlich stimmen die Zahlen für beide Zinksalze befriedigend überein.

Destillation der nichtflüchtigen Säuren mit überhitztem Wasserdampf.

Bei der Vakuumdestillation der mit Wasserdampf nichtflüchtigen Säuren ging nur der kleinere Teil in das Destillat über, während die Hauptmenge im Kolben zurückblieb. Da hierfür als Grund wohl reichlich eintretende Anhydrisierung angenommen werden muß, haben wir den Versuch gemacht, die Säuren mit überhitztem Wasserdampf überzutreiben.

Vorversuche im Aluminiumschwelapparat mit reiner Milchsäure.

Die Destillation mit überhitztem Wasserdampf ist im Laboratoriumsmaßstabe und in Glasgefäßen eine ziemlich unbequeme Operation, während sie sich im Aluminiumschwelapparat mit eingebauter Dampfüberhitzung[1]) mit Leichtigkeit durchführen läßt.

[1]) Abh. Kohle 5, 65 (1920).

Wir haben daher versucht, letzteren Apparat für die Destillation der Milchsäure zu verwenden, in der Hoffnung, daß die stark hydrolysierende Wirkung des überhitzten Dampfes einen Angriff des Aluminiums durch die Milchsäure weitgehend verhindern würde. Diese Erwartung hat sich in der Tat erfüllt, wie folgender Probeversuch mit Milchsäure zeigt. Derselbe diente uns zugleich dazu, festzustellen, wie leicht die Milchsäure bei den verschiedenen Temperaturen mit Dampf übergeht.

Wir beschickten den Aluminiumschwelapparat, dessen Retortenraum 8 cm tief war[1]), mit 5 ccm 78,1%iger Milchsäure (entsprechend 4,7 g Milchsäure), erhitzten ohne Dampfdurchleiten auf 120° und regelten dann den Dampfstrom so, daß sich in der Stunde etwa 75 ccm Wasser im angeschlossenen Kühler niederschlugen. Bei den drei Temperaturen 135, 160 und 180° wurden je 20 ccm Destillat übergetrieben und dieselben titriert. Schon bei 135° war die Destillation der Milchsäure recht lebhaft, bei 160° recht groß, so daß nur noch wenig Säure im Kolben verblieb. Bei der Destillation bei 180° war nur noch so wenig Säure im Apparat, daß das Dampfrohr nicht mehr eintauchte, der Dampf also nur über die Oberfläche der Flüssigkeit strich. Die folgende Tafel 2 zeigt das Ergebnis der Destillation.

Tafel 2.

°C	Menge des Destillates ccm	Säuren im Destillat betragen ccm n.
135	20	7,6
160	20	20,7
180	20	6,6
180	27	3,0
zusammen		37,9 ccm =

3,42 g Milchsäure = 72,8% der angewandten Menge.

In der Retorte war schließlich nur eine geringe Menge eines bräunlichen Öles übriggeblieben. Bei der Veraschung dieses Rückstandes hinterblieb nur eine ganz geringe Menge Oxyd. Das Gewicht eines solchen Aschenrückstandes ist weiter unten angegeben.

[1]) Es würde zweckmäßig sein, für Flüssigkeiten eine etwas tiefere Retorte zu verwenden, um ein Überspritzen der Flüssigkeit mit Sicherheit zu vermeiden.

In einer zweiten Versuchsreihe haben wir festgestellt, mit welcher Geschwindigkeit sich die Milchsäure bei 125° mit Dampf übertreiben läßt. Wir verwandten 6,51 g 78,1%ige Milchsäure, das sind also 5,1 g reine Milchsäure. Das zahlenmäßige Ergebnis des Versuchs zeigt Tafel 3.

Tafel 3.

Destillat ccm	1 ccm Destillat verbraucht ccm n/10
250	—
5,5	0,50
50	—
5	0,40
32	—
5	0,30
60	—
5	0,05
412,5	

Aus der Tafel ist zu ersehen, wie die Konzentrationen der einzelnen Destillate im Laufe der Destillation abnehmen. Das gesamte Destillat verbrauchte 54,65 ccm n. Die Milchsäure war also mit den ersten 400 ccm Destillat nahezu vollständig, nämlich zu 96,6%, übergegangen.

Wasserdampfdestillation der im Extraktionsapparat ausgeätherten Säuren (Taf. 1, Versuch 5, Spalte 10) bei 125°.

Bei der Extraktion im Extraktionsapparat wurden in Versuch 5 17,5 g erhalten. Davon wurden 10,8 g der Destillation unterworfen. In der Destillatmenge von 1,37 l wurden an Säure 70,0 ccm n. erhalten, das wären als Milchsäure berechnet 6,3 g = 58,3% der für die Destillation verwandten Säuren.

Die im Destillat befindliche Säure haben wir durch Kochen mit Zinkhydroxyd in das Zinksalz verwandelt und letzteres durch Einengen der Lösung möglichst vollständig gewonnen. Wir erhielten im ganzen 7,11 g Salz. Da die Lösung desselben etwas grünlich war, haben wir sie mit Tierkohle entfärbt und daraus durch Einengen und Kristallisierenlassen ein ganz weißes Zinksalz erhalten. Nach einmaligem Umkristallisieren und Waschen mit 60%igem Alkohol ergab dasselbe bei der Analyse folgende Werte:

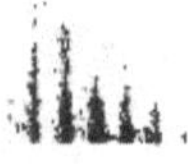

Wassergehalt des lufttrockenen Salzes	17,44 %
ZnO in der lufttrockenen Substanz	27,18 %
ZnO in der wasserfreien Substanz	32,93 %.

Die Analysenzahlen stimmen also befriedigend auf Zinklaktat.

Der in der Aluminiumretorte zurückgebliebene Säurerückstand löste sich bis auf eine geringe Trübung in Wasser. Wir prüften ihn auf seinen Gehalt an Aluminium, indem wir einen gemessenen Teil der Lösung zur Trockne dampften und den trockenen Rückstand veraschten und glühten. Wir fanden, auf die ganze Säuremenge berechnet, 0,026 g Asche. Der Angriff der Säure auf das Aluminium war also außerordentlich gering. — Die mit Wasserdampf nicht übergegangenen Säuren entsprachen insgesamt 73,3 ccm n.

Beim Ausäthern der Milchsäure im Extraktionspparat haben wir die Vorlage, in der sich der Äther mit den extrahierten Säuren befand, etwa alle 2 Tage ausgewechselt und die im Äther gelösten Säuren sowie die ausgeschiedenen Stoffe ihrer Menge nach bestimmt.

Fraktion Nr.	Im Äther gelöst g	Ausgeschieden g
1	10,57	0
2	5,55	0,71
3	0,76	0,11
4	1,10	0,48
5	0,18	0

Aus den Zahlen ist ersichtlich, daß die Hauptmenge der ätherlöslichen Anteile schon beim ersten Mal ausgezogen wurde. Von den ätherunlöslichen Stoffen war der bei der 2. Fraktion erhaltene ein dickflüssiges Öl, das wir nicht weiter untersucht haben. Bei Fraktion 3 schieden sich weiße Kristalle aus, die unter 20 mm Druck bei 130—150° sublimierten und dann bei 132,5 bis 133° schmolzen. In schwefelsaurer Lösung entfärbte die Säure selbst in der Wärme Kaliumpermanganat nur sehr langsam. Dem Schmelzpunkt nach zu urteilen könnte Brenzschleimsäure (Schmp. = 132° oder 133°) vorliegen. In der Fraktion 4 wurde eine verhältnismäßig beträchtliche Menge weißer kristallinischer Substanz erhalten. Zur Befreiung von anhaftendem Öl wurde sie abgepreßt und dann durch Lösen in heißem Wasser und Zusatz von Calciumacetat in das sehr schwer lösliche Calciumsalz übergeführt = 0,43 g.

Wie die Analyse ergab, war das Calciumsalz ein saures Salz. Der Calciumgehalt betrug 8,81 %, ferner verbrauchte das Salz bei der Titration je g 4,18 ccm n. NaOH (Indikator Phenolphthalein). Aus dem Calciumsalz haben wir die freie Säure gewonnen, indem wir das Salz in verdünnter Schwefelsäure suspendierten und im Extraktionsapparat ausätherten. Die sich aus dem Äther ausscheidenden weißen Krusten lösten wir in Wasser. Zur Reinigung wurde mit Tierkohle gekocht. Die farblose Lösung schied beim Eindunsten über Schwefelsäure schön ausgebildete rhombische Kristalle aus, die abgesaugt und mit wenig Wasser gewaschen wurden. Dieselben schmolzen bei 168—169°. Die Schmelze war gelblich und färbte sich bei höherem Erhitzen braun. Beim Trocknen verlor die Substanz erheblich an Gewicht (7,709 mg gaben 1,135 mg Wasser ab). Die beiden Analysen stimmen leider wenig gut überein.

3,600 mg Sbst.: 5,480 mg CO_2, 1,620 mg H_2O. — 3,517 mg Sbst.: 0,5260 mg CO_2, 0,1535 mg H_2O.

Gef. C 41,46, 40,88; H 5,03, 4,88.

Da weitere Substanzmengen uns nicht mehr zur Verfügung standen, konnte die genaue Zusammensetzung der Säure noch nicht ermittelt werden.

Der Ätherauszug von Versuch 10 (Tafel 1) schied beim längeren Stehen erhebliche Mengen kleiner Kristalle aus. Um dieselben von der anhängenden öligen Säure zu befreien, haben wir die ganze Masse auf Ton gestrichen und den dabei verbleibenden Rückstand zwischen gehärtetem Filtrierpapier abgepreßt. Die Kristalle wurden nunmehr sublimiert und waren nach dreimaliger Wiederholung des Prozesses ölfrei. Das bei 75—90° erhaltene Sublimat schmolz bei 119—119,5°, der bei 180—185° sublimierende Anteil bei 184—185°. Die Substanz war also Bernsteinsäure, die zum Teil als Anhydrid (Schmp. 119,6°), zum Teil als freie Säure (Schmp. zwischen 181° und 185°) erhalten worden war. Die Titration des Anhydrids lieferte ein Äquivalent von 50,84 anstatt 50,02. Offenbar befand sich bei dem Anhydrid bereits eine geringe Menge freier Säure.

Die mit Alkohol aus dem Salzrückstand ausgezogenen Säuren. (Tafel 1, Spalte 12).

Es war anzunehmen, daß ein Teil der durch Ausziehen des Salzrückstandes mit Alkohol gewonnenen Säure Milchsäure war, die bei vorhergehendem Ausschütteln der wäßrigen Lösung und dann des Salzrückstandes mit Äther nicht aufgenommen wurde.

Daß Milchsäure sich aus wässrigen Lösungen mit Äther schwer ausziehen läßt, ist ja bekannt. Um ein Bild von der Ausätherbarkeit zu bekommen, lösten wir 5 g 78,1%ige Milchsäure in 50 ccm Wasser und schüttelten die Lösung dreimal mit je 50 ccm Äther aus. Die ätherischen Lösungen wurden vereinigt, mit Natriumsulfat getrocknet und abgedampft. Der Rückstand wog 1,34 g. Erneutes Ausschütteln mit 50 ccm Äther lieferte 0,31 g. Somit waren von 3,9 g Milchsäure beim Ausschütteln der wäßrigen Lösung mit der gleichen Raummenge Äther beim 4. Mal erst 1,65 g, das sind 42,3% noch etwas wasserhaltige Milchsäure erhalten worden.

Daraus geht hervor, daß sicherlich ein Teil der mit Alkohol aus dem Salzrückstand ausgezogenen Säuren Milchsäure war, die sich der Ausätherung entzogen hatte. Wie bereits gesagt, ist es zweckmäßiger, anstatt der Extraktion mit Alkohol sogleich die gesamten Säuren im Extraktionsapparat mit Äther zu gewinnen und dann eine Trennung derselben vorzunehmen.

Die Untersuchung der neutralen Öle.

Von den bei der Druckerhitzung von Cellulose mit Natronlauge gebildeten alkaliunlöslichen Ölen haben wir das in dem Versuch Nr. 7 (Tafel 1) bei 350° gebildete Produkt näher untersucht. Zunächst stellten wir fest, wieviel davon mit Wasserdampf flüchtig war. Von den angewandten 6,85 g konnten wir aus dem Destillat mit Äther 3,34 g, also rund die Hälfte der Gesamtmenge, wieder ausziehen.

a) Der mit Wasserdampf flüchtige Anteil.

Der flüchtige Anteil war ein gelbes, nach Pfefferminz riechendes Öl, das ebenso wie der nichtflüchtige Teil offenbar aus einem vielfältigen Gemisch bestand, denn bei der Destillation desselben stieg das Thermometer ohne merkliche Unterbrechung von 80° bis auf 285°. Bei dieser Temperatur war alles übergegangen.

Das Öl war leicht in Petroläther und ebenso in Aceton löslich. Beim Kochen mit verdünnter Salpetersäure wurde es nur langsam angegriffen; beim Zusatz von konzentrierter Salpetersäure ging es allmählich in Lösung, aus der Wasser eine zähe, gelbe, ölige Substanz ausschied. Bisulfit schien nichts von dem Öl aufzunehmen. Das Öl entfärbte Bromwasser beim Schütteln. Das gebromte Öl sammelte sich unter der wäßrigen Flüssigkeit an. Wir haben ferner das Öl darauf geprüft, ob es die Ebene des polarisierten Lichtes dreht, fanden jedoch, daß es optisch inaktiv war.

Um eine Vorstellung von der Zusammensetzung des Öles zu gewinnen, haben wir das Gemisch einer Analyse unterworfen.

0,2622 g Sbst.: 0,7754 g CO_2, 0,2640 g H_2O. — 0,1766 g Sbst.: 0,5205 g CO_2, 0,1778 g H_2O.

Gef. I. C 80,68 H 11,27

„ II. „ 80,40 „ 11,27.

Aus der Analyse geht hervor, daß die Verbindungen, aus denen das Gemisch besteht, falls sie zu einer Gruppe gehören und die Analysenzahlen daher einen Durchschnitt darstellen, in die Klasse der hydroaromatischen oder olefinischen Alkohole oder Ketone gehören können. Unter der Annahme, daß sich nur ein Sauerstoffatom im Molekül befindet, würde sich aus der obigen Analyse die Zusammensetzung $C_{18,88}H_{33,22}O$ ergeben.

b) Der mit Wasserdampf nichtflüchtige Anteil.

Das bei der Wasserdampfdestillation nichtflüchtige, rotbraune Öl, 3,46 g, wurde unter 1 mm Druck destilliert. Zwischen 160 und 234° gingen 1,91 g = 55% der gesamten Menge als ein grünlichgelbes Öl über, während im Rückstand 1,50 g einer dunklen, beim Erkalten ganz harten Masse zurückblieb. Das Destillat haben wir analysiert.

0,1862 g Sbst.: 0,5483 g CO_2, 0,1634 g H_2O.

Gef. C 80,34, H 9,82.

Es ergaben sich also ähnliche Zahlen wie bei dem mit Wasserdampf flüchtigen Anteil, nur war der Wasserstoffgehalt etwas geringer.

Wie aus Tafel 1 hervorgeht, steigt die Menge des Öles in den einzelnen Versuchen mit der Temperatur der Erhitzung, und gleichzeitig fällt die Menge der nichtflüchtigen Säuren, die, wie wir gesehen haben, zum großen Teil aus Milchsäure bestanden. Wir müssen somit das Öl als ein Umwandlungsprodukt der Milchsäure auffassen. Diese Annahme wird gestützt durch eine Angabe von Carpenter[1]), der durch Erhitzen des Natriumsalzes der Milchsäure mit Natronkalk im Eisenrohr bis unterhalb Rotglut unter vermindertem Druck ein Destillat erhielt, dessen obere Schicht ein braunes, pfefferminzähnliches Öl war, das anscheinend im wesentlichen aus Mesityloxyd $(CH_3)_2 \cdot C:CH \cdot CO \cdot CH_3$ bestand und dessen untere wäßrige Schicht Aceton enthielt.

---

[1]) C. 1914 I, 959.

Zusammenfassung.

Bei der Druckerhitzung von Cellulose mit Alkali bei über 200° entstehen Säuren, die sich mit steigender Temperatur in alkaliunlösliche Öle umwandeln. Als Höchstmenge der letzteren wurde 18% der angewandten Cellulose bei 400° erhalten. Die zunächst entstehenden Säuren bestehen zum großen Teil aus Milchsäure. Bei 250° wurde an letzterer 18% der angewandten trockenen Cellulose gewonnen. Dieser Betrag ist an sich zwar nicht hoch, doch ist zu berücksichtigen, daß es nicht im Rahmen dieser Untersuchung lag, die günstigsten Bedingungen für die Bildung der Milchsäure aufzusuchen, und daß daher der bestenfalls zu erhaltende Betrag möglicherweise weit größer ist. Auch läßt die Art der Gewinnung der Milchsäure aus der Lösung ihrer Salze sich sicherlich noch vereinfachen. Beispielsweise könnte man versuchen, die Alkalisalze durch Kohlenoxyd in Formiat und freie Milchsäure überzuführen.

Mülheim-Ruhr, November 1921.

---

9. Über die thermische Behandlung aromatischer Verbindungen[1]). III: Reduktion von Kresolen und Urteerphenolen.

Von

Franz Fischer, Hans Schrader und Carl Zerbe.

Die vorliegende Arbeit setzt die früheren Versuche über die Reduktion von Phenolen mit Wasserstoff und anderen Gasen fort. Scheint doch dieses Verfahren sehr zweckmäßig zu sein zur Verwertung der niederen Urteerphenole durch Überführung derselben in die für die Motorentechnik wertvollen Benzolkohlenwasserstoffe. Wir haben daher verschiedene Fragen, die für die technische Anwendung von Bedeutung waren, einer näheren Untersuchung unterzogen.

Nachdem wir zunächst einige wesentliche Verbesserungen an der Apparatur vorgenommen hatten — so gingen wir von der elektrischen zur Gasheizung über, die früher aus Glas gefertigte Verdampfungsvorrichtung und den Vorstoß ersetzten wir durch Geräte aus Metall, und die früher zur Benzolabscheidung verwendete flüssige Luft durch aktive Kohle — beschäftigten wir uns mit der Feststellung derjenigen Menge Wasserstoff, die zur Reduktion der Phenole unbedingt nötig war. Wir fanden, daß man, ohne die Ausbeute wesentlich zu beeinträchtigen, mit der von der Theorie geforderten Menge Wasserstoff auskommt, sofern man die Temperatur auf der nötigen Höhe (750°) hält und die Strömungsgeschwindigkeit nach der Leistungsfähigkeit des Rohres, die von seiner Länge und seinem Durchmesser abhängt, regelt, mit einem Wort jedes Teilchen die nötige Zeit auf die Reaktionstemperatur erhitzt.

Ferner stellten wir einige Versuche über den Einfluß der Temperatur auf die Benzolausbeute an und fanden unsere früheren Beobachtungen bestätigt, daß 750° die untere Grenze angibt, bei

---

[1]) Vergl. Abh. Kohle 4, 378 (1919); 5, 418 (1920).

der die Reaktion noch mit befriedigender Geschwindigkeit verläuft. Zu diesen Versuchen verwendeten wir Braunkohlenteerkreosote; dieselben ließen sich entsprechend den gewöhnlichen Phenolen mit guter Ausbeute zu Benzol reduzieren. Wir hatten früher gefunden, daß die Fraktion 200—250° der Steinkohlenurteerphenole sich mit recht guter Ausbeute durch Wasserstoff reduzieren läßt, während die Fraktion von 250—300° nur wenig Benzol liefert. Diese Erfahrung haben neuere Versuche bestätigt. Die verhältnismäßig große Menge Naphtalin, die aus der höheren Phenolfraktion erhalten wurde, hat uns zu der Überzeugung geführt, daß sich darin Naphtolhomologe befinden, die bei ihrer Reduktion und Entalkylierung Naphtalin geben.

Die Tatsache, daß die Benzolhomologen im allgemeinen als Treibmittel günstiger sind als das reine Benzol, hat uns zu Versuchen geführt, möglichst nur den Phenolsauerstoff zu reduzieren, ohne zugleich die Alkylgruppen abzuspalten. Jedoch hat weder die Behandlung mit Kohlenoxyd noch mit Kohlenoxyd und Wasserdampf oder mit Methan und Wasserstoff zu den gewünschten Ergebnissen geführt.

Bisher ist außer dem Zinn kein anderes Material bekannt geworden, das geeignet wäre, die Kohlenstoffabscheidung bei der Zersetzung hoch erhitzter Phenole zu verhindern. Auch Versuche mit Rohren, die innen mit einem dünnen Aluminiumüberzug versehen waren, gaben kein besseres Ergebnis. Sobald diese Aluminierung in Aluminiumoxyd verwandelt war, trat Kohleabscheidung ein. Ein Nickelrohr verhielt sich ebenso ungünstig wie Eisen.

Schließlich haben wir noch Versuche angestellt, eine Beschleunigung des Reduktionsvorganges der Phenole durch Wasserstoff durch Vergrößerung der verzinnten Oberfläche zu erreichen und konnten in der Tat auf diese Weise eine Verbesserung der Wirkung erzielen. Immerhin bleibt abzuwarten, ob auch beim Arbeiten im größeren Maßstabe das gleiche der Fall sein wird. Alle diese Versuche sind noch im Laboratoriumsmaßstabe gehalten und mit verhältnismäßig geringen Mengen ausgeführt. Neuerdings sind wir jedoch zum Arbeiten im größeren Maßstabe übergegangen und können in der neuen Apparatur die Produkte kiloweise durchsetzen. Über diese Versuche und die Beurteilung, die dieselben hinsichtlich des Arbeitens in größerem Maßstabe gestatten, werden wir im nächsten Bande berichten.

Änderungen an der Apparatur.

I. Verzinntes Eisenrohr, Verdampfungsvorrichtung und Vorstoß.

Im Verlaufe der früheren Arbeiten hatten sich an der Beschaffenheit der Apparatur verschiedene Übelstände ergeben, die wir nunmehr durch Änderung behoben haben. Das verzinnte Rohr wurde 1,30 m lang, also doppelt so lang als bisher gewählt. Es wurde auf eine Länge von 1 m erhitzt, und zwar geschah die Erhitzung in einem gasgeheizten Verbrennungsofen, da es sich herausgestellt hatte, daß im elektrischen Ofen, den wir bisher verwendet hatten, bei nicht sehr sorgfältiger Wicklung des Heizdrahtes die Temperatur in der Mitte bedeutend höher war als am Ende. Im Gasofen dagegen ließ sich sehr leicht längs des ganzen Rohres eine gleichmäßige Temperatur erzielen, wie wir durch Messung mit einem Wannerpyrometer, das wir nunmehr beständig zur Temperaturmessung benutzt haben, feststellten. Durch die Verlängerung des Rohres wurde eine vollständigere Reduktion der Phenole bewirkt, so daß bei einer bestimmten Strömungsgeschwindigkeit im längeren Rohr sich im Verhältnis viel weniger unzersetztes Phenol im Vorstoß befand. Das Rohr ruhte, um ein Durchbiegen in der Glut zu vermeiden, in einer starken, mehrfach unterstützten Eisenrinne von V-förmigem Querschnitt.

Um das glühende verzinnte Eisenrohr vor der frühzeitigen Zerstörung durch Oxydation zu schützen, haben wir es mit einer Schicht von Aluminium überzogen, indem wir es mit einem Anstrich von sogen. Aluminiumbronze versahen und diesen Anstrich vor weiteren Versuchen noch einige Male wiederholten. Wegen näherer Angaben über dieses Verfahren, das sich sehr gut bewährte, verweisen wir auf die darüber erschienene Veröffentlichung[1]).

Die bisher aus Glas bestehende Apparatur zur Verdampfung der Öle wurde durch eine solche aus Metall ersetzt. Die nähere Anordnung derselben zeigt Abb. 1. Das Verdampfungsröhrchen bestand aus einem Eisenzylinder. In dem Deckel desselben war als Gaszuleitung ein Kupferröhrchen hart eingelötet, das bis auf den Boden des Gefäßes reichte. Die Ableitung des Gases und der Dämpfe erfolgte durch ein knieförmig gebogenes Kupferrohr, dessen einer Schenkel durch eine Überwurfmutter mit einem auf

---

[1]) Brennstoff-Chemie 2, 343 (1921).

den Deckel des Verbindungsröhrchens aufgelöteten Stutzen verbunden war, während der andere mit Lot in die Verschlußschraube des verzinnten Eisenrohres eingesetzt war. Die Erhitzung des Verdampfungsröhrchens erfolgte durch einen mit Gasbrenner geheizten Aluminiumblock, der mit Bohrungen für Thermometer und Wärmeregler versehen war. Dieser Apparat hat sich als recht zweckmäßig erwiesen. Er gestattet eine sehr gleichmäßige Verdampfung der Öle. Eine Kondensation der Destillate in dem kupfernen Verbindungsröhrchen wird infolge der guten Wärmeleitfähigkeit des Kupfers nicht stattfinden, wenn man das Ende des Eisenrohres, in welches das Kupferröhrchen eingesetzt ist, genügend heiß hält.

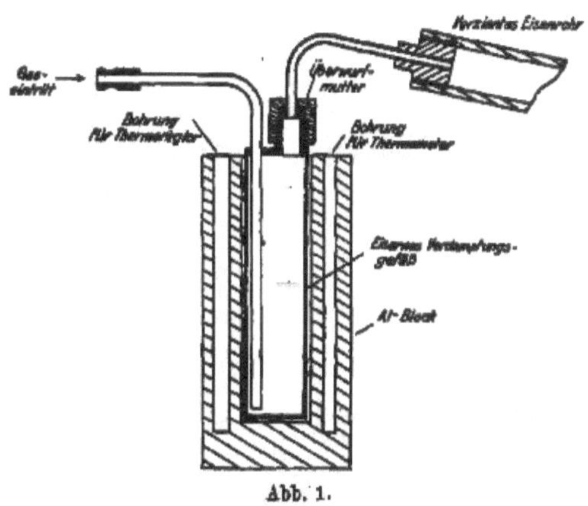

Abb. 1.

Undichtigkeiten sind bei den Verschraubungen leicht zu vermeiden, und es kann jedes beliebig hoch siedende Produkt verdampft werden, während früher der Erhitzung durch die Verwendung von Korkstopfen eine Grenze gezogen war.

Ferner haben wir den Vorstoß am anderen Ende des verzinnten Rohres, der bei der früheren Apparatur aus Glas bestand, und dessen Verbindung mit dem Eisenrohr durch einen Gummiring hergestellt wurde, durch einen solchen aus Messing ersetzt, der sich unmittelbar auf das Eisenrohr aufschrauben ließ. Infolgedessen war es möglich, das Eisenrohr bis zu seinem äußersten Ende auf hoher Temperatur und dadurch frei von Kondensaten zu halten. Der Messingvorstoß war etwa 15 cm lang; seine Wandstärke betrug

9*

1,5 mm. In der Mitte des Vorstoßes war dieselbe durch Abdrehen verringert, so daß durch Wasserkühlung der hintere Teil mit Leichtigkeit kalt gehalten werden konnte. Seine Form ist aus Abb. 2 ersichtlich.

2. Kondensationsanlage.

Die bisher angewandte Gewinnungsmethode des Benzols durch Kühlung der abziehenden Gase mit flüssiger Luft, die für den Laboratoriumsversuch sehr bequem und wirksam, für den technischen Betrieb jedoch viel zu teuer ist, haben wir verlassen und durch Absorption des Benzols mittels aktiver Chlorzinkkohle (Bayer u. Co.) ersetzt. Über das Verfahren sind in letzter Zeit verschiedene

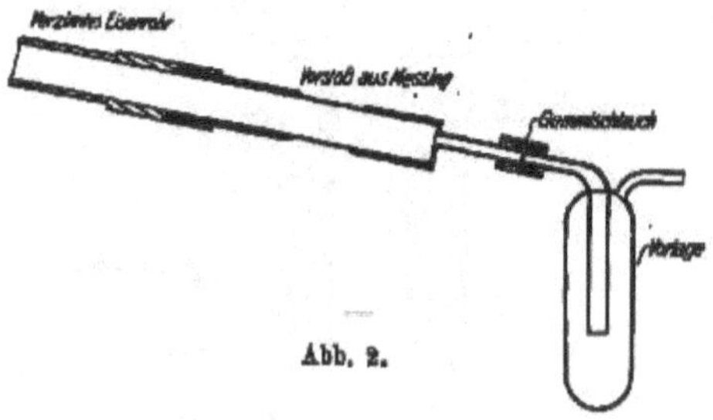

Abb. 2.

Veröffentlichungen herausgekommen, auf die wir an anderer Stelle hingewiesen haben[1]).

Wir haben die Kondensationsanlage in der Weise eingerichtet, daß wir an den Vorstoß zunächst zwei Vorlagen aus Glas anschlossen, die mit einer Eis-Kochsalz-Kältemischung gekühlt wurden, und daran zwei mit Kohle gefüllte Absorptionstürmchen von 10 cm Höhe und 2,5 cm Durchmesser. Bei den in unsern Versuchen auftretenden Konzentrationen schlug sich der größte Teil des Benzols in den in der Kältemischung befindlichen Vorlagen als Schnee nieder. Der Rest des Benzols wurde von der Kohle zurückgehalten. Aus letzterer gewannen wir das Benzol wieder, indem wir die Kohle im Aluminiumschwelapparat mit Dampfüberhitzung bei 350° wenige Minuten mit Dampf ausbliesen. Um den Dampf aus der Kohle zu entfernen, wurde, nachdem die Temperatur auf 300° gesunken war, ein Luftstrom durch den Apparat geleitet.

---

[1]) Brennstoff-Chemie 3, 241 (1922).

Die Gase, welche die Absorptionsgefäße durchstrichen hatten, wurden über Kochsalzlösung in einem Gasometer aufgefangen, der aus einer schmalen, hohen, nach Art der Mariotteschen Flasche eingerichteten Flasche mit 10 Liter Inhalt bestand. Durch Sammeln der durch einen Tubus am Boden der Flasche ausfließenden Salzlösung in einen Meßzylinder konnte die Menge des einströmenden Gases mit genügender Genauigkeit ermittelt werden. Die früher benutzte Gasuhr haben wir verlassen, da wir das Gas für die Analyse zur Verfügung haben wollten.

Die Versuche.

Versuche über die zur Reduktion nötige Menge Wasserstoff.

Die in den früheren Arbeiten über die Reduktion der Phenole beschriebenen Versuche wurden mit einem erheblichen Überschuß an Wasserstoff über die theoretisch benötigte Menge ausgeführt. Es war nun im Hinblick auf eine technische Verwertung des Verfahrens wichtig festzustellen, mit welcher geringsten Menge Wasserstoff die Reduktion der Phenole noch befriedigend verläuft. Aus den Gleichungen:

$$C_6H_5OH + H_2 = C_6H_6 + H_2O,$$
$$C_6H_4OHCH_3 + 2\,H_2 = C_6H_6 + CH_4 + H_2O$$

geht hervor, daß für ein Mol Phenol mindestens ein Mol Wasserstoff, für ein Mol Kresol dagegen mindestens zwei Mol Wasserstoff benötigt werden.

Unsere ersten Versuche (Taf. 1, Nr. 1—3) stellten wir mit einem technischen Gemisch der Kresole an, und zwar verwendeten wir davon den zwischen 200—201° übergehenden Hauptanteil.

Die Strömungsgeschwindigkeit des Wasserstoffs wurde in der gleichen Höhe wie bei den früheren Versuchen, nämlich auf 100 ccm in der Minute gehalten. Die Einstellung des Verhältnisses zwischen Wasserstoff und angewandtem Phenol geschah durch Regelung der Temperatur des Verdampfungsbades, das wir auf 180° hielten. Die ersten Versuche (Taf. 1, Nr. 1—3) wurden mit der 7—8 fach molekularen Menge Wasserstoff ausgeführt. Wir konnten die nachfolgenden Versuche nur bis zu einer Temperatur von höchstens 750° ausdehnen, da z. Zt. der Gasdruck eine weitere Steigerung nicht gestattete. Es zeigte sich, daß selbst bei der niederen Temperatur von 720—730° trotz der gegenüber den früheren Versuchen geringen Konzentration des Wasserstoffes eine recht weitgehende Reduktion der Phenole eingetreten war, so daß sich im Vorstoß eine verhältnismäßig geringe Menge an unzersetztem Kresol ansammelte. Die Ausbeuten an Benzol aus dem verbrauchten Kresol waren nahezu theoretisch.

Diese günstigen Ergebnisse waren dadurch bedingt, daß wir für diese Versuche ein längeres Rohr wie früher benutzten, so daß die Erhitzungsdauer und damit die Reaktionsmöglichkeit für jedes Teilchen eine entsprechend größere war; ferner wurde durch die Gasheizung ein verhältnismäßig größerer Teil des Rohres auf die Reaktionstemperatur erhitzt.

Die weiteren Versuche (Taf. 1, Nr. 4—11), teils mit Rohkresol, teils mit reinem m-Kresol, bei denen wir mit dem Wasserstoff auf die dreifache, doppelte und schließlich auf die gleiche, also zur Reduktion ungenügende molekulare Menge herunter gingen, zeigen eine entsprechende Abnahme hinsichtlich der Phenolreduktion, so daß im Vorstoß steigend mehr unzersetzte Substanz wiedergefunden wurde (vergl. Spalte 9). Die Ausbeute an Benzol aus der überhaupt reduzierten Menge Phenol blieb dagegen gut, selbst

Tafel 1.

Reduktion von Kresolen durch Wasserstoff im verzinnten Eisenrohr.

Lfde. Nr.	Angewandte Substanz	Temperatur des Ofens °C	Temp. des Verdampfungsrohres °C	Angewandte Substanz g	1 Mol angewandte Substanz enthalten in Mol Gas	Kondensate: in Vorstoß: Gesamtmenge g	davon Benzol g	davon Kresol g	in Vorlage g	in aktiver Kohle g	Benzol-Ausbeute der Theorie %
1	2	3	4	5	6	7	8	9	10	11	12
1	Roh-Kresol	720—30	190	6	7,1	1,9	0,2	—	3,9	—	95
2	"	720—30	100	1,15	3,0	0,3	0,1	—	0,7	—	96
3	"	720—30	190	2,7	3,5	0,8	—	—	1,9	—	98
4	m-Kresol	740—50	180	6,8	3,5	5,1	3,5	—	1,0	0,2	96
5	Roh-Kresol	730—40	190	9,65	3,3	6,8	4,2	—	1,9	—	88
6	m-Kresol	730—40	180	20,2	3,0	12,1	3,6	5,5	1,5	4,3	65
7	"	730	180	11,2	3,3	8,7	6,5	—	0,5	0,15	89
8	Roh-Kresol	730—40	190	8,65	2,1	3,4	0,8	1	4,9	—	84
9	"	700—20	190	15,5	2,0	11,0	2,5	4	3,5	—	54
10	m-Kresol	740—50	180	20,0	1,2	16,1	3,0	12	1,0	0,3	28
11	Roh-Kresol	720—30	190	17,2	1,0	14,4	2,0	12	1,4	—	27

bei Anwendung von 1 Mol Wasserstoff auf 1 Mol Kresol. Die etwas geringere Ausbeute von Versuch 6 muß auf Arbeitsverluste zurückgeführt werden. Aus Versuch 8 und 9 ist ersichtlich, daß bei der Senkung der Temperatur von 735 auf 710° der Umfang der Reduktion stark abnimmt. Die nächsten beiden Versuche zeigen, daß bei einer zur Reduktion ungenügenden Menge Wasserstoff die Benzolausbeute sehr stark nachläßt.

Einfluß der Temperatur auf die Ausbeute an Benzol.

Versuche mit Braunkohlenteerkreosot.

Wie bereits von den früheren Versuchen her bekannt, liegt die zur Reduktion der Phenole günstige Temperatur bei etwa 750°. Bei tieferer Temperatur geht die Reduktion zu langsam vor sich, während bei höherer Temperatur in steigendem Maße weitgehende Zersetzungen eintreten. Eine kurze Versuchsreihe, die mit Braunkohlenteerkreosot ausgeführt wurde, bildet einen experimentellen Beitrag zu dem soeben Gesagten. Das Braunkohlenteerkreosot stammte von der Mineralöl-Raffinerie Grabow in Mecklenburg. Die Dichte desselben war 1,028 (15°), sein Gehalt an Neutralöl 8,4%. Nach Mitteilung der Firma ergab das Öl folgende Siedeanalyse:

197—200°	2%
200—210°	42%
210—222°	90%
222—238°	99%

Um für alle Versuche eine gleichmäßig schnelle Verdampfung des Öls in dem Verdampfungsröhrchen zu erzielen, haben wir die Temperatur möglichst in dem gleichen Maße gesteigert, wie die Siedekurve verlief. Wir begannen mit einer Temperatur, die 40° tiefer war als der Siedebeginn des Öles, also mit 160°, und gingen schrittweise mit dem Verlauf der Siedekurve allmählich bis zu 175°. Die jeweilige Temperatur für das Bad ermittelten wir mittels einer graphischen Darstellung. Wir zogen parallel zur Siedekurve, aber 40° tiefer die Temperaturkurve des Verdampfungsbades. Es gab dann die in Prozent der Destillatmenge geteilte Koordinate zugleich den Zeitpunkt, an welchem die entsprechende Temperatur der Verdampfungskurve erreicht sein mußte, als Prozent der ganzen vorgesehenen Versuchsdauer an.

Tafel 2.
Reduktion von Braunkohlenteerkreosot durch Wasserstoff im verzinnten Eisenrohr.

Lfde. Nr.	Temperatur des Ofens °C	Angewandte Substanzmenge g	100 g Substanz enthalten in Molen Gas l	Kondensate					100 g angewandte Substanz gaben Benzol g
				Vorstoß			In der Vorlage g	In der aktiven Kohle g	
				Gesamtmenge g	darin Benzol g	darin Kresol g			
1	720—730	10,3	3,8	6,6	0,9	5	1,0	0,5	23
2	740—750	6,3	6,5	3,2	1,4	0,3	0,9	0,4	43
3	740—775	16,5	7,3	4,46	0,7	—	6,5	1,0	50
4	750—775	4,9	11	1,1	0,4	0,2	2,15	0,3	58

Wie aus Taf. 2 zu ersehen ist, fiel mit steigender Reduktionstemperatur von 720—30° auf 750—75° die Menge der im Vorstoß kondensierten Öle von 6,6 g auf 1,1 g, und dafür stieg die Ausbeute an Benzol von 23% bis auf 58% bezogen auf 100 g angewandte Substanz.

Als Ergänzung hierzu sei auf die bereits im vorigen Abschnitt erwähnten Versuche 8 und 9 der Tafel 1 hingewiesen.

Versuche mit Steinkohlenurteerfraktionen und Urteerphenolfraktionen.

Es wurden 2 Versuche ausgeführt mit Fraktionen des auf Koks destillierten Urteers aus Gasflammkohle der Zeche Lohberg. Die eine Fraktion siedete von 200—250°. Sie enthielt 52% Phenole, und zwar mußten diese im wesentlichen aus Kresolen und Xylenolen, also nach unserer Methode leicht reduzierbaren Phenolen bestehen. Die zweite Fraktion siedete von 250—300° und enthielt 40% Phenole. Die einzelnen Glieder derselben sind bisher noch nicht bekannt. In Tafel 3 sind die aus den Versuchen erhaltenen Ergebnisse angegeben. Aus der niederen Fraktion wurde eine Benzolausbeute von 44%, aus der höheren eine solche von 34% der verbrauchten Substanzmenge erhalten. Im Vorstoß wurde 1/7 bezw. 1/3 vom Gewicht der angewandten Substanz kondensiert. Da die Kohlenwasserstoffe nur eine sehr geringe Menge niedrig siedender Flüssigkeiten geben[1]), so geht aus den an-

[1]) Abh. Kohle 5, 441 (1920).

gegebenen Zahlen hervor, daß die Phenole in recht guter Ausbeute zu Benzol reduziert worden sind.

Als wir die Phenole für sich der Reduktion unterwarfen, erhielten wir aus der Fraktion 200—250° 65 % der verbrauchten Substanz. Diese Ausbeute ist als sehr gut zu bezeichnen, wenn man sich vergegenwärtigt, daß diese Fraktion aus Kresolen und Xylenolen besteht, und die ersteren selbst bei theoretischem Verlauf der Reduktion nur 72 %, letztere besten Falles nur 64 % liefern könnten. Dagegen gab die Urteerfraktion von 250—350° nur 13 % Benzol. Auch war in dem Verdampfungsröhrchen nahezu die Hälfte der angewandten Phenole als eine pechähnliche Masse zurückgeblieben. Diese geringe Ausbeute stimmt mit den Erfahrungen überein, die wir bereits früher[1]) bei der Reduktion der gleichen Fraktion der Urteerphenole machten. Wir erhielten auch damals nur 15 %. Im Vorstoß fanden wir diesmal neben einer verhältnismäßig großen Menge dunkler schwerflüchtiger Öle ein Sublimat von farblosen, naphtalinartig riechenden Blättchen, deren Schmelzpunkt nach Abpressen zwischen Filtrierpapier und Sublimation im Vakuum bei 80° lag, während Naphtalin bei 79—80° schmelzen soll. Die Menge des Naphtalins war immerhin so groß, daß seine Entstehung nach unsern bisherigen Erfahrungen nicht allein der thermischen Wirkung zugeschrieben werden kann, da unsere Versuchstemperatur nur 750° betrug. Vielmehr müssen wir annehmen, daß sich unter den höhersiedenden Urteerphenolen Naphtolhomologe befinden, die bei ihrer Reduktion und Entalkylierung Naphtalin liefern. Daß z. B. α-Methylnaphtalin recht leicht durch Wasserstoff bei 750° in Naphtalin übergeht, ist bereits früher[2]) gezeigt worden. Aus obigem geht hervor, daß man für die Entstehung des Naphtalins im aromatischen Steinkohlenteer neben einer rein thermischen Bildung auch die Entstehung aus im Urteer vorhandenen Naphtalinhomologen[3]) und sicher auch aus vom Naphtalin sich ableitenden Naphtenen in Betracht ziehen muß. Letztere werden leicht zu Naphtalin dehydriert werden können. So geht z. B. nach unseren Erfahrungen Tetrahydronaphtalin bei der thermischen Behandlung mit Wasserstoff zum Teil in Naphtalin über[4]).

[1]) Abh. Kohle 4, 390 (1919).
[2]) Abh. Kohle 5, 422 (Vers. 28) (1920).
[3]) Vergl. diesen Band, S. 167.
[4]) Abh. Kohle 5, 420 (Vers. 19) (1920).

Tafel 3.

Reduktion von Steinkohlenurteer und Urteerphenolen durch Wasserstoff im verzinnten Eisenrohr bei 750°.

Lfde. Nr.	Angewandte Substanz	Temperatur des Verdampfungsrohres °C	Angewandte Substanzmenge g	100 g Substanz enthalten in Mol Gas l	Kondensate: Vorstoß: Gesamtmenge g	Kondensate: Vorstoß: davon Benzol g	Kondensate: Vorlage g	Kondensate: Aktive Kohle g	Gesamtmenge an Benzol g	100 g Substanz gaben Benzol g
	Steinkohlenurteer									
1	Fraktion 200—250°	160—260	4,5	11	0,6	0,1	1,2	0,77	2,0	44
2	Fraktion 250—300°	210 350	4,5	11	1,5	0	1,0	0,58	1,58	34
	Urteerphenole									
3	Fraktion 200 - 250°	160—250	5,0	8	0,7	—	2,9	0,34	3,24	65
4	Fraktion 250 - 300°	210—360	5,8	14	2,7[1])	—	0,5	0,3	0,76	18

[1]) Davon 0,54 g Wasser.

Über die Reduktionswirkung verschiedener Gase auf Phenole.

Für viele Zwecke, z. B. für die Umwandlung der Phenole zu Motorbetriebsstoff, ist es nicht notwendig, den Wasserstoff derartig auf die Phenole einwirken zu lassen, daß neben der Phenolgruppe auch die Alkylgruppen abgespalten werden. Im Gegenteil, die Benzolhomologen sind für Treibzwecke günstiger, da ihnen die Alkylgruppen einerseits einen höheren Heizwert, andererseits bezüglich der Verbrennung einen den aliphatischen Kohlenwasserstoffen angenäherten Charakter verleihen. Es ist daher die Frage, ob es nicht Reduktionsmittel gibt, mit denen man lediglich den Phenolsauerstoff entfernen kann. Ein solches könnte z. B. das Kohlenoxyd sein. Da ja zur Abspaltung der Alkylgruppen Wasserstoff gehört und bei der Behandlung der Phenolhomologen mit Kohlenoxyd, wenn keine Zersetzungen auftreten, solcher ja nicht verfügbar wäre, könnte, falls die Reaktion überhaupt stattfindet, nur die Reduktion der OH-Gruppe unter Bildung von CO_2 erfolgen. Wir haben deshalb den Versuch, m-Kresol mit Kohlenoxyd zu reduzieren, den wir bereits früher[1]) im Porzellanrohr mit o-Kresol ausführten, jetzt im verzinnten Eisenrohr wiederholt (Taf. 4, Versuch 1). Derselbe hatte jedoch nicht das erhoffte Ergebnis. Wir erhielten die gleiche wenig befriedigende Ausbeute wie früher beim

[1]) Abh. Kohle 4, 363 (1919).

o-Kresol an leichtflüchtigen Kohlenwasserstoffen (45 %, früher 47 %); dieselben waren im wesentlichen Benzol. Das für die Umsetzung mit Kohlenoxyd nötige Wasser — die unmittelbare Reduktion durch CO wird, nach der Indifferenz desselben gegen trockenen Sauerstoff zu urteilen, nicht in Betracht kommen — war anscheinend, von geringen Mengen anwesender Feuchtigkeit abgesehen, durch Zersetzung eines Teils des Phenols geliefert worden, jedenfalls fanden wir im Rohr eine geringe Abscheidung von Kohlenstoff. Offenbar läßt sich also die Reduktion der Phenolgruppe allein durch Kohlenoxyd in dieser Weise nicht herbeiführen.

Wie wir früher bei den Arbeiten über die Hydrierung mit Kohlenoxyd fanden[1]), tritt bei der Umsetzung von Kohlenoxyd und Wasserdampf Wasserstoff in besonders wirksamer Form auf. Wir haben deshalb versucht, ob sich die Reduktion der Phenole vielleicht besonders glatt und bei niederer Temperatur vollzieht, wenn man letztere mit einem Gemisch von Kohlenoxyd und Wasserdampf durch das glühende verzinnte Eisenrohr schickt. Nr. 3 und 4 der Tafel 4 zeigen die Ergebnisse dieser Versuche. In Nr. 3 war das Kohlenoxyd-Wasserdampfgemisch zusammengesetzt aus $^2/_3$ Raumteilen Kohlenoxyd und $^1/_3$ Wasserdampf. In Versuch 4 war die Mischung $^1/_2$ Kohlenoxyd und $^1/_2$ Dampf. Die Versuche mit Dampf hatten aber kein besseres Ergebnis als der Versuch mit Kohlenoxyd allein, nämlich 54 % bezw. 36 % Benzol gegenüber 45 %. Dieser Mißerfolg war darin begründet, daß der Umsatz des Kohlenoxyds mit dem Wasserdampf im verzinnten Eisenrohr nur sehr träge erfolgte. Wir fanden in dem Gas von Versuch 3 nur 4 %, in dem von Versuch 4 nur 6 % Kohlendioxyd. Bekanntlich wird durch Eisenoxyd der Vorgang katalytisch beschleunigt, und wir haben deshalb den Versuch im unverzinnten Eisenrohr, aber bei niederer Temperatur, nämlich 550°, um Kohleabscheidung infolge der Zersetzung des Phenols zu vermeiden, angestellt (Versuch 6, Tafel 4). Selbst bei dieser niedrigen Temperatur trat aber Kohleabscheidung ein, und infolgedessen war die Benzolausbeute nur sehr gering, nämlich 24 %. Das abziehende Gas enthielt 12 % Kohlendioxyd. Wir haben ferner Braunkohlenteerkreosot der Behandlungsweise mit Kohlenoxyd bezw. Kohlenoxyd und Wasserdampf im verzinnten Eisenrohr unterworfen (Tafel 4, Vers. 2 u. 5), jedoch auch in diesen Fällen eine ungünstige Wirkung festgestellt.

[1]) Abh. Kohle 5, 508 (1920).

Die Ausbeute an Benzol ging von 50 bezw. 58 % (Tafel 2, Vers. 3 und 4) auf 26 % zurück.

Das Ziel, die Alkylgruppen bei gleichzeitiger Reduktion der Phenolgruppe am Kern zu erhalten, ließ sich möglicherweise auch erreichen, indem man zur Reduktion zwar Wasserstoff verwendete, demselben aber Methan beimengte. Da nämlich bei der Abspaltung der Methylgruppen mit Wasserstoff Methan entsteht, so wird das beigemengte Methan dieser Abspaltung entgegen wirken, und es ist nur die Frage, in welchem Grade diese Wirkung auftritt. Wir haben deshalb einen Reduktionsversuch mit m-Kresol mit einem hälftigen Gemisch von Wasserstoff und Methan ausgeführt. Dabei erhielten wir 59 % d. Th. an Rohbenzol; dasselbe enthielt nicht merklich mehr höhersiedende Bestandteile als sonst.

Ebenso wie ein Zusatz von Methan die Erhaltung der Methylgruppen unterstützt, so müßte eine Beimischung von Wasserdampf die Erhaltung der Phenolgruppen unterstützen. War doch früher sogar gefunden worden, daß durch Erhitzen von Benzol mit Wasserdampf Phenol entsteht[1]). Im günstigsten Falle wäre es bei der Anwendung eines Gemisches von Wasserstoff und Wasserdampf denkbar, daß die Alkylgruppen vollständig abgespalten würden, während die Phenolgruppen sämtlich erhalten blieben, so daß also z. B. aus Kresolen Karbolsäure entstünde. Versuch 9 in Tafel 4 ist ein Versuch in dieser Richtung. Wir beluden den Wasserstoff mit Wasserdampf, indem wir ihn durch eine Waschflasche mit Wasser schickten, die im Wasserbade von 70° stand. Aus dem Gewicht des verdampften Wassers und der Menge des Wasserstoffs berechnet sich, daß das Gemisch zu rund aus $^{2}/_{3}$ Raumteilen Wasserstoff und $^{1}/_{3}$ Wasserdampf bestand. Die Ausbeute an Benzol war recht gut, nämlich 89 % d. Th. Phenol war jedoch nicht zu beobachten; als wir die schwerflüchtigen Kondensate destillierten, stieg das Thermometer sehr schnell bis über 360°. Wie sich auch aus den angeführten früheren Versuchen ersehen läßt, muß die Wasserdampfmenge offenbar bedeutend größer sein, um eine merkliche Wirkung zu erzielen.

Wir haben ferner einen bereits früher ausgeführten Versuch über die Eignung des Leuchtgases an Stelle des Wasserstoffs zur Reduktion der Phenole[2]) wiederholt (Taf. 4, Versuch 8) und bestätigt gefunden, daß das Leuchtgas ebensogut verwendbar ist. Die Ausbeute an Benzol betrug in unserm Versuch 79 %.

[1]) Abh. Kohle 5, 417 (1920).

[2]) Abh. Kohle 5, 488 (1920).

Tafel 4.

Reduktion von m-Kresol und Braunkohlenteerkreosot durch verschiedene Gase im verzinnten Eisenrohr.

Ofentemperatur 750°; Phenolverdampfungsbad: beim m-Kresol 165°, beim Braunkohlenteerkreosot 160—175°.

Lfde. Nr.	Angewandte Substanz	Angew. Substanzmenge g	1 Mol Substanz enthalten in Mol Gas	Gas	Kondensate in Vorstoß g	Kondensate in Vorlage g	Kondensate in aktiver Kohle g	Gesamtmenge an Benzol g	Benzol-Ausbeute der Theorie %	Bemerkungen
1	2	3	4	5	6	7	8	9	10	11
1	m-Kresol	3,1	8	CO	0,4	0,8	0,2	1,0	45	Geringe Kohleabscheidung im Rohr.
2	Braunkohlenteerkreosot	5,5	16 *	CO	1,06	1,2	0,8	1,5	27 *	
3	m-Kresol	2,3	17	$CO + H_2O$	3,1 **	0,8	0,6	0,9	54	** Davon 3 g H_2O.
4	„	3,5	14	„	5,2 **	0,95	0,4	0,9	36	** Davon 4 g H_2O.
5	Braunkohlenteerkreosot	5,0	30 *	„	2,41 **	0,8	0,5	1,3	26 *	** Davon 0,2 g Benzol.
6	m-Kresol	4	18	„	5,1	0,8	0,4	0,7	24	Versuch wurde bei 550° im unverzinnten Eisenrohr ausgeführt. Starke Kohleabscheidung.
7	„	5,2	4	$H_2 + CH_4$	1,8 **	1,6	0,45	2,2	59	** Davon 1,6 g H_2O.
8	„	5,6	12	Leuchtgas	1,1 **	2,4	0,61	3,2	79	** Davon 0,2 g Benzol, das übrige H_2O + feste Kohlenwasserstoffe.
9	„	5,0	10	$H_2 + H_2O$	1,8 **	2,0	0,9	3,2	89	** Davon 0,8 g Benzol, das übrige H_2O + hochsiedende Kohlenwasserstoffe.

* Gas und Ausbeute auf 100 g angewandte Substanz berechnet.

Über die Reduktion von Phenolen durch Wasserstoff in innen aluminierten Röhren und im Nickelrohr.

1. Versuche in aluminierten Röhren.

Die Leichtigkeit, mit der sich auf Eisen ein Überzug einer schützenden Aluminiumschicht erzeugen läßt, brachte uns auf den Gedanken zu versuchen, ob diese Schicht vielleicht geeignet wäre, die Kohlenstoffabscheidung bei der Reduktion der Phenole zu verhindern, ähnlich wie die Zinnschicht dies vermag. Zwar ergab der erste Versuch mit einem solchen frisch ausgekleideten Rohre eine sehr gute Benzolausbeute, aber bei Wiederholung desselben trat starke Kohleabscheidung und dementsprechend beträchtliches Sinken in der Benzolausbeute ein. Dieses Ergebnis ist leicht erklärlich. Das Aluminium wirkte zunächst offenbar als Reduktionsmittel und ging dabei in Oxyd über. Da letzteres durch Wasserstoff nicht reduzierbar ist, hört mit dem Verbrauch des Aluminiums die Reduktion auf, und die Wirkung des Eisens macht sich geltend. Die zahlenmäßigen Ergebnisse der Versuche finden sich in Tafel 5.

Tafel 5.

Reduktion von m-Kresol durch Wasserstoff in aluminierten Eisenröhren bei 750°.

Lfde. Nr.	Art des Rohres	Abscheidung von Kohle	Angewandte Substanzmenge g	Mol Substanz enthalten in Mol Gas l	Kondensate			Benzolausbeute der Theorie %
					Vorstoß g	Vorlage g	Gesamtmenge an Benzol g	
1	Eisen mit Aluminium kalorisiert[1])	—	7,9	5,5	5,2	1,8	5,1	90
2	„ „ „ „	viel	23,2	2,5	3,4	5,2	7,9	47
3	Eisen mit Aluminiumbronze gestrichen	—	2,9	10	—	2,1	2,05	98
4	„ „ „ „	viel	8,0	5,2	5,2	1,6	1,65	20

[1]) Das Rohr wurde von der Calorising Corporation of America, Detroit Mich. geliefert. Der Aluminiumüberzug desselben ist hergestellt durch Erhitzen des Rohres mit Aluminiumpulver in reduzierender Atmosphäre auf höhere Temperatur.

2. Versuch im Nickelrohr.

Nickel steht bekanntlich dem Eisen in seiner chemischen Natur recht nahe. Wir waren deshalb der Überzeugung, daß es gleich dem ersteren die Eigenschaft besitzt, organische Substanzen, besondere Phenole bei höherer Temperatur unter Rußabscheidung zu zersetzen. Da nun das Institut für andere Zwecke ein Nickelrohr beschafft hatte, benutzten wir die Gelegenheit, um den Versuch nachzuholen und haben dabei unsere Erwartungen durchaus bestätigt gefunden. Das Nickelrohr war 1 m lang, besaß eine lichte Weite von 2,5 cm und eine Wandstärke von 1 mm. Um eine recht gleichmäßige Erhitzung zu gewährleisten, setzten wir es mit Asbest in ein etwas weiteres Eisenrohr ein. Die Temperatur wurde gemessen mittels eines zwischen Eisen- und Nickelrohr eingeschobenen Thermoelements. Nach halbstündigem Durchleiten der Dämpfe von m-Kresol mit Wasserstoff bei 750° hatten sich reichliche Mengen Ruß im Nickelrohr abgesetzt.

Versuche, eine Beschleunigung der Reaktion durch Vergrößerung der verzinnten Oberfläche zu erzielen.

Für die technische Ausführung des Phenolreduktionsverfahrens ist es von Wichtigkeit, eine möglichst schnelle Reduktion zu erzielen, da die Reaktionsrohre bei gleicher Leistung natürlich um so kleiner gewählt werden können, je schneller die Reduktion vor sich geht. Diese Beschleunigung läßt sich einmal durch Steigerung der Temperatur, ferner durch Erhöhung der Wasserstoffmengen und vielleicht auch durch die Wahl entsprechender Oberfläche erreichen. Falls die Reduktion auf einer Wechselwirkung des Zinns beruht, indem sich vorübergehend Zinnoxyd bildet, das durch den Wasserstoff sofort reduziert wird, oder falls dieser Vorgang schneller verläuft, als die unmittelbare Reduktion der Phenolgruppe durch Wasserstoff, muß erwartet werden, daß eine Vergrößerung der verzinnten Oberfläche auch eine Vergrößerung der Reduktionsgeschwindigkeit herbeiführt. Unsere Versuche haben diese Voraussetzung wahrscheinlich gemacht. Zur Vergrößerung der Oberfläche füllten wir unser verzinntes Eisenrohr mit verzinnten Eisendrehspänen. Die Oberfläche derselben betrug ungefähr 1,3 m^2, während die Oberfläche des leeren verzinnten Eisenrohres sich auf 0,7 m^2 belief. Durch die Beschickung mit Drehspänen wurde also die wirksame Oberfläche beträchtlich erhöht. Die Versuche sind in Taf. 6 aufgenommen. Wir haben die Wirksamkeit der vergrößerten Oberfläche zunächst in der Weise probiert, daß wir wie bei den früheren Versuchen mit der Temperatur des Verdampfungsrohres so hoch gingen, bis die im Vorstoß auftretenden braunen Nebel zeigten, daß noch erhebliche Mengen Substanz in nicht reduziertem Zustande das Rohr verließen. Es ergab sich nun, daß wir gegenüber den früheren

Versuchen die Temperatur um 5° höher halten konnten, so daß also in der Stunde eine beträchtlich größere Menge Phenol und zwar bei kleineren Wasserstoffkonzentrationen, da wir ja die Strömungsgeschwindigkeit des Wasserstoffs konstant hielten, das Rohr durchströmte. Der Mehrbetrag an Phenol, den wir auf diese Weise durch das Rohr brachten, betrug rund $^1/_3$ der Menge bei den früheren Versuchen. Statt die Mengen des durchgeschickten Kresols durch Erhöhung der Verdampfungstemperatur zu steigern, kann man auch die Strömungsgeschwindigkeit des Wasserstoffs vermehren, wobei dann natürlich das einzelne Teilchen kürzere Zeit auf die Reaktionstemperatur erhitzt wird. Wie der Versuch 2 der Taf. 6 zeigt, konnten wir auf das 3fache der Geschwindigkeit der früheren Versuche gehen, ehe braune Nebel auftraten. Bei der hohen Geschwindigkeit bewirkte eine Erhöhung der Temperatur des Verdampfungsröhrchens sofort das Auftreten brauner Nebel. Die Menge an Kresol, die wir bei erhöhter Wasserstoffgeschwindigkeit in der Stunde durch das Rohr brachten, war nahezu gleich der bei erhöhter Verdampfungstemperatur (8 bezw. 9 g in der Stunde).

Tafel 6.

Reduktion von m-Kresol durch Wasserstoff bei 750° im verzinnten Eisenrohr, das zur Vergrößerung der Oberfläche mit verzinnten Drehspänen gefüllt war.

Lfde. Nr.	Temperatur des Verdampfungsrohres	Angewandte Substanz	1 Mol Substanz enthalten in Mol Gas	Kondensate				Benzolausbeute d. Th.
				Vorstoß		Vorlage	Aktive Kohle	
				Gesamtmenge	davon Benzol			
	°C	g	l	g	g	g	g	%
1	170	8	8	2,14	0,8	5,0	0,2	95
2	165	9	9	0,2	—	5,8	0,1	91

Mülheim-Ruhr, Januar 1922.

10. Versuche zur unmittelbaren Verwertung des Urteers auf thermischem Wege.

Von

Franz Fischer, Hans Schrader und **Carl Zerbe.**

Unsere früheren Versuche über die thermische Behandlung von Urteeren, Urteerkohlenwasserstoffen und Urteerphenolen mit Wasserstoff[1]) haben zu dem Ergebnis geführt, daß die Reduktion der Phenole zu den entsprechenden Benzolkohlenwasserstoffen erst etwa bei 750° mit befriedigender Schnelligkeit verläuft und unter 700° recht langsam vor sich geht, während die Kohlenwasserstoffe bereits bei niedrigerer Temperatur weitgehend zersetzt und großenteils in gasförmige Stoffe übergeführt werden. Voraussichtlich wird die technische Gewinnung von Benzol aus Urteerphenolen durch Reduktion mittels Wasserstoff eine gute Verwertungsmöglichkeit für Phenole darstellen. Für diese war bisher eine ihrer Eigenart entsprechende Verwendung nicht bekannt, welche die große Menge aufzunehmen vermöchte, die nach der allgemeinen Einführung der Urdestillation der Kohle zur Verfügung stehen wird.

Bekanntlich ist das Verfahren zur Gewinnung der Phenole aus dem Urteer durch Natronlauge, wie es in der Technik gebräuchlich ist, verhältnismäßig kostspielig, ohne daß es vorläufig trotz vielen Versuchen gelungen wäre, ein besseres Verfahren ausfindig zu machen. Die anderen bisher ausgearbeiteten Methoden führen zwar eine gewisse, jedoch längst nicht vollständige Trennung herbei[2]).

Es schien nun die Möglichkeit vorzuliegen, daß bei der Verwertung der Phenole auf die oben angeführte Art, nämlich durch thermische Überführung in Benzolkohlenwasserstoffe, auch zugleich die Urteerkohlenwasserstoffe einer zweckmäßigen thermischen Behandlung unterworfen werden könnten, und zwar auf Grund

[1]) Abh. Kohle **4**, 378 (1919); **5**, 418 (1920).

[2]) Abh. Kohle **4**, 311 (1919); **1**, 367 (1915—16). Neuerdings ist jedoch im Kohlenforschungsinstitut ein einfacher Weg zur Abtrennung der Phenole gefunden worden, der in der Herauslösung derselben durch Wasser bei Temperaturen über 100° unter Druck besteht.

folgender Erfahrungen: Die Urteerkohlenwasserstoffe lassen sich bei einer Temperatur von etwa 600°, wie aus den Arbeiten über das Kraken von Erd- und Teerölen hinlänglich bekannt ist, in leichtsiedende Produkte und Gase überführen, wobei allerdings gewöhnlich zum Teil tiefer greifende Zersetzung unter Abscheidung von Kohlenstoff eintritt. Wie wir nun früher berichtet haben, verlaufen im verzinnten Eisenrohr diese Krakprozesse ohne Rußabscheidung. Wir erhielten z. B. bei einem Versuch mit Urteerkohlenwasserstoffen vom Siedepunkt 230—250°, deren Dampf mit Wasserstoff durch ein 600° heißes, verzinntes Eisenrohr geleitet wurde, aus 3,9 g Öl 2,7 g flüssige Destillate, davon 0,5 g leicht siedende und 1,9 g zwischen 100° und 200° siedende Anteile, ferner 1100 ccm benzinartige Gase. Bei diesen Versuchen waren die Produkte nur sehr kurze Zeit der hohen Temperatur ausgesetzt, und es ist daher zu erwarten, daß bei längerer Einwirkung, die durch langsamere Strömungsgeschwindigkeit oder ein längeres Rohr zu erreichen ist, sich die Menge der leicht flüchtigen Produkte bezw. der Gase noch erhöhen wird. Da nun die Phenole bei 600° durch Wasserstoff noch nicht reduziert werden, so war bei der Anwendung von Urteer zu erwarten, daß sich zunächst die Hauptmenge der Kohlenwasserstoffe in leicht flüchtige Produkte umwandeln würde, die man, soweit sie flüssig sind und sich mit den Phenolen niederschlagen, abdestillieren könnte, und daß ferner die Phenole sich im Kondensat angereichert vorfinden müßten und bei einer zweiten Behandlung mit Wasserstoff, und zwar nunmehr bei 750°, in Benzolkohlenwasserstoffe übergeführt werden könnten. Mit der experimentellen Prüfung dieses Gedankens beschäftigt sich die vorliegende Arbeit.

Wir haben die Versuche ohne Zuhilfenahme von Wasserstoff ausgeführt. Da bei 600° weder die Phenole noch die Kohlenwasserstoffe im verzinnten Eisenrohr Kohlenstoff abscheiden, lag die Möglichkeit vor, daß auch ohne Gegenwart von Wasserstoff das erwünschte Ergebnis erreicht werden könnte, zumal da sich auch bei der thermischen Zersetzung der Kohlenwasserstoffe Wasserstoff bildet. Die Versuche wurden in der Reihenfolge angestellt, daß wir zunächst die Urteerfraktionen 200—250° und 250—300° und dann die Urteerphenole und -Kohlenwasserstoffe der gleichen Fraktionen bei verschiedenen Temperaturen durch ein verzinntes Eisenrohr leiteten. Die Apparatur glich der bereits früher beschriebenen, jedoch wurde diesmal, wie gesagt, die Substanz nicht dampfförmig mit Wasserstoff in das Rohr eingeführt, sondern unmittelbar in ein rechtwinklig gebogenes, auf etwa 300° erwärmtes Kupferrohr eingetropft, dessen anderer Schenkel in das verzinnte Eisenrohr hineinragte. Die Kondensationsanlage bestand aus einem Glasvorstoß, einer mit Eis-Kochsalz-Kältemischung gekühlten Glasvorlage und zwei mit aktiver Kohle beschickten Absorptionstürmen. Vor dem Versuch wurde das Rohr und die Kondensationsanlage mit Kohlensäure gefüllt, indem ein Strom des Gases längere Zeit durchgeleitet wurde. Am Schluß des Versuches wurden die noch in der Apparatur befindlichen gasförmigen Zersetzungsprodukte durch einen Kohlensäurestrom in den Gasbehälter gespült. Die Menge der entstandenen gasförmigen Zersetzungsprodukte wurde festgestellt, indem man im Gesamtgas die Menge der Kohlensäure gasanalytisch ermittelte. Zwar entsteht auch bei der Zersetzung von Urteer eine gewisse Menge Kohlendioxyd; doch ist diese so gering, daß wir sie unbedenklich vernachlässigen konnten (vergl. Tafel 2, Spalte 11, Versuch 1—10).

Bis 600° wurde die Temperatur in der Weise gemessen, daß über das verzinnte Eisenrohr ein anderes weiteres Eisenrohr geschoben wurde, so daß sich zwischen beiden Rohren ein Kupfer-Nickel-Thermoelement unterbringen ließ. Bei 700° und 750° kontrollierten wir die Temperatur optisch mit einem Wannerpyrometer.

Die festen und flüssigen Reaktionsprodukte wurden vereinigt und ihre Siedegrenzen durch Destillation festgestellt. Im Destillat ermittelten wir dann in bekannter Weise die Menge der alkalilöslichen Bestandteile durch Behandeln mit 5n. Natronlauge. Die Gase untersuchten wir auf ihren Gehalt an Kohlensäure und ungesättigten Kohlenwasserstoffen, und zwar ermittelten wir bei den letzteren das Äthylen gesondert, indem wir zunächst durch konzentrierte Schwefelsäure die übrigen ungesättigten Kohlenwasserstoffe und darauf das Äthylen mit Chlorsulfonsäure herausnahmen. Die etwa im Gas vorhandenen Benzoldämpfe haben wir nicht berücksichtigt. Die gesamten Versuchsergebnisse sind in Tafel 2 aufgeführt.

Besprechung der Versuche.

Die Versuche zerfallen in drei Gruppen, nämlich in solche mit Urteer, mit Urteerphenolen und mit Urteerkohlenwasserstoffen, und ferner enthält jede Gruppe Versuche mit der Fraktion 200 bis 250° und 250—300°. Jede dieser Fraktionen wurde bei vier verschiedenen Temperaturen, nämlich 500 °, 600 °, 700 ° und 750 ° hinsichtlich der Art ihrer Zersetzung untersucht.

Ganz allgemein geht aus den Versuchen hervor, daß von diesen Temperaturen 600 ° für die Zersetzung unter unseren Versuchsbedingungen die günstigste ist. Bei 500 ° ist die Gasbildung nur sehr gering, bei 700 ° dagegen tritt sowohl bei Kohlenwasserstoffen als auch bei Phenolen bereits Kohlenstoffabscheidung ein, die natürlich bei 750 ° in verstärktem Maße auftritt. In Taf. 1 ist zunächst zusammengestellt, wie sich die Menge der aus dem Urteer abgespaltenen Gase auf seine beiden Bestandteile, Urteerphenole und Urteerkohlenwasserstoffe, verteilt. Es zeigt sich, daß die Kohlenwasserstoffe bei weitem mehr Gas liefern als die Phenole, wie ja von vornherein zu erwarten war. Die Kohlenstoffketten der in den Urteerkohlenwasserstoffen reichlich vorhandenen aliphatischen Anteile spalten sich bekanntlich leicht beim Erhitzen weitgehend in verschiedene gasförmige Glieder. Bei den Phenolen dagegen kommen zunächst nur die aliphatischen Seitenketten hierfür in Betracht, während der aromatische Kern erst bei tiefergreifender Zersetzung unter Kohlenstoffabscheidung Gas und zwar hauptsächlich Wasserstoff liefert. Auf das stärkere Eintreten solcher weitgehenden Aufspaltung ist wohl die auffallend hohe Gasmenge bei der Zersetzung der Urteerphenolfraktion 250 bis 300 ° bei 750 ° zurückzuführen (Taf. 1). Wie aus der Tafel ersichtlich ist, liegen die Mengen der gebildeten Gase für Urteer im allgemeinen zwischen denen der Phenole und Kohlenwasserstoffe.

Tafel 1.

Auf 1 g Substanz entstandene Gasmenge in ccm bei verschiedenen Zersetzungstemperaturen.

		500°	600°	700°	750°
Urteer	Fraktion 200—250°	75	240	352	540
	„ 250—300°	57	237	378	492
Phenole	Fraktion 200—250°	17	132	346	398
	„ 250—300°	97	135	333	556
Kohlenwasserstoffe	Fraktion 200—250°	44	280	417	558
	„ 250—300°	67	257	359	545

Wir gehen nun über zur Besprechung der Versuchsergebnisse, die in Taf. 2 zusammengestellt sind. Aus Spalte 3 ist ersichtlich, daß bei 700 ° in jedem Falle eine geringe, bei 750 ° eine starke

Kohleabscheidung in dem verzinnten Rohre eintrat, während bei 600 ° noch nicht eine so weitgehende Zersetzung erfolgte. Es mag hier auf frühere Versuche hingewiesen werden, die den Einfluß des Wasserstoffs zeigen[1]). In Gegenwart desselben unterbleibt selbst bei 750 ° auch bei den Kohlenwasserstoffen im verzinnten Eisenrohr die Kohleabscheidung vollständig.

Die nächsten Spalten (4—9) geben Rechenschaft von der Menge der angewandten Substanz und der festen und flüssigen Kondensate. Die Hoffnung, daß sich die Urteerkohlenwasserstoffe bei höherer Temperatur weitgehend vergasen lassen, während die Phenole abgesehen von einer Abspaltung der Seitenketten so gut wie unversehrt dabei bleiben würden, hat sich nicht erfüllt. Beide, Phenole sowohl wie Kohlenwasserstoffe, werden annähernd im gleichen Maße mit steigender Temperatur zersetzt. Bei höherer Temperatur (700—750 °) scheint die Phenolzersetzung derjenigen der Kohlenwasserstoffe vorauszueilen. Die verhältnismäßig hohen Gasmengen bei der Zersetzung der Phenole beruhen größtenteils auf der stattfindenden Abspaltung von Wasserstoff.

Die in dem gebildeten Gas vorhandenen ungesättigten Kohlenwasserstoffe erreichten im allgemeinen prozentual ihren Höchstbetrag bei 600 °, bei höherer Temperatur nahmen dieselben stark ab. Bleiben wir zunächst bei der Betrachtung der prozentualen Menge. Für den Urteer war dieselbe bei weitem am höchsten; bei 600 ° betrug sie etwa doppelt so viel wie bei der Erhitzung der Kohlenwasserstoffe für sich und etwa 5—8 mal so viel wie für die Urteerphenole allein. Daraus geht klar hervor, daß die Zersetzung des Urteers im ganzen anders erfolgt, als wenn man die einzelnen Komponenten für sich erhitzt.

Zwischen der Menge des Äthylens und der übrigen ungesättigten Kohlenwasserstoffe ist beim Urteer bei 600 ° kein großer Unterschied; bei den höheren Temperaturen überwiegt die Menge des Äthylens und zwar insbesondere bei 700 ° ganz bedeutend. Bei den Urteerphenolen ist die Menge des Äthylens stets größer, während bei den Urteerkohlenwasserstoffen nur bei 750 ° das Äthylen bedeutend im Übergewicht ist. Die bei den Urteerkohlenwasserstoffen, Fraktion 250—300 °, für 500 ° und 600 ° erhaltenen Zahlen schließen sich den vorigen nicht an; hier bildeten sich bei 500 ° sehr viel Äthylen und wenig andere ungesättigte Kohlen-

[1]) Abh. Kohle 4, 390 (1919), Versuch 18; 5, 418 (1920).

Tafel

Lfde. Nr.	Temperatur des Ofens °C	Abscheidung von Kohle	Angew. Substanzmenge g	Kondensate					Gesamtgas erhalten l	Gas-		
				Vorstoß g	Vorlage g	aktive Kohle g	Summe 5—7 g	% der angewandten Menge		CO_2 %	ungesättigte Kohlenwasserstoffe, löslich in	
											H_2SO_4 %	SO_3, HCl %
1	2	3	4	5	6	7	8	9	10	11	12	13
												Urteer,
1	500	—	5,7	4,6	0,1	—	4,7	82,5	0,48	2	—	1,0
2	600	—	10	5,8	0,2	0,2	6,2	62,0	2,4	1,2	15,2	18,6
3	700	gering	9,1	3,6	0,1	0,2	3,9	42,9	3,2	1,2	3,6	9,6
4	750	stark	7,6	2,3	0,3	0,1	2,7	35,5	4,1	0,8	2,1	3,2
												Urteer,
5	500	—	5,3	2,8	0,1	—	2,9	54,7	0,3	0	—	1,0
6	600	—	9,7	4,1	0,2	0,2	4,5	46,4	2,3	0,8	18,6	15,2
7	700	gering	7,4	2,0	0,1	0,2	2,3	31,2	2,8	1,2	1,2	6,0
8	750	stark	12	3,1	0,2	0,1	3,4	28,3	5,0	0	1,6	3,6
												Urteerphenole,
9	500	—	4,8	3,6	0,1	—	3,7	77,1	0,08	0	—	—
10	600	—	9,1	7,1	0,1	—	7,2	79,1	1,2	0	0,8	3,2
11	700	gering	8,4	2,7	0,9	0,2	3,8	45,2	3,5	17,0[1]	1,4	2,6
12	750	stark	10,3	2,5	1,3	0,2	4,0	38,8	4,7	12,8[1]	0,6	1,4
												Urteerphenole,
13	500	—	5,8	5,4	0,1	—	5,5	94,8	0,56	0	—	—
14	600	—	9,6	8,2	0,1	—	8,3	86,5	1,6	21,0[1]	2,2	4,0
15	700	gering	8,4	2,6	0,2	0,5	3,3	39,4	3,4	18,0[1]	1,2	3,4
16	750	stark	14,2	2,5	1,4	0,4	4,3	30,3	8,5	7,0[1]	0,8	2,8
												Urteerkohlenwasserstoffe,
17	500	—	10,8	7	1,6	0,2	8,8	81,5	1,0	58,0[1]	0,2	1,8
18	600	—	10,7	6,8	0,8	0,2	7,8	72,9	3,7	18,4[1]	6,4	8,8
19	700	gering	12,6	7,7	0,3	—	8,0	63,5	5,9	11,0[1]	7,6	6,6
20	750	stark	9,4	4,6	0,9	0,1	5,6	59,6	5,7	10,6[1]	2,8	5,6
												Urteerkohlenwasserstoffe,
21	500	—	7,5	4,1	0,2	0,4	4,7	62,7	1,1	55,0[1]	3,2	13,0
22	600	—	10,9	6,6	0,3	0,3	7,2	66,0	3,4	17,7[1]	10,8	1,4
23	700	gering	10,3	5,6	1,1	0,2	6,9	67,0	4,2	11,2[1]	3,6	10,8
24	750	stark	9,9	4	0,3	0,3	4,6	46,5	5,8	7,2[1]	2,2	3,0

[1]) Gase durch CO_2 aus dem Apparat herausgespült.

2.

analyse: Summe der ungesättigten Kohlenwasserstoffe %	Gas aus 1 g Substanz ccm	Gesamtgas abzüglich gefund. CO_2 l	Menge der einzelnen Gase aus 1 g Substanz ccm: CO_2	ungesättigte Kohlenwasserstoffe, löslich in H_2SO_4	ungesättigte Kohlenwasserstoffe, löslich in SO_3HCl	Summe der ungesättigten Kohlenwasserstoffe	Phenol im destillierten Vorstoßprodukt %
14	15	16	17	18	19	20	21
Fraktion 200—250°.							
1,0	75	—	1,52	—	0,76	0,76	40
28,8	240	—	2,9	36,8	32,1	68,9	30
13,2	352	—	4,2	13,0	34,1	47,1	28
5,3	540	—	4,3	11,3	17,2	28,5	nicht best.
Fraktion 250—300°.							
1,0	57	—	0	—	0,6	0,6	30
33,8	237	—	1,9	44,0	36,0	80,0	25
9,2	378	—	4,5	4,5	30,0	34,5	nicht best.
5,2	492	—	0	7,8	17,5	25,3	nicht best.
Fraktion 200—250°.							
—	17	—	0	—	—	—	—
4,0	132	—	0	1,1	4,2	5,3	—
4,0	346	2,9	?	5,1	9,6	14,7	—
2,0	398	4,1	?	2,4	5,5	7,9	—
Fraktion 250—300°.							
—	97	0,56	0	—	—	—	—
6,2	135	1,3	?	2,7	5,4	8,1	—
4,6	353	2,8	?	4,2	12,0	16,2	—
3,6	556	7,90	?	4,4	15,5	19,9	—
Fraktion 200—250°.							
2,0	44	0,47	?	0,08	0,77	0,85	—
15,2	280	3,0	?	18,0	25,3	43,3	—
14,2	417	5,25	?	32,0	27,6	59,6	—
8,4	558	5,2	?	15,1	30,0	45,1	—
Fraktion 250—300°.							
16,2	67	0,50	?	2,2	17,0	19,2	—
12,2	257	2,8	?	28,0	36,4	64,4	—
19,4	359	3,7	?	31,0	39,0	70,0	—
10,2	545	5,4	?	12,0	42,5	52,5	—

wasserstoffe, während bei 600 ° das Umgekehrte der Fall war. Worauf diese Abweichungen zurückzuführen sind, können wir vorläufig nicht sagen.

Anders wird das Bild, wenn man die Menge der ungesättigten Kohlenwasserstoffe betrachtet, die aus 1 g der angewandten Substanz entstand (Spalte 18—20). Bei 500 ° ist ihre Menge so gut wie null. Beim Urteer erreicht dieselbe bei 600 ° mit 69 ccm (Frakt. 200—250 °) bezw. 80 ccm (Frakt. 250—300 °) den Höhepunkt. Bei den Phenolen dagegen liegt derselbe bei der niederen Fraktion mit 15 ccm bei 700 ° und bei der höheren mit 20 ccm bei 750 ° und bei den Kohlenwasserstoffen mit 60 bezw. 70 ccm bei 700 °. Der Anteil des Äthylens ist naturgemäß stets um so größer, je höher die Temperatur ist, da bei steigender Erhitzung die höheren Olefine unter Abspaltung von Äthylen in niedere Glieder übergehen. Im Vergleich mit den Kohlenwasserstoffen zeigten die Phenole ein starkes Überwiegen des Äthylens gegenüber den höheren Olefinen.

Die flüssigen und festen Kondensate waren braune Öle, die mit Wassertropfen durchsetzt waren, und die bei höherer Temperatur kristalline Abscheidungen und Ruß enthielten. Wir haben sie soweit untersucht, als ihre geringe Menge es ohne besonderen Zeitaufwand gestattete. Wie aus der Taf. 2, Spalte 5—9 hervorgeht, sammelte sich die Hauptmenge im Vorstoß an und nur wenig flüchtige Substanz in den Vorlagen und der aktiven Kohle. Das in der Vorlage befindliche Kondensat wurde zur Hauptmenge gegeben und das ganze auf Pech abdestilliert. Bei den Versuchen mit Urteer bestimmten wir die im Destillat enthaltenen Phenole in der üblichen Weise durch Behandeln mit Alkali. Aus Spalte 21 geht hervor, daß mit steigender Temperatur die Menge der Phenole, die ursprünglich 42 % betrug, zurückging, da die Phenole offenbar leichter wie die Kohlenwasserstoffe bei der Erhitzung zersetzt werden. Die kristallinen Abscheidungen in den Kondensaten der bei 700 ° bezw. 750 ° ausgeführten Versuche bestanden vorwiegend aus Naphtalin. Durch Wasserdampf konnten wir aus allen bei diesen Temperaturen erhaltenen Reaktionsprodukten reichliche Mengen davon übertreiben. Um das Naphtalin sicher zu identifizieren, haben wir die Substanzen mit Natronlauge gewaschen, trocken gesaugt und im Vakuum sublimiert. Der Schmelzpunkt lag dann stets zwischen 79 ° und 80 °. Eine in einem Falle ausgeführte Verbrennung bestätigte unsere Annahme, daß Naphtalin vorlag. Die Menge desselben war bei den Urteerkohlenwasserstoffen größer als bei den Urteerphenolen. Bei 750 ° war sie höher als bei 700 °.

Das Auftreten von Naphtalin war so reichlich, daß uns seine Entstehung lediglich durch Kondensation kleinerer Spaltstücke nicht wahrscheinlich erschien, und wir vielmehr zu der Ansicht gelangten, daß sowohl in den Urteerkohlenwasserstoffen als auch Urteerphenolen Naphtalinderivate vorhanden sein müssen, die dann bei höherer Temperatur durch Abspaltung der Alkylgruppen und Reduktion der Phenolgruppe in Naphtalin übergehen. Diese Annahme haben wir durch eine spätere Arbeit[1]) bezüglich der Kohlenwasserstoffe experimentell bestätigen können.

Schlußwort.

Unsere ursprüngliche Absicht, durch thermische Zersetzung eine Trennung der Urteerphenole von den Urteerkohlenwasserstoffen zu erreichen, hat sich nicht verwirklichen lassen, da sich die Phenole in annähernd gleichem Maße wie die letzteren zersetzen, und selbst im verzinnten Eisenrohr bei beiden Gruppen von Körpern von 700 ° ab Rußabscheidung eintritt. Ferner wurde bemerkt, daß die offenbar infolge der Abwesenheit von Wasserstoff zeitweilig stärker eintretende Oxydation des Zinnbelages denselben derart angreift, daß er nach einiger Zeit seine schützende Wirkung einbüßt, so daß die Rußabscheidung dann im erhöhten Maße einsetzt und selbst bei Gegenwart von Wasserstoff nicht mehr ausbleibt.

Mülheim-Ruhr, Oktober 1921.

[1]) Dieser Band, Seite 167.

II. Reduktion von Phenolen durch Erhitzen mit Schwefelwasserstoff unter Druck.

Von

Hans Schrader.

Diese Versuche bilden eine Weiterführung früherer Versuche über die Hydrierung von Phenolen durch Natriumformiat bezw. Kohlenoxyd[1]). Es wurde damals festgestellt, daß sich die Phenole durch Erhitzen mit Natriumformiat unter den von uns gewählten Bedingungen nur schwer hydrieren lassen, während die Fraktion 250—340° der Urteerphenole rund 50% alkaliunlösliche Öle ergab. Die Hydrierung von Phenolen durch Kohlenoxyd haben wir bisher nur in der Weise versucht, daß wir eine Urteerfraktion, also ein Gemisch von Phenolen und Kohlenwasserstoffen, mit Kohlenoxyd unter Druck erhitzten, konnten dabei jedoch weder eine Hydrierung noch eine Reduktion feststellen.

Bereits früher hat Geuther[2]) gezeigt, daß die Reduktion von Phenolen durch Phosphortrisulfid bewirkt werden kann, wenn man die Stoffe einige Stunden am Rückflußkühler erhitzt. Nach Geuther geht dabei unter Anwendung höherer Temperatur die Hauptreaktion in folgender Weise vor sich:

$$8\,C_6H_5OH + P_2S_3 = 2\,[PO_4(C_6H_5)_3] + 3\,SH_2 + 2\,C_6H_6.$$

Aus Phenolen entsteht also unter starker Schwefelwasserstoffentwicklung Benzol und Phosphorsäurephenylester. An Benzol wurde der vierte Teil des Gewichts des angewandten Phenols erhalten.

Aus diesem Beispiel geht hervor, daß die Reduktion der Phenole bereits bei verhältnismäßig niederer Temperatur erzielt werden kann. Ich habe nun in ein paar kurzen Versuchen die Wirkung eines anderen Reduktionsmittels, nämlich des Natriumsulfids bezw. des Schwefelwasserstoffes auf die Phenolgruppe geprüft und bin dabei zu ganz befriedigenden Ergebnissen gekommen.

---

[1]) Franz Fischer und Hans Schrader, Abh. Kohle 5, 516 (1920).

[2]) A. 221, 55 (1883).

Versuche mit Kresolen.

Die Versuche wurden in der Weise ausgeführt, daß man das technische Gemisch der Kresole mit Natriumhydrosulfidlösung (Natriumsulfidlösung, die mit Schwefelwasserstoffgas gesättigt worden war) im Druckautoklaven[1]) auf 450° erhitzte. Die im Autoklaven befindliche Luft wurde vor dem Erhitzen mit der Wasserstrahlpumpe herausgesaugt. Die durch das Erhitzen entstandenen Gase wurden mit dem Schwefelwasserstoff in die Luft geblasen. Bei Versuch 2 war ziemlich viel Gas vorhanden. Das über der wässerigen Lösung befindliche Öl wurde abgehoben und mit Natronlauge ausgeschüttelt; die laugeunlöslichen Anteile wurden der Destillation unterworfen. Die näheren Bedingungen der einzelnen Versuche, sowie die Ergebnisse zeigt folgende Tafel.

Tafel.

20 g Kresole, 40 ccm bezw. 47 ccm konzentrierte, mit H_2S gesättigte Na_2S-Lösung bei 450° im Eisenautoklaven (Leerraum 118 ccm) erhitzt.

Versuch Nr.	Erhitzungsdauer Stunden	In Lauge unlöslicher Anteil ccm	Destillation des unlöslichen Anteils				
			80—95°	95—125°	125—200°	200—300°	Rest
1	8	6	1,7	2,5	0,5	0,5	höher siedend
2	6	9	2,5	2,8	0,4	0,3	„ „

Von dem alkaliunlöslichen Anteil waren die bis 125° siedenden Verbindungen wasserhelle, benzolartig riechende Öle. Die Fraktion über 125° war braun gefärbt, die Fraktion von 200—300° etwas dickflüssig.

Längere Erhitzungsdauer bewirkte anscheinend eine Zunahme der niedrigsiedenden und Abnahme der höhersiedenden Öle.

Die Fraktion 1 und 2 von Versuch 2 haben wir der Elementaranalyse unterworfen.

Frakt. 1 0,1050 g Sbst.: 0,3528 g CO_2, 0,0765 g H_2O.
Gef. C 91,66, H 8,15.

Frakt. 2 0,1129 g Sbst.: 0,3788 g CO_2, 0,0827 g H_2O.
Gef. C 91,53, H 8,20.

Die prozentualen Mengen von Kohlenstoff und Wasserstoff betragen zusammen 99,81 bezw. 99,73, es sind also Kohlenwasser-

[1]) Abh. Kohle 5, 476 (1920).

stoffe entstanden, und zwar liegt, aus Siedeverlauf und Analyse zu schließen, ein Gemisch von Benzol (92,25% C, 7,75% H) und Toluol (91,24% C, 8,76% H) vor. Die Anwesenheit von Benzol wurde durch Überführung in Nitrobenzol und Anilin qualitativ nachgewiesen.

Da kaum anzunehmen ist, daß sich im Kresol wesentliche Mengen Karbolsäure befanden, muß neben der reduzierenden Wirkung auf die Phenolgruppe auch eine entalkylierende Wirkung des Sulfids bezw. Schwefelwasserstoffes einhergegangen sein, welche die Abspaltung der CH_3-Gruppe bewirkte.

Somit wäre die Wirkung dieser Reduktionsmittel bei 450° unter Druck der des Wasserstoffs bei 750° an die Seite zu stellen.

Versuche mit Urteerphenolen vom Sdp. 250—340°.

5 ccm der Fraktion wurden mit 12 ccm 5 n. Natriumsulfidlösung 3 Stunden auf 400° erhitzt. Beim Öffnen des Autoklaven war nur geringer Druck vorhanden. Das Öl wurde mit Äther aufgenommen und die Lösung zweimal mit Natronlauge ausgeschüttelt. Beim Verdampfen hinterließ der Äther 2,1 g Öl, das bei der Destillation von über 100—300° unter Hinterlassung eines geringen Rückstandes überging. Die ersten Anteile waren leicht beweglich und nahezu farblos, die späteren dunkle viskosere Öle.

Vorstehende Versuche haben gezeigt, daß bei einer Temperatur von über 400° durch mit Schwefelwasserstoff gesättigte Natriumsulfidlösung Kresole bis nahezu 50% in alkaliunlösliche Öle, die anscheinend größtenteils aus Benzol und Toluol bestehen, übergeführt werden können, und daß Urteerphenole bereits durch Erhitzen mit Natriumsulfidlösung alkaliunlösliche Öle ergeben.

Es ist anzunehmen, daß bei längerer Versuchsdauer bezw. höherer Konzentration oder Temperatur die Reduktion vollständiger und daher die Ausbeute an Kohlenwasserstoffen noch besser sein wird.

Mülheim-Ruhr, Oktober 1921.

---

12. Über die Reduktion von Phenolen mit Zinn bei niederer Temperatur.

Von

Carl Zerbe.

Nach einer kürzlich veröffentlichten Arbeit von Zoller über die Wechselwirkung von Zinn und Phenol[1]) soll Zinn bereits bei Temperaturen über 100° die Fähigkeit haben, merklich auf Phenol zu wirken und zwar wahrscheinlich im Sinne der Gleichung:

$$2\,C_6H_5OH + Sn = 2\,C_6H_6 + SnO_2.$$

Beim Siedepunkt des Phenols soll der Vorgang verhältnismäßig schnell verlaufen. So erhielt Zoller beim Kochen von 200 g Phenol mit 50 g Stanniol innerhalb zwei Stunden ungefähr 30 ccm Benzol, während das in Berührung mit dem Zinn gebliebene Phenol beim Verdünnen mit Wasser Zinndioxyd ausschied. Diese Angaben sind besonders interessant im Hinblick auf die Arbeiten, die in diesem Institut über die Reduktion von Phenolen mittels Wasserstoffs im verzinnten Eisenrohr bei Temperaturen von etwa 750° ausgeführt worden sind[2]). Sie würden nämlich die damals aufgefundene Wirkung des Zinns, dem Eisen die unliebsame Eigenschaft zu nehmen, die mit ihm in Berührung kommenden Phenole unter Rußabscheidung zu zersetzen, in einfacher Weise erklären, indem diese Verbindungen durch das Zinn sofort zu den viel beständigeren Kohlenwasserstoffen reduziert werden, während das dabei entstehende Zinndioxyd durch den anwesenden Wasserstoff wieder in Zinn übergeht.

Wir haben die Versuche von Zoller wiederholt, ohne jedoch seine Ergebnisse bestätigen zu können, obwohl wir die Dauer der Behandlung des Zinns mit kochendem Phenol auf das 5fache der von Zoller angegebenen Zeit ausdehnten und das Stanniol auf die verschiedenste Weise vorbehandelten. Auch haben wir verschiedene Versuche gemacht, um etwaige Zufälligkeiten, die bei dem Versuche von Zoller eine Rolle gespielt haben mögen, aufzufinden. So haben wir mit besonders trockenem Phenol gearbeitet. Wir haben ferner das Zinn mit verschiedenen anderen Metallen legiert, da wir

---

[1]) Am. Soc. **43**, 211 (1921).

[2]) Abh. Kohle **4**, 378 (1919); **5**, 413 (1920); Brennstoff-Chemie **1**, 4 (1920).

vermuteten, daß das von Zoller angewandte Zinn bestimmte Verunreinigungen enthalten könnte, die dessen Wirksamkeit bedingt haben möchten. Ferner haben wir das Zinn durch Anätzen mit Salzsäure aktiviert. In keinem Falle haben wir jedoch Benzol erhalten können. Schließlich haben wir Phenol im Autoklaven mit verzinnten Nägeln auf 450° erhitzt und haben selbst bei dieser Temperatur nur eine ganz geringe Ausbeute an Kohlenwasserstoffen erhalten.

Auf eine Anfrage, die wir an Herrn Zoller richteten, in der wir ihn baten, uns Proben seiner Ausgangsmaterialien zu überlassen, um vielleicht so die Ursache unserer Mißerfolge zu ergründen, teilte uns derselbe mit, daß er die Versuche bereits im Jahre 1916 ausgeführt hätte und daher keine Materialproben mehr vorhanden wären. Jedoch stellte er in Aussicht, die Versuche gelegentlich zu wiederholen und uns die Resultate mitzuteilen.

Im Nachfolgenden führen wir die von uns angestellten Versuche an:

Versuch 1.

1. Wiederholung des Versuchs von Zoller.

50 g Phenol wurden mit 9 g feinzerschnittenem Stanniol (Zoller nahm 200 g Phenol und 50 g Stanniol) in einem Destillierkölbchen mit langem Hals 4 Stunden lang gekocht, so daß der Hals des Kolbens als Rückflußkühler wirkte. An den Kolben war ein Wasserkühler mit Vorlage angeschlossen. Während der Versuchsdauer ging keine Flüssigkeit in die Vorlage über. Zum Schlusse wurden einige Kubikzentimeter Phenol überdestilliert. Dieselben enthielten jedoch kein Benzol, da sie sich in Natronlauge klar lösten.

Versuch 2.

Zu dem Kolbeninhalt des vorigen Versuchs wurden einige Tropfen Kupfersulfat zugesetzt und nunmehr die Flüssigkeit zum Sieden erhitzt. Das Zinn überzog sich dabei mit einer dünnen Kupferschicht. Nach 3stündigem Kochen wurden wiederum einige Kubikzentimeter abdestilliert und durch Zusatz von Natronlauge auf Kohlenwasserstoffe geprüft. Letztere waren jedoch nicht entstanden, es trat klare Lösung ein.

Versuch 3.

Da das von Zoller angewandte Phenol vielleicht sehr trocken war, haben wir zunächst das Phenol sorgfältig durch Abdestillieren eines bestimmten Anteiles von Wasser befreit und dann den Versuch 1 mit dem wasserfreien Phenol wiederholt. Trotz $6^1/_2$ stündigem Kochen konnte jedoch die Bildung von Benzol nicht beobachtet werden.

Versuch 4.

Da wir nun annahmen, daß das Mißglücken obiger Versuche vielleicht darauf zurückzuführen war, daß Zoller ein durch natürliche Beimengungen anderer Metalle verunreinigtes Zinn verwendet hatte, führten wir einen Versuch mit Zinnstaub, der durch Feilen eines Zinnstabes aus Bankazinn, also eines Zinns mit den natürlichen Verunreinigungen, hergestellt war, aus. Trotz 16 stündigem Kochen von 25 g Phenol mit 10 g Zinnstaub war keine Veränderung des Phenols und des Zinnstaubes zu bemerken.

Versuch 5.

Um die Einwirkung eines durch Antimon verunreinigten Zinns zu untersuchen, stellten wir eine 5%ige Zinn-Antimonlegierung her durch Zusammenschmelzen von 5 g Zinn mit 0,8 g Antimonsulfid[1]). Darauf kochten wir 10 g Phenol mit 8 g der durch Feilen zerkleinerten Zinn-Antimonlegierung 10 Stunden am Rückfluß, ohne jedoch irgendeine Veränderung des Phenols zu bemerken.

Versuch 6.

Um des weiteren die Einwirkung von Arsen in Gegenwart von Zinn und Antimon auf Phenol zu untersuchen, stellten wir uns eine Zinn-Antimon-Arsenlegierung her[2]) durch Zusammenschmelzen einer Zinn-Antimonlegierung mit Arsen in einem Gasofen unter einer Schicht von Cyankalium. Hierauf versetzten wir 10 g Phenol mit 10 g Feilspänen dieser Legierung und kochten 10 Stunden am Rückfluß. Es trat keine Veränderung an dem Phenol und an der Legierung ein. Eine kleine Probe überdestilliertes Phenol löste sich restlos in Natronlauge.

Versuch 7.

Um die Reaktionsfähigkeit des Stanniols zu erhöhen, wurde dasselbe zunächst mit Alkohol und Äther entfettet und dann mit mäßig warmer 5 n. Salzsäure angeätzt und bei 100° getrocknet.

---

[1]) Gmelin-Kraut, 7. Aufl., Bd. 4, S. 389.

[2]) Ebenda S. 1012.

Dann kochten wir 10 g Phenol mit 5 g des so bereiteten Stanniols 10 Stunden am Rückfluß, ohne jedoch irgendwelche Veränderungen des Zinns oder des Phenols festzustellen. Wir fügten hierauf dem Versuch 5 g von Weinflaschenkapseln stammende ebenso angeätzte feine Stanniolschnitzel hinzu und kochten weitere 10 Stunden. Auch in diesem Falle wurde kein Benzol erhalten.

Versuch 8.

Da bei höherer Temperatur die Geschwindigkeit der Reaktion ja bedeutend schneller verlaufen müßte, haben wir einen Versuch bei 450° ausgeführt. Wir erhitzten 20 g Phenol und 149 g verzinnte Nägel, die eine Oberfläche von etwa 430 qcm besaßen, in Gegenwart von Wasserstoff unter 8,5 Atm. Druck (bei Zimmertemperatur gemessen) 3 Stunden in einem Eisenautoklaven mit einem Leerraum von 118 ccm auf die angegebene Temperatur. Das Reaktionsprodukt roch nach Toluol; es wurde mit überschüssiger Natronlauge versetzt. Die darin nichtlöslichen Öle nahmen wir mit wenig Äther auf. Bei der Destillation der ätherischen Lösung gingen 0,6 ccm von 80—160° über, ferner 0,2 ccm von 160—280°. Es war also nur eine recht geringe Menge alkaliunlöslicher Stoffe entstanden, in denen Benzol nur zum geringsten Teil vorhanden sein konnte.

Versuch 9.

Da wir gelegentlich unserer Destillationen von Urteerphenolen beobachtet hatten, daß das zum Schutze der Korkstopfen verwendete Stanniolpapier sehr stark angegriffen wurde, haben wir versucht, ob vielleicht die reduzierende Wirkung des Zinns günstiger wäre, wenn man nur Phenoldämpfe darauf einwirken läßt. Wir befestigten zu diesem Zwecke fein zerschnittenes Stanniol durch einen Drahtkorb im Hals eines Destillierkolbens, an dem ein Kühler zur Kondensation des etwa entstehenden Benzols angeschlossen war. In dem Kolben erhitzten wir Phenol so hoch, daß das Zinn von dessen Dämpfen umspült wurde, während der übrige Teil des Kolbenhalses als Rückflußkühler wirkte. Dabei beobachteten wir, daß das Zinn in der Tat stark angegriffen wurde; Benzol entstand jedoch nicht.

Mülheim-Ruhr, Juli 1921.

13. Über den Schutz glühenden Eisens gegen Oxydation durch dünne Aluminiumüberzüge und eine einfache Herstellung derselben.

Von

Franz Fischer, Hans Schrader und Carl Zerbe.

Brennstoff-Chemie 2, 348 (1921).

Es ist allgemein bekannt, daß Eisen, wenn es auf Rotglut und höher erhitzt wird, sich rasch oxydiert und allmählich vollständig in Eisenoxyduloxyd verwandelt, so daß bei Stücken, die höherer Temperatur ausgesetzt sind, bald Ersatz nötig wird. Bedingt ist dieses Verhalten des Eisens offenbar dadurch, daß das bei der Oxydation entstehende Eisenoxyd einen Ausdehnungskoeffizienten besitzt, der von dem des Eisens recht verschieden ist, so daß mit jeder Temperaturänderung ein Abblättern der Oxydschicht und somit Freiwerden frischer Eisenoberflächen verbunden ist, im Gegensatz z. B. zum Aluminium, bei dem eine hauchdünne Oxydschicht dem an und für sich so leicht oxydablen Metall einen vorzüglichen Schutz gewährt.

Die gebräuchlichen Verfahren, das Eisen vor dem Angriff der Oxydation durch Sauerstoff und Wasser zu schützen, sei es nun, daß man künstlich eine dünne, widerstandsfähige Oxyd- oder Phosphatschicht erzeugt, sei es, daß man es emailliert, verzinnt, verzinkt oder mit andern Metallüberzügen versieht, bieten alle nur Schutz bei verhältnismäßig niederer Temperatur.

Vor einiger Zeit wurde der eine von uns (F.) gesprächsweise von Herrn Direktor Dr. Meyer von der Th. Goldschmidt A.-G. darauf aufmerksam gemacht, daß unter anderem eine amerikanische Firma, nämlich die Calorizing Corporation of America in Detroit, U. S. A., ein neues Schutzverfahren ausgebildet hat, das darin besteht, daß man Eisen in ein Pulver einbettet, das feinverteiltes Aluminium enthält, und in reduzierender Atmosphäre auf hohe Temperatur erhitzt. Hierbei bedeckt sich das Eisen mit einer Schicht von Aluminium bezw. einer Aluminiumlegierung, deren Dicke mit der Dauer der Behandlung wächst, und wird dadurch sehr viel widerstandsfähiger gegen Oxydation durch Luftsauerstoff und Wasserdampf bei Temperaturen bis gegen 1100°[1]). Nach diesem Verfahren, das die Firma „Calorizing" nennt, und das offenbar der Verzinkungsmethode von Sherard nachgebildet ist, sollen sich auch Kupfer, Messing und Nickel oxydationsbeständiger machen lassen.

Die Calorizing Corporation hat uns in dankenswerter Weise derartige aluminierte Rohrstücke zu Versuchszwecken überlassen. Wir haben ein solches kurzes Rohrstück auf Oxydationsbeständigkeit geprüft und fanden in der Tat, daß der Unterschied gegenüber gewöhnlichem Eisen ein bedeutender war. Das aluminierte Stück und ein Stück Eisenrohr von gleicher Form wurden einmal 6 und einmal 5 Stunden im offenen elektrisch geheizten Tiegelofen auf 950° erhitzt. Danach zeigte sich das aluminierte Eisen fast unverändert, während das nichtaluminierte Eisen sehr stark oxydiert und im Abblättern begriffen war.

Anläßlich unserer thermischen Arbeiten, bei denen wir die verhältnismäßig schnelle Zerstörung der im elektrischen oder Gasofen auf 750—800° erhitzten Eisenrohre recht störend empfanden, kam uns nun der Gedanke, den Aluminiumschutzüberzug einfach dadurch zu erzeugen, daß wir das Rohr mit sogenanntem Aluminiumlack, einer Suspension von käuflichem Aluminiumpulver („Aluminiumbronze") in irgendeinem Firnis oder Lack, bestrichen und dann in der freien Flamme erhitzten. Theoretisch war allerdings das Gelingen des Versuches nicht vorherzusehen. Man sollte meinen, daß nach dem Wegbrennen des Lackes sich jedes Aluminiumteilchen mit einer Oxydschicht umhüllen und sich allmählich ganz in Aluminiumoxyd verwandeln würde, ohne dabei das Eisen zu beeinflussen. Praktisch dagegen war die Wirkung überraschend.

Das Rohr, welches wir für unsern Versuch verwandten, war ein 1,60 m langes nahtloses Rohr von 2 cm lichter Weite, das von seiner Oxydschicht durch Abfeilen auf der Drehbank befreit

---

[1]) Kürzlich brachten die Schoop-Werke für Metallisierung, Zürich, eine Notiz (Chem. Ztg. **45**, 640 [1921]), wonach die nach ihrem Verfahren hergestellten Aluminiumüberzüge infolge Bildung einer Oberflächenlegierung ebenfalls bis 1100° einen dauerhaften Schutz bilden sollen. Ferner stellt die Firma Krupp, Essen, einen gegen Oxydation in der Hitze beständigen Stahl durch Zusatz von Aluminium her, den sie Alit nennt. (Vgl. Z. ang. **34**, 420 [1921]).

worden war. Den Anstrich mit Aluminiumlack wiederholten wir nach den ersten Glühperioden noch zwei- oder dreimal. Das Rohr wurde fast täglich 3—6 Stunden 14 Tage hindurch in einem Verbrennungsofen (Gasofen) auf 750° erhitzt, ohne daß eine erhebliche Oxydbildung eingetreten wäre. Wir fanden es mit einer sehr harten, durch die Feile kaum angreifbaren Schutzschicht einer Aluminium-Eisenlegierung bedeckt, die auch bei wiederholtem Erhitzen und Abkühlen nicht abblätterte, also einen dem Eisen naheliegenden Ausdehnungskoeffizienten besaß. Nur an den Stellen, wo das Rohr auf der Eisenschiene des Ofens auflag, waren durch Oxydation hervorgerufene Anfressungen zu bemerken. Wir glauben, daß auch diese Beschädigung sich vermindern läßt, wenn man das Rohr zunächst noch mehrmals streicht und seine Lage öfter ändert, damit nicht immer die gleichen Stellen aufliegen. Möglicherweise wird auch eine Unterlage von Schamotte oder Asbest günstig sein. Als billiges Aufstrichmittel für das Aluminiumpulver verwandten wir eine Lösung von Kolophonium in Benzol (1 : 5). Ein dickes Öl als Bindemittel zu verwenden, wird wahrscheinlich nicht zweckmäßig sein, da dasselbe sich beim Erhitzen aufblähen und daher den Anstrich blättrig und porös machen wird. Als Aluminiumpulver scheint nach unseren bisherigen Erfahrungen am günstigsten ein solches mit einem gewissen Gehalt an Zink zu sein, wie es zu Anstrichzwecken in den Handel gebracht wird. Die besten Ergebnisse haben wir mit dem Aluminiumpulver des Aluminiums I der Frankfurter Bronzefarben- und Blattmetallfabrik Julius Schopflocher, Frankfurt a. M., erhalten. Eine Analyse des Materials, die uns die genannte Firma zur Verfügung stellte, ergab 98,15% Al, 0,63% Si, 0,51% Zn, 0,31% Sn, 0,25% Fe, 0,06% Pb, 0,06% Mg, 0,03% Cu.

Ferner haben wir in einer Versuchsreihe den Angriff der Oxydation auf aluminiertes und nichtaluminiertes Eisen durch Ermittlung der Gewichtszunahme quantitativ verfolgt.

Es wurden vier etwa 6 cm lange, 22—25 g schwere Eisenröhrchen, von denen 2 abgedreht, die andern beiden in natürlichem Zustande, also mit einer dünnen Rostschicht bedeckt waren, zu dem Versuch verwendet.

Von diesen vier Röhrchen wurden je ein abgedrehtes und ein rohes mit Aluminiumbronze bestrichen. Der Anstrich wog nach dem Trocknen bei 100° etwa 0,25 g. Die vier Röhrchen wurden zusammen in einem kleinen offenen elektrischen Tiegelofen

11*

Temperaturen von etwa 900° ausgesetzt. Nach je 5 Stunden wurden die Röhrchen gewogen. Die Gewichtszunahme nach dem Erhitzen ergibt folgende Tafel:

Gewichtszunahme nach	5 Std.	10 Std.	15 Std.	30 Std.
Rohr roh ohne Aluminiumüberzug . .	0,37	0,96	1,48	2,92
Rohr roh mit „ . .	0,12	0,54	0,80	0,92
Rohr abgedreht ohne „ . .	0,24	0,86	1,42	1,91
Rohr „ mit „ . .	0,12	0,80	0,99	1,00

Wie aus der obigen Tafel hervorgeht, haben auch die mit Aluminiumbronze bestrichenen Röhrchen an Gewicht zugenommen, da natürlich auch das Aluminium zum Teil in Aluminiumoxyd übergeht und eine Gewichtszunahme bewirkt. Jedoch zeigte sich im Verlauf des Versuchs, daß das rohe Eisenröhrchen bereits nach 5 Stunden durch Bildung von Eisenoxyd abzublättern anfing und nach 30 Stunden vollständig zerstört war. Viel geringer war die Oxydbildung bei dem abgedrehten Rohr. Die gestrichenen Röhren dagegen hatten sich sehr viel besser gehalten, wenn auch nach 30stündigem Erhitzen ein geringer Angriff durch Oxydbildung wahrzunehmen war. Ein zweiter Versuch, bei dem alle vier Röhrchen gleich nach dem Anstrich auf 1100° erhitzt wurden, ergab völlige Zerstörung aller durch Oxydbildung. Über 1000° scheint also unsere Aluminiumbehandlung nicht mehr wirksam zu sein.

Nach den Erfahrungen, die wir bei den oben beschriebenen Versuchen mit dem nahtlosen Eisenrohr gemacht haben, glauben wir aber annehmen zu dürfen, daß durch ein öfteres Anstreichen, wodurch eine widerstandsfähige Schutzschicht um das Eisen gebildet wird, auch bei Temperaturen zwischen 900 und 1000° noch günstige Resultate erreicht werden können.

Versuche, an Stelle der Benzol-Kolophonium-Lösung zum Auftragen des Aluminiumpulvers eine wässerige anorganische Salzlösung, z. B. Kaliumkarbonatlösung oder Boraxlösung zu verwenden, führte zu keinem günstigen Ergebnis. Die erhoffte Schutzwirkung des Salzes, das im geschmolzenen Zustande den Zutritt der Luft abhalten und so dem Aluminiumpulver Zeit geben sollte, sich mit dem Eisen zu vereinigen, trat nicht ein. Der mit Kaliumkarbonatlösung angerührte Brei von Aluminiumpulver entwickelte beim Stehen langsam Gas. Anscheinend trat Aluminat- oder wenigstens

Hydroxydbildung ein. Das mit einer solchen Mischung bestrichene Rohr zeigte nach dem Glühen besonders starke Bildung von abblätterndem Eisenoxyd.

Wir halten es für nicht ausgeschlossen, daß das von uns beschriebene Verfahren des Aluminierens bereits an mancher Stelle, die sich mit dem Schutz glühender Eisenflächen vor Oxydation zu beschäftigen hat, bekannt ist. Es kam uns aber darauf an, die Allgemeinheit auf dieses vorzügliche und einfache Verfahren aufmerksam zu machen. Es wird in den mannigfachsten Fällen von Nutzen sein. Der Chemiker wird dadurch seine Eisenschalen und -tiegel, Stativringe, Röhren, Schienen von Verbrennungsöfen, Böden von Trockenkästen usw. vor der vorzeitigen Zerstörung durch die Glühhitze schützen können, wenn er den aus Schönheitsgründen mancherorts üblichen Anstrich mit Aluminiumlack nach unserem Rezept ausführt und mehrfach wiederholt, und der Techniker wird davon Gebrauch machen können zum Schutze all der zahllosen Eisengegenstände, mögen es einfache Bleche oder Röhren, z. B. Pyrometerschutzrohre, Schmelztiegel, Wannen, Glühkästen und Roste, Teile von Explosionsmotoren oder Dampfmaschinen, Retorten oder Drehöfen oder sonstige Eisenteile sein, die der Einwirkung des Sauerstoffes und Wasserdampfes bei hoher Temperatur ausgesetzt sind[1]).

Mülheim-Ruhr, Juli 1921.

Nachschrift. In Heft Nr. 11 des „Chemischen Zentralblattes", das erst nach Eingang unserer obigen Arbeit bei der „Brennstoff-Chemie" erschienen ist, finden wir in Teil IV auf S. 707 das Referat des D. R. P. 339326 der Metallhütte Baer u. Co., betreffend „Verfahren zur Herstellung rostsicherer, hitzebeständiger Überzüge aus Aluminiumbronze auf Eisengegenständen, dad. gek.,

[1]) Aus dem Inhalt einer von der oben erwähnten amerikanischen Firma herausgegebenen Reklameschrift ist noch folgendes hervorzuheben: Aluminiertes Eisen ist beim Erhitzen auch gegen Schwefeldioxyd sehr viel widerstandsfähiger als gewöhnliches Eisen. Das aluminierte Eisen darf in der Kälte nicht gehämmert oder gebogen werden, dagegen kann man es bei Hellrotglut biegen, ohne seine Widerstandsfähigkeit zu beeinträchtigen. Da die schützende, aluminiumreiche Eisenlegierung sehr hart ist, tut man gut, jede mechanische Bearbeitung vor dem Aluminieren auszuführen. An anderer Stelle (Technische Rundschau des Berliner Tageblattes, Jahrgang 1921, S. 188) wird mitgeteilt, daß aluminiertes Eisen gegen Karbolsäure, Teer und Pech unempfindlich ist. Aluminiertes Nickel soll der Oxydation bis zu 1200° widerstehen.

daß die Gegenstände zuvor geraaht, dann mit Zinkbronze angerieben oder schwach sherardisiert werden, worauf eine Aluminiumlackbronzeschicht aufgebracht und der Lack durch Erhitzen auf etwa 500° ausgebrannt wird, wobei die Aluminiumschicht mit der Zink- und Eisenunterlage legiert wird. — Die sich beim Ausbrennen des Lackes bildenden porigen Stellen werden durch den darunter liegenden dünnen Zinküberzug vor dem Rosten geschützt, so daß derartige Zinkaluminiumüberzüge mit ihrer Hitzebeständigkeit bis 700° auch eine große Rostsicherheit für das darunter liegende Fe verbinden."

Die Ausführungen dieses Patentes decken sich, wie ersichtlich, weitgehend mit unseren oben dargelegten Erfahrungen. Interessant ist, daß auch in dem Patent der Gegenwart einer kleinen Menge Zink eine günstige Wirkung für die Aluminierung zugeschrieben wird. Allerdings bringt das Patent das Zink vor dem Aluminiumanstrich auf das Eisen, während wir ein zinkhaltiges Aluminiumpulver als besonders günstig erprobten. Aluminierung von verzinktem Eisen hat sich bei unseren Versuchen nicht als vorteilhaft erwiesen, offenbar darf der Zinküberzug nur sehr dünn sein, wie das Patent es ja auch vorschreibt. Nach obigem Wortlaut fällt das direkte Aufbringen von Aluminiumbronze, so wie es der Gegenstand unserer Arbeit ist, nicht unter das Patent, sondern kann von jedermann ausgeführt werden. D. O.

14. Über die Abwesenheit von Naphtalin und über die Gegenwart von Derivaten des Naphtalins im Urteer.

Von

Franz Fischer, Hans Schrader und Carl Zerbe.

Brennstoff-Chemie 3, 57 (1922).

Als ein wesentliches Kennzeichen für einen guten Urteer ist das Freisein desselben von Naphtalin anzusehen. Falls Naphtalin in einem Teer vorhanden ist, so ist das immer ein Zeichen dafür, daß derselbe, wie es bei der technischen Gewinnung von Urteer z. B. in Generatoren gelegentlich vorkommt, zum mindesten teilweise eine Erhitzung auf höhere Temperaturen durchgemacht hat. Auf Grund dieser Tatsache haben Franz Fischer und Gluud[1]) die Naphtalinprobe als ein Mittel zur Feststellung benutzt, ob ein Steinkohlenteer als guter Urteer anzusehen ist oder nicht. Nach einer späteren Mitteilung von Fischer und Schneider[2]) gilt dieses Kriterium in gleicher Weise auch für Braunkohlenurteer. Die Naphtalinprobe soll in der Weise angestellt werden, daß man den zu untersuchenden Teer der Dampfdestillation unterwirft und die übergehenden Destillate auf Naphtalinabscheidung hin beobachtet. Treten dabei Naphtalinausscheidungen auf, so ist das ein Beweis dafür, daß der Teer eine Überhitzung erlitten hat und somit nicht mehr als einwandfreier Urteer bezeichnet werden darf.

Gelegentlich einer Arbeit über die Zusammensetzung von Braunkohlenteeren haben Strache und Dolch[3]) diese Naphtalinprobe von Fischer und Gluud für die Untersuchung benutzt und bei den untersuchten Proben stets ein negatives Resultat erhalten. Von den gleichen Teeren wurde außerdem der Naphtalingehalt nach der Methode von Knublauch[4]) ermittelt, die auf der Bestimmung des Naphtalins als Pikrat beruht. Zahlenmäßige Angaben über die Ermittlung des Naphtalingehaltes nach Knublauch geben die Autoren auf S. 584 und 611. Sie finden in den verschiedenen Teeren: 4,06 %, 4,24 %, 2,58 %, 5,9 %, also verhältnismäßig beträchtliche Mengen.

---

[1]) Abh. Kohle 2, 216 (1917).

[2]) Abh. Kohle 3, 208 (1918).

[3]) Montanistische Rundschau 11, 409, 450, 488, 550, 584, 611 (1919).

[4]) J. f. Gasbel. 59, 525 (1916); 61, 184 (1918).

Ferner stellen die Verfasser auf S. 551 eine Überprüfung der Untersuchungsmethode nach Knublauch und Mitteilung der gewonnenen Erfahrungen über die Übereinstimmung der nach Knublauch und der nach Fischer und Gluud gewonnenen Werte in Aussicht. Diese Veröffentlichung ist jedoch bisher noch nicht erschienen.

Die Unstimmigkeit in dem Ergebnis der einerseits nach Franz Fischer und Gluud, anderseits nach Knublauch ausgeführten Naphtalinprobe ist leicht erklärlich. Bildet doch nicht nur das Naphtalin Pikrate, sondern gibt es doch eine ganze Reihe von andern aromatischen Kohlenwasserstoffen, die ebenfalls die Eigenschaft haben, mit Pikrinsäure zusammenzutreten. So weist Wendt[1]) darauf hin, daß die Methylnaphtaline und alle mit den Methylnaphtalinen verwandten Kohlenwasserstoffe, die Äthylnaphtaline, die Dimethylnaphtaline, die Äthylennaphtaline, gleichfalls Pikrate bilden. Falls also Homologe des Naphtalins im Urteer vorhanden sind, so kann es nicht wundernehmen, daß man je nach der angewandten Naphtalinprobe zu verschiedenen Ergebnissen kommen muß.

Das Vorhandensein von Derivaten des Naphtalins im Urteer ist bisher nicht einwandfrei nachgewiesen worden, doch liegen verschiedene Beobachtungen vor, welche diese Annahme rechtfertigen. Jones und Wheeler[2]) erhielten aus der Kohlenwasserstoffraktion 270—300° eines Vakuumurteeres ein Pikrat, dessen Kohlenwasserstoff, nach Eigenschaften und Elementaranalyse zu urteilen, wahrscheinlich ein Dimethylnaphtalin war.

Ferner wurden im Erdöl, dem die Kohlenwasserstoffe des Urteeres ja nahestehen, außer Naphtalin verschiedene Derivate desselben nachgewiesen[3]). Jones und Wootton[4]) z. B., die ein Borneopetroleum untersuchten, konnten α- und β-Methylnaphtalin und ein Dimethylnaphtalin isolieren. Auf die Gewinnung von Homologen des Naphtalins aus Erdöl bezieht sich ferner das Patent D. R. P. 95579 von Tammann[5]), das sich zur Gewinnung dieser Kohlenwasserstoffe entweder der Ausfällung mittels Pikrinsäure oder der Überführung in die Sulfosäuren bedient.

---

1) J. pr. **46**, 327 (1892); s. auch die Literaturangaben J. f. Gasbel. **43**, 237 (1900). Ferner J. f. Gasbel. **64**, 722 (1921).

2) Soc. **105**, 150 (1914).

3) vgl. Engler, Das Erdöl, Bd. I, S. 370 u. f.

4) Soc. **91**, 1146 (1907).

5) Friedländer, Bd. 5, 40 (1897—1900); Ref. Z. ang. **11**, 46 (1898).

Bei unsern früheren Versuchen über die thermische Reduktion der Phenole durch Wasserstoff war es uns aufgefallen, daß bei der Verwendung von Fraktionen des gesamten Urteers anstatt der entsprechenden Phenole in den Kondensaten der höheren Fraktionen sich reichlichere Naphtalinausscheidungen bemerkbar machten als bei den niederen Fraktionen[1]). Die nähere Untersuchung dieser Beobachtung haben wir nunmehr aufgenommen gelegentlich einer Untersuchung über die thermische Zersetzung von Urteer, Urteerkohlenwasserstoffen und Phenolen bei verschiedenen Temperaturen. Wir untersuchten die Veränderungen, welche sowohl der Urteer als auch die Kohlenwasserstoffe und Phenole desselben (wir verwandten die Fraktionen 200—250 ° und 250—300 °) erleiden, wenn man sie dampfförmig für sich durch ein hocherhitztes verzinntes Eisenrohr leitet. Als Zersetzungstemperaturen wählten wir 500 °, 600 °, 700 ° und 750 °. Auf den Verlauf der Zersetzung werden wir an anderer Stelle zurückkommen. In den auf diese Weise erhaltenen Kondensaten haben wir jedesmal die gebildete Naphtalinmenge in der Art festgestellt, daß wir das Kondensat mit Wasserdampf ausbliesen. Das im Destillat ausgeschiedene Naphtalin wurde gegebenenfalls zur Entfernung von mit übergegangenem Phenol mit Natronlauge behandelt, abgepreßt und bei 12 mm Druck bei 95 ° sublimiert. Die Schmelzpunkte der so erhaltenen Sublimate lagen zwischen 79 und 80 ° (Schmelzpunkt des Naphtalins 80 °). Das aus der Fraktion 200—250 ° der Urteerkohlenwasserstoffe bei 750 ° erhaltene Naphtalin wurde der Elementaranalyse unterworfen und gab auf Naphtalin gut stimmende Werte. Lag die Zersetzungstemperatur unter 700 °, so konnte kein Naphtalin erhalten werden. Die Menge desselben war bei 750 ° größer als bei 700 °, und zwar lieferten am meisten Naphtalin die Kohlenwasserstoffe, am wenigsten die Phenole, dazwischen lag die aus Urteer entstandene Menge.

Als wir ferner die gleichen Öle der thermischen Behandlung mit Wasserstoff bei 750 ° unterwarfen, fanden wir stets im Vorstoß neben einer verhältnismäßig großen Menge dunkler, schwerflüchtiger Öle ein Sublimat von Naphtalin, dessen Menge immerhin so groß war, daß seine Entstehung nach unsern bisherigen Erfahrungen nicht so gedeutet werden kann, daß es etwa durch weitgehenden thermischen Zerfall größerer Moleküle bezw. Aufbau

[1]) Franz Fischer, Hans Schrader und Udo Ehrhardt, Abh. Kohle 4, 390 (1919), Versuch 19 u. 20.

aus kleineren Spaltstücken sich gebildet hat. Vielmehr haben wir daraus den Schluß gezogen, daß sich in den höhersiedenden Anteilen des Urteers Naphtalinderivate befinden, und zwar sowohl Naphtalinhomologe wie Naphtolhomologe, die bei ihrer Entalkylierung und Reduktion Naphtalin liefern. Daß z. B. α-Methylnaphtalin sehr leicht mit Wasserstoff bei 750° in Naphtalin übergeht, hat ein früher angestellter Versuch[1]) gezeigt.

Unser Bestreben war nunmehr, das Vorhandensein von Naphtalinderivaten im Urteer einwandfrei festzustellen. Zu diesem Zweck haben wir ihre Abscheidung mittels der Pikratmethode angewandt. Als wir Urteer, den wir aus Gasflammkohle Lohberg hergestellt und bis 300° abdestilliert hatten, in Alkohol lösten und mit einer bei Zimmertemperatur gesättigten alkoholischen Pikrinsäurelösung versetzten, schied sich trotz langen Stehens im Eisschrank nichts ab. Selbst als wir dem Urteer α-Methylnaphtalin zusetzten, fand keine Abscheidung von Pikraten statt. Diese Tatsache war leicht erklärlich, da sich sogar, wie ein weiterer Versuch zeigte, das Pikrat von α-Methylnaphtalin in der alkoholischen Urteerlösung auflöste. Wir verwandten nun zu unsern weiteren Versuchen die Fraktion 200—250° der aus dem Urteer durch Behandeln mit Lauge abgetrennten und von Basen befreiten Kohlenwasserstoffe. Diese lieferte nach einigem Stehen im Eisschrank eine geringe Ausscheidung von Pikrat. Zur genaueren Untersuchung zerlegten wir von einer neuen Probe die Kohlenwasserstoffe in Fraktionen von 5 zu 5° und prüften dieselben einzeln in der beschriebenen Weise auf Pikratbildung. Nach 8tägigem Stehen im Eisschrank hatten sich aus sämtlichen Fraktionen Pikrate ausgeschieden, und zwar um so mehr, je höher die Fraktion war, so daß also die Fraktionen von 240—245° und 245—250° die Hauptmenge enthielten. Da der Siedepunkt des α-Methylnaphtalins bei 241°, der von β-Methylnaphtalin bei 245° liegt, so kann wohl angenommen werden, daß diese Homologen die Hauptpikratbildner in der angewandten Fraktion sind. Die Kohlenwasserstoffe der Fraktion 250—300° hatten wir bereits für andere Versuche verwendet und konnten daher die Pikratprobe noch nicht auf dieselben ausdehnen. Wir beabsichtigen, diese Untersuchung demnächst nachzuholen.

Als wir die Fraktion 200—300° der Phenole und auch des Urteers als solchen ebenfalls nach Zerlegung in kleine Fraktionen

---

[1]) Franz Fischer, H. Schrader u. W. Meyer, Abh. Kohle 5, 435 (1920).

von 5° auf Pikratbildung prüften, fanden wir, daß die Phenole gar keine Ausscheidungen lieferten, während der Urteer nur in der Fraktion 240—245° und in der Fraktion 245—250°, also an der Stelle, wo die Kohlenwasserstoffe die Hauptmenge an Pikrat geliefert hatten, gelbe Nadeln ausschied.

Um uns nun zu vergewissern, daß die erhaltenen Pikrate, deren Gesamtmenge immerhin verhältnismäßig gering war, tatsächlich Naphtalinderivate als die eine Komponente enthielten, haben wir die aus den verschiedenen Fraktionen erhaltenen Mengen vereinigt und durch gelindes Erwärmen mit Ammoniak zersetzt. Die als ölige Tröpfchen abgeschiedenen Kohlenwasserstoffe wurden in der Kälte halbfest. Da wir, wie oben beschrieben, seinerzeit bei der thermischen Zersetzung von α-Methylnaphtalin mit Wasserstoff im verzinnten Eisenrohr in glatter Reaktion mit nahezu theoretischer Ausbeute Naphtalin erhielten, haben wir diese Methode auch auf die aus den Pikraten abgeschiedenen Kohlenwasserstoffe angewandt. Obwohl wir wegen der geringen Menge der Kohlenwasserstoffe von einer quantitativen Verfolgung der Reaktion absahen, so schloß doch das reichliche Naphtalinsublimat, das wir bei der Zersetzung als einziges Kondensat erhielten, jeden Zweifel darüber aus, daß wir es tatsächlich mit Naphtalinderivaten zu tun hatten. Das Naphtalin haben wir identifiziert, indem wir es zunächst sublimierten. Der Schmelzpunkt des gelblichen Produktes lag bei 72° anstatt 80°. Das daraus hergestellte Pikrat zeigte einen Schmelzpunkt von 147°, während derselbe bei der reinen Verbindung bei 149° liegt.

Was die quantitative Seite unserer Untersuchung angeht, so können wir einstweilen mitteilen, daß die Mengen an Naphtalinhomologen, die wir mit Hilfe der Pikratmethode erhalten haben, sicher weniger als 1 % des Teeres ausmachen. Die höheren Ausbeuten, die Strache und Dolch bekamen, erklären sich vielleicht dadurch, daß diese Braunkohlenurteere untersuchten, wir aber Steinkohlenurteer. Vielleicht findet sich auch noch eine andere Erklärung.

Zusammenfassung.

Aus unsern Ausführungen geht folgendes hervor:

1. Unter den Kohlenwasserstoffen des Steinkohlenurteers sind Derivate des Naphtalins vorhanden.

2. Auch unter den Phenolen des Steinkohlenurteers scheinen sich Naphtalinderivate (Naphtolhomologe) zu befinden.

3. Da die Naphtalinbestimmung von Knublauch nicht nur reines Naphtalin, sondern auch Naphtalinderivate und andere aromatische Kohlenwasserstoffe anzeigt, ist diese Methode zur Bestimmung des eigentlichen Naphtalins nicht geeignet; man wird daher besser die Methode von Franz Fischer und Glund verwenden.

4. Beim Übergang des Urteers in Kokereiteer wird zum mindesten ein Teil des Naphtalins durch Entalkylierung von Naphtalinderivaten gebildet, ebenso wie auch die Karbolsäure des Kokereiteeres infolge Entmethylierung von methylierten Phenolen entsteht. Die Karbolsäure als solche ist ebensowenig im Urteer enthalten wie das eigentliche Naphtalin.

5. Zu dem Übergang von Phenolhomologen in Karbolsäure und Benzolhomologe (I), den wir früher klargestellt haben, stellen wir nunmehr in Parallele den entsprechenden Übergang von Naphtalinhomologen (II), wie folgendes Schema zeigt:

$$\text{I. } C_6H_4(CH_3)OH \xrightarrow{\text{Entalkylierung}} C_6H_5\cdot OH \xrightarrow{\text{Reduktion}} C_6H_6.$$
$$\text{I. } C_6H_4(CH_3)OH \xrightarrow[\text{Reduktion}]{} C_6H_5\cdot CH_3 \xrightarrow[\text{Entalkylierung}]{} C_6H_6.$$

$$\text{II. a) } C_{10}H_7\cdot CH_3 \xrightarrow{\text{Entalkylierung}} C_{10}H_8.$$

$$\text{b) } C_{10}H_6(CH_3)OH \xrightarrow{\text{Entalkylierung}} C_{10}H_7\cdot OH \xrightarrow{\text{Reduktion}} C_{10}H_8.$$
$$\text{b) } C_{10}H_6(CH_3)OH \xrightarrow[\text{Reduktion}]{} C_{10}H_7\cdot CH_3 \xrightarrow[\text{Entalkylierung}]{} C_{10}H_8.$$

6. Während jedoch bei der Bildung des Kokereiteeres die Phenole des Urteeres zu einem beträchtlichen Teil unter Rußabscheidung tiefgreifend zersetzt werden, ein anderer Teil zu Kohlenwasserstoffen reduziert wird und nur ein im Verhältnis zur ursprünglichen Menge kleiner Teil in den Kokereiteer als niedere Phenolhomologe übergeht, ist anzunehmen, daß die im Urteer vorhandenen Naphtalinkohlenwasserstoffe dank der thermischen Beständigkeit dieser Gruppe sich im Kokereiteer in Form des Naphtalins bezw. seiner niederen Homologen in nahezu unveränderter Menge wiederfinden.

Mülheim-Ruhr, Dezember 1921.

---

15. Über das Verhalten von Cellulose, Lignin, Holz und Torf gegen Bakterien.

Von

Hans Schrader.

Für die Vermoderungsvorgänge der abgestorbenen pflanzlichen Substanz in der Natur ist die Wirkung von Kleinlebewesen zweifelsohne von der allergrößten Bedeutung. Die von Franz Fischer und mir aufgestellte Lignintheorie leitet die Entstehung der Kohle im wesentlichen aus dem Lignin her und erklärt das Verschwinden der ursprünglich in überwiegender Menge in den Pflanzenstoffen vorhandenen Cellulose hauptsächlich durch Vergärung derselben d. h. Zersetzung durch Bakterien. Über die Cellulosegärung liegt eine reichliche Literatur vor, die unsere Ansicht auf das beste bestätigt, und die wir, soweit sie uns erreichbar war, gesammelt und angeführt haben[1]).

Wenn angesichts der vielen bereits ausgeführten Arbeiten über diesen Gegenstand es unternommen wurde, ein paar weitere Versuche auf diesem Gebiete auszuführen, so geschah dieses nur in der Absicht, mit eigenen Augen beobachten zu können, ob und in welcher Weise unter den primitivsten Bedingungen die bakterielle Zersetzung von Pflanzenstoffen einsetzt.

Die beiden Versuchsreihen, die ausgeführt wurden, unterscheiden sich dadurch, daß in der ersten den Pflanzenstoffen nur Wasser, in der zweiten eine Nährlösung zugesetzt wurde. Die Nährlösung setzte sich folgendermaßen zusammen[2]):

In 1 l destillierten Wassers gelöst:

5 g Kaliumnitrat	0,1 g Aluminiumsulfat
1 g Calciumphosphat	0,01 g Manganchlorür
0,1 g Magnesiumchlorid	0,1 g Natriumkarbonat
0,1 g Eisensulfat	

Zu dieser Lösung wurde noch 1 g Ammoniumsulfat gegeben.

---

[1]) Franz Fischer und Hans Schrader, Entstehung und chemische Struktur der Kohle, 2. Aufl., Essen 1922, S. 22.

[2]) Nach Stoklasa in Abderhalden, Handbuch der biochemischen Arbeitsmethoden, Bd. 5, 2. Teil, Seite 888 (1912).

Die Pflanzenstoffe, die wir für unsere Versuche verwandten, sind in den folgenden Tafeln aufgeführt. Das Filtrierpapier und Zeitungspapier wurden in Form kleiner Stücke angewendet. Das Lignin bestand aus kleinen Spänen. Es war nach der Methode von Willstätter und Zechmeister durch Behandeln von Kiefernsägemehl mit hochkonzentrierter Salzsäure gewonnen worden. Die

Tafel 1.

Vergärung von Cellulose, Lignin, Holz und Sphagnum unter Zusatz von Wasser im Brutschrank bei 37°.

Menge g	Stoff	Nach 2 Tagen	Nach 8 Tagen	Nach 15 Tagen Reaktion der wässerigen Flüssigkeit gegen Lackmus	Nach 21 Tagen
20	Reines Filtrierpapier		Bräunt sich an einigen Stellen von den Rändern her		
10	Zeitungspapier		Bräunt sich von den Rändern her		
20	Lignin (Goldschmidt)		Keine Veränderung		Auftreten weißer Punkte, deren Ursache nicht zu erkennen ist
10	Kiefernholz (entharzt)	Weißer Schimmelüberzug	Reichlicher grüner Überzug	Neutrale Reaktion	
30	Frisches Kiefernholz (grob)		Schwacher Schimmelüberzug, stellenweise Bräunung der oberen Holzstückchen		
10	Altes Kiefernholz		Grüner Überzug und lange Fäden, die an der Luft befindlichen Holzstücke bräunen sich	Neutrale Reaktion	Geruch nach H_2S; unterer unter Wasser gewesener Teil färbt sich grünschwarz
5	Vermodertes Buchenholz	Schwacher weißer Schimmelhauch	Geringer grünlicher Schimmel	Schwach saure Reaktion	
8	Sphagnum cuspidatum	Lange dünne, weiße Schimmelfäden	Lange dünne Fäden und viel grünlicher Belag	Schwach saure Reaktion	
5	Velener Torf 1		Keine Veränderung	Stark saure Reaktion	

Tafel 2.

Vergärung von Cellulose, Lignin, Holz und Sphagnum unter Zusatz einer Nährlösung im Brutschrank bei 37°.

Menge g	Stoff	Nährlösung ccm	Nach 2 Tagen	Nach 3 Tagen	Nach 5 Tagen	Nach 9 Tagen	Nach 19 Tagen	Nach 25 Tagen
20	Reines Filtrierpapier	100			Keine sichtbare Veränderung	Weiße, in der Mitte gelbe runde Pilzflecken auf der Oberfläche	Gasentwicklung u. starker weißer Pilzbelag	Graugrünfärbung und starker H_2S-Geruch
20	Lignin (Goldschmidt)	100	Gasentwicklung					Keine merkliche Veränderung
je 10	Reines Filtrierpapier und Lignin (Goldschmidt)	100					Die Cellulosestücke sind mit einer schwach gelbgrünlichen Gallerte überzogen. Auf der Oberfläche teils an Lignin-, teils an Cellulosestückchen weiße Pilzblähungen und Gasentwicklung	Graugrünfärbung und H_2S-Geruch
30	Kiefernholz (entharzt)	150	Schwach grünliche Pilzbildung	Sehr reichliche grüne Pilzbildung und Gasentwicklung; stark umgeschüttelt bis zur Zerstörung d. Pilzhaut	Mit dicker weißer Pilzhaut bedeckt	Dicke weiße Pilzflecken	Dicke lederartige Pilzschicht mit zahllosen kleinen Vertiefungen	
30	Kiefernholz (frisch)	150		Reichliche Vegetation	Sehr starke gallertartige Haut mit grünen Gewächsen	Grüne dicke, schleimige Masse	Sehr starke Pilzdecke	
5	Sphagnum cuspidatum	25	Einzelne weiße Fäden	Weiße Fäden und bedeutende Mengen grünlicher Pilze	Verhältnismäßig schwacher grüner Belag und weiße Fäden	wie vorher	Ziemlich schwaches Wachstum; Gasentwicklung	
5	Velener Torf	25						Keine merkliche Veränderung

Hölzer wurden als Sägemehl, Sphagnum und Torf in ihrer natürlichen Form verwandt. Die Stoffe wurden mit Wasser bezw. der angegebenen Nährlösung mit einem wäßrigen Auszug von Gartenerde versetzt und im Brutschrank bei 37° aufbewahrt. Das verdampfende Wasser wurde durch destilliertes Wasser ersetzt. Die Veränderungen, die die Stoffe während der Beobachtungszeit erlitten, sind in den vorstehenden Tafeln angegeben.

Aus Tafel 1 geht hervor, daß in Gegenwart von Wasser im Verlauf von 21 Tagen nur die Hölzer und das Sphagnummoos eine Entwicklung von Pilzkulturen erkennen ließen. Besonders stark war dieselbe beim Kiefernholz, das bereits längere Zeit aufbewahrt worden war. Hier trat infolge der Einwirkung reduzierender Vorgänge schließlich sogar Schwefelwasserstoffgeruch auf.

Bei den Versuchen in Gegenwart von Nährlösung (Tafel 2) war die Tätigkeit der Organismen bedeutend lebhafter. Hier setzte nach einigen Tagen auch die Gärung der Cellulose ein, und nur beim Lignin und beim Velener Torf zeigten sich keine Spuren organischer Tätigkeit. Beim ersteren ist es sehr wohl verständlich, daß die Behandlung mit hochkonzentrierter Salzsäure bei der Darstellung Veränderungen hervorgerufen hat, die die Substanz dem Angriff der kleinen Lebewesen gegenüber widerstandsfähig machen, und man müßte den Versuch zweckmäßig mit einem in milderer Weise gewonnenen Lignin anstellen. Am schnellsten begannen die Pilzkulturen auf dem Sphagnum zu wachsen, doch war die Weiterentwicklung viel stärker bei der Cellulose und beim Holz.

So roh die Versuche an sich sind, so haben sie doch gezeigt und bestätigt, mit welcher Leichtigkeit und Lebhaftigkeit Cellulose und Holz in schnelle Gärung geraten können. Auch sei noch besonders bemerkt, daß in Übereinstimmung mit anderen Autoren, insbesondere Hoppe-Seyler, das Auftreten von Huminsubstanzen bei der Gärung der Cellulose nicht beobachtet werden konnte.

Mülheim-Ruhr, Juli 1922.

---

16. Über die Eignung verschiedener Kohlen und Pflanzenstoffe zur Herstellung von aktiver Kohle.

Von

Franz Fischer, Hans Schrader und **Carl Zerbe.**

Brennstoff-Chemie 3, 241 (1922).

Im Kriege wurde aktive Kohle im großen Maßstabe als Füllung der Atemeinsätze für Gasmasken gebraucht und diente als Absorptionsmittel für giftige Gase und Dämpfe. Seit den Arbeiten, die sich auf diese Verwendung beziehen, ist die Aufmerksamkeit der Technik weiter diesem Produkt zugewandt geblieben, und insbesondere waren es die Farbenfabriken vorm. Bayer & Co., die mit verschiedenen Vorschlägen zur Verwertung der nach der Art der Herstellung mit Chlorzinkkohle bezeichneten aktiven Kohle hervortraten. Die Wirksamkeit dieser Kohle, deren Preis bisher allerdings recht hoch ist, ist in der Tat eine sehr gute, solange die in dem zu reinigenden Gase vorhandenen Stoffe lediglich leicht flüchtig sind. Sobald jedoch hochsiedende, insbesondere teerige Substanzen darin vorkommen, verliert die Kohle ihre Brauchbarkeit, da dieselben nicht mit Wasserdampf ausgeblasen und voraussichtlich auch nur schwer auf andere Art, z. B. durch Lösungsmittel entfernt werden können. Aus diesem Grunde verbietet sich vorläufig die Anwendung der verhältnismäßig teuren Chlorzinkkohle an einem Punkte, der gegenwärtig besonderes Interesse beansprucht, nämlich bei der Gewinnung des Benzols aus dem Kokereigas.

Trotz der hohen Vervollkommnung, welche das Verfahren der Benzolgewinnung aus dem Kokereigas mit Waschöl im Laufe der Zeit erreicht hat, bleibt doch stets noch ein beträchtlicher Teil der Benzolkohlenwasserstoffe im Gas zurück. Die Menge beläuft sich auf etwa $^1/_3$ des ursprünglich im Gas vorhandenen Benzols und stellt daher bei den heutigen Benzolpreisen einen beträchtlichen Wert dar. Im folgenden führen wir eine von uns gelegentlich ausgeführte Bestimmung an über die im gewaschenen Kokereigas noch befindliche Menge Benzolkohlenwasserstoffe.

Das zu untersuchende Gas wurde hinter den Ölwäschern aus der Hauptleitung, und zwar durch ein eingeführtes Glasrohr etwa aus der Mitte des Leitungsrohres entnommen. Während der Versuchszeit betrug die Temperatur des Gases in der Hauptleitung +17 bis 19°. Die Außentemperatur war etwa 1° unter Null.

Die Absorptionsapparatur war folgendermaßen zusammengesetzt:

1. Eine leere Waschflasche,
2. Eine 5 l-Flasche mit Tubus am Boden, zur Hälfte mit einem Gemisch von Chlorcalcium und gebranntem Kalk gefüllt,
3. Zwei miteinander verschraubte Absorptionstrommeln mit einer Gesamtfüllung von etwa 2 kg aktiver Kohle,
4. Gasuhr.

Die einzelnen Apparate waren miteinander durch Gummischläuche verbunden. 1 und 2 dienten zur Abscheidung des Wassers aus dem damit gesättigten Gas. Infolge der niederen Außentemperatur sammelten sich allein in der Waschflasche während des Versuchs 36,5 ccm Wasser an; an den Wandungen hatten sich Naphtalinkriställchen niedergeschlagen.

In der Zeit von 11 Uhr vormittags bis 4,50 Uhr nachmittags gingen 5,7 cbm Gas durch unsere Apparatur, die dabei um 108 g an Gewicht zunahm. Die Absorptionsgefäße wurden mit überhitztem Dampf ausgeblasen; dabei entwich zunächst Gas und dann Benzol. Das Benzol wurde aufgefangen; seine Menge betrug 55 ccm, das spezifische Gewicht 0,88.

Von den 55 ccm siedeten 32 ccm unter 95°, 10 ccm zwischen 95 und 125°, 3 zwischen 125 und 150° und 8 zwischen 150 und 180°.

Nebenbei sei bemerkt, daß sich sowohl aus dem Benzol als auch aus dem Wasser, welches sich aus dem Dampf kondensiert hatte, gelber, pulveriger Schwefel ausschied, der vermutlich durch die oxydierende Wirkung der Kohle (infolge absorbierten Sauerstoffes) auf den Schwefelwasserstoff des Kokereigases entstanden war. Der Versuch hat also ergeben, daß in dem ausgewaschenen Gas noch etwa 8,6 g Rohbenzol im Kubikmeter enthalten ist. Dieser Betrag muß als ziemlich hoch bezeichnet werden, wenn man berücksichtigt, daß die niedere Lufttemperatur z. Zt. des Versuchs für die Wirksamkeit der Ölwäscher sehr günstig war. Im Sommer wird sich wahrscheinlich noch viel mehr Benzol im Gas befinden, da das Waschöl umsomehr Benzol herausnehmen kann, je niedriger seine Temperatur ist[1]).

Da, wie bereits gesagt, die aktive Kohle recht teuer ist und nach verhältnismäßig kurzer Zeit durch die hochsiedenden Teerbestandteile des Gases verschmiert und sich dann durch Ausblasen nicht mehr wirksam machen läßt, richteten wir unsere Bemühungen darauf, eine aktive Kohle aus so wohlfeilem Material und ohne Anwendung von Chemikalien herzustellen, daß man, ohne die Wirtschaftlichkeit des Verfahrens zu gefährden, die Kohle nach der Erschöpfung verbrennen und einfach durch frische ersetzen könnte.

Vorversuche mit Absorptionskohle von Bayer.

Zunächst führten wir einige Versuche über die Wirksamkeit der Chlorzinkkohle von Bayer aus. Wir leiteten Luft im langsamen Strom durch eine Waschflasche, die mit einer gewogenen Menge Benzol gefüllt war. An die Waschflasche war ein mit Kohle gefüllter Absorptionsturm angeschlossen. Nach zweistündigem Durchleiten hatte die Waschflasche um 0,92 g abgenommen, der Kohleabsorptionsturm um 0,93 g zugenommen. Die Kohle wurde nun in einen Aluminiumschwelapparat geschüttet, an dessen Ableitungsrohr ein Kühler angeschlossen war, und bei 300—350° kurze Zeit mit Dampf ausgeblasen. In dem vorgelegten Meßzylinder verdichtete sich außer dem Wasser 1,0 ccm Benzol. Da das Benzol die Dichte 0,88 besitzt, waren 0,88 g Benzol wieder erhalten worden. Nachdem die Temperatur der Aluminiumretorte auf 300° gefallen war, wurde sie mit Preßluft ausgeblasen.

Die so getrocknete Kohle wurde neuerdings zu einem gleichen Versuch verwandt. Diesmal wurden 2,3 g Benzol verdampft und die gleiche Menge als Zunahme der Kohle ermittelt. Bei der Destillation gingen 2,3 ccm Benzol = 2,0 g in die Vorlage über.

Aus vorstehenden Versuchen ergibt sich, daß die Kohle den Benzoldampf vollständig aus der Luft herausnimmt. Bei der Wiedergewinnung desselben durch Ausdampfen der Kohle treten, wie bei der Leichtflüchtigkeit des Benzols nicht anders zu erwarten, gewisse Verluste ein, die sich jedoch beim Arbeiten mit größeren Mengen verringern werden.

---

[1]) Über die Wirksamkeit des Waschöls bei verschiedenen Temperaturen vergl. Berl, Z. ang. 34, 125, 278 (1921).

12*

Versuche mit Ligninkohle.

Über die Art, wie die Chlorzinkkohle aus Holz hergestellt wird, insbesondere über die Menge des angewandten Chlorzinks, die Darstellungstemperatur und die Ausbeute, ist nichts Näheres bekannt. Möglicherweise, so dachten wir, beruht die Wirksamkeit der Chlorzinkkohle auf ihren Gehalt an freigelegter Ligninkohle, indem etwa durch den Zusatz von Chlorzink bei der Darstellung der Kohle die Cellulose löslich gemacht und wenigstens teilweise vom Lignin getrennt wird, während der zurückbleibende Ligninanteil verkohlt wird. Wir haben deshalb den Versuch gemacht, ob aus reinem Willstätterschen Lignin hergestellte Kohle eine besonders gute Absorptionsfähigkeit gegen Dämpfe organischer Flüssigkeiten zeigt.

Wir stellten die Ligninkohle her, indem wir das Lignin, das von der Goldschmidt A.-G. in Essen stammte[1]), in einem Aluminiumschwelapparat im Wasserdampfstrom auf 500° erhitzten und dann im Kohlendioxydstrom erkalten ließen. Als wir mit dieser Kohle einen Absorptionsversuch mit Benzol machten, entwichen gleich zu Beginn des Versuches dem Geruch nach zu urteilen beträchtliche Mengen Benzol, worauf wir den Versuch abbrachen und nunmehr die Kohle im elektrischen Ofen im Kohlendioxydstrom auf 600° erhitzten. Der mit der so vorbereiteten Kohle ausgeführte Versuch ergab ein etwas besseres Ergebnis. 8 g Kohle, die in einen Absorptionsturm gefüllt waren, hatten nach $2^1/_2$ Stunden 0,7 g Benzol = 8,8% des Gewichts der Kohle aufgenommen. Nach einer weiteren halben Stunde des Durchleitens war eine Gewichtszunahme nicht eingetreten. Es war also die Absorptionsfähigkeit der Kohle für die vorhandene Konzentration des Benzols erreicht. Ein dahinter geschaltetes Röhrchen mit aktiver Kohle hatte 0,5 g zugenommen.

Aus dem Versuch geht hervor, daß die durch einfaches Erhitzen von Lignin auf 600° entstehende Kohle zwar eine gewisse Menge Benzoldampf aus der Luft aufzunehmen vermag, aber keineswegs in ihrer Wirksamkeit an die Chlorzinkkohle heranreicht. Im Nachfolgenden beschriebene Versuche, bei denen wir das Lignin auf 800° erhitzten, ergaben bessere Ergebnisse, nämlich eine Benzolaufnahme bis zu 22,7%.

---

[1]) Vergl. Abh. Kohle 5, 222 (1920).

Systematische Untersuchungen der aus verschiedenen Pflanzenstoffen und Kohlen hergestellten aktiven Kohlen.

Bekanntlich sind die Bestrebungen, eine möglichst wirksame Kohle, sei es für Klärzwecke von Flüssigkeiten, sei es für die Absorption von Gasen und Dämpfen herzustellen, außerordentlich mannigfaltig gewesen. Wir sehen davon ab, Einzelheiten anzuführen, sondern verweisen auf die unten angegebene Literatur. Das Wesentliche an allen diesen Verfahren ist für uns die Tatsache, daß dieselben die Herstellungskosten der Kohle bedeutend verteuern.

Wir sind nun dazu übergegangen, die in nachstehender Tafel aufgeführten Stoffe bezüglich der Wirksamkeit der aus ihnen hergestellten festen Verkokungsprodukte zu untersuchen, um festzustellen, welche Unterschiede in der Aufnahmefähigkeit auftreten, und ob es vielleicht nicht doch möglich ist, auf solche einfache Weise eine billige aktive Kohle herzustellen.

Die Darstellung der Kohle wurde bei allen Substanzen unter gleichen Bedingungen vorgenommen. Wir erhitzten die Stoffe in einem schrägliegenden, elektrisch geheizten Ofen zunächst auf 500° unter Durchleiten von Wasserdampf. Dann verdrängten wir den letzteren durch Stickstoff und steigerten die Temperatur allmählich auf 800°. Schließlich ließen wir im Stickstoffstrom erkalten. Die Kohle wurde zu Graupengröße zerkleinert und von dem dabei entstandenen Staube abgesiebt. Die Sättigung der Kohle erzielten wir auf folgende Weise: Durch eine mit Benzol gefüllte Schraubenwaschflasche, die, um die Temperatur konstant zu halten, in einem Wasserbad von 20° stand, leiteten wir im langsamen Strome Luft. Die mit Benzol gesättigte Luft ließen wir durch mit aktiver Kohle gefüllte Türme von 16 cm Höhe und 4 cm Durchmesser streichen, bis keine Gewichtszunahme der letzteren mehr stattfand. Zum Ausblasen der Kohle mit Wasserdampf füllten wir den Inhalt der Türme in einen Aluminiumschwelapparat mit eingebauter Dampfüberhitzung, an den ein Kühler angeschlossen war. Das Destillat fingen wir in einem eisgekühlten Meßrohr auf, das ein Ablesen der erhaltenen Benzolmenge auf $^1/_{10}$ ccm gestattete. Das Austreiben nahmen wir in der Weise vor, daß wir zunächst die Temperatur auf 150° hielten, bis kein Benzol mehr entwich, und dann in gleicher Weise auf 200° und 350° gingen. Es hatte sich nämlich herausgestellt, daß selbst bei 150°, also 70° über dem Siedepunkt des

Benzols, sich das von der Kohle aufgenommene Benzol noch keineswegs vollständig herausblasen läßt, wenigstens nicht, ohne die Dampfbehandlung auf eine sehr lange Zeit auszudehnen. Auch bei 200° fanden wir das Ausblasen nicht genügend wirksam, erst bei 350° ist man sicher, in verhältnismäßig kurzer Zeit alles aufge-

Tafel

Benzolaufnahmefähigkeit der Verkokungsprodukte

Lfde. Nr.	Ausgangsmaterial	Ergebnis der Verkokung bei 800°			Ab- Sätti-
		angew. Menge	Erhalten Koks		angew. Menge
		g	g	%	g
1a	Cellulose	657	133	20	32,7
1b	„	476	76	16	36,4
2a	Lignin [1])	520	275	53	13,6
2b	„	400	230	58	52,6
2c	„	400	230	58	46,2
3	Sägemehl	359	69	19	5,9
4	Holz (vermodert)	480	78	16	2,3
5	Laub	271	69	25	15,0
6	Farnkraut	254	75	30	12,6
7	Torf (Velener)	100	29	29	3,5
8	Union-Brikett	268	99	37	17,3
9	Sächs. Schwelkohle	63	20	32	10,3
10	Braunkohle (böhmische) . . .	213	97	46	13,7
11	Gasflammkohle	141	90	64	11,1
12	5 mal druckextrahierte Fettkohle	184	142	77	14,2
13	Faulschlamm	1480	120	8	41,4
14	Cannelkohle	297	198	67	16,1
15a	Lignit Alexandria	200	82	41	13,6
15b	„ Breitscheid	160	52	32	12,1
15c	„ Vulkan	372	143	38	31,1
15d	„ Gewerkschaft Weiler [1]) .	300	154	51	113
15e	„ Segen Gottes	340	122	36	11,7
15f	„ Gewerkschaft Weiler [1]) .	281	130	46	97,9
15g	„ Viktoria	488	155	32	12,3
15h	„ Bach	461	188	41	90,1
16a	5 mal mit Benzol druckextrahierter Lignit	60	30	50	10,2
16b	desgl.	60	30	50	10,6

[1]) In diesem Versuch wurde die Verkokung bei 600° ausgeführt.

nommene Benzol wieder herauszubekommen. Die nachfolgende Tafel zeigt verschiedene Beispiele, in denen von 150°—200° gar nichts oder nur wenig Benzol überging, während bei 200°—350° noch erhebliche Mengen gewonnen wurden (siehe z. B. Versuch 1a, 5, 8, 9, 10, 15a—c, 15f und 15h).

1.

verschiedener Pflanzenstoffe und Kohlen.

sorptionsfähigkeit der Kokse

gung mit Benzol		Ausblasen des benzolgesättigten Koks mit Dampf					
		Beim Abblasen mit Dampf abgegeben ccm				Aus Gewichtszunahme berechnetes Benzol ccm	Unterschied: Menge ausgeblasenes Benzol gegen Benzol, berechnet aus Gewichtszunahme ccm
Benzol-aufnahme g	Gewichtszunahme %	bis 150°	150° bis 200°	200° bis 350°	zusammen		
4,8	14,6	4,6	—	0,9	5,5	5,5	—
9,2	25,8	—	—	—	—	—	—
0,7	5,1	—	0,2	0,4	0,6	0,8	— 0,2
11,0	20,9	—	—	—	—	—	—
10,5	22,7	—	—	—	—	—	—
0,7	11,9	0,2	0,2	—	0,4	0,8	— 0,4
0,06	2,6	—	—	—	—	0,07	— 0,07
1,2	8,0	0,9	—	0,05	0,95	1,4	— 0,45
0,08	0,24	—	—	—	—	0,05	— 0,08
1,1	12,9	0,2	0,2	0,4	0,8	1,2	— 0,4
2,6	14,6	1,0	0,1	0,6	1,7	2,9	— 1,2
1,5	14,6	—	—	0,2	0,2	1,7	— 1,5
1,1	8,0	0,4	0,0	0,4	0,8	1,2	— 0,4
0,17	1,5	—	—	—	—	—	— 0,2
0,0	0,0	—	—	—	—	—	—
1,2	2,9	—	0,4	0,9	1,3	1,4	— 0,1
1,1	6,8	—	0,1	0,4	0,5	1,3	— 0,8
3,0	22,1	2,0	—	0,8	2,8	3,4	— 0,6
1,5	12,4	1,1	—	0,1	1,2	1,7	— 0,5
7,4	12,1	4,5	—	2,1	6,6	8,4	— 1,8
13,1	11,1	—	—	—	—	—	—
1,1	9,4	0,2	0,2	0,6	1,0	1,3	— 0,3
8,9	9,1	3,4	1,0	5,1	9,5	10,1	— 0,6
0,7	5,7	0,2	0,4	—	0,6	0,8	— 0,2
3,1	3,4	1,5	—	1,1	2,6	3,5	— 0,9
2,6	25,5	—	—	—	—	—	—
2,8	26,4	—	—	—	—	—	—

Besprechung der Versuchsergebnisse.

Wie aus der Tafel ersichtlich, haben wir die verschiedensten Pflanzenstoffe und Kohlen für unsere Versuche verwandt. Wir begannen mit den Hauptbestandteilen des Holzes, der Cellulose und dem Lignin, und fanden bei beiden Stoffen eine recht gute Absorptionsfähigkeit, nämlich etwa 25 % des angewandten Koks, so daß hierdurch unsere weiter oben geäußerte Vermutung, die Ligninkohle sei besonders wirksam, nicht bestätigt wird. Bemerkenswert erscheint, daß selbst bei annähernd auf gleiche Weise hergestelltem Koks die Wirksamkeit sehr verschieden sein kann. So ergab der Cellulosekoks einmal eine Gewichtsaufnahme von 15 %, das andere Mal eine solche von 25 %. Der einzige Unterschied in der Verkokungsweise dieser beiden Produkte bestand darin, daß das erste Mal in einer Stickstoff-, das zweite Mal in einer Kohlensäure-Atmosphäre gearbeitet wurde. Beim Lignin tritt der Einfluß der Verkokungstemperatur deutlich hervor. Der bei 600° dargestellte Koks absorbierte nur 5 % Benzol, während der bei 800° gewonnene 23 % aufnahm.

Die folgenden Versuche bieten einen Vergleich zwischen der Holzkohle und den Verkokungsprodukten von Laub, Farnkraut und vermoderten Pflanzenstoffen (Holz und Torf). Während Holz- und Torfkoks etwa die gleiche Wirksamkeit zeigen (12 % bezw. 13 %), sind Laub, vermodertes Holz und Farnkraut in der genannten Reihenfolge schwächer. Etwas besser als die Holzkohle erwies sich der Koks der jüngeren Braunkohle (sächs. Schwelkohle und rhein. Braunkohle), schlechter dagegen der der älteren böhmischen. Sehr schwach bezw. gar nicht wirkte der Koks von Humussteinkohle (Gasflammkohle, druckextrahierte Fettkohle). Dagegen näherte sich die Cannelkohle der älteren Braunkohle. Das Verkokungsprodukt von Faulschlamm, der ja letzten Endes als Muttersubstanz der Cannelkohle betrachtet wird, absorbierte nur sehr schwach.

Es hat sich also im wesentlichen ergeben, daß die natürlichen Kohlen um so wirksameren Koks liefern, je jünger sie sind. Wir haben daher unsere besondere Aufmerksamkeit den Ligniten zugewandt. Die in der Tafel aufgeführten Lignitproben aus dem Westerwald, die uns freundlichst von den Gruben zur Verfügung gestellt wurden, zeigen untereinander recht große Unterschiede. Die Kokse von 5 der 8 Muster nahmen zwischen 9 und 12 % ihres Gewichtes Benzol auf. Zwei dagegen bedeutend weniger, während der Koks des Lignits der Gewerkschaft Alexandria 22 % Benzol aufnahm, also die Wirksamkeit des Cellulose- und Ligninkoks nahezu erreichte. Wie die beiden letzten Versuche zeigen, kann die Wirksamkeit des Lignits durch Benzoldruckextraktion noch gesteigert werden; offenbar vermindert das vorhandene Bitumen, das sich zum Teil mit Benzol entfernen läßt, die Porösität oder die Oberflächenbeschaffenheit des Koks. Eine technische Verwertung dieser Beobachtung verbietet sich natürlich im allgemeinen durch die Kostspieligkeit des Verfahrens.

Absorptionsfähigkeit der Kokse, einiger Lignite und rheinischer Braunkohle, deren Herstellung in einer CO_2-Atmosphäre bei 500° bezw. 800° geschah.

Wir haben weiterhin ein paar Versuche darüber angestellt, ob die Absorptionsfähigkeit steigt, wenn man, anstatt bis 500° Wasserdampf und weiterhin Stickstoff durchzuleiten, die Verkokung nur in einem Strom von Kohlendioxyd vornimmt. Ferner haben wir die Verkokung bei einigen Versuchen bereits bei 500° abgebrochen.

Tafel 2.

Benzolaufnahmefähigkeit von Lignit und Braunkohlenkoks,

hergestellt in einer Kohlendioxydatmosphäre bei 500° bezw. 800°.

Lfde. Nr.	Ausgangsmaterial	Ergebnis der Verkokung				Benzolaufnahmefähigkeit		
		Verkokungstemp.	Angew. Menge	Erhalten Koks		Angew. Menge	Benzolaufnahme	Gewichtszunahme
		°C	g	g	%	g	g	%
1	Lignit Breitscheid .	500	61	24,5	40	14,34	0,08	0,6
2	„ Alexandria .	500	60	29,0	48	9,64	0,64	6,6
3	„ „ .	800	60	28,4	47	4,22	0,8	19,0
4	Union-Brikett . . .	500	55	28,5	52	14,34	0,5	3,5
5	„ „ . .	800	55	21,4	39	15,30	0,7	4,6

Die Ergebnisse befriedigten jedoch nicht. Einerseits zeigen die nur bis 500° erhitzten Kokse eine wesentlich geringere Wirksamkeit als die bei 800° bereiteten, und anderseits stehen die letzteren denen unter Durchleiten von Wasserdampf bezw. Stickstoff dargestellten (Taf. 1) nach.

Versuch im größeren Maßstabe.

Um ein Material zur Absorption von Benzol in größerem Maßstabe zu gewinnen, haben wir die übrig gebliebene Menge der in Tafel 1 aufgeführten Lignitproben, je etwa 1—2 kg, zusammengeschüttet und in einem zylindrischen Eisengefäß von 22 cm Durchmesser und 80 cm Höhe, das mit Ringbrennern auf helle Rotglut gebracht werden konnte und dessen Deckel mit einem Abzugsrohr versehen war, erhitzt. Eine Verkokung dauerte etwa 6 Stunden. Wir erhitzten so lange, bis kein Gas mehr entwich. Der entstandene grobe Koks wurde in einer Eiszerkleinerungsmaschine in bohnengroße Stücke gebrochen; seine Benzolaufnahmefähigkeit betrug dann etwa 10%, bestimmt an einer Menge von 1 kg durch Überleiten von Luft, die mit Benzol beladen war. Die Größe der Absorptionsfähigkeit entspricht also dem Mittelwert der in Tafel 1 angegebenen Werte für die Absorptionsfähigkeit der einzelnen Lignitkokse.

Schlußwort.

Aus vorstehenden Versuchen geht hervor, daß die untersuchten Pflanzenstoffe und Kohlen einen Koks liefern, dessen Absorptionsfähigkeit für Benzol eine sehr verschiedene ist. Insbesondere fanden wir, daß der Koks eines Lignits, also ein außerordentlich billiges Material, eine Absorptionsfähigkeit von über 20% seines Gewichtes hatte. Wenn man ferner berücksichtigt, daß die Verkokungstemperatur sowie die Atmosphäre, in der die Verkokung vorgenommen wird, von starkem Einfluß auf die Absorptionsfähigkeit der Kokse sind, so wird man erwarten können, bei eingehender Untersuchung der Wirkung dieser Faktoren eine recht billige Darstellungsweise einer hochwertigen Absorptionskohle zu finden. Man wäre dann auch in der Lage, Benzol aus Kokereigas, Benzin aus Urgas so gut wie restlos zu gewinnen, da man die nach einiger Zeit durch Teerdämpfe unwirksam gewordene Absorptionskohle ohne große Kosten durch neue ersetzen und die alte verbrennen könnte.

Literatur über die Herstellung und Wirksamkeit aktiver Kohlen.

1. Halen: Herstellung aktiver Kohlen. Kunststoffe 9, 23 (1919). (Übersicht über die bisherige Patentliteratur.)

[illegible]t: Die Benzolgewinnung nach dem Bayer-Verfahren. Gas- und Wasser- (1921).

3. Adler: Die technische Anwendung der Adsorptionskohlen (Ref. eines Vortrages). Z. ang. **34**, 611 (1921).
4. Carstens: Die Wiedergewinnung flüchtiger Lösungsmittel nach dem „Bayer-Verfahren". Z. ang **34**, 889 (1921).
5. Berl, Andress und Müller: Bestimmung des Benzolkohlenwasserstoffgehaltes im Leucht- und Kokereigas. Z. ang. **34**, 125, 278 (1921).
6. Berl und Andress: Über die Abscheidung flüchtiger Stoffe aus schwerabsorbierbaren Gasen. Z. ang. **34**, 369, 377 (1921). (Dort auch weitere Literatur.)
7. Argadh: Activated Carbon. Soc. **40**, 230 T (1921). (Dort auch Literatur.)

Mülheim-Ruhr, März 1922.

---

17. Hydrierung von Braunkohlen durch Kohlenoxyd in Gegenwart von Ammoniak und Pyridin.

Von

Hans Schrader.

Wie wir früher[1]) gezeigt, übt sowohl Kohlenoxyd bei seiner Umsetzung mit Wasser als auch Formiat in der Nähe seiner Zersetzungstemperatur starke hydrierende Wirkungen aus, so daß durch Behandlung mit diesen Agentien unter Druck Kohlen und Holz mit besserer Ausbeute in Öle übergeführt werden können, als durch Verwendung von Wasserstoff allein. Es ist anzunehmen, daß die hydrierende Wirkung des Kohlenoxyds im wesentlichen auf dem Auftreten der Ameisensäure (bezw. des bei ihrer Zersetzung entstehenden naszierenden Wasserstoffs) beruht, die als erste Stufe bei der Umsetzung:

$$CO + H_2O \longrightarrow HCOOH \longrightarrow CO_2 + H_2$$

sich bildet[2]), während der aus der Ameisensäure durch Zersetzung entstandene molekulare Wasserstoff erst in zweiter Linie hierfür in Betracht kommen wird.

Da nun die Ameisensäure bei höherer Temperatur ziemlich unbeständig ist, lag der Gedanke nahe, durch Zusatz gewisser Stoffe die Beständigkeit der Ameisensäure so zu erhöhen, daß die Zersetzung (Wasserstoffabgabe) möglichst erst dann eintritt, wenn durch Berührung derselben mit der sauerstoffabgebenden Substanz der Reduktionsvorgang ausgelöst wird. Als in dieser Weise wirksame Zusätze haben wir zunächst Ammoniak und Pyridin verwandt, die beide dadurch besonders gekennzeichnet sind, daß sie einerseits bei höherer Temperatur gasförmig sind und daher jeweils auch bei der Bildung von Ameisensäure aus Kohlenoxyd und Wasserdampf zugegen sein werden, und andererseits dadurch, daß sie beim Zerfall ihrer Formiate regeneriert werden.

---

[1]) Abh. Kohle 5, 470, 508 (1920).

[2]) Vergl. dieses Buch, S. 65.

Als Kohle verwandten wir, wie in den früheren Versuchen, gepulverte rheinische Braunkohle (Unionbriketts). Der Autoklav, der einen Leerraum von 262 ccm besaß, war innen aus früher erörterten Gründen elektrolytisch verkupfert, jedoch war der Kupferüberzug vielfach schon sehr schadhaft geworden.

Versuch mit Ammoniak

50 g Kohle wurden mit 30 ccm konzentrierter Ammoniaklösung und Kohlenoxyd unter 130 Atm. Druck 3 Stunden auf 400° erhitzt; das Gewicht des Apparates war nach dem Versuch um 41 g geringer, der Autoklav hatte also, wie es leicht beim Arbeiten mit Ammoniak vorkam, während des Versuches nicht dicht gehalten. Es waren noch 4,75 l Gas mit 30,8% CO_2 = 1,46 l darin vorhanden; dasselbe brannte mit schwach leuchtender Spitze. Das feste, schwarze Reaktionsprodukt wurde abgesaugt und an der Luft getrocknet, 46,2 g. Die wässerige, dunkelgelbe Lösung schied beim Stehen 0,05 g eines schwarzen Pulvers ab.

Ein Teil des kohligen Rückstandes wurde mit Äther erschöpfend ausgezogen. Die rotbraune Lösung zeigte schwach grünliche Fluoreszenz. Nach dem Abdampfen hinterblieb ein gelbbraunes Öl, dessen Menge, auf die für den Versuch angewandte Reinkohle berechnet, 10,9% betrug. Der in Äther nichtlösliche Rückstand war ein schwarzbraunes Pulver, das sich in kochendem Pyridin ungefähr zur Hälfte löste.

Unterwarf man das Reaktionsprodukt der trockenen Destillation im Dampfstrom, so erhielt man daraus einen Teer, dessen Menge, ebenfalls auf die angewandte Reinkohle bezogen, 14,9% betrug.

Versuch mit Pyridin.

Ein entsprechender Versuch wurde unter Zusatz von Pyridin ausgeführt, und zwar verwandten wir ein Gemisch von 30 ccm Pyridin und 30 ccm Wasser. Das nach dem Versuch abgeblasene Gas belief sich auf 17,8 l mit 55,0% CO_2 = 9,8 l. Das Gas brannte mit schwach leuchtender Spitze. Auf der wässerigen Pyridinlösung schwamm ein wenig braunes Öl. Das feste Reaktionsprodukt wurde abgesaugt und an der Luft getrocknet, 37,9 g. Aus der wässerigen Lösung schieden sich beim Stehen an der Luft 0,04 g eines schwarzen Pulvers aus.

Hydrierung im verkupferten Eisenautoklaven (Leerraum 282 ccm).

Je 50 g Braunkohle, 80 ccm Zusatz, CO unter 180 Atm. Druck, 8 Stunden bei 400°.

Lfde. Nr.	Stoff	Zusatz	Ätherlösl. Reaktionsprodukt		Kohliger Rückstand		Trockene Destillation		Löslichkeit des Kohlerückstandes in Pyridin	Abgeblasenes Gas	CO_2 im Gas
			g	in % der angewandten Reinsubstanz	g	in % der angew. getrockneten Substanz	Teer in % der angew. organ. Substanz	Koks in % der angew. getrockn. Substanz		l	l
1	Braunkohle	kons. Ammoniak	4,8	10,9	34,6	82,7	14,9	68,5	etwa 1/3	4,75 [1]	1,46
2	Braunkohle	Pyridin	10,0	25,3	24,8	59,2	28,7	47,7	„ 1/2	17,82	9,80

[1]) Apparat wurde während der Erhitzung undicht.

Wie die Tafel zeigt, ergab sowohl die Ätherextraktion des festen Reaktionsproduktes als auch die trockene Destillation desselben im Dampfstrom erheblich mehr als bei dem vorhergehenden Versuch, nämlich 25,3 und 28,7% der ursprünglichen Reinkohle. Offenbar ist an diesem Unterschied wesentlich die Undichtigkeit des Apparates Schuld, die beim ersten Versuch die Wirkung des Kohlenoxyds zum großen Teil vereitelte. Die erhoffte Wirkung, nämlich Steigerung der ätherlöslichen Hydrierungsprodukte, wurde auch durch den Pyridinzusatz nicht erreicht. Im Vergleich zu den früher ausgeführten Versuchen ohne Pyridinzusatz[1]) erzielte der Versuch mit Pyridin keine Verbesserung der Ausbeute.

Mülheim-Ruhr, Oktober 1921.

---

[1]) Abh. Kohle 5, 508 (1920).

18. Darstellung der für die folgenden Untersuchungen verwendeten Huminsäuren.

Von

Hans Tropsch und **Albert Schellenberg.**

Die Humuskohlen, Braunkohlen sowohl wie Steinkohlen, leiten sich letzten Endes von den Huminsäuren ab. Die Braunkohlen werden, soweit die Huminsäuren darin nicht schon in freier Form vorliegen, durch Kochen mit verdünnter Lauge[1]) oder durch Erhitzen mit 2,5 n. Sodalösung auf 250°[2]) zum größten Teil in Alkalihumate verwandelt. Zur Umwandlung der sauerstoffärmeren Steinkohlen in Huminsäuren bedarf es einer gleichzeitigen Zufuhr von Sauerstoff. So erhielten Franz Fischer und Hans Schrader[3]) durch Druckoxydation von Steinkohlen bei Gegenwart von Alkali als primäre Reaktionsprodukte Lösungen von Huminsäuren. Auch bei gewöhnlichem Druck geht bei gleichzeitiger Einwirkung von Alkali und Luftsauerstoff die Bildung von Huminsäuren aus Steinkohlen vor sich[4]).

Die Huminsäuren, die als die Vorstufe der eigentlichen Kohlesubstanz anzunehmen sind, können aus den verschiedenen Braunkohlen und auch aus Torf leicht isoliert werden. Besonders leicht sind sie aus den für die Herstellung von Casseler Braun verwendeten Braunkohlen zu erhalten und wurden daraus auch von verschiedenen Forschern zur näheren Untersuchung hergestellt.

In der Literatur sind zwar zahlreiche Untersuchungen über die Huminsäuren veröffentlicht, aber diese beziehen sich bald auf künstlich hergestellte, bald auf natürliche Huminsäuren, wobei überdies im letzteren Falle die untersuchten Stoffe aus den ver-

---

[1]) Donath und Ditz, C. 1908 II, 147.

[2]) W. Schneider, Abh. Kohle 5, 869 (1920).

[3]) Abh. Kohle 4, 342 (1919); Franz Fischer, Hans Schrader und W. Treibs, Abh. Kohle 5, 328 (1920).

[4]) Hans Schrader, Brennstoff-Chemie 3, 181 (1922); dieses Buch S. 27.

schiedensten Materialien (Braunkohle, Torf usw.) gewonnen sind. Hinsichtlich der künstlichen Huminsäuren ist zu bemerken, daß man anscheinend alle Produkte, die sich mit dunkler Farbe in Alkali lösen, als Huminsäuren angesprochen hat, so daß die in der Literatur angeführten Untersuchungen, die teilweise keine genaue Angabe über die Darstellung der verwendeten Huminsäuren enthalten, oft Zweifel darüber entstehen lassen, ob die Versuche tatsächlich nur mit Huminsäuren angestellt worden sind.

Wenn man nun auch bezüglich des chemischen Charakters der in der Natur vorkommenden Huminsäuren mit Rücksicht auf den genetischen Zusammenhang annehmen darf, daß man es bei allen natürlichen Huminsäuren im allgemeinen mit derselben Grundsubstanz zu tun hat, die Unterschiede hier also mehr gradueller als prinzipieller Natur sind, so erschien es uns doch von Interesse, mit ein und demselben natürlichen Produkt die bekannten Reaktionen zu wiederholen und die hierbei erhaltenen Versuchsergebnisse mit denjenigen zu vergleichen, die unter denselben Versuchsbedingungen bei Verwendung künstlicher Huminsäuren erhalten wurden.

Darstellung der Huminsäuren.

Wir benutzten als Ausgangsmaterial für die Darstellung der Huminsäuren die bekannte Rosenthalkohle, die nach den von W. Schneider[1]) angestellten Versuchen bereits in der Kälte zu 85 % in Alkali löslich ist.

Eine gute Durchschnittsprobe (Stecknadelkopfgröße) mit 13,4 % Feuchtigkeit lieferte, 6 Stunden mit Benzol im Soxhlet extrahiert, 3,7 % Bitumen A[2]) (berechnet auf bei 105° getrocknete Kohle) und bei der darauffolgenden sechsstündigen Extraktion mit Alkohol im Soxhlet 17,3 %, nach weiteren 6 Stunden noch 1,6 % eines glänzenden, braunschwarzen, spröden Alkoholextrakts. Die Ausbeute an Gesamtextrakt betrug hiernach 22,6 %.

Eine nähere Untersuchung des Alkoholextrakts ergab, daß er in 4 n. Ammoniak teilweise löslich war. Nach dem Ansäuern der ammoniakalischen Lösung mit Salzsäure und nach dem Auswaschen und Trocknen (105°) der ausgefällten huminsäureartigen Produkte erhielten wir in einer Ausbeute von 55 % ein hellbraunes Pulver, das zum großen Teil aus der alkohollöslichen Hymatomelan-

---

[1]) Abh. Kohle 3, 179 u. f. (1918).

[2]) Abh. Kohle 2, 58 (1917).

säure bestehen dürfte. Der in Ammoniak unlösliche Teil des Extraktes bestand aus einer glänzenden, rotbraunen, in dünner Schicht durchsichtigen, festen Substanz, die bei Wasserbadtemperatur nicht schmelzbar war und die alkohollöslichen Bestandteile des Bitumens darstellte.

Der bei der Alkoholextraktion erhaltene Kohlerückstand, nunmehr 6 Stunden mit Benzol-Alkohol (1 : 1) im Soxhlet extrahiert, gab noch 5,5 % Extrakt. Als Kohlerückstand verblieben 72,1 % (berechnet auf bei 105 ° getrocknete Kohle).

Diese orientierenden Versuche ergaben, daß durch die Soxhletextraktion mit Benzol allein eine vollständige Entfernung des Bitumens nicht erreicht werden kann; durch die Extraktion mit Alkohol werden dagegen wesentlich mehr bituminöse Substanzen (rund 8% berechnet auf bei 105° getrocknete Kohle) herausgelöst als durch Benzol.

Wurde die ursprüngliche Kohle sofort mit dem Benzol-Alkohol-Gemisch im Soxhlet ausgezogen, so erhielten wir

nach den ersten 4 Stunden	28,6 %	Extrakt mit folgenden Eigenschaften: matt, undurchsichtig, dunkelbraun, bei Wasserbadtemperatur nicht schmelzbar, beim Erkalten rissig.
nach weiteren 4 „	1,3 %	
„ „ 4 „	0,4 %	
Zus.	30,3 %	
als Kohlerückstand	68,1 %	
Zus.	98,4 %	

Die vereinigten Extrakte, viermal mit je 50 ccm kaltem Benzol bei Zimmertemperatur ausgeschüttelt, gaben 4,9 % Benzollösliches (berechnet auf angewandten Extrakt) und 94,2 % eines in Benzol unlöslichen Rückstandes. Das in kaltem Benzol Lösliche bestand aus einem wachsartigen, der Rückstand aus einem glänzenden bis matten, bei 100 ° teilweise schmelzenden, unlöslichen Produkt.

Die nach der Extraktion in der Kohle noch zurückgebliebenen Bitumenmengen sind jedenfalls so gering, daß dadurch die Huminsäuren nicht sehr verunreinigt werden. Eine zur vollständigen Entfernung dieser Bitumenmengen erforderliche Druckextraktion, bei der die Kohle auf 250 bis 260° erhitzt würde, haben wir vermieden, da nach den Versuchen von W. Schneider[1]) das Erhitzen der Kohle auf 250 bis 260° die Eigenschaften der in der Kohle enthaltenen huminsäureartigen Produkte derart verändert,

[1]) Abh. Kohle 3, 176 (1918).

daß diese teilweise in kalter wässeriger Ammoniaklösung unlöslich werden. Bei einem Parallelversuch wurden 50 g der Rosenthalkohle zuerst auf dem Wasserbad zweimal mit je 100 ccm 1 %iger Salzsäure digeriert und mit heißem Wasser bis zum Verschwinden der Chlorreaktion gewaschen. Der Trockenrückstand der einzelnen Waschwässer betrug insgesamt 6,8 % und bestand bei dem ersten Waschwasser aus gelblichen, hauptsächlich anorganischen, bei den letzten tief braunroten Waschwässern aus glänzenden, festen, schwarzen, nahezu aschefreien Produkten, die sich von den Huminsäuren nicht unterschieden. Die so vorbehandelte Kohle wurde nun zweimal mit je 200 ccm 4 n. Ammoniak eine Stunde bei gewöhnlicher Temperatur geschüttelt, zentrifugiert, der Rückstand solange gewaschen, bis das letzte Waschwasser nur noch schwach gefärbt war, und die Huminsäuren wie vorhin mit Salzsäure gefällt, gewaschen und bei 105° getrocknet. Der in Ammoniak unlösliche grauweiße Rückstand betrug 12,1 % (berechnet auf angewandte Trockenkohle), die Menge der gewonnenen Huminsäuren 80,8 %. Im Soxhlet 6 Stunden mit Benzol-Alkohol (1 : 1) extrahiert, lieferten diese 28,5 % Extrakt und 54 % Huminsäurerückstand (berechnet auf angewandte Trockenkohle).

Somit erhielten wir auch bei dieser Darstellungsweise nahezu die gleichen Resultate wie bei der ersten Arbeitsweise.

Zur präparativen Darstellung der Huminsäuren begnügten wir uns daher, lufttrockene Rosenthalkohle solange in einem nach dem Soxhletprinzip gebauten Extraktionsapparat bei 70 bis 80° mit Benzol-Alkohol (1 : 1) zu extrahieren, bis eine Probe im Soxhlet an dieses Extraktionsmittel nur mehr 0,5—1 % Extrakt abgab. In Übereinstimmung mit der von W. Schneider[1]) gemachten Beobachtung ergab sich auch hier, daß bei noch längerer Extraktionsdauer erneut geringe Mengen Extrakt zu gewinnen waren.

Der bei der Extraktion erhaltene Kohlerückstand wurde dann zwecks Abscheidung eines Teils der Humuskolloide und zur Zersetzung von Humaten nach Sven Odén[2]) mit 1 %iger Salzsäure und warmem Wasser mehrmals digeriert und mit dem dreifachen Volumen 2 n. Alkali im allgemeinen eine Stunde bei Zimmertemperatur geschüttelt. Falls ein erheblicher Teil noch ungelöst blieb, wurde der Rückstand nochmals mit einer entsprechenden Menge

---

[1]) Abh. Kohle 3, 329 (1918).

[2]) Sven Odén: Die Huminsäuren, S. 54 (1919).

Alkali geschüttelt. Die alkalische Lösung wurde zentrifugiert, vom Ungelösten abgegossen und filtriert, die Huminsäuren mit Salzsäure gefällt, abgeschleudert und solange mit Wasser gewaschen bis sie anfingen kolloid in Lösung zu gehen. Nach dem Abschleudern des undurchsichtigen, braunroten Waschwassers wurden sie bei 105° getrocknet. Wir erhielten so 60,5 % Huminsäuren (berechnet auf angewandte Kohle) und 7,0 % eines grauweißen Rückstandes (anorganische Bestandteile).

Durch das Trocknen werden wohl, wie bekannt, einige Eigenschaften der Huminsäuren z. B. ihre Löslichkeit in Alkohol und Pyridin stark beeinträchtigt, doch ist nicht anzunehmen, daß schon bei dieser Temperatur der Grundcharakter der Huminsäuren wesentlich verändert wird.

Eine weitere Reinigung der so gewonnenen Huminsäuren nach der von Sven Odén[1]) angegebenen Methode (Ausflockung der Kolloide mittels Kochsalz) nahmen wir nicht vor.

Die Elementarzusammensetzung der für die Untersuchung isolierten Huminsäuren war 54,7 % C, 3,0 % H, 10,2 % Asche. Die aschefreie Substanz bestand somit aus 60,9 % C und 3,3 % H.

Mülheim-Ruhr, Juli 1921.

[1]) Sven Odén: Die Huminsäuren, S. 58 (1919).

19. Alkalischmelze und Druckerhitzung von Huminsäuren.

Von

Hans Tropsch und A. Schellenberg.

Schon Mulder[1]) hat auf Huminsäuren aus Zucker stark konzentrierte Kalilauge bei höherer Temperatur einwirken lassen und beobachtet, daß nach vorangegangener Lösung Karbonat gebildet wurde und mit steigender Temperatur die Menge des freiwerdenden Wasserstoffs zunahm.

Nach Hoppe-Seyler[2]) liefern alle untersuchten Huminsubstanzen (künstliche aus Zucker und natürliche aus Braunkohle, Torf) beim Schmelzen (200—250°) mit der fünffachen Menge Alkali und Wasser unter Luftabschluß, neben der in Alkali und Alkohol löslichen Hymatomelansäure, Ameisensäure, Essigsäure, Oxalsäure, Protokatechusäure, wenig Brenzkatechin, Wasser und etwas Methan. Mit Ausnahme der Hymatomelansäure wurden diese Abbauprodukte von ihm auch aus Cellulose erhalten.

Demel[3]) verschmolz das natürliche Calciumsalz der Huminsäuren (Dopplerit) mit der sechsfachen Menge Ätzkali. Als er den Ätherextrakt des mit Schwefelsäure angesäuerten Reaktionsgemisches mit heißem Wasser auszog, erhielt er eine Säure, die ein unlösliches Bleisalz lieferte. Nach dem Wassergehalt, dem Verhalten gegen Eisenchlorid und Natriumkarbonatlösung und nach dem Schmelzpunkt war sie mit Protokatechusäure identisch. Diese Säure erhielt er auch, als er das aus Rohrzucker hergestellte Ulmin in gleicher Weise der Einwirkung von Ätzkali unterwarf.

André und Berthelot[4]) bestimmten nach der Behandlung von Huminsäuren (aus Torf) mit Kaliumhydroxyd den Kohlenstoff in dem Ungelösten, in dem mit Salzsäure ausfällbaren und in dem mit Säure nicht ausfällbaren Anteil und stellten eine gewisse Gesetzmäßigkeit des Verhältnisses C : N fest, die heute, wo man

---

[1]) J. pr. **21** [1], 368 (1840).

[2]) B. **24** (R), 217 (1891); Z. f. physiol. Chem. **13**, 66 (1889).

[3]) M. **3**, 768 (1882).

[4]) C. r. **127**, 414 (1898); **128**, 513 (1899).

allgemein den Stickstoff auf Verunreinigungen zurückführt, ohne Belang sein dürfte.

Nach Miklauz[1]) werden Huminsubstanzen schon durch sehr verdünnte Alkalilösungen sowohl hinsichtlich der Löslichkeitsverhältnisse als auch in ihrer chemischen Zusammensetzung nicht unwesentlich verändert.

Auf die Versuchsergebnisse, die Donath und Bräunlich[2]) bei der Alkalischmelze von Huminsäuren aus Braunkohlen in Gegenwart von Eisenoxyd erhalten haben, wird später zurückgekommen werden.

Marcusson[3]) hat bei der Kalischmelze neben wasserlöslichen Spaltprodukten nur dunkle, unlösliche, huminsäureartige Substanzen erhalten.

Bekannt ist ferner, daß sowohl in Alkali unlösliche Humuskohle[4]), eine Anhydrid- oder Laktonform der Huminsäuren, als auch die durch Erhitzen über 80° in Alkali teilweise unlöslich gewordenen Huminsäuren[5]) bei längerer Behandlung mit Lauge wieder alkalilöslich werden.

Neuerdings haben W. Schneider und A. Schellenberg[6]) anläßlich der Untersuchungen über das Verhalten von Torf gegenüber verdünntem Alkali bei Temperaturen bis zu 250° gefunden, daß Torfhuminsäuren durch Erhitzen im Druckgefäß auf 150° und darüber weitgehend verändert werden, indem aus ihnen Wasser und flüchtige wasserlösliche Stoffe teils saurer, teils neutraler Natur abgespalten werden.

Eigene Versuche.

A. Kalischmelze.

Zur Orientierung haben wir zunächst 40 g Huminsäuren in kleinen Portionen bei 240—260° in 160 g Kaliumhydroxyd und 100 ccm Wasser, die in einer Eisenschale erhitzt wurden, eingetragen und dann nach Beendigung der Gasentwicklung noch 10 Minuten auf 300° erhitzt. Das mit Wasser verdünnte Reaktionsgemisch wurde vom Eisenhydroxyd abfiltriert, das Filtrat mit Schwefelsäure angesäuert, die abgeschiedenen noch huminsäureartigen Reaktionsprodukte abgeschleudert und wie üblich gewaschen.

---

[1]) C. 1909 I, 957; Ztschr. f. Moorkult. u. Torfverwert. 6, 287 (1908).

[2]) Chem. Ztg. 36, 374 (1912).

[3]) Z. ang. 31 I, 237 (1918).

[4]) Sven Odén: Die Huminsäuren, S. 81 (1919).

[5]) Abh. Kohle 3, 340 (1918).

[6]) Abh. Kohle 5, 377 (1920).

Nach dem Trocknen bei 105° wurden 50,5% eines huminsäureartigen Produktes zurückerhalten (berechnet auf Ausgangsmaterial). Hiervon waren bei der Extraktion im Soxhlet (6 Stunden) 0,7% in Äther und 26,0% in Alkohol löslich; der unlösliche Rückstand betrug 74,0%.

Die einzelnen Extrakte glichen bis auf ihre Löslichkeit in Äther und Alkohol vollkommen den angewandten Huminsäuren und dürften in der Hauptsache aus der von Hoppe-Seyler beobachteten Hymatomelansäure bestehen.

Die vereinigten schwefelsauren Filtrate und Waschwässer von den Huminsäuren engten wir im langsamen Wasserdampfstrom auf etwa 400 ccm ein (Destillationsrückstand I und Destillat I). Das Destillat I verbrauchte zur Neutralisation 20,1 ccm n. Natronlauge. Auf Essigsäure berechnet waren somit 3% der angewandten Huminsäuren als flüchtige saure Bestandteile abgespalten worden.

Das neutralisierte Destillat I wurde dann der Wasserdampfdestillation unterworfen (Destillationsrückstand II und Destillat II). Der Trockenrückstand des Destillationsrückstandes II enthielt neben wenig Ameisensäure (Silberspiegel) hauptsächlich Essigsäure (Eisenchloridreaktion). Im Destillat II wurde mittels Permanganats, Fehlingscher Lösung und ammoniakalischer Silberlösung die Anwesenheit geringer Mengen reduzierender Verbindungen festgestellt.

Der Destillationsrückstand I, im Perforator mit Äther erschöpfend extrahiert, lieferte 10,3% (berechnet auf angewandte Huminsäuren) eines braunen, glänzenden, spröden Extrakts E. Nach dem Eindampfen der mit Äther ausgezogenen Lösung konnten dem Trockenrückstand im Soxhlet mit Äther und Alkohol neben Oxalsäure nur noch geringe Mengen huminsäureartiger Produkte entzogen werden.

Bei der Behandlung des Ätherextraktes E mit wenig Äther blieb ein hellbraunes Pulver, 7,6% vom Extrakt, ungelöst und wurde abfiltriert (Filtrat I, Rückstand I). In Alkali ging es mit dunkelrotbrauner Farbe in Lösung. Jedoch führte weder das Auskochen des mit Wasser aufgenommenen Rückstandes I mit Tierkohle noch die Überführung in das Bleisalz zu einer gut definierbaren Substanz, da beim Eindampfen des Filtrats vom Schwefelbleiniederschlag nur eine dunkle harzige Substanz zurückblieb. Das Filtrat I wurde mit Bikarbonat ausgeschüttelt, die Bikarbonatlösung mit Schwefelsäure angesäuert und mit Äther extrahiert. Der Ätherextrakt (70,5% vom Extrakt E) wurde mit heißem Wasser digeriert. Nach dem Abfiltrieren fiel aus der wässerigen Lösung beim Erkalten ein gelbbrauner, amorpher Körper aus, der sich beim Erhitzen im Kapillarrohr von 210° ab dunkel färbte und bei 265° nach vorherigem Sintern zersetzte. Seine wässerige Lösung wurde durch Eisenchlorid tief violett gefärbt. Auf Zusatz von Soda ging die Farbe in hellbraun über.

Eine Wiederholung des Versuchs, bei dem die Schmelze mit Salzsäure angesäuert, die ausgeschiedenen huminsäureartigen Substanzen abfiltriert und das salzsaure Filtrat mit Äther erschöpfend extrahiert wurde, ergab 13% Ätherextrakt, der dieses Mal ein braunes, salbenartiges Produkt darstellte und sich beim Erwärmen vollständig in Wasser löste. Aus der wässerigen Lösung schied sich nach 12stündigem Stehen eine pulverige Substanz ab, die mit Eisenchlorid die vorhin beschriebene Farbreaktion gab. Der Schmelzpunkt der Substanz lag bei 275°. Mit Phthalsäureanhydrid geschmolzen, gab sie keine Fluoresceinreaktion, wodurch die Abwesenheit von Resorcin sicher gestellt ist. Brenzkatechin und Protokatechusäure konnten wir auch in diesem Falle nicht feststellen.

Bei einem dritten Versuch (40 g Huminsäuren) gewannen wir neben 40% (16 g) noch huminsäureartiger Reaktionsprodukte 8,2% (3,28 g) eines braunen, harten, spröden Ätherextraktes. Dieser wurde mit 25 ccm heißem Wasser ausgezogen. Nach dem Erkalten des Filtrats im Eisschrank hatte sich eine amorphe, hellbraune Substanz (0,2 g) mit dem Schmelzpunkt 270° abgeschieden, die durch die bekannte violette Eisenreaktion charakterisiert war. Nach dem Ausschütteln ihrer heißen wässerigen Lösung mit Tierkohle und nach mehrmaligem Umlösen aus Wasser bestand sie schließlich aus vollkommen farblosen Flocken vom Schmelzpunkt 282° unter Zersetzung und bildete nach dem Trocknen im Exsikkator über Chlorcalcium ein amorphes, gelblichweißes Pulver.

Das durch Aufkochen der wässerigen Lösung mit Bariumkarbonat erhaltene Bariumsalz schied sich beim langsamen Einengen des Filtrats in farblosen, dünnen Blättchen ohne besondere Kristallstruktur ab.

Die Elementaranalyse der freien Säure ergab: 3,074 mg Substanz lieferten 6,440 mg CO_2 und 0,968 mg H_2O.

Gefunden: 57,15% C, 3,52% H; berechnet für $C_8H_6O_4$: 57,82% C, 3,64% H.

Es dürfte sich hier wohl um Isophthalsäure handeln, die durch geringe Mengen einer Oxybenzolkarbonsäure verunreinigt ist.

Die beobachtete rote Eisenreaktion würde auf das Vorhandensein von Oxyiso- oder Oxyterephthalsäure schließen lassen. Die Isophthalsäure scheint auch schon von Donath und Bräunlich[1]) erhalten, jedoch nicht als solche erkannt worden zu sein. Diese Autoren erhielten nämlich bei der Alkalischmelze von Huminsäuren aus Braunkohlen bei 200° beim Ausäthern des von den Huminsäuren und der gebildeten Oxalsäure befreiten Reaktionsproduktes „eine säuerlich-aromatisch riechende, gelbbraune, kristallinisch-halbfeste Masse. Beim Anrühren mit Wasser geht sie zum größten Teil in Lösung, nur ein Teil bleibt, insbesondere nach längerem Stehen, als leichtes weißes Pulver oder in Form von kristallinischen Krusten ungelöst. Dieser Rückstand wurde am Filter gesammelt und gut gewaschen, er stellt, nach dem Fällen aus alkalischer Lösung durch Säure, ein gelblichweißes, geruch- und geschmackloses Pulver dar, das unlöslich in Wasser, schwer löslich in Alkohol, Benzol, Aceton, leicht löslich hingegen in Alkalilaugen ist, aus denen es durch Säuren sofort gefällt wird. Mit Eisenchlorid gibt es keine Farbreaktion und sublimiert unzersetzt bei etwa 300° C."

Mit Methylalkohol und Salzsäure erzielten wir keine Veresterung. Die Substanz wurde unverändert zurückgewonnen. Zu weiteren Untersuchungen stand uns kein Material mehr zur Verfügung.

Brenzkatechin bezw. Protokatechusäure haben wir bei der von uns durchgeführten Kalischmelze nicht beobachtet; denn die von Isophthalsäure abgetrennte wässerige Lösung liefert nach Zugabe von Bikarbonat im Überschuß bei der Extraktion mit Äther einen Auszug, dessen wässerige Lösung durch Eisenchlorid wohl smaragdgrün gefärbt, jedoch auf Zusatz von Bikarbonat oder Soda nicht violett wie bei Brenzkatechin, sondern gelb bezw. braunrot wurde. Die mit verdünnter Salzsäure angesäuerte Bikarbonatlösung, in der die etwa gebildete Protokatechusäure enthalten sein mußte, wurde durch Eisenchlorid nicht gefärbt.

Unsere Befunde stehen in einem gewissen Gegensatz zu denen von Hoppe-Seyler und Demel, die Brenzkatechin und Protokatechusäure erhalten haben. Möglicherweise sind diese unterschiedlichen Ergebnisse auf die Verschiedenartigkeit der untersuchten Huminsäuren zurückzuführen. Dagegen dürften nach der charakteristischen Eisenchloridreaktion andere Phenole bei der von uns durchgeführten Kalischmelze entstanden sein.

---

[1]) Chem. Ztg. 36, 374 (1912).

B. Druckerhitzung mit 10 n. Kalilauge.

Um den Reaktionsverlauf bezw. das Verhalten der Huminsäuren bei der Einwirkung von wässerigem Alkali in Abwesenheit on. Luftsauerstoff kennen zu lernen, erhitzten wir Huminsäuren iit Kalilauge im Druckgefäß auf 150 bezw. 300°.

a) Versuch bei 150°. 165 g Huminsäuren wurden in einem isernen Autoklaven mit der fünffachen Menge 10 n. Kalilauge 40 Stunden auf 150° erhitzt. Nach dem Erkalten war nur geinger Überdruck vorhanden. Das abgeblasene stark ammoniakaltige Gas war frei von Schwefelwasserstoff.

In der tiefdunkeln alkalischen Reaktionsflüssigkeit waren, bgesehen von einem geringen, aus anorganischen Stoffen (Eisenxyd, Kalk usw.) bestehenden Bodensatz keine nennenswerten ubstanzmengen ungelöst. Beim Ansäuern der filtrierten Lösung iit Schwefelsäure fand eine nicht unerhebliche Kohlensäureentwickıng statt; die abgeschiedenen huminsäureartigen Produkte wurden urch Abschleudern von der Lösung getrennt und mit Wasser ewaschen. Nach dem Trocknen bei 105° waren sie äußerlich om angewandten Ausgangsmaterial nicht zu unterscheiden. Ihre Ienge betrug: 85,5 g (52%) vom angewandten Material. Die ınalyse ergab 47,9% C, 2,6% H und 26,7% Asche; auf aschereie Substanz berechnet 65,4% C und 3,6% H. Das schwefelaure, rotbraune Filtrat der Huminsäuren lieferte beim viermaligen ıusschütteln mit Äther und nachheriger erschöpfender Extraktion im 'erforator 3,86 g (2,3%) eines glänzenden, rotbraunen, etwas weichen, lebenden Extrakts, der unter 100° schmolz. Mit Rücksicht auf die 'eringe Ausbeute haben wir auf eine nähere Untersuchung verzichtet.

b) Versuch bei 300°. Angewandt 250 g Huminsäuren und 250 ccm 10 n. Kalilauge. Die Versuchsdauer betrug 3 Stunden.)ie Menge des abgeblasenen, mit nahezu farbloser Flamme brennaren Gases betrug 10,5 l.

Die alkalische Reaktionsflüssigkeit wurde filtriert und der nlösliche, dunkle, hauptsächlich aus anorganischen Stoffen betehende Rückstand mit 250 ccm Wasser ausgewaschen. Er ›etrug nach dem Trocknen bei 105° 3,4% vom Ausgangsmaterial ınd bestand aus 65,9% Asche, 26,0% C und 2,1% H; auf aschereie Substanz umgerechnet 76,2% C und 6,2% H.

Das Filtrat, im Perforator mit Äther erschöpfend extraiert, lieferte eine rote, ätherische Lösung mit stark dunkelgrüner 'luoreszenz und einen Extraktionsrückstand I.

Der aus der ätherischen Lösung gewonnene Extrakt (2,1 g = 0,8% berechnet auf Ausgangsmaterial) stellte ein glänzendes, rotbraunes, durchsichtiges, festes und auf dem Wasserbad leicht schmelzbares Produkt mit phenolartigem Geruch dar. Im halbfesten Zustande konnte es zu langen Fäden ausgezogen werden.

Aus dem Extraktionsrückstand I wurden nach dem Ansäuern mit Schwefelsäure und nach der üblichen Aufarbeitung 81 g = 32,4% (berechnet auf angewandte Huminsäuren) eines huminsäureartigen Produktes erhalten, das zu rund 40% aus in Alkohol löslichen Substanzen bestand. Das Filtrat wurde bis auf 400 ccm im langsamen Wasserdampfstrom eingeengt (Destillationsrückstand II und Destillat II). Destillat II verbrauchte zur Neutralisation insgesamt 390 ccm n. Natronlauge, enthielt also, auf Essigsäure als den angenommenen Mittelwert umgerechnet, etwa 23,4 g Essigsäure = 9,4% (berechnet auf angewandte Huminsäuren). Neben Essigsäure wurden im Trockenrückstand des neutralisierten Destillats II mittels Quecksilberchlorids und ammoniakalischer Silberlösung geringe Mengen Ameisensäure qualitativ nachgewiesen. Flüchtige neutrale Verbindungen (Aldehyde, Ketone) konnten beim Einengen des neutralisierten Destillats II nicht festgestellt werden.

Destillationsrückstand II, im Perforator mit Äther extrahiert, lieferte neben 2,4 g reiner Oxalsäure (1%) 20,2 g (8,1% berechnet auf das Ausgangsmaterial) eines Extraktes mit folgenden Eigenschaften: glänzend, undurchsichtig, gelbbraun, weich und klebend.

In 2,5 n. Sodalösung aufgenommen, gingen bei viermaligem Ausschütteln mit Äther 0,84 g eines glänzenden, rotbraunen, weichen Extraktes in den Äther über.

Aus der sodaalkalischen Lösung erhielten wir bei der Extraktion mit Äther

nach dem Ansäuern mit Essigsäure	6,0 g	Säuregemisch I,
nach darauffolgendem Zusatz von Schwefelsäure noch	11,6 „	„ II,
zusammen	17,6 g,	

die sich in ihrer äußeren Beschaffenheit von dem Gesamtextrakt nicht unterschieden. Der Verlust von 1,8 g Extrakt dürfte in der Hauptsache auf die im Gesamtextrakt noch vorhanden gewesene Essigsäure, Oxalsäure und auf geringe Mengen anderer in Wasser leicht löslicher Säuren zurückzuführen sein. Die weitere Aufarbeitung der Säuregemische I und II ist in folgenden Übersichten wiedergegeben:

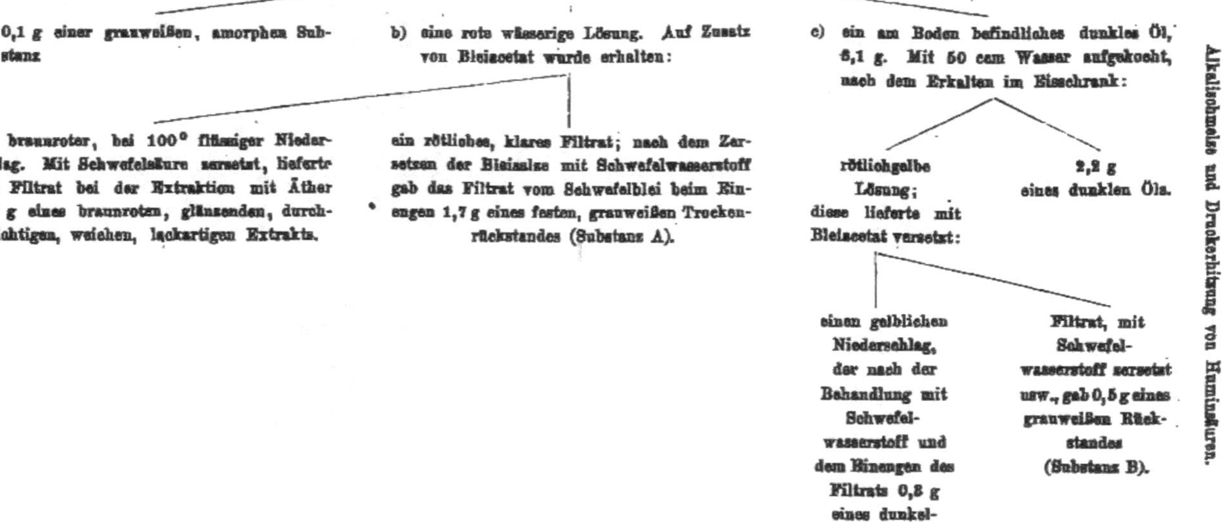
Säuregemisch I (6,0 g)
mit 50 ccm Wasser verrührt gab:
a) 0,1 g einer grauweißen, amorphen Substanz
b) eine rote wässerige Lösung. Auf Zusatz von Bleiacetat wurde erhalten:
ein braunroter, bei 100° flüssiger Niederschlag. Mit Schwefelsäure zersetzt, lieferte das Filtrat bei der Extraktion mit Äther 1,0 g eines braunroten, glänzenden, durchsichtigen, weichen, lackartigen Extrakts.
ein rötliches, klares Filtrat; nach dem Zersetzen der Bleisalze mit Schwefelwasserstoff gab das Filtrat vom Schwefelblei beim Einengen 1,7 g eines festen, grauweißen Trockenrückstandes (Substanz A).
c) ein am Boden befindliches dunkles Öl, 6,1 g. Mit 50 ccm Wasser aufgekocht, nach dem Erkalten im Eisschrank:
rötlichgelbe Lösung; diese lieferte mit Bleiacetat versetzt:
2,2 g eines dunklen Öls.
einen gelblichen Niederschlag, der nach der Behandlung mit Schwefelwasserstoff und dem Einengen des Filtrats 0,8 g eines dunkelbraunen, harzigen, weichen Rückstandes ergab.
Filtrat, mit Schwefelwasserstoff zersetzt usw., gab 0,5 g eines grauweißen Rückstandes (Substanz B).

Säure-

mit 50 ccm kaltem

a) einen bräunlichgelben, festen, amorphen Rückstand, der an der Luft zu schwarzen harten Stücken zusammentrocknete; Ausbeute 0,2 g; er wurde nicht weiter untersucht.

b) ein braunrotes, rendes Filtrat, Blei-

1. einen braunen flockigen Niederschlag und

Der Niederschlag wurde mit Schwefelwasserstoff in der Kälte zersetzt und das Filtrat vom Bleisulfid auf dem Wasserbad eingeengt. Wir erhielten als Trockenrückstand ein braunes salbenartiges Produkt in einer Ausbeute von 67 % (7,8 g) vom Säuregemisch II. 4,5 g davon zunächst mit Chloroform, dann mit Benzol ausgekocht, gaben

α) einen braunen salbenartigen Rückstand; dieser, mit wenig Wasser ausgezogen, gab

0,7 g Rückstand, teils ölig, teils kristallinisch und ein Filtrat, aus dem wir auf Zusatz von Bariumacetat

einen bräunlichgrauen Rückstand. Dieser wurde mit Schwefelsäure zersetzt und das Filtrat ausgeäthert: 0,4 g braunroter salbenartiger Extrakt, aus dem Oxalsäure in langen derben und zu kleinen Büscheln vereinigten Säulen auskristallisierte.

und eine gelblichbraune Lösung erhielten. Mit Schwefelsäure zersetzt, Filtrat ausgeäthert. Ätherauszug 1,8 g (1,2 %) als braune weiche Masse.[1] Diese gab, mit wenig Wasser verrührt

einen gelblich-weißen flockigen Rückstand (Subst. C.)

und ein braunrotes Filtrat, aus dem sich nach längerem Stehen in einer rotbraunen öligen Grundmasse farblose zu dichten Büscheln vereinigte kleine Nadeln abschieden, die mit Substanz C vereinigt wurden.

β) 0,3 g Chloroform-Benzol-Extrakt: gelblichweiße Flocken, die sich aus Alkohol beim langsamen Abdunsten als:
farblose Säulen,
„ Oktaeder,
„ Zwillingsbildungen einer unbestimmbaren Kristallform und feste, amorphe Substanz abschieden.

gemisch II (11,6 g),

Wasser verrührt, ergab:

stark sauer reagie-
das auf Zusatz von
acetat

2. ein gelbliches Filtrat lieferte.
Nach der Behandlung mit Schwefelwasserstoff und dem Eindampfen des Filtrats vom Bleisulfidniederschlag resultierten 2,2 g Trockenrückstand als hellbraunes salbenartiges Produkt. Mit Chloroform ausgezogen, gab es

α) einen braunen weichen Rückstand; und bei der Extraktion mit Benzol lieferte er

β) 1,0 g Extrakt mit folgenden Eigenschaften: schwach gelb gefärbter Sirup, aus dem sich kleine aus farblosen Rhomben zusammengesetzte Drusen abschieden. In Petroläther waren sie unlöslich.

einen braunen, in der Kälte festen Rückstand; mit wenig kaltem Wasser behandelt, lieferte er

0,8 g Extrakt, der äußerlich dieselbe Beschaffenheit hatte wie der Chloroformextrakt.

0,1 g gelblichweißen halbfesten Rückstand. Aus seiner alkoholischen Lösung schieden sich nahezu farblose Drusen ab, die gegen 208° sinterten u. zwischen 254° und 260° zu einer klaren Flüssigkeit schmolzen. Seine wässerige Lösung wurde durch Eisenchlorid gelbbraun gefärbt; die Farbe wurde durch Soda nicht verändert.
(Subst. D.)

und

ein braunrotes Filtrat, aus dem sich beim Stehen im Exsikkator ein dunkles Öl abschied.

Da die Substanzen A und B sich in ihren allgemeinen Eigenschaften nicht unterschieden, so wurden sie vereinigt und durch dreimaliges Auskochen mit je 100 ccm Benzol in 3 Fraktionen zerlegt, von denen jede aus farblosen, kleinen, flachen Prismen und unbestimmbaren Kristallen bestand.

Der Schmelzpunkt von Fraktion I lag zwischen 140 und 167°,
" " " " II " " 187 " 195°,
" " " " III " " 196 " 197°.

Fraktion I im Vakuum (0,5 mm) vorsichtig erhitzt, lieferte ein rein weißes Sublimat, das neben langen, zu Büscheln vereinigten, jedoch mit amorphen Substanzteilchen behafteten Nadeln, in der Hauptsache aus einer weißen, amorphen Substanz bestand.

Schmelzpunkt der Nadeln . . . . 140—150°,
" des oberen Teiles des Sublimats 170—178°,
" " unteren " " " 185—188°.

Das bei 185—188° schmelzende Sublimat, mit der aus Benzol erhaltenen Fraktion II vereinigt, ergab bei der nochmaligen Sublimation im Vakuum (0,5 mm) keine weitere Trennung und wurde daher zusammen mit der Fraktion III so oft aus Benzol umkristallisiert, bis sich der Schmelzpunkt nicht mehr änderte. Das Produkt hatte schließlich den Schmelzpunkt 194—196°.

Die Analyse des Produktes mit dem Schmelzpunkt 185—188° ergab 60,87% C und 4,58% H.

3,805 mg Substanz lieferten 8,490 mg CO_2 und 1,560 mg H_2O.

Die Analyse der bei 194—196° schmelzenden Substanz ergab 61,08% C und 4,31% H.

4,515 mg Substanz lieferten 10,110 mg CO_2 und 1,740 mg H_2O.

Berechnet für $C_7H_6O_3$: 60,85% C und 4,38% H.

7,093 mg Substanz (Schmp. 194—196°) verbrauchten 2,30 ccm $^n/_{45}$ Natronlauge.

Äquivalentgewicht gef. 138,8; berechnet für $C_7H_6O_3$: 138,06.

Nach der Analyse, der Titration und den sonstigen Eigenschaften liegt hier zweifellos m-Oxybenzoesäure vor.

Als Schmelzpunkt der m-Oxybenzoesäure ist in der Literatur 200° angegeben, während unsere Substanz bei 194—196° schmilzt. Unsere Säure schmeckt wie die m-Oxybenzoesäure süß und gibt mit Eisenchlorid keine Farbreaktion.

Substanz C stellte schließlich nach mehrmaligem Umkristallisieren unter Zusatz von Tierkohle gelblich-weiße, aus kleinen Nadeln und Prismen bestehende Aggregate dar, die sich beim langsamen

Erhitzen von 250° ab bräunten, bei 270° sinterten und sich gegen 280° unter lebhafter Gasentwicklung zersetzten. Bei weiterem Umkristallisieren aus Wasser in Gegenwart von Tierkohle erhielten wir die Substanz als weiße, zu Büscheln vereinigte feine Nädelchen mit dem Schmp. 290—91°.

4,585 mg Substanz gaben 8,870 mg CO_2 und 1,290 mg H_2O,
4,246 „ „ „ 8,212 „ „ „ 1,220 „ „ .

Gefunden: 52,73 % C und 3,14 % H,
52,76 „ „ „ 3,21 „ „.

Berechnet für $C_8H_6O_5$ (182,09): 52,74 % C und 3,32 % H.

Nach der Analyse und ihren sonstigen Eigenschaften ist die Substanz als 1, 3, 5-Oxyisophthalsäure anzusprechen. Sie ist in kaltem Wasser schwer, in heißem Wasser ebenso wie in Alkohol und Äther leicht löslich. Sie gibt mit Eisenchlorid eine gelbe bis gelbbraune Färbung. Ihr Schmelzpunkt (290—91°) stimmt mit dem in der Literatur angegebenen von 288°[1]) bezw. 308,5° (korr.)[2]) gut überein. Aus Wasser kristallisiert sie, wie in der Literatur angegeben, in Nadeln, die, wie wir beobachtet haben, zu Büscheln vereinigt sind.

Besprechung der Ergebnisse:

Hierzu sind die quantitativen Ergebnisse unserer Versuche in Tafel 1 zusammengestellt.

Die Gesamtausbeute der von uns bestimmten Reaktionsprodukte betrug in allen Fällen nur 60—66 % der angewandten Huminsäuren, so daß 34—40 % von den entstandenen Reaktionsprodukten aus Gasen und Wasser bezw. aus in Wasser und Säuren leicht löslichen mit Wasserdampf nicht flüchtigen und nicht ausätherbaren Spaltprodukten bestanden haben müssen.

a) Reaktionsprodukte, die in der Gesamtausbeute nicht enthalten sind.

Bei der Kalischmelze bildete sich viel Karbonat; außerdem trat Wasserstoff auf. Im Falle der Druckerhitzung bei 150° entstanden jedoch außer der Kohlensäure, die wir beim Ansäuern der alkalischen Reaktionsflüssigkeit in größerer Menge beobachtet haben, keine weiteren Gase. Bei der Druckerhitzung bei 300°

---

[1]) B. 13, 705 (1880).
[2]) C. r. 154, 281 (1912).

Tafel

Bezeichnung der Versuche		Gesamtausbeute an bestimmten Reakt.-Prod. %	Ungelöstes %	Noch huminsäureartige %
Kalischmelze bei 300°	1.	65,8	0	50,5
	2.	—	0	—
	3.	—	0	40 mit 67,9 % C u. 2,8 % H[1])
Druckerhitzung bei	150°	—	—	52 mit 65,5 % C; 3,0 % H[1])
	300°	59,2	3,4	36,5

[1]) Auf aschefreie Substanz berechnet.

bildeten sich dagegen aus 100 g Huminsäuren 4,2 l eines mit schwachleuchtender Flamme brennbaren Gases, das 35 % Methan und 17 % Wasserstoff, jedoch kein Kohlenoxyd enthielt.

Ferner kann als sicher angenommen werden, daß die nicht bestimmten Reaktionsprodukte zu einem großen Teil aus Wasser bestehen; denn als die von uns benutzten Huminsäuren für sich drei Stunden auf 300° erhitzt wurden[1]), erhielten wir 14 % der angewandten Huminsäuren als ein schwach gelblich gefärbtes wässeriges Destillat, in dem sich nur ganz geringe Mengen fester Produkte befanden.

b) Reaktionsprodukte, die in der Gesamtausbeute enthalten sind.

Die Gesamtausbeute an bestimmten Reaktionsprodukten ist sowohl bei der Kalischmelze als auch bei der Druckerhitzung nahezu gleich.

Die Menge der alkaliunlöslichen Rückstände, die in der Hauptsache aus anorganischen Substanzen bestanden, war bei der Kalischmelze praktisch gleich Null und machte bei der Druckerhitzung bei 300° 3,4 % der angewandten Huminsäuren aus.

In Übereinstimmung mit den Literaturangaben geht aus der Tafel 1 hervor, daß bei der Reaktion in der Hauptsache noch huminsäureartige Produkte entstanden sind, während Spaltstücke von bekannter Konstitution (Benzolderivate) in geringerer Menge erhalten wurden.

[1]) Dieses Buch, S. 250.

1.

Produkte davon alkohollöslich %	% flüchtige saure Prod.	% Ätherextrakt der alkal. Reaktionsflüssigkeit	% Ätherextrakt des sauren Filtrats von den Huminsäuren	Der Ätherextrakt enthielt:
13,1	5	—	10,3	Isophthalsäure, sowie Phenole bezw.
—	—	—	13,0	Phenolkarbonsäuren, jedoch keine Proto-
—	—	—	3,2	katechusäure und kein Brenzkatechin
—	—	—	2,4	
14,6	9,4	0,3	9,1	Oxalsäure, 1, 3, 5-Oxyisophthalsäure

Die Menge der Reaktionsprodukte, die noch Huminsäurecharakter besitzen, beträgt bei der Kalischmelze sowie bei der Druckerhitzung bei 150° etwa die Hälfte der angewandten Huminsäuren. Durch die Temperaturerhöhung auf 300° sinkt die Ausbeute an diesen Produkten auf etwa 36 %. Eine tiefer greifende Veränderung der Huminsäuren unter Bildung von Kohlensäure, Methan und ätherlöslichen weiter abgebauten Stoffen findet zufolge unserer Versuche hauptsächlich im Temperaturintervall 150—300° statt. Die huminsäureartigen Produkte selbst bestehen neben einem in Alkohol nicht löslichen Teil zu 26 % (Kalischmelze) bezw. 40 % (Druckerhitzung) aus alkohollöslichen Produkten.

Die Ausbeute an flüchtigen Säuren ist bei der Druckerhitzung bei 300° anscheinend durch die ungleich längere Versuchsdauer nahezu doppelt so groß als bei der Kalischmelze.

Wie vorauszusehen war, ließen sich aus der alkalischen Reaktionsflüssigkeit nur geringe Extraktmengen ausäthern. Bei der Druckerhitzung betrugen sie kaum 1 %.

Dagegen wurden aus dem schwefelsauren Filtrat von den huminsäureartigen Reaktionsprodukten erheblich größere Extraktmengen gewonnen. Wir erhielten zwar bei der Druckerhitzung bei 150° nur 2—3 %, im Falle der Druckerhitzung bei 300° betrugen sie jedoch 9 % und bei der Kalischmelze sogar bis 13 %. Es zeigte sich, daß die Temperatur von 150° trotz der langen Versuchszeit zur Erzielung einer möglichst hohen Extraktmenge nicht ausreicht, während bei der dreistündigen Druckerhitzung das Optimum möglicherweise bereits überschritten war.

Im Gegensatz zu Hoppe-Seyler und anderen gelang es uns aber in keinem Falle in den ätherlöslichen Reaktionsprodukten von der Kalischmelze Protokatechusäure und Brenzkatechin nachzuweisen. Ob dieser Umstand darauf zurückzuführen ist, daß wir unseren Versuchen nicht genau die gleichen Versuchsbedingungen zugrunde gelegt haben, oder ob die Entstehung der genannten Verbindungen auf bestimmte Huminsäuren beschränkt ist, mag dahingestellt bleiben.

Dagegen haben wir, wie oben gezeigt wurde, aus dem Ätherextrakt der Kalischmelze Isophthalsäure isolieren können und gefunden, daß darin außerdem noch eine in Bikarbonat nicht lösliche Substanz vorhanden ist, die mit Eisenchlorid eine charakteristische grüne Farbreaktion gibt, die aber auf Zusatz von Soda nicht in Violett wie bei Brenzkatechin, sondern in Bräunlichgelb umschlägt. In Anbetracht dieser grünen Farbreaktion wird daher gleichwohl mit der Anwesenheit eines Brenzkatechinderivates zu rechnen sein[1]).

Aus dem Gemisch der zahlreichen im Ätherextrakt von der Druckerhitzung bei 300° beobachteten, gut kristallisierenden Substanzen konnten wir bisher m-Oxybenzoesäure und 1, 3, 5-Oxyisophthalsäure identifizieren. Jedoch dürfte es bei einer Wiederholung des Versuchs nicht allzu schwer sein, die jetzt noch nicht bestimmten Individuen, die durch ihre gut ausgebildeten Kristallformen charakterisiert sind, zu isolieren und zu bestimmen.

Die bisher von anderen (Hoppe-Seyler usw.) und von uns festgestellten Reaktionsprodukte, die bei der Einwirkung von Alkali auf Huminsäuren entstehen, sind demnach

COOH, COOH — Isophthalsäure; COOH, OH — m-Oxybenzoesäure; COOH, OH, OH — Protokatechusäure; OH, OH — Brenzkatechin

(Protokatechusäure, Brenzkatechin: Hoppe-Seyler u. a.)

COOH, HO, COOH — 1, 3, 5-Oxyisophthalsäure.

---

[1]) H. Meyer, Analyse und Konstitutionsermittelung organischer Verbindungen, II. Aufl., S. 468 (1909).

Bei der Einwirkung von Ätzalkalien auf Huminsäuren werden zwar Benzolderivate, jedoch nur in verhältnismäßig geringen Mengen erhalten, während die Hauptmenge der Reaktionsprodukte noch Huminsäurecharakter besitzt. Es ist jedoch anzunehmen, daß bei nochmaliger Einwirkung von Ätzalkalien auf die zurückerhaltenen, teilweise schon alkohollöslichen Huminsäuren weitere Mengen von Benzolderivaten entstehen, so daß die Huminsäuren schließlich doch zu einem großen Teil in einfache Benzolverbindungen überführbar sein würden.

Sowohl bei der Druckerhitzung als auch bei der Kalischmelze der Huminsäuren wurden Benzolderivate erhalten, deren Wasserstoffatome durchweg in Metastellung durch Carboxyl bezw. Hydroxyl substituiert sind. Ob zwischen der bei der Kalischmelze gefundenen Isophthalsäure einerseits und der bei der Druckerhitzung erhaltenen 1, 3, 5-Oxyisophthalsäure anderseits ein genetischer Zusammenhang besteht, muß vorläufig dahingestellt bleiben, da für einen wechselseitigen Übergang dieser beiden Säuren in der Literatur keine Anhaltspunkte zu finden sind. Auch muß es offen bleiben, ob die m-Oxybenzoesäure aus der 1, 3, 5-Oxyisophthalsäure entstanden sein kann, da auch hierfür keine experimentellen Unterlagen vorliegen[1]).

Es ist nicht ausgeschlossen, daß die anderen kristallisiert erhaltenen bezw. durch Farbreaktionen wahrgenommenen Substanzen des Ätherextraktes von der Druckerhitzung der gleichen Reihe angehören wie die bisher identifizierten Säuren. Aus den bisherigen Ergebnissen geht in guter Übereinstimmung mit den Resultaten der Druckoxydation[2]) einwandfrei hervor, daß in den natürlichen Humin-

---

[1]) Da Hoppe-Seyler, Demel und andere bei der Kalischmelze der Huminsäuren, Protokatechusäure bezw. Brenzkatechin erhalten haben, so untersuchten wir, ob möglicherweise m-Oxybenzoesäure bei der oxydativen Kalischmelze in Protokatechusäure überführbar ist. Wir erhitzten hierzu je 2 g m-Oxybenzoesäure (Kahlbaum) mit 10 g Kaliumhydroxyd in 10 ccm Wasser in Abwesenheit bezw. in Gegenwart von Ferrioxyd (2 g) zunächst eine halbe Stunde im offenen Nickeltiegel auf 240—250° (Temperatur des Ölbades). Da eine Probe nach dem Neutralisieren mit Salzsäure mit Eisenchlorid keine Färbung gab, auch ein Zusatz von Bikarbonat keine Farbreaktion hervorrief, wurde die Schmelze noch eine halbe Stunde auf 300° erhitzt. Jedoch auch jetzt erhielten wir keine Farbreaktion mit Eisenchlorid, so daß hiernach eine Umwandlung von m-Oxybenzoesäure in Protokatechusäure nicht stattfindet.

[2]) Vergleiche hierzu: Franz Fischer und Hans Schrader, die auch bei der Druckerhitzung von Braunkohle und Lignin Isophthalsäure erhalten haben; Abh. Kohle 5, 208 (1920).

säuren Molekülkomplexe vorhanden sein müssen, die mindestens teilweise aromatischer Natur sind. Die Beantwortung der Frage, ob diese in den Huminsäuren als Oxykarbonsäuren vorhanden sind oder als Karbonsäuren, die unter dem Einfluß des Alkalis in Oxyverbindungen übergehen, mag späteren Untersuchungen vorbehalten bleiben.

C. Einwirkung von Natronlauge und Zinkstaub.

Im Anschluß an die Druckerhitzung der Huminsäuren mit Alkali haben wir weiter untersucht, wie sich die Einwirkung von Natronlauge und Zinkstaub auf Huminsäuren gestaltet und ob eine wesentliche Reduktion der Huminsäuren eintritt. Aus der mit Wasser verdünnten und von Zink abfiltrierten Reaktionslösung fällte Schwefelsäure eine flockige hellbraune bis schwarze Masse, die nach dem Trocknen bei 105° sich schon äußerlich durch ihre leichte Zerreibbarkeit erheblich von den angewandten Huminsäuren unterschied und etwa 60% vom angewandten Material betrug. Das so gewonnene Reaktionsprodukt bestand aus: 2,6% Asche, 62,0% C und 3,7% H.

Auf aschefreie Substanz berechnet enthielt die Substanz 63,6% C und 3,8% H. Die ursprünglichen Huminsäuren enthielten aschefrei 60,8% C und 3,3% H. In Alkohol war das Produkt zum Teil mit rotbrauner Farbe löslich und bestand somit wohl teilweise aus der bekannten Hymatomelansäure.

Das rotbraune klare schwefelsaure Filtrat wurde im Wasserdampfstrom auf 500 ccm eingeengt. Das Destillat verbraucht zur Neutralisation nur 1,7 ccm n. Natronlauge, enthielt also nur geringe Mengen flüchtiger Säuren, von denen Essigsäure und Ameisensäure mittels Eisenchlorids bezw. Quecksilberchlorids festgestellt wurden.

Der Destillationsrückstand lieferte bei der erschöpfenden Ätherextraktion eine rötlichgelbe, schwach fluoreszierende Ätherlösung mit 3,1% Extrakt, der hinsichtlich der geringen Ausbeute nicht weiter untersucht wurde.

Hiernach werden also bei der Einwirkung von Zinkstaub und Lauge bei verhältnismäßig niedriger Temperatur die Huminsäuren ebenso verändert wie nach Miklauz[1]) bei der Behandlung mit Lauge allein. Es erhöht sich der Kohlenstoffgehalt und relativ auch der Wasserstoffgehalt. Außerdem wird ein Teil in alkohollösliche Sub-

---

[1]) Ztschr. f. Moorkult. u. Torfverwert. 6, 285 (1908); C. 1909 I, 937.

stanzen übergeführt, die noch Huminsäurecharakter besitzen. Flüchtige Säuren und andere wasserlösliche Produkte entstehen nur in untergeordneten Mengen.

Zusammenfassung.

Die Einwirkung von Alkali auf Huminsäuren aus entbituminierter Rosenthalkohle unter den verschiedenen Bedingungen führt in der Hauptsache zu Substanzen, die noch Huminsäurecharakter besitzen, sowie zu Wasser, Kohlensäure und Methan. Daneben entstehen in geringen Mengen Oxalsäure, flüchtige Fettsäuren, und zwar hauptsächlich Essigsäure, und Benzol- bezw. Phenolkarbonsäuren (Isophthalsäure, m-Oxybenzoesäure und 1, 3, 5-Oxyisophthalsäure).

Mülheim-Ruhr, Juli 1921.

---

20. Einwirkung von Salpetersäure auf Huminsäuren[1]).

Von

Hans Tropsch und **A. Schellenberg.**

Über die Einwirkung von Salpetersäure auf Huminsäuren bezw. Braunkohle finden sich in der Literatur bereits mehrere Angaben[1]). Hiernach werden die Huminsäuren wie Huminsubstanzen überhaupt durch Salpetersäure verschiedener Konzentration in stickstoffhaltige Produkte übergeführt, deren physikalische und chemische Eigenschaften noch auf ein höheres Molekulargewicht schließen lassen. Die energischere Einwirkung von Salpetersäure führt dagegen zu einem weitgehenden Abbau, wie aus den Arbeiten von Donath und Margosches sowie von Donath und Bräunlich hervorgeht, die hierbei eine Reihe von niedrigen Fettsäuren sowie Oxalsäure erhalten haben. Für die Konstitutionsaufklärung sind bisher geeignete Abbauprodukte bei der Einwirkung von Salpetersäure auf Huminsäuren nicht erhalten worden.

Wir haben daher die Einwirkung von Salpetersäure auf Huminsäuren näher verfolgt, umsomehr als wir bei Vorversuchen feststellten, daß außer den in der Literatur angeführten Reaktionsprodukten noch weitere erhalten wurden, die uns für die Aufklärung der Konstitution der Huminsäuren von Bedeutung schienen.

Im Folgenden seien zunächst die bei der Behandlung der Huminsäuren mit 5 n. Salpetersäure erhaltenen Versuchsergebnisse dargelegt; durch Vorversuche haben wir zunächst festgestellt, daß 5 n. Salpetersäure vornehmlich in dem von uns gewünschten Sinne wirkt und zu noch nicht zuweit abgebauten Spaltprodukten führt.

I. Einwirkung von 5 n. Salpetersäure auf Huminsäuren.

a) Versuchsbedingungen und Reaktionsverlauf.

20—100 g der in der üblichen[2]) Weise hergestellten gepulverten Huminsäuren wurden mit der 5fachen Menge 5 n. Salpetersäure in einem Rundkolben auf dem Wasserbad gelinde erwärmt.

---

[1]) Eine ausführliche Literaturzusammenstellung: „Über die Einwirkung von Salpetersäure auf Braunkohle und Huminsäuren" findet sich S. 268 u. Brennstoff-Chemie 2, 364 (1921).

[2]) Dieses Buch, S. 191.

Sobald das Reaktionsgemisch die Temperatur von etwa 60° erreicht hatte, trat unter starker Entwicklung rotbrauner Dämpfe eine äußerst lebhafte Reaktion ein. Bei größeren Mengen haben wir daher, um ein Überschäumen des Kolbeninhaltes zu vermeiden, die Huminsäuren stets in kleineren Portionen eingetragen und durch öfteres Umschütteln den Kolbeninhalt gut durchgemischt.

Nach Beendigung der ersten Gasentwicklung schwamm auf der tief rotbraunen Reaktionsflüssigkeit eine dunkle, schmierige Masse, die beim weiteren Erwärmen auf dem Wasserbade oder beim Erhitzen über freier Flamme schließlich unter mäßiger Gasentwicklung fast vollständig in Lösung ging.

Die Menge des auch beim längeren Erhitzen ungelöst bleibenden festen, braunen, amorphen Reaktionsproduktes betrug nach dem Trocknen auf Ton 4—9%. Die dunkelbraunroten Reaktionslösungen wurden dann entweder aufgearbeitet oder bei aufgesetztem Kühlrohr über freier Flamme noch einige Zeit zum Sieden erhitzt. Im letzteren Falle kondensierten sich im Kühlrohr stets geringe Mengen eines farblosen Öles.

Die schließlich erhaltenen Reaktionslösungen, auf deren Oberfläche sich beim Erkalten eine matte Haut bildete, wurden dann zur Gewinnung des farblosen, flüchtigen Öls der Wasserdampfdestillation unterworfen, teils aber auch ohne weitere Vorbehandlungen ebenso wie die Destillationsrückstände im Perforator mit Äther erschöpfend extrahiert.

Durch Äther konnte den Destillaten etwa 0,6% Öl entzogen werden (berechnet auf angewandte Huminsäuren). Im Trockenrückstand des mit Natronlauge neutralisierten Destillats wurden Essigsäure und Spuren von Ameisensäure qualitativ nachgewiesen. Das Destillat gab mit Eisenchlorid keine Farbreaktion. Auf eine nähere Untersuchung des Öles und des Destillates haben wir verzichtet.

Bei der Extraktion im Perforator hatte es sich als zweckmäßig herausgestellt, das für die Aufnahme des überlaufenden salpetersäurehaltigen Äthers bestimmte Kölbchen stets mit soviel Natriumacetat zu beschicken, daß Kongopapier keine freie Mineralsäure anzeigte, weil die sonst im Kölbchen sich ansammelnde Salpetersäure schließlich äußerst lebhaft auf die ätherische Lösung einwirkte.

Aus der salpetersauren Reaktionslösung schieden sich bei längerer Extraktionsdauer in zunehmendem Maße braune, amorphe Flocken meistens in zusammengeballter Form ab.

Der Inhalt des vorgelegten Kölbchens wurde mit Schwefelsäure gegen Kongo genau neutralisiert, die ätherische Schicht abgetrennt, die wässerige Schicht noch dreimal mit Äther extrahiert, der ätherische Auszug mit Natriumsulfat getrocknet und auf dem Wasserbad vom Äther befreit (Extrakt I).

Die meistens tiefdunkelrote abgezogene Natriumacetatlösung wurde dann bis zum Farbenumschlag mit Schwefelsäure versetzt und viermal mit Äther extrahiert (Extrakt II). In einzelnen Fällen fielen beim Ansäuern mit Schwefelsäure erhebliche Mengen von saurem Natriumoxalat aus.

b) Versuche.

1. Versuch: 10 g pulverisierte Huminsäuren, in 50 ccm 5 n. Salpetersäure eingetragen und nach dem Aufhören der ersten stürmischen Gasentwicklung etwa 10 Stunden über freier Flamme zum schwachen Sieden erhitzt, lieferten 0,9 g (9%) eines dunkelrotbraunen Rückstandes und eine dunkelrotbraune Reaktionslösung. Die Menge des mit Wasserdampf übergetriebenen nahezu farblosen Öls betrug nur 0,03 g (0,6% berechnet auf angewandte Huminsäuren). Bei der erschöpfenden Extraktion im Perforator mit Äther erhielten wir aus dem Destillationsrückstand neben einer orangeroten Ätherlösung ein schmieriges in Äther schwer lösliches orangerotes, sehr bitter schmeckendes, in Wasser teilweise lösliches Produkt, das sich beim Erhitzen an der Luft unter Versprühen schnell zersetzte und nur sehr wenig Asche zurückließ. Aus der Ätherlösung wurden 0,52 g (5,2%) eines orangeroten, teils kristallinischen, teils lackartig glänzenden Rückstandes erhalten, der an kaltes Wasser eine einheitliche in feinen, gelben Nadeln gut kristallisierte Substanz mit intensiv bitterem Geschmack abgab, die wohl in ihren allgemeinen Eigenschaften als ein nitriertes Phenol anzusprechen, jedoch nicht mit Pikrinsäure oder Styphninsäure identisch war. Aus dem im Perforator verbliebenen salpetersauren Extraktionsrückstand konnten durch Natrium- bezw. Bleiacetat außer mehr oder weniger hell gefärbten amorphen, z. T. alkohollöslichen Niederschlägen keine einheitlichen Substanzen isoliert werden.

Obwohl wir zur Herstellung der gelben kristallisierten Substanz den Versuch mit denselben Huminsäuren in anscheinend gleicher Weise wiederholten, gelang es nur in einzelnen Fällen die Substanz in nennenswerter Menge zu erhalten. Es war uns bisher nicht möglich, die Versuchsbedingungen so zu präzisieren, daß sie jederzeit reproduzierbar sind. Es seien daher zunächst die Versuchsbedingungen angegeben, die in den einzelnen Fällen zu dem gewünschten Produkt geführt haben.

2. Versuch: 20 g pulverisierte Huminsäuren wurden innerhalb einer Stunde in 100 ccm etwa 60° warme 5n. Salpetersäure eingetragen. Nach zweistündigem Erwärmen des Reaktionsgemisches im siedenden Wasserbad wurden nun im Verlauf der nächsten 12 Stunden etwa 50 ccm von dem dunkelroten Reaktionsgemisch abdestilliert. Wir fügten dann 50 ccm 5n. Salpetersäure zum Destillationsrückstand hinzu und destillierten in 6 Stunden weitere 50 ccm ab. Nach nochmaligem Zusatz von 50 ccm 5 n. Salpetersäure zum Destillationsrückstand wurden in 6 Stunden schließlich wieder 50 ccm abdestilliert, so daß die angewandten 20 g Huminsäuren im ganzen mit 200 ccm 5 n. Salpetersäure behandelt und vom Reaktionsgemisch etwa 150 ccm abdestilliert waren. Bei der weiteren Aufarbeitung der Reaktionslösung erhielten wir 8,0% Extrakt I (berechnet auf angew. Huminsäuren) und 17,0% Extrakt II. Aus Extrakt I konnten in der bekannten Weise 0,8 g (4% berechnet auf angewandte Huminsäuren) des oben erwähnten gelben kristallisierten Körpers isoliert werden.

3. Versuch: In 100 ccm 60° warme 5 n. Salpetersäure wurden 20 g Huminsäuren portionsweise eingetragen. Nach Beendigung der ersten Gasentwicklung wurden zu der Reaktionsflüssigkeit noch 50 ccm 5n. Salpetersäure hinzugefügt und etwa 70 ccm langsam abdestilliert. Nach Zugabe von weiteren 50 ccm 5n. Salpetersäure zum Destillationsrückstand wurden dann noch 50 ccm übergetrieben. Die Ausbeute an Extrakt I betrug 8,3% } berechnet auf ange-
und " " II 17,9% } wandte Huminsäuren.
Extrakt I lieferte eine Ausbeute von 1% der gelben Substanz (berechnet auf angewandte Huminsäuren).

Versuche, die Ausbeute an der „gelben Substanz“ dadurch zu erhöhen, daß die Extrakte II mit 5n. Salpetersäure nachbehandelt wurden, fielen negativ aus. Wir erhielten hierbei nur orangerote weiche bezw. feste mehr oder weniger klebende lackartige Produkte, die die kristallisierte gelbe Verbindung nicht enthielten.

4. Versuch: In der Annahme, daß möglicherweise durch eine stufenweise Einwirkung der Salpetersäure der gelbe Körper in größerer Ausbeute zu erhalten wäre, haben wir dann 20 g Huminsäuren mit 100 ccm 5 n. Salpetersäure zunächst eine halbe Stunde auf dem Wasserbade behandelt und das Reaktionsgemisch ohne

zu filtrieren im Perforator mit Äther ausgezogen. Extrakt I betrug 1,8 %, Extrakt II etwa 9,0 %. Beide Auszüge stellten glänzende, durchscheinende Lacke dar, die die gewünschte Substanz nicht enthielten. Der Extraktionsrückstand wurde dann nach dem Verjagen des Äthers bis zur vollständigen Lösung der rotbraunen Masse auf dem Wasserbad erwärmt. Die Extraktion mit Äther im Perforator lieferte 6,8 % Extrakt I und 6,4 % Extrakt II, die bei der weiteren Untersuchung den gelben Körper nicht ergaben. Nach weiterem fünfstündigen Erhitzen des Extraktionsrückstandes zum schwachen Sieden erhielten wir 0,2 % Extrakt I und 0,8 % Extrakt II; die gelbe Verbindung konnte jedoch nicht gefaßt werden. Nach Zusatz von 10 ccm Salpetersäure zum Extraktionsrückstand und zehnstündigem Erhitzen über freier Flamme wurden noch 0,8 % Extrakt I und 1 % Extrakt II erhalten, die die gelben Körper ebenfalls nicht enthielten.

Wie bei Versuch 3 führte auch hier die Nachbehandlung der Extrakte I bezw. II mit 5 n. Salpetersäure nicht zu der gelben Verbindung.

Ebenso wie die fraktionierte Behandlung der Huminsäuren mit Salpetersäure nicht im gewünschten Sinne verlief, führten auch die Versuche zu keinem positiven Ergebnis, bei denen wir im Vergleich zu den Versuchen 1—3 Versuchsdauer und Temperatur sowie die Mengenverhältnisse in der verschiedensten Weise variierten. Wir erhielten bis auf die unterschiedliche Ausbeute an den Extrakten I und II, die zusammen etwa zwischen 15—28 % schwankte und im Durchschnitt etwa 24 % betrug, neben mehr oder weniger Oxalsäure stets nur die bekannten lackartigen Produkte[1]). Und zwar ergab die zehnstündige Einwirkung von 5 n. Salpetersäure bei Wasserbadtemperatur 30,9 % Extrakt I + II, die 20 stündige Einwirkung bei Siedetemperatur nur 15,1 % Extrakt I und II. Die gleichen Ergebnisse erhielten wir auch, als wir kolloidfreie reine, nach der von Sven Odén angegebenen Methode[2]) dargestellte Huminsäuren verwendeten. Nach der Behandlung von 20 g der gereinigten Huminsäuren unter den im Versuch 2 angeführten Versuchsbedingungen erhielten

wir 6,5 % Extrakt I } berechnet auf ange-
und 15,5 % „ II } wandte Huminsäuren

[1]) Donath und Bräunlich, Chem. Ztg. 28, 181 (1904).
[2]) Die Huminsäuren, S. 54 u. f. (1919).

mit den bekannten Eigenschaften. Die Extrakte enthielten nicht die kristallisierte gelbe Verbindung.

5. Versuch: Als wir dagegen zweimal je 10 g Huminsäuren etwa 10 Stunden mit 5n. Salpetersäure über freier Flamme zum schwachen Sieden erhitzten und die vereinigten Reaktionsflüssigkeiten im Wasserdampfstrom langsam fast bis zur Trockene einengten, erhielten wir 1,16 g Extrakt I (5,8 %), der neben einem matten lackartigen Produkt in der Hauptsache aus gut ausgebildeten in strahligen Aggregaten angeordneten Kristallen des gelben Körpers bestand und 1 g (5 %) reine gelbe Substanz lieferte, sowie 3,24 g (16,2 %) Extrakt II.

6. Versuch: Einwirkung von 5 n. Salpetersäure auf das durch Behandlung der Huminsäuren mit konz. Salpetersäure D 1,5 erhaltene Reaktionsprodukt („Nitrohuminsäuren").

Bei der Behandlung von 20 g des lufttrockenen Reaktionsproduktes (S. 230) mit 50 ccm warmer 5 n. Salpetersäure verlief die Reaktion ebenso wie bei Anwendung der ursprünglichen Huminsäuren. Unter lebhafter Gasentwicklung wandelte sich das angewandte Material in eine schwarze schmierige Masse um, die dann in Lösung ging. Nach 20stündigem Erhitzen über freier Flamme zum gelinden Sieden, wobei 20 ccm abdestilliert wurden, erhielten wir bei der Extraktion im Perforator neben braunen amorphen Produkten

9,7 % Extrakt I
und 21,7 % „ II } berechnet auf angewandtes Material

mit den bekannten Eigenschaften. Weder aus ihnen noch aus ihren durch Nachbehandlung mit Salpetersäure erhaltenen Reaktionsprodukten gelang es uns, außer Oxalsäure, eine identifizierbare Substanz zu isolieren.

7. Versuch: Wie aus den bisher mitgeteilten Versuchsergebnissen hervorgeht, werden die Huminsäuren bei der Einwirkung von 5n. Salpetersäure im allgemeinen zu Produkten abgebaut, die nach ihren allgemeinen Eigenschaften wohl in die Reihe der Nitrophenole gehören, jedoch nur unter gewissen Versuchsbedingungen gut kristallisierende Nitroverbindungen liefern. Wir untersuchten daher, ob sich nach der Behandlung der Reaktionsprodukte mit Nitriersäure kristallisierende Nitroverbindungen isolieren ließen. 20 g Huminsäuren wurden mit 5 n. Salpetersäure solange auf dem Wasserbad erwärmt, bis nahezu vollständige Lösung eingetreten war. Der ungelöste, braune, amorphe Rückstand betrug 2,5 % vom

angewandten Material. Die dunkelrotbraune vom Rückstand abgeschleuderte Lösung wurde dann unter beständigem Umrühren auf dem Wasserbad bis zur Bildung rotbrauner Dämpfe eingeengt. Bei weiterem Eindampfen ging der bis dahin zähflüssige und in Wasser leicht lösliche Eindampfrückstand in ein orangerotes, festes, leicht pulverisierbares und in Wasser nur teilweise lösliches Produkt über. Nach Zugabe von etwas Salpetersäure gingen jedoch auch die ungelöst gebliebenen rotbraunen Flocken wieder in Lösung. Der so erhaltene orangerote Rückstand wurde in kalte (—10°) Nitriersäure (100 g Salpetersäure D 1,4 und 200 g Schwefelsäure D 1,84) gegossen und das Gemisch bis zur völligen Lösung des Reaktionsproduktes gerührt. Nach zwölfstündigem Stehen bei Zimmertemperatur wurde das Reaktionsgemisch einmal auf Eis gegossen und ein anderes Mal noch einige Zeit auf dem Wasserbad erwärmt. Außer den durch Äther extrahierbaren lackartigen Produkten haben wir jedoch in keinem Falle irgendwelche bemerkenswerte Reaktionsprodukte erhalten.

Auch bei weiterer Einwirkung von 5n. Salpetersäure auf die mit Äther ausgezogene und von den hierbei ausgefallenen braunen amorphen Massen abfiltrierte salpetersaure Reaktionslösung wurden außer geringen Mengen des bekannten Lackes keine anderen Reaktionsprodukte erhalten. Dagegen geben die braunen amorphen Massen bei der Einwirkung von 5 n. Salpetersäure unter den auf Seite 214 angebenen Versuchsbedingungen noch beträchtliche Mengen (22,9%) durch Äther extrahierbare Substanzen von derselben Beschaffenheit, wie die lackartigen Produkte.

c) Untersuchung der lackartigen Produkte.

Von den Reaktionsprodukten, die wir bei der Einwirkung von Salpetersäure auf Huminsäuren erhielten, haben wir nur die Ätherauszüge und die kristallisierte gelbe Verbindung einer näheren Untersuchung unterzogen.

Zur Untersuchung der Extrakte I und II wurden diese in Anbetracht der nahezu völligen Übereinstimmung ihrer allgemeinen Eigenschaften vereinigt. Sie stellten ein glänzendes, durchscheinendes, dunkelrotes, weiches Produkt dar, das bei Wasserbadtemperatur leicht beweglich wurde. Gegen Lackmus reagierte es sauer; es besaß einen intensiv bitteren Geschmack und färbte Wolle gelb. In Wasser und den meisten organischen Lösungsmitteln, mit Ausnahme von Petroläther und Tetrachlorkohlenstoff war es bis auf geringe Mengen gelber Flocken leicht löslich. In Alkali und Pyridin ging es mit dunkler Farbe leicht in Lösung. Die wässerige Lösung des Extraktes (I + II) wurde durch Kaliumcyanidlösung braunrot gefärbt.

Nach den allgemeinen Eigenschaften dürfte der Extrakt (I + II) nitrophenolartige Substanzen enthalten, die anscheinend auch schon von Montanari[1]) sowie von Donath und Bräunlich[2]) beobachtet, jedoch nicht näher untersucht worden sind. Wir haben zunächst Versuche unternommen, um mittels der Wasserdampfdestillation, der fraktionierten Kristallisation der Bariumsalze und der Destillation im hohen Vakuum aus diesen anscheinend aus mehreren Spaltstücken der Huminsäuren bestehenden Reaktionsprodukten einheitliche Bestandteile zu isolieren.

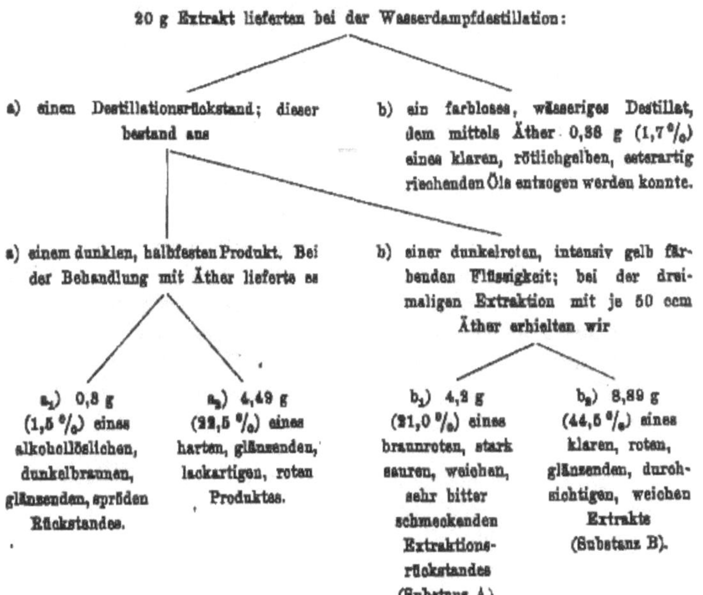

Substanz A lieferte bei der Behandlung mit Zinn und konzentrierter Salzsäure eine schwach gelbliche Flüssigkeit. Als sie

[1]) C. 1905 I, 20.

[2]) Chem. Ztg. 28, 181 (1904).

nach Entfernung des Zinns mittels Schwefelwasserstoffs zur Gewinnung des Reduktionsproduktes bei Wasserbadtemperatur im Vakuum eingedampft wurde, schied sich eine reichliche Menge dunkler, huminsäureartiger Massen ab, aus denen auch nach dem Abfiltrieren und Einengen des Filtrats in Gegenwart von Schwefeldioxyd nur dunkle Schmieren erhalten wurden.

Ebensowenig gelang es uns, aus Substanz B mittels Calcium-, Barium- und Bleiacetats gut definierbare Substanzen zu isolieren; wir erhielten in allen Fällen eine teils feste, teils ölige Substanz ohne besondere Kennzeichen.

Wir haben weiterhin eine wässerige Lösung des Extrakts (I + II) mit Bariumhydroxyd übersättigt, die unlöslichen, braunen Bariumsalze von der klaren, roten Lösung abfiltriert und das Filtrat auf dem Wasserbad zur Hälfte eingeengt. Die hierbei ausfallenden, amorphen, hellbraunen bis orangeroten Bariumsalze wurden abfiltriert und das Filtrat wieder zur Hälfte eingeengt und diese Operation noch einmal wiederholt. Die erhaltene, gegen Lackmus neutral reagierende rote Mutterlauge (20 ccm) von der letzten Fraktion lieferte beim weiteren Einengen nur ein amorphes, gelbes Produkt, wie sie die dritte Fraktion ergeben hatte. Die Mutterlauge sowohl wie die Fraktionen I—III besaßen ein starkes Färbevermögen und einen intensiv bitteren Geschmack. Beim Auskochen mit Alkohol lieferte Fraktion I eine orangerote, Fraktion II und III nur schwach gelb gefärbte Auszüge. Die Extrakte bestanden bei I und II aus orangeroten öligen bis lackartigen Produkten, bei III und IV aus geringen Mengen kristallisierter Substanzen.

Extrakt I und II (5,4 g) wurden der Destillation im Vakuum (0,5 mm) unterworfen. Von 170° an ging eine farblose, leicht bewegliche Flüssigkeit über, die sich in der mit Wasser gekühlten Vorlage ansammelte. Die Destillation wurde bis 200° fortgesetzt, wobei das Destillat dickflüssiger wurde. Da bei 200° Zersetzung eintrat, so wurde die Destillation nicht weiter fortgeführt. In der mit Wasser gekühlten Vorlage hatte sich eine Flüssigkeit kondensiert, die esterartigen Geruch besaß und in kaltem Wasser schwer, in heißem Wasser mäßig löslich war. Die wässerige Lösung wurde durch Kaliumcyanid kirschrot gefärbt. Der ursprüngliche Extrakt nimmt dagegen unter gleichen Umständen eine rotbraune Färbung an. Das im Ansatzrohr kondensierte Produkt war dickflüssig, hellgelb und verhielt sich gegen Kaliumcyanid wie die eben beschriebene Flüssigkeit. In der mit flüssiger Luft gekühlten Vorlage hatten sich 150 ccm Gas mit 20,4% Kohlensäure sowie eine stark saure Flüssigkeit kondensiert. Der Destillationsrückstand (3,9 g) bestand neben einem dunklen, zähflüssigen Öl in der Hauptsache aus einem tiefdunklen, glänzenden Produkt, das sich in siedendem Alkohol bis auf eine geringe Menge brauner Flocken löste. Somit war weder durch die Wasserdampfdestillation, noch auf dem Wege über die Bariumsalze, noch durch die Destillation im Vakuum die Abtrennung von einheitlichen Substanzen zu erzielen. Die Versuche ergaben immerhin eine rohe Trennung in Substanzen von verschiedener Beschaffenheit, die jedoch alle im wesentlichen nitrophenolartigen Charakter besaßen.

Die Extrakte I + II enthielten 51,0% C, 3,9% H und 3,9% N. Der verhältnismäßig niedere Stickstoffgehalt deutet darauf hin, daß entweder Substanzen vorliegen, die in einem großen Molekül nur wenig Nitrogruppen enthalten, oder daß neben nitrierten Produkten auch noch stickstoffreie Oxydationsprodukte vorhanden sind. Wir versuchten, die Nitroprodukte durch verschiedene Reduktionsmittel zu Aminoverbindungen zu reduzieren. Die Reduktion der Extrakte (I + II) mit Hydrosulfit führte besonders in der Wärme nur zu schwarzen, huminsäureartigen Produkten. Über die Einwirkung von Zinn und Salzsäure ist im Vorstehenden bereits berichtet worden. Jodwasserstoffsäure (D 1,71) ergab nach dreistündigem Erhitzen von zweimal je 1 g Extrakt mit 3 ccm und 1 g rotem Phosphor im Einschlußrohr eine rotbraune Flüssigkeit, an deren Oberfläche sich einige Tropfen eines rotbraunen Öls angesammelt hatten, und eine dunkle, amorphe Masse, die mit kohleartigen Partikeln durchsetzt war. Das Öl war mit Wasserdampf flüchtig und wurde von konzentrierter Salpetersäure ziemlich heftig angegriffen.

Bei allen Versuchen, die Nitrogruppen zu reduzieren, wurden Produkte erhalten, die sich wie Aminophenole als unbeständig erwiesen, so daß unsere Annahme, daß Extrakt I und II Substanzen mit Nitrophenolcharakter enthalten, als durchaus berechtigt erscheint.

Wir haben fernerhin Versuche unternommen, durch Einwirkung von Alkali die in den Extrakten I und II vorhandenen Reaktionsprodukte weiter abzubauen, und hofften, auf diese Weise zu identifizierbaren Substanzen zu gelangen.

20 g Extrakt 3 Stunden mit 100 ccm einer konzentrierten Sodalösung auf 200° erhitzt, lieferte etwa 550 ccm Gas, das im

wesentlichen aus Kohlensäure bestand, und eine dunkle Reaktionslösung, die wir nach dem Ansäuern mit Schwefelsäure durch Wasserdampfdestillation in ein Destillat und einen Destillationsrückstand zerlegten. Das farblose, gegen Lackmus sauer reagierende Destillat enthielt geringe Mengen eines farblosen Öls und gab mit Eisenchlorid Essigsäurereaktion. Der Destillationsrückstand lieferte bei der Extraktion mit Äther im Perforator 2,2 g einer dunkelrotbraunen, klebenden Masse und enthielt 6,7 g eines huminsäureartigen Produktes. Bei der dreistündigen Druckerhitzung von 5 g Extrakt mit 20 ccm konzentrierter Sodalösung bei 400° erhielten wir neben 880 ccm Gas mit 70 % CO_2 eine gelbliche, teerig riechende, wässerige Flüssigkeit, in der sich ein kohliges, amorphes Produkt, dessen ätherischer Auszug eine gelbe Lösung mit grüner Fluoreszenz darstellte, abgeschieden hatte. Bei der Wasserdampfdestillation des mit Schwefelsäure angesäuerten Reaktionsproduktes erhielten wir auch hier außer einer geringen Menge des oben erwähnten farblosen Öls und etwas Essigsäure keine weiteren Destillationsprodukte. Der kohlige Rückstand betrug etwa 2 g und lieferte bei der trockenen Destillation etwas Teer.

20 g Extrakt mit 100 ccm konzentrierter Bariumhydroxydlösung 3 Stunden auf 200° erhitzt, gaben 300 ccm Gas mit 81 % CO_2 und eine dunkle Reaktionsflüssigkeit, die bei der Ätherextraktion im Perforator 1,12 g eines weichen, braunen, glänzenden, undurchsichtigen Extraktes lieferte und 7,5 g eines matten, braunen, huminsäureartigen Produkts enthielt.

Die Einwirkung von Basen führt also nicht einen Abbau, sondern eine Rückbildung zu huminsäureartigen Substanzen herbei.

Durch längeres Erwärmen mit 5 n. Schwefelsäure wurde der Extrakt nicht verändert. Die Behandlung mit rauchender Schwefelsäure bei Zimmertemperatur führte nur zu amorphen, gelben bis braunen, unbestimmten Produkten. Auch nach der Einwirkung von konzentrierter Salpetersäure auf Extrakt I und II bezw. auf das mittels Essigsäureanhydrid erhaltene dunkle, amorphe Reaktionsprodukt, erhielten wir nur Substanzen, die sich in ihren allgemeinen Eigenschaften nur wenig vom Ausgangsmaterial unterschieden.

Bromwasser erzeugte in der klaren, wässerigen Lösung des Extraktes einen gelben, flockigen, etwas schmierigen, bromhaltigen Niederschlag. Auch hier gelang es uns nicht, gut charakterisierte Substanzen zu erhalten.

d) Untersuchung der gelben kristallisierten Substanz.

Die in einzelnen Fällen erhaltene gelbe Substanz wurde in der Weise isoliert, daß die jeweiligen Extrakte I durch wenig kalten Äther von dem orangefarbenen lackartigen Produkte befreit, die zurückbleibende gelbe kristallinische Substanz in wenig kaltem Wasser aufgenommen und die Lösung von etwa noch ungelösten Flocken abfiltriert wurde. Nach dem Kochen der wässerigen Lösung mit Tierkohle erhielten wir die Substanz schließlich in Form von rein gelben Nadeln, die sich in Petroläther, Chloroform, Benzol und Chlorbenzol nicht, in Äther sehr schwer, leicht dagegen in Eisessig, Alkohol, Essigester und Aceton und besonders leicht in Wasser lösten. Die Substanz kristallisierte aus Eisessig in kleinen zu Drusen vereinigten Nadeln, aus Wasser in langen gelben Nadeln, die beim Trocknen im Vakuum bei 80° Wasser abgaben und dabei ihre Kristallstruktur verloren; aus Alkohol wurde sie durch Fällung mit Chloroform in sehr gut ausgebildeten langen gelben Nadeln, aus Essigester durch Fällung mit Petroläther in kleinen, oft zu Büscheln vereinigten Nädelchen, aus Aceton durch Fällung mit Chloroform in langen dünnen Nadeln erhalten. Aus der wässerigen Lösung wird sie durch verdünnte und konzentrierte Salzsäure als ein hellgelber, amorpher, flockiger Niederschlag gefällt, der beim Erwärmen in ein wasserunlösliches, schmieriges Produkt übergeht. Die wässerige Lösung der gelben Substanz färbt Wolle gelb, wird durch Kaliumcyanid purpurrot gefärbt und besitzt einen intensiv bitteren Geschmack. In Alkalien löst sich die Substanz leicht mit gelber Farbe und liefert ein schwerlösliches Kaliumsalz. Beim langsamen Erhitzen im Kapillarrohr schmilzt sie nach vorherigem Sintern bei 267° unter Gasentwicklung zu einer braunroten Flüssigkeit. Beim Erhitzen auf dem Platinblech verpufft sie nach vorhergehendem Schmelzen unter Feuererscheinung und Hinterlassung von Kohle.

Die Elementaranalyse der Substanz verursachte Schwierigkeiten. Es hinterblieb stickstoffhaltige Kohle, die auch bei stärkstem Erhitzen nicht vollständig verbrannte, so daß die Kohlenstoffwerte zum Teil zu niedrig ausfielen.

1. 2,893 mg Substanz gaben 2,840 mg CO_2 und 0,400 mg H_2O;
2. 3,045 mg Substanz, mit Kupferoxyd gemischt, gaben 3,090 mg CO_2 und 0,515 mg H_2O;

3. 3,190 mg Substanz gaben, mit Bichromat verbrannt, 3,325 mg CO_2 und 0,485 mg H_2O;
4. 4,505 mg Substanz gaben bei 759,4 mm und 26° 0,6468 ccm Stickstoff.

Gefunden: 1. 28,68% C, 1,66% H;
2. 27,68% C, 1,89% H;
3. 28,43% C, 1,70% H;
4. 16,45% N.

Die bei der Elementaranalyse erhaltenen Werte stimmen auf eine Verbindung $C_6H_3O_8N_3 + {}^1/_2H_2O$, die 28,35% C, 1,59% H und 16,55% N verlangt. Wie bereits oben erwähnt, gibt die aus Wasser kristallisierte Substanz bei 80° Wasser ab; anscheinend tritt jedoch bei dieser Temperatur keine vollständige Entwässerung der Verbindung ein.

Die Bestimmung der Nitrogruppen nach der Methode von Knecht und Hibbert[1]) ergab 57,8% NO_2 bezw. 17,6% N. Nach dem Erwärmen von 10 ccm einer wässerigen Lösung von 0,1039 g der bei 105° getrockneten Substanz in 50 ccm Wasser mit 50 ccm einer Titanchloridlösung, die 53,84 ccm einer mit Kaliumpermanganat oxydierten Lösung von 19,79 g Mohrschem Salz in 500 ccm entsprachen, wurde zum Zurücktitrieren 38,12 ccm der Eisenlösung verbraucht. 50 ccm einer Lösung von 9,9136 g Mohrschem Salz in 250 ccm Wasser verbrauchten 51,57 ccm 0,09683 n. Kaliumpermanganat.

Als zur Gewinnung der Aminoverbindung 0,5 g der Substanz mit 1,2 g Zinn und 20 ccm konzentrierter Salzsäure etwa eine Stunde auf dem Wasserbad erwärmt wurden, erhielten wir eine nahezu farblose Lösung, aus der sich beim Erkalten das farblose Zinndoppelsalz in derben gut ausgebildeten Kristallen abschied. Nach dem Zersetzen des in verdünnter Salzsäure gelösten Doppelsalzes durch Schwefelwasserstoff erhielten wir ein vollkommen farbloses klares Filtrat, das sich beim längeren Einleiten von Schwefelwasserstoff und beim Eindampfen auf dem Wasserbad ständig dunkler färbte und sich schließlich unter Abscheidung schwarzer, huminsäureartiger, aschefreier Flocken vollkommen zersetzte.

---

[1]) Hans Meyer: Analyse und Konstitutionsermittelung organischer Verbindungen, 2. Auflage, S. 922 (1909).

Die von uns erhaltene gelbe kristallisierte Verbindung ist somit als ein Nitrophenol anzusprechen. Mit 2, 4, 6-Trinitroresorcin (Styphninsäure), auf welches die Analysen stimmen, ist sie nicht identisch; wir vermuteten daher zuerst, daß wir Hexanitrodiresorcin vorliegen haben und stellten uns dieses nach Benedikt und Julius[1]) her. Das Hexanitrodiresorcin ist, wie auch unsere Substanz, in Wasser ungemein leicht löslich, stimmt in seinen Löslichkeits- und Kristallisationsverhältnissen mit unserer Substanz überein, schmeckt aber nicht bitter, verpufft im Kapillarrohr bei 230° ohne zu schmelzen und wird beim Erwärmen mit konzentrierter und verdünnter Salzsäure nicht verändert. Bei der Behandlung mit Zinn und Salzsäure liefert es auch ein farbloses kristallinisches Zinnsalz, das sich beim Erwärmen in schwach salzsaurer wässeriger Lösung unter allmählicher Dunkelfärbung und unter Abscheidung brauner huminsäureartiger Flocken zersetzt. Beim Erhitzen an der Luft verpufft es nur schwach. Hexanitrodiresorcin lag somit in unserem Fall nicht vor.

Eine Molekulargewichtsbestimmung der gelben Verbindung nach der Methode von Rast[2]) ergab für 0,0083 g Substanz, in 0,1010 g Kampher gelöst, eine Schmelzpunktsdepression von 11°.

Mol.-Gew. gefunden 271.

Berechnet für $C_6H_3O_8N_3 + {}^1/_2 H_2O$: 254,06.

Nach der Analyse und Molekulargewichtsbestimmung müssen wir daher die kristallisierte gelbe Substanz als ein der Styphninsäure isomeres Trinitrodioxybenzol betrachten. Die bei der Einwirkung von 5 n. Salpetersäure auf Huminsäuren entstehenden lackartigen Produkte enthalten somit Nitrophenole und man kann unter gewissen Versuchsbedingungen eine in diese Gruppe gehörige und als ein Trinitrodioxybenzol erkannte Verbindung in kristallisierter Form fassen. Die schon oben erwähnte Schwierigkeit, die Versuchsbedingungen so festzulegen, daß unter allen Umständen die kristallisierte Substanz in derselben Ausbeute erhalten wird, ist ein Beweis für die große Empfindlichkeit der beim oxydativen Abbau der Huminsäuren in Frage kommenden Phenole gegenüber einer weiteren Einwirkung von Salpetersäure, wie sie ja den Phenolen im allgemeinen eigen ist[3]), und berechtigt zu der Annahme, daß das

[1]) M. 5, 178 (1884).
[2]) B. 55, 1051 (1922).
[3]) Tiemann, B. 8, 1131 (1875).

dem kristallisierten Nitrokörper zugrunde liegende Dioxybenzol in wesentlich größeren Mengen im Huminsäuremolekül enthalten ist, als man aus den Ausbeuten an Nitroprodukten schließen kann.

Ob das von uns erhaltene Trinitrodioxybenzol mit dem von Guignet[1]) durch Einwirkung von Salpetersäure auf Steinkohle gefundenen Trinitroresorcin identisch ist, können wir nicht entscheiden, da Guignet seine Verbindung nicht genauer charakterisiert hat.

II. Einwirkung von 2,5 n. Salpetersäure.

Die Reaktion verlief hier im allgemeinen so wie bei der Verwendung von 5 n. Salpetersäure. Jedoch setzte sie nicht so stürmisch ein und bedurfte auch einer größeren Wärmezufuhr. Bei der Behandlung mit der 5fachen Menge 2,5 n. Salpetersäure war auch nach 2stündigem Erhitzen ein großer Teil noch ungelöst, und ging erst auf weiteren Zusatz von 2,5 n. Salpetersäure in Lösung. Die Ausbeute an Extrakt I + II betrug hier 23,8 %. In den allgemeinen äußeren Eigenschaften glichen die hierbei erhaltenen Extrakte sowie auch die anderen Reaktionsprodukte vollkommen den Produkten, die wir bei der Einwirkung von 5 n. Salpetersäure erhalten hatten.

Trinitrodioxybenzol konnte unter diesen Versuchsbedingungen nicht erhalten werden.

III. Einwirkung von konzentrierter Salpetersäure.

A. Dichte 1,4.

a) Bei Zimmertemperatur.

Wurden 10 g Huminsäuren bei Zimmertemperatur in kleinen Portionen nach der Vorschrift von Malkumesius und Albert in kalte konzentrierte Salpetersäure D 1,4 eingetragen, so trat im Vergleich zu dem Versuch mit konzentrierter Salpetersäure D 1,5[2]) bedeutend langsamer eine vollständige Lösung ein. Die Reaktionslösung lieferte, in Wasser gegossen, 8,1 g eines rotbraunen amorphen Niederschlages, von dem 1,3 g (16 %) in heißem Aceton unlöslich waren. Die Reaktion war somit in einem etwas anderen Sinne verlaufen als bei der Verwendung der stärkeren Säure.

---

[1]) C. r. 88, 590 (1879).

[2]) Siehe weiter unten.

b) Bei höherer Temperatur.

Das aus 10 g Huminsäuren und 50 ccm Salpetersäure D 1,4 erhaltene Reaktionsgemisch wurde 24 Stunden sich selbst überlassen und dann 24 Stunden auf dem Wasserbad erwärmt. In der klaren, dunkelrotbraunen Lösung entstand durch Verdünnen mit Wasser kein Niederschlag. In der verdünnten Lösung erzeugte auch Natriumacetat keinen Niederschlag und erst Bleiacetat gab in der nunmehr essigsauren Lösung einen gelbbraunen Niederschlag, der nach dem Zersetzen mit Schwefelwasserstoff und Eindampfen des Filtrats vom Bleiniederschlag zur Trockne eine in Äther unlösliche, teilweise kristallinische Masse lieferte. In Alkohol war sie zum Teil mit gelber Farbe löslich, jedoch enthielt der so gewonnene Extrakt eine erhebliche Menge anorganischer Bestandteile. Der in Alkohol unlösliche Teil löste sich leicht in Wasser mit dunkler Farbe auf, beim langsamen Abdunsten der wässerigen Lösung hinterblieb ein dunkelrotbrauner Rückstand, der äußerlich den Huminsäuren ähnelte, zum größten Teil aber aus Nitraten bestand.

c) In Eisessig.

Zu 20 g Huminsäuren, in 65 ccm Eisessig suspendiert, wurden nach und nach 35 ccm konz. Salpetersäure D 1,4 hinzugefügt. Die noch erhebliche Mengen Ungelöstes enthaltende Reaktionsflüssigkeit wurde 16 Stunden auf dem Wasserbad erwärmt und die tiefdunkelrote Reaktionslösung, die dann nur mehr wenig Ungelöstes enthielt, folgendermaßen aufgearbeitet.

Die Hälfte lieferte nach der Behandlung mit Wasserdampf

4,0 % Extrakt I }
und 24,2 % Extrakt II } berechnet auf angewandte Huminsäuren

mit den bekannten Eigenschaften.

Der Rest wurde mit 17 ccm konz. Salpetersäure D 1,4 und 20 ccm Essigsäureanhydrid noch weitere 30 Stunden auf dem Wasserbad erwärmt. Die Hälfte der erhaltenen Reaktionslösung ergab bei der Extraktion im Perforator nur die lackartigen Produkte. Von dem Rest wurden in 10 Stunden 25 ccm abdestilliert. Durch Äther konnten aus der erhaltenen Reaktionslösung ebenfalls nur die bekannten lackartigen Produkte gewonnen werden.

B. Dichte 1,5.

Bei Zimmertemperatur: a) Bei Verwendung von konz. Salpetersäure D 1,5 erhielten wir nach dem Abschleudern, Auswaschen und Trocknen auf Ton das von Malkumesius und Albert beschriebene Reaktionsprodukt in einer Ausbeute von 77,5 %. In Aceton war es etwa doppelt so leicht löslich wie in Alkohol. Wir fanden, daß das Reaktionsprodukt zum Teil aus der alkoholischen Lösung beim Sättigen mit Salzsäuregas in verhältnismäßig leicht filtrierbarer Form ausfiel. Wir haben dieses Verfahren zur Reinigung der „Nitrohuminsäuren“ angewandt.

Beim Sättigen der in einer Kältemischung gut abgekühlten alkolischen Lösung mit Salzsäuregas erhielten wir ein rotbraunes Pulver (25 % berechnet auf angewandte Huminsäuren), das beim Absaugen und Nachwaschen mit trockenem Äther zuerst schmierig, dann pulverig trocken wurde. Im Soxhlet 4 Stunden mit Äther extrahiert, erhielten wir neben einem ungelöst gebliebenen Rückstand (84,5 % berechnet auf angewandte Substanz) 16,2 % eines glänzenden, rotbraunen, durchsichtigen, lackartigen bei Wasserbadtemperatur nicht schmelzbaren Extraktes.

Aus der im Vakuum eingeengten, salzsauren, alkoholischen Mutterlauge fiel bei erneutem Einleiten von Salzsäure ein helleres rotbraunes Produkt aus, dessen Menge nach dem Waschen mit Äther und Trocknen über Kaliumhydroxyd im Vakuum 4,9 g betrug (24,5 % berechnet auf angewandte Huminsäuren). Aus der Mutterlauge konnten durch Fällen mit Wasser noch 10 % (berechnet auf angewandte Huminsäuren) des Nitroproduktes wieder gewonnen werden. Das durch Salzsäuregas gefällte Nitroprodukt enthielt 3,4 % Stickstoff, 53,9 % Kohlenstoff, 3,8 % Wasserstoff, 0,51 % Asche und 5,65 % Methoxyl.

Die Werte für Kohlenstoff und Wasserstoff waren somit niedriger als Malkumesius und Albert gefunden hatten, während der Stickstoffgehalt und die Menge der anorganischen Bestandteile mit ihren Angaben gut übereinstimmt. Der im Vergleich zu den Huminsäuren hohe Methoxylgehalt ließ vermuten, daß entweder in diesem Nitrokörper sich ein methoxylhaltiger Bestandteil angereichert hatte, oder beim Einleiten von Salzsäure in die alkoholische Lösung Veresterung eingetreten war.

Im letzten Falle dürfte der aus Aceton mittels Salzsäure gefällte Körper diesen hohen Methoxylgehalt nicht aufweisen.

b) Ein in gleicher Weise hergestelltes Reaktionsprodukt (Ausbeute 61 %, berechnet auf angewandte Huminsäuren) wurde daher in Aceton gelöst, in der Kälte mit Salzsäure gefällt, abgenutscht, zunächst mit trockenen Äther, der mit Salzsäure gesättigt war, und dann mit reinem trockenen Äther ausgewaschen. Das Reaktionsprodukt stellte ein gelbbraunes, amorphes, dunkles Pulver dar.

Nach der Elementaranalyse enthielt es 0,35 % Asche, 3,6 % Stickstoff, 53,2 % Kohlenstoff und 2,9 % Wasserstoff. Sein Gehalt an Methoxyl betrug nur 0,84 %.

c) Je 10 g eines nach gleicher Vorschrift hergestellten Nitroproduktes wurden in 100 ccm Alkohol bezw. Aceton gelöst, in der Kälte mit Salzsäure gefällt und zunächst mit salzsäurehaltigem, dann mit reinem Äther gewaschen. In beiden Fällen erhielten wir in einer Ausbeute von 38 % (berechnet auf angewandtes Rohprodukt) ein gelbbraunes Pulver, das über Kaliumhydroxyd bei 80° im Vakuum bis zur Konstanz getrocknet wurde.

Es enthielt das aus

Alkohol	Aceton
gefällte Produkt	
2,7 % H und 53,8 % C,	2,6 % H und 53,2 % C,
1,85 % Methoxyl.	0,99 % Methoxyl.

Es ergibt sich also, daß eine Veresterung der Nitrohuminsäuren eintritt und somit die Möglichkeit für das Vorhandensein von Carboxyl gegeben ist.

Die Einwirkung von konzentrierter Salpetersäure auf Huminsäuren führt also zu dem bereits bekannten als Nitrohuminsäuren bezeichneten Produkte und bei weiterer Einwirkung auch zu Substanzen, wie wir sie bei der Einwirkung von 5 n. Salpetersäure erhalten haben.

IV. Einwirkung von Nitriersäure.

20 g Huminsäuren wurden portionsweise in eine eisgekühlte Mischung von 50 g Salpetersäure D 1,50 und 100 g Schwefelsäure D 1,84 eingetragen. Es trat hierbei eine äußerst lebhafte Gasentwicklung ein, die leicht ein Überschäumen bewirkte.

Das Reaktionsgemisch wurde dann einige Zeit auf dem siedenden Wasserbad erhitzt; jedoch auch nach längerem Erwärmen bestand es noch immer aus einer trüben, gelben Flüssigkeit.

Nach erneuter Zugabe von 50 g Salpetersäure D 1,5 wurde dann bis zur vollständigen Lösung weiter erwärmt. Die abgekühlte, dunkle Reaktionslösung lieferte auf Eis gegossen eine äußerst geringe Menge eines pulverigen, weißen Niederschlages und eine Lösung, der mit Äther in der üblichen Weise 8,4 % Gesamtextrakt entzogen werden konnte. Der Extrakt bestand aus Oxalsäure und den lackartigen Produkten.

V. Einwirkung von 5 n. Salpetersäure auf künstliche Huminsäuren.

a) Huminsäuren aus Hydrochinon.

19 g der nach Eller[1]) dargestellten Huminsäuren wurden in einzelnen Portionen in 90 ccm heiße 5 n. Salpetersäure eingetragen. Die Reaktion verlief stürmischer als bei den natürlichen Huminsäuren. Bereits nach sechsstündigem Erwärmen auf dem Wasserbad war klare Lösung eingetreten und die Gasentwicklung nahezu beendet. Bei der Extraktion mit Äther im Perforator erhielten wir aus der Reaktionslösung eine im Vergleich zu den natürlichen Huminsäuren etwas hellere Ätherlösung, aus der sich über Nacht 1,6 g feste, derbe Kristalle von Oxalsäure abschieden und die 6,7 % (berechnet auf angewandte Huminsäuren) Gesamtextrakt ergab, der neben wenig Oxalsäure in der Hauptsache aus den bei den natürlichen Huminsäuren beobachteten lackartigen Reaktionsprodukten bestand. Auch bei der Nachbehandlung der Extrakte mit 5 n. Salpetersäure konnten keine identifizierbaren Produkte isoliert werden. Im Vergleich zu den natürlichen Huminsäuren ist trotz der gelinderen Einwirkung der Salpetersäure (Wasserbadtemperatur) die Ausbeute an Gesamtextrakt bedeutend kleiner.

b) Huminsäuren aus Zucker.

1. 10 g Zuckerhuminsäuren gingen, 24 Stunden bei Zimmertemperatur mit 50 ccm 5 n. Salpetersäure sich selbst überlassen, in ein hellrotes, amorphes Produkt über, das nach dem Trocknen auf Ton 9,2 g betrug. In seinen allgemeinen Eigenschaften unterschied es sich nicht von dem Produkt, das wir aus den natürlichen Huminsäuren mittels konzentrierter Salpetersäure (D 1,5) erhalten hatten. Beim Übersättigen seiner alkoholischen Lösung mit Salzsäure fielen 25 % der angewandten Substanz als ein hellbrauner amorpher

[1]) Brennstoff-Chemie 2, 129 (1921); B. 53, 1469 (1920).

Niederschlag mit 4,54 % N aus. Aus der Mutterlauge konnten durch Fällen mit trockenem Äther noch weitere 25 % desselben Produktes gewonnen werden. Es enthielt 4,37 % N.

2. Beim Eintragen von 20 g aus Rohrzucker hergestellten Huminsubstanzen in 100 ccm 5 n. warme Salpetersäure trat eine äußerst lebhafte Reaktion ein. Nach Beendigung der Gasentwicklung wurde noch 10 Stunden auf dem Wasserbad erhitzt. Beim Ausziehen der hellroten Reaktionslösung im Perforator mit Äther erhielten wir

12 % Extrakt I
und 8 % Extrakt II } (berechnet auf angewandte Huminsäuren);

die Extrakte besaßen, bis auf die etwas dunklere Farbe, die gleichen Eigenschaften wie die aus den natürlichen Huminsäuren gewonnenen Produkte. Identifizierbare Substanzen waren daraus nicht zu isolieren.

Zusammenfassung.

Bei der Einwirkung von 5 n. Salpetersäure auf Huminsäuren aus der Rosenthalkohle entstehen bis zu 30% von den angewandten Huminsäuren in Wasser bezw. verdünnter Salpetersäure lösliche und durch Äther extrahierbare Produkte von stark saurem Charakter, die im Gegensatz zu den mit konzentrierter Salpetersäure erhaltenen Nitrohuminsäuren in keiner Weise mehr an Huminsäuren erinnern. Diese Produkte dürften vornehmlich als Ergebnis des oxydativen Abbaues der Huminsäuren unter gleichzeitiger Nitrierung anzusprechen sein. Ihr Verhalten gegen verschiedene Reagenzien, ihr ausgesprochenes Färbevermögen für die tierische Faser, sowie der bittere Geschmack deuten auf das Vorhandensein von Nitrophenolen hin, wobei jedoch wegen des verhältnismäßig niedrigen Stickstoffgehaltes anzunehmen ist, daß diese nur einen Teil der Reaktionsprodukte ausmachen.

Trinitrodioxybenzol wurde bis zu 5% von den angewandten Huminsäuren erhalten. Aus den schwankenden Ausbeuten, die an dieser Verbindung erzielt wurden, kann man schließen, daß nur ein Teil des im Huminsäuremolekül vorhandenen Dioxybenzols als Nitroverbindung gefaßt wurde.

Die Einwirkung von 5 n. Salpetersäure auf Huminsäuren hat somit wie die Kalischmelze bezw. Druckerhitzung mit wässerigem Alkali zu Substanzen der aromatischen Reihe geführt. Während man nun aus den bei der Einwirkung von Alkali erhaltenen Substanzen (wie Protokatechusäure, Brenzkatechin, m-Oxybenzoesäure usw.) nicht ohne weiteres einen Rückschluß auf die aromatische Natur der Huminsäuren ziehen kann, da bekanntlich durch Alkali auch aus aliphatischen Körpern aromatische Verbindungen erhalten werden, sind diese Bedenken bei den durch Salpetersäure erhaltenen aromatischen Reaktionsprodukten gegenstandslos, so daß durch unsere Versuche zum erstenmal das Vorhandensein von Phenolkernen im Huminsäuremolekül erwiesen ist.

Mülheim-Ruhr, Juli 1921.

---

21. Einwirkung verschiedener anderer Reagenzien auf Huminsäuren.

Von

Hans Tropsch und **Albert Schellenberg.**

a) Einwirkung von Schwefelsäure.

Miklauz[1]) hat festgestellt, daß die aus Torf hergestellten Huminsäuren beim anhaltenden Kochen mit verdünnter Mineralsäure ihre Zusammensetzung ändern; während ihr Kohlenstoffgehalt steigt, nimmt der Wasserstoffgehalt bedeutend ab.

Nach Marcusson[2]) führt die Einwirkung von konzentrierter Schwefelsäure auf Huminsäuren in einer Ausbeute von 70 % zu braunschwarzen Stoffen die 1,5 % Schwefel enthalten und bei der Behandlung mit überhitztem Wasserdampf Schwefelsäure abgeben. Bei der Einwirkung rauchender Schwefelsäure betrug die Ausbeute nur 43 %, der Schwefelgehalt des Reaktionsproduktes dagegen 2,6 %. Unter Zugrundelegung dieser Ergebnisse nimmt Marcusson an, daß die hierbei erhaltenen Produkte aus carboxylhaltigen Oxoniumverbindungen bestehen und beschränkt sich darauf, diese Annahme durch spekulative Betrachtungen zu stützen.

Keppeler[3]) unterwarf bei seinen Untersuchungen über den Zersetzungsgrad von Torf bis zu 98 % aus Huminsäuren bestehendes Kasseler Braun nach der Vorbehandlung mit 72 %iger Schwefelsäure der Hydrolyse mit 2—3 %iger Schwefelsäure im Autoklaven bei 120° (1½ Stunden) und fand, daß das Reduktionsvermögen der von den ungelösten Huminsäuren abfiltrierten Lösung nur sehr gering war, die Huminsäuren, das Endprodukt der Vertorfung, sich also wesentlich anders verhielten als die Kohlehydrate der Torfbildner, die

[1]) C. 1909 I, 937; Ztschr. f. Moorkult. u. Torfverwert. 1908, 285.

[2]) Z. ang. 31 I, 237 (1918).

[3]) C. 1920 II, 548; Heft 1, 1920, der Mitteil. des Ver. zur Förderung der Moorkultur im Dtsch. Reiche, Berlin.

hierbei quantitativ in Substanzen mit einem erheblichen Reduktionsvermögen übergeführt wurden.

Mehr zur Abrundung unserer Untersuchungen und zur eigenen Orientierung als in der Erwartung, daß die Huminsäuren durch Schwefelsäure weitgehend verändert bezw. aufgespalten würden, haben wir einen entsprechenden Versuch mit unseren Huminsäuren angestellt.

20 g Huminsäuren wurden in 200 ccm 72%iger Schwefelsäure gelöst, die Lösung die Nacht über sich überlassen und dann mit Wasser auf 1500 ccm aufgefüllt, wobei sich die Huminsäuren zum größten Teil als braune, amorphe Flocken abschieden. Das Reaktionsgemisch wurde dann 5 Stunden bei aufgesetztem Rückflußkühler zum Sieden erhitzt und anschließend bis auf etwa 800 ccm im Wasserdampfstrom eingeengt (Destillationsrückstand I + Destillat I).

Destillat I verbrauchte zur Neutralisation 37,9 ccm n. Natronlauge. Demnach waren, auf Essigsäure als den angenommenen Mittelwert berechnet, von 100 g angewandten Huminsäuren 11,4 g Essigsäure abgespalten worden. Das neutralisierte Destillat I lieferte, gleichfalls im Wasserdampfstrom eingeengt, nach weiterem Eindampfen auf dem Wasserbad einen Trockenrückstand, in dem Essigsäure und Ameisensäure wie üblich nachgewiesen werden konnten, und ein Destillat II, das Permanganat und ammoniakalischer Silbernitratlösung gegenüber schwach reduzierende Eigenschaften besaß, also Aldehyde usw. enthielt. Beim Verreiben des Trockenrückstandes mit Schwefelsäure machte sich ein schwacher Geruch nach niederen Fettsäuren bemerkbar.

Die im Destillationsrückstand I befindlichen braunen ausgefallenen Huminsäuren wurden abfiltriert und bis zum Verschwinden der Schwefelsäurereaktion mit Wasser gewaschen (R + F). Ihre Menge (R) betrug 17,5 g (87,5%). Sie bestanden aus 0,4% Asche, 61,5% C und 3,2% H. Bei sechsstündiger Extraktion mit Alkohol im Soxhlet gingen rund 22% in den Alkohol über.

In dem rötlichen klaren Filtrat (F) wurde die Schwefelsäure mit Calciumhydroxyd nahezu neutralisiert, das Calciumsulfat abfiltriert und das Filtrat im Perforator mit Äther ausgezogen. Aus der orangeroten ätherischen Lösung erhielten wir nach dem Trocknen mit Natriumsulfat und Verjagen des Äthers 0,35 g (1,8% berechnet auf angewandte Huminsäuren) eines glänzenden, orangeroten, spröden, durchsichtigen Extraktes von lackartiger Beschaffenheit, der nunmehr in Äther schwer, in Alkohol jedoch leicht löslich war. Nach vorherigem starken Sintern war er unter Dunkelfärbung bei 85° teilweise geschmolzen und zersetzte sich gegen 105° zu einer orangeroten, schaumigen Masse. Beim Glühen an der Luft hinterließ er keinen Glührückstand. Bei der Behandlung mit verdünntem Alkali ging er wieder in huminsäureartige Produkte über.

Mit Rücksicht auf die geringe Ausbeute haben wir uns mit diesen orientierenden Untersuchungen des Extraktes begnügt.

Unter den genannten Versuchsbedingungen hatten wir also:

	87,5% als Huminsäuren,
	11,4% als Ameisensäure, Essigsäure usw.,
	1,8% als ätherlöslichen Extrakt,
im ganzen also:	100,7%

wiedergewonnen, so daß nennenswerte Mengen anderer Reaktionsprodukte nicht entstanden sein konnten.

Durch die Einwirkung der verdünnten Schwefelsäure werden also in der Hauptsache Formyl- und Acetylgruppen abgespalten und nur in untergeordneten Mengen teils neutrale, teils saure Substanzen gebildet. Es ist bemerkenswert, daß die Abspaltung von flüchtigen Fettsäuren in größerem Umfange schon bei gelinder Einwirkung von Schwefelsäure von nicht so hoher Konzentration erfolgt.

b) Verhalten der Huminsäuren gegen konzentrierte Salzsäure.

Nach Mulder[1]) erleiden Huminsäuren beim Digerieren mit warmer Salzsäure keine Veränderung. Immerhin erschien es uns von Interesse, das Verhalten unserer Huminsäuren gegen Salzsäure zu prüfen.

1. Versuch.

In eine Suspension von 10 g Huminsäuren in 100 ccm konzentrierter Salzsäure wurde 5 Stunden bei —10° ein mäßig lebhafter Strom Salzsäuregas eingeleitet. Nach dem Verdünnen mit Wasser, Abnutschen, Waschen mit Wasser und Trocknen (105°), wurden 8,5 g (85%) eines matten, tiefschwarzen, lockeren, pulverigen Reaktionsproduktes erhalten, das sich schon äußerlich wesentlich von dem angewandten harten, grobkörnigen, schwarzen Ausgangsmaterial unterschied. Es war zu 38% in Alkohol löslich.

---

[1]) J. pr. [1] **21**, 349 (1840).

Das rötliche klare Salzsäurefiltrat, auf 100 ccm abdestilliert, gab ein Kondensat, in dem neben Essigsäure und Ameisensäure auch die Anwesenheit flüchtiger, neutraler Verbindungen mit Reduktionsvermögen festgestellt wurde. Der Destillationsrückstand lieferte beim erschöpfenden Ausziehen mit Äther 0,38 g (3,8 %) eines dunklen, matten, weichen und knetbaren Extraktes.

Die Ergebnisse sind hier also fast die gleichen, die wir auch bei der Einwirkung von Schwefelsäure auf Huminsäuren erhalten haben.

2. Versuch.

Weiterhin wurden zweimal je 2 g Huminsäuren mit 5 ccm konz. Salzsäure (spez. Gew. 1,19) im Einschlußrohr 12 Stunden auf 200° erhitzt. Nach dem Abkühlen herrschte in den Röhren nur ein mäßiger Überdruck. In den abgeblasenen Gasen wurde Schwefelwasserstoff durch Bleiacetatpapier festgestellt. Das Reaktionsprodukt bestand aus einer gelblichroten Flüssigkeit und einem schwarzen, flockigen Rückstand (2,5 g = 62,5 %) mit 0,93 % Asche, 69,2 % C und 3,0 % H, der in Alkohol und kaltem Alkali unlöslich war. Auch bei längerem Erwärmen auf dem Wasserbad wird Natronlauge durch ihn nur schwach gelb gefärbt. Im Filtrat wurden Essigsäure, Ameisensäure und neutrale, reduzierende Substanzen festgestellt.

3. Versuch.

Ein dritter Versuch, bei dem wir ebenfalls im Einschlußrohr unter sonst gleichen Versuchsbedingungen bei 0° gesättigte höchstkonzentrierte Salzsäure anwandten, lieferte 1,5 g (75 %) eines glänzenden, lockeren, huminsäureartigen Produkts mit 2,2 % Asche, 64,8 % C und 2,7 % H.

Während die Einwirkung von Schwefelsäure und Salzsäure in der Kälte auf Huminsäuren zu noch alkalilöslichen und teilweise auch alkohollöslichen Produkten führt, entstehen bei der Einwirkung von höchstkonzentrierter Salzsäure bei erhöhter Temperatur Produkte, die auch beim längeren Digerieren mit warmem Alkali nicht in Lösung gehen. Es scheint also im ersten Falle eine teilweise Aufspaltung der Huminsäuren einzutreten, während bei der Salzsäureeinwirkung bei höherer Temperatur eine Kondensation zu größeren, alkaliunlöslichen Molekülkomplexen mit erheblich größerem Kohlenstoffgehalt stattfindet.

c) Einwirkung von Jodwasserstoffsäure.

Über die Einwirkung von Jodwasserstoffsäure auf Huminsäuren haben wir in der uns zugänglichen Literatur keine Angaben vorgefunden.

Zur Vervollständigung unserer Untersuchungen haben wir in vier Bombenrohren zweimal je 1,5 g Huminsäuren mit 1,5 g rotem Phosphor und 3 ccm Jodwasserstoffsäure (spez. Gew. 1,7) und zweimal je 2 g Huminsäuren mit 2 g rotem Phosphor und 4 ccm Jodwasserstoffsäure 12 Stunden auf 200° erhitzt. Nach Beendigung des Versuches standen nach der Menge des entweichenden schwefelwasserstoffhaltigen Gases zu urteilen, die Rohre unter einem recht erheblichen Druck. Beim Öffnen eines der Rohre machte sich ein intensiver Geruch nach Vanillin bemerkbar, ohne daß es uns bei der Aufarbeitung des Reaktionsproduktes gelang, dieses oder eine Verbindung mit ähnlichem Geruch zu isolieren.

Das Reaktionsprodukt bestand in allen Fällen aus einer festen, gelblichbraunen Masse und einer rötlichen, wässerigen Flüssigkeit. Bei der Behandlung des gesamten Reaktionsproduktes mit Wasserdampf gingen nur einige farblose Öltropfen über, während der weitaus größte Teil im Destillationskolben als ein amorpher, rotbrauner Körper zurückblieb, der teilweise in Bikarbonat löslich war und beim Ansäuern in farblosen voluminösen Flocken ausfiel.

Durch Ausziehen des Destillats mit Äther wurden nur 0,02 g (0,3%) eines gelblichen Öles erhalten.

Aus dem im Destillationskolben verbliebenen festen Rückstand (4,5 g = 65% berechnet auf angewandte Huminsäuren), der im Soxhlet je 6 Stunden nacheinander mit Äther, Benzol und Alkohol ausgezogen wurde, erhielten wir:

1,7 g = 38% Ätherextrakt,
0,3 g = 7% Benzolextrakt,
0,8 g = 18% Alkoholextrakt und
1,4 g = 37% als unlöslichen Rückstand, der aus einem in Alkali und Säure unlöslichen, graugrünen Pulver bestand. Er bestand aus 34,4% Glührückstand, 48,3% C und 6,1% H. Doch gelang es uns nicht, den darin vorhandenen organischen Bestandteil zu isolieren.

Der Ätherextrakt stellte ein rotbraunes, glänzendes, durchsichtiges, klebendes Produkt dar, das in Äther aufgenommen, auf Zusatz von Aceton zum Teil in Form von gelblichweißen Flocken ausfiel. Beim langsamen Erhitzen im Kapillarrohr schmolz es gegen 85° unter Zersetzung.

Der Benzolextrakt bildete eine braune, schaumige, spröde Substanz, die aus ihrer alkoholischen Lösung mit Benzol gefällt, weiße Flocken mit dem Schmelzpunkt gegen 200° unter Zersetzung (nach vorherigem Sintern) darstellte.

Bei der Reduktion mit Jodwasserstoffsäure werden hiernach die Huminsäuren restlos in Produkte übergeführt, die in keiner ihrer Eigenschaften an das Ausgangsmaterial erinnern und deren Gesamtmenge der angewandten Menge Huminsäuren nahezu gleich kommt. Versuche in größerem Maßstabe könnten daher vielleicht zur Aufklärung der Konstitution der Huminsäuren wesentlich beitragen.

d) Einwirkung von Halogen auf Huminsäuren.

Bereits durch Mulder[1]) ist festgestellt worden, daß bei der Einwirkung von Chlor auf natürliche Huminsäuren aus Dammerde und Torf sowie auf Zuckerhuminsäuren „Chlorhuminsäuren" mit 12,95%, 16,12% bezw. 9,90% Chlor entstehen. Er erhielt sie beim Einleiten von Chlor in alkalische Lösungen der betreffenden Huminsäuren als mehr oder weniger rote gallertartige Bodensätze. Im eingetrockneten Zustand stellen sie fast schwarze, in Pulverform orangegelbe Substanzen dar, die in verdünntem Alkali und Alkohol leicht, in Äther aber schwer löslich waren. Durch Salzsäure wurden sie nicht verändert. Aus ihrer braunroten Lösung in konzentrierter Schwefelsäure fällte Wasser huminsäureartige Flocken aus. Irgendeine Entwicklung von Salzsäuregas hat Mulder nicht erwähnt, so daß man wohl annehmen kann, daß bei seinen Versuchen eine Anlagerung von Chlor stattgefunden hat.

Bevan und Cross[2]) behandelten Jute mit Schwefelsäure bei 80—90° und erhielten auf Zusatz von Wasser eine schwarze Masse, welche bei der Behandlung mit Chlor ein in Alkohol und Eisessig lösliches harzartiges Produkt lieferte. Dieses wurde durch Ammoniak violett gefärbt und besaß einige Ähnlichkeit mit Tetrachlorchinon (Chloranil). Diese chlorchinonartige Substanz erhielten sie auch, wenn sie auf Jute direkt Chlor einwirken ließen. Ähnliche Körper sollen nach ihnen auch aus der mit Schwefelsäure behandelten Baumwolle erhältlich sein.

---

[1]) J. pr. [1] **21**, 354 (1840).

[2]) B. **13**, 1998 (1880); B. **14**, 2250 (1881).

Bei der Einwirkung von Brom bezw. Chlor auf die aus Zucker hergestellten künstlichen Huminsäuren erhielt Sestini[1]) ein Bromid ($C_{21}H_{18}Br_8O_{11}$) bezw. ein Dichlorid ($C_{11}H_8Cl_2O_6$), das auch anscheinend aus dem in Alkali unlöslichen Sacchulmin bei der Behandlung mit Chlor entstand. Das Dichlorid lieferte beim Kochen mit Kalilauge Oxysacchulminsäuren ($C_{11}H_8O_6$).

Sostegni[2]) extrahierte die aus Torf hergestellten Huminsäuren mit Alkohol und ließ auf Extrakt und Rückstand Chlor einwirken. Er fand hierbei, daß die in Alkohol löslichen Huminsäuren mit 62,9 % Kohlenstoff 32,2 % Chlor, die in Alkohol unlöslichen Huminsäuren mit 57,7 % Kohlenstoff 31,2 % Chlor aufnahmen. Im Gegensatz hierzu hatten die aus Zucker hergestellten Huminsäuren unter den gleichen Versuchsbedingungen nur 25 % Chlor aufgenommen und Sostegni schließt daraus, daß die natürlichen Huminsäuren mit den künstlichen nicht identisch sind.

Neuerdings ließ Sven Odén[3]) zur Entscheidung „über die Zahl der Carboxylgruppen im Humussäuremolekül" auf Huminsäuren aus Torf Phosphorpentachlorid sowie Thionylchlorid einwirken und erhielt hierbei nur „zersetzte harzige Massen", deren weitere Eigenschaften er nicht angegeben hat.

Bei den im Universitätslaboratorium für angewandte Chemie in Halle angestellten Versuchen[4]) wurde gefunden, daß von den aus Braunkohle hergestellten Huminsäuren erhebliche Mengen Brom ohne Bromwasserstoffentwicklung aufgenommen werden. Nähere Ergebnisse über die Untersuchung der hierbei erhaltenen Reaktionsprodukte sind nicht mitgeteilt.

Konschegg[5]) erhielt bei der Einwirkung von Kalilauge und Brom auf Huminsäuren aus Traubenzucker Tetrabrommethan.

Und schließlich hat Eller[6]) bei der Übertragung der Reaktionen von Bevan und Cross sowie von Konschegg auf seine aus Brenzkatechin, Chinon und Hydrochinon synthetisch hergestellten Huminsäuren Chloranil bezw. Tetrabromkohlenstoff beobachtet.

---

[1]) B. 16, 244 (1883); Gazz. chim. 12, 292.

[2]) B. 18 (R), 569 (1885); Landw. Vers. Stat. 32, 9—14.

[3]) Die Huminsäuren, 92 (1919).

[4]) Braunkohle 7, 69 (1908); C. 1908 II, 456; Klein, Handbuch für den Deutschen Braunkohlenbergbau 2. Aufl., S. 42 (1915).

[5]) C. 1911 I, 821; Z. f. physiol. Chem. 69, 390—94 (1910).

[6]) Brennstoff-Chemie 2, 129 (1921).

Nicht in Übereinstimmung mit den Literaturangaben scheint uns Ellers Behauptung zu stehen, daß für die phenolartige Struktur der Huminsäuren die Tatsache spricht, daß „die Oxydation der Huminsäuren mit Bromlauge zur Abspaltung von Bromoform und Tetrabromkohlenstoff führt, eine Reaktion, die für Phenole besonders charakteristisch ist.“ Denn an der angezogenen Literaturstelle: „Collie, Journ. Chem. Soc. London 65, 262“ heißt es wörtlich: „that carbon tetrabromide can be prepared from such widely different substances as quinine, phenol, and cellulose“, im besonderen auch aus “alcohol, acetone, glycol, glycerol, mannitol, the sugars, malic acid, citric acid, and apparently all unsaturated acids, oxypyridine derivatives“ usw., so daß hiernach Tetrabromkohlenstoff eher als ein Endprodukt bei der Bromierung von irgendwelchen Kohlenwasserstoffverbindungen mit Bromlauge als ein besonderes Reaktionsprodukt der Phenole anzusprechen wäre.

Eigene Versuche.

I. Einwirkung von Chlor.

Arbeitsweise: Frisch gefällte und gut ausgewaschene Huminsäuren wurden in Wasser suspendiert bezw. in Alkali gelöst und solange mit Chlor behandelt, bis keine weitere Bleichung der ausgefallenen Reaktionsprodukte mehr stattfand. Die Reaktionslösungen wurden zentrifugiert, die entstandenen Niederschläge wie üblich ausgewaschen und auf Ton bei Zimmertemperatur getrocknet. Bei Verwendung von Acetylentetrachlorid wurden bei 105° getrocknete Huminsäuren angewandt.

a). Versuch in Acetylentetrachlorid.

Um zunächst den Reaktionsverlauf in wasserfreier, vollständig neutraler Lösung kennen zu lernen, wurden 10 g bei 105° getrocknete Huminsäuren, staubfein pulverisiert, in 100 ccm Acetylentetrachlorid suspendiert. Beim Einleiten von Chlor nahm das bis dahin vollkommen farblose Acetylentetrachlorid bald eine rotbraune Farbe an. Eine Entwicklung von Salzsäure konnte erst nach längerem Einleiten festgestellt werden, als sich im oberen Teil des Glasgefäßes ein farbloser, kristallinischer Beschlag, der aus Hexachloräthan bestand, bemerkbar machte. Durch die Behandlung des rötlichbraunen Reaktionsgemisches mit Wasserdampf wurde das Acetylentetrachlorid, das nur geringe Mengen Hexachloräthan enthielt, über-

getrieben. Der Destillationsrückstand, im Perforator mit Äther extrahiert, lieferte 0,83 g (10,8%) eines orangeroten, glänzenden Extraktes mit eigenartigem Geruch. Er enthielt nach dem Trocknen bei 105° 18,0% Cl. Nach dem Abfiltrieren und Trocknen des im Perforator verbliebenen, amorphen rotbraunen Reaktionsproduktes bei 30° erhielten wir 7,7 g eines matten lockeren Pulvers mit chinonartigem Geruch.

Bei der erschöpfenden Extraktion mit Äther im Soxhlet lieferte er 0,91 g (11,8%) eines orangeroten, glänzenden Extraktes mit eigenartigem Geruch. Nach dem Trocknen bei 105° enthielt er 30,8% Cl.

Beim Erwärmen im hohen Vakuum (0,5 mm) auf 120° gab er kein Sublimat ab, sondern erlitt unter Dunkelfärbung anscheinend eine weitgehende Zersetzung. Der chlorhaltige Extraktionsrückstand war in Alkohol und Aceton teilweise löslich und stellte ein braunes lockeres Pulver dar.

b) Versuch in wässeriger Suspension.

Angewandt: 330 g einer Paste mit 91,5% Wassergehalt (= 28,1 g Huminsäuren) in etwa 750 ccm Wasser. Das in feuchtem Zustande blaßrote, auf Ton zu harten und spröden Stücken zusammengetrocknete Reaktionsprodukt wog 25,3 g (90,0% berechnet auf angewandte Huminsäuren) und stellte nach dem Zerreiben ein gelbbraunes Pulver mit schwachem Chlorgeruch dar, das sich in Alkali sehr leicht, in Alkohol leicht mit rotbrauner Farbe auflöste. Es enthielt 1,4% Asche und 29,2% Chlor. In Benzol unlöslich, gingen in Äther nur sehr geringe Mengen mit schwach gelber Farbe in Lösung.

Beim Erwärmen der Substanz im Vakuum (0,5 mm) machte sich selbst bei 160° Ölbadtemperatur kein Sublimat, sondern nur eine Wasser- und Salzsäureabspaltung bemerkbar. Der dunkelbraun gewordene Rückstand ging in Alkali leicht, in Alkohol nur teilweise in Lösung, während er in Äther unlöslich war.

c) Versuch in alkalischer Lösung.

In eine Lösung von 10 g (bei 105° getrocknete) Huminsäuren in 50 ccm 5n. Natronlauge und 200 ccm Wasser wurde bei gewöhnlicher Temperatur solange Chlor eingeleitet, bis die rötliche Farbe des ausgefallenen Niederschlages sich nicht weiter aufhellte. Nach dem Absaugen und Auswaschen mit Wasser stellte er ein gelbliches amorphes Produkt dar, das beim Trocknen auf Ton eine dunkelbraune Farbe annahm. Die Ausbeute betrug 33 %, berechnet auf angewandte Huminsäuren. In Alkohol, Eisessig und Aceton war es nur teilweise mit gelber bezw. roter Farbe löslich. Es enthielt 17,8 % Chlor. Im acetonlöslichen Teil wurden 16,8 % Chlor festgestellt. Beim langsamen Erhitzen im Vakuum (0,3 mm) trat Salzsäureabspaltung ein. Ein Sublimat wurde nicht beobachtet; der verbleibende Rückstand löste sich leicht in Alkali mit dunkler Farbe auf.

Wie aus der verhältnismäßig geringen Ausbeute an Reaktionsprodukten (33 %) hervorgeht, muß eine Oxydation der Huminsäuren unter Bildung gasförmiger und wasserlöslicher Produkte in ziemlich erheblichem Umfange stattgefunden haben. Da es uns jedoch bei diesem Versuch auf die Feststellung ankam, ob das von Bevan und Cross beobachtete Chloranil auch aus den von uns benutzten Huminsäuren unter der Einwirkung von Chlor entstanden war, haben wir auf die quantitative und qualitative Untersuchung der flüchtigen und wasserlöslichen Oxydationsprodukte verzichtet.

Dem Chlorgehalt nach entspricht das erhaltene Reaktionsprodukt nahezu dem von Mulder aus Torf erhaltenen.

2. Einwirkung von Brom.

Arbeitsweise: Die in Alkali bezw. Schwefelsäure gelösten oder in Wasser suspendierten fein pulverisierten Huminsäuren wurden solange mit Bromwasser versetzt, bis der Überschuß an Brom nicht mehr verbraucht wurde. Die äußerlich mehr oder weniger vom Ausgangsmaterial verschiedenen Reaktionsprodukte wurden abfiltriert und auf Ton getrocknet.

a) In wässeriger Suspension.

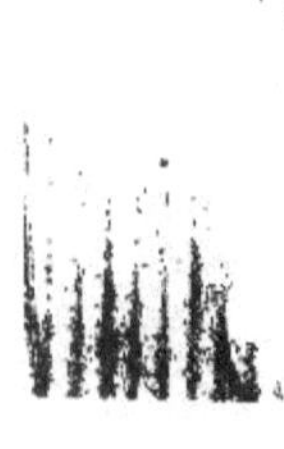

10 g bei 105° getrocknete Huminsäuren lieferten 10,6 g eines dunkelbraunen Pulvers. Eine Entwicklung von Bromwasserstoff fand nicht statt. 8,7 g, im Soxhlet mit Äther erschöpfend extrahiert, lieferten 1,12 g eines dunkelbraunroten, schaumigen, spröden Ätherextraktes, der nach dem Auflösen in heißem Äther, Filtrieren und Verjagen des Lösungsmittels einen glänzenden, rotbraunen, spröden Lack darstellte, der 46,3 % Brom enthielt.

Der Extraktionsrückstand lieferte bei der Benzol-Soxhletextraktion nur 0,03 g eines dunkelbraunen, weichen Produktes.

Die nachfolgende erschöpfende Extraktion des Rückstandes von der Benzolextraktion mit Alkohol ergab 1,47 g eines matten, spröden Produktes mit 24,2% Brom. Der verbliebene Extraktionsrückstand enthielt 21,9% Brom.

b) In konzentrierter Schwefelsäure[1]).

10 g Huminsäuren, in 20 ccm konzentrierter Schwefelsäure gelöst, wurden unter ständigem Umrühren bis zur Sättigung mit Brom versetzt. Es war hier eine starke Entwicklung von Bromwasserstoff wahrzunehmen. In Wasser gegossen, bestand das Reaktionsprodukt aus einem braunen, flockigen Niederschlag, der nach dem Trocknen auf Ton ein mattes, dunkelbraunes Pulver darstellte; Ausbeute 11,4 g. Beim viermaligen Auskochen mit je 50 ccm Alkohol gingen davon 70% in Lösung. Der nach dem Verjagen des Alkohols bei Wasserbadtemperatur im Hausvakuum erhaltene Extrakt bestand aus einer schwarzen, spröden Substanz. Sie enthielt 22,1% Brom, während der in Alkohol unlösliche, matte, dunkelbraune Rückstand 24,0% Brom aufwies.

c) In alkalischer Lösung.

Zu 9 g Huminsäuren in 30 ccm 2,5 n. Kalilauge wurde Brom bis zum Ausfallen der Huminsäuren hinzugefügt, der Niederschlag mit Kalilauge gerade aufgelöst und die Lösung dann nach und nach mit Salzsäure angesäuert. Nach dem Abfiltrieren, Auswaschen und Trocknen der abgeschiedenen, rotbraunen Flocken erhielten wir 87% der angewandten Huminsäuren als ein mattschwarzes Pulver, das, viermal mit je 50 ccm Alkohol ausgekocht, 19% alkohollösliche Stoffe lieferte. Der Alkoholextrakt stellte ein glänzendes, braunschwarzes, leicht pulverisierbares, sprödes Produkt mit 27,60% Brom dar. Der Rückstand (6,39 g = 80,8%) bildete ein braunschwarzes Pulver mit 15,95% Brom. Der Bromgehalt des alkohollöslichen Bestandteiles, der etwa 1/5 des gesamten Reaktionsproduktes ausmachte, war fast doppelt so hoch als der der Hauptmenge.

Tetrabromkohlenstoff haben wir in allen drei Fällen nicht gefunden.

Die Einwirkung von Halogen auf Huminsäuren unter den verschiedensten Versuchsbedingungen hat in Übereinstimmung mit den

[1]) Weyl, Methoden der organischen Chemie, Bd. II, 1089 (1911).

Literaturangaben zu Reaktionsprodukten mit wechselndem Halogengehalt und verschiedenen Löslichkeitsverhältnissen geführt. Identifizierbare Substanzen, die einen Schluß auf die Konstitution der Huminsäuren erlauben, wie das von Bevan und Cross sowie von Eller erhaltene Chloranil, haben wir nicht beobachtet. Da bei der Reaktion im allgemeinen keine Entwicklung von Halogenwasserstoff eintrat, dürften die Reaktionsprodukte im wesentlichen durch Anlagerung von Halogen an Huminsäuren entstanden sein.

3. Einwirkung von Kaliumchlorat.

Sestini[1]) fand, daß bei der Einwirkung von Kaliumchlorat und Salzsäure auf Huminsubstanz aus Zucker ein Produkt mit 30,34% Cl entstand.

Im Rahmen der vorliegenden Untersuchung haben wir auch das Verhalten der Huminsäuren gegen Kaliumchlorat festgestellt.

2 g feingepulverte Huminsäuren, in 50 ccm 5 n. HCl suspendiert, wurden bei 40 bis 50° innerhalb 2 Tagen mit 4 g pulverisiertem Kaliumchlorat versetzt. Die Farbe der Huminsäuren ging von schwarz in braun über. Der nach Beendigung des Versuchs vorhandene braune Bodenzusatz wurde von der klaren, weingelben Lösung abgenutscht und auf Ton getrocknet. Die Ausbeute an dem hierbei rotbraun gewordenen Reaktionsprodukt betrug 80% vom angewandten Material. Im Filtrat waren nur noch geringe Mengen organischer Bestandteile vorhanden. In Benzol war das Reaktionsprodukt unlöslich. 0,757 g Substanz, achtmal mit je 10 ccm heißem Äther ausgezogen, lieferten 0,470 g (62,1%) eines dunkelbraunen, lackartigen Ätherextraktes mit 29,2% Cl. Der ätherunlösliche Rückstand war nahezu vollständig in Alkohol löslich und gab 0,276 g (36,5% berechnet auf angewandtes Reaktionsprodukt) eines dunklen Alkoholextraktes mit 16,2% Cl.

Beim langsamen Erhitzen des Reaktionsproduktes im Vakuum (0,3 mm) bis auf 140° sammelte sich ein aus kleinen, etwas gelblich gefärbten, flachen Täfelchen bestehendes Sublimat an, das an dem Schmelzpunkt und seinen sonstigen Eigenschaften als Hexachloräthan erkannt wurde. Während der Sublimation hatte eine reichliche Salzsäureabspaltung stattgefunden. Der Sublimationsrückstand bestand aus einem schwarzen, amorphen Pulver, das in verdünntem Alkali löslich war.

[1]) B. 16, 244 (1883).

Auch bei der Einwirkung von Kaliumchlorat und Salzsäure auf Huminsäuren entstehen Produkte, die einen ähnlichen Chlorgehalt aufweisen, wie die durch direkte Chlorierung der Huminsäuren erhaltenen Substanzen. Die allgemeinen Eigenschaften sind fast dieselben, so daß zwischen den nach diesen beiden Methoden gewonnenen Produkten keine prinzipiellen Unterschiede vorhanden sein dürften.

Zusammenfassung.

Die Einwirkung verschiedener Reagenzien auf Huminsäuren haben wir mehr zu unserer Orientierung unternommen, um Anhaltspunkte zu erhalten, welche Arbeitsweise außer der Behandlung der Huminsäuren mit Alkali bezw. Salpetersäure für die Konstitutionsermittlung der Huminsäuren in Frage kommt. Wenn auch bei all diesen Reaktionen keine chemisch-identifizierbaren Produkte erhalten worden sind, so führt die Einwirkung von Jodwasserstoffsäure sowie von Halogen auf Huminsäuren in zufriedenstellender Ausbeute zu Substanzen, die sich in ihren Eigenschaften von den Huminsäuren wesentlich unterscheiden. Für die Konstitutionsermittlung der Huminsäuren könnten daher diese Reaktionen von Bedeutung sein.

Mülheim-Ruhr, Juli 1921.

22. Trockene Destillation der Huminsäuren und ihrer mit Alkali erhaltenen Veränderungsprodukte.

Von

Hans Tropsch und Albert Schellenberg.

Graefe[1]) erhielt bei der trocknen Destillation guter Schwelkohle, die mit Benzol extrahiert worden war, somit also zum großen Teil aus Huminsubstanzen bestanden haben dürfte, 23,2% eines „minderwertigen“ Teeres mit 18% Kreosot und nur 3,2% Paraffin. Jedoch muß diese verhältnismäßig hohe Teerausbeute (23%) nach neueren Untersuchungen von W. Schneider[2]) zum Teil auf das Bitumen B, zum Teil auf den in Alkali unlöslichen Kohlerückstand zurückgeführt werden. Denn W. Schneider erhielt bei der Verschwelung von Huminsäuren rund 0,4 bis 0,7% Teer, so daß die Huminsäuren praktisch hiernach keinen Teer liefern. Anläßlich seiner Untersuchungen über „Teerbildner der sächs.-thüring. Schwelkohle“ fand Erdmann[3]), daß Huminsäuren, die er aus einer im großen entbituminierten Riebeckschen Schwelkohle durch Auskochen mit Sodalösung gewonnen hatte, nach dem Auswaschen und Trocknen an der Luft 8,2% Teer mit 13,1% Rohparaffin und 16,8% Kreosot lieferten. Da jedoch den angewandten Huminsäuren noch 1,91% benzollösliches Bitumen bei 24stündiger Soxhletextraktion entzogen werden konnte, ist er der Ansicht, daß „durch diesen Bitumengehalt das an sich nur geringfügige Vorkommen von Paraffin im Teer der Huminsäuren teilweise wenigstens erklärt und vielleicht nur hierauf zurückzuführen ist.“ Er sagt dann weiter (S. 312): „Während die Annahme noch nicht streng bewiesen, aber doch nicht ganz ungerechtfertigt ist, daß allein das Bitumen Paraffin bildet, ist es etwas anderes mit dem Kreosot. An seiner Bildung sind alle drei die organische Schwelkohle zusammensetzenden

---

1) Graefe, Die Braunkohlenteerindustrie, S. 9 (1906).

2) Abh. Kohle 3, 161 u. 338 (1918).

3) Z. ang. 34, 309 (1921).

Gruppen (Bitumen, Huminsäuren und Restkohle) beteiligt, nicht zum wenigsten die Huminsäuren. Obwohl sie nur wenig Teer bilden, ist dieser doch verhältnismäßig so reich an Phenolen, daß die Huminsäuren neben der Restkohle (die 33,2% Teer mit 6,1% Kreosot ergab) wesentlich als Kreosotbildner in Betracht kommen ... Die Huminsäuren haben somit als Phenolbildner an praktischem Interesse gewonnen ....".

Nach Franz Fischer und Hans Schrader[1]) beruht der Widerspruch zwischen den Befunden von W. Schneider und von Erdmann wahrscheinlich darauf, daß die Huminsäuren von W. Schneider während der Gewinnung eine Oxydation erlitten haben, während Erdmann seine Huminsäuren auf schonendere Weise isoliert und anscheinend nicht so weit oxydierte Produkte erhalten hat wie Schneider.

Bei den bisherigen Untersuchungen sind die Huminsäuren der trockenen Destillation bei gewöhnlichem Druck unterworfen worden. Da die Destillation im Vakuum oft zu anderen Resultaten führt, so schien es uns zunächst von Interesse, das Verhalten der Huminsäuren bei diesem schonenderen Destillationsverfahren zu untersuchen. Außerdem haben wir auch die Destillation unter etwas abgeänderten Versuchsbedingungen unter gewöhnlichem Druck durchgeführt, um einerseits damit die Resultate der Vakuumdestillation vergleichen zu können und andrerseits einen näheren Einblick in die einzelnen Zersetzungsphasen zu erhalten.

I. Destillation der Huminsäuren.

a) im Vakuum.

120 g bei 105° getrocknete Huminsäuren wurden bei 0,8 bis 5,1 mm Quecksilber innerhalb drei Stunden auf 525° erhitzt. Die Versuchsanordnung war dieselbe, wie sie seinerzeit für die Vakuumdestillation der Braunkohle ausgearbeitet worden war[2]). Wir erhielten 81 g (57,5%) eines metallbraunen Koksrückstandes, 12 l Gas mit 54% Kohlensäure und 9% Sauerstoff und in den Vorlagen insgesamt 16 ccm Wasser und darin suspendiert eine sehr geringe Menge eines festen, amorphen, gelbbraunen Produktes, das in Äther aufgenommen nach dem Verjagen des Lösungsmittels 0,21 g (0,2%) betrug und ein glänzendes, durchsichtiges, braunes Produkt dar-

[1]) Brennstoff-Chemie 2, 237 (1921).

[2]) W. Schneider und H. Tropsch, Abh. Kohle 2, 30 (1917).

stellte. In seinem Geruch erinnerte es an Krackprodukte. Das stark saure Destillationswasser gab mit Eisenchlorid keine Phenolreaktion; es enthielt unter anderem Essigsäure und Ameisensäure.

Wir hatten also auch bei diesen Versuchsbedingungen dieselben quantitativen Ergebnisse erhalten, die die Versuche von W. Schneider bei der trocknen Destillation bei gewöhnlichem Druck ergeben hatten.

Ein Vergleich mit den weiter unten von uns erhaltenen Schwelergebnissen bei gewöhnlichem Druck ergibt, daß bei der Vakuumdestillation die Menge der flüchtigen Produkte (Wasser, Teer und Gas) etwas geringer ist als bei der gewöhnlichen Verschwelung. Diese Unterschiede können jedoch auch auf die verschiedenen Versuchsbedingungen zurückzuführen sein.

b) bei gewöhnlichem Druck.

20 g der bei 105° getrockneten Huminsäuren wurden im Aluminiumschwelapparat innerhalb einer halben Stunde auf 300° erhitzt und drei Stunden auf dieser Temperatur gehalten. Noch vor Erreichung dieser Temperatur war die Hauptmenge des schließlich gefundenen Zersetzungswassers in dem vorgelegten Kölbchen kondensiert. Gegen 300° fand noch eine lebhaftere Gasentwicklung statt. Der Rückstand unterschied sich von den angewandten Huminsäuren äußerlich nicht, hatte jedoch fast vollständig seine Alkalilöslichkeit eingebüßt.

Das Destillat bestand aus einer schwach gelb gefärbten, stark sauren, wässerigen Flüssigkeit, die durch geringe Mengen gelblicher Flocken etwas getrübt war und ammoniakalischer Silberlösung gegenüber ein starkes Reduktionsvermögen besaß. Dieses war sowohl den sauren wie den mit Wasserdampf flüchtigen, neutralen Bestandteilen eigen.

Der erhaltene Zersetzungsrückstand wurde dann bei gleicher Versuchsanordnung innerhalb einer halben Stunde auf 500° erhitzt und eine weitere halbe Stunde auf dieser Temperatur gehalten.

Das von 300 bis 500° übergehende Kondensat bestand aus einer wässerigen Flüssigkeit, in der sich einige gelbliche Flocken befanden.

Der Koksrückstand war in Alkohol und Alkali völlig unlöslich und bestand aus 9,6% Asche, 72,0% C und 2,2% H. Unter Luftabschluß zur Rotglut erhitzt, lieferte er neben mit schwach leuchtender Flamme brennbaren Gasen nur stark sauer reagierendes Wasser.

Der nicht unangenehme Geruch des Destillats, das die vorhin angegebenen Eigenschaften besaß, erinnerte an Benzaldehyd. Sowohl die über der Flüssigkeit befindlichen Gase als auch die Flüssigkeit selbst reagierten alkalisch. Beim Erwärmen mit Alkali trat reichliche Ammoniakentwicklung auf. Die beobachteten gelblichen Flocken färbten sich über Nacht dunkelbraun.

Übersicht 1.

Bei dem Versuch wurden erhalten[1]):

Temperatur °C	Halbkoks %	Teer %	Zersetzungswasser %	Gas und Verlust %
bis 300	73,0	0	14,0	13,0
300—500	85,3	0	5,0	9,7

Es zeigt sich, daß bis 300° 27%, von 300—500° dagegen nur noch 14,7% flüchtige Schwelprodukte entstehen, die Zersetzungsreaktionen sich also in der Hauptsache unter 300° abspielen. Während jedoch bis 300° die Menge des Zersetzungswassers etwa ebenso groß wie die Menge der gasförmigen Schwelprodukte ist, werden zwischen 300 und 500° vorwiegend Gase abgespalten.

Sowohl bis 300° als auch zwischen 300 und 500° hat eine Teerbildung nicht stattgefunden, denn in beiden Fällen entstehen feste bezw. wasserunlösliche Stoffe nur in so geringer Menge, daß sie für die quantitativen Untersuchungen nicht in Frage kommen, und waren so beschaffen, daß sie nicht als „Teer“ angesprochen werden konnten.

2. Destillation der noch huminsäureartigen Reaktionsprodukte, die bei der Druckerhitzung der Huminsäuren mit 10 n. Kalilauge zurückgewonnen wurden.[2])

Bei der Druckerhitzung der Huminsäuren mit Kalilauge bei 300° beobachteten wir, daß die aus der alkalischen Lösung mit Säure ausgefällten noch huminsäureartigen Produkte im Gegensatz zu den angewandten Huminsäuren beim Erhitzen unter Luftab-

[1]) Berechnet auf angewandte Huminsäuren.

[2]) Siehe dieses Buch S. 201.

schluß teerige Produkte abgaben. Diese Beobachtung erschien uns deshalb bemerkenswert, da sie darauf hindeutet, daß bei der Einwirkung von Alkali bei höherer Temperatur eine innere Umlagerung im Huminsäuremolekül stattgefunden haben muß, während die allgemeinen Eigenschaften keine besondere Veränderung erfahren haben. Um uns über die quantitativen Verhältnisse zu orientieren, haben wir eine größere Menge der bei der Druckerhitzung erhaltenen Veränderungsprodukte der Vakuumdestillation unterworfen.

Hierbei zeigte es sich, daß die bei 150° durch Druckerhitzung erhaltenen Veränderungsprodukte der Huminsäuren sich noch so wie die Huminsäuren selbst verhielten. 80 g dieser Veränderungsprodukte wurden innerhalb vier Stunden der Vakuumdestillation bei 1,3—3,7 mm Quecksilber und bis zu 500° Außentemperatur unterworfen. Hierbei gingen von 340° ab nur äußerst geringe Teermengen über, die in 9,2 g einer gelblichen, stark sauer reagierenden wässerigen Flüssigkeit suspendiert waren. 70,6% der angewandten Substanz waren als Destillationsrückstand verblieben.

Anders verhalten sich dagegen die durch Druckerhitzung bei 300° erhaltenen Veränderungsprodukte der Huminsäuren. Bei der trockenen Destillation von 10 g im Aluminium-Schwelapparat ging bei 450° eine bemerkenswerte Menge eines dunklen Teeres über. Der bei 510° beendete Versuch ergab 71% Koksrückstand, 8% Wasser und 8% Teer, der zum Teil in Lauge löslich war. Aus der ätherischen Lösung des in Alkali unlöslichen Anteiles schieden sich beim langsamen Abdunsten des Äthers in der rötlichen viskosen Grundmasse gut ausgebildete farblose Kristallnadeln ab.

Es wurde dann ein größerer Versuch mit 80 g im Vakuum durchgeführt. Der Versuch dauerte drei Stunden. Das Vakuum betrug 0,5—3,3 mm Quecksilber. Von 340° Außentemperatur ab sammelten sich in der Vorlage gelbliche Öltropfen und ein klares, gelbes, harzartiges Produkt an. Bei Beendigung des Versuches betrug die Außentemperatur 510°.

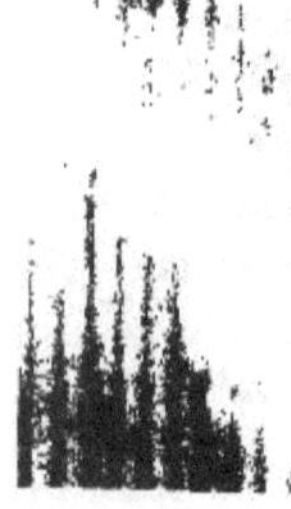

Beim langsamen Erwärmen der beiden letzten mit flüssiger Luft gekühlten Vorlagen auf Zimmertemperatur erhielten wir insgesamt 3,8 l Gas mit 52,2% Kohlensäure, 1,6% ungesättigten und 4,1% gesättigten Kohlenwasserstoffen, 5,5% Sauerstoff, 1,5% Kohlenoxyd, 10,4% Wasserstoff und 24,7% Stickstoff.

Der harte Koksrückstand betrug 60 g = 75%, berechnet auf angewandtes Material, und war im Aussehen von diesem nicht sehr verschieden; sowohl an Natronlauge als auch an Sodalösung gab er so gut wie nichts ab. Beim Erwärmen auf dem Wasserbad färbte sich die Natronlauge und Sodalösung kaum braun.

In der ersten Vorlage war der übergegangene Teer mit etwas Huminsäurestaub verunreinigt und wurde davon durch viermaliges Auskochen mit je 25 ccm Aceton befreit. Wir erhielten 4,1 g eines festen, in dünner Schicht gelbbraunen Extraktes, der bei Wasserbadtemperatur schmelzbar war.

Der Acetonextrakt, der zur Bestimmung der alkalilöslichen Anteile in 100 ccm Äther aufgenommen und mit 50 ccm 5 n. Natronlauge ausgeschüttelt wurde, lieferte eine rötlichbraune, grün fluoreszierende Ätherlösung, die nach dem Trocknen und Verjagen des Lösungsmittels 1,3 g eines matten, weichen, braunroten Neutralextraktes ergab. Aus der alkalischen, dunkelbraunroten Lösung erhielten wir nach dem Ansäuern mit Schwefelsäure, dreimaligem Ausschütteln mit je 50 ccm Äther und Verjagen des Lösungsmittels 0,6 g in Äther unlösliche Flocken von huminsäureartiger Beschaffenheit und 1,7 g ätherlösliche saure Bestandteile, die ein glänzendes, dunkelbraunes, hartes Produkt darstellten, das bei Wasserbadtemperatur schmelzbar war.

Der Inhalt der drei anderen Vorlagen wurde nacheinander mit heißem Benzol, Alkohol und Aceton ausgekocht und die von den Staubteilchen befreiten Lösungen vereinigt. Die so erhaltene grün fluoreszierende Lösung wurde im Vakuum (12 mm Quecksilber) bei 50—60° Wasserbadtemperatur zur Trockene eingedampft. Als Rückstand blieben 2,15 g (2,7% berechnet auf angewandtes Ausgangsmaterial) eines dunklen, rotbraunen, weichen mit festen gelben Substanzen durchsetzten Produktes zurück. In der oben angegebenen Weise untersucht, enthielt es neben neutralen auch saure Bestandteile, die sich in ihrem Aussehen nicht wesentlich voneinander unterschieden. Die bei der Vakuumdestillation erhaltene Teermenge betrug also 8% vom angewandten Material und bestand aus neutralen und sauren Substanzen.

Die neutralen Anteile wurden in möglichst wenig heißem Aceton gelöst und die Lösung bei —10° von der ausgefallenen nahezu farblosen voluminösen Masse abfiltriert. Nach mehrmaligem Umlösen aus Aceton, dem anfänglich etwas Tierkohle zugegeben wurde, erhielten wir ein schwach gefärbtes Produkt, daß das Aussehen von Paraffin besaß und auch dem Schmelzpunkt (62°) nach als solches angesprochen werden konnte. Nach der Elementaranalyse enthielt es noch etwas Sauerstoff, so daß in ihm entweder ein Keton oder ein durch Ketone verunreinigtes Paraffin vorliegt.

3,026 mg Substanz gaben 9,270 mg CO_2 und 3,805 mg H_2O.
Gef. 83,57% C und 14,07% H.
Ber. für $C_{47}H_{94}O$ 83,59% „ „ 14,04% „.

Durch Behandlung der Huminsäuren mit Alkali erhält man also Produkte, die im Gegensatz zu den Huminsäuren bei der trockenen Destillation im Vakuum und auch bei gewöhnlichem Druck bemerkenswerte Mengen Teer liefern, der aus Säuren und neutralen Bestandteilen besteht. Die neutralen Bestandteile enthalten unter anderem paraffinähnliche Substanzen. Man muß hiernach annehmen, daß die Huminsäuren eine Umlagerung in ihrem Molekül erfahren haben, die man wohl nach Willstätter als Disproportionierung bezeichnen kann, wodurch sie befähigt werden, beim Erhitzen teerige Spaltprodukte zu liefern.

3. Destillation der Huminsäuren mit Zinkstaub.

1. Versuch: 92 g einer 20%igen Paste aus frisch gefällten Huminsäuren wurden mit 100 g Zinkstaub gut verrührt, bei Wasserbadtemperatur zur Trockne eingedampft und bei 105° getrocknet.

Beim langsamen Erhitzen im einseitig zugeschmolzenen Verbrennungsrohr erhielten wir neben einer erheblichen Gasmenge, deren Entwicklung bei dunkler Rotglut nahezu beendet war, als Kondensat in der nachgeschalteten, mit einer Kältemischung gekühlten Vorlage Wasser und ein dunkles Öl. Bei heller Rotglut wurde der Versuch als beendet abgebrochen. Es wurden im ganzen 5,1 l Gas mit 25,4% Kohlensäure, 0,6% Olefinen, 1,2% Sauerstoff, 13,2% Kohlenoxyd, 35,8% Wasserstoff, 3,6% gesättigten Kohlenwasserstoffen (Methan) und 20,2% Stickstoff erhalten.

Das Kondensat, das neben einigen Tropfen eines oben aufschwimmenden Öls in der Hauptsache aus Wasser bestand, lieferte nach dem Aufnehmen in Äther, Trocknen mit Natriumsulfat und Verjagen des Lösungsmittels ein klares, gelbes Öl, das bei der Destillation zwischen 80 und 130° überging. Bei der Einwirkung von konzentrierter Salpetersäure erhielten wir ein schweres Öl mit Nitrobenzolgeruch.

2. Versuch: Eine Paste von 50 g Huminsäuren wurde in gleicher Weise wie bei Versuch 1 mit 200 g Zinkstaub verrührt und bei 105° getrocknet. Um eine Überhitzung und etwaige Zer-

setzung der Destillationsprodukte zu vermeiden, wurde das Gemisch in einem beiderseitig offenen Verbrennungsrohr im Wasserstoffstrom erhitzt. Die Destillationsprodukte wurden in zwei Vorlagen aufgefangen, von denen die erste mit einer Kältemischung, die zweite mit flüssiger Luft gekühlt wurde. Die Temperatur wurde mittels eines Thermoelementes außen gemessen. Bis 130° bestand das Kondensat nur aus Wasser. Um 140° begann ein fast farbloses Öl überzugehen. Von 320° ab wurden am Ende der Röhre zahlreiche Tropfen eines schweren flüchtigen gelben Öls beobachtet, das durch Erwärmen in die Vorlage übergetrieben wurde. Das kondensierte Gas (4,5 l) enthielt 39% Kohlensäure.

Die in der Vorlage angesammelten Kondensate wurden vereinigt, mit Äther ausgeschüttelt, die ätherische, gelbe, schwach opalisierende Lösung mit Natriumsulfat getrocknet und der Äther im Vakuum abgedampft. Wir erhielten 1,55 g (3% berechnet auf bei 105° getrocknete Huminsäuren) eines rötlichgelben, leicht beweglichen, öligen Rückstandes mit einem an Pyridin und Chinolin erinnernden Geruch. Beim Ausschütteln seiner ätherischen Lösung mit verdünnter Schwefelsäure erhielten wir eine tiefrote schwefelsaure Lösung, aus der durch Natronlauge ein gelbes Öl abgeschieden wurde; in verdünnter Salzsäure aufgenommen, lieferte es mit Platinchlorid, Pikrinsäure und Perchlorsäure amorphe gelbe Niederschläge. Es gelang jedoch nicht, aus der uns zur Verfügung stehenden geringen Menge eine gut definierbare Verbindung zu isolieren, noch das Öl nach der Methode von Schotten-Baumann zu benzoylieren.

Der in Schwefelsäure unlösliche Anteil (saure und neutrale Bestandteile) des ursprünglichen Ätherextraktes (1,11 g = 75% berechnet auf angewandten Extrakt) stellte nach dem Verjagen des Äthers ein rötlichgelbes, sehr scharf riechendes Öl dar, das in drei Fraktionen zerlegt wurde.

Fraktion 1: bis 80°: eine farblose, klare Flüssigkeit mit eigenartigem, nicht unangenehmen aromatischen Geruch;

Fraktion 2: bis 150°: einige Tropfen einer klaren, farblosen Flüssigkeit mit ähnlichem Geruch;

Fraktion 3: von 150° ab: gegen 200° ging bei teilweiser Zersetzung des Destillationsrückstandes ein etwas getrübtes, rötliches Destillat über.

Die Zinkstaubdestillation der Huminsäuren lieferte also ein verhältnismäßig leicht flüchtige Bestandteile enthaltendes Destillat, das saure, neutrale sowie basische Produkte enthielt, von denen wir in einem Falle einen nach Siedepunkt und Verhalten gegen Salpetersäure als Benzol anzusprechenden Kohlenwasserstoff isoliert haben.

Zusammenfassung.

Die trockene Destillation der Huminsäuren ergab, daß diese sowohl bei gewöhnlichem Druck (wie bereits bekannt) als auch im Vakuum so gut wie keinen Teer geben, daß dagegen die bei der Einwirkung von Alkali bei 300° erhaltenen Veränderungsprodukte bemerkenswerte Mengen Teer zu liefern imstande sind, aus dem ein paraffinartiges Produkt isoliert werden konnte.

Bei der trockenen Destillation der mit Zinkstaub vermischten Huminsäuren ist ebenfalls ein Destillat erhalten worden; in diesem konnten unter anderem Benzolkohlenwasserstoffe nachgewiesen werden.

Mülheim-Ruhr, Juni 1921.

23. Vergleichende Einwirkung von 5 n. Salpetersäure auf Cellulose, Traubenzucker, künstliche Huminsäuren aus Zucker sowie aus Hydrochinon, natürliche Huminsäuren und Lignin.

Von

Hans Tropsch und Albert Schellenberg.

Im Anschluß an die Versuche über die Einwirkung von 5 n. Salpetersäure auf künstliche Huminsäuren[1]) erschien es uns von Interesse, unter genau denselben Versuchsbedingungen das Verhalten der natürlichen und künstlichen Huminsäuren, sowie des Lignins, der Cellulose und des Traubenzuckers, der ja nach Chardet[2]) als Zwischenprodukt bei der Entstehung der natürlichen Huminsäuren aus Cellulose eine Rolle spielen soll, gegenüber Salpetersäure festzustellen, um aus dem Reaktionsverlauf einige Anhaltspunkte über den Grundcharakter der in Frage stehenden Substanzen zu gewinnen. Hierzu wurden je 10 g Cellulose (Filtrierpapier), Traubenzucker, Huminsubstanz aus Zucker, Huminsäuren aus Hydrochinon[3]), natürliche Huminsäuren (aus Braunkohle) und Lignin in 50 ccm 5 n. Salpetersäure bei Zimmertemperatur eingetragen. Während bei Cellulose, Traubenzucker, den natürlichen Huminsäuren und Lignin keine bemerkenswerte Veränderung eintrat, war bei den künstlichen Huminsäuren eine Erwärmung festzustellen. Die Beobachtungen über den weiteren Reaktionsverlauf sind in folgender Übersicht (S. 258) zusammengestellt.

Der Inhalt der Kolben bestand nach Beendigung der Reaktion bei

Cellulose: aus einer farblosen Flüssigkeit und einem weißen Bodensatz von kleinen Bruchstücken farbloser Fasern;

Traubenzucker: aus einer klaren farblosen Flüssigkeit, aus der sich eine recht erhebliche Menge Oxalsäure ausgeschieden hatte;

Huminsäuren aus Rohrzucker: aus einer klaren rotbraunen Lösung;

---

[1]) Dieses Buch, S. 252.

[2]) Franz Fischer und Hans Schrader: Entstehung und chemische Struktur der Kohle, 2. Aufl., S. 16.

[3]) Diese waren uns von Herrn Prof. Dr. Eller freundlichst zur Verfügung gestellt worden.

Über-

Tag	Zeit	Temperatur °C	Cellulose 1	Traubenzucker 2	Künstliche Huminsubstanz aus Rohrzucker 3
20. 7.	2^{45}	Zimmertemp.	keine Veränderung	klare, farblose Lösung	Erwärmung, Beginn einer Gasentwicklung (rotbraune Dämpfe), die fast zum Überschäumen führt. Die Reaktion wurde daher durch Kühlung mit kaltem Wasser gemäßigt
	2^{55}	„	„	„	sobald mit der Wasserkühlung ausgesetzt wurde, trat erneute Gasentwicklung ein, die Huminsubstanz hatte sich in ein hellrotes Pulver umgewandelt
	3^{00}	„	„	„	die von Zeit zu Zeit eintretende stürmische Gasentwicklung wurde durch Eiskühlung gemildert
	3^{50}	„	„	„	
	4^{20}	„	„	„	
	6^{55}	„	„	„	es fand keine weitere Gasentwicklung mehr statt
	7^{00}	„	„	„	
vom 21. 7. bis 22. 7.	8^{30} bis 9^{30}	„	„	„	„
	10^{00}	80	„	unter Entwicklung rotbrauner Dämpfe färbte sich die Lösung grün	mäßige Gasentwicklung
	3^{00}	55	„	die Lösung hatte sich nahezu entfärbt	„
	7^{30}	42	„		

sicht.

Huminsäuren aus Hydrochinon 4	Natürliche Huminsäuren 5	Lignin 6	Bemerkungen
Erwärmung, nach kurzer Zeit starke Entwicklung rotbrauner Dämpfe, die trotz der Eiskühlung zum Überschäumen führte	erst nach einiger Zeit schwache Erwärmung und Entwicklung gelbbrauner Dämpfe	wie bei 5	
bei dauernder Eiskühlung allmähliches Nachlassen der Reaktion	„	„	
sobald die Eiskühlung aufhörte, erneute starke Gasentwicklung	„	„	
auch ohne Eis- oder Wasserkühlung fand keine weitere Reaktion mehr statt	„	„	sämtliche Reaktionsgefäße wurden nun in ein Wasserbad von Zimmertemperatur gestellt.
„	„	„	Das Wasserbad wurde mit kleiner Flamme angewärmt.
Die eintretende lebhafte Gasentwicklung machte ein wiederholtes Einstellen in Eiswasser nötig	schwache Gasentwicklung	mäßige Gasentwicklung	
es war vollständige Lösung eingetreten, mäßige Gasentwicklung	„	„	

Tag	Zeit	Temperatur °C	Cellulose 1	Traubenzucker 2	Künstliche Huminsubstanz aus Rohrzucker 3
23. 7.	8^{45}	25	keine Veränderung	keine Dämpfe, farblose Lösung	kein Schaum, in der rotbraunen Flüssigkeit befand sich am Boden ein hellrotes Pulver
	12^{45}	45	„		
25. 7.	9^{00}	60	„	schwache Entwicklung gelbbrauner Dämpfe	etwas Schaum; es hatte sich fast alles zu einer dunkelroten Lösung gelöst
	9^{40}	65	„		
	2^{40}	70	unter Entwicklung rotbrauner Dämpfe zerfiel das Filtrierpapier zu einem flockigen Brei	„	schwache Gasent- es war nur noch wenig Ungelöstes vorhanden. Die Lösung hatte sich etwas aufgehellt
	3^{00}	100	wie vorhin	wie vorhin	wie vorhin
	6^{00}				
26. 7.	8^{30}		keine braunen Dämpfe	keine braunen Dämpfe, farblose Lösung	klare, orangerote Flüssigkeit, auf deren Oberfläche sich eine geringe Menge einer amorphen, orangeroten Substanz angesammelt hatte
	6^{00}		„	„	es war vollständige Lösung eingetreten
27. 7.	9^{00} – 6^{00}		Es trat keine weitere Verände-		
29. 7.	9^{00} – 6^{00}				

Huminsäuren aus Hydrochinon: aus einer klaren rotbraunen Lösung, die im Vergleich zu der aus den Zuckerhumin-
enen einen tieferen Farbenton besaß, und einer erheb-
e eines amorphen dunklen Bodensatzes;

Huminsäuren aus Hydrochinon 4	Natürliche Huminsäuren 5	Lignin 8	Bemerkungen
kein Schaum	wenig Schaum, tiefdunkle Lösung mit nur wenig ungelösten Bestandteilen	wenig Schaum, in der rotbraunen Lösung befand sich am Boden ein hellrotes Produkt	Wasserbad über Nacht abgestellt.
kein Schaum; bis auf eine minimale Menge einer rotbraunen pulverigen Substanz war alles gelöst. Farbe der Lösung rotbraun	etwas Schaum; außer wenig rotbraunem Rückstand war alles mit tiefdunkler Farbe in Lösung gegangen	etwas Schaum, in der rotbraunen Lösung befand sich neben einer hellroten flockigen Substanz ein grauer Rückstand, der z. gr. Teil aus anorganischen Anteilen bestand	Wasserbad angestellt.
wicklung, aber keine gelbbraunen Dämpfe			
schwache Gasentwicklung	schwache Gasentwicklung	keine Gasentwicklung, der hellrote Rückstand hatte abgenommen	
} wie vorhin	} wie vorhin	} wie vorhin	Wasserbad über Nacht abgestellt.
dunkelrotbraune Flüssigkeit; beim Abkühlen befanden sich am Boden dunkle farblose Kristalle, die als Oxalsäure identifiziert wurden	tiefdunkelrote Flüssigkeit, am Boden eine geringe Menge eines amorphen dunklen Produktes	klare orangerote Flüssigkeit, am Boden des Kölbchens befanden sich graugrüne Aschebestandteile	Wasserbad angestellt.
es war vollständige Lösung eingetreten	bis auf einen geringen dunklen Bodensatz war vollständige Lösung eingetreten	bis auf den graugrünen Bodensatz war alles gelöst	Wasserbad abgestellt.
rung der Reaktionsgemische ein.			

Natürliche Huminsäuren: aus einer tiefdunkelbraunen Lösung (wie bei den Huminsäuren aus Hydrochinon) und einem graubraunen Bodensatz, dessen Menge etwas geringer war als bei den Huminsäuren aus Hydrochinon;

Lignin: aus einer klaren orangeroten Lösung und einer beträchtlichen Menge eines hellbraunen in der Hauptsache aus anorganischen Substanzen bestehenden Bodensatzes.

Wie aus der Übersicht hervorgeht, wirkt die Salpetersäure auf Cellulose und Traubenzucker in ganz anderem Sinne ein, als auf Huminsäuren und Lignin, die sich gegen 5 n. Salpetersäure fast gleich verhalten. Die künstlichen Huminsäuren reagieren unter äußerst lebhafter Gasentwicklung schon bei Zimmertemperatur mit Salpetersäure und unterscheiden sich hierin von den natürlichen Huminsäuren und dem Lignin, die erst bei höherer Temperatur in Reaktion treten. Der allgemeine Reaktionsverlauf ist jedoch sowohl bei den künstlichen als auch bei den natürlichen Huminsäuren sowie beim Lignin derselbe und die beobachteten Unterschiede in der Reaktionsfähigkeit sind wohl hauptsächlich auf die unterschiedliche Größe der Molekülkomplexe in den einzelnen Substanzen zurückzuführen. Der im wesentlichen gleiche Reaktionsverlauf kann daher auf eine analoge Konstitution dieser Substanzen zurückgeführt werden. Nach Ansicht von Eller kommt den aus Diphenolen gewonnenen künstlichen Huminsäuren eine oxychinonartige Struktur zu; eine ähnliche Konstitution könnte man auch den drei andern Substanzen zuschreiben.

Für die Huminsäuremoleküle kann unserer Ansicht nach nur eine Konstitution in Frage kommen, die sich mit der intensiven Farbe dieser Substanzen, besonders in alkalischer Lösung, vereinbaren läßt. Den farbigen Verbindungen ist in den meisten Fällen eine chinoide Struktur eigen. Es dürfte daher nicht unberechtigt sein, den künstlichen und natürlichen Huminsäuren sowie dem Lignin aromatische Struktur zuzuschreiben, die das Auftreten von chinoiden Bindungen ermöglicht.

Mit der Annahme von phenolischen Hydroxylgruppen sowohl in den Huminsäuren wie im Lignin steht die Wirkungsweise der verdünnten Salpetersäure durchaus im Einklang, da ja bekanntlich Phenole mit Salpetersäure leicht in Reaktion treten.

Auch die aus den Huminsäuren mittels Salpetersäure erhaltenen intensiv gefärbten Reaktionsprodukte, die, auch wenn sie salpetersäurefrei sind, Wolle gelb färben, sind nach ihren Eigenschaften und ihrer Entstehungsweise als Nitrophenole zu betrachten und bestätigen die aromatische Struktur und das Vorhandensein von phenolischem Hydroxyl.

Mülheim-Ruhr, Juli 1921.

24. Über die Einwirkung von Salpetersäure auf Braunkohle und Huminsäuren.

Von

Albert Schellenberg.

Brennstoff-Chemie 2, 384 (1921).

In einer Abhandlung über „Die Nitrierung der Braunkohle"[1]) berichtet Marcusson, daß er bei der Behandlung einer Rohbraunkohle (mit 4,5 % Bitumen und 25 % Wasser) mit Salpetersäure verschiedener Konzentration (spez. Gew. 1,52, 1,46, 1,42 und 1,1) bei — 10 °, — 5 ° und bei gewöhnlicher Temperatur einen acetonlöslichen „Nitrokörper" in Ausbeuten bis zu 87 % erhalten hat. Durch Verwendung eines Gemisches von konz. Schwefelsäure mit Salpetersäure vom spez. Gewicht 1,42 (7,5 : 5) bei Zimmertemperatur steigt die Ausbeute auf 100 % und wird „die Wirtschaftlichkeit" günstiger. Das rotbraune „Nitrierungsprodukt" enthält 3,8 % Stickstoff und ist in Aceton, Pyridin und Dichlorhydrin leicht, in Benzol und Alkohol schwer löslich. Die aus der Pyridinlösung durch Fällung mit einem Kalksalz gewonnene Calciumverbindung enthält 6,3 % CaO. Hieraus berechnet Marcusson das Äquivalentgewicht der „Nitrosäure" zu 425. Alkoholische Kalilauge färbt das „Nitrierungsprodukt" braunschwarz. Nach dem Abgießen der Lauge ist es in Wasser löslich. Beim Ansäuern der wässerigen Lösung mit Mineralsäure sind im Filtrat 0,7 % des Stickstoffs in Form niederer Oxyde nachweisbar. Die Acetonlösung der „Nitrokohle" liefert mit einer ätherischen Lösung von Eisenchlorid bezw. Quecksilberbromid Doppelsalze. Versuche, die „nitrierte Kohle" zu reduzieren, sind bisher negativ ausgefallen. Beim Erhitzen mit Salzsäure am Rückflußkühler wird ein Drittel des Stickstoffs abgespalten. Daher ist es nach Marcusson „noch fraglich, ob ein wahrer ‚Nitrokörper' und nicht etwa eine Oxoniumverbindung vor-

---

[1]) Z. ang. 34, 521 (1921).

liegt". Die Lösungen in Aceton und Benzol-Alkohol sollen nach Marcusson in der Lack- und Farbenindustrie verwendbar sein. Weiterhin geht aus der Marcussonschen Arbeit hervor, daß die Nitrierung der Kohle sich auf die eigentliche Kohlensubstanz erstreckt.

Da diese sich nun nach den Untersuchungen von W. Schneider[1]) aus den alkalilöslichen Huminsäuren und einem Rest zusammensetzt, der je nach den Versuchsbedingungen mehr oder weniger in alkalilösliche huminsäureartige Produkte überführbar ist, ist als sicher anzunehmen, daß die Huminsäuren sich Salpetersäure gegenüber gleich oder ähnlich verhalten werden wie Rohbraunkohle. Tatsächlich stimmen denn auch die bisher bekannten Reaktionsprodukte, die bei der Einwirkung von Salpetersäure auf Huminsäuren und Braunkohlen erhalten sind, in ihren allgemeinen Eigenschaften sowohl untereinander als auch mit dem von Marcusson beschriebenen Reaktionsprodukt weitgehend überein. Zum Vergleich seien im folgenden einige der bereits bekannten Versuchsergebnisse kurz wiedergegeben. Ein Hinweis auf frühere Untersuchungsergebnisse erscheint auch deshalb schon angebracht, weil Marcusson nur auf eine seiner früheren Arbeiten[2]) Bezug nimmt, in dieser aber die Untersuchungsergebnisse anderer Forscher auf diesem Gebiet ebensowenig wie in der vorliegenden erwähnt werden und so die beiden Marcussonschen Arbeiten irrtümlicherweise leicht zu der Auffassung führen könnten, daß sie die ersten und einzigen auf diesem Gebiete seien und daß nach allem, was über die Natur der Reaktionsprodukte bekannt ist, die Ansicht Marcussons die größte Wahrscheinlichkeit für sich habe.

Die erste Beobachtung über die Einwirkung von Salpetersäure auf Huminsubstanzen dürfte Mulder zuzuschreiben sein[3]). Bei der Behandlung natürlicher und künstlicher Huminsäuren mit starker Salpetersäure erhielt er eine Huminsalpetersäure oder Nitrohuminsäure, die in ihren allgemeinen Eigenschaften recht weit mit den Produkten übereinstimmt, die später auch von andern bei ähnlichen Versuchsbedingungen erhalten wurden. Im Gegensatz zu diesen lieferte sie jedoch bei der Behandlung mit heißer Kalilauge unter Ammoniakentwicklung ein stickstoffreies Produkt, so daß

[1]) Abh. Kohle 3, 173 u. 337 (1918).

[2]) Braunkohle 17, 246 (1918).

[3]) J. pr. [1] 19, 248 (1840); 20, 267 (1840); 21, 360 (1840); 32, 329 (1844).

Mulder annahm, sie sei nichts anderes als das von Berzelius untersuchte quellsalzsaure Ammoniak[1]).

Fremy[2]) fand, daß lignitische Braunkohlen („lignite xyloïde ou bois fossile“ und „lignite compacte et parfait“) von Salpetersäure äußerst heftig angegriffen und in ein gelbes Harz (résine jaune“) umgewandelt wurden, das sich in Alkali und überschüssiger Salpetersäure löste.

Nach ihm machten dann Donath und Margosches[3]) sowie Donath und Bräunlich[4]) das Verhalten von Braunkohle gegen verdünnte und konz. Salpetersäure (1,40) bzw. Nitriersäure zum Gegenstand eingehender Untersuchungen. Neben Essig-, Propion-, Butter-, Capron- und besonders Oxalsäure und stark färbenden Substanzen erhielten sie hierbei ein „fast schwarzes Pulver“ und ein „hellbraun gefärbtes“ Produkt. Ersteres, in Benzol und Äther unlöslich, war in Alkohol, Aceton, Essigsäure und Alkali leicht, in siedendem Wasser mäßig leicht löslich. Letzteres ging in siedendem Alkohol nahezu zu 50 % in Lösung und enthielt ein ätherunlösliches, dunkelbraunes, stark stickstoffhaltiges Pulver, das beim Kochen mit konz. Kalilauge Ammoniak abgab. Da beim Erwärmen seiner essigsauren Lösung mit Phenylhydrazin Stickstoff entwickelt und die erhaltene „intensiv braunrote Lösung“ durch Zink- oder Eisenstaub „zu einer nahezu farblosen Flüssigkeit reduziert“ wurde, betrachten sie es als „ein durch Stickstoff-Sauerstoffreste substituiertes Abbauprodukt der Braunkohle“ und zwar als eine Nitrosoverbindung. Für das mit Nitriersäure bei 30—35 ° aus Braunkohle erhaltene Reaktionsprodukt war sein Verhalten gegen wässrige Alkalien und die Löslichkeit in organischen Lösungsmitteln (besonders Aceton) charakteristisch.

Mulders Untersuchungen wurden in etwas abgeänderter Weise von Malkomesius und Albert[5]) fortgesetzt, indem sie Huminsäuren (aus dem Kasseler Braun) bei Zimmertemperatur mit konz. Salpetersäure (1,52) behandelten. Das Reaktionsprodukt löste sich in Alkali, wurde aus der tiefrotbraunen Lösung mit Säuren gefällt

---

[1]) Nach Sven Odén: Die Huminsäuren, S. 51 (1919) das Ammoniumsalz von Fulvosäuren.

[2]) C. r. **52**, 114 (1861).

[3]) Chemische Industrie **25**, 228 (1902).

[4]) Chem. Ztg. **28**, 180 (1904); **36**, 374 (1912).

[5]) J. pr. [2] **70**, 512 u. f. (1904).

und war in Methyl- und Äthylalkohol, Eisessig und besonders Aceton leicht löslich. Es enthielt 3,85 % N und besaß das Mol.-Gewicht 500. Da selbst durch anhaltendes Kochen mit konz. Kalilauge keine Salpetersäure abgespalten wurde, betrachteten sie es hinsichtlich seiner Beständigkeit als ein Nitroprodukt der aromatischen Reihe. Jedoch war es nicht reduzierbar. Brom wurde verhältnismäßig leicht aufgenommen und führte zu einem Derivat mit 40—43 % Brom. Ähnliche Nitrokörper mit wechselndem Stickstoffgehalt gewannen sie aus allen humosen Bodenarten.

Auf Grund seiner Untersuchungen über die Einwirkung von Salpetersäure auf natürliche und künstliche Huminsubstanzen kam Sestini[1]) zu der Auffassung, daß in ihnen Alkyl-, wahrscheinlich Oxymethyl-, Hydroxyl-, und Ketogruppen teils in offenen, teils in geschlossenen Ketten (Furan-, Benzol- usw. Kerne) vorhanden seien.

Montanari[2]) fand, daß die aus Pyrogallol, Saccharose und Acetaldehyd erhaltenen Humussubstanzen bei der Behandlung mit Salpetersäure stets die Reaktion von Nitrophenolen gaben. Wie diese künstlichen, so dürften nach ihm auch die natürlichen Huminsubstanzen stets den Benzolring und daneben auch den Furanring enthalten.

Zu ähnlichen Ergebnissen wie Malkomesius und Albert gelangte dann seinerzeit auch Marcusson, als er in analoger Weise wie jene die aus einer alkalilöslichen schlesischen Braunkohle hergestellte Huminsäure[3]) mit Salpetersäure (1,52 bezw. 1,42) behandelte. Seine Reaktionsprodukte (eine „Dinitro (!)-Huminsäure mit 4,3 % N“ und eine „zyklische Nitroverbindung mit 2,9 % N“) waren nach ihren allgemeinen Eigenschaften „mit einer von Malkomesius und Albert gewonnenen Verbindung identisch“. — Aus Braunkohle erhielt er mit rauchender Salpetersäure eine „zyklische Dinitroverbindung mit 4—5 % Stickstoff. In ihren Löslichkeitsverhältnissen stimmte die „Nitrokohle“ mit den „Nitrohuminsäuren“ völlig überein“. „Alkalien bilden wasserlösliche Isonitrokörper, die durch Mineralsäure unter Entwicklung von Stickoxydul zersetzt werden. Die „Nitrohuminsäuren“ vermögen in gleicher Weise, wie „Nitrokohle“ Brom sowie Schwefelsäure

---

[1]) C. 1902 I, 133; L'Orosi 24, 289—99 (1901).

[2]) C. 1905 I, 30; Staz. sperim. agrar. ital. 37, 816 (1904).

[3]) Z. ang. 31, 237 (1918); Chem. Ztg. 44, 44 (1920).

zu addieren und mit Eisenchlorid oder Quecksilberbromid Doppelverbindungen einzugehen."

Neuerdings benutzte Eller[1]) zum Nachweis der Ähnlichkeit seiner aus Brenzkatechin, Chinon und Hydrochinon dargestellten Huminsäuren mit den natürlichen Huminsäuren das Verhalten beider Körperklassen gegen Salpetersäure. Die Beständigkeit der Reaktionsprodukte gegen heiße Kalilauge „scheint auf einen aromatischen Nitrokörper hinzuweisen".

Und schließlich wurde im Kaiser-Wilhelm-Institut für Kohlenforschung, Mülheim-Ruhr, im Zusammenhang mit anderen Arbeiten auch die Einwirkung von Salpetersäure auf natürliche Huminsäuren untersucht[2]). Hierbei wurde ein Körper isoliert, der hinsichtlich seiner allgemeinen Eigenschaften und seiner leichten Reduzierbarkeit mit Zinn und Salzsäure sowie der Unbeständigkeit des dabei erhaltenen Reduktionsproduktes fraglos ein Nitrophenol darstellt. Wie bereits berichtet, steht er dem Hexanitrodiresorcin sehr nahe.

Abgesehen von einigen Abänderungen in den Versuchsbedingungen, die die Ausbeuten erhöhen und die „Wirtschaftlichkeit" günstiger gestalten, bietet somit die neueste Arbeit Marcussons sowohl im experimentellen Teil als auch im Schlußergebnis im wesentlichen nichts Neues, könnte jedoch ebenso wie seine früheren Angaben leicht zu Mißverständnissen Veranlassung geben.

Denn schon die wechselnden Bezeichnungen „Nitrokörper, Nitrierungsprodukt, Nitrosäure, Nitrokohle und nitrierte Kohle" erwecken den Eindruck, als ob es sich in den einzelnen Fällen um besondere Reaktionsprodukte handelt, während Marcusson, da er z. B. eine Methode für die Isolierung der Nitrosäure nicht angibt, offenbar diese Bezeichnung auf das gleiche Reaktionsprodukt anwendet. Hinsichtlich der Tatsache, daß es bisher noch nicht gelungen ist, weder die Huminsäuren, die nur einen Teil der Rohbraunkohle, des Torfes usw. ausmachen, rein darzustellen[3]), noch aus diesem im Vergleich zur Rohbraunkohle immerhin einheitlicheren Material durch die Einwirkung von Salpetersäure gut charakterisierte chemische Individuen zu erhalten[4]), dürfte das von Marcusson aus einer Rohbraunkohle erhaltene Reaktionsprodukt kaum

[1]) Brennstoff-Chemie 2, 188 (1921).

[2]) Brennstoff-Chemie 2, 218 (1921).

[3]) Sven Odén: Die Huminsäuren, 1918, S. 82.

[4]) Malkomesius und Albert, J. pr. [2] 70, 514 (1904).

als eine „Nitrosäure mit dem Äquivalentgewicht 425“ zu betrachten sein, besonders dann nicht, wenn irgendwelche Reinigungsmethoden nicht angewandt sind. Dagegen wird man in Anbetracht der in der Literatur bekannten Untersuchungsergebnisse kaum in der Annahme fehlgehen, daß es aus zahlreichen mehr oder weniger veränderten Bestandteilen der Rohbraunkohle besteht, die zum Teil ihre kolloide Natur durch die Behandlung mit Salpetersäure bei gewöhnlicher Temperatur nicht verloren haben. Solange nun eine Trennung der kolloiden von den nicht kolloiden Bestandteilen des Reaktionsproduktes nicht vorgenommen ist, wird dieses ferner zahlreiche Stoffe adsorbtiv gebunden enthalten, die jedes Analysenresultat beeinflussen. Im Falle des Kalksalzes der „Nitrosäure“, das durch Fällung erhalten ist, wird man es also mit einem Produkt zu tun haben, das, abgesehen davon, daß das Reaktionsprodukt der eigentlichen Kohlesubstanz selbst kaum einen einheitlichen Stoff darstellt, sowohl anorganische (Asche) und organische (Bitumen) Bestandteile[1]) der Rohbraunkohle als auch das zur Fällung benutzte Kalksalz und möglicherweise auch das als Lösungsmittel angewandte Pyridin adsorbtiv gebunden hat. Die Errechnung des Äquivalentgewichtes der Nitrosäure, deren Nitronatur Marcusson überdies selbst bezweifelt und deren Säurecharakter er nicht bewiesen hat, aus dem CaO-Gehalt ihres Kalksalzes wäre demnach erst dann von Wert, wenn dieses eine von den genannten Verunreinigungen befreite Substanz darstellt. Irgendwelche Analysenresultate über die Reinheit seines Kalksalzes sind jedoch von Marcusson nicht beigebracht. Gleiches gilt auch für die Behauptung, daß die „Nitrokohle“ mit einer ätherischen Lösung von Eisenchlorid oder Quecksilberbromid „Doppelsalze“ bildet. Denn weder in der letzten noch in den früheren Arbeiten Marcussons sind hierfür die experimentellen Unterlagen angegeben, so daß die Existenz der „Doppelsalze“ vorläufig noch in Frage steht.

Sie können deshalb auch nicht als Beweis dafür anzusehen sein, daß in dem Reaktionsprodukt „etwa eine Oxoniumverbindung vorliegt“. — Daß ein Hauptbestandteil der Braunkohlen sich aus „gesättigten polyzyklischen Sauerstoffverbindungen, in denen sich der Sauerstoff in Brückenbindung befindet“, zusammensetzt, ist von Marcusson bereits vor einigen Jahren[2]) als bewiesene Tatsache

---

[1]) Vgl. hierzu Braunkohle 17, 246 (1918).

[2]) Z. ang. 31, 237 (1918).

hingestellt worden, nachdem er diese Annahme auf Grund spekulativer Betrachtung allgemeiner Versuchsergebnisse, die er bei der Einwirkung von Schwefelsäure auf Steinkohle erhielt, zunächst für die Steinkohle[1]) vermutungsweise aufgestellt hatte. Irgendwelche experimentellen Beweise hierfür sind jedoch weder damals noch jetzt von Marcusson angegeben.

Über die Versuche, die Marcusson zur Reduktion der „nitrierten Kohle" unternommen hat, liegen leider ebenfalls keine genauen Angaben vor, so daß sie zur Beurteilung der Natur der „Nitrokohle" nicht heranzuziehen sind. Möglicherweise sind die negativen Versuchsergebnisse Marcussons in der vorläufig noch ziemlich unbekannten Natur des anscheinend hochmolekularen Reaktionsproduktes begründet. Denn es ist hierbei zu berücksichtigen, daß eine im Anschluß an die etwa stattgefundene Reduktion eintretende Veränderung des Reaktionsproduktes jene leicht verwischen könnte. Dieses würde zu einem größeren oder kleineren Teil stets dann eintreten, wenn die Nitrokohle sich ganz oder teilweise aus nitrophenolartigen Substanzen zusammensetzt, da aus diesen bei der Reduktion die unbeständigen Aminophenole entstehen. Auf die Möglichkeit dieses Umstandes deutet neben der Arbeit Montanaris, die mir im Original gegenwärtig leider nicht vorliegt, das im Kaiser-Wilhelm-Institut für Kohlenforschung, Mülheim-Ruhr, aus natürlichen Huminsäuren erhaltene Nitrophenol hin, dessen Reduktionsprodukt sich schon in schwach salzsaurer Lösung in ein dunkles, huminsäureartiges Produkt umwandelt. Zutreffendenfalls würde dann die tatsächlich stattgefundene Reduktion der „Nitrokohle" kaum in den allgemeinen Eigenschaften des Reduktions- bezw. Kondensationsproduktes zum Ausdruck kommen. — Ob die von Donath und Bräunlich aus Braunkohle erhaltene Nitrosoverbindung diese Annahme bestätigt, geht aus ihrer Arbeit leider nicht hervor.

Und die Tatsache, daß beim Erhitzen der „Nitrokohle" mit Salzsäure am Rückflußkühler ein Drittel des Stickstoffs abgespalten wird, kann vielleicht darauf beruhen, daß die adsorbtiv gebundene Salpetersäure (bezw. deren Spaltprodukte) entfernt wird. Hierbei ist jedoch zu berücksichtigen, daß die Marcussonsche Arbeit eine Angabe, in welcher Form der Stickstoff abgespalten wird, nicht enthält.

---

[1]) Chem. Ztg. 42, 488 (1918).

Hiernach können daher die Tatsachen, die Marcusson zugunsten des Oxoniumcharakters des Reaktionsproduktes (und somit der Braunkohlen und Huminsubstanzen im allgemeinen) anführt, vorläufig nicht als stichhaltig angesehen werden. Dagegen deuten zahlreiche Versuchsergebnisse darauf hin, daß den Stein- und Braunkohlen, sowie den natürlichen Huminsubstanzen eine aromatische Struktur zugrunde liegt[1]). Eine zusammenfassende Darstellung der bisher über die Struktur der Huminsäuren bekannten Tatsachen soll demnächst an dieser Stelle gegeben werden.

Mülheim-Ruhr, November 1921.

---

[1]) Brennstoff-Chemie 2, 37, 216, 237 (1921).

25. Druckerhitzung und Alkalischmelze von Lignin.

Von

Franz Fischer und Hans Tropsch.

Die Löslichkeit des Lignins in verdünnter Alkalilauge bei höherer Temperatur ist schon lange bekannt und wird technisch bei dem Natronzellstoffverfahren verwertet. Franz Fischer und Hans Schrader[1]) haben die Einwirkung von verdünnter Alkalilauge auf Lignin näher untersucht und gefunden, daß das nach dem Verfahren von Willstätter und Zechmeister isolierte Lignin durch Einwirkung von 4 n. Kalilauge bei 200° in alkalilösliche Huminsäuren übergeführt wird, ohne daß dabei erhebliche Mengen von anderen Produkten entstehen. Aus 30 g Lignin erhielten Franz Fischer und Hans Schrader auf diese Weise 24,2 g alkalilösliche Huminsäuren, während an flüchtigen Säuren (Essigsäure) nur etwa 0,5 g entstanden waren. An äther- und wasserlöslichen Säuren waren nur 0,3 g gebildet worden. Wurden die bei 200° mit Alkali erhaltenen braunen Lösungen des Lignins auf 300° erhitzt, so schieden sich schwarzbraune bis schwarze alkaliunlösliche Produkte aus und zwar in umso geringerem Maße je höher die Konzentration des Alkalis war.

Wir haben die Einwirkung von konzentrierter (10 n.) Alkalilauge auf Lignin vorgenommen, in der Hoffnung bei diesem Verfahren größere Mengen identifizierbarer Spaltprodukte zu erzielen als durch die radikalere Kalischmelze, die sowohl mit dem Lignin[2]) als auch mit seinen Sulfosäuren[3]) schon des öfteren durchgeführt worden ist und in allen Fällen mehr oder minder große Mengen Protokatechusäure ergeben hat. Für die Konstitutionsaufklärung des Lignins wird diesem Befund bisher keine allzu große Bedeutung beigelegt, um so mehr als auch bei der Kalischmelze von Cellulose geringe Mengen Protokatechusäure erhalten werden[4]).

---

[1]) Abh. Kohle 5, 332 (1920); siehe dort auch die ältere Literatur.

[2]) Hägglund, Arkiv för Kemi, Min. och. Geol. 7, 15 (1918); C. 1919 III, 186; Klason, B. 53, 706 (1920).

[3]) Melander, C. 1919 I, 862; Hönig und Fuchs, M. 40, 34 (1919).

[4]) Literatur s. Abh. Kohle 5, 384 (1920).

I. Druckerhitzung von Lignin.

a) mit 10 n. Kalilauge auf 300°.

Wir haben uns zuerst durch einen Vorversuch über das Verhalten des Lignins bei der Druckerhitzung orientiert.

10 g Lignin, nach Willstätter und Zechmeister hergestellt, mit 12,6% Wasser und 5,8% Asche, wurden mit 50 ccm 9,5 n. Kalilauge in einem eisernen Hochdruckautoklaven 3 Stunden auf 300° erhitzt. Nach dem Erkalten wurden 1600 ccm eines mit schwach leuchtender Flamme brennbaren Gases abgeblasen, das 0,4% CO_2 enthielt. Der Autoklaveninhalt wurde mit Wasser verdünnt, filtriert und der Filterrückstand mit Wasser gewaschen. Der lufttrockene Rückstand (2 g) bestand aus einer kohligen Substanz. Das dunkelrotbraune Filtrat wurde mit Salzsäure angesäuert und die ausgefallenen Huminsäuren (2,6 g) abfiltriert. Das saure Filtrat, das die Protokatechusäurereaktion zeigte, wurde mit Äther extrahiert und dabei 2,25 g eines stark nach niedrigen Fettsäuren riechenden Extraktes erhalten, aus dem sich beim Abkühlen nadelförmige Kristalle ausschieden. Es wurde nun eine größere Menge Lignin der Druckerhitzung mit konzentrierter Kalilauge unterworfen.

250 g Lignin, das 4,1% Wasser und 6,3% Asche enthielt, wurden in einem $2^1/_2$ l fassenden Schüttelautoklaven mit 1250 ccm 10 n. KOH auf 300° erhitzt. Da sich, als die Temperatur von 300° erreicht war, das Manometer verstopfte, wurde nochmals erkalten lassen und das gebildete Gas aufgefangen. Es waren 14,5 l brennbares Gas. Der Autoklav wurde dann wieder auf 300° erhitzt und 3 Stunden auf dieser Temperatur, die durch ein Kupfer-Konstantanthermoelement gemessen wurde, gehalten. Nach dem Erkalten wurden 30,5 l brennbares Gas abgeblasen.

Der Autoklaveninhalt, der aus einer dunkelbraunen Lösung sowie aus einer unlöslichen schwarzen Masse bestand, wurde in zwei Partien mit Wasserdampf abgeblasen.

Die erste Partie, die hauptsächlich die durch Alkali in Lösung gehaltenen Produkte enthielt, lieferte nur geringe Mengen, die zweite Partie, die viel von den alkaliunlöslichen bezw. schwerlöslichen Produkten enthielt, gab dagegen 1,4 g eines terpenartig riechenden Öls, das von 80—270° unter Hinterlassung eines Rückstandes siedete. Es enthielt 74,0% C und 11,6% H. Die vereinigten, von dem Öl abgetrennten Wasserdampfdestillate wurden mit einer Kolonne fraktioniert, wobei als Vorlauf eine wässerige

Flüssigkeit erhalten wurde, die beim Kochen mit blauer Flamme brennbare Dämpfe abgab und eine glühende CuO-Spirale reduzierte (Methylalkohol). Die alkalische Reaktionsflüssigkeit wurde nach dem Behandeln mit Wasserdampf zentrifugiert und filtriert, wobei nach dem Auswaschen und Trocknen 17,2 g einer dunkelbraunen Masse als Filterrückstand erhalten wurde. Das Filtrat wurde mit Äther extrahiert, wobei jedoch nur geringe Substanzmengen in Lösung gingen, so daß die Ätherextraktion nicht weiter fortgesetzt, sondern die alkalische Flüssigkeit mit Schwefelsäure angesäuert wurde. Die ausgefallenen Huminsäuren wurden abfiltriert und stellten nach dem Auswaschen mit heißem Wasser und Trocknen 86,5 g eines grauschwarzen Pulvers dar, von dem beim Behandeln mit Äther unter Hinterlassung eines graubraunen Pulvers etwa 50% in Lösung gingen. Die ätherische Lösung hinterließ beim Verdunsten eine braune, lackartige Masse, die in Natriumkarbonat nicht, wohl aber in Lauge mit dunkelbrauner Farbe löslich war. In Benzol löste sie sich teilweise. Der in Benzol unlösliche Teil stellte ein braunes Pulver dar, das von Alkohol schon in der Kälte mit brauner Farbe aufgenommen wurde.

Die von den ausgefällten Huminsäuren abgetrennte saure Reaktionsflüssigkeit wurde unter Einleiten von Wasserdampf eingeengt und so die bei der Druckerhitzung entstandenen flüchtigen Fettsäuren (Ameisensäure und Essigsäure) abdestilliert, wobei das Destillat zu deren Neutralisation 330 ccm n. NaOH verbrauchte. Nachdem die flüchtigen Säuren entfernt worden waren, wurde die Reaktionslösung im Perforator mit Äther erschöpfend extrahiert. Der Ätherextrakt schied schon im Extraktionsapparat gut ausgebildete Kristalle (1,09 g) aus, die aus der ätherischen Lösung entfernt wurden. Diese hinterließ nach dem Trocknen mit Na_2SO und Abdestillieren des Äthers 24,1 g Extrakt, der keine Neigung zum Kristallisieren zeigte. Der Extrakt gab zwar eine intensive Eisenreaktion auf Phenole bezw. Phenolcarbonsäuren, irgend welche definierbaren Produkte konnten jedoch nicht gefaßt werden. Diese phenolischen Substanzen gehen leicht wieder in huminsäureartige Körper über, denn wenn man den Extrakt etwas über 100° erhitzt, so verwandelt er sich in eine ätherunlösliche, feste Masse, die sich in Natronlauge mit dunkelbrauner Farbe löst und ganz den Charakter der Huminsäuren zeigt.

Die aus der ätherischen Lösung ausgeschiedenen Kristalle wurden aus Wasser umkristallisiert und wiesen dann einen Schmelzpunkt von 147° auf. Sie zeigten keine Eisenreaktion. Durch zweimaliges Umkristallisieren aus Wasser erhöhte sich ihr Schmelzpunkt auf 149—150°. Zur Analyse wurde die Substanz außerdem bei 110° im Vakuum von 2 mm sublimiert, wobei sie sich in Form kleiner Wärzchen an die Gefäßwand ansetzte.

Die Elementaranalyse ergab:

5,254 mg Substanz lieferten 9,455 mg CO_2 und 3,204 mg H_2O.

Gef. 49,10% C, 6,82% H.

Ber. $C_6H_{10}O_4$ 49,30% C, 6,90% H.

Die Bestimmung des Äquivalentgewichts durch Titration ergab:

3,518 mg Substanz verbrauchten 5,25 ccm $^n/_{45}$ NaOH.

Äquivalentgewicht gef. 73,03, ber. 73,04.

Nach dem Schmelzpunkt, der Elementaranalyse, der Titration und den allgemeinen Eigenschaften lag hier Adipinsäure vor. Wir haben uns Adipinsäure aus Cyclohexan (Kahlbaum) durch Oxydation mit HNO_3 (spez. Gew. 1,41) hergestellt und unsere Substanz in allen ihren Eigenschaften mit der aus Cyclohexan erhaltenen Säure identisch gefunden. Die Mischschmelzpunktsbestimmung ergab keine Depression.

Nach ½jährigem Stehen des Ätherextraktes kristallisierten daraus 1,5 g zu Drusen vereinigte Prismen aus, die mit Alkohol-Petroläther und Äther-Petroläther gewaschen wurden und sich nach der weiteren Reinigung durch Umkristallisieren aus Wasser ebenfalls als Adipinsäure erwiesen. Schmelzpunkt 150°. Nach zweimaligem Sublimieren bei 110° im Vakuum ergab die Substanz bei der Verbrennung:

3,239 mg Substanz lieferten 5,870 mg CO_2 und 1,920 mg H_2O.

Gef. 49,44% C, 6,63% H.

Ber. $C_6H_{10}O_4$ 49,30% C, 6,90% H.

Im ganzen sind also aus dem Ätherextrakt 2,59 g Adipinsäure isoliert worden. Oxalsäure wurde unter den Produkten der Druckerhitzung mit 10 n. Kalilauge bei 300° nicht aufgefunden.

Auf Reinlignin gerechnet, wurden erhalten:

0,6% terpenartiges Öl,
7,7% alkaliunlösliche Reaktionsprodukte,
38,6% Huminsäuren,
8,9% flüchtige Säuren (als Essigsäure gerechnet),
10,1% wasser- und ätherlösliche Produkte (darunter Phenolcarbonsäuren),
1,2% Adipinsäure.
67,1%

b) mit 10 n. Natronlauge auf 250°.

200 g Lignin mit 6,6% Wasser und 6,3% Asche, 1250 ccm 10 n. Natronlauge wurden im Schüttelautoklaven 5 Stunden auf 250° erhitzt. Das nach dem Erkalten abgeblasene Gas (12 l) enthielt 4,4% CO_2, 0,6% O_2, 0,3% CO, 85,8% H_2 und 8,9% N_2. Die dunkelbraun gefärbte Reaktionslösung wurde mit Wasser auf 1800 ccm aufgefüllt und die CO_2-Zahl bestimmt. Als CO_2-Zahl der Lösung wurde 8 gefunden, woraus sich 28,3 g CO_2 für die Gesamtlösung berechnen.

Die Reaktionslösung wurde mit Wasserdampf abgeblasen; es wurden diesmal jedoch keine mit Wasserdampf flüchtigen Produkte erhalten. Nach dem Zentrifugieren, Filtrieren und Waschen blieben 28,1 g schwarzer Filterrückstand. Durch Ansäuren des Filtrats mit Schwefelsäure wurden 70,3 g Huminsäuren erhalten. Gut gewaschen und getrocknet stellten sie ein dunkelbraunes Pulver dar, das in Alkohol fast vollständig löslich war, an Äther dagegen nur wenig abgab. Beim Erhitzen im Reagensglas gaben die Huminsäuren Teer und Wasser ab.

Das saure Filtrat wurde im Wasserdampfstrom eingeengt; das Destillat verbrauchte 258 ccm n. NaOH zur Neutralisation der mit Wasserdampf flüchtigen Säuren. Aus der von den flüchtigen Säuren befreiten Lösung ließen sich durch Äther 26,73 g Substanz extrahieren, davon 6,48 g Oxalsäure, die aus der ätherischen Extraktlösung auskristallisierte und durch den Schmelzpunkt und ihre sonstigen Eigenschaften identifiziert wurde. Der von der Oxalsäure befreite Ätherextrakt, der starke Reaktion auf Protokatechusäure gab, jedoch keine Neigung zum Kristallisieren zeigte, wurde mit Bleiacetat fraktioniert gefällt. Die in einzelnen Fraktionen abgeschiedenen Bleisalze wurden mit Schwefelwasserstoff zerlegt. Aus Fraktion I und II schied sich beim Einengen etwas Oxalsäure aus, während aus Fraktion III und IV nach starkem Einengen eine Substanz auskristallisierte, die nach dem Abpressen auf Ton und Umkristallisieren aus Wasser bei 181° schmolz. Nach dreimaligem Sublimieren im Vakuum lag der Schmelzpunkt bei 120°, so daß hier also Bernsteinsäure vorlag, die durch die Sublimation in ihr Anhydrid übergegangen war. Damit stimmte auch die Elementaranalyse überein:

5,272 mg Substanz lieferten 9,300 mg CO_2 und 1,821 mg H_2O,
3,473 „ „ „ 6,125 „ „ „ 1,220 „ „ .

Gef. 48,12 % C, 3,86 % H,
" 48,11 % C, 3,93 % H.
Ber. $C_4H_4O_4$ 47,99 % C, 4,03 % H.

Auf Reinlignin bezogen, ergab die Druckerhitzung mit 10 n. Natronlauge bei 250°:

16,9 % Kohlensäure,
16,2 % alkaliunlösliche Reaktionsprodukte,
40,4 % Huminsäuren,
8,9 % flüchtige Säuren (als Essigsäure gerechnet),
11,6 % wasser- und ätherlösliche Produkte (darunter Bernsteinsäure und Phenolcarbonsäuren),
3,7 % Oxalsäure.
97,7 %

Die beiden mit Lauge durchgeführten Druckerhitzungen haben zu verschiedenen Produkten geführt. Während mit 10 n. Kalilauge bei 300° keine Oxalsäure, wohl aber Adipinsäure erhalten wurde, ergab die Druckerhitzung mit 10 n. Natronlauge bei 250° die Bildung von Oxalsäure und Bernsteinsäure, während diesmal keine Adipinsäure gefaßt werden konnte. Offenbar steht die Bildung der 6 C-Atome besitzenden Adipinsäure

$$\begin{array}{c} COOH \\ | \\ (CH_2)_4 \\ | \\ COOH \end{array}$$

einerseits und die von Bernsteinsäure

$$\begin{array}{c} COOH \\ | \\ (CH_2)_2 \\ | \\ COOH \end{array}$$

mit 4 C-Atomen und Oxalsäure

$$\begin{array}{c} COOH \\ | \\ COOH \end{array}$$

mit 2 C-Atomen andrerseits in einem gewissen Zusammenhang. Phenole, die mit Eisenchloridlösung intensive Färbungen gaben, waren in beiden Fällen entstanden.

II. Kalischmelze von Lignin.

Die Kalischmelze von Lignin haben wir durchgeführt, um die dabei erhaltenen Resultate mit den Ergebnissen der Druckerhitzung des Lignins mit konzentrierter Lauge vergleichen zu können.

Bei einem Vorversuch wurden 2 g feingepulvertes Lignin, das 24,5% Wasser und 5,0% Asche enthielt, in die in einem Nickeltiegel befindliche Schmelze aus 8 g Kaliumhydroxyd und 6 g Wasser bei 240° allmählich eingetragen und die Temperatur nach Maßgabe des Schäumens auf 300° gesteigert, wobei lebhafte Wasserstoffentwicklung eintrat. Nachdem diese Temperatur 10 Minuten eingehalten worden war, wurde erkalten lassen, die Schmelze in Wasser gelöst und filtriert, wobei so gut wie kein Rückstand hinterblieb. Aus dem Filtrat fielen nach dem Ansäuren mit Salzsäure die bekannten amorphen, huminsäureartigen Produkte aus, die abfiltriert, mit Wasser ausgewaschen und getrocknet wurden (0,47 g). Das rotbraun gefärbte Filtrat, das mit Eisenchlorid eine schmutzig-grünbraune Farbreaktion gab, wurde mit Äther ausgeschüttelt und die Ätherauszüge mit Natriumsulfat getrocknet. Nach dem Abdestillieren des Äthers blieb ein dickflüssiges, rotbraunes Öl zurück, das durch Digerieren mit heißem Benzol erstarrte. Die aus der filtrierten Benzollösung sich ausscheidenden Kristalle, die sich unter dem Mikroskop als teilweise verwachsene Prismen zu erkennen gaben, waren nach ihrem Schmelzpunkt (190°) und ihrer grünen, auf Zusatz von Natriumkarbonat in Rot umschlagenden Eisenchloridreaktion als Protokatechusäure anzusprechen.

Auch aus dem nicht vom Benzol gelösten Teil des Ätherextrakts wurde nach Auflösen in Wasser, Kochen mit Tierkohle, Filtrieren und Eindampfen Protokatechusäure erhalten.

Bei einem größeren Versuch wurde die Kalischmelze mit 20 g Lignin und der entsprechenden Kaliumhydroxyd- und Wassermenge in einer Eisenschale in derselben Weise, wie beim Vorversuch vorgenommen. An huminsäureartigen Produkten wurden aus der angesäuerten Lösung 5,0 g (35,5% gerechnet auf Reinlignin) isoliert. Die nach dem Abfiltrieren dieser Produkte erhaltene Lösung wurde im Perforator mit Äther erschöpfend extrahiert und dabei 2,1 g (14,9% gerechnet auf Reinlignin) eines teilweise kristallinisch erstarrenden Ätherextrakts erhalten. Um die aus dem Öl ausgeschiedenen Kristalle zu isolieren, wurde die Masse auf Ton gestrichen, wobei 1,1 g eines grauen Pulvers zurückblieb, das aus viel Wasser umkristallisiert wurde. Nach 12stündigem Stehen schied sich eine kristallisierte Substanz aus, die bei 260° noch nicht schmolz und mit Eisenchlorid eine schmutzig-grüne Färbung gab, die auf Zusatz von Natriumkarbonat rotbraun wurde. Protokatechusäure lag hier also nicht vor. Für eine genauere Untersuchung war die Menge zu gering. Aus der von dieser Substanz abgetrennten Lösung schied sich dann bei weiterem Eindampfen Protokatechusäure mit einem Schmelzpunkt von 193—194° aus, der durch nochmaliges Umkristallisieren auf 195° erhöht werden konnte.

Die Substanz wurde hierauf zweimal im Vakuum von 2 mm sublimiert. Die Sublimationstemperatur betrug 113°. Die Substanz schmolz nach dem Sublimieren bei 198° unter Gasentwicklung.

Die Elementaranalyse ergab:

I. 4,516 mg Substanz lieferten 9,050 mg CO_2 und 1,509 mg H_2O;
II. 5,699 „ „ „ 11,370 „ „ „ 1,921 „ „ .

Gef. I. 54,66% C, 3,74% H;
II. 54,41 „ „ 3,77 „ „ .
Ber. für $C_7H_6O_4$ 54,53 „ „ 3,93 „ „ .

Zusammenfassung.

Die Einwirkung von Alkalien verschiedener Konzentration auf Lignin ergab in allen Fällen die Bildung von mehrwertigen Phenolen bezw. Phenolcarbonsäuren. Bei der Kalischmelze konnte in Übereinstimmung mit Hägglund sowie mit Klason Protokatechusäure in kristallisierter Form gefaßt werden. Mit 10 n. Lauge entstanden zwar auch ätherlösliche Produkte, die mit Eisenchlorid starke Reaktion auf Phenolcarbonsäuren zeigten; in kristallisierter Form konnten dieselben jedoch nicht erhalten werden. Bei dieser Behandlung des Lignins wurde in einem Falle Adipinsäure, jedoch keine Oxalsäure, in einem anderen Falle Bernsteinsäure und Oxalsäure gefaßt. Die Bildung von Adipinsäure aus Lignin ist bisher noch nicht beobachtet worden. Nach der von Klason[1]) für das α-Lignin aufgestellten Konstitutionsformel:

O
C — C — CH : CH · CHO
C_4H_8
C — $COOCH_3$ CH_3COO
OO — OCH_3

kann man jedoch ihre Bildung durch Spaltung des Moleküls an der bezeichneten Stelle erklären.

Mülheim-Ruhr, Juni 1921.

[1]) B. 53, 1869 (1920).

26. Über die Einwirkung von Salpetersäure auf Lignin.

Von

Franz Fischer und Hans Tropsch.

Das nach dem Verfahren von Willstätter und Zechmeister aus Holz durch Behandeln mit hochkonzentrierter Salzsäure isolierte Lignin hat zwar bei dieser Prozedur eine vollständige Verseifung der vorhandenen Acetylgruppen[1]) und eine teilweise Abspaltung von Methoxylgruppen erfahren, eine tiefere Veränderung des Ligninmoleküls ist jedoch nicht anzunehmen, so daß das so gewonnene Produkt zur Erforschung der Ligninstruktur besonders geeignet erscheint. Hägglund[2]) hat mit diesem Lignin verschiedene Versuche angestellt und hat auch rauchende Salpetersäure bezw. Salpetersäure und Kaliumchlorat darauf einwirken lassen. Er erhielt in beiden Fällen etwas Essigsäure, jedoch keine Oxalsäure. E. Heuser, H. Roesch und L. Gunkel[3]) konnten jedoch durch Einwirkung von HNO_3 (spez. Gew. 1,42) bezw. 25%iger HNO_3 auf Willstättersches Lignin erhebliche Mengen (bis 20%) an Oxalsäure fassen. Es zeigte sich nun, daß das Willstättersche Lignin überraschend leicht mit Salpetersäure reagiert und zwar erfolgt die Reaktion auch schon mit verdünnter Säure.

Läßt man auf 5 g Lignin 70 ccm konzentrierte Salpetersäure (spez. Gewicht 1,41) einwirken, so geht die Reaktion äußerst heftig unter Entwicklung von Stickoxyden vor sich. Unterstützt man die Reaktion, nachdem sie sich gemäßigt hat, durch Erwärmen, so ist nach einer Stunde das Lignin bis auf geringe Mengen anorganischer Bestandteile vollständig in Lösung gegangen. Aus der tief orangerot gefärbten Lösung kann man mit Bleiacetat große Mengen von Bleisalzen ausfällen, aus denen Oxalsäure isoliert werden konnte. Die

---

[1]) Pringsheim und Magnus, C. 1919 III, 668.

[2]) C. 1919 III, 186.

[3]) Cellulosechemie 2, 13 (1921); Referat Brennstoff-Chemie 2, 199 (1921).

neben der Oxalsäure vorhandenen Säuren konnten jedoch nicht kristallisiert erhalten werden. Nachdem die in essigsaurer Lösung ausgefallenen Bleisalze abfiltriert worden sind, kann man im Filtrat aus der bleihaltigen Lösung durch Zusatz von Ammoniak weitere Mengen von Bleisalzen organischer Säuren gewinnen, die ebenfalls keine kristallisierbaren Produkte liefern.

Die Einwirkung von konzentrierter Salpetersäure auf Lignin wurde nicht weiter verfolgt, da sich zeigte, daß auch schon verdünnte Salpetersäure (5 n. und 2,5 n.) mit Lignin reagiert. Auf 5 g Lignin wurden 70 ccm 5 n. HNO_3 zur Einwirkung gebracht. Nachdem die anfangs heftige Reaktion sich gemäßigt hatte, wurde schwach erwärmt, wobei nach etwa $2^1/_2$ Stunden vollständige Lösung erfolgte. Bei 2,5 n. HNO_3 unter Anwendung derselben Mengen dauerte es 8 Stunden bis zur vollständigen Lösung. Die in beiden Fällen entstandenen Produkte waren qualitativ nicht verschieden von den durch konzentrierte Säure erhaltenen. In allen drei Fällen konnten erhebliche Mengen Oxalsäure isoliert werden, die durch den Schmelzpunkt und durch das Kalksalz identifiziert wurde. Aus 50 g Lignin wurden durch Einwirkung von 700 ccm 2,5 n. HNO_3 24 g in Wasser leicht lösliche Verbindungen stark saurer Natur erhalten, die zu $^1/_4$ aus Oxalsäure bestanden. Die Mengen dieser Produkte wurden durch Abdampfen der salpetersauren Lösung im Vakuum und Wägen des Rückstandes bestimmt. Ein Teil des Lignins ist also durch die verdünnte Säure vollständig zu CO_2 oxydiert worden. Bei der Einwirkung von 5 n. HNO_3 zeigte sich nun, daß das dunkelbraun gefärbte Lignin in einen roten Körper übergeht, aus dem sich erst durch weitere Einwirkung von HNO_3 die oben erwähnten Abbauprodukte, unter anderem Oxalsäure, bilden. Im Laufe weiterer Untersuchungen erwies sich dieser rote Körper als ein Nitroprodukt des Lignins. Die Bildung des Nitrolignins erfolgt unter starker Wärmeentwicklung und zwar scheint neben der Nitrierung eine Oxydation des Lignins stattzufinden, da der Sauerstoffgehalt des Nitroproduktes größer ist, als bei einfacher Nitrierung des Lignins zu erwarten wäre. Die leichte Nitrierbarkeit des Lignins durch 5 n. HNO_3 spricht dafür, daß hier ein echter Nitrokörper vorliegt, da man die Bildung von Salpetersäureestern durch so verdünnte Säure nicht erwarten kann. Obwohl auf Grund des vorhandenen Tatsachenmaterials eine einwandfreie Aufklärung der Konstitution des Lignins bisher nicht möglich ist, muß man aus den experimentellen Befunden schließen, daß das Lignin phenolartigen Charakter besitzt. Man hat durch Kalischmelze von Lignin Protokatechusäure bezw. Brenzkatechin isolieren können, wenn auch diese Reaktion nicht allgemein beweisend für das Vorhandensein von Benzolkernen im Ausgangsmaterial angesehen wird. Hönig und Fuchs[1]) ist es jedoch gelungen, die Ausbeute an Protokatechusäure bei der Kalischmelze von Ligninsulfosäure bis auf 19 % zu steigern, wodurch es sehr wahrscheinlich gemacht worden ist, daß die Protokatechusäure nicht durch eine Nebenreaktion entsteht, sondern tatsächlich ein Spaltprodukt des Lignins darstellt. Eine Stütze für den phenolischen Charakter des Lignins ist ferner die durch Einwirkung von Barytwasser[2]) erzielte Isolierung von Produkten, die den Gerbstoffen nahestehen und die in erheblicher Ausbeute (35 %) gewonnen worden sind. Die leichte Nitrierbarkeit des Lignins ist nun ein weiterer Beweis für seinen Phenolcharakter. Bekanntlich ist Lignin bei höherer Temperatur in Alkali leicht löslich, und die so erhaltenen tief dunkelbraun gefärbten alkalischen Lösungen gleichen in ihren Eigenschaften völlig den Lösungen der Huminsäuren in Alkali. Diese schon lange bekannte und auch technisch verwertete Reaktion geht, wie neuerdings Beckmann[3]) nachgewiesen hat, schon bei Zimmertemperatur vor sich und gestattet die Isolierung von Lignin in reiner Form. Nach Beckmann[4]) polymerisiert sich das so erhaltene Lignin wieder leicht unter Dunkelwerden, und ist dann nur zum Teil in kalter oder erwärmter Alkalilauge löslich. Die so intensive Farbe der alkalischen Ligninlösung spricht ebenfalls dafür, daß dem Lignin eine Konstitution eigen ist, die das Auftreten einer so intensiven Färbung erklärt. Diese Annahme muß man natürlich auch bei den sich ganz analog verhaltenden Huminsäuren machen. Das Lignin ist, wie es im Holz vorliegt, nicht gefärbt und auch die nach der Methode von Beckmann erhaltenen alkalischen Ligninlösungen geben unter gewissen Vorsichtsmaßregeln ein Lignin, das als hellgelb bezeichnet wird. Die Alkalisalze des Lignins geben jedoch intensiv dunkelbraune Lösungen. Das Lignin erinnert hier an gewisse phenolische Ver-

[1]) M. 40, 341 (1919).

[2]) Hönig und Fuchs, M. 41, 215 (1920).

[3]) Z. ang. 32, 81 (1919).

[4]) Beckmann, Liesche und Lehmann, Z. ang. 34, 285 (1921).

bindungen wie z. B. das Phenolphthalein, das auch an und für sich farblos ist, jedoch leicht in intensiv gefärbte chinoid konstituierte Salze übergeht.

Isolierung und Reindarstellung des Nitrolignins.

Je 150 g Willstättersches Lignin werden in einem Rundkolben von 2 l Inhalt mit 1000 ccm 5 n. HNO_3 übergossen. Nach einiger Zeit tritt lebhafte Erwärmung ein, so daß die Reaktion durch Einstellen des Kolbens in kaltes Wasser gemäßigt werden muß. Nachdem die Reaktion nachgelassen hat, wird mit kleiner Flamme einige Zeit erwärmt, bis das sich gebildete Nitrolignin in allen Teilen eine gleichmäßige orangerote Färbung angenommen hat. Ein zu langes Erwärmen ist jedoch zu vermeiden, da sonst die Ausbeuten stark zurückgehen, indem das Nitrolignin, wie schon oben bemerkt, zu wasserlöslichen Produkten oxydiert wird. Das gebildete Nitrolignin schwimmt nach beendeter Reaktion zum größten Teil auf der Salpetersäure, während am Boden des Kolbens sich die im Lignin vorhandenen anorganischen Bestandteile abgesetzt haben. Bei der Reaktion entwickeln sich auch bedeutende Mengen von Stickoxyden und die durch tiefer gehende Einwirkung der Salpetersäure gebildeten Produkte lösen sich mit orangeroter Farbe. Nach dem Abkühlen wird das Nitrolignin von der salpetersauren Lösung durch Filtrieren getrennt, auf der Nutsche scharf abgesaugt, mit etwas 5 n. HNO_3 gedeckt und schließlich mit Wasser solange nachgewaschen, bis die ablaufenden Waschwässer nicht mehr sauer reagieren. Ein Nachwaschen mit heißem Wasser oder gar ein Auskochen des Nitrolignins hat sich nicht als zweckmäßig erwiesen, da beim Kochen Gasentwicklung eintritt, was auf eine Zersetzung schließen läßt. Nachdem das Lignin säurefrei gewaschen ist, wird es auf Ton gestrichen und an der Luft getrocknet. Die letzten Reste von Feuchtigkeit werden durch Trocknen über konzentrierter Schwefelsäure entfernt. Das so erhaltene Nitrolignin ist ein gelbes leicht zerreibliches Pulver. Die Ausbeuten an Rohprodukt sind sehr schwankend. Günstigstenfalls wurden bei Anwendung von 5 g Lignin 60 % vom Gewicht des angewandten Lignins an Nitrokörper erhalten. Beim Arbeiten mit größeren Mengen waren die Ausbeuten bedeutend geringer und betrugen von je 150 g Lignin in einzelnen Fällen: Versuch I 40 g, Versuch II 57 g, Versuch III 59 g, Versuch IV 42 g, Versuch V 38 g. Die Ausbeute hat jedoch, wie sich im Verlauf der Untersuchung zeigte, keinen

Einfluß auf die Zusammensetzung des Nitrokörpers. Zur weiteren Reinigung des Nitrolignins wurde die Beobachtung verwertet, daß aus einer Lösung in Alkohol Chlorwasserstoffgas Nitrolignin als gelbes Pulver ausfällt. Eine konzentrierte Lösung von Nitrolignin in Alkohol scheidet zwar beim Abkühlen auch einen Teil des gelösten Stoffes aus, das ausgefallene Nitrolignin läßt sich jedoch schwer filtrieren, und der auf dem Filter verbleibende Rückstand wird nach dem Absaugen des Alkohols schmierig und trocknet schließlich zu einer dunkeln braunroten amorphen Masse ein. Leitet man dagegen in eine konzentrierte Lösung von Nitrolignin in Alkohol, die durch Eiskochsalzmischung gekühlt ist, trockenes HCl-Gas ein, so geht der anfangs durch die Abkühlung ausgeschiedene Niederschlag von Nitrolignin wieder in Lösung, und erst bei vollständiger Sättigung mit HCl-Gas fällt das Nitrolignin als gelber leicht filtrierbarer Niederschlag aus. Die Reinigung durch HCl-Gas wurde in der Weise ausgeführt, daß je 20 g Nitrolignin-Rohprodukt in 100 ccm 96%igem Alkohol gelöst wurden und in diese Lösung nach dem Abkühlen und Filtrieren HCl-Gas bis zur Sättigung eingeleitet wurde. Das ausgefallene Nitrolignin wurde sofort abgenutscht, mit Alkohol, der mit HCl-Gas gesättigt war, ausgewaschen und hierauf so lange mit Wasser gewaschen, bis eine Probe des Waschwassers keine Cl'-Reaktion mehr gab. Das Nitrolignin wurde dann über konzentrierter Schwefelsäure getrocknet. Es stellt ein gelbes, amorphes Pulver dar, das in Alkohol, Aceton und überhaupt in allen organischen sauerstoffhaltigen und mit Wasser mischbaren Lösungsmitteln löslich ist. Am leichtesten wird es von Aceton aufgenommen. In Äther ist es sehr schwer löslich. In sauerstoffhaltigen organischen Lösungsmitteln ist es unlöslich, spurenweise löst es sich auch in Wasser. Nach längerem Waschen mit Wasser geht es kolloid durchs Filter. Aus der Luft nimmt das über Schwefelsäure oder Phosphorpentoxyd im Vakuum bei 80° getrocknete Nitrolignin Wasser auf, das beim Stehen über konzentrierter Schwefelsäure wieder abgegeben wird.

0,479 g über konzentrierter Schwefelsäure getrocknetes Nitrolignin nahm beim Liegen an der Luft 0,0404 g (8,4%) Wasser auf. Das Lignin verändert durch die Aufnahme von Wasser sein Aussehen nicht.

Aus 20 g Nitrolignin-Rohprodukt wurden durch Fällen mit HCl-Gas 11,5 g reines Produkt erhalten. Aus dem alkoholischsalzsauren Filtrat konnte durch Verdünnen mit Wasser noch 3,4 g Nitrolignin ausgefällt werden. Die Ausbeute an Reinprodukt schwankte in den einzelnen Fällen nur unbedeutend. Zur Analyse wurde das im Vakuum bei 80° über Phosphorpentoxyd getrocknete Produkt verwendet. Das aus der alkalischen Lösung durch HCl-Gas ausgefällte Produkt enthielt noch geringe Mengen von Asche, die bei der Analyse in Abrechnung gebracht wurden.

Nitrolignin (Versuch I): 0,1448 g Substanz gaben 0,2773 g CO_2 und 0,0493 g H_2O;

0,1537 g Substanz gaben 0,2954 g CO_2 und 0,0521 g H_2O;

0,1364 g Substanz gaben 5,1 ccm Stickstoff bei 27° und 754 mm über Kalilauge (1 : 1) abgelesen. Das Nitrolignin I enthielt nur Spuren von Asche.

Nitrolignin (Versuch II): 0,1466 g Substanz gaben 0,2792 g CO_2 und 0,0522 g H_2O;

0,1647 g Substanz gaben 6,2 ccm Stickstoff bei 27° und 757 mm über Kalilauge (1 : 1) abgelesen.

Das Nitrolignin enthielt 1,6 % Asche.

Nitrolignin (Versuch III): 0,1400 g Substanz gaben 0,2666 g CO_2 und 0,0486 g H_2O;

0,1509 g Substanz gaben 5,4 ccm Stickstoff bei 29° und 753 mm über Kalilauge (1 : 1) abgelesen.

Das Nitrolignin III enthielt 0,64 % Asche.

Aus diesen Zahlen berechnet sich:

	C	H	N
I.	52,24 %	3,81 %	4,22 %
	52,43 „	3,79 „	
II.	52,57 „	4,04 „	4,40 „
III.	52,29 „	3,91 „	4,17 „ .

Aus diesen Befunden berechnet sich für das Nitrolignin die Summenformel $C_{42}H_{37}N_3O_{24}$, die folgende Prozentzahlen verlangt: 52,10 % C, 3,86 % H, 4,34 % N, 39,70 % O.

Molekulargewichtsbestimmung nach der Gefrierpunkts-
Ph–nol ergab:

...ubstanz in 11,276 g Phenol gelöst, ergaben eine
...g berechnet sich ein Molekulargewicht
...el 967 verlangt.

Die Methoxylbestimmungen in dem durch Fällen mit HCl-Gas gereinigten Nitrolignin lieferten folgende Werte:

I. 0,1688 g Substanz gaben CH_3J, das 5,27 ccm n/10 $AgNO_3$-Lösung verbrauchte.

II. 0,1305 g Substanz gaben CH_3J, das 4,10 ccm n/10 $AgNO_3$-Lösung verbrauchte.

III. 0,1423 g Substanz gaben 0,0977 g AgJ.

	I.	II.	III.
OCH_3-Gehalt:	9,72 %	9,74 %	9,07 %.

Für 3 OCH_3-Gruppen in $C_{43}H_{37}N_8O_{42}$ berechnet sich ein OCH_3-Gehalt von 9,62 %.

Das Lösen in Alkohol und Fällen mit HCl-Gas hat, wenn die ganze Operation in der Kälte ausgeführt und das ausgefallene Nitrolignin sofort filtriert und chlorfrei gewaschen wird, keinen Einfluß auf den OCH_3-Gehalt, denn aus Nitrolignin-Rohprodukt wurde durch Lösen in Alkohol, Filtrieren vom ungelösten Rückstand, Abdampfen des Alkohols und Trocknen im Vakuum bei 80° ein Produkt erhalten, das einen OCH_3-Gehalt von 9,04 % besaß.

0,2806 g Substanz gaben CH_3J, das 8,18 ccm n/10 $AgNO_3$-Lösung verbrauchte.

Das Nitrolignin ist in verdünnter Natronlauge und auch in Sodalösung leicht löslich. Die Lösung in Alkali ist dunkelbraun gefärbt. Durch Säuren kann das Nitrolignin wieder ausgefällt werden.

Das Nitrolignin läßt sich mittels n/10 NaOH titrieren. Wegen der dunklen Färbung der alkalischen Nitroligninlösung wurde folgendermaßen verfahren: Etwa 0,3 g Nitrolignin wurden in einem Meßkolben von 100 ccm Inhalt in 25 ccm n/10 NaOH gelöst und zu der dunkelbraun gefärbten Lösung 5 ccm 2n. $BaCl_2$-Lösung gegeben. Das Bariumsalz des Nitrolignins fällt als gelbbrauner Niederschlag aus. Dann wird auf 100 ccm aufgefüllt; etwaige Schaumbildung beseitigt man durch Zusatz von einigen Tropfen neutralisiertem Alkohol. Die Lösung wurde hierauf durch ein trockenes Filter filtriert und die zuerst durchlaufenden Anteile verworfen. 50 ccm der jetzt nur mehr hellgelb gefärbten Lösung wurden mit Phenolphthalein als Indikator und n/10 HCl titriert. Durch einen genau in derselben Weise durchgeführten blinden Versuch wurde der Titer der NaOH bestimmt.

Nitrolignin von Versuch I: Einwage 0,2867 g.

Verbrauch an Säure: 2,08 ccm $n/_{10}$ HCl.

Blinder Versuch: 10,97 „ „ „ .

Nitrolignin von Versuch II: Einwage 0,3692 g mit 1,16% A...

Verbrauch an Säure: 2,58 ccm $n/_{10}$ HCl.

Blinder Versuch: 13,95 „ „ „ .

	I.	II.
Gehalt an OH:	10,54%	10,60%.

Für 6 OH-Gruppen in $C_{42}H_{37}N_6O_{24}$ berechnet sich ein ... von 10,55% OH.

Herstellung eines Acetylproduktes vom Nitrolignin.

Nitrolignin läßt sich leicht acetylieren. 1,260 g Lignin w... in 6 ccm Essigsäureanhydrid suspendiert und zu diesem G... ein Tropfen konzentrierte Schwefelsäure gegeben. Unter Erw... geht das Nitrolignin mit dunkelbrauner Farbe in Lösung. Es ... dann noch kurze Zeit auf dem Wasserbad erwärmt, das Reakt... gemisch über Nacht stehen gelassen und am nächsten Tag in W... gegossen. Das Acetylprodukt schied sich als eine braun... Masse aus, die allmählich fest und bröcklich wurde. Nach ... stündigem Stehen wurde das Acetylprodukt abfiltriert, mit W... ausgewaschen und auf Ton getrocknet. Ausbeute 1,48 g. Es ... ein gelbbraunes Pulver dar, das in Aceton schon in der K... leicht löslich ist. In heißem Methyl- und Äthylalkohol ist es ... in Äther unlöslich, in Eisessig leicht löslich. Da das Acetylpr... aus keinem dieser Lösungsmittel kristallisiert erhalten w... konnte, wurde es in Aceton gelöst, diese Lösung filtriert und ... gedampft. Die zurückbleibende spröde Masse wurde mit Alk... verrieben und so geringe Mengen nicht acetylierter Produkt... in Alkohol leichter löslich sind, entfernt. Zur Analyse wurd... so gereinigte Acetylprodukt im Vakuum bei 80° getrocknet. Zahl der vom Nitrolignin aufgenommenen Acetylgruppen wu... nach der Methode von Wenzel[1]) festgestellt:

I. 0,4000 g Acetylprodukt spalteten Essigsäure ab, die 14,42 ... $n/_{10}$ NaOH verbrauchte.

[1]) H. Meyer, Analyse und Konstitutionsermittlung organischer Verbind... S. 521 (1919).

II. 0,2085 g Acetylprodukt spalteten Essigsäure ab, die 7,50 ccm $n/_{10}$ NaOH verbrauchte.

Daraus berechnet sich ein $COCH_3$-Gehalt von:

I.	II.
15,5%	15,5%

Für eine Verbindung $C_{50}H_{45}N_8O_{38}$, die durch Eintritt von 4 $COCH_3$-Gruppen in das Nitrolignin entstanden ist, berechnet sich ein $COCH_3$-Gehalt von 15,2%. Auch die Ausbeute an Acetylnitrolignin steht mit der Analyse im Einklang; aus 1,260 g sollen 1,478 g Acetylprodukt entstehen, während 1, 48 g erhalten wurden.

Reduktion von Nitrolignin.

Läßt man auf Nitrolignin granuliertes Zinn und konzentrierte Salzsäure einwirken, so erhält man eine braune in den meisten Lösungsmitteln unlösliche Substanz, die nach der Analyse einen höheren Kohlenstoff- und Wasserstoffgehalt aufweist, während der Stickstoffgehalt eine geringe Abnahme erfahren hat. Es ist bei dieser Behandlung wohl eine Reduktion des Nitroproduktes eingetreten, wobei jedoch ein Teil des Stickstoffs abgespalten worden ist. Das Reduktionsprodukt hat dabei allem Anschein nach, wie seine Unlöslichkeit zeigt, eine weitgehende Polymerisation erfahren.

5 g Nitrolignin wurden mit 5 g Zinn und 20 ccm konzentrierter Salzsäure auf dem Wasserbad erwärmt bis das Zinn vollständig gelöst war. Der braune Rückstand wurde mit Salzsäure und Wasser bis zur Zinnfreiheit ausgewaschen und nach dem Trocknen mit Alkohol ausgekocht, wobei geringe Menge unverändertes Nitrolignin gelöst wurden. Das Reduktionsprodukt enthielt dann 59,32% C, 4,63% H, 3,27% N, 1,63% Asche. Auf aschefreies Produkt gerechnet enthielt es also 60,30% C, 4,70% H, 3,32% N, während im ursprünglichen Nitrolignin 52,1% C, 3,86% H und 4,34% N vorhanden waren.

Über die Art der Stickstoffbindung gibt zwar dieser Versuch keinen eindeutigen Aufschluß, es ist jedoch als sicher anzunehmen, daß wenigstens ein Teil des Stickstoffs in Form von reduzierbaren Nitrogruppen direkt an Kohlenstoff gebunden ist. Auf keinen Fall ist sämtlicher Stickstoff in Form von leicht verseifbaren Salpetersäureestergruppen im Nitrolignin vorhanden. Ein Versuch, eventuell als Ester gebundene Salpetersäure nach der

Methode von Silberrad, Phillips und Merriman[1]) zu bestimmen, ergab, daß dabei nur 44 % des gesamten im Nitrolignin vorhandenen Stickstoffs abgespalten und zu Ammoniak reduziert werden konnte.

Zusammenfassung.

Bei der Einwirkung von 5 n. Salpetersäure auf Lignin bildet sich ein stickstoffhaltiges Produkt, das nach seinen allgemeinen Eigenschaften als eine Nitroverbindung anzusprechen ist. Es gelang das Produkt zu acetylieren. Bei der Reduktion mit Zinn und Salzsäure tritt gleichzeitige Polymerisation ein.

Mülheim-Ruhr, Juni 1921.

---

[1]) Z. ang. 19, 1608 (1906).

27. Notiz über den Ligningehalt von Laubblättern.

Von

Hans Tropsch.

Der Ligningehalt der verschiedenen Hölzer ist schon wiederholt bestimmt worden und zwar meist indirekt durch Berechnung aus dem nach der Zeiselschen Methode gefundenen Methoxylgehalt. Benedikt und Bamberger[1]) haben die Methylzahlen zahlreicher Hölzer bestimmt; die von ihnen aus diesen Zahlen berechneten Ligningehalte sind jedoch nicht ganz richtig, da man damals den Methoxylgehalt des reinen Lignins nicht kannte und es auch keine einwandfreie Methode zur Isolierung von Lignin gab. Nach derselben Methode hat dann A. Herzog[2]) den Ligningehalt bezw. die Methylzahlen verschiedener Faserstoffe und Cieslar[3]) den Ligningehalt von Nadelhölzern, sowie die Verteilung des Lignins auf die verschiedenen Bestandteile des Nadelholzbaumes untersucht. Über die Methylzahlen von amerikanischen Hölzern berichtet A. S. Wheeler[4]).

Die Angaben über den Ligningehalt verschiedener Pflanzen beziehen sich fast durchweg auf das Holz vom eigentlichen Stamm, während über den Ligningehalt der Laubblätter in der Literatur keine Angaben zu finden sind. Nun sind es gerade die alljährlich abfallenden Blätter der Bäume, aus denen sich in unseren Wäldern unter geeigneten Bedingungen eine starke Humusdecke bildet, so daß die Frage nach dem Ligningehalt von Laubblättern ein gewisses Interesse bietet. Zur Untersuchung wurden abgefallene Buchenlaubblätter, die im Herbst gesammelt worden waren, benutzt. Die lufttrockenen Blätter wurden im Trockenschrank bei 105° ge-

---

1) M. 11, 268 (1890).
2) Chem. Ztg. 20, 461 (1896).
3) C. 1899 I, 1214.
4) B. 38, 2168 (1905).

trocknet. Die so getrockneten Blätter enthielten 5,44% Asche; durch länger anhaltendes Trocknen konnten noch 0,58% Wasser entfernt werden. Für die weiteren Versuche wurden jedoch die noch geringe Mengen Feuchtigkeit enthaltenden Blätter verwendet, die also 93,98% asche- und wasserfreie organische Substanz enthielten. Eine in einer guten Durchschnittsprobe vorgenommene Methoxylbestimmung unter Zusatz von Phenol ergab 2,82% OCH_3 = 3,00% OCH_3 in der wasser- und aschefreien Substanz.

0,5782 g Substanz gaben 0,1234 g AgJ.

Zur Isolierung des Lignins nach der Methode von Willstätter und Zechmeister[1]) wurden 20 g der getrockneten Blätter in 250 ccm konz. HCl (spez. Gew. 1,19) suspendiert und in diese Suspension unter gleichzeitiger Kühlung mit Eis-Kochsalzmischung HCl-Gas 8 Stunden eingeleitet und das Reaktionsgemisch über Nacht im Eisschrank stehen gelassen. Am nächsten Tag wurde es mit Wasser verdünnt und vom Ungelösten abfiltriert. Das Filtrat war gelbbraun gefärbt und reduzierte Fehlingsche Lösung stark. Der Cl′-frei gewaschene Rückstand wog nach dem Trocknen 10,66 g und stellte ein braunes, leicht zerreibliches Pulver dar.

Er enthielt:

4,20% Wasser (durch Trocknen bei 105° bestimmt),
5,13% Asche,
3,53% OCH_3.

0,3040 g Substanz gaben 0,0814 g AgJ.

Auf wasser- und aschefreie Substanz berechnen sich daraus 3,89% OCH_3.

Durch nochmalige Behandlung mit hochkonzentrierter HCl konnten dem aus den Laubblättern isolierten Lignin nur mehr geringe Mengen hydrolysierbarer Substanzen entzogen werden.

8,42 g isoliertes Lignin wurden in der oben beschriebenen Weise mit 100 ccm konz. HCl unter Durchleiten von HCl-Gas 8 Stunden bei niederer Temperatur behandelt, dann 40 Stunden im Eisschrank stehen gelassen und wie früher aufgearbeitet. Es wurden 7,83 g Lignin mit einem Wassergehalt von 3,43% und einem Aschegehalt von 5,24% erhalten, von der asche- und wasser-

---

[1]) B. 46, 2401 (1913).

freien Substanz waren also bei der nochmaligen Behandlung mit hochkonzentrierter HCl noch 6,4% gelöst worden. Das Filtrat von der zweiten HCl-Behandlung reduzierte Fehlingsche Lösung nur noch schwach.

Das durch zweimalige Behandlung mit hochkonzentrierter HCl gereinigte Lignin (asche- und wasserfrei gedacht) stellt 48,1% der asche- und wasserfreien organischen Substanz der Laubblätter dar. Es enthält 4,15% OCH_3, während es nach dem Methoxylgehalt der Laubblätter 6,24% OCH_3 enthalten sollte. Ein Drittel des OCH_3-Gehalts ist also bei der Behandlung mit hochkonzentrierter HCl abgespalten worden[1]).

Auffällig ist der hohe Gehalt der Laubblätter an in konzentrierter HCl unlöslichen Bestandteilen.

Während das Buchenholz nur etwa 34% Lignin, also in hochkonzentrierter HCl unlösliche Substanz enthält, ist der Gehalt an diesen Substanzen in den Buchenblättern bedeutend höher. Allerdings enthält dieses Lignin aus Buchenblättern nur 6,24% Methoxyl, während das aus verschiedenen Hölzern isolierte Lignin etwa 16% OCH_3 besitzt. Äußerlich sieht jedoch das Buchenlaublignin so aus, wie das nach der Willstätterschen Methode aus den Hölzern isolierte Produkt. Gegen 5 n. HNO_3 verhält es sich genau so wie das Nadelholzlignin, es liefert bei der Einwirkung dieser Säure ein Nitroprodukt.

Nach den Befunden von Hönig und Spitzer[2]), sowie von Klason[3]) gibt es verschiedene Ligninarten, deren Mengen jedoch im Holz in einem festen Verhältnis zueinander stehen. Diese Ligninarten unterscheiden sich durch das Vorhandensein oder Fehlen von Carboxylgruppen und auch durch ihren verschiedenen Methoxylgehalt. So beträgt der Methoxylgehalt des von Klason Carboxyl- oder β-Lignin genannten Produktes 8,0%, während das carboxylfreie α-Lignin einen erheblich größeren Methoxylgehalt aufweist. Auch in den von mir untersuchten Buchenlaubblättern findet sich

[1]) Auch bei der Isolierung von Lignin aus Kiefernsägemehl mittels hochkonzentrierter HCl findet eine teilweise Abspaltung des OCH_3 statt. Mit Benzol extrahiertes Kiefernsägemehl, das bei der Methoxylbestimmung 4,59% OCH_3 ergab, lieferte Lignin in einer Ausbeute von 28,5% mit einem OCH_3-Gehalt von 14,02%, während sich aus dem OCH_3-Gehalt des Sägemehls unter Berücksichtigung der Ausbeute ein OCH_3-Gehalt von 16,1% berechnet.

[2]) M. 39, 1 (1918).

[3]) B. 53, 1869 (1920).

ein Lignin mit geringem Methoxylgehalt, während im Stamm das methoxylreichere Lignin überwiegt.

Es ist bemerkenswert, daß die Blätter, die die Bäume alljährlich im Herbst abwerfen, so große Mengen Ligninsubstanzen enthalten, die bei dem von mir untersuchten Buchenlaub die Hälfte der gesamten organischen Substanz ausmachten. Es wird dadurch klar, in welch erheblichem Maße das abfallende Laub zur Humusbildung beiträgt.

Mülheim-Ruhr, Mai 1921.

---

28. Über die trockene Destillation von Lignin im Vakuum.

Von

Hans Tropsch.

Brennstoff-Chemie 3, 321 (1922).

Die durch die Arbeiten von Franz Fischer und H. Schrader[1]) gewonnene Erkenntnis, daß das Lignin die eigentliche Muttersubstanz der Kohle darstellt, hat die Frage nach dessen chemischem Aufbau in den Vordergrund gerückt. Die Ansicht, das Lignin besitze aromatische Struktur, ist heute noch nicht allgemein durchgedrungen, da die bisher beim Lignin mit Erfolg durchgeführten Abbauversuche mit Reagenzien ausgeführt worden sind, die für die Konstitutionsbestimmung als vollkommen zuverlässig und eindeutig nicht anerkannt werden. Die trockene Destillation im Vakuum, die bei manchen Naturstoffen mit kompliziertem Molekülbau schon bemerkenswerte Anhaltspunkte für deren chemische Struktur geliefert hat, ist beim Lignin noch nicht versucht worden. E. Heuser und C. Skiöldebrand[2]) haben zwar Lignin bei gewöhnlichem Druck destilliert, haben aber den dabei entstehenden Teer nicht näher untersucht. Sie verwendeten zu ihren Versuchen Lignin, das sie nach der Willstätterschen Methode aus entharztem Fichtenholzsägemehl hergestellt hatten und destillierten es aus einem Jenaer Kolben von 300 ccm Inhalt. Die Heizung geschah mittels eines elektrischen Ofens und es wurden stets etwa 44 g lufttrockenes Lignin zur Destillation verwendet. Im Mittel wurden, auf vollständig trockenes Lignin bezogen, erhalten: 50,64% Ligninkohle, 15,75% wässeriges Destillat und 13,00% Teer. Von den Destillaten wurde nur der wässerige Anteil in bezug auf den Gehalt an Essigsäure, Aceton und Methylalkohol quantitativ untersucht. In der Retorte wurde eine Höchsttemperatur von 640°

---

[1]) Brennstoff-Chemie 2, 37 (1921); Franz Fischer und Hans Schrader, Entstehung und chemische Struktur der Kohle, Essen 1921.

[2]) Z. ang. 32, 41 (1919).

erreicht. Klason[1]) erhielt bei der trockenen Destillation von Lignin 15 % Phenole. Hägglund[2]) hat einige vorläufige Versuche der trockenen Destillation von Lignin, das nach der Willstätterschen Methode gewonnen war, ausgeführt. 140 g Lignin gaben 13,5 g eines stark kreosothaltigen Teeres, der nicht genauer beschrieben ist.

Franz Fischer und Hans Schrader[3]) haben dann Lignin im Aluminiumschwelapparat destilliert und dabei durchschnittlich 12,5 % Teer erhalten, der etwa 14 % neutrale Bestandteile aufwies. Die sauren Anteile des Ligninteeres bestanden aus einem bräunlichroten, dicken, angenehm riechenden Öl, aus dem Kristalle isoliert werden konnten, die anscheinend Vanillinsäure darstellten.

Durchführung der Vakuumdestillation.

Zur Destillation des Lignins im Vakuum benutzte ich den Apparat, der auch zur Destillation von Braunkohle im Vakuum gedient hatte[4]) und der aus einem Stahlrohr verfertigt war, das einen Durchmesser von 70 mm und eine Höhe von 165 mm besaß. Durch den abschraubbaren Deckel führte ein 8 cm langes, unten geschlossenes Eisenrohr zur Aufnahme eines Thermometers und seitlich ging ein Ableitungsrohr zu den Vorlagen. Der Apparat paßte genau in einen mit Eisendraht umwickelten Tonzylinder, der auf der einen Seite geschlossen war, und der so hergestellte elektrische Ofen befand sich zum Schutze gegen Bruch in einem Eisenrohr. Die erste Vorlage wurde nicht, die zweite Vorlage dagegen mit Eis-Kochsalzmischung gekühlt. An diese Vorlage schlossen sich zwei mit flüssiger Luft gekühlte Gefäße, daran ein Manometer und ein Volumenometer nach Mac Leod. Das Vakuum wurde durch eine Gaedepumpe erzeugt.

I. Versuch. Das zur Destillation verwendete Lignin war nach dem Willstätterschen Verfahren aus Nadelholzsägemehl isoliert worden und stammte von der Firma Goldschmidt A.-G. in Essen. Geringe Mengen HCl waren durch vorheriges Waschen mit Wasser entfernt worden. Das lufttrockene Lignin hatte einen Wassergehalt von 6,6 %, durch Trocknen bei 105° festgestellt, und einen Aschegehalt von 6,3 %, so daß 87,1 % asche- und wasser-

[1]) C. 1909 I, 92.

[2]) C. 1919 III, 187; Arkiv för Kemi, Mineralogi och Geologi 7, 1 (1918).

[3]) Abh. Kohle 5, 106 (1920).

[4]) W. Schneider und H. Tropsch, Abh. Kohle 2, 28 (1917).

freie Substanz vorhanden waren. Die Temperatur wurde durch ein an das Destillationsgefäß anliegendes Ni-Cu-Thermoelement gemessen. Die Heizung erfolgte durch Wechselstrom von 220 Volt. Das im Kopf des Destillationsapparates angebrachte Thermometer gestattete die Temperatur der abziehenden Dämpfe zu messen.

Der Temperaturanstieg betrug durchschnittlich 3° pro Minute, war anfangs etwas größer und verlangsamte sich gegen Ende der Destillation. Die Höchsttemperatur von 450° wurde in 2 St. 13 Min. erreicht, worauf die Destillation abgebrochen wurde. Der Druck betrug zu Beginn der Destillation 1 mm Hg und hielt sich anfangs konstant. Bei 225° Außentemperatur bemerkte man das Auftreten eines weißen Sublimats; die Temperatur der abziehenden Dämpfe betrug dabei 121°, der Druck war unverändert 1 mm. Erst bei 335° Außentemperatur begann die Destillation lebhafter zu werden, der Druck stieg auf $1^1/_2$ mm, da beträchtliche Gasentwicklung stattfand. Im ersten mit flüssiger Luft gekühlten Gefäß schlug sich ein weißes Kondensat nieder. Bei 403° Außentemperatur war die Gasentwicklung und das Destillieren so lebhaft, daß der Druck auf 12 mm stieg. Die abziehenden Dämpfe, die 223° hatten, kondensierten sich teilweise als dunkelrotes Öl. Dann nahm der Druck allmählich ab und fiel bei 450° Außentemperatur auf 2 mm.

In Tafel 1 ist der Temperaturanstieg übersichtlich zusammengestellt.

Tafel 1.

Zeit Min.	Außentemperatur °C	Temperatur der abziehenden Dämpfe °C	Druck mm Hg	
13	130	43	1	
40	227	121	1	geringes weißes Sublimat
73	335	175	$1^1/_2$	stärkere Gasentwicklung und Sublimat
93	370	202	2	Beginn der stärkeren Destillation
103	403	223	12	starke Destillation, dunkelrotes Destillat
108	413	227	5	
118	422	229	5	
133	450	245	2	

Angewandt wurden 113 g Lignin = 98,4 g asche- und wasserfreies Produkt.

Die bei der Destillation erzielten Ausbeuten sind aus Tafel 2 zu ersehen.

Tafel 2.

Art des Destillats	Menge in g	% vom angew. Lignin	% vom asche- und wasserfreien Produkt
Wässeriges Destillat	21,5	19,0	14,2 [1])
Teer	10,0	8,9	10,2
Koks	60,0	53,1	53,8 [2])
Kondensiertes Gas (CO_2)	8,0	7,1	8,1
Nichtkondensiertes Gas und Verlust . .	13,5	11,9	13,7
	113,0	100,0	100,0

[1]) Abzüglich Feuchtigkeit.
[2]) Abzüglich Asche.

Durch die stürmische Gasentwicklung war etwas Ligninstaub in die erste Vorlage übergerissen worden und hatte sich mit den geringen hier kondensierten Teermengen vermischt. Der Inhalt der Vorlage wurde daher in Alkohol aufgenommen, von dem ungelösten Lignin abfiltriert und der Teer durch Verdampfen des Alkohols isoliert.

Die Destillationsprodukte wurden bei diesem Versuch nur qualitativ geprüft. Das wässerige Destillat reagierte sauer und reduzierte ammoniakalische $AgNO_3$-Lösung. Der Teer, der nach dem Destillieren ein dickes, dunkelrotes Öl darstellte, erstarrte allmählich. In Äther war er nur zum Teil löslich. Der ätherunlösliche Rückstand stellte ein hellbraunes in NaOH vollständig lösliches Pulver dar. In Benzol war es fast unlöslich, in Aceton und Essigester schwer, in Methyl- und Äthylalkohol zum Teil löslich. Es schmolz noch nicht bei 200°. Beim Erhitzen zersetzte es sich und gab einen braunen Teer. Der in Äther gelöste Teil des Ligninteers wurde mit einem Teil konzentrierter $NaHSO_3$-Lösung und einem Teil Wasser zweimal durchgeschüttelt, die abgezogene Bisulfitlösung mit frischem Äther zweimal durchgeschüttelt und die ätherischen Lösungen vereinigt. Die Bisulfitlösung wurde dann mit verd. H_2SO_4 (3 : 5) zersetzt, die Hauptmenge der SO_2 im Vakuum abgesaugt und dann dreimal mit Äther ausgeschüttelt. Die mit Na_2SO_4 getrocknete ätherische Lösung hinterließ nach dem Abdampfen einen Rückstand, der im Exsikkator über Schwefelsäure kristallinisch erstarrte und intensiv nach Vanillin roch.

Die mit Bisulfit behandelte ätherische Lösung wurde dann mit NaOH durchgeschüttelt, wobei die gelösten Substanzen so gut wie vollständig von dem NaOH mit tiefdunkelbrauner Farbe aufgenommen wurden. Aus der alkalischen Lösung fielen beim Ansäuern mit verdünnter HCl hellbraune Flocken aus, die abgesaugt, mit Wasser gewaschen und an der Luft getrocknet wurden. Die so abgeschiedenen alkalilöslichen Bestandteile des Ligninteeres stellten ein hellbraunes Pulver dar, das sich in NaOH mit tiefdunkelbrauner Farbe löste und einen holzteerartigen Geruch zeigte. Das Pulver erweichte beim Kochen mit Wasser, beim Abkühlen wurde es wieder hart. Durch 5 n. HNO_3 wurde es beim Erwärmen auf dem Wasserbad nitriert.

II. bis IV. Versuch. Um eine größere Menge des Vakuumteers herzustellen, wurden 372 g Lignin in drei Partien wie bei Versuch I destilliert und die erhaltenen Destillationsprodukte vereinigt. Der Destillationsverlauf war derselbe wie bei Versuch I. Auch hier stieg der Druck bei einer Außentemperatur von 405—410° wegen der starken Gasentwicklung auf 10—15 mm an und fiel dann nach Aufhören der stürmischen Gasentwicklung wieder auf den Anfangsdruck.

Die erhaltenen Ausbeuten sind in Tafel 3 zusammengestellt.

Tafel 3.

Art des Destillats	Menge in g	% vom angew. Lignin	% vom asche- und wasserfreien Produkt
Wässeriges Destillat	85	22,9	18,7 [1])
Teer	43	11,6	13,3
Koks	206	55,4	56,1 [2])
Gas und Verlust	38	10,1	11,9
	372	100,0	100,0

[1]) Abzüglich Feuchtigkeit.
[2]) Abzüglich Asche.

Bei diesen Versuchen hatte sich ein Teil des Teeres (9,5 g) als ein hellbraunes Pulver im Destillationsrohr abgesetzt, während der Rest (33,5 g) als dickes, rotbraunes, allmählich erstarrendes Öl in die Vorlagen destillierte. Das im Destillationsrohr abgesetzte hellbraune Pulver war in 2,5 n. NaOH vollständig löslich und fiel aus der alkalischen Lösung beim Ansäuern mit HCl in Form von gelbbraunen Flocken aus, die nach dem Waschen und Trocknen ein hellbraunes Pulver darstellten. Der in den Vorlagen abgeschiedene Teer wurde mit Äther behandelt, wobei ein gelbbraunes, vollständig alkalilösliches Pulver (6,5 g) zurückblieb, das in seinen

Eigenschaften vollständig dem im Destillationsrohr abgesetzten Produkt glich.

Aus der Ätherlösung (A) wurden durch $NaHSO_3$-Lösung (1 : 1) 0,8 g eines stark nach Vanillin riechenden Produktes isoliert, das jedoch nicht kristallisierte und auch nicht mehr vollständig in Wasser löslich war. Die wässerige Lösung reagierte zwar mit Phenylhydrazin, doch konnte auch das Hydrazon nicht kristallisiert erhalten werden. Die mit Bisulfit behandelte ätherische Lösung A wurde mit KOH durchgeschüttelt, bis alle alkalilöslichen Bestandteile gelöst waren, dann wurde sie mit Wasser neutral gewaschen und mit Na_2SO_4 getrocknet. Sie hinterließ nach dem Abdampfen des Äthers 3,3 g eines sehr viskosen, orangeroten Öles, das grünliche Fluoreszenz zeigte und aus dem sich bei längerem Stehen geringe Mengen einer anscheinend paraffinartigen Substanz ausschieden.

Die von der Lauge aufgenommenen alkalilöslichen Bestandteile des Ligninteers schieden sich beim Ansäuern mit HCl als eine halbfeste, dunkelbraune Masse aus, die nach dem Auswaschen mit Wasser und Trocknen auf dem Wasserbad nach dem Erkalten hart wurde. Sie hatte dann ein asphaltartiges Aussehen und ließ sich zu einem hellbraunen Pulver zerreiben. Die in Alkali löslichen Anteile des Ligninteeres, also sowohl das ätherunlösliche gelbe Pulver als auch die aus der Ätherlösung isolierten, von neutralen Substanzen befreiten Produkte, sind zum Teil in heißer Sodalösung löslich.

2,396 g vom ätherunlöslichen Teil des Ligninteeres wurden mit heißer 2,5 n. Na_2CO_3-Lösung solange ausgekocht, bis sich nichts mehr löste. Der Rückstand wurde auf einem gewogenen Filter gesammelt und betrug nach dem Auswaschen und Trocknen bei 105° 0,779 g. In Sodalösung waren also 32,6% unlöslich, während sich 67,4% lösten. Die sodaunlöslichen Produkte, im folgenden als „Phenole" bezeichnet, stellten ein dunkelbraunes Pulver dar, das in 2,5 n. NaOH bei Zimmertemperatur mit brauner Farbe löslich war. In 5 n. NaOH löste es sich dagegen in der Kälte nicht und auf dem Wasserbad nur in Spuren. In Methyl- und Äthylalkohol waren die „Phenole" auch beim Kochen fast unlöslich.

Die aus der Sodalösung mit HCl abgeschiedenen ätherunlöslichen „Carbonsäuren" bildeten nach dem Auswaschen und Trocknen ein fast schwarzes Pulver, das zum Unterschied von den „Phenolen" auch in 5 n. NaOH in der Kälte mit tiefdunkelbrauner Farbe löslich war. Auch in Methyl- und Äthylalkohol war es reichlich löslich.

Auch der äther- und alkalilösliche Anteil des Ligninteers bestand zur Hälfte aus sodalöslichen Produkten. Von 5 g wurden durch Behandeln mit heißer Sodalösung 2,4 g (48%) Rückstand gewonnen, während 52% in Na_2CO_3 löslich waren.

Die ätherlöslichen „Phenole“ bildeten nach dem Trocknen bei 105° eine zähflüssige, braune Masse, die sich nach dem Abkühlen zu einem braunen Pulver zerreiben ließ. Sie war in 2,5 n. NaOH löslich, in 5 n. NaOH dagegen unlöslich, während die ätherlöslichen „Carbonsäuren“ sich auch in 5 n. NaOH leicht lösten.

In Tafel 4 sind die Bestandteile des Ligninteers zusammengestellt.

Tafel 4.

Einzelnbestandteile des Ligninteers	% vom Ligninteer	% vom asche- und wasserfreien Lignin
Alkaliunlösliches viskoses Öl	7,5	1,00
Bisulfitlösliche Verbindungen	1,9	0,25
Ätherunlösliche „Phenole“	12,6	1,68
Ätherlösliche „	24,9	3,30
Ätherunlösliche „Carbonsäuren“	26,2	3,48
Ätherlösliche „	26,9	3,57
	100,0	13,28

In dem bei der Vakuumdestillation von Lignin erhaltenen wässerigen Destillat wurde der Gehalt an Säuren durch Titrieren mit n. NaOH unter Verwendung von Phenolphthalein als Indikator bestimmt.

85 g Destillat verbrauchten 44,3 ccm n. NaOH.

Das Destillat enthielt somit 2,66 g Säure als Essigsäure gerechnet. Auf Reinlignin bezogen, hatten sich 0,82% Säure gebildet.

Besprechung der Versuchsergebnisse.

Die trockene Destillation des Lignins bei gewöhnlichem Druck ist, wie eingangs erwähnt, schon wiederholt durchgeführt worden und hatte einen Teer ergeben, der einen hohen Prozentsatz an alkalilöslichen Bestandteilen aufwies. Phenole entstehen nun auch beim Verschwelen von Cellulose, doch ist ihre Menge sehr gering.

Erdmann und Schwalenberg[1]) fanden beim Verschwelen von Filtrierpapier im Teer und Schwelwasser nur etwa 1% vom angewandten Material an Carbolsäure und anderen Phenolen. Bei der Vakuumdestillation verhalten sich dagegen Lignin und Cellulose durchaus verschieden. Während das Lignin einen zum größten Teil alkalilöslichen Teer ergibt, erhält man, wie Pictet und Sarasin[2]) gezeigt haben, aus Cellulose etwa 30% in Wasser leicht lösliches Lävoglukosan, welcher Verbindung neuerdings[3]) die Formel

```
HO · CH———CHOH
     |        |
     CH—O—CH
     |        |
     O—CH₂—CHOH
```

gegeben wird. Man muß annehmen, daß die bei der Verschwelung der Cellulose auftretenden Phenole erst durch Zersetzung des primär gebildeten Lävoglukosans entstehen, denn Pictet und Sarasin[4]) erhielten beim Destillieren dieser Verbindung unter Atmosphärendruck etwas Teer, der fast ganz aus Phenolen bestand. Beim Lignin enthält dagegen auch der unter schonenden Bedingungen im Vakuum erzeugte Teer reichliche Mengen Phenole, was für die strukturelle Verwandtschaft des Lignins mit den Phenolen spricht.

Die im Ligninvakuumteer enthaltenen Phenole und Carbonsäuren stellen bemerkenswerterweise feste Massen dar, die sich wie die Huminsäuren mit dunkler Farbe in Alkali lösen. Die sauren Produkte des gewöhnlichen Ligninteers sind dagegen ölig[5]).

Mülheim-Ruhr, Mai 1921.

---

[1]) Z. ang. 34, 313 (1921).

[2]) Helvetica chimica acta 1, 87 (1918); Referat Brennstoff-Chemie 2, 281 (1921).

[3]) Pictet und Cramer, Helvetica chimica acta 3, 640 (1920).

[4]) a. a. O.

[5]) Franz Fischer und Hans Schrader, Abh. Kohle 5, 111 (1920).

29. Notiz über die Einwirkung von Antimonpentachlorid auf Lignin.

Von

Hans Tropsch.

Lignin reagiert mit Chlor, wobei je nach der Arbeitsweise Produkte mit verschiedenem Chlorgehalt entstehen. Cross und Bevan[1]) haben zuerst durch Einwirkung von Chlor auf Jute ein in Alkali lösliches Produkt mit 26,8 % Cl isoliert. Heuser und Sieber[2]) haben dann die Einwirkung von Chlor auf Fichtenholz studiert und Chlorierungsprodukte des Lignins mit 22,7 % Cl erhalten.

Nach Heuser und Sieber[3]) haben Cross und Bevan die bei der Chlorierung von Jute erhaltenen Produkte sublimiert bezw. reduziert und durch qualitative Reaktionen auf die Bildung von Chlorchinon bezw. Trichlorpyrogallol geschlossen. Heuser und Sieber haben die Reduktionsversuche wiederholt ohne jedoch Erfolg zu haben.

Neuerdings hat dann Hägglund[4]) Lignin, das nach der Methode von Willstätter und Zechmeister hergestellt worden war, bei 0° mit feuchtem Chlor behandelt und Produkte mit etwa 46 % Cl erhalten, die bei der Sublimation bezw. Reduktion ebenfalls kein Chlorchinon bezw. Trichlorpyrogallol gaben.

Ich habe nun beobachtet, daß Lignin auch mit Antimonpentachlorid unter Bildung chlorhaltiger Produkte reagiert. 2 g Lignin, das durch hochkonzentrierte Salzsäure aus mit Benzol extrahiertem Kiefernsägemehl isoliert worden war, wurde bei 105° getrocknet und mit 20 g Antimonpentachlorid und etwas Jod[5]) drei Stunden

---

[1]) Schwalbe, Die Chemie der Cellulose, 879 (1911).

[2]) Z. ang. 26, 801 (1918).

[3]) a. a. O.

[4]) Arkiv för Kemi, Min. och Geologie 7, Nr. 8, S. 17 (1918).

[5]) A. Eckert und Steiner, M. 36, 178 (1915).

gekocht, wobei es unter starker Chlorwasserstoffentwicklung in Lösung ging. Nach dem Erkalten wurde die Schmelze mit Salzsäure (1 : 1) erwärmt, filtriert und antimonfrei gewaschen. Der Filterrückstand stellte ein braunes Pulver dar, das einen kampherartigen Geruch besaß. Im Vakuum erhitzt, bildete sich ein leicht flüchtiges Sublimat, das sich in sternförmig gruppierten, dicken Nadeln niederschlug, die kampherartigen Geruch besaßen und im zugeschmolzenen Röhrchen bei 183° schmolzen, so daß hier Perchloräthan vorlag. Ein schwerer flüchtiger Teil des Sublimats setzte sich in langen Nadeln an, die bei 216° schmolzen und anscheinend aus Hexachlorbenzol bestanden. Die Hauptmasse des stark chlorhaltigen Reaktionsproduktes schmolz bei 200° zu einer dunkelbraunen, fast schwarzen, zähen Masse zusammen, die so gut wie vollständig in Benzol löslich war.

Mülheim-Ruhr, Juni 1921.

---

30. Zusammensetzung von Hoch- und Tieftemperaturteeren.

Von

Hans Tropsch.

Brennstoff-Chemie 2, 261 (1921).

Unter diesem Titel beschreiben Marcusson und Picard[1]) die Zerlegung verschiedener Teere unter Vermeidung einer Destillation.

Hier sei nur auf die bei einem Steinkohlenurteer von der Bismarckhütte erhaltenen Resultate näher eingegangen. Marcusson und Picard behandeln den Urteer mit 20 %iger Natronlauge auf dem Wasserbad und entziehen dann die laugeunlöslichen Anteile durch Ausschütteln mit Äther. In den Äther gingen 75 % des Teers. Die aus der tiefdunklen alkalischen Lösung nach dem Verjagen des Äthers mit Schwefelsäure abgeschiedenen sauren Bestandteile (25 %) waren auffälligerweise nicht ölig wie beim normalen Steinkohlenteer, sondern fest. Beim Digerieren mit Äther blieben 6 % (bezogen auf Teer) ungelöst. Die unlöslichen Anteile waren braun, pulverförmig und zeigten den Charakter von Carbonsäuren oder deren Anhydriden. Die ätherlöslichen Anteile (19 % des Teers) erwiesen sich als ein Gemisch von Carbonsäuren und Phenolen; die Carbonsäuren wurden durch Kochen mit Sodalösung gelöst und die suspendierten Phenole der Lösung durch Ausäthern entzogen. Durch Zersetzen der Sodalösung wurden braune Carbonsäuren (6 %) erhalten, welche beim Erwärmen an der Luft zum Teil ätherunlöslich wurden. Die Phenole waren dunkelbraun und fest. Es wurden also 12 % vom Urteer sodalösliche, als Carbonsäuren angesprochene Produkte erhalten, die 48 % der gesamten sauren Bestandteile ausmachten. Diese Carbonsäuren sind zum Teil in Äther löslich, und die ätherunlöslichen Carbonsäuren sind wieder teilweise in Aceton löslich. Bei den durch diese Lösungsmittel getrennten Säuren schwankt die Säurezahl zwischen 52 und 90, während die Verseifungszahl in den einzelnen Fällen doppelt so groß gefunden wurde.

Die Feststellung von Marcusson und Picard, daß der von ihnen untersuchte Steinkohlenurteer von der Bismarckhütte nur

---

[1]) Z. ang. 34, 201 (1921).

feste alkalilösliche Anteile enthält, die zur Hälfte aus Carbonsäuren bestehen, ist sehr auffällig und läßt die Vermutung aufkommen, daß der untersuchte Urteer so gut wie keine niedrigsiedende Anteile enthalten habe. Erfahrungsgemäß sind etwa $^1/_8$ der gesamten im Urteer vorhandenen sauren Bestandteile in den Fraktionen bis 250 ° enthalten, und gerade in diesen Fraktionen kommen die bisher festgestellten Kresole und Xylenole[1]) vor. Urteere, die nur geringe Mengen niedrigsiedender Anteile enthielten, waren zur Zeit, als sich die Urteerindustrie in den ersten Anfängen befand, häufig anzutreffen. Solche Teere gaben sich schon äußerlich durch ihre bei gewöhnlicher Temperatur sehr dickflüssige Beschaffenheit zu erkennen. Normaler Steinkohlenurteer, der auch niedriger siedende Anteile enthält, ist dagegen dünnflüssig.

Ich habe einen von Franz Fischer und W. Glund[2]) im Drehtrommelapparat[3]) aus oberschlesischer Kohle[4]) hergestellten Urteer in der von Marcusson und Picard angegebenen Richtung hin untersucht. Der Teer war dünnflüssig, dunkelbraun, in dünnen Schichten gelbbraun.

Spez. Gew. 0,964 bei 15 °, Wassergehalt 0,5 %.

In 5 n. NaOH waren 34 % des Teeres löslich. Das Siedeverhalten wurde in dem Kraemer-Spilkerschen Apparat[5]) festgestellt.

72 °/Siedebeginn, 100 °/3 %, 140 °/6 %, 160 °/8 %, 180 °/12 %, 200 °/18 %, 220 °/27 %, 240 °/34 %, 260 °/41 %, 280 °/48 %, 300 °/53 %, 320 °/59 %, 340 °/65 %, 360 °/70 %.

Der Destillationsrückstand war gelbbraun und zähflüssig.

Die Fraktion bis 280 ° (48 % vom Teer) enthielt 30,4 %, die Fraktion 280—360 ° (22 % vom Teer) 32 % alkalilösliche Bestandteile.

50 ccm Urteer wurden nach Marcusson und Picard mit 50 ccm 5 n. NaOH auf dem Wasserbade $^1/_2$ Stunde unter Umschütteln erwärmt, dann mit 200 ccm Wasser verdünnt und die nicht alkalilöslichen Bestandteile ausgeäthert. Die alkalische Lösung wurde nach dem Vertreiben des gelösten Äthers mit Salzsäure

---

1) W. Glund und P. K. Breuer, Abh. Kohle 2, 236 (1917).

2) Abh. Kohle 3, 19 (1918).

3) Abh. Kohle 1, 122 (1916).

4) Die Kohle stammte von der Dubensko-Grube Flöz 33/34 Oberbank. Die Urteerausbeute betrug beim Verschwelen ohne Wasserdampf 10,8 %.

5) Holde, Untersuchung der Kohlenwasserstofföle usw. 5. Aufl., S. 467 (1918).

angesäuert. Es fiel ein schwarzes, dickflüssiges Öl aus, das so gut wie vollständig in Äther löslich war.

Nach dem Filtrieren blieben nur 0,28 g = 0,6 % vom Teer einer ätherunlöslichen, festen braunen Substanz zurück, die nach dem Waschen mit Äther und Wasser und Trocknen bei 105 ° ein braunes Pulver darstellte, das beim Kochen mit 2,5 n. Na_2CO_3-Lösung nur zum geringen Teil in Lösung ging und aus dieser Lösung durch HCl in rotbraunen Flocken ausfiel. Die Ätherlösung hinterließ nach dem Trocknen mit Na_2SO_4 und Abdampfen ein dickflüssiges Öl, von dem sich nur geringe Mengen in kochender 2,5 n. Na_2CO_3-Lösung lösten.

Es zeigte sich übrigens, daß schon in der Kälte dem Urteer alle alkalilöslichen Anteile durch 5 n. NaOH entzogen werden können. Ich habe 50 ccm Urteer mit 50 ccm 5 n. NaOH durchgeschüttelt, wobei 34 % des Urteeres von der Lauge gelöst wurden. Die alkalische Lösung wurde mit Äther durchgeschüttelt, um geringe Mengen gelöster neutraler Bestandteile zu entfernen, die Lösung vom aufgenommenen Äther befreit und mit Salzsäure angesäuert.

Das ausgefallene dickflüssige Öl (16 ccm) wurde abgezogen und mit 2,5 n. Sodalösung gekocht. Dann wurden die ungelösten Phenole mit Äther aufgenommen und die Sodalösung nach nochmaligem Durchschütteln mit Äther durch HCl zersetzt. Es wurden nach dem Waschen und Trocknen 0,08 g = 0,16 % vom Teer einer hellbraunen festen sodalöslichen Substanz erhalten.

Feste Carbonsäuren sind also in dem von mir untersuchten Urteer nur in geringer Menge vorhanden und die isolierten Phenole sind zwar dickflüssig, jedoch nicht fest. Der von Marcusson und Picard untersuchte oberschlesische Urteer kann nicht als normaler Urteer angesprochen werden. Marcusson und Picard geben in ihrer Arbeit keine nähere Beschreibung des Teers in bezug auf äußere Beschaffenheit und Siedeverhalten, doch ist anzunehmen, daß die Befunde von Marcusson und Picard auf das Fehlen von niedrigsiedenden Anteilen und daher sehr starkem Vorherrschen der höchstsiedenden Anteile zurückzuführen sind.

Mülheim-Ruhr, Juni 1921.

31. Notiz über den Vakuumteer von Gasflammkohle.

Von

Hans Tropsch.

Brennstoff-Chemie 2, 312 (1921).

Vor kurzem[1]) wurde festgestellt, daß Steinkohlenurteer aus oberschlesischer Kohle nur geringe Mengen sodalöslicher Verbindungen enthält, die man als Carbonsäuren ansprechen kann. Es wäre jedoch immerhin möglich, daß der unter schonenderen Destillationsbedingungen erhaltene Vakuumteer größere Mengen carboxylhaltiger und daher sodalöslicher Verbindungen enthielte, die erst bei der höheren Temperatur der Urverkokung unter CO_2-Abspaltung in carboxylfreie und sodaunlösliche Verbindungen übergehen. Die Untersuchung eines bei 10 mm Druck erhaltenen Vakuumteers aus Gasflammkohle (Zeche Lohberg) ergab jedoch, daß auch in diesem Teer nur geringe Mengen (1,0%) sodalöslicher Verbindungen vorhanden sind. Der Vakuumteer enthielt insgesamt 22,0% alkalilösliche Bestandteile, während in dem aus derselben Kohle erhaltenen Urteer 29,2% alkalilösliche Bestandteile festgestellt wurden.

Die zu dem Versuch verwendete Gasflammkohle gab beim Verschwelen im Aluminiumapparat:

6,1% Wasser,
11,9 „ Teer mit 29,2% alkalilöslichen Bestandteilen,
77,2 „ Koks,
4,8 „ Gas und Verlust.
100,0%

Die Kohle enthielt 2,56% Wasser, bei 105° bestimmt, und 9,55% Asche, somit 87,89% Reinkohle. Die Teerausbeute, auf Reinkohle berechnet, beträgt also 13,6%. Die Destillation wurde in dem schon früher[2]) für die Vakuumdestillation der Braunkohle

[1]) Brennstoff-Chemie 2, 251 (1921).

[2]) W. Schneider und H. Tropsch, Abh. Kohle 2, 28 (1917).

benutzten Apparat vorgenommen, nur wurde diesmal mit Hilfe eines elektrischen Ofens geheizt, der durch Aufwickeln von Eisendraht auf einen Tonzylinder hergestellt worden war. Von den an die Retorte angeschlossenen Vorlagen wurde die erste nicht, die zweite mit Eiskochsalzmischung und die dritte und vierte mit flüssiger Luft gekühlt.

Die Versuchsdauer betrug von Beginn des Anheizens bis zur Beendigung der Destillation 3 Stunden.

In folgender Tafel ist eine Übersicht über den Temperaturanstieg gegeben:

Zeit	Außen-temperatur	Druck	
24 Min.	170°	7 mm	
54 „	283°	8 „	
64 „	320°	9 „	
94 „	410°	9,5 „	Entwicklung von Teerdämpfen
114 „	438°	11 „	Flüssiger Teer zeigt sich
174 „	496°	12 „	Ende der Destillation.

Die Hauptmenge des Teers und des Wassers schied sich in den beiden ersten Vorlagen ab (27,0 g). Die mit flüssiger Luft gekühlten Vorlagen enthielten nach dem Verflüchtigen der kondensierten Gase 8,0 g leichtsiedendes neutrales Öl und 7,5 g Wasser. An kondensierten Gasen konnten 3850 ccm mit 26,2% CO_2 und 5,5% O_2 aufgefangen werden. Das in der ersten und zweiten Vorlage abgeschiedene Gemisch von Teer und Wasser (27,0 g) wurde mit Xylol (30 ccm) versetzt und die Lösung zur Entfernung geringer Mengen ausgeschiedener asphaltartiger Bestandteile (0,45 g) durch ein Faltenfilter filtriert. Dann wurde das Wasser mit dem Xylol in einem Fraktionierkölbchen abdestilliert. Es wurden 6,0 g Wasser erhalten. An Destillationsprodukten wurden insgesamt erhalten:

Wasser	13,5 g	=	5,3 %
Teer	29,0 „	=	11,5 „
Halbkoks	204,5 „	=	81,2 „
Gas und Verlust	5,0 „	=	2,0 „
	252,0 g	=	100,0 %

Der vom Wasser befreite Teer wurde mit 60 ccm Benzol verdünnt, die Lösung mit 30 ccm 5 n. NaOH durchgeschüttelt und die tiefbraun gefärbte alkalische Lösung abgezogen. Diese Lösung wurde mit etwas frischem Benzol durchgeschüttelt, ebenso die

Benzollösung der neutralen Öle mit Wasser neutral gewaschen; die Waschflüssigkeiten wurden dann mit den entsprechenden Lösungen vereinigt. Aus der ätzalkalischen Lösung wurden hierauf die Phenole durch Einleiten von CO_2 ausgefällt, im Scheidetrichter abgetrennt, mit Wasser gewaschen und auf dem Wasserbad getrocknet. Es wurden so 6,1 g Phenole als dickflüssiges schwarzes Öl erhalten. Die sodaalkalische Lösung wurde durch Ausschütteln mit Äther von den letzten Phenolresten befreit, nach dem Vertreiben des gelösten Äthers mit Salzsäure angesäuert und die als hellbraunes Pulver ausgeschiedenen sodalöslichen Produkte auf einem tarierten Filter gesammelt. Nach dem Trocknen bei 105° wurden 0,143 g „Carbonsäuren" erhalten. Aus dem sauren Filtrat ließen sich noch 0,1345 g sodalösliche Produkte durch Äther extrahieren.

Die mittels Lauge von den sauren Bestandteilen befreite benzolische Lösung des Vakuumteers hinterließ nach dem Verdampfen des Benzols 11,64 g neutrales Öl.

Bei der Aufarbeitung des Vakuumteers wurden also erhalten:

Leichtsiedendes neutrales Öl	8,0 g	=	27,6 %
über 150° sied. neutrales Öl	11,64 „	=	40,2 „
asphaltartige Produkte . .	0,45 „	=	1,6 „
Phenole	6,1 „	=	21,0 „
Carbonsäuren	0,14 „	=	0,49 „
wasser- u. sodalösl. Produkte	0,13 „	=	0,46 „.

Mülheim-Ruhr, September 1921.

32. Über das Auslaugen von Phenolen mit Na_2S-Lösung.

Von

Franz Fischer, Hans Tropsch und **P. K. Breuer.**

Brennstoff-Chemie 3, 1 (1922).

Die technische Verwertung des Urteers hängt unter anderem von einem einfachen und billigen Verfahren zur Trennung der in ihm in so großer Menge vorhandenen Phenole von den Kohlenwasserstoffen ab.

Der in der Steinkohlen- und Braunkohlenteerindustrie übliche Weg, Waschen der Öle mit NaOH und Ausfällen der Phenole aus der so erhaltenen Phenolatlösung durch CO_2, ist auch beim Urteer bis jetzt der einzig gangbare. Andere Verfahren, die besonders in der Steinkohlenteerindustrie vorgeschlagen worden sind, wie Extraktion mit Kalkmilch[1]) oder Kalkmilch und Na_2SO_4 usw. haben wohl keinen dauernden Eingang in die Technik gefunden und kommen daher auch für die Urteere nicht in Betracht. Die sog. Spritwäsche von Krey, bei der die phenolhaltigen Öle in Kolonnenapparaten mit wässerigem Alkohol behandelt werden, erzielt nur eine ungenügende Trennung der Phenole von den Kohlenwasserstoffen, da der Alkohol außer den Phenolen auch noch wesentliche Mengen an Kohlenwasserstoffen löst.

Franz Fischer und W. Gluud[2]) haben eine Reihe anderer Lösungsmittel für Phenole erprobt, konnten jedoch keine befriedigende Extraktion der Phenole erreichen. Unter anderem wurde auch eine alte Beobachtung von E. Baumann[3]) nachgeprüft, der gefunden hatte, daß Sodalösung Phenole allmählich unter Entweichen von CO_2 löst. Die Reaktion verläuft jedoch viel zu träge, so daß sie technisch nicht verwertbar ist.

---

[1]) Lunge-Köhler, Steinkohlenteer und Ammoniak, 786 (1912).

[2]) Abh. Kohle 4, 211 (1919).

[3]) B. 10, 686 (1877).

Dagegen hat der eine von uns (F.) neuerdings gefunden, daß sich Phenole leicht in Na_2S-Lösung lösen. Es ist dies sehr auffällig, da doch Schwefelwasserstoff und Kohlensäure so ziemlich gleich starke Säuren sind.

I. Versuche mit Kresol.

Zwei Volumina einer 4 n. Na_2S-Lösung[1]) lösen in der Kälte ein Volumen m-Kresol ohne nennenswerte Entwicklung von H_2S. Gibt man noch ein weiteres Volumen m-Kresol zu dieser Lösung und kocht etwa 10 Minuten, so wird auch dieses m-Kresol, aber unter Entwicklung von H_2S, gelöst.

Aus der Kresol-Na_2S-Lösung läßt sich das Kresol teilweise durch Äther, Benzol usw. ausschütteln. Verschiedene Gewichtsmengen Kresol wurden in je 50 ccm 4 n. Na_2S-Lösung gelöst und diese Kresol-Na_2S-Lösung zweimal mit je 50 ccm Äther ausgeschüttelt. Aus der ätherischen Lösung wurde dann das aufgenommene Kresol nach dem Trocknen mit Na_2SO_4 durch Abdampfen des Äthers isoliert.

Aufgelöstes Kresol	Angewandte Menge 4 n. Na_2S-Lösung	Nach dem Ausschütteln mit Äther		
		blieben gelöst in der Na_2S-Lösung	wurden gewonnen	
g	ccm	g	g	%
24,6	50	10,4	14,2	58
21,6	50	10,9	10,7	50
16,7	50	9,7	7,0	42
12	50	9,5	2,5	26
8	50	7,7	0,3	4

Auch durch Wasserdampf kann man aus der Kresol-Na_2S-Lösung einen Teil des Kresols abtreiben.

20 ccm m-Kresol wurden in 50 ccm 4 n. Na_2S-Lösung gelöst und diese Lösung mit überhitztem Wasserdampf destilliert. Mit 150 ccm Wasser gingen 4 ccm m-Kresol über, dann wurde das Destillat klar und es konnte nun bis zur Trockene destilliert werden, ohne daß weitere Mengen m-Kresol übergingen.

Man kann aus diesen Versuchen schließen, daß die Na_2S-Lösung einen Teil des Kresols unter Kresolatbildung bindet, während ein andrer Teil nur physikalisch von der Na_2S-Kresolatlösung gelöst

[1]) Normalität auf Na gerechnet.

wird[1]). Da sich beim Lösen von Kresol in Na_2S-Lösung in der Kälte keine merklichen Mengen von H_2S entwickeln, so muß man annehmen, daß die Bildung des Kresolats nach Gleichnng I erfolgt:

$$\text{I.}\quad C_7H_7OH + Na_2S = C_7H_7ONa + NaSH.$$

Würde sich das Kresol in Na_2S-Lösung lediglich unter Kresolatbildung nach Gleichung I lösen, so dürften 50 ccm 4 n. Na_2S-Lösung nur 10,8 g Kresol ($^1/_{10}$ Mol.) aufnehmen, während tatsächlich mehr als die doppelte Menge gelöst wird. Das nicht als Kresolat gelöste Kresol läßt sich ausäthern, der nicht ausätherbare Anteil (durchschnittlich 10 g) stimmt gut mit dieser Auffassung überein.

Beim Kochen der Kresol-Na_2S-Lösung mit weiteren Kresolmengen findet folgende Reaktion statt:

$$\text{II.}\quad C_7H_7OH + NaSH = C_7H_7ONa + H_2S.$$

Daß obige Gleichungen tatsächlich dem Reaktionsverlauf entsprechen, wird sofort klar, wenn man in die m-Kresol-Na_2S-Lösung Schwefelwasserstoff einleitet. Es scheiden sich dann aus Lösung I und II die aufgelösten m-Kresolmengen quantitativ wieder ab.

Für die Zersetzung des Kresolats gilt folgende Reaktionsgleichung:

$$\text{III.}\quad C_7H_7ONa + H_2S = C_7H_7OH + NaSH.$$

Anderseits löst NaSH-Lösung (hergestellt durch Einleiten von H_2S in 4 n. Na_2S-Lösung) m-Kresol beim Kochen unter Entwicklung von H_2S:

20 ccm 4 n. Na_2S-Lösung wurden mit H_2S in der Kälte gesättigt und dann 10 ccm m-Kresol hinzugefügt. Nach etwa 30 Minuten langem Kochen war das m-Kresol unter Entwicklung von H_2S in Lösung gegangen und blieb auch beim Abkühlen gelöst.

II. Extraktion der Phenole aus Urteerölen mit Na_2S-Lösung und Ausfällen der Phenole mit H_2S.

Für die weiteren Versuche wurden Fraktionen von Steinkohlenurteer verwendet, die von 150—250° (I), 250—270° (II) und 270—310° (III) siedeten. Der Steinkohlenurteer stammte von den Röchlingschen Eisen- und Stahlwerken G. m. b. H., Völklingen (Saar). Der mit 5 n. NaOH in der üblichen Weise be-

---

[1]) Bei der Extraktion von Phenolen mit einer ungenügenden Menge NaOH-Lösung dürften die Verhältnisse ähnlich liegen.

stimmte Phenolgehalt der Fraktionen war bei I 48 %, bei II 40 %, bei III 25 %.

Beim Ausschütteln der Urteerfraktion I mit Na_2S-Lösung wurde eine auffällige Erscheinung beobachtet. Schüttelt man nämlich diese Urteerfraktion mit dem gleichen Volumen 4 n. Na_2S-Lösung durch, so findet man nur eine ganz geringe Volumzunahme der Na_2S-Lösung. Bei Verwendung von 50 ccm Urteerfraktion I und 50 ccm 4 n. Na_2S betrug die Volumänderung 5 ccm.

Bei nochmaligem Ausschütteln mit 50 ccm frischer Na_2S-Lösung betrug die Volumänderung 19 ccm.

Wurden 50 ccm Urteerfraktion I von vornherein mit 100 ccm Na_2S-Lösung durchgeschüttelt, so betrug die Volumzunahme der Na_2S-Lösung 24 ccm, also 5 + 19 ccm.

Es hat also den Anschein, als ob in der Urteerfraktion I geringe Mengen eines stark sauren Produktes vorhanden wären, das die zuerst zugegebene Na_2S-Lösung unwirksam macht.

Um den Einfluß jenes unbekannten Körpers auf das Herauslösen der Phenole mittels Na_2S-Lösung zu prüfen, wurden je 50 ccm Urteerfraktion I mit verschiedenen Mengen Na_2S-Lösung ausgeschüttelt, die wässerige Lösung abgelassen und dann die Urteerfraktion mit 50 ccm frischer Na_2S-Lösung durchgeschüttelt. Die Resultate sind in folgender Tafel zusammengestellt:

Vorbehandelt mit	Abgelassen	Durch Einleiten von H_2S wurden daraus abgeschieden	50 ccm frische 4 n. Na_2S nahmen aus dem vorbehandelten Urteeröl auf
5 ccm Na_2S	4,5 ccm Na_2S-Lösung	0,25 ccm Phenole	10 ccm Phenole
10 „ „	9,5 „ „	0,7 „ „	18,5 „ „
15 „ „	14,0 „ „	1,2 „ „	19,0 „ „
20 „ „	19,5 „ „	1,7 „ „	21 „ „
30 „ „	29,7 „ „	3,8 „ „	21,5 „ „

Beim Vorbehandeln der Urteerfraktion I mit 20—30 ccm Na_2S-Lösung kann also die Substanz, die die glatte Aufnahme der Phenole der Na_2S-Lösung stört, beseitigt werden.

Daß diese Substanz das Lösungsvermögen der Na_2S-Lösung für Phenole vernichtet, zeigt folgender Versuch, bei dem die Aufnahmefähigkeit der abgelassenen Na_2S-Lösung für m-Kresol geprüft wurde.

50 ccm Urteerfraktion I wurden mit 25 ccm Na_2S-Lösung geschüttelt, wobei keine Volumänderung eintrat; 20 ccm dieser Na_2S-Lösung nahmen nur noch 0,5 ccm m-Kresol auf, während die gleiche Menge frischer Na_2S-Lösung 10 ccm m-Kresol löst.

Auch durch 2,5 n. Na_2CO_3-Lösung kann das die Wirkung der Na_2S-Lösung beeinträchtigende Produkt der Urteerfraktion I zum Teil entzogen werden. 50 ccm Urteerfraktion I wurden mit 50 ccm 2,5 n. Na_2CO_3-Lösung durchgeschüttelt und die schwach rosa gefärbte Na_2CO_3-Lösung abgezogen; sie hatte um 1 ccm zugenommen. 50 ccm frische 4 n. Na_2S-Lösung nahmen nunmehr aus der so behandelten Urteerfraktion 8,5 ccm Phenole auf.

Nach dem Durchschütteln von 50 ccm Urteerfraktion I mit 100 ccm 2,5 n. Na_2CO_3-Lösung, die ihr Volumen dabei um 2,7 ccm vermehrte, nahmen 50 ccm 4 n. Na_2S-Lösung 13 ccm Phenole auf.

Aus der Sodalösung (100 ccm) wurden die von ihr aufgenommenen Substanzen isoliert. Um geringe Mengen neutraler Produkte zu entfernen, wurde zuerst mit Äther durchgeschüttelt, dann die nunmehr klare Lösung mit HCl angesäuert und dreimal mit Äther ausgeschüttelt. Die rotgefärbte ätherische Lösung wurde mit Na_2SO_4 getrocknet. Der Äther hinterließ nach dem Abdampfen ein dickes, rotes Öl, das in allen Verhältnissen mit Wasser mischbar war. Die Lösung dieses Öles in Na_2CO_3 färbt sich beim Schütteln an der Luft intensiv rot, mit NaOH durch Sauerstoffaufnahme dunkelbraun. Aus dieser Lösung fallen dann beim Ansäuern braune Flocken aus, während die nicht oxydierte, wässerige Lösung mit Säure keine Ausscheidung gab. Aus dem Öl kristallisiert nach längerem Stehen Brenzkatechin aus, das durch Schmelzpunkt, Eisenchloridreaktion und Fällbarkeit mit Bleiacetat identifiziert wurde.

Das Brenzkatechin ist jedoch nicht die Substanz, die das Lösungsvermögen der Na_2S-Lösung für die Urteerphenole beeinträchtigt, denn gibt man zu 10 ccm 4 n. Na_2S-Lösung 1 g Brenzkatechin, so nimmt die Na_2S-Lösung noch 3,5 ccm Kresol auf gegen 5 ccm ohne Brenzkatechinzusatz.

Es zeigte sich, daß die das Lösungsvermögen der Na_2S-Lösung für Phenole vernichtende Substanz der Urteerfraktion I auch durch Wasser entzogen werden kann. 50 ccm Urteerfraktion I wurden zweimal mit je 50 ccm Wasser durchgeschüttelt. Das abgezogene Wasser war in beiden Fällen schwach rot gefärbt. Es reagierte schwach sauer gegen Lackmus, aber neutral gegen Kongopapier, kann deshalb keine freie HCl enthalten, vielleicht aber ein mehrwertiges Phenol (6 wertig?). 50 ccm Na_2S-Lösung nahmen aus der mit Wasser behandelten Urteerfraktion 17,5 ccm Phenole auf.

Über eine genauere Untersuchung der durch Wasser und Na_2CO_3-Lösung aus der Urteerfraktion I extrahierbaren Substanzen werden wir später berichten. Es sei hier nur erwähnt, daß dieselben ein äußerst intensives Reduktionsvermögen für $AgNO_3$, $HgCl_2$ und Fehlingsche Lösung zeigen. In ihnen sind allem Anschein nach auch die Körper zu suchen, die die starke Rotbraunfärbung der Urteeröle verursachen.

Auch aus den höhersiedenden Urteerfraktionen II (250—270°) und III (270—310°) von Röchlingschem Urteer werden die sauren Bestandteile durch 4 n. Na_2S-Lösung leicht aufgenommen und können daraus durch Einleiten von H_2S quantitativ gefällt werden. In folgender Tafel sind die erhaltenen Resultate zusammengestellt:

50 ccm Urteerfraktion	Behandelt mit ccm 4 n. Na_2S-Lösung	Na_2S-Lösung nahm auf	Durch H_2S gefällt an Phenolen
I	50	5 ccm	5 ccm
I	100	24 „	24,5 „
II	50	14 „	14,5 „
II	100	19,5 „	19,5 „
III	100	12,5 „	13 „

III. Extraktion der Phenole aus Urteerölen mit NaSH-Lösung durch Kochen und Ausfällen der Phenole durch H_2S nach dem Abkühlen.

Wie oben gezeigt wurde, löst NaSH-Lösung m-Kresol beim Kochen unter Entwicklung von H_2S, so daß man die durch Einleiten von H_2S in die m-Kresol-Na_2S-Lösung nach Abscheidung des m-Kresols erhaltene NaSH-Lösung immer wieder zum Lösen von m-Kresol verwenden kann.

Auch aus den Urteerölen lassen sich die sauren Bestandteile durch Kochen mit NaSH-Lösung wenigstens teilweise herauslösen. Eine vollständige Extraktion der sauren Öle konnte jedoch nicht erzielt werden, da die höheren Phenole anscheinend zu schwach saure Eigenschaften zeigen, so daß sie die NaSH-Lösung sehr schwer zersetzen. Da die in der Urteerfraktion I vorhandenen Phenole sich als am stärksten sauer zu erkennen geben, so ist hier naturgemäß die Löslichkeit in kochender NaSH-Lösung am größten.

100 ccm 4 n. Na_2S-Lösung wurden mit H_2S gesättigt und mit der so erhaltenen NaSH-Lösung 50 ccm Urteerfraktion I unter gutem Rühren eine Stunde am Rückflußkühler gekocht. Da die Flüssigkeit trotz des Rührens leicht Siedeverzug zeigte, wurden an dem Rührer einige Siedestäbchen befestigt und so ein regelmäßigen Kochen erzielt. Nach dem Abkühlen wurde die Na_2S-Lösung im Scheidetrichter abgetrennt und daraus durch Einleiten von H_2S 11 ccm Öl abgeschieden. Die Urteerfraktion wurde nochmals in derselben Weise mit 100 ccm frischer NaSH-Lösung behandelt; diesmal wurden 7 ccm Öl aus der Na_2S-Lösung durch Ausfällen mit H_2S erhalten.

Es blieben noch 28 ccm Urteerfraktion zurück, aus denen 32 ccm 5 n. NaOH noch 8 ccm Phenole aufnahmen.

50 ccm Urteerfraktion I wurden mit 100 ccm NaSH-Lösung 7 Stunden am Rückflußkühler unter Rühren gekocht. Durch H_2S konnten dann 15 ccm saure Öle ausgefällt werden. Bei der bedeutend längeren Kochdauer wurden somit nur 4 ccm Phenole mehr von der NaSH-Lösung aufgenommen als bei einstündigem Kochen.

Die Urteerfraktion II (50 ccm) gab bei einstündigem Kochen mit 100 ccm NaSH-Lösung an diese nur 6 ccm ab, während 100 ccm Na_2S-Lösung 19,5 ccm Phenole aufnehmen.

Bei dieser Arbeitsweise erhält man eine NaSH-Lösung, die man immer wieder zum Auswaschen der Urteeröle verwenden kann. Da dabei nur die stärker sauren Bestandteile des Urteers gelöst werden, so bietet die NaSH-Lösung auch ein Mittel, um schon von vornherein eine Trennung der wertvollen Kresole, Xylenole usw. von den höhersiedenden und weniger sauren Phenolen zu erzielen. Um die Stoffe, die das Extraktionsvermögen der NaSH-Lösung schädigen, zu beseitigen, kann man diese mit wenig Na_2S oder Na_2CO_3-Lösung oder durch Wasser aus der Urteerfraktion herauswaschen. (Wahrscheinlich auch mit wenig NaOH.)

IV. Extraktion der Phenole aus Urteerölen mit Na_2S-Lösung und Ausäthern der nur physikalisch gelösten Phenole.

Neben obigem Verfahren, das schließlich immer wieder eine NaSH-Lösung gibt, die man wieder zum Lösen der Phenole verwenden kann, kann man auch die Eigenschaft der Na_2S-Lösung, den nicht als Phenolat gelösten Teil der Phenole an Lösungsmittel abzugeben, benutzen, um eine für die weitere Extraktion der Phenole brauchbare Na_2S-Phenolatlösung zu erhalten.

Durch Ausschütteln von 100 ccm einer andern 56% saure Anteile enthaltenden Fraktion IV, Sdp. 200—270°, aus Röchlingschem Steinkohlenurteer mit 250 ccm 4 n. Na_2S-Lösung wurden die gesamten Phenole (56 ccm) von der Na_2S-Lösung aufgenommen. Nach dem Abtrennen der Na_2S-Phenolatlösung ließen sich daraus durch Äther 12 ccm = 21% der gesamten Phenolmenge entfernen. Die so von den physikalisch gelösten Phenolen befreite Na_2S-Lösung konnte wieder zum Extrahieren von frischer Urteerfraktion benutzt werden und nahm nun aus 100 ccm derselben 35 ccm Phenole auf. Durch Ausäthern konnten diesmal 24 ccm Phenole gewonnen werden. Als nun die ausgeätherte Na_2S-Lösung neuerdings mit 100 ccm frischer Urteerlösung geschüttelt wurde, bildeten sich drei Schichten, von denen die oberste (35 ccm) eine Ölschicht mit 20% Phenolen, die mittlere (90 ccm) eine Na_2S-Lösung mit 34 ccm Phenolen und 9 ccm Kohlenwasserstoffen und die unterste (200 ccm) ebenfalls eine Na_2S-Lösung mit gelösten Phenolen darstellte. Das Auftreten der drei Schichten ist wohl auch durch die das Lösungsvermögen der Na_2S-Lösung beeinträchtigenden Substanzen verursacht worden.

Diese letzten Beobachtungen sind zwar richtig, aber einstweilen unklar. Vielleicht können wir später nochmals darauf zurückkommen.

Zusammenfassung.

Phenole sind in Na_2S-Lösung löslich und können aus dieser Lösung durch Einleiten von H_2S wieder ausgefällt werden.

NaSH-Lösung löst Phenole beim Kochen unter Entwicklung von H_2S, so daß durch Kombination beider Prozesse die NaSH-Lösung immer wieder zum Lösen der Phenole verwendet werden kann.

Auch aus Urteerölen werden die sauren Bestandteile durch Na_2S-Lösung aufgenommen, wobei jedoch der störende Einfluß einer in geringer Menge in den Urteerölen vorhandenen stark reduzierenden Substanz (vielleicht ein 5- oder 6 wertiges Phenol?) festgestellt worden ist. NaSH-Lösung löst aus den Urteerölen nur die stärker sauren Phenole, wodurch ein fraktioniertes Herauslösen der Phenole ermöglicht wird. Durch Lösungsmittel, wie Äther, Benzol usw., kann man der Lösung der Urteerphenole in Na_2S die Phenole zum Teil entziehen.

Mülheim-Ruhr, Juli 1921.

33. Über die Bildung von Methan beim Wassergasprozeß.

Von

Hans Tropsch und **Albert Schellenberg.**

Brennstoff-Chemie 3, 33 (1922).

Die Reduktion des Kohlenoxyds durch Wasserstoff zu Methan geht ohne Katalysatoren nur langsam vor sich. Brodie[1]) konnte bei der Einwirkung von Elektrizität auf ein Gemisch von Kohlenoxyd und Wasserstoff im Induktionsrohr nach 5 Stunden etwa 6% Methan in dem Gasgemisch nachweisen. Neuere Versuche von Gautier[2]) ergaben, daß sich beim Durchleiten eines Gemisches von 1 Vol. Kohlenoxyd und 6 Vol. Wasserstoff mit einer Geschwindigkeit von 1 l pro Stunde durch ein auf 1200° erhitztes Porzellanrohr nach der Entfernung von Kohlenoxyd und Kohlendioxyd aus dem Endgas ein Gemisch von 99,8% H_2 und 0,2% CH_4 gebildet hatte. Bei 1300° und dreimal so großer Gasgeschwindigkeit wurden auf 98,65% H_2 1,35% CH_4 erhalten. Die größere Geschwindigkeit scheint also die Zersetzung des gebildeten Methans zu verhindern.

Erst durch Verwendung von feinverteiltem Nickel und Kobalt als Katalysatoren erreichten Sabatier und Senderens[3]) eine glatte Reduktion des Kohlenoxyds durch Wasserstoff zu Methan. Die Reduktion geht nach der Gleichung: $CO + 3H_2 = CH_4 + H_2O + 51100$ cal vor sich. Bei 250° und mit Nickel als Katalysator konnten Sabatier und Senderens das obiger Gleichung entsprechende Gasgemenge mit theoretischer Ausbeute in Methan und Wasser umwandeln. Bei 250° enthält das Endgas kein Kohlendioxyd, wohl aber über 280°, indem der Katalysator das Kohlenoxyd nach der Gleichung: $2CO = C + CO_2$ zersetzt. Bei 380° wurde aus einem Gemisch von 1 Vol. Kohlenoxyd und 3 Vol. Wasser-

1) Proc. Roy. Soc. **21**, 245 (1873); A. **169**, 270 (1873).

2) C. r. **150**, 1564 (1910); C. **1910** II, 282.

3) C. r. **134**, 514, 689 (1902).

stoff ein Gas mit 10,5% CO_2, 67,9% CH_4 und 21,6% H_2 erhalten. Ungünstiger gestalten sich unter denselben Bedingungen die Verhältnisse beim Wassergas; die Kohlendioxydmenge nimmt hier stark zu und die Reduktion des Kohlenoxyds tritt zurück. Mit anderen Katalysatoren wie Platin, Palladium, Eisen und Kupfer konnten Sabatier und Senderens keine Reduktion des Kohlenoxyds zu Methan erzielen.

Die Sabatiersche Reaktion haben dann Mayer und Henseling[1]) wiederholt und sie konnten die Befunde von Sabatier und Senderens im großen und ganzen bestätigen. Sie haben besonders die neben der Reduktion des Kohlenoxyds zu Methan bei höherer Temperatur vor sich gehende Spaltung des Kohlenoxyds in Kohlenstoff und Kohlendioxyd durch feinverteiltes Nickel näher untersucht. Beim Überleiten von Kohlenoxyd und Wasserstoff über Nickel finden folgende Reaktionen statt:

$$CO + 3H_2 = CH_4 + H_2O$$
$$2CO = CO_2 + C$$
$$CO_2 + 4H_2 = CH_4 + 2H_2O.$$

Das Endgas enthält daher neben Methan auch Kohlendioxyd. Außerdem vereinigt sich, wie Mayer und Henseling[2]) gezeigt haben, durch die katalytische Wirkung des Nickels Kohlenstoff mit Wasserstoff zu Methan: $C + 2H_2 = CH_4$.

Die technische Durchführung der Sabatierschen Reaktion[3]) würde wohl auf gewisse Schwierigkeiten stoßen, da das als Katalysator verwendete feinverteilte Nickel schon durch Spuren von Schwefelverbindungen vergiftet und damit unwirksam wird. Es wäre somit eine sehr sorgfältige Reinigung der Gase erforderlich, wodurch die Wirtschaftlichkeit des Verfahrens sehr in Frage gestellt wird. Verfahren, die es erlauben, mit weniger empfindlichen Katalysatoren zu arbeiten, werden daher eine größere Aussicht auf technische Verwirklichung haben. In den letzten Jahren hat nun Vignon[4]) eine Reihe von Arbeiten veröffentlicht, nach denen die

---

1) J. f. Gasbel. 52, 194 (1909).

2) a. a. O.

3) Bezüglich der umfangreichen Patentliteratur s. die Literaturzusammenstellung von U. Ehrhardt, Abh. Kohle 4, 471 (1919).

4) C. r. 152, 871 (1911); 156, 1995 (1913); 157, 131 (1913); Bl. [4] 9, 18 (1911). Vignon hat dann in A. ch. [9] 15, 42 (1921) diese Arbeiten inhaltlich unverändert zusammengestellt, ohne jedoch dabei auf seine früheren Veröffentlichungen, sowie auf die neuere Literatur Bezug zu nehmen.

Reduktion des beim Wassergasprozeß entstehenden Kohlenoxyds zu Methan mit Hilfe von Kalk oder anderen Metalloxyden bezw. Metallen als Kontaktsubstanzen in guter Ausbeute durchführbar sein soll.

Im Zusammenhang mit anderen Arbeiten haben wir die Vignonschen Versuche wiederholt, sind dabei jedoch zu wesentlich anderen Resultaten gelangt, als Vignon in seinen Veröffentlichungen angibt.

Versuche mit Koks-Kalkgemischen.

Vignon geht von den Gautierschen Versuchen[1]) aus und findet, daß das technische Wassergas durchschnittlich mehr Methan enthält, als man auf Grund seiner von Gautier nachgewiesenen rein thermischen Bildung erwarten könnte. Er führt diese Tatsache auf die katalytische Wirkung der Aschenbestandteile des zur Wassergaserzeugung verwendeten Kokses zurück. Versuche, die er einerseits mit Gaskoks, der 10,60 % Asche mit einem Kalkgehalt von 7,33 % (von der Asche) aufwies, andererseits mit Zuckerkohle mit einem Aschengehalt von 1,22 % (Kalkgehalt der Asche 0,80 %) durchführte, ergaben, daß im ersten Falle ein Wassergas mit einem Methangehalt von 1,1—3,2 % erhalten wurde, während das aus Zuckerkohle erhaltene Gas weniger als 1 % CH_4 enthielt.

Bei seinen weiteren Versuchen hat dann Vignon Wasserdampf auf ein inniges Gemisch von Kalk und Kohlenstoff bezw. kohlenstoffreichen Verbindungen einwirken lassen. Aus verschiedenen kohlenstoffhaltigen Materialien, im Gemisch mit je 35 g ungelöschtem Kalk in einem Porzellanrohr auf 600—800° erhitzt, wurden von Vignon durch Überleiten von Wasserdampf erhalten:

aus	10 g Gaskoks	10 g Ruß	20 g Sägespänen
H_2	65,01 %	58,74 %	56,60 %
CH_4	25,08 „	25,50 „	23,50 „
CO	4,95 „	10,89 „	13,21 „
O_2	1,00 „	1,00 „	0,70 „
N_2	3,96 „	3,87 „	2,99 „

Bei Temperaturen, die oberhalb des Zersetzungspunktes des Calciumkarbonats liegen, fand Vignon bei Verwendung verschiedener Koks-Kalkgemische:

[1]) a. a. O.

Tafel 1.

	100 g Koks 10 g CaO		100 g Koks 15 g CaO	66,6 g Koks 33,3 g CaO			
Temperatur	1050°		1150 bis 1200°	850 bis 890°	900 bis 950°	950 bis 1000°	1000 bis 1050°
H_2	58,6 %	Durchschnitt aus den Vignonschen Versuchen	54,4 %	56,0 %	53,0 %	44,0 %	40,8 %
CH_4	8,0 „		12,6 „	13,0 „	11,6 „	18,8 „	20,0 „
CO_2	22,8 „		14,2 „	25,0 „	30,0 „	24,2 „	18,0 „
CO	11,1 „		18,8 „	6,0 „	5,4 „	13,0 „	21,2 „
Verhältnis von $H_2 : CH_4$	88 : 12		81 : 19	Durchschnitt 77 : 23			
Gasgeschw. in l/St.	—		—	7,8	10,8	15,0	22,8

Wir haben diese Versuche in folgender Weise wiederholt. In einem Porzellanrohr von 3 cm Durchmesser und 100 cm Länge befand sich eine 40 cm lange Schicht aus Koks und Kalk. Der Wasserdampf wurde durch einen Überhitzer auf 250° erhitzt und zur Vermeidung von Kondensation durch ein Kupferröhrchen in das Porzellanrohr geleitet. Die austretenden Gase wurden durch einen das Porzellanrohr umgebenden Kühler aus Bleirohr gekühlt, gingen durch ein Sammelgefäß, in dem sich nicht in Reaktion getretenes Wasser kondensieren konnte, und wurden über gesättigter Kochsalzlösung in einer Mariotteschen Flasche gesammelt, deren Ausfluß so eingestellt war, daß das Gas gerade den Außendruck zu überwinden hatte. Das Porzellanrohr wurde in einem 58 cm langen elektrischen Ofen (System Ubbelohde) erhitzt. Die Temperatur wurde durch ein in das Porzellanrohr eingeführtes Platin-Platin-Rhodium-Thermoelement gemessen.

Versuch I wurde mit einem Gemisch von gepulvertem Gaskoks und frischem Calciumoxyd durchgeführt, das durch Brennen von weißem Marmor hergestellt worden war. Bei Versuch II verwendeten wir, um alle Verunreinigungen, die irgendwie stören konnten, auszuschließen, ein Gemisch von sehr aschearmem, vorher bei etwa 800—900° ausgeglühtem Pechkoks mit Calciumoxyd, das aus reinem gefällten Calciumkarbonat hergestellt worden war. Die Gase wurden je nach ihrer Geschwindigkeit $^1/_2$—1 Stunde nach Erreichen der Versuchsbedingungen gesammelt. Die Versuchsergebnisse sind in Tafel 2 zusammengestellt.

Tafel 2.

Versuch Nr.		Temperatur °C	Länge der Kontaktschicht cm	gebildete Gasmenge l/St.	Reaktionsgas CO_2 %	schw. K. W. %	O_2 %	CO %	H_2 %	CH_4 %	N_2 %
I.	140 g Gaskoks + 70 g CaO	1000	40	17	15,6	0,0	0,0	23,5	55,6	0,8	4,5
II.	120 g Pechkoks + 60 g CaO	1000	40	17	11,7	0,0	0,2	26,3	55,8	0,0	6,0

Der eingeleitete Wasserdampf trat in beiden Fällen vollständig in Reaktion, denn durch Abkühlen der Reaktionsgase kondensierte sich kein Wasser. Obwohl wir bei unsern Versuchen die von Vignon angegebenen Bedingungen[1]) genau eingehalten haben, konnten wir doch in keinem Falle nennenswerte Mengen Methan nachweisen, während Vignon 13—20% gefunden haben will.

Versuche mit Kohlenoxyd und kohlenoxydhaltigen Gasen.

Auch durch Überleiten von Kohlenoxyd und kohlenoxydhaltigen Gasen wie Wassergas und dergl. über Kalk in Gegenwart von Wasserdampf sollen nach Vignon beträchtliche Mengen Methan entstehen, wie Tafel 3 zeigt.

Tafel 3.

Anfangsgas	CO	100 %	23,6 %	8,1 %	—
	CO_2	—	9,6 „	4,5 „	26 %
	CH_4	—	2,1 „	10,1 „	—
	H_2	—	64,7 „	77,3 „	74 %
Temperatur		950—1000°	950°	950°	950°
Endgas	CO	10,3 %	10,4 %	5,8 %	10,1 %
	CH_4	11,1 „	10,3 „	12,6 „	12,2 „
	H_2	78,6 „	79,3 „	79,6 „	77,7 „
	CO_2	vor der Analyse absorbiert			

Es sollen also aus Kohlenoxyd bei 950—1000° beträchtliche Mengen Methan entstehen. In direktem Widerspruch hierzu stehen jedoch die weiteren Angaben von Vignon, daß Kohlenoxyd beim

[1]) Vgl. Versuch 3 und 4 der 3. Serie A. ch. [9] 15, 50 (1921).

Tafel

Katalysator	Versuchs-temperatur °C	Länge der Kontakt-schicht cm	Wasser-menge g/St.	Durch-geleitete Anfangs-gasmenge l/St.	Anfangs- schw. K. W. %	CO %	H_2 %
CaO aus Marmor	400	40	8	6	1,4	86,5	8,4
	500	40	10	8	1,4	86,5	8,4
	1000	40	12	7,2	—	85,8	7,6
	1000	40	Gas durch Wasser von 95° geleitet	8,1	—	89,8	6,4
CaO + $Ca(OH)_2$	500	40	—	6,8	—	87,4	7,6

Überleiten über ein Gemenge von Calciumoxyd und Calciumhydroxyd bei 400° ein Gemisch von Wasserstoff und Kohlenwasserstoffen (Methan mit etwas Äthylen) liefert, deren Menge dann bei Temperaturen über 400° abnehmen und bei 600° fast Null werden soll; die Wasserstoffmenge soll dagegen mit steigender Temperatur zunehmen. Dies ist auch ziemlich wahrscheinlich, da das von Mayer und Altmayer[1]) für 1 Atm. Gesamtdruck ermittelte Gleichgewicht $CH_4 \rightleftarrows C + 2H_2$ bei Temperaturen über 850° fast vollständig auf die Wasserstoffseite verschoben ist.

Wir haben die Versuche Vignons bei verschiedenen Temperaturen wiederholt, fanden jedoch auch hier die von Vignon angegebenen Resultate nicht bestätigt.

Die Versuchsanordnung war im wesentlichen dieselbe wie bei den Versuchen mit dem Koks-Kalkgemisch. Wir verwendeten technisches Kohlenoxyd von der Badischen Anilin- und Sodafabrik. Dieses enthielt 1,4% schwere Kohlenwasserstoffe, 8,4% H_2, 0,2% CH_4 und 3,5% N_2. Bei einigen Versuchen wurde es durch Waschen mit Bromwasser, Kalilauge und konzentrierter Schwefelsäure von den schweren Kohlenwasserstoffen und von Feuchtigkeit befreit. In einigen Fällen begnügten wir uns mit dem Trocknen des Gases. Unsere Versuchsergebnisse sind in Tafel 4 zusammengestellt.

Wie die Tafel 4 zeigt, sind also auch hier keine nennenswerten Mengen Methan entstanden, obwohl wir die Versuche bei verschiedenen Temperaturen durchgeführt haben, bei denen Vignon erhebliche Methanbildung beobachtet haben will.

---

[1]) J. f. Gasbel. 52, 238 (1909).

4.

gas		Endgas						
CH_4	N_2	CO_2	schw. K. W.	O_2	CO	H_2	CH_4	N_2
%	%	%	%	%	%	%	%	%
0,2	3,5	—	1,4	0,4	5,4	88,0	0,4	4,4
0,2	8,5	—	1,8	—	16,0	77,5	0,4	4,8
0,2	6,4	14,5	—	—	55,2	24,5	0,2	5,6
0,2	8,6	0,8	—	—	76,4	11,5	0,3	5,5
0,2	4,8	—	0,1	—	72,8	19,3	0,8	8,0

Es zeigt sich, daß die Reaktion zwischen Kohlenoxyd und Wasserdampf bei Gegenwart von Kalk nur unter Bildung von Wasserstoff und Kohlendioxyd verläuft, und zwar nimmt der Umsatz mit steigenden Temperaturen ab, was auch auf Grund des Wassergasgleichgewichtes zu erwarten ist. Bei Temperaturen, die unter dem Zersetzungspunkt des Calciumkarbonats liegen, wird Kohlendioxyd von Calciumoxyd unter Bildung von Calciumkarbonat gebunden.

Es finden sich übrigens in der Literatur auch Angaben über die Einwirkung von Kohlenoxyd und Wasserdampf auf Kalk bei höheren Temperaturen, die ebenfalls den Vignonschen Versuchsergebnissen entgegenstehen. So erhielten Merz und Weith[1]) beim Überleiten von feuchtem Kohlenoxyd über Natronkalk bei 300° Wasserstoff, während bei Verwendung von Kalk die Reaktion erst bei etwas höherer Temperatur vor sich geht. Nach A. Sander[2]) wurde diese Umsetzung schon vor mehr als 60 Jahren von Dehaynin beobachtet und technisch verwertet[3]). Die Chemische Fabrik Griesheim Elektron[4]) benutzt sie neuerdings zur Gewinnung von reinem Wasserstoff aus Wassergas, indem sie ein Gemisch von Wassergas und überschüssigem Wasserdampf über gebrannten oder gelöschten Kalk bei etwa 500° strömen läßt. Dieser Prozeß könnte

[1]) B. 13, 719 (1880).

[2]) Bräuer und D'Ans, Fortschritte in der anorganisch-chemischen Industrie, Berlin 1921, Band I, Teil I, S. 11.

[3]) E. P. 13/1855.

[4]) E. P. 2523/1909.

doch wohl nicht zur Herstellung von **reinem** Wasserstoff herangezogen werden, wenn sich dabei auch erhebliche Methanmengen bilden würden.

Vignon führt die Methanbildung u. a. auf eine vorübergehende Calciumformiatbildung zurück und gibt auch eine Reihe von Versuchen an, die den Zerfall des Calciumformiats in der von ihm angenommenen Richtung erläutern sollen. Nach **Vignon** soll das Calciumformiat bei 360—370° unter Bildung von Calciumoxalat zerfallen. Diese Annahme steht mit den Angaben der Literatur sowie auch mit unsern eigenen Versuchen im Widerspruch. Da **Vignon** bei der Zersetzung von Calciumformiat bei 360—370° 20% CO_2, 27% CO, 51% H_2 und 2% Kohlenwasserstoffe, als CH_4 gerechnet, gefunden hat, so kann die Zersetzung gar nicht unter Oxalatbildung erfolgt sein. **Merz** und **Weith**[1]) haben nur bei der Zersetzung von Natrium- und Kaliumformiat die Bildung von Oxalat beobachtet, konnten dagegen bei der Zersetzung von Calcium- und Bariumformiat keine Oxalat-, sondern nur Karbonatbildung nachweisen. Auch **Lieben** und **Paternò**[2]), die hauptsächlich die flüssigen Destillationsprodukte des Calciumformiats untersuchten, haben im Destillationsrückstand kein Oxalat nachweisen können. In neuerer Zeit haben **Hofmann** und **Schumpelt**[3]) den Zerfall von Calciumformiat beim Erhitzen auf 380° studiert und auch gefunden, daß nur Calciumkarbonat hinterbleibt.

Ferner findet **Vignon** beim Erhitzen von Calciumformiat mit überschüssigem Kalk:

Tafel 5.

	$(HCOO)_2Ca + CaO$ Temperatur 330—340°	$(HCOO)_2Ca + 2CaO$ Temperatur 340°
CO	40 %	26 %
H_2	30 „	42 „
CO_2	6 „	0 „
Kohlenwasserstoffe als CH_4 gerechnet	24 „	32 „

In beiden Fällen hinterblieb ein Rückstand von Calciumkarbonat und Calciumoxyd.

[1]) B. 15, 1507 (1882).
[2]) A. 167, 298 (1873).
[3]) B. 49, 303 (1916).

Wir haben im Zusammenhang mit anderen Arbeiten, über die nächstens berichtet werden wird, die Zersetzung von Calciumformiat unter den verschiedensten Bedingungen untersucht und dabei auch reines Calciumformiat sowie ein Gemisch desselben mit gebranntem Kalk durch Erhitzen im Aluminiumschwelapparat zersetzt und die gasförmigen Zersetzungsprodukte aufgefangen. Die Resultate sind in Tafel 6 vereinigt.

Die Ergebnisse unserer Versuche weichen also völlig von den von Vignon veröffentlichten Befunden ab. Während er beim Erhitzen von Calciumformiat mit überschüssigem Calciumoxyd 24 bis 32% Methan findet, weisen die von uns erhaltenen Gase nur 1 bis 2% Methan auf. Bei den von Vignon angegebenen Temperaturen geht die Zersetzung äußerst langsam vor sich; man erhält jedoch, wie unser letzter Versuch zeigt, unter diesen Verhältnissen auch keine größeren Methanmengen als bei den etwas höheren Temperaturen, die wir zur rascheren Zersetzung des Calciumformiats gewählt haben.

Auch Hofmann und Schumpelt[1]) haben bei der Zersetzung der verschiedensten Formiate nur geringe Methanmengen (1—4%) erhalten. Ihre Angaben sind jedoch, wie sie selbst bemerken, unsicher, da sie als Methangehalt den bei der Analyse verbliebenen Gasrest annehmen, von dessen Brennbarkeit sie sich allerdings überzeugt haben.

Versuche mit anderen Katalysatoren.

Wir haben natürlich nach den verschiedensten Gründen geforscht, die die Differenz zwischen unseren und den Vignonschen Befunden bedingen. Wie unsere Versuche mit Pechkoks, der fast reinen Kohlenstoff darstellt, und reinem Calciumoxyd zeigen, können unsere negativen Resultate nicht durch eine Verunreinigung unserer Versuchsmaterialien, die eine Vergiftung der Kontaktsubstanz bewirken könnte, verursacht sein. Andererseits kann Vignon auch Kalk als Katalysator benutzt haben, der außer Calciumoxyd noch andere Metalloxyde enthalten hat, so daß die Vignonschen Befunde auf die katalytische Wirkung dieser Substanzen zurückgeführt werden könnten. Vignon hat über die Herkunft und Reinheit des von ihm verwendeten Kalks keine näheren Angaben gemacht. Da als Verunreinigung eines technischen Kalks hauptsächlich Magnesiumoxyd sowie Eisen- und Aluminiumsilikate in Frage

[1]) a. a. O.

Tafel

Versuch Nr.		Angewandte Menge g	Zersetzungstemperatur °C	Versuchsdauer St.
1	$(HCOO)_2Ca$	26	400—420	2
2	$(HCOO)_2Ca$	26	415—420	2
	+ CaO	11,2		
3	$(HCOO)_2Ca$	26	420	2
	+ 2CaO	22,4		
4	$(HCOO)_2Ca$	26	360	3¾ [1]
	+ 2CaO	22,4		

[1] Der Versuch wurde nicht bis zur vollständigen Zersetzung des Calciumformiats

kommen, so haben wir auch noch je einen Versuch mit Magnesiumoxyd und Eisen als Kontaktsubstanzen durchgeführt, um so mehr als Vignon auch mit diesen Stoffen eine Reduktion des Kohlenoxyds zu Methan erreicht haben will. Bei der Einwirkung von trockenem Kohlenoxyd auf Magnesiumoxyd, das bei 900° noch etwas Wasser abgab, erhielt Vignon nach der Entfernung des Kohlendioxyds:

	Anfangsgas	bei 900°	nach mehreren Stunden bei 900°
CO	99,1%	83,1%	88,6%
H_2	0,9 „	13,3 „	4,7 „
CH_4	0,0 „	3,6 „	6,7 „

Trotzdem also Vignon trockenes Kohlenoxyd verwendet hatte, erhielt er nach mehreren Stunden noch erhebliche Mengen Wasserstoff und wasserstoffhaltige Verbindungen, was sehr auffallend ist, da Magnesiumoxyd schon unterhalb der Glühtemperatur aus Magnesiumhydroxyd entsteht, somit nach mehrstündigem Erhitzen auf 900° keine wasserstoffliefernden Verbindungen vorhanden gewesen sein können.

Beim Überleiten von Kohlenoxyd, das zuerst Wasser von 95° passierte, über 100 g Eisenspäne mit einer Gasgeschwindigkeit von 4 l/Stunde erhielt Vignon nach der Absorption des Kohlendioxyds:

Tafel 7.

	Anfangsgas	250°	400°	750°	950°	1000°	1250°
CO	99,1	91,7	76,8	74,4	68,5	60,6	12,4
H_2	0,9	1,0	15,3	20,5	20,3	11,8	50,5
CH_4	—	7,3	7,9	5,1	11,2	7,6	7,1

6.

Erhaltene Gasmenge l	Zusammensetzung des Gases						
	CO_2 %	schw. K. W. %	O_2 %	CO %	H_2 %	CH_4 %	N_2 %
4,17	6,0	—	2,2	48,0	28,8	2,0	18,0
4,15	5,1	—	2,4	42,5	36,2	1,8	12,5
3,84	2,7	0,2	1,8	38,9	42,2	1,5	12,9
0,20	3,2	0,1	2,9	28,9	37,4	0,1	32,4

durchgeführt.

Da das zurückbleibende Eisen beim Auflösen in Salzsäure neben Wasserstoff auch Methan entwickelte, so nimmt Vignon an, daß die Umwandlung von Kohlenoxyd in Methan durch intermediäre Carbidbildung erfolgt. Eisencarbid gibt ja auch bekanntlich bei der Zersetzung mit Säuren neben Wasserstoff eine Reihe von Kohlenwasserstoffen, wie Methan, Äthan, Äthylen usw.[1]).

Die von uns erzielten Resultate bei Verwendung von Magnesiumoxyd bezw. Eisen als Kontaktsubstanzen sind in Tafel 8 angeführt. Das Eisen wurde in Form von Drehspänen angewandt, die vorher durch Äther im Soxhlet entfettet worden waren.

Wir haben also auch hier keine Reduktion von Kohlenoxyd zu Methan erzielt.

Nach Vignon gelingt es auch, durch Verwendung von Aluminiumoxyd, Kieselsäure, Nickel und Kupfer als Kontaktsubstanzen Kohlenoxyd zu Methan zu reduzieren. Sabatier und Senderens[2]) haben dagegen mit Eisen, das aus reinem Oxyd durch lange Einwirkung von Wasserstoff bei 500° hergestellt worden war, sowie auch mit reduziertem Kupfer durch Wasserstoff keine Reduktion des Kohlenoxyds zu Methan erreicht. Unsere Befunde stehen mit denen von Sabatier und Senderens im Einklang; die Unwirksamkeit des Kupfers haben auch wir durch einen Versuch bestätigt gefunden. Die Vignonschen Befunde sind um so auffälliger, da er Nickel, Kupfer und Eisen in Form von Drehspänen verwendet

[1]) S. Literaturzusammenstellung Abh. Kohle 2, 208 (1917).

[2]) C. r. 134, 689 (1902).

Tafel

Katalysator	Länge der Kontaktschicht cm	Versuchstemperatur °C	Wassermenge	Gasgeschwindigkeit l/St	Anfangs- O_2 %	CO_2 %	H_2 %
MgO	20	900	Das Gas wurde durch Wasser von 95° geleitet	4,2	0,8	89,1	6,6
Fe	40	400	Das Gas wurde durch Wasser von 95° geleitet	4,75	0,8	89,1	6,6

hat, während Sabatier und Senderens mit feinverteilten Metallen gearbeitet haben, bei denen man doch eine viel größere Wirksamkeit voraussetzen darf.

Unsere Versuche, die wir sowohl mit verschiedenen Kalk- und Kokssorten als auch mit den für Kalk und Koks als Verunreinigungen hauptsächlich in Frage kommenden Substanzen durchgeführt haben, ohne die von Vignon angeführten Resultate auch nur in einem einzigen Falle andeutungsweise zu erreichen, zwingen uns daher zu der Annahme, daß den Vignonschen Befunden irgendein Irrtum zugrunde liegen muß. Dieser ist vielleicht in der Analysenmethode zu suchen, über die Vignon keine Angaben macht. Vielleicht hat Vignon einen bei der Analyse verbleibenden Gasrest als Methan angesehen, da die Analysen seiner Reaktionsgase mit Ausnahme der in seiner ersten Arbeit[1]) angeführten, keinen Stickstoffgehalt erkennen lassen. Nun ist es doch gewiß sehr schwierig, die Luft in einer größeren Apparatur so durch andere Gase zu verdrängen, daß keine Spur Stickstoff im Endgas gefunden wird.

Bei den Versuchen, die Vignon mit Koks angestellt hat, kann ein eventueller Methangehalt wohl auch davon herrühren, daß der Koks noch nicht gar war; bei dem Versuch mit den Sägespänen kann das Methan aus dem Schwelgas stammen.

Wir haben das Methan in unseren Gasen sowohl nach der Methode von Jäger als auch nach der Explosionsmethode bestimmt. Zur Sicherheit haben wir uns noch durch die Analyse eines methanhaltigen Gases (Leuchtgas) überzeugt, daß unsere Analysenmethoden tatsächlich einwandfrei sind.

---

[1]) C. r. **152**, 871 (1911).

8.

gas		Endgas						
CH_4 %	N_2 %	CO_2 %	schw. K. W. %	O_2 %	CO %	H_2 %	CH_4 %	N_2 %
0,0	4,0	3,6	0,0	0,2	81,0	11,1	0,0	4,1
0,0	4,0	5,0	0,1	1,6	72,0	14,8	0,0	6,5

Bei der großen technischen Wichtigkeit, die dem Prozeß der Reduktion des Kohlenoxyds zu Methan zukommt, wäre es wünschenswert, wenn die Vignonschen Angaben auch von anderer Seite nachgeprüft würden.

Mülheim-Ruhr, Oktober 1921.

34. Über die Bildung und den Zerfall von Calciumformiat.

Von

Franz Fischer, Hans Tropsch und Albert Schellenberg.

A. Bildung von Calciumformiat.

Über die Bildung von Erdalkaliformiaten finden sich in der wissenschaftlichen und technischen Literatur keine näheren Angaben. In seiner Arbeit über die „Umwandlung des Kohlenoxyds in Ameisensäure“[1]) erwähnt Berthelot lediglich, daß Baryt bei 100° Kohlenoxyd absorbiert. Später teilt er dann anläßlich seiner Untersuchungen „Über die Absorption von Kohlenoxyd durch Alkali“[2]) nur mit, daß Kohlenoxyd von Kalk in Gegenwart von Alkohol nicht schneller absorbiert wird als von wässeriger Kalilauge, während bei Verwendung von alkoholischer Barytlauge eine lebhafte Absorption eintritt.

In seiner Arbeit „Thermochemische Untersuchungen“[3]) erwähnt er nur ganz kurz, daß Lösungen von Calciumbikarbonat sehr langsam Kohlenoxyd absorbieren.

Nach dem D. R. P. 86419[4]) von Goldschmidt läßt man zur Darstellung von Formiaten Kohlenoxyd bei 150—170° und bei einem Überdruck von mindestens einer Atmosphäre auf Ätzalkalien oder alkalische Erden einwirken. Das D. R. P. 212641[5]) von Koepp & Co. erwähnt, daß die Einwirkung von Kohlenoxyd auf Lösungen von Alkalien „gegebenenfalls im Gemisch mit Erdalkalihydroxyden“ oder von Erdalkalien allein, oberhalb des Siedepunktes der betreffenden Lösung bezw. Suspension in guter Ausbeute zu Formiaten führt.

---

[1]) C. r. **41**, 955 (1855); **42**, 447 (1856); A. ch. [3] **46**, 480 (1856); A. **97**, 125 (1856); J. pr. [1] **68**, 146 (1856).

[2]) A. ch. [3] **61**, 467 (1861).

[3]) A. ch. [4] **6**, 404 (1865).

[4]) Frdl. IV, 20.

[5]) Frdl. IX, 78.

Nach Levi und Piva[1]) bildet feuchtes Kohlenoxyd mit reinem Calciumoxyd bei 250—300° nur Formiat, über 300° Karbonat und Wasserstoff.

Nach den Versuchen von Franz Fischer und A. v. Philippovich[2]) vollzieht sich die Bildung von Calciumformiat in Gegenwart von Wasser bei 160° in einer Stunde vollkommen glatt, wenn man die Mengenverhältnisse so wählt, daß am Schlusse eine normale Lösung von Calciumformiat existiert, der Kohlenoxyddruck aber noch 10 Atm. beträgt.

In nahezu quantitativer Ausbeute erhielten wir das Calciumformiat, als wir bei 160—180° auf eine wässerige Suspension von reinem bezw. technischem Kalk Kohlenoxyd unter einem Überdruck von 10—50 Atm. einwirken ließen.

Allgemeine Versuchsbedingungen.

Als Reaktionsgefäß benutzten wir einen Schüttelautoklaven[3]) mit einem Fassungsraum von 2,6 l. Zur Absorption des Kohlenoxyds verwandten wir etwa 1 l einer 8 n. Kalkmilch, aus reinem Calciumoxyd hergestellt, oder eine 11 n. aus technischem Kalk. Vor Beginn eines jeden Versuchs wurde die im Autoklaven über der Kalkmilch befindliche Luft in der Weise verdrängt, daß wir bei Zimmertemperatur etwa 20 Atm. Kohlenoxyd aufpreßten und dann das Kohlenoxyd wieder ausströmen ließen. Das Kohlenoxyd entnahmen wir einer Stahlflasche. Es bestand aus: 0,1% CO_2, 0,6% O_2, 92,1% CO, 3,0% H_2 und 4,2% N. Zur schnelleren Durchführung des Versuchs arbeiteten wir mit einem Druck, der von 20 bis 50 Atm. schwankte. Es wurden 50 Atm. Kohlenoxyd in den Autoklaven gepreßt, dann unter Schütteln erhitzt und sobald durch die Formiatbildung der Kohlenoxyddruck bei der Versuchstemperatur auf 20—24 Atm. gefallen war, durch Aufpressen von Kohlenoxyd der Druck wieder auf 50 Atm. gesteigert. Wir hatten so eine bessere Übersicht über den Kohlenoxydverbrauch, als wenn wir durch Verbindung des Autoklaven mit der Vorratsflasche für Kohlenoxyd im Apparat dauernd einen konstanten Druck aufrecht erhalten hätten.

Sobald infolge Anreicherung der inaktiven Gase eine merkliche Absorption nicht mehr zu beobachten war, wurde nach dem Er-

---

[1]) C. 1917 II, 485.

[2]) Dieses Buch S. 366.

[3]) Abh. Kohle 4, 16 (1919).

kalten des Autoklaven das Gas abgeblasen und frisches Kohlenoxyd eingepreßt. Als Versuchstemperatur wählten wir im allgemeinen 160°. Die Versuche wurden als beendet angesehen, sobald eine nennenswerte Druckabnahme nicht mehr festzustellen war. Nach dem Abkühlen des Druckgefäßes und Abblasen des Gases wurde das grauweiße, grobkristallinische Reaktionsgemisch mit heißem Wasser verdünnt und filtriert. Der in Lösung befindliche überschüssige Kalk wurde aus den heißen, klaren, farblosen Filtraten durch Kohlensäure ausgefällt und abfiltriert. Aus den so erhaltenen vollkommen farblosen, klaren Lösungen schied sich beim Eindampfen das Calciumformiat als farbloses mehr oder weniger grobkristallinisches Pulver ab. Eine Wertbestimmung ergab, daß es frei von Verunreinigungen war.

Bei einer Versuchstemperatur von 180° wurden die Eisenteile des Apparates recht erheblich angegriffen und das Reaktionsgemisch besaß infolge des Eisengehaltes eine grauschwarze Farbe. Trotz der schwach alkalischen Reaktion, die die wässerigen Auszüge des Reaktionsgemisches aufwiesen, gelang es weder durch anhaltendes Kochen noch durch Einleiten von Kohlensäure die letzten Spuren von kolloidal gelöstem Eisenhydroxyd, die die Lösungen schwach gelb färbten, zu beseitigen. Erst nach erneutem Zusatz von Kalk und Ausfällen desselben durch Kohlensäure erhielten wir vollkommen farblose Filtrate.

Einzelne Versuche.

a) Versuchstemperatur 160°.

1. Versuch. Angewandt: 240 g Calciumoxyd, das durch Glühen von reinem gefällten Calciumkarbonat hergestellt worden war, 1000 ccm Wasser, Druck 20—45 Atm., Temperatur 160°.

Nach siebenstündiger Versuchsdauer waren 116 Atm. Kohlenoxyd absorbiert. Da in den nächsten drei Stunden nur noch 29 Atm. absorbiert wurden und in der vierten Stunde keine Abnahme des Drucks am Manometer zu beobachten war, wurde das Gas abgeblasen. Der Analyse nach enthielt es kein Kohlenoxyd. Während nach erneutem Aufpressen von Kohlenoxyd in den nächsten 7 Stunden dann noch 81 Atm. absorbiert wurden, nahm in den beiden nächsten Stunden der Überdruck (28 Atm.) nicht mehr ab. Das abgeblasene Gas enthielt noch 41,0% CO. Eine weitere Absorption fand auch nicht statt, als wir bei 160° nochmals 46 Atm. frisches Kohlenoxyd aufpreßten. Im ganzen wurden 226 Atm. CO, bei 160° gemessen, die 142 Atm. bei 0° entsprechen, absorbiert. Da der Autoklav 2600 ccm faßte und 1000 ccm Wasser + 240 g = 78 ccm CaO vorhanden waren, so blieb für das Gas noch ein Raum von 1522 ccm. Daraus würde sich eine Absorption von 216 l CO von 0° und 1 Atm. Druck = 270 g CO berechnen, während 240 g CaO 240 g CO zur Bildung von Calciumformiat benötigt würden. Die Übereinstimmung ist also in Anbetracht der keine große Genauigkeit beanspruchenden Druckmessung befriedigend. Nach der oben beschriebenen Aufarbeitung erhielten wir 513 g (92% der Theorie) Calciumformiat als vollkommen farbloses feinkristallinisches Pulver. Eine Bestimmung der Ameisensäure nach der Methode von Jones mittels Permanganat ergab, daß das Produkt aus reinem Calciumformiat bestand.

2. Versuch. Angewandt: 280 g technischer gebrannter Kalk, 1000 ccm Wasser. Der Kalk war im Gasglühofen geglüht worden und enthielt: 0,46% in Salzsäure Unlösliches,

9,13% Al_2O_3 + Fe_2O_3,
90,53% CaO
100,12%

Magnesium war nur in Spuren vorhanden.

Die Versuchstemperatur betrug 160°. Der Kohlenoxyddruck schwankte von 10—25 Atm. Nach 38 Stunden, von den Unterbrechungen während der Nacht abgesehen, waren 159 Atm. Kohlenoxyd absorbiert worden, dann wurde das Gas abgeblasen (Gasprobe I) und frisches Kohlenoxyd aufgepreßt. Nach weiteren 15 Stunden, in denen 25 Atm. Kohlenoxyd verbraucht worden waren, trat keine Absorption des Kohlenoxyds mehr ein. Das Gas wurde nach dem Erkalten abgeblasen (Gasprobe II). Während Gasprobe I nur 2,7% CO enthielt, waren in Probe II noch 23,2% CO vorhanden.

Das Reaktionsprodukt bestand aus 31,6 g Wasserunlöslichem und freiem Kalk und aus 414,6 g vollkommen farblosem, teils grob-, teils feinkristallinischen Calciumformiat. Die Ausbeute betrug 71% der theoretisch möglichen.

3. Versuch. Angewandt: 400 g technischer Kalk von derselben Zusammensetzung wie bei Versuch 2, 1000 ccm Wasser, 20—50 Atm. Kohlenoxyddruck. Versuchstemperatur 160°. Im Laufe von 12½ Stunden waren 263 Atm. Kohlenoxyd absorbiert worden, dann hörte die Absorption auf.

Das abgeblasene Gas enthielt noch 69,9% CO, so daß der Versuch als beendet abgebrochen wurde. Das grauweiße grobkristallinische Reaktionsprodukt, in dem sich noch von Kristallen umgebene unverbrauchte Kalkpartikelchen befanden, wurde mit der alkalisch reagierenden Flüssigkeit bis zur Trockne eingedampft und so 528 g grauer, kristallinischer Rückstand erhalten.

b) Versuchstemperatur 180°.

Angewandt: 400 g technischer Kalk, 1000 ccm Wasser, Kohlenoxyddruck 20—50 Atm.

In 28 Stunden waren 256 Atm. Kohlenoxyd absorbiert worden. Das abgeblasene Gas bestand zu 45,0% aus Kohlenoxyd und zeigte damit an, daß die Absorptionsfähigkeit des angewandten Kalks erschöpft war. Das Reaktionsprodukt, das sich wie sonst aus einem grobkörnigen Kristallbrei zusammensetzte, besaß jedoch bei diesem Versuch eine schwarzgraue Farbe. Die Flüssigkeit war ebenfalls dunkel gefärbt. Im Gegensatz zu den vorigen Versuchen reagierte sie neutral. Gleichwohl enthielt der Kristallbrei noch geringe Mengen von unverbrauchtem Kalk, der aber vollständig von Kristallaggregaten eingeschlossen war. Die Eisenteile des Apparates waren zum Teil vollkommen blank geätzt. Das gesamte Reaktionsgemisch (Kristallbrei + Flüssigkeit) wurde zum Sieden erhitzt und das Ungelöste mit heißem Wasser erschöpfend ausgezogen. Da die durch kolloidales Ferrihydroxyd hervorgerufene gelbliche Trübung der Filtrate weder durch Kochen noch durch Einleiten von Kohlensäure beseitigt werden konnte, fügten wir etwas frischen Kalk hinzu und leiteten dann in der Siedehitze erneut Kohlensäure ein. Aus dem nunmehr vollkommen farblosen Filtrat erhielten wir 537,8 g reines Calciumformiat = 64% des nach dem Kalkgehalt des technischen Kalkes theoretisch Möglichen.

Die Darstellung von Calciumformiat aus Calciumoxyd, Wasser und Kohlenoxyd unter Druck ist nach diesen Versuchen praktisch durchführbar. Die günstigste Versuchstemperatur lag bei 160°. Bei höherer Temperatur (180°) wurde der Eisenapparat stark angegriffen, während bei 160° ein wesentlicher Angriff nicht festzustellen war. Die Reaktion geht bei 160° und 20—50 Atm. Kohlenoxyddruck rasch vor sich, so daß einer praktischen Darstellung des Calciumformiats nach diesem Verfahren nichts im Wege stünde. Bemerkenswert ist, daß technischer Kalk, der als ziemlich unrein bezeichnet werden konnte, ohne besondere Manipulationen ein vollständig weißes, analysenreines Calciumformiat lieferte.

B. Zerfall von Calciumformiat.

E. Linnemann[1]) berichtet als vorläufige Mitteilung, daß aus ameisensaurem Kalk bei trockener Destillation Methylaldehyd, aus diesem Methylalkohol, Jodmethyl und benzoesaurer Methyläther erhalten wurde. Lieben und Rossi[2]) berichten über die „Umwandlung von Ameisensäure in Methylalkohol". Sie unterwarfen fein gepulverten ameisensauren Kalk, der bei 100° getrocknet war, in Portionen zu 10 g in kleinen Glasretorten der trockenen Destillation. Die entweichenden Gase und Dämpfe wurden durch ein von Kältemischung umgebenes U-Rohr geleitet. In einer Portionsreihe verarbeiteten sie 100 g, in einer zweiten 150 g ameisensauren Kalk. Sie haben so 25 Versuche mit je 10 g angestellt und die entstehenden Produkte gesammelt. Das an Menge sehr geringe kondensierte Produkt besaß einen aldehydartigen, zugleich aber auch empyreumatischen Geruch. Es stellte eine wasserhelle und zum Teil wohl auch aus Wasser bestehende Flüssigkeit dar, auf der eine kleine bräunliche Schicht schwamm. Mit ammoniakalischer Silberlösung gab es, wie schon Mulder[3]) beobachtet hat, eine starke Reduktion. Das gesamte Destillat wurde in die 20 fache Menge Wasser übertragen und zur Umwandlung des Aldehyds in Alkohol portionsweise äquivalente Mengen Natriumamalgam und Schwefelsäure zugesetzt. Schließlich wurde destilliert und das klare Destillat mit geschmolzenem kohlensauren Kalium, später mit Kalk getrocknet. Es erwies sich nach seinen Eigenschaften als unreiner Methylalkohol; es war in Wasser löslich und aus ihm wieder mit Kaliumkarbonat abscheidbar. Sdp. 66—67°. Aus den verwendeten 250 g ameisensaurem Kalk wurden etwa 3—4 g Methylalkohol erhalten. Mulder[4]) berichtet, daß er schon früher[5]) „über die Umsetzung von Ameisensäure-Calcium in Methaldehyd" berichtet hat, und daß er diese Versuche später in seinen „Scheikundige Aanteekeningen" beschreiben wolle. Die beiden Literaturstellen sind uns nicht zugänglich. An der eben erwähnten Stelle in den Annalen sagt er nur, daß sein Methaldehyd den Silberspiegel liefert, und daß er ihn identifiziert hat durch Umwandlung in Mercaptan. Die

---

[1]) A. **157**, 110 (1871).

[2]) A. **158**, 107 (1871).

[3]) Zeitschrift für Chemie, **1868**, 265.

[4]) A. **159**, 366 (1871).

[5]) Zeitschrift für Chemie **11**, 265.

Quantität Mercaptan, zu der er gelangen konnte, sei aber sehr gering gewesen, obwohl er im ganzen 1 kg ameisensaures Calcium verarbeitet habe. Er erwähnt, daß er seine Ameisensäure aus Oxalsäure mit Glycerin hergestellt habe, daß er das ameisensaure Calcium wiederholt umkristallisiert habe, und daß die Reinheit des Salzes eine Bedingung sei, um die genannte Reduktion zu erlangen.

Lieben und Paternò[1]) berichten, daß unter den flüssigen Destillationsprodukten des Calciumformiats sich Methylalkohol befinde, und daß dieser das Hauptprodukt sei. Sie stellen klar, daß die frühere Meinung von Lieben und Rossi, der Methylalkohol sei durch Reduktion von Formaldehyd erhalten, irrig sei, der Methylalkohol ist schon von vornherein dagewesen. Sie wiederholen die Destillationsversuche von ameisensaurem Kalk und bekommen durch 17 malige Destillation von je 10 g insgesamt 12 ccm Flüssigkeit. Jede Destillation dauerte fast 1 Stunde. Die Flüssigkeit bestand aus einer klaren, gelben, mit Wasser mischbaren Schicht und darin suspendierten Tropfen einer dunkelbraunen Flüssigkeit. Die Gase haben sie nicht untersucht. Aus den 12 ccm der gelben Flüssigkeit wurden schließlich etwa 5 ccm = 3 % Methylalkohol erhalten. Lieben und Paternò weisen am Schlusse ihrer Mitteilung darauf hin, daß der von ihnen hergestellte ameisensaure Kalk laut Analysen rein war, und daß es sicher ist, daß der Methylalkohol wirklich aus dem ameisensauren Kalk entstanden ist und nicht etwa aus einer Verunreinigung desselben. Berthelot hat früher[2]) festgestellt, daß bei der Destillation von ameisensaurem Baryt Kohlenoxyd, Wasserstoff, Kohlensäure, Äthylen, Propylen und Sumpfgas und zwar bei verschiedenen Versuchen und während der Dauer eines Versuches in wechselndem Verhältnis erhalten werden. Die beiden ersten Gase schienen am reichlichsten vorhanden gewesen zu sein. Übrigens hat Berthelot nicht mit kleinen Portionen gearbeitet, sondern große Mengen ameisensauren Baryts destilliert. Eine über Quecksilber aufgefangene Probe ergab 4 % Methan, 37 % Kohlenoxyd, 42 % Wasserstoff, 16 % Kohlensäure, 1 % Stickstoff.

Vignon[3]) berichtet, daß das Calciumformiat beim Erhitzen sich gegen 360—370° zersetzt und ein Gas von folgender Zusammensetzung liefert: 20 % CO_2, 27 % CO, 51 % H_2, 2 % Kohlenwasser-

[1]) A. 167, 293 (1873).

[2]) A. 108, 188 (1858).

[3]) Bull. [4] 9, 18 (1911); A. ch. [9] 15, 58 (1921).

stoffe als Methan gerechnet. Andererseits liefert nach Vignon das Calciumoxalat, welches als Rückstand der vorhergehenden Zersetzung hinterbleiben soll, beim Erhitzen auf 430—440° unter Bildung von Karbonat ein Gas mit 93% CO, 3% H_2 und 4% CO_2. Schließlich gibt nach Vignon das Calciumformiat mit einem Überschuß an Kalk erhitzt (auf 1 Mol Calciumformiat 1 Mol CaO) bei 330—340° 40% Kohlenoxyd, 30% Wasserstoff, 6% Kohlensäure, 24% Kohlenwasserstoffe als Methan gerechnet. Bei 340° erhält man nach Vignon mit der doppelten Menge Kalk (also auf 1 Mol Calciumformiat 2 Mol CaO) 26% Kohlenoxyd, 42% Wasserstoff, 0% Kohlensäure, 32% Kohlenwasserstoffe als Methan gerechnet. In beiden Fällen hinterbleibt ein Rückstand von Calciumkarbonat und Calciumoxyd.

Nach Levi und Piva[1]) zersetzt sich das Calciumformiat hauptsächlich nach der Gleichung: $(HCOO)_2Ca = CaCO_3 + H_2 + CO$. Die Zersetzung beginnt bei 400—410° und ist bei 550° sehr stürmisch. Zwischen 400—600° konnten an Zersetzungsprodukten $CaCO_3$, Kohle, CO_2, CO, H_2 und CH_4 festgestellt werden. Ob Levi und Piva flüssige Zersetzungsprodukte erhalten haben, geht aus dem Referat nicht hervor.

Hofmann und Schumpelt[2]) stellten fest, daß Calciumformiat oberhalb 380° zerfällt, wenn man es in einem Strom von feuchter Kohlensäure, vermischt mit trockenem, vorher geglühten Quarzsand erhitzt, und daß ein durch Kohle graugefärbtes Calciumkarbonat hinterbleibt. 10 g Calciumformiat lieferten 907 ccm Kohlenoxyd, 626 ccm Wasserstoff und 25 ccm Methan. Über die Kohlensäuremenge können Hofmann und Schumpelt keine Angaben machen, da ja die Destillation in einem Strom von Kohlensäure ausgeführt worden war. Die reduzierenden Substanzen, die bei der Destillation entstanden, entsprechen für 10 g Calciumformiat 70,5 ccm n/10 Jodlösung, bei Berücksichtigung der zurückbleibenden Kohle 110,5 ccm; also 7,2% d. Th. Die Verfasser bemerken, daß der Formaldehyd schon beträchtlich überwogen wird durch Aceton und Methylalkohol. Aus der Arbeit geht jedenfalls hervor, daß das Calciumformiat unter den von Hofmann und Schumpelt gewählten Bedingungen höchstens 4% d. Th. an Formaldehyd, Aceton und Methylalkohol lieferte, also in Über-

[1]) C. **1914** I, 1380.
[2]) B. **49**, 303 (1916).

einstimmung mit Lieben und Rossi sehr wenig. In einer späteren Arbeit[1]) berichten Hofmann und Schibstedt, daß Calciumformiat wenig Formaldehyd, deutlich Aceton, ziemlich viel Methylalkohol, ziemlich viel Empyreuma und Kohle liefert mit höchstens 17% der Gesamtausbeute an destillierbaren Produkten. Das Verhältnis von CO zu H_2 in dem Gase sei 1,1—1,5. Während Hofmann und Schumpelt rasch destilliert hatten und zwar mit offener Flamme bei 450—500°, destillierten nun Hofmann und Schibstedt, da sie inzwischen diese Arbeitsweise als ungünstig wegen der ungleichmäßigen Erwärmung und der stellenweisen Erhitzung der Substanz erkannt hatten (Zerstörung wertvoller Produkte, insbesondere des Formaldehyds) meist in einem Fraktionierkolben mittels eines genau regulierten Metallbades oder im Rohr durch elektrische Widerstandsheizung. Vermutlich erklärt sich daraus, daß nunmehr etwas bessere Resultate erhalten wurden.

Wenn wir nun zunächst von den Vignonschen Versuchen absehen, die sich in ihren Arbeitsbedingungen und vor allem in ihren Ergebnissen von den übrigen wesentlich unterscheiden, so ergibt sich, daß die trockene Destillation von Calciumformiat nahezu in allen Fällen zu den gleichen qualitativen Resultaten geführt hat. Und zwar bestehen die Zersetzungsprodukte aus einem Destillationsrückstand, aus einem flüssigen Destillationsprodukt und aus einem Destillationsgas. Der Rückstand besteht fast nur aus Karbonat, enthält sehr wenig unverändertes Formiat und ist oxalatfrei; durch Kohle ist er etwas grau gefärbt. Das Kondensat besteht aus einer helleren nur wenig gefärbten Flüssigkeit und einem dunkleren kohlenstoffreichen Öl und enthält im günstigsten Falle etwa 17% der Theorie an destillierbaren Produkten. Neben wenig Aceton enthält es Methylalkohol in etwas größeren Mengen (3% berechnet auf angewandtes Formiat), während in ihm Formaldehyd nur in sehr geringen Mengen vorhanden ist. Es besitzt einen empyreumatischen Geruch. Die gasförmigen Produkte bestehen in wechselnden Mengenverhältnissen aus Kohlensäure, Kohlenoxyd, Methan und Wasserstoff und enthalten gelegentlich auch kleine Mengen Äthylen und Propylen. Die Maximalausbeute an Methan scheint bei 4% zu liegen.

Im Gegensatz hierzu findet nun Vignon, daß Calciumformiat bei 360—370° ein Gas mit 2% Methan, 27% CO, 51% H_2 und

[1]) B. 51, 1414 (1918).

20 % CO_2 und als Rückstand Calciumoxalat liefert. Da bei der Bildung von Oxalat aus Formiaten außer einer Wasserstoffabspaltung keine andere Reaktion in Frage kommen kann, ist zunächst nicht einzusehen, wie die von Vignon beobachteten Mengen von Kohlenoxyd und Kohlensäure entstanden sein sollen. Wie aber bereits von Lieben und Paternò festgestellt und wie es auch eigene Versuche ergeben haben, die wir in anderem Zusammenhange[1]) durchgeführt haben, entsteht bei der trockenen Destillation von Calciumformiat unter den von Vignon angegebenen Bedingungen praktisch kein Oxalat. Ebenso haben wir auch bei der weiteren Nachprüfung der Vignonschen Versuche, bei denen das Formiat in Gegenwart von überschüssigem Kalk erhitzt wurde, nicht die hohen Methanausbeuten erhalten, die Vignon angibt, vielmehr gefunden, daß der Methangehalt des Destillationsgases immer nur etwa 1 bis 2 % beträgt.

Die Reduktion des intermediär entstehenden Formaldehyds zu Methan geht somit nur in wesentlich kleinerem Umfange vor sich, als Vignon bei seinen Versuchen gefunden haben will. Dagegen ergibt sich aus der Literatur, daß die flüssigen Destillationsprodukte neben etwas Formaldehyd und Aceton in der Hauptsache Methylalkohol neben einem wasserunlöslichen Öl enthalten. Die Ausbeuten an diesen Produkten erschienen uns durch geeignete Versuchsbedingungen steigerungsfähig und wir haben deshalb die Zersetzung des Calciumformiats unter den verschiedenen Bedingungen genauer untersucht, um so mehr als es uns, wie das oben beschriebene Verfahren zeigt, gelungen ist, vollständig reines Calciumformiat in beliebigen Mengen aus Kalk, Kohlenoxyd und Wasser herzustellen.

Die Überführung des Kohlenoxyds in Formiate und die Zersetzung derselben ist bis jetzt der einzige Weg, auf dem eine Reduktion des Kohlenoxyds zu Formaldehyd und Methylalkohol in bemerkenswerten Ausbeuten möglich ist. Sonstige Reduktionsversuche des Kohlenoxyds ergaben bisher nur Spuren von diesen Verbindungen, die wirksamste Reduktionsmethode, nämlich die von Sabatier, ergibt nur Methan, ohne daß dabei Zwischenprodukte gefaßt werden können.

Die Zersetzung des Calciumformiats führten wir unter folgenden Versuchsbedingungen aus:

---

[1]) Brennstoff-Chemie 3, 35 (1922); dieses Buch S. 334.

A. In Abwesenheit von Wasser.

1. für sich (Roh- bzw. Reinprodukt) . . . . Vers. 1 u. 2
2. mit Calciumoxyd überschichtet . . . . Vers. 3
3. im Gemisch mit Calciumoxyd im Verhältnis 1 Mol Formiat : $^1/_2$ Mol CaO . . . . Vers. 4
4. im Gemisch mit Calciumoxyd im Verhältnis 1 Mol Formiat : 1 Mol CaO . . . . Vers. 5
5. im Gemisch mit Calciumoxyd im Verhältnis 1 Mol Formiat : 2 Mol CaO . . . . Vers. 6
6. im Gemisch mit Calciumoxyd im Verhältnis 1 Mol Formiat : 10 Mol CaO . . . . Vers. 7

B. In Gegenwart von Wasser.

1. für sich $^1/_5$ Mol in einem mäßig starken Wasserdampfstrom . . . . Vers. 8
2. für sich $^1/_5$ Mol in einem langsamen Wasserdampfstrom Vers. 9
3. für sich 1 Mol in einem langsamen Wasserdampfstrom Vers. 10
4. im Gemisch mit Calciumhydroxyd im Verhältnis 1 Mol Formiat : 1 Mol $Ca(OH)_2$ . . . . Vers. 11

Allgemeine Arbeitsbedingungen.

Apparatur. Erhitzt man Calciumformiat im Reagensglas, so bemerkt man, daß sich die Substanz unter Abgabe stark nach Formaldehyd riechender Dämpfe schwärzt. Auch beim Erhitzen im Porzellanschiffchen im Verbrennungsrohr auf 400° tritt starke Kohleausscheidung ein. So gut wie ohne Kohleabscheidung kann man jedoch das Calciumformiat zersetzen, wenn man das Erhitzen in dem Aluminiumschwelapparat von Franz Fischer und Hans Schrader[1]) vornimmt. Wir haben deshalb für unsere Versuche diesen eleganten Apparat benutzt, der ein sehr gleichmäßiges Erhitzen und eine genaue Regulierung der Temperatur gestattet und außerdem auch leicht zu füllen und zu entleeren ist. Die flüchtigen Zersetzungsprodukte wurden zur quantitativen Kondensation der flüssigen Destillate durch eine mit flüssiger Luft gekühlte Vorlage geleitet, die sich unmittelbar an den Schwelapparat anschloß. Die mittels eines Gummischlauches bewirkte Dichtung sowie das Destillations-

---

[1]) Z. ang. 33, 172 (1920); Abh. Kohle 5, 55 (1920).

rohr selbst wurde durch einen übergeschobenen Kühler gekühlt, dessen Konstruktion aus Abbildung 1 zu ersehen ist. Die nicht kondensierbaren Destillationsprodukte wurden über gesättigter Kochsalzlösung in einer Mariotteschen Flasche aufgefangen, deren Ausfluß so eingestellt war, daß das eintretende Gas gerade den Außendruck zu überwinden hatte.

Zu den Zersetzungsversuchen mit Wasserdampf verwandten wir den „Schwelapparat mit eingebauter Dampfüberhitzung" von Hans Schrader[1]). Das Ansatzrohr des Schwelapparates war mit einem Luftkühler verbunden und die Verbindungsstelle wurde wie oben mit Wasser gekühlt, daran schloß sich ein Schlangenkühler, dessen Abfluß in einem als Sammelgefäß benutzten Scheidetrichter mündete. Die bei Zimmertemperatur gasförmigen Produkte wurden dann mittels eines Ableitungsrohres, das durch die zweite Bohrung des den Scheidetrichter verschließenden Gummistopfens geführt war, einer mit flüssiger Luft gekühlten Vorlage zugeführt und die nicht kondensierbaren Gase in der Mariotteschen Flasche aufgefangen.

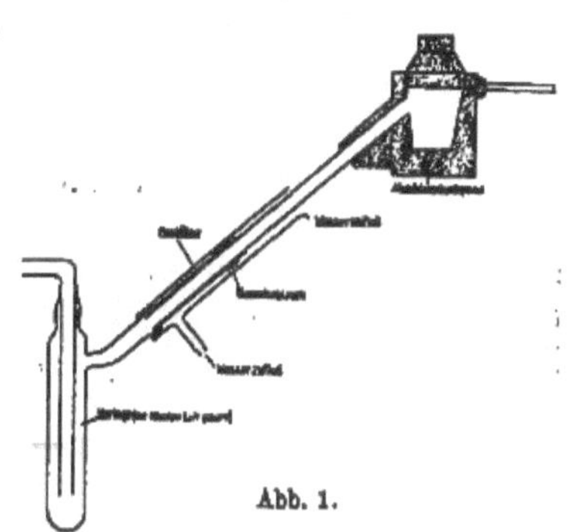

Abb. 1.

Durchführung der Versuche. Zu den Versuchen verwandten wir das aus Kalk und Kohlenoxyd gewonnene Produkt. Die Zersetzung des Calciumformiats wurde bei der Temperatur vorgenommen, bei der die Gasentwicklung so lebhaft war, daß in der Mariotteschen Flasche etwa 200 Blasen in einer Minute aus einem Rohr von 5 mm lichter Weite aufstiegen. Die Versuche wurden als beendet abgebrochen, sobald nur noch etwa 25 Blasen in einer Minute gezählt wurden. Die Temperatur schwankte dabei zwischen 420—430°. Die Versuchsdauer betrug im allgemeinen 1—2 Stunden.

Nach Beendigung der Versuche wurden aus der mit Luft gekühlten Vorlage die bei Zimmertemperatur gasförmigen Zersetzungsprodukte in die Mariottesche Flasche übergetrieben, der Rückstand und das flüssige Kondensat gewogen und das bei dem herrschenden

[1]) Brennstoff-Chemie 2, 182 (1921); Abh. Kohle 5, 65 (1920).

Druck und der Temperatur erhaltene Reaktionsgas durch das Volumen der ausgeflossenen Kochsalzlösung gemessen und auf Normalverhältnisse umgerechnet.

Die Zersetzungsrückstände bestanden fast nur aus Karbonat; Oxalat und unzersetztes Formiat waren nur in sehr geringen Mengen vorhanden. Kohlige Produkte waren meist nur in Spuren abgeschieden.

Die flüssigen Zersetzungsprodukte bestanden aus einer klaren gelblichen, brennbaren Flüssigkeit mit eigenartigem Geruch und dunklen Öltropfen, deren spez. Gewicht größer war als das der wässerigen Flüssigkeit.

Untersuchung der Reaktionsprodukte.

Im Zersetzungsrückstand wurde die Kohlensäure nach Lunge und Rittener[1]) bestimmt. Zur Ermittlung des noch unzersetzten Formiats wurde eine Probe des Zersetzungsrückstandes (1,0 g) fünfmal mit je 20 ccm heißem Wasser ausgezogen und im Filtrat die Ameisensäure nach Jones durch Titrieren mit $^{n}/_{10}$ $KMnO_4$ bestimmt. Der wasserunlösliche Rückstand wurde mit 5 n. Schwefelsäure zersetzt, das Calciumsulfat mit heißem Wasser ausgezogen und die Oxalsäure mit $^{n}/_{10}$ $KMnO_4$ titriert. In einigen Fällen wurde auch die gebildete Kohle durch Lösen des Rückstandes in Salzsäure und Sammeln der Kohle auf einem tarierten Filter ermittelt.

Von den flüssigen Destillationsprodukten haben wir die Menge des gebildeten Öles bestimmt; das wässerige Destillat wurde mit Kaliumkarbonat übersättigt und die sich ausscheidende Flüssigkeit als „Methylalkohol" in Rechnung gestellt. Bei einem mit größeren Substanzmengen unternommenen Versuch wurde dieser „Methylalkohol" auch genauer untersucht.

Im Reaktionsgas wurden in der üblichen Weise die einzelnen Bestandteile ermittelt.

Einzelne Versuche.

I. Zersetzung von Calciumformiat in Abwesenheit von Wasser, allein und im Gemisch mit Kalk.

Versuch 1 u. 2. Wir haben uns zuerst orientiert, in welcher Weise die Zersetzung des Calciumformiats im Aluminiumschwelapparat vor sich geht, und dabei die flüssigen Destillationsprodukte

[1]) Z. ang. 19, 1849 (1906).

außer acht gelassen. Wir haben daher statt des beschriebenen mit flüssiger Luft gekühlten Gefäßes nur ein kleines Destillationskölbchen vorgelegt, das mit Kältemischung gekühlt wurde. Die Ausbeuten an Gas und Rückstand sind in Tafel 1 angeführt.

Tafel 1.

Versuch Nr.	Calcium-formiat	Rückstand	Gas								
			Gesamt-menge	CO_2		CO		CH_4		H_2	
	g	g	l	%	l	%	l	%	l	%	l
1	26	20,1	3,08	15,7	0,48	47,8	1,44	1,9	0,06	26,7	0,81
2	26	20,1	3,34	15,3	0,51	47,3	1,58	1,6	0,05	26,0	0,87

Der Rückstand war schwach grau gefärbt, der von Versuch 1 gab beim Erhitzen ganz schwachen Formaldehydgeruch, der von Versuch 2 zeigte diese Reaktion nicht mehr. Die Versuche haben gezeigt, daß sich Calciumformiat im Aluminiumschwelapparat ohne wesentliche Kohleabscheidung zersetzen läßt.

Versuch 3. 30 g des aus technischem Kalk mit Kohlenoxyd und Wasser erhaltenen rohen Calciumformiats mit 86,7 % = 26 g $(HCOO)_2Ca$ gaben 24,3 grauen Rückstand mit 42,91 % CO_2 und 0,30 % noch unzersetztem Formiat, 4,30 l Gas[1]) enthaltend 6,3 % CO_2, 48,4 % CO und 39,9 % H_2. Ferner wurden 2,0 g Kondensat (durch flüssige Luft gekühlt) erhalten, das aus 0,2 g Öl und 1,8 g einer hellgelben klaren Flüssigkeit bestand. Die wässerige Flüssigkeit schied beim Sättigen mit Kaliumkarbonat 0,98 g „Methylalkohol" aus.

Versuch 4. 26 g reines Calciumformiat gaben 20,5 g grauen Rückstand, der 40,60 % CO_2, 4,0 % Formiat und 0,13 % Oxalat enthielt; 2,5 g Kondensat, bestehend aus 0,4 g Öl, 1,30 g „Methylalkohol" und 0,8 g Wasser; 3,88 l Gas mit 6,0 % CO_2, 47,9 % CO, 2 % CH_4 und 23,8 % H_2. Das reine Calciumformiat gibt also bessere Ausbeuten an flüssigen Destillationsprodukten und dementsprechend weniger gasförmige Zersetzungsprodukte als das Rohprodukt, dessen Verunreinigungen den Zerfall der erwünschten flüssigen Destillationsprodukte begünstigen.

Versuch 5—8. Bei den weiteren Versuchen wollten wir feststellen, welchen Einfluß überschüssiger Kalk auf die Calcium-

[1]) Die angegebenen Gasmengen sind auf 0° und 760 mm Druck umgerechnet.

Tafel

Versuch Nr.	Mischungsverhältnis Mol $(HCOO)_2Ca$: Mol CaO	Rückstand						
		Gesamtmenge	enthaltend					
			CO_2		Ca-Formiat		Ca-Oxalat	
		g	%	g[1])	%	g	%	g
4	reines $(HCOO)_2Ca$	20,5	40,5	8,3	4,90	1,01	0,13	0,03
5	1 : 0,5	26,4	36,32	9,4	1,76	0,47	0,13	0,03
6	1 : 1	32,1	31,16	9,6	1,65	0,53	0,18	0,06
7	1 : 2	44,1	25,15	10,4	1,60	0,71	0,12	0,05
8	1 : 10	135,0	8,96	8,3	0,45	0,61	0,06	0,08
9	$(HCOO)_2Ca$ mit CaO überschichtet	32,0	26,76	8,2	0,82	0,26	0,14	0,04

[1]) Nach Abzug der im zugemischten Kalk enthaltenen CO_2 (3,86 %).

formiatzersetzung ausübt. Es kann sich dabei natürlich nur um die Weiterveränderung der primär vom Calciumformiat abgespaltenen flüchtigen Produkte handeln, während eine Beeinflussung der eigentlichen Zersetzungsreaktion durch beigemischte feste Substanzen nicht zu erwarten ist.

Je 26 g Calciumformiat wurden mit verschiedenen Mengen Kalk gemischt und unter denselben Bedingungen wie bei Versuch 3 und 4 der Zersetzung unterworfen. Die Vorlage wurde mit flüssiger Luft gekühlt.

Versuch 9. Das Calciumformiat wurde nicht mit Kalk gemischt, sondern damit nur überschichtet (auf 26 g Formiat 11,2 g CaO). Die Ergebnisse der Versuche sind in der Tafel 2 zusammengestellt.

Bei der Zersetzung des Caliumformiats im Gemisch mit überschüssigem Kalk ist eine Abnahme der Ausbeuten an Methylalkohol bei höherem Kalkzusatz zu bemerken. Geringe Mengen Kalk (bis zum Verhältnis 1 Mol Formiat : 1 Mol CaO) scheinen jedoch die Ausbeuten an Methylalkohl nicht wesentlich zu beeinflussen. Auch das neben dem Methylalkohol sich bildende Öl nimmt durch das Zumischen von Kalk etwas ab.

Der Rückstand bestand, abgesehen von geringen Mengen unzersetzten Formiats, fast nur aus Calciumkarbonat und Calciumoxyd, wobei das zugemischte CaO einen Teil der bei der Reaktion entstandenen CO_2 aufgenommen hatte. Calciumoxalat war im Rückstand nur in sehr geringen Mengen vorhanden, in Übereinstimmung

2.

Kondensat			Gas									
Gesamtmenge	davon		Gesamtmenge	Zusammensetzung								CO/H_2
	Methylalkohol[2]	Öl		CO_2		CO		CH_4		H_2		
g	g	g	l	%	l[2])	%	l	%	l	%	l	
2,5	1,30	0,4	3,88	6,0	0,48	47,9	1,86	2,0	0,08	23,8	0,93	2,00
2,3	1,35	0,3	3,63	5,7	0,45	43,2	1,57	1,1	0,04	34,7	1,26	1,25
2,2	1,35	0,3	3,86	5,1	0,45	42,5	1,64	1,3	0,05	36,2	1,40	1,17
1,9	1,20	0,2	3,56	2,7	0,35	38,9	1,38	1,3	0,05	42,2	1,50	0,92
1,1	0,55	0,3	3,97	1,7	0,32	45,2	1,79	0,5	0,02	41,8	1,65	1,08
2,1	1,05	0,4	4,02	4,5	0,43	44,7	1,80	1,3	0,05	36,1	1,45	1,24

[2]) Vermehrt um 250 ccm CO_2, die in dem mit flüssiger Luft gekühlten Gefäß zurückgeblieben waren.

mit den Angaben der Literatur[1]). Die Behauptung von Vignon[2]), daß bei der Zersetzung von Calciumformiat zuerst Oxalat entsteht, konnten wir dagegen nicht bestätigt finden. Die Unrichtigkeit seiner Behauptung, daß das durch Erhitzen von Calciumformiat mit überschüssigem Kalk entstehende Gas einen hohen Prozentsatz von Methan aufweise, wurde schon früher widerlegt[3]).

Das Verhältnis $CO : H_2$ im Gas nimmt mit steigendem Kalkzusatz ab.

II. Zersetzung von Calciumformiat in Gegenwart von Wasser

(im Gemisch mit Calciumhydroxyd bzw. im Wasserdampfstrom).

Die Ergebnisse sind in Tafel 3 und 4 aufgeführt. Zunächst haben wir an Hand von Vorversuchen festgestellt, wie die Zersetzung von Calciumformiat durch Wasserdampf im Aluminiumschwelapparat vor sich geht. Versuch 10—12 (Tafel 3) zeigt, daß diese sehr glatt verläuft; der verbleibende Rückstand war ganz weiß und löste sich vollständig in verdünnter Essigsäure, war also frei von kohligen Bestandteilen und Oxalat.

Bei den weiteren Versuchen wurden auch die flüssigen Destillationsprodukte näher untersucht (Tafel 4).

[1]) Merz u. Weith, B. 15, 1507 (1882); Lieben u. Paternò, A. 167, 293 (1873); Levi u. Piva C. 1914 I, 1880; Hofmann u. Schumpelt, B. 49, 303 (1916).

[2]) Bull. [4] 9, 18 (1911); A. ch. [9] 15, 58 (1921).

[3]) Brennstoff-Chemie 3, 35 (1922); dieses Buch S. 324.

Tafel 8.

Versuch Nr.	Calciumformiat	Zersetzungstemperatur	Wasserdampfmenge	Dauer des Versuchs	Zersetzungsrückstand	Gas								
						Gesamtmenge	Zusammensetzung							
							CO_2		CO		CH_4		H_2	
	g	°C	ccm	St.	g	l	%	l	%	l	%	l	%	l
10	26	420—50	154	0,2	18,9	4,86	28,2	1,01	20,8	0,01	1,1	0,05	38,5	1,68
11	26	420	560	—	18,9	4,66	27,1	1,26	18,8	0,64	0,7	0,08	48,6	2,08
12	26	450	140	1,0	19,8	4,91	22,6	1,11	17,9	0,88	0,5	0,02	47,8	2,35

Die Bestimmung einzelner Bestandteile des Kondensats haben wir in folgender Weise vorgenommen: Nach Beendigung der Versuche wurden Kühlrohr und Kühler bei vermehrter Wasserdampfzufuhr, wobei der Kühler, der die Verbindungsstelle des Ansatzrohres vom Schwelapparat mit dem Kühlrohr umgab, abgestellt war, solange mit warmem Wasser ausgespült, bis das Kühlrohr und der obere Teil des Kühlers ölfrei waren. Die Menge des Öls wurde nur bei Versuch 16 bestimmt und es wurde gefunden, daß sich auch in Gegenwart von Wasserdampf ebensoviel Öl gebildet hatte als bei Versuch 3. In einem aliquoten Teil des Kondensats wurde nach der Methode von Romijn[1]) durch Titration mit Jod in alkalischer Lösung der Formaldehyd bestimmt. Hierbei zeigte sich jedoch, daß neben Formaldehyd auch noch andere Substanzen

Tafel

Versuch Nr.	Angewandte Substanz		Wasserdampfmenge	Zersetzungstemperatur	Dauer des Versuchs	Rückstand						
						Gesamtmenge	enthaltend					
							CO_2		Ca-Formiat		Ca-Oxalat	
	g		ccm	°C	St.	g	%	g	%	g	%	g
3	26	reines Ca-Formiat		420	2	20,5	40,5	8,3	4,90	1,05	0,18	0,08
13	26 14,8	$(HCOO)_2Ca$ $Ca(OH)_2$		420	1	37,7	37,05	13,95	0,28	0,11	0,14	0,05
14	26	Zersetzung von Ca-Formiat im Wasserdampfstrom	289	425	2	20,1	—	—	0,39	0,08	0,14	0,03
15	26		68	400	7	20,0	43,52	8,70	0,78	0,16	0,08	0,02
16	130 auf 26 g gerechn.		100 20	430	8	100 20,0	 —	 —	0,66 0,66	0,86 0,13	0,00 0,00	0,00 0,00

[1]) Orloff, Formaldehyd, S. 168 (1909); Zeitschr. f. analyt. Chem. 36, 29 (1897).

vorhanden waren, die mit J und KOH einen gelben Niederschlag von Jodoform gaben. Die qualitative Prüfung auf Aceton mit Nitroprussidnatrium und NaOH fiel positiv aus, so daß also die Jodoformbildung durch die Anwesenheit von Aceton bedingt war. Der für Formaldehyd eingesetzte Wert soll also lediglich den Verbrauch des Kondensats an Jodlösung ausdrücken. In einem andern Teil des Kondensats wurde dann mittels $^{n}/_{10}$ NaOH die freie Ameisensäure ermittelt. Als Endpunkt der Titration wurde die erste Rotfärbung betrachtet, die beim Umschütteln nicht sofort verschwand. Die Menge der gefundenen Ameisensäure war in allen Fällen sehr gering. Die Destillation des Kondensats ergab keinen Anhalt dafür, daß größere Mengen von Methylformiat (Sdp. 32°) entstanden sind. Bei Versuch 16 erhielten wir von 109 ccm des 119 ccm betragenden Kondensats, nachdem wir diese zu der weiter unten angeführten Bestimmung des Methylalkohols mit Natronlauge neutralisiert hatten, nach dem Abdestillieren des Methylalkohols und Eindampfen zur Trockene 0,23 g eines zähflüssigen, gelblichen, durchsichtigen Produktes, das nach dem Ansäuern Buttersäuregeruch aufwies. Es scheinen also außer der Ameisensäure auch noch andere niedere Fettsäuren bei der Zersetzung von Calciumformiat zu entstehen.

Den Methylalkohol bestimmten wir bei Versuch 15 und 16. Ein Teil des Wasserdampfdestillates wurde unter Benutzung einer S. F. Dufton-Kolonne[1]) der fraktionierten Destillation unterworfen

4.

Kondensat						Gas								
Gesamtmenge	davon					Gesamtmenge	Zusammensetzung							
	H_2O	CH_2O	CH_3OH	HCOOH	Öl		CO_2		CO		CH_4		H_2	
g	g	g	g	g	g	l	%	l	%	l	%	l	%	l
2,5			1,30		0,4	3,88	6,0	0,48	47,9	1,86	2,0	0,08	23,8	0,92
1,8			1,35		0,0	5,20	0,1	0,01	7,6	0,40	0,8	0,04	81,2	4,22
		0,23	nicht bestimmt	0,058	—	4,05	21,5	0,87	26,8	1,09	0,3	0,01	38,8	1,56
		0,39	1,67	—	—	4,62	19,4	0,90	26,4	1,22	1,7	0,08	31,5	1,46
		0,78	4,21	0,048	1,80	19,79	11,6	2,29	47,2	9,34	0,8	0,16	32,4	6,42
		0,15	0,34	0,01	0,36	3,96		0,46		1,87		0,03		1,28

[1]) J. Soc. Chem. Ind. 38, 45 T (1919); C. 1919 IV, 248.

und das durch einen Schlangenkühler gekühlte Destillat in einer mit Kältemischung gekühlten graduierten Vorlage aufgefangen.

Bei Versuch 15 wurden 70 ccm von dem insgesamt 80 ccm betragenden Kondensat destilliert und dabei 15 ccm einer trüben methylalkoholhaltigen Flüssigkeit erhalten, die nach Abscheidung von kleinen, farblosen, stark glänzenden Kriställchen vollkommen klar wurde. $D_4^{15} = 0,98579$.

Die Bestimmung des Methylalkohols nach der Methode von Zeisel durch Destillation mit HJ spez. Gewicht 1,7 ergab einen Gehalt von 1,67 g CH_3OH im Kondensat.

0,5065 g des wässerigen Methylalkohols lieferten 0,3672 g AgJ.

Bei Versuch 16 bestimmten wir den Methylalkohol ebenfalls nach der Zeiselschen Methode. Beim Destillieren (109 von 119 ccm) gingen bei 90—100° geringe Mengen eines farblosen Öles mit über und die Flüssigkeit war auch hier getrübt. Es wurden 47 ccm Destillat erhalten. $D_4^{15} = 0,98244$.

Nach Zeisel wurden 4,61 g Methylalkohol in 119 ccm Kondensat gefunden.

0,4256 g wässeriger Methylalkohol ergaben 0,2602 g AgJ.

Bei Versuch 16 wurde nur die Hälfte an Methylalkohol erhalten wie bei Versuch 15, was offenbar dadurch bedingt ist, daß wir bei diesem Versuch mit bedeutend geringeren Mengen Wasserdampf arbeiteten und das Calciumformiat außerdem in viel dickerer Schicht erhitzten. Das bei der Zersetzung des Calciumformiats durch überhitzten Wasserdampf erhaltene Gas zeigte einen sehr schwankenden CO_2-Gehalt, dagegen ist die Summe der CO_2- und CO-Menge ziemlich konstant, so daß anscheinend ein Teil des CO nach der Gleichung $CO + H_2O = CO_2 + H_2$ in CO_2 übergeführt wurde. Dementsprechend schwanken auch die H_2-Mengen, welche im allgemeinen mit den CO_2-Mengen parallel gehen.

III. Zersetzung von Calciumformiat im Gemisch mit Al_2O_3.

Versuch 17. Im Verlauf anderer Arbeiten, deren Ergebnisse später veröffentlicht werden, wurde die Beobachtung gemacht, daß aus Formaldehyd durch Al_2O_3 bei höherer Temperatur Methylalkohol entsteht. Wir haben deshalb Calciumformiat (26 g) im Gemisch mit Al_2O_3 (26 g) untersucht. Beide Substanzen waren 12 Stunden bei 105° und $^1/_2$ Stunde bei 150° getrocknet worden. Es zeigte sich, daß das Calciumformiat schon bei wesentlich niederer Temperatur zerfällt; bei 360° war der Zerfall schon sehr lebhaft und war nach 2 Stunden bei 370° beendet.

Es wurden 5,24 l Gas mit 1,6% CO_2, 55,2% CO, 1,4% CH_4 und 31,7% H_2 erhalten.

Der Rückstand (46,2 g) enthielt 17,28% CO_2, 2,22% Calciumformiat und 0,36% Calciumoxalat. An flüssigen Kondensationsprodukten wurden nur 1,4 g einer farblosen, wässerig alkoholischen Flüssigkeit erhalten. Öl hatte sich nur in minimalen Mengen gebildet. Im Gas waren 0,68 Mol C gegenüber 0,54 Mol C bei reinem Calciumformiat (siehe Tafel 5) vorhanden, so daß die Zersetzung des Calciumformiats in Gegenwart von Al_2O_3 im wesentlichen unter Bildung gasförmiger Zersetzungsprodukte vor sich geht.

IV. Zersetzung einer größeren Menge Calciumformiats.

Versuch 18. Um über die bei dem Zerfall des Calciumformiats entstehenden flüssigen Produkte, insbesondere Methylalkohol und Öl ein genaueres Bild zu bekommen, haben wir 390 g reines Calciumformiat in einem großen Aluminium-Schwelapparat zersetzt; es wurden dabei 300,5 g Rückstand = 77,0% erhalten, was genau dem Übergang von $(HCOO)_2Ca$ in $CaCO_3$ entspricht. Der Rückstand stellte in den oberen Schichten ein weißgraues, lockeres Pulver dar, während er unten etwas dunkler und zusammengebacken war. Die durch flüssige Luft kondensierten Produkte (41,4 g) bestanden aus einer wässerig-alkoholischen Flüssigkeit und einem Öl. Das Kondensat wurde mit Wasser verdünnt, das Öl (𝔅) abgetrennt und dieses noch zweimal mit Wasser ausgeschüttelt. Die vereinten wässerigen Auszüge (𝔄) wurden dann mit einer Dufton-Kolonne fraktioniert.

Fraktion I: bis 80° 18 ccm einer nach Methylalkohol riechenden, schwach gelblichen Flüssigkeit.

Fraktion II: 80—100° (30 ccm).

Fraktion III: 100° (20 ccm).

Fraktion I gab, nochmals destilliert, 11 ccm Destillat A und Rückstand B. Destillat A war vollkommen farbloser, klarer, von 65—67° siedender Methylalkohol, der geringe Mengen Aceton enthielt, die in der Hauptsache von 59—60° übergingen.

Die Legalsche Probe mit Nitroprussidnatrium und Natronlauge fiel positiv aus, der Gehalt an Aceton machte sich auch durch den Geruch bemerkbar.

Rückstand B wurde mit Fraktion II vereinigt und diese destilliert. Es wurden 5,5 ccm von 65—67° siedender Methylalkohol erhalten, der acetonfrei war (Legalsche Probe negativ), und ein Rückstand, in dem Öl suspendiert war. Dieser Rückstand wurde mit Fraktion III vereinigt. Bei der Destillation wurden von 67—90° 2,5 ccm einer klaren, farblosen, nach Methylalkohol und nach dem Öl riechenden Flüssigkeit erhalten, von 90—100° 15 ccm einer mit Öltröpfchen durchsetzten Flüssigkeit, aus der sich 1 ccm Öl absetzte.

Das Öl B wurde der Wasserdampfdestillation unterworfen. Das zuerst übergehende Öl war schwach hellgelb und leicht beweglich, $D < 1$, dann wurde es etwas dunkler und dickflüssiger. Das Öl wurde mit Äther aufgenommen, die ätherische Lösung mit Na_2SO_4 getrocknet, der Äther abdestilliert und die letzten Ätherreste durch Stehenlassen im Vakuum über Schwefelsäure entfernt. Es wurde so 2,56 g gelbes, ziemlich dickflüssiges Öl von stechendem, terpenartigen Geruch erhalten, das sich allmählich dunkler färbte; konzentrierte H_2SO_4 färbte es tief dunkelbraun. Die J-Zahl des Öls betrug 55,2, es enthielt 80,1% C und 9,9% H. Die Bruttozusammensetzung $C_{11}H_{16}O$ würde dieser Analyse entsprechen, die jedoch, da die Substanz nicht einheitlich war, nur ein ungefähres Bild über die Zusammensetzung geben soll.

Der mit Wasserdampf flüchtige Teil des Öles wurde mit überhitztem Wasserdampf (250°) behandelt und ein dunkelbraunes Öl mit erheblicher Viskosität, $D > 1$ erhalten, das nach dem Aufnehmen mit Äther, Trocknen der Lösung und Abdunsten des Äthers und längerem Trocknen unter Erwärmen 2,81 g eines Öles mit 73,7% C und 8,7% H und der J-Zahl 31,4 gab. Als Rückstand von der Destillation mit überhitztem Wasserdampf verblieben 0,14 g einer schwarzen glänzenden spröden Masse. Insgesamt wurden bei dem mit einer großen Calciumformiatmenge unternommenen Versuch 15,2 g acetonhaltiger Methylalkohol und 5,51 g Öle erhalten oder auf 1 Mol Calciumformiat gerechnet 5,1 g Methylalkohol und 1,84 g Öle; also bezüglich der Ölmenge dieselbe Ausbeute wie bei Versuch 16 (Destillation im Wasserdampfstrom), jedoch, was die Methylalkoholausbeute anbelangt, etwas günstigere Werte.

Kohlenstoffbilanz.

Um die bei den vorstehenden Versuchen erhaltenen Ergebnisse miteinander vergleichen zu können und um vor allem über die

Menge der kohlenstoffhaltigen Zersetzungsprodukte und ihre Verteilung auf Rückstand, Gas und flüssige Kondensationsprodukte eine Übersicht zu bekommen, wurde eine Kohlenstoffbilanz aufgestellt (Tafel 5). Alle Ergebnisse sind auf 1 Mol $(HCOO)_2Ca$ umgerechnet. Rückstand und Gas konnten sowohl was ihre Gesamtmenge als auch was die einzelnen Bestandteile betrifft, am genauesten untersucht werden, während im Kondensat die einzelnen Bestandteile teilweise nur annähernd ermittelt werden konnten. Die Fehlbeträge an C sind daher wohl in der Hauptsache auf nicht gefaßte flüssige Destillationsprodukte zurückzuführen. Bei Versuch 15 und 16 wurde der Methylalkohol auch quantitativ nach Zeisel bestimmt. Berücksichtigt man, daß bei Versuch 15 auch Öl entstanden ist, dessen Menge zwar nicht bestimmt wurde, aber schätzungsweise den bei den übrigen Versuchen erhaltenen Mengen gleichzusetzen ist, so gibt sich hier nur ein Fehlbetrag von 0,08 Mol C pro Mol Calciumformiat = 4%. Dieser Versuch ergab die beste Ausbeute an Methylalkohol; auf 130 g (1 Mol) Calciumformiat gerechnet, sind 8,35 g Methylalkohol entstanden.

Die Zersetzung der fettsauren Calciumsalze erfolgt bekanntlich in vielen Fällen glatt nach der Gleichung:

$$\begin{matrix} R\,COO \\ R\,COO \end{matrix}\!\!>\!Ca = \begin{matrix} R \\ R \end{matrix}\!\!>\!CO + CaCO_3$$ [1]).

So erzielt man bei der technischen Zersetzung des Calciumacetats eine Ausbeute von 70% der Theorie an Aceton[2]). Andererseits bilden sich beim Erhitzen von fettsauren Calciumsalzen mit Calciumformiat die entsprechenden Aldehyde[3]). Durch Erhitzen von Calciumformiat für sich müßte danach notwendigerweise Formaldehyd entstehen. Tatsächlich beobachtet man auch beim Erhitzen von Calciumformiat im Reagensrohr die Bildung von Dämpfen, die intensiv nach Formaldehyd riechen. Führt man jedoch die Zersetzung in großem Maßstabe aus, so findet man im Destillat nur verhältnismäßig geringe Mengen Formaldehyd, während in der Hauptsache Methylalkohol, sowie ölige Produkte entstanden sind. Man kann wohl annehmen, daß der Formaldehyd das primäre Reaktionsprodukt ist, das dann nach der Gleichung $2CH_2O = CH_4O$

[1]) Meyer-Jacobson, Lehrbuch der organischen Chemie, 2. Auflage I, 1, S. 645 (1907).

[2]) Ullmann, Enzyklopädie der technischen Chemie I, 108.

[3]) Limpricht, A. 97, 368 (1856); Piria, A. ch. [3] 48, 113 (1856).

Tafel

Versuch Nr.	Angewandte Substanz: Menge g	Bezeichnung	mit Mol C	Es wurden auf 1 Mol … im Rückstand: CO_2 g	im Rückstand: Mol C	im Rückstand: Ca-Formiat g	im Rückstand: Mol C	im Rückstand: Ca-Oxalat g	im Rückstand: Mol C	im Rückstand: Kohle g	im Rückstand: Mol C	Zusammen Mol C
3	30	rohes Ca-Formiat, enthaltend 26 g reines Formiat	0,4	10,4	1,18	0,07	0,01	—	—	—	—	1,19
4	26	reines Ca-Formiat	0,4	8,3	0,94	1,01	0,08	0,03	0,00	—	—	1,02
5	26 5,6	Ca-Formiat CaO (1 : 0,5)	0,4	9,4	1,07	0,47	0,04	0,03	0,00	0,033	0,01	1,12
6	26 11,2	Ca-Formiat CaO (1 : 1)	0,4	9,6	1,09	0,58	0,04	0,06	0,00	—	—	1,13
7	26 22,4	Ca-Formiat CaO (1 : 2)	0,4	10,4	1,18	0,71	0,05	0,05	0,00	—	—	1,28
8	26 112	Ca-Formiat CaO (1 : 10)	0,4	8,3	0,94	0,61	0,05	0,08	0,00	—	—	0,99
9	26 11,2	Ca-Formiat überschichtet mit CaO	0,4	8,2	0,93	0,26	0,02	0,04	0,00	—	—	0,95
13	26 14,8	Ca-Formiat $Ca(OH)_2$	0,4	13,95	1,59	0,11	0,01	0,05	0,00	—	—	1,60
14	26	Ca-Formiat mäßiger H_2O-Strom	0,4	8,70	0,99	0,08	0,01	0,08	0,00	—	—	1,00
15	26	Ca-Formiat rascher H_2O-Strom	0,4	8,70	0,99	0,16	0,01	0,02	0,00	—	—	1,00
16	130	Ca-Formiat H_2O-Strom	2,0	8,70	0,99	0,66	0,01	0,00	0,00	—	—	1,00
17	26 26	Ca-Formiat Al_2O_3	0,4	7,98	0,91	1,08	0,08	0,17	0,01	—	—	1,00
18	390	Ca-Formiat	6,0	—	—	—	—	—	—	—	—	1,00

+ CO in Methylalkohol und CO übergeht. Diese Annahme gewinnt insofern an Wahrscheinlichkeit, als es gelang[1]), CH_2O durch Überleiten über $CaCO_3$ bei 400° in Methylalkohol umzuwandeln.

Die öligen Produkte bilden sich offenbar aus dem Formaldehyd durch Kondensation unter Austritt von Wasser. Bei Versuchen, bei denen die Ölbildung gering war, traten auch fast keine CO_2-

[1]) Die Versuche werden später veröffentlicht.

5.

(HCOO)$_2$Ca gerechnet erhalten:

im Gas						im Kondensat										
CO_2	CO	CH_4	C-haltiges Gas	Zusammen Mol C	Mol C im Rückstand und Gas	CH_3OH	Mol C	CH_2O	Mol C	HCOOH	Mol C	Öl	Mol C	Zusammen Mol C	Insgesamt Mol C gefunden	Fehlbetrag Mol C
l	l	l	l			g		g		g		g				
0,55	2,08	0,00	2,63	0,59	1,78	0,98	0,15	—	—	—	—	0,2	0,07	0,22	2,00	0,00
0,48	1,86	0,08	2,42	0,54	1,56	1,30	0,20	—	—	—	—	0,4	0,13	0,33	1,89	0,11
0,45	1,57	0,04	2,06	0,46	1,58	1,35	0,21	—	—	—	—	0,3	0,10	0,31	1,89	0,11
0,45	1,64	0,05	2,14	0,48	1,61	1,35	0,21	—	—	—	—	0,3	0,10	0,31	1,92	0,08
0,35	1,38	0,05	1,78	0,40	1,63	1,20	0,19	—	—	—	—	0,2	0,07	0,26	1,89	0,11
0,32	1,79	0,02	2,13	0,48	1,47	0,55	0,09	—	—	—	—	0,3	0,10	0,19	1,66	0,34
0,43	1,80	0,05	2,28	0,51	1,46	1,05	0,16	—	—	—	—	0,4	0,13	0,29	1,75	0,25
0,01	0,40	0,04	0,45	0,10	1,70	1,35	0,21	—	—	—	—	0,0	0,00	0,21	1,91	0,09
0,87	1,09	0,01	1,97	0,44	1,44	nicht bestimmt	—	0,26	0,04	0,058	0,01	nicht bestimmt	—	—	—	—
0,90	1,22	0,08	2,20	0,49	1,49	1,67	0,26	0,82	0,05	—	—	nicht bestimmt	—	0,31	1,80	0,20
2,29	9,34	0,16	11,79	0,53	1,53	4,21	0,13	0,78	0,02	0,048	0,00	1,80	0,12	0,27	1,80	0,20
0,08	2,89	0,07	3,04	0,68	1,68	—	—	—	—	—	—	Spuren	—	—	—	—
—	—	—	—	—	—	15,2	0,16	—	—	—	—	5,51	0,12	0,28	—	—

Mengen im Gas auf, so bei Versuch 17. Bei Versuchen, die in Gegenwart von Wasserdampf ausgeführt worden sind, ist aber die Kohlensäure anscheinend erst durch Umsatz mit Wasser nach der Wassergasreaktion $CO + H_2O = CO_2 + H_2$ entstanden. Die Bildung von Aceton und anderen Nebenprodukten kann man natürlich auch durch die weitere Zersetzung des Formaldehyds beziehungsweise durch eine Reaktion zwischen Formaldehyd und Methylalkohol erklären; ebenso die Bildung von größeren Mengen CO und H_2

durch Zerfall des Formaldehyds. Die Zersetzung des Calciumformiats kann man somit durch nachstehendes Schema darstellen:

$$\begin{array}{l} HCOO \\ HCOO \end{array}\!\!>\!Ca = CaCO_3 + CH_2O \begin{array}{l} \nearrow \left\{\begin{array}{l} CH_3OH \\ CH_3COCH_3 \end{array}\right\} + H_2O + CO \\ \longrightarrow \quad Öl \qquad\quad + H_2O + CO_2 \\ \searrow \qquad\qquad\qquad\quad CO + H_2. \end{array}$$

Würde der primär gebildete Formaldehyd vollständig in Methylalkohol umgewandelt werden, so könnten aus 130 g Calciumformiat theoretisch 16 g Methylalkohol entstehen. Wir haben im günstigsten Falle 8,35 g erhalten, was einer Ausbeute von 52% der Theorie entsprechen würde.

Am glattesten erfolgt der Zerfall des Calciumformiats im Wasserdampfstrom. Bei dieser Art der Zersetzung blieb der Rückstand vollkommen weiß und bestand so gut wie ausschließlich aus $CaCO_3$. Es hatten sich auch nicht Spuren von Kohlenstoff ausgeschieden. Die im Rückstand und Gas vorhandene C-Menge betrug bei Versuch 14 nur 1,49 Mol C pro 1 Mol Formiat, so daß im Destillat 0,51 Mol C vorhanden gewesen sein müssen. Es ist bekannt, daß auch Calciumacetat bei der Zersetzung im überhitzten Wasserdampfstrom, einem Verfahren, das technisch durchgeführt wird[1]), eine bessere Ausbeute an Aceton gibt.

Zusammenfassung.

Es wurde gezeigt, daß der Zerfall des Calciumformiats im Aluminiumschwelapparat glatt ohne Ausscheidung kohliger Produkte erfolgt. An flüssigen Destillationsprodukten (Methylalkohol) wurden günstigenfalls 52% der Theorie erhalten, eine Ausbeute, die bisher von anderer Seite noch nicht erreicht worden ist. Auch die Zersetzung des Formiats im Wasserdampfstrom erfolgt sehr glatt mit leidlicher Ausbeute an Methylalkohol. Überschüssiger Kalk wirkt bei der Zersetzung erst in größeren Mengen ungünstig auf die Ausbeute an Methylalkohol, beigemengtes Al_2O_3 drängt die Bildung von Ölen zurück.

Mülheim-Ruhr, Dezember 1921.

---

[1]) Ullmann, Enzyklopädie der technischen Chemie I, 102.

35. Über den Zerfall von Barium-, Magnesium- und Lithiumformiat.

Von

Franz Fischer, Hans Tropsch und **Albert Schellenberg.**

Wie in der vorhergehenden Arbeit gezeigt worden ist, zerfällt Calciumformiat im Aluminiumschwelapparat ohne Ausscheidung von kohligen Produkten und unter Bildung einer bisher nicht erreichten Ausbeute an Methylalkohol. Wir haben deshalb Barium-, Magnesium- und Lithiumformiat unter gleichen Bedingungen zersetzt, um auch hier zu prüfen, wie der Zerfall verläuft.

Bariumformiat wurde bereits von Berthelot[1]) der trockenen Destillation unterworfen. Er erhitzte größere Mengen (300—2000 g) des Formiats in einer glasierten Steingutretorte und erhielt als Destillat Wasser und eine geringe Menge einer empyreumatischen Flüssigkeit; als Rückstand blieb Bariumkarbonat, welchem eine kleine Menge schwarzen amorphen Kohlenstoffs innig beigemengt war. Das Zersetzungsgas ließ Berthelot durch Brom, das mit Wasser überschichtet war, streichen. Das Gas enthielt nach der Absorption der CO_2 10% CH_4, 49,5% CO, 40% H_2 und 0,5% N_2. Aus dem Brom wurde dann beim Behandeln mit überschüssiger, mäßig konzentrierter Natronlauge eine neutrale Flüssigkeit vom spez. Gewicht größer als 1 erhalten, die sich als ein Gemisch von Äthylen- und Propylenbromid erwies.

Hofmann und Schumpelt[2]) erhielten durch Zersetzung von Bariumformiat im CO_2-Strom oberhalb 300° einen Rückstand, der beachtenswerte Mengen Kohle enthielt. 10 g Formiat lieferten 420 ccm CO, 130 ccm H_2 und gegen 10 ccm CH_4.

Die Zersetzung von Magnesium- und Lithiumformiat wurde von Hofmann und Schumpelt[3]) und von Hofmann und Schib-

---

[1]) A. ch. [3] **53**, 69 (1858); A. **108**, 188 (1858).

[2]) B. **49**, 303 (1916).

[3]) a. a. O.

Tafel

Versuch Nr.	Angewandte Substanz			Art der Zersetzung	Es wurden auf ein Mol								
					im Rückstand								
	Menge g	Art	mit Mol C		CO_2 g	Mol C	Formiat g	Mol C	Oxalat g	Mol C	Kohle g	Mol C	Zusammen Mol C
1	45,4	Bariumformiat	$^2/_5$	trocken	8,36	0,95	0,28	0,01	0,05	0,00	0,09	0,04	1,00
2	45,4	Bariumformiat	$^2/_5$	mit H_2O-Dampf	8,20	0,93	0,30	0,01	0,05	0,00	—	—	0,94
3	22,8	Magnesiumformiat	$^2/_5$	trocken	0,09	0,01	0,59	0,05	0,15	0,01	—	—	0,07
4	14,1	Lithiumformiat	0,27	trocken	4,72	0,40	2,36	0,17	0,05	0,00	0,08	0,02	0,59

stedt[1]) vorgenommen. Magnesiumformiat gab oberhalb 300° MgO und Kohle. 10 g lieferten 1705 ccm CO, 300 ccm H_2 und gegen 10 ccm CH_4. An flüssigen Destillationsprodukten erhielten Hofmann und Schibstedt wenig Formaldehyd, deutlich Aceton, ziemlich viel Methylalkohol, etwas Empyreuma und Kohle. 10 g Lithiumformiat gaben 1103 ccm CO, 113 ccm H_2 und gegen 15 ccm Methan. Daneben entstanden größere Mengen flüssiger Destillationsprodukte, Methylalkohol, Aceton, teerige Substanzen und im Rückstand blieb viel Kohle. Hofmann und Schumpelt nehmen an, daß beim Zerfall des Lithiumformiats erst Lithiumglyoxylat entsteht, das dann diese Produkte liefert, während sie die Auffassung, daß diese Produkte aus primär gebildetem Formaldehyd entstehen, nicht vertreten wollen, weil Formaldehyddämpfe beim Überleiten über den erhitzten Rückstand von Lithiumformiat nicht merklich verändert werden.

Eigene Versuche.

a) Zersetzung von Bariumformiat.

Versuch 1: 45,4 g Bariumformiat ($^1/_5$ Mol) wurden im Aluminiumschwelapparat in derselben Weise wie das Calciumformiat erhitzt und die Zersetzungsprodukte mit flüssiger Luft gekühlt.

[1]) B. 51, 1414 (1918).

1.

Formiat gerechnet erhalten:

im Gas					Mol C im Rückstand und Gas	im Kondensat					Insgesamt Mol C gefunden	Fehlbetrag Mol C
CO_2 l	CO l	CH_4 l	C-haltiges Gas l	Zusammen Mol C		Methylalkohol g	Mol C	Öl g	Mol C	Zusammen Mol C		
0,13	1,97	—	2,10	0,47	1,47	2,2	0,34	0,1	0,03	0,37	1,84	0,16
0,09	1,65	0,01	1,75	0,39	1,33	—	—	—	—	—	—	—
2,87	2,84	0,05	5,76	1,29	1,36	—	—	—	—	—	—	—
0,21	1,08	0,02	1,31	0,22	0,31	—	—	—	—	—	—	—

Die Zersetzung begann bei 350° und war bei 375° beendet. Das Bariumformiat schäumte dabei stark und als Rückstand blieb 39,0 g einer schäumigen grauen Masse, wovon 0,085 g Kohle waren. Der Rückstand enthielt ferner 21,49% CO_2, 0,58% Bariumformiat, 0,14% Bariumoxalat. Als Destillat wurden 3,2 g einer wässerigen Flüssigkeit erhalten, die nur geringe Mengen (weniger als 0,1 g) Öl enthielt. Mit K_2CO_3 versetzt, schieden sich 2,7 ccm Methylalkohol aus. An gasförmigen Zersetzungsprodukten wurden 3,22% l (bei 0° und 760 mm) mit 4% CO_2, 61,3% CO, 13,8% H_2 erhalten.

Versuch 2: 45,4 g Bariumformiat, durch überhitzten Wasserdampf bei 360—390° zersetzt, gaben 38,7 g eines weißgrauen, schaumigen leicht zerreiblichen Rückstandes mit 21,21% CO_2, 0,78% Bariumformiat und 0,14% Bariumoxalat, ferner 3,25 l Gas mit 2,7% CO_2, 0,1% s. K. W., 50,8 CO, 9,0% H_2, 0,2% CH_4.

An wässerigem Kondensat wurden 20,5 ccm erhalten und darin 0,235 g Formaldehyd und 0,042 g Ameisensäure nachgewiesen.

b) Zersetzung von Magnesiumformiat.

Versuch 3: Das Magnesiumformiat, das aus MgO und Ameisensäure hergestellt worden war, wurde vor dem Versuch bei 105° getrocknet.

22,8 g dieses trockenen Formiats gaben 5,3 g Destillat, das eine klare farblose Flüssigkeit darstellte, auf der sich nur eine minimale Menge eines gelblichen Öles befand. Die Zersetzung erfolgte bei 400—425°.

An Rückstand wurden 7,5 g eines nahezu weißen, lockeren Pulvers erhalten, in dem 1,24% CO_2, 7,89% Magnesiumformiat und 2,07% Magnesiumoxalat vorhanden waren. An gasförmigen Zersetzungsprodukten wurden 7,06 l mit 33,6% CO_2, 0,4% s. K. W., 47,3% CO, 8,7% H_2 und 0,7% CH_4 erhalten.

c) Zersetzung von Lithiumformiat.

Versuch 4: 14,1 g wasserfreies Lithiumformiat wurden erhitzt, wobei die Zersetzung bei 350° lebhaft vor sich ging und die Gasentwicklung nach 2 Stunden bei dieser Temperatur beendet war. Der Rückstand (10,9 g), der eine braungraue, ziemlich harte poröse Masse darstellte, enthielt jedoch noch 21,7% unzersetztes Lithiumformiat neben 43,3% CO und 0,42% Lithiumoxalat. An Gasen wurden 2,77 l mit 7,7% CO_2, 39,1% CO, 35,9% H_2 und 0,8% CH_4 erhalten. Das Destillat bestand aus einer braunroten, scharfriechenden Flüssigkeit (1,0 g), die jedoch kein Öl enthielt.

Versuch 5: Bei einem weiteren Versuch wurden 20,8 g Lithiumformiat (wasserfrei) mit 20 ccm Wasser 3 Stunden in einem mit Kupfereinsatz versehenen Eisenautoklaven auf 350° erhitzt.

Es wurden erhalten: 7,73 l Gas mit 8,9% CO_2, 34,2% CO, 50,0% H_2 und 0,3% CH_4. Das Reaktionsprodukt bestand aus einer weißen Masse, welche nach dem Trocknen 12,1 g wog. Sie enthielt noch 0,64% unzersetztes Lithiumformiat. Wie die hohe Gasausbeute zeigt, hat das Lithiumformiat neben Karbonat fast nur gasförmige Zersetzungsprodukte gegeben. Aus 20,4 g konnten 4,4 l C-haltiges Gas entstehen, während sich 3,3 l gebildet hatten.

Kohlenstoffbilanz.

In Tafel 1 ist eine Übersicht über die Verteilung des Kohlenstoffs in den einzelnen Destillationsprodukten gegeben. Bariumformiat gab verhältnismäßig große Mengen flüssiger Destillationsprodukte; die Ausbeute an Methylalkohol ist sehr gut, sogar besser als beim Calciumformiat. Es wurden 69% der theoretisch möglichen Menge an Methylalkohol erhalten. Ungesättigte Kohlenwasserstoffe sowie Methan wurden bei der Zersetzung des Bariumformiats keine gefunden, während Berthelot Methan, Äthylen und Propylen erhalten haben will.

Bei der Zersetzung des Bariumformiats mit überhitztem Wasserdampf waren im Rückstand und Gas 1,33 Mol C von 2 Mol vorhanden, so daß in den flüssigen Destillationsprodukten noch 0,67 Mol C sein mußten. Die Ausbeute an diesen Produkten ist also günstiger als bei dem ohne Wasserdampf ausgeführten Versuch. Die schlechteste Ausbeute an flüssigen Destillationsprodukten gab das Lithiumformiat, bei dem von 1 Mol C nur 0,19 Mol in den flüssigen Destillationsprodukten vorhanden war. Noch ungünstiger verlief ein Zersetzungsversuch des Lithiumformiats im Autoklaven bei Gegenwart von Wasser; außer Lithiumkarbonat wurden so gut wie ausschließlich gasförmige Zersetzungsprodukte erhalten.

Mülheim-Ruhr, Dezember 1921.

---

36. Die Formiatbildung aus Kohlenoxyd und Basen.

Literaturzusammenstellung

von

Alexander von Philippovich.

In der Literatur finden sich nur spärliche Angaben über die direkte Bildung von Formiaten aus Kohlenoxyd und Basen, obwohl auf dieser schon lange bekannten Reaktion die gesamte industrielle Ameisensäureproduktion beruht.

Berthelot berichtet als erster über die Synthese von Kaliumformiat[1]). Analog der von ihm entdeckten Wasseraddition des Äthylens zu Alkohol wollte er durch Anlagerung von Wasser an Kohlenoxyd Ameisensäure erhalten. Nach Versuchen mit „nascierendem“ Kohlenoxyd aus Oxalsäure, bei denen er die Darstellung der Ameisensäure aus Glycerin und Schwefelsäure fand, ging er zur Einwirkung von Kohlenoxyd auf wässerige Alkalien über.

Er brachte je 10 g schwach befeuchtetes Kali in Kolben von ½ l Inhalt, schmolz diese nach dem Füllen mit Kohlenoxyd zu und erhitzte nun während 70 Stunden auf dem Wasserbad. Beim Öffnen der Kolben unter Quecksilber wurden sie vollkommen davon erfüllt und somit war das Kohlenoxyd gänzlich von der Kalilauge absorbiert worden. Beim Destillieren des in Wasser gelösten Kolbeninhalts mit verdünnter Schwefelsäure erhielt er bloß verdünnte Ameisensäure. Durch Steigern der Temperatur auf 220° war die Reaktion in 10 Stunden beendet; bei gewöhnlicher Temperatur trat die Absorption durch wässeriges Kali auch ein, aber nur sehr langsam. Mit Baryt, ebenso mit feuchtem Kaliumkarbonat wurde bei 220° in 10—12 Stunden Formiat gebildet; trockenes Kaliumkarbonat reagierte nicht, auch feuchtes Natriumacetat blieb ohne Einwirkung.

In einer anderen Arbeit[2]) befaßte sich Berthelot mit der Herstellung von Formiaten aus 50%igen Laugen. Er ließ 8—10 g

---

[1]) C. r. **41**, 955 (1855); A. ch. [3] **46**, 477 (1856); A. **97**, 125 (1856); J. pr. [I] **68**, 146 (1856).

[2]) A. ch. [3] **53**, 77 (1858).

Kaliumhydroxyd und 8—10 ccm Wasser in Literkolben mit Kohlenoxyd reagieren, wobei die Reaktionsdauer bei 100° auf 200 Stunden stieg, nach Berthelot eine Folge der geringeren Konzentration der absorbierenden Substanz.

Weiter fand er, daß auch durch Einwirkung von Kohlenoxyd auf Lösungen von Soda, Natrium- oder Calciumbikarbonat Formiate entstehen[1]). Die Reaktionsdauer ist bei den Karbonaten und den Bikarbonaten erheblich größer als bei den Hydroxyden. Berthelot untersuchte auch die Absorption von Kohlenoxyd durch Alkali näher[2]), vor allem in ihrer Abhängigkeit von verschiedenen Lösungsmitteln. Leider sind die Mengenverhältnisse nicht genau angeführt; Berthelot selbst bezeichnet die Resultate als „relative". Er brachte in ein durch Quecksilber abgeschlossenes Gefäß die Base, das Kohlenoxyd und die Substanz, deren Wirkung er untersuchen wollte, und fügte neues Kohlenoxyd nach Maßgabe des Verbrauches zu. Die Reaktion ließ er bei gewöhnlicher Temperatur vor sich gehen. Im folgenden seien die Ergebnisse angeführt. Kaliumhydroxyd absorbiert proportional seiner Menge Kohlenoxyd; bei Anwesenheit von genügend viel Wasser reagiert es besser, als bloß angefeuchtet. Eine genügende Menge Kaliumhydroxyd absorbiert in 6 Wochen alles Kohlenoxyd; bei 100° dauert die Reaktion nur 80—100 Stunden.

Alkohol beschleunigt die Reaktion sehr, so daß sie 10—15 mal schneller als mit Wasser vor sich geht. Bei 100° werden so nur 10 Stunden zur vollständigen Absorption gebraucht. Der Alkohol hat eine 7—8 fach größere Löslichkeit für Kohlenoxyd als Wasser, wodurch nach Berthelot die erhebliche Steigerung der Reaktionsgeschwindigkeit erzielt wird; eine weitere Erklärungsmöglichkeit sieht Berthelot darin, daß sich der Alkohol vielleicht auch an der Reaktion beteiligt, wie die Bildung von Propionsäure aus Kohlenoxyd und absolutem Alkohol andeutet[3]).

Aceton wirkt ähnlich beschleunigend wie Alkohol, ebenso Amylalkohol, aber nur etwa halb so stark als Alkohol und Aceton. Glycerin verlangsamt die Absorption gegenüber Wasser beträchtlich entsprechend seiner größeren Viskosität.

---

[1]) A. ch. [4] 6, 404 (1865).

[2]) A. ch. [3] 61, 468 (1861).

[3]) Nach Geuther B. 18, 28 (1880) geht jedoch diese Reaktion nur in ganz geringem Ausmaß vor sich.

Äther übertrifft alle anderen Lösungsmittel an Aktivierungsvermögen, obwohl das Kaliumhydroxyd darin nicht löslich ist.

Methylnitrat und Äthylnitrat wirken ähnlich wie Äther, Essigester zeigte keinen Einfluß.

Natriumhydroxyd und Alkohol verhalten sich ganz analog.

Kalk und Alkohol reagieren nicht schneller als wässeriges Kali.

Bariumhydroxyd und Alkohol nehmen Kohlenoxyd rasch auf, unabhängig davon, ob das Hydroxyd in groben Stücken oder in feiner Verteilung vorliegt.

Bariumhydroxyd und Aceton wirken ebenso. Feuchter Äther beschleunigt die Reaktion, bis das Wasser verbraucht ist.

Alkoholisches Ammoniak absorbiert CO bei gewöhnlicher Temperatur nicht. Ammoniak in wässeriger Lösung reagiert nur langsam[1]).

Geuther[2]) beschreibt in seiner Arbeit über „Synthese von Kohlenstoffsäuren aus Kohlenoxyd und Natriumalkoholaten" die Absorption von Kohlenoxyd durch Natriumhydroxyd bei 160°. Er leitete bei dieser Temperatur 53 l Kohlenoxyd über 150 g ganz wasserfreies, fein gepulvertes Natriumhydroxyd, das sich in einem Rohr befand. Durch Lösen in Wasser, Destillieren der mit Schwefelsäure angesäuerten Lösung und Umsetzen des Destillats mit Bleikarbonat erhielt er 100 g reines ameisensaures Blei; bei der Analyse des aus der Mutterlauge mit Na_2CO_3 durch Eindampfen und Lösen in Alkohol erhaltenen Natriumsalzes erhielt er den Wert 31,9 für Natrium statt 33,8 und vermutete daraus die Bildung einer geringen Menge einer kohlenstoffreicheren Säure, etwa Essigsäure.

Merz und Tiribiça[3]) geben eine Übersicht über frühere Versuche zur Synthese der Ameisensäure und beschreiben dann eigene Versuche. Sie ließen über 45 g Natron- bezw. Kalikalk in halbkreisförmigen Röhren bei 27 cm Schichtlänge und 190—220° Kohlenoxyd streichen; bei Verwendung getrockneten Kohlenoxyds trat nur geringe Absorption ein, während mit Wasser beladenes leicht aufgenommen wurde; Wasser spielt also eine wesentliche Rolle bei der Reaktion. Diese war in 10 Stunden beendet. Die günstigste Temperatur liegt bei 190—220°. Bei einem Versuch mit Kalikalk, über den bei 200—220° bis zur Sättigung reines

---

1) A. ch. [7] **21**, 205 (1900).
2) A. **202**, 317 (1880).
3) B. **13**, 23 (1880).

Kohlenoxyd geleitet wurde, bestand das ausströmende Gas aus 79,4% CO und 20,6% H. Versuche mit Barium- und Calciumdihydrat gaben negative Resultate.

Weitere Angaben finden sich in einem Vortrag von Haber[1]), in dem auch Arbeiten über die Formiatbildung zitiert sind. Nach Haber geht die Reaktion zwischen gelöstem Kohlenoxyd und den Bestandteilen der Lösung vor sich; es besteht scharfe Abhängigkeit der Reaktionsgeschwindigkeit von dem Partialdruck des Kohlenoxyds. Wärme fördert den Umsatz beträchtlich, es muß aber dann durch stetes Rühren die Lösung mit Kohlenoxyd gesättigt bleiben. Von 100° aufwärts reagiert Natriumhydroxyd in 10%iger Lösung bedeutend besser, als solches von höherer oder niederer Konzentration; die Oberflächenspannung spielt dabei keine Rolle.

Von den in diesem Vortrag angeführten Dissertationen befaßt sich die eine mit der Einwirkung von Kohlenoxyd auf Natriumhydroxyd[2]). Weber gibt auch eine Literaturübersicht; das Ergebnis seiner Untersuchung ist, daß man die Reaktion als aus 2 Teilen zusammengesetzt betrachten müsse: einem physikalischen, dem Inlösunggehen des Kohlenoxyds, und einem chemischen, der Bindung des gelösten Kohlenoxyds an das Lösungsmittel Wasser[3]). Eine Reaktion im Dampfraume komme nicht in Betracht. Denn wenn die Reaktion zwischen Kohlenoxyd und Wasserdampf einträte und die Lauge nur die gebildete Ameisensäure unter Neutralisation entfernte, müßte mit alkoholischer Lauge eine Verlangsamung der Reaktion erfolgen, während tatsächlich das Gegenteil eintritt. G. R. Fonda befaßte sich weiter mit der Einwirkung von CO auf Laugen[4]) und suchte festzustellen, ob das Kohlenoxyd mit dem Wasser, den OH-Ionen oder dem undissoziierten Alkali reagiert. Er kommt zu dem Schluß, daß das gelöste Kohlenoxyd sich tatsächlich mit dem undissoziiertem NaOH verbindet. Eine weitere Arbeit von Max Enderli[5]) ergibt als Resultat der Untersuchung von 8 verschiedenen Basen bei wechselnden Drucken und Temperaturen: Proportionalität

[1]) J. Soc. Chem. Ind. [2] 33, 51 (1914).

[2]) A. Weber, Über die Einwirkung von Kohlenoxyd auf Natriumhydroxyd, Dissertation, Berlin 1908.

[3]) a. a. O., S. 99.

[4]) G. R. Fonda, Über die Einwirkung von CO auf Laugen, Dissertation, Karlsruhe 1910.

[5]) Max Enderli, Die Kinetik der Formiatbildung aus CO und Basen, Dissertation, Karlsruhe 1914.

des CO-Druckes und der Reaktionsgeschwindigkeit, Parallelität derselben mit der Hydroxylionenkonzentration, wonach für verdünnte Lösungen das Hydroxylion als Hauptträger der Reaktion in Betracht kommt, obwohl keine strenge Abhängigkeit zu erkennen ist. Bis zu höheren Konzentrationen (0,15 n. bei starken, 0,4 n. bei schwachen Basen) müsse eine gleichzeitige spezifische Wirkung des Hydroxylions und des undissoziierten Moleküls angenommen werden. Bei noch höheren Konzentrationen sollen die Abweichungen der Ergebnisse auf das Auftreten einer dritten Molekülgattung mit ebenfalls spezifischem Wirkungskoeffizienten zurückzuführen sein.

Nach Levi und Piva[1]) bildet feuchtes Kohlenoxyd mit reinem Calciumoxyd bei 250—300° nur Formiat, über 300° Karbonat und Wasserstoff.

Mit diesen Angaben sind die wissenschaftlichen Arbeiten über dieses Gebiet erschöpft; weiteres findet sich nur in den Patentanmeldungen und erteilten Patenten.

Lambilly[2]) ließ sich ein Verfahren patentieren, wonach er Ammoniumformiat aus feuchten Ammoniakdämpfen und Kohlenoxyd durch Überleiten über poröse Körper bei 80—150° erhält. Ein Patent der westdeutschen Thomasphosphatwerke[3]) gibt an, daß sich beim Überleiten von Dowson- oder Wassergas mit NO über Katalysatoren bei höheren Temperaturen als 80° Ammoniumformiat oder Zersetzungsprodukte davon bilden, da in diesen Gasen CO vorhanden ist, das mit dem gebildeten NH_3 reagiert. M. Goldschmidt[4]) in Köpenik wurde die Darstellung von Formiaten unter höherem Druck patentiert und damit eine wesentliche Neuerung für die technische Herstellung von Formiaten eingeführt. Ein versagtes Patent von Goldschmidt[5]) in Dresden bezieht sich auf die Einwirkung von Kohlenoxyd auf Ätzalkali bei Gegenwart verschiedener Kontaktsubstanzen, deren eine eine Sauerstoffverbindung oder das Oxyd eines Schwermetalles oder dieses selbst ist, während das andere aus einem Oxyd oder Hydroxyd der alkalischen Erden oder des Aluminiums besteht. Eine zurückgezogene Patentanmeldung von Merz[6]) bezieht sich auf die Bildung von Formiat aus den Aluminatverbindungen der Alkalien. Die

[1]) C. 1917 II, 485.
[2]) D. R. P. Nr. 79573; Frdl. IV, 20.
[3]) D. R. P. 157297; C. 1905 I, 196.
[4]) D. R. P. 86419; Frdl. IV, 20.
[5]) Patentanmeldung G. 26964; Frdl. X, 48.
[6]) Patentanmeldung M. 88687; Frdl. X, 48.

chemische Fabrik Grünau erhielt ein Patent auf die Herstellung von Formiat aus Phenolnatrium[1]). Danach wird in die Phenolatlösung zur Zersetzung CO statt CO_2 unter 13—14 Atm. und bei 160—170° eingeleitet, wobei die Phenole abdestillieren, während das gebildete Natriumformiat in Lösung bleibt.

In einem Patent[2]) führen Koepp & Co. eine neue Auffassung in die Anschauung über die Formiatbildung ein, indem sie statt festem Alkali Lösungen anwenden und dabei feststellen, daß es keineswegs auf die Massenwirkung des Alkalis, sondern auf die Temperatur und die Massenwirkung des Wassers ankommt; die Reaktion geht danach in 3 Phasen vor sich: 1. Aufnahme des Kohlenoxyds durch das Wasser, 2. Anlagerung von Wasser an CO zu Ameisensäure, 3. Neutralisation durch das Alkali. 1 wird durch gutes Durchmischen beschleunigt, 2 durch Erhöhung der Temperatur, während 3 stets momentan vor sich geht.

Weiter erhielten sie ein Patent[3]) auf die Formiatbildung aus Alkalisalzen gegebenenfalls im Gemisch mit Erdalkalihydroxyden oder aus diesen allein und arbeiteten so zum ersten Male nur mit Erdalkalihydroxyden. Sie behandeln die Lösung bezw. Suspension oberhalb ihres Kochpunktes mit Kohlenoxyd. Fast gleichzeitig wurde den Höchster Farbwerken ein Patent zugesprochen, das sich auch auf die Formiatbildung aus Erdalkalihydroxyden bezieht[4]). Sie leiten auf ein Gemisch von calciniertem Alkalikarbonat und trockenem Kalkhydrat bei erhöhter Temperatur CO unter Druck oder verwenden gebrannten Kalk und führen das zur Reaktion nötige Wasser als Dampf oder als $Na_2CO_3 \cdot H_2O$ zu.

Fast alle diese Verfahren arbeiten mit Basen in fester Form; über die Einwirkungen von Kohlenoxyd auf Lösungen ist bis auf die Zersetzung der Phenolate und das neue Verfahren von Koepp & Co. keine Angabe zu finden.

Mülheim-Ruhr, November 1921.

---

1) D. R. P. 192881; C. 1908 I, 428.
2) D. R. P. 209417; Frdl. IX, 71.
3) D. R. P. 212641; Frdl. IX, 78.
4) D. R. P. 212844; C. 1909 II, 1095.

37. Über die Darstellung von Formiaten aus Kohlenoxyd und Basen in Gegenwart von Wasser.

Von

Franz Fischer und Alexander von Philippovich.

In der wissenschaftlichen Literatur sind lediglich für die Alkalien quantitative Angaben über die Formiatbildung mit Kohlenoxyd zu finden. Von Berthelot sind zwar auch die Erdalkalien und Erdalkalikarbonate auf ihre Eignung, sich mit Kohlenoxyd zu verbinden, untersucht worden; die ziemlich ungenauen, meist qualitativen Angaben lassen jedoch keinen Schluß zu, inwiefern die Formiatbildung von der Stärke der Basen abhängt. Die Notwendigkeit von druckfesten Apparaten mag daran schuld sein, daß das interessante Gebiet so wenig bearbeitet erscheint. Dagegen hat die thermische Zersetzung der verschiedenen Formiate, die je nach der Art der Basis zu Ameisensäure, Kohlenoxyd oder aber zu Formaldehyd, Methylalkohol, Methylformiat und ölartigen Produkten führt, schon mehrfach die Forscher gereizt. In einer vorhergehenden Arbeit ist darüber und über neue Ergebnisse berichtet worden. Gerade weil die Zersetzung der Formiate durch Wärme verschiedenartige und vielleicht auch technisch wichtige Produkte liefert, schien uns das Studium des Weges notwendig, der am einfachsten zu den Formiaten führt, nämlich die Einwirkung des Kohlenoxyds auf Basen und Salze. Durch unsere Versuche wollten wir in erster Linie feststellen, in welchem Maße sich die verschiedenen Basen bei Gegenwart von Wasser mit Kohlenoxyd verbinden und welches die günstigsten Bedingungen für die Formiatbildung aus den für weitere Versuche hauptsächlich in Betracht kommenden Verbindungen sind, vor allem die Abhängigkeit der Reaktion von der Temperatur[1]).

[1]) Erst gegen Abschluß der nachstehend beschriebenen Versuche kamen uns die nur in Dissertationen veröffentlichten Arbeiten von Weber, Fonda und Enderli zur Kenntnis, die sich mit der Kinetik der der Formiatbildung zugrundeliegenden Reaktion befassen, so daß sie für unsere Zwecke nicht in Betracht kamen.

Zu unseren Versuchen benutzten wir einen eisernen Schüttelautoklaven von 325 ccm Inhalt, der mit absperrbarem Manometer und Meßrohr für das Thermometer versehen war und elektrisch geheizt wurde. Die Gewichtsdifferenzen des vorher und nachher mit und ohne Gas gewogenen Autoklaven sowie die Druckabnahme, die am Manometer abzulesen war, gestattete die Kontrolle der Gasdichtigkeit und der absorbierten Gasmenge. Um vergleichbare Werte zu erhalten, wurden die Versuche so vorgenommen, daß 100 ccm Normallösung unter 20 Atm. CO-Druck eine Stunde auf 160° erhitzt wurden; von schwerlöslichen Stoffen wurde die äquivalente Menge mit 100 ccm Wasser in den Autoklaven gegeben. Die zur Bildung der Ameisensäure eingepreßte Gasmenge war im doppelten Überschuß vorhanden. Das verwendete CO enthielt: 2,5 % CO_2, 88,7 % CO, 4,7 % H_2, 4,1 % N_2.

Die Änderung der Versuchsbedingungen bewirkte entsprechende Änderung der Ausbeuten. Temperaturerhöhung sowie CO-Druckerhöhung steigerten die Formiatbildung wesentlich, die Verlängerung der Reaktionsdauer ergab im allgemeinen eine Erhöhung der Ausbeute.

Die Bestimmung der gebildeten Ameisensäure erfolgte durch Titration mit Permanganat in alkalischer Lösung[1]). Zur Kontrolle wurde ein aliquoter Teil der auf 500 ccm aufgefüllten Lösung mit Schwefelsäure destilliert und im Destillat die Säure mit $^n/_{10}$ $KMnO_4$ und acidimetrisch mit $^n/_{10}$ $Ba(OH)_2$ bestimmt. Bei der Titration des Ammoniumformiats waren die erhaltenen Werte ungleichmäßig, je nach der Dauer des Erhitzens mit Permanganat. Durch blinde Versuche ergab sich ein $KMnO_4$-Verbrauch des verwendeten NH_3, der aber durch Destillation der mit Schwefelsäure angesäuerten Lösung und Titration des Destillats abgestellt werden konnte; die Werte für Formiatbildung aus NH_3-Lösungen sind daher nur durch Destillation und Titration des Destillats erhalten.

Versuche mit starken Basen.

100 ccm einer normalen Lösung bezw. Suspension der Base wurden bei 20 Atm. Anfangs-CO-Druck und 160° durch eine Stunde geschüttelt. Bei den Versuchen war die Lösung bereits nach einer Stunde neutral und der Druck auf 7 bis 9 Atm. zurückgegangen.

[1]) Treadwell, Quantitative Analyse, 1913, S. 529.

Base	Heizdauer	Temperatur	CO-Druck	% HCOOH der Theorie gebildet
KOH	1 St.	160°	20 Atm.	97,8%
LiOH	1 „	160°	20 „	91,7 „
NaOH	1 „	160°	20 „	96,1 „
$Ca(OH)_2$	1 „	160°	20 „	92,3 „
$Ba(OH)_2$	1 „	160°	20 „	90,2 „
$Sr(OH)_2$	1 „	160°	20 „	84,8 „
NH_3	1 „	160°	20 „	15,3 „

NH_3 gab wesentlich geringere Ausbeuten an Formiat. In fast allen Fällen schied sich beim Erwärmen auf dem Wasserbad eine kleine Menge $Fe(OH)_3$ aus; wie länger dauernde Versuche und solche bei höherer Temperatur später zeigten, war dies durch die Bildung von Eisenkarbonyl verursacht, die unter anderen Bedingungen sehr beträchtlich war. Daß trotz der neutralen Reaktion nicht vollkommene Umwandlung in Formiat eintrat, ist darauf zurückzuführen, daß nicht alles in Lösung ging (besonders bei $Sr(OH)_2$) und daß das verwendete Kohlenoxyd 2,5% CO_2 enthielt, das offenbar primär Karbonat bildete, welches nur langsam mit CO reagierte.

Versuche mit Ammoniak unter wechselnden Bedingungen.

Bei diesen Versuchen wurde nicht nur mit Normallösungen, sondern auch mit 11,09 und 11,22 normalen gearbeitet.

	Heizdauer	Temperatur	Druck	% HCOOH der Theorie gebildet
1. n. Lösung	1 St.	160°	20 Atm.	15,3 %
2. n. Lösung	3 „	160°	20 „	25,4 „
3. 11,22 n. Lösung	3 „	100°	60 „	0,80 „
4. 11,22 n. Lösung unter Zusatz von 0,5097 g HCOONa.	3 „	100°	60 „	1,50 „

Versuch 4 sollte zeigen, ob durch Zusatz von Natriumformiat die Reaktionsgeschwindigkeit bei niederen Temperaturen, bei denen keine Zersetzung zu befürchten war, gesteigert werden könnte, was auf Grund von Beobachtungen bei der analogen Bildung des Methylformiats zu erwarten war[1]). Es trat prozentuell fast eine Verdoppelung der Formiatausbeute ein, die absoluten Mengen gebildeten Formiats waren jedoch immer noch sehr gering.

[1]) Dieses Buch S. 382.

Um aus einer konzentrierten Ammoniaklösung möglichst große Formiatmengen zu erhalten, wurden bei Versuch 5 100 ccm einer 11,09 n. Ammoniaklösung bei sechsmaligem Anheizen und Nachfüllen von Kohlenoxyd auf 20 Atm. nach Maßgabe des Verbrauchs 6 Stunden auf 160° und 28 Stunden auf 180° erhitzt; vor dem letzten Anheizen wurde das Gas abgeblasen und frisches Kohlenoxyd nachgefüllt. Das abgeblasene Gas hatte folgende Zusammensetzung:

O_2	0,6%
CO	43,5 "
H_2	47,1 "
CH_4	0,3 "
Rest	8,5 "

Die erhaltene Formiatmenge entsprach 31,6% der Theorie.

Bei dem nächsten Versuch (6) wurde der Druck gesteigert und bei 60 Atm. Anfangsdruck $4^1/_2$ Stunden auf 160° erhitzt; nach dem Erkalten wurde das Gas (30 Atm.) abgeblasen, wieder auf 60 Atm. nachgefüllt und $2^1/_2$ Stunden auf 160° erhitzt. Der Druck hatte beim zweiten Male noch um 20 Atm. abgenommen; die Gewichtszunahme war 14,6 g, die gebildete Formiatmenge 12% der Theorie. Bei unseren Versuchen wurde anscheinend das gebildete Ammoniumformiat durch Hydrolyse in Ammoniak und Ameisensäure zerlegt; letztere zerfällt dann, wie der im Gas vorhandene Wasserstoff zeigt.

Wir wollten daher die Zersetzung des Ammoniumformiats durch Hydrolyse vermittels Zusatz von Calciumkarbonat verhindern, das die eventuell gebildete Ameisensäure absorbieren sollte. 100 ccm 11,22 n. Lösung mit 50 g $CaCO_3$ und 60 Atm. CO gaben in 3 Stunden 16,1% Formiat, also in kürzerer Zeit wesentlich mehr als bei Versuch 6. Ein Übelstand, der sich nicht umgehen ließ, war aber die Bildung von Eisenkarbonyl in beträchtlichem Umfange. Die Wände des Autoklaven wurden durch die Versuche stark angegriffen und im leuchtend brennenden Gase Eisenkarbonyl durch Nachweis des Eisens festgestellt. Auch in der Lösung war viel Eisen. So bei

Versuch 5: bei 105° getrocknet 8,8 g, geglüht 6,987 g;
" 6: " 105° " 3,2 g, " 2,779 ".

Versuche mit anderen schwachen Basen.

Wie schon erwähnt, wurde bei der Herstellung des Reaktionsgemisches so verfahren, daß das äquivalente Gewicht der Basen mit 100 ccm Wasser in den Autoklaven gegeben wurde. Die Versuche mit gefälltem $Mg(OH)_2$, $Zn(OH)_2$, $Pb(OH)_2$ und $Fe(OH)_3$ wurden so durchgeführt, daß die entsprechende Menge Sulfat bezw. Nitrat mit NH_3 bis zur schwach alkalischen Reaktion versetzt und dann das ausgefällte Hydroxyd durch Zentrifugieren, Abgießen, Aufschlämmen mit destilliertem Wasser und neuerliches Zentrifugieren bis zum Verschwinden des NH_3-Geruchs und der alkalischen Reaktion gewaschen wurde. Dann wurde das Hydroxyd in den Autoklaven gespült und destilliertes Wasser zugesetzt, bis insgesamt eine Gewichtszunahme von 100 g eingetreten war.

Base	Heizdauer	Temperatur	CO-Druck	% HCOOH der Theorie gebildet
ZnO geglüht	1 St.	160°	20 Atm.	1,4%
$Zn(OH)_2$ gefällt . . .	1 „	160°	20 „	3,5 „
$Zn(NH_3)_2(OH)_2$ . . .	1 „	160°	20 „	12,2 „
$Mg(OH)_2$ gefällt . . .	1 „	160°	20 „	4,4 „
$Fe(OH)_3$ gefällt . . .	1 „	160°	20 „	2,4 „
$Pb(OH)_2$ mit NH_3 gefällt	1 „	160°	20 „	2,6 „
PbO geglüht	1 „	160°	20 „	8,7 „
MgO geglüht	1 „	160°	20 „	5,0 „.

Versuche mit organischen Basen.

Da Ammoniak in beträchtlicher Menge Formiat bildet, wurden auch Versuche mit stickstoffhaltigen organischen Basen angestellt. Zur Bestimmung der gebildeten Ameisensäure wurde die Reaktionslösung mit Schwefelsäure angesäuert, destilliert und im Destillat die übergegangene Ameisensäure mit n. KOH und Phenolphthalein als Indikator titriert. Die erhaltene Menge Ameisensäure war sehr gering, nur bei dem stark basischen Piperidin überstieg sie sogar die mit Ammoniak erhaltene. Die Ergebnisse waren folgende:

Base	Heizdauer	Temperatur	CO-Druck	% HCOOH der Theorie gebildet	
Anilin	1 St.	160°	20 Atm.	0,20%	
Urteerbasen (250 bis 270° siedend)	1 „	160°	20 „	0,50 „	(bezogen auf mittleres Mol.-Gew. 148)
Pyridin	1 „	160°	20 „	1,90 „	
Piperidin	1 „	160°	20 „	28,30 „.	

Die Reaktionslösung vom Piperidinversuch reagierte stark alkalisch.

Versuche mit hydrolysierbaren Salzen[1]).

Es war anzunehmen, daß die Formiatbildung mit stark hydrolysierbaren Salzen ohne weiteres vor sich gehen würde.

Es wurde tatsächlich Ameisensäure in beträchtlicher Menge gebildet. So gab:

Salz	Heizdauer	Temperatur	CO-Druck	% HCOOH der Theorie gebildet	
Na_2SiO_3	1 St.	160°	20 Atm.	100,0 %	(sandige SiO_2 abgeschieden)
$Na_2B_4O_7$	1 „	160°	20 „	53,2 „	
CaS	1 „	160°	20 „	65,0 „	(H_2S entwich)
Na_2CO_3	1 „	160°	20 „	70,0 „	(unter CO_2-Bildung)
Li_2CO_3	1 „	160°	20 „	46,4 „	(unter CO_2-Bildung).

Um zu sehen, ob mit wasserfreiem Glycerin Monoforminbildung eintritt, wurden 100 g Glycerin mit 60 Atm. CO bei 180° drei Stunden ohne Schütteln erhitzt. Das mit Wasser auf 500 ccm gebrachte Reaktionsprodukt wurde mit NaOH und Phenolphthalein titriert. Es ergab sich ein Verbrauch von 73,35 ccm Lauge, der einer Menge von 0,68% der theoretisch möglichen Ausbeute von Monoformin für 100 g Glycerin entspricht; der durch einen blinden Versuch mit Glycerin ermittelte Verbrauch von 19,15 ccm ist davon abgezogen.

Versuche bei längerer Heizdauer.

Zur Beobachtung, welche Änderung der Ausbeuten die Erhöhung der Heizdauer bewirkt, wurden mit verschiedenen Basen 3 bezw. 2 Stunden währende Versuche unter sonst gleichen Bedingungen angestellt. Neben diesen Ausbeuten sind eingeklammert die des Normalversuchs angegeben.

Base	Heizdauer	Temperatur	CO-Druck	% HCOOH	
PbO	3 St.	160°	20 Atm.	16,3%	(8,7 %)
MgO	3 „	160°	20 „	11,4 „	(5,2 „)
ZnO	2 „	160°	20 „	1,3 „	(1,4 „)
NH_3	3 „	160°	20 „	25,4 „	(15,3 „).

Magnesiumoxyd wurde auch bei 60 Atm. Druck und 180° 3 Stunden lang geschüttelt, um erhöhte Ausbeuten zu erzielen. Die Menge Formiat stieg dann auf 52,9% an.

[1]) Bei diesen und den weiteren Versuchen wurde ein CO mit 0,1% CO_2, 0,6% O_2, 92,1% CO, 3,0% H_2, 4,2% N_2 verwendet.

Versuche mit Erdalkalikarbonaten.

Da die Karbonate von Natrium und Lithium beträchtliche Mengen von Formiat bildeten, wurden entsprechende Versuche mit Erdalkalikarbonaten angestellt. Dabei wurde wieder das äquivalente Gewicht mit 100 ccm Wasser in den Autoklaven gebracht. Es bildete sich auch aus diesen schwerlöslichen Karbonaten Formiat, wenngleich in geringer Menge.

	Heizdauer	Temperatur	Druck	% HCOOH
$CaCO_3$ . . .	3 St.	160°	20 Atm.	3,5%
$BaCO_3$ . . .	3 „	160°	20 „	3,5 „
$MgCO_3$ . . .	3 „	160°	60 „	3,1 „.

Versuche mit Calciumkarbonat bei verschiedenen Temperaturen und Drucken.

Von den Erdalkaliverbindungen, die mit Kohlenoxyd Formiat bilden können, interessierte uns vor allem das Calciumkarbonat, da der bei der Zersetzung des Calciumformiats durch Hitze hinterbleibende Rückstand ausschließlich daraus besteht und daher seine Rückverwandlung in Formiat von Wichtigkeit erschien. Bei verschiedenen Temperaturen wurden folgende Ausbeuten aus 100 ccm der $^1/_{20}$ Mol enthaltenden Suspension erzielt.

Heizdauer	Temperatur	Druck	% HCOOH
1 St.	160°	20 Atm.	1,2%
3 „	160°	20 „	3,5 „
3 „	200°	20 „	12,5 „
3 „	250°	20 „	19,7 „
3 „	275°	20 „	19,2 „
3 „	285°	20 „	7,1 „
3 „	300°	20 „	5,5 „ (7,1%).

Bei den Versuchen mit 3 Stunden Heizdauer, 20 Atm. CO-Druck und 100 ccm Wasser liegt das Optimum der Formiatbildung also zwischen 250—275°; bei weiterer Temperatursteigerung findet nicht mehr Formiatbildung, sondern Wasserstoffentwicklung statt, wie die Analysen des abgeblasenen Gases zeigen.

Versuch bei °C	Zusammensetzung des abgeblasenen Gases %						
	CO_2	s. K. W.	O_2	CO	H_2	CH_4	N_2
200	—	—	0,6	83,0	6,8	—	9,6
250	4,3	—	0,5	71,6	14,7	—	8,9
275	9,9	—	0,6	72,3	11,2	—	6,0
300	5,7	0,8	0,4	53,6	26,2	1,0	12,3

Der H-Gehalt des Gases steigt mit der Temperatur; das Gas vom Versuch bei 275° wurde über konzentrierter Salzlösung aufgefangen, bei den anderen Versuchen dagegen in einem großen Gasometer über Wasser.

Bei diesen Versuchen entstand stets Eisenkarbonyl, das in dem leuchtend brennenden Gas durch Nachweis der Eisenabscheidung festgestellt wurde. Auch im Wasser war Eisenkarbonyl gelöst, das durch Erwärmen auf dem Wasserbad oder durch Zusatz von Alkali zersetzt werden konnte. Bei höheren Temperaturen nahm die Menge des Eisenkarbonyls wieder ab. Durch Steigerung des Kohlenoxyddruckes änderte sich die erhaltene Formiatmenge wie folgt:

Heizdauer	Temperatur	CO-Druck	% HCOOH
3 St.	160°	20 Atm.	3,5%
3 „	160°	60 „	7,2 „
3 „	160°	10 Atm. CO_2 u. 50 Atm. CO	1,0 „

Bei Steigerung der Temperatur auf 180° unter 60 Atm. Druck trat keine wesentliche Änderung ein; die Ausbeute betrug 6,7%.

Da die geringe Bildung von Formiat aus Calciumkarbonat gegenüber der aus Hydroxyd teilweise auf seine geringere Löslichkeit zurückgeführt werden konnte, wurde versucht, ob durch Überführung des Calciumkarbonats in Bikarbonat eine Steigerung der Ausbeute erzielt werden kann. Tatsächlich ergab sich aber ein starker Rückgang, der damit erklärbar ist, daß das Calciumbikarbonat nicht so stark hydrolysiert wird, wie das bei weitem schwerer lösliche Calciumkarbonat.

Um die Wirkung des Wassers auf die Reaktion zu untersuchen, wurde Calciumkarbonat mit etwas weniger als der zur Bildung von Formiat notwendigen Menge Wassers auf 250° erhitzt. 5,0 g $CaCO_3$ + 1 ccm Wasser (Theorie 1,8 ccm) gaben in 3 Stunden bei 250° und 20 Atm. CO-Druck 0,3% HCOOH. Es zeigt sich, daß die Formiatbildung ganz beträchtlich sinkt. Die Anwesenheit größerer Mengen Wasser fördert also die Reaktion. Im abgeblasenen Gas befanden sich 4,9% CO_2, 79,3% CO, 4,8% H_2, 11,0% N_2.

Versuche mit anderen Karbonaten.

Bariumkarbonat war in seinem Verhalten dem Calciumkarbonat sehr ähnlich. $^1/_{20}$ Mol in 100 ccm Wasser gab:

Heizdauer	Temperatur	CO-Druck	% HCOOH der Theorie
3 St.	160°	20 Atm.	3,5
3 „	160°	60 „	6,3.

Magnesiumkarbonat ($^1/_{20}$ Mol) mit 100 ccm Wasser gab:

Heizdauer	Temperatur	CO-Druck	% HCOOH
1 St.	160°	20 Atm.	1,1
3 „	160°	60 „	3,1

Gegenüber den Erdalkalikarbonaten zeigt sich, daß die Ausbeute zurückbleibt; es entspricht dies der geringeren Basizität des Magnesiums, wie ja auch bei der Formiatbildung aus den Oxyden ein ähnliches Verhalten beobachtet wurde.

Lithiumkarbonat wurde außer unter den Normalbedingungen auch bei höheren Temperaturen zur Reaktion gebracht. Es ergab sich:

Heizdauer	Temperatur	Anfangsdruck	% HCOOH	Druckänderung nach der Reaktion
1. 1 St.	160°	20 Atm. CO	46,4%	— 3
2. 3 „	250°	20 „ „	99,8 „	— 5
3. 3 „	300°	20 „ „	58,0 „	+ 4

Im abgeblasenen Gas befanden sich:

bei Versuch 2:		bei Versuch 3:	
25,0%	CO_2	39,1%	CO_2
57,5 „	CO	0,3 „	O_2
10,9 „	H_2	7,6 „	CO
6,6 „	N_2	45,4 „	H_2
		0,6 „	CH_4
		7,0 „	N_2

Es scheinen also auch bei diesen Versuchen Nebenreaktionen vor sich gegangen zu sein, da eine beträchtliche Menge Wasserstoff gebildet wurde. Im Gas und in der Lösung war viel Eisenkarbonyl vorhanden.

Nach Weber[1]) geht die Formiatbildung zwischen dem gelösten CO und der undissoziierten Base vor sich. Es wurde daher versucht, ob die Reaktion auch bei der Einwirkung von Wasserdampf und CO auf Lithiumkarbonat eintritt. Dazu wurde ein trockener Kupfer-Nickelautoklav mit $^1/_{20}$ Mol Li_2CO_3 gefüllt und auf 270° gebracht, nachdem in der Kälte 20 Atm. CO aufgepreßt worden waren. Als die Temperatur erreicht war, wurden 7 ccm Wasser durch Kohlenoxyd von 60 Atm. Druck in den Autoklaven gepreßt und dann eine Stunde auf 265° gehalten. Der Fassungsraum des Autoklaven war 345 ccm. Da bei 265° der Druck des Wasserdampfes 52 Atm. ist, könnten 14 g Wasser verdampfen, ehe flüssiges Wasser auftritt. Bei der hohen Temperatur muß man wohl sofortiges Verdampfen des Wassers annehmen; es trat jedoch keine meßbare Abkühlung ein. Nach einer Stunde wurde bei derselben Temperatur das Gas abgelassen und nach dem Erkalten der trockene Rückstand im Autoklaven mit Wasser herausgespült und auf dem Wasserbad erwärmt. Bei der Titration wurden 5,9% der theoretischen Ausbeute an Ameisensäure gefunden. Da andere Versuche zeigten, daß auch mit 2 ccm Wasser, das dem Lithiumkarbonat von Anfang an zugesetzt war, nur 0,8% Säure entstanden, muß die Säurebildung bei diesem Versuch wohl auf eine Reaktion des dampfförmigen Wassers zurückgeführt werden; Spuren flüssigen Wassers können keine Rolle spielen.

Der Einfluß des Wassers auf die Reaktion zwischen CO und Li_2CO_3 wurde so untersucht, daß gleiche Mengen Lithiumkarbonat ($^1/_{20}$ Mol) mit steigenden Mengen Wasser zusammengebracht und

---

[1]) s. Literaturzusammenstellung, dieses Buch S. 365.

durch 3 Stunden auf 250° gehalten wurden. Es gaben Lithiumkarbonat in 3 Stunden bei 250° mit 20 Atm. CO und

1 ccm Wasser	0,08 % Säure,
2 " "	0,79 " "
4 " "	5,6 " "
8 " "	17,1 " "
10 " "	20,7 " "
12 " "	38,1 " "
14 " "	61,9 " " .

Da die Möglichkeit bestand, daß schon während des Anheizens eine Reaktion eintritt, wurden 8 ccm Wasser mit $^1/_{20}$ Mol Li_2CO_3 und 20 Atm. CO auf 250° gebracht, während der Apparat geschüttelt wurde, und nach Erreichen dieser Temperatur sofort abgekühlt. Dabei bildeten sich 20 % Säure, also mehr als bei dem 3 Stunden währenden Versuch. Die Zeit bis zur Erreichung der Höchsttemperatur betrug 2 Stunden 15 Minuten. Da es sich aber bei diesen Versuchen nur um den Vergleich der Wirkung wechselnder Mengen Wassers handelte, und das Anheizen bis zur gewünschten Temperatur fast stets 2—2$^1/_2$ Stunden dauerte, sind die Formiatausbeuten genügend vergleichsfähig.

Versuche über Formiatbildung mit Metallen.

Da sich bei unseren Versuchen im Eisenautoklaven immer Eisenkarbonyl sowie Wasserstoff im Gas befand und auch die Lösung Eisenverbindungen enthielt, wurde in einem besonderen Versuch die Wirkung von Eisen auf Kohlenoxyd bei Gegenwart von Wasser studiert.

Entfettete Drehspäne wurden mit 100 ccm Wasser und 60 Atm. Kohlenoxyd 2 Stunden auf 160° erhitzt. Dabei bildete sich viel gasförmiges Eisenkarbonyl (die Flamme brannte helleuchtend). Beim Versetzen der Lösung mit Sodalösung fiel grünschwarzes Eisenhydroxyd aus; die filtrierte eisenfreie Lösung verbrauchte 51,9 ccm $^1/_{10}$ $KMnO_4$. Angewandt waren 7,0077 g Eisen. Es war eine 0,026 n. Formiatlösung entstanden. Das abgeblasene Gas enthielt:

CO_2	0,2 %	H_2	9,0 %
O_2	—	N_2	12,2 " .
CO.	78,6 "		

Es ist also schon mit Eisen und Wasser allein möglich, Kohlenoxyd in Ameisensäure überzuführen.

Gefälltes und durch Zentrifugieren gereinigtes $Fe(OH)_3$ wurde mit 100 ccm Wasser und 20 Atm. Kohlenoxyd eine Stunde auf 160° erhitzt. Nach dem Öffnen des Autoklaven wurde der körnig gewordene $Fe(OH)_3$-Niederschlag von der Lösung abfiltriert, Niederschlag und Lösung mit 2,5 n. Sodalösung gekocht, filtriert und die Filtrate vereinigt. Die Titration ergab die Bildung von 2,38% Formiat.

Wegen des starken Angriffs des Kohlenoxyds auf das Eisen wurde für weitere Versuche ein Autoklav aus einer Nickelbronze verwendet; bei den Versuchen ging kein Nickel in Lösung, es waren aber immer beträchtliche Mengen Nickelkarbonyl im Reaktionsgas.

Dieser Autoklav sollte für Versuche dienen, bei denen saure Verbindungen angewendet wurden und die daher im Eisenautoklaven nicht ausgeführt werden konnten.

Um zu kontrollieren, ob nicht im Kupfer-Nickel-Autoklaven aus Kohlenoxyd und Wasserdampf Ameisensäure entstehen könnte, wurden 10 ccm Wasser mit Kohlenoxyd in den 265° heißen Autoklaven gepreßt, der vorher mit 20 Atm. Kohlenoxyd gefüllt worden war, und dann durch 3 Stunden auf 240° gehalten. Beim Titrieren war der Gesamtverbrauch der Flüssigkeit 2 ccm $^1/_{20}$ n. $KMnO_4$, also war keine nennenswerte Säurebildung eingetreten. In der Annahme, daß die Autoklavenwände die Ameisensäurebildung aus flüssigem Wasser katalytisch beschleunigen konnten, wurden 100 ccm Wasser mit 20 Atm. CO eine Stunde bei 160° geschüttelt. Es entstand eine 0,017 n. Lösung von Ameisensäure (Verbrauch 34 ccm $^1/_{10}$n. $KMnO_4$).

Versuche mit Dinatriumphosphat.

Die Einwirkung von Kohlenoxyd auf Dinatriumphosphat wurde in der Absicht untersucht, das möglicherweise gebildete Salzgemisch von Natriumformiat und Mononatriumphosphat durch Erhitzen unter Freimachen von Ameisensäure und Rückbildung des Dinatriumphosphats wieder zu zerlegen.

100 ccm einer in bezug auf Natrium normalen Lösung von Dinatriumphosphat ergaben nach einer Stunde Erhitzen auf 160° mit 20 Atm. CO 17,3% des Natriums als Formiat.

100 ccm einer 3fach normalen Lösung (bez. auf Na) gaben nach einer Stunde erst 8% des Natriums als Formiat.

Bei 200° wurden in Normallösung schon 46,6% HCOONa gebildet; die Lösung reagierte deutlich sauer und im Gas befanden sich:

CO_2	3,0%	H_2	0,4%
O_2	—	CH_4	3,8 „
CO	83,6 „	Rest	9,2 „ .

Beim Destillieren der Lösung ließ sich ohne Zusatz von Schwefel- oder Phosphorsäure der größte Teil der Ameisensäure abdestillieren, so daß mit demselben Salz abwechselnd Formiat gebildet und die gebildete Ameisensäure abdestilliert werden kann.

Versuche über Formiatbildung mit Metalloxyden.

Es sollten auch die katalytischen Wirkungen von Metalloxyden auf die Bildung der Ameisensäure bei höherer Temperatur untersucht werden. Dazu wurden wieder auf ein Gemisch von $^1/_{10}$ Äquivalent des Metalloxyds mit 100 ccm Wasser im Autoklaven 20 Atm. Kohlenoxyd gepreßt und durch 3 Stunden auf 250° erhitzt.

Oxyd	Temperatur	Heizdauer	CO	Normalität der gebildeten Formiatlösung
H_2O allein	250°	3 Stdn.	20 Atm.	0,017 n.
Al_2O_3	250°	3 „	20 „	0,011 n.
Cr_2O_3	250°	3 „	20 „	0,017 n.
ZnO	250°	3 „	20 „	0,006 n.
ThO_2	250°	3 „	20 „	0,05 n.
UO_2 schwarz . .	250°	3 „	20 „	0,02 n.
ZrO_2	250°	3 „	20 „	0,012 n.
MnO	250°	3 „	20 „	0,321 n.
SnO	250°	3 „	20 „	0,017 n.

Das MnO wurde durch Reduktion von MnO_2 im Wasserstoffstrom bei 400° erhalten und sofort nach dem Erkalten im Wasserstoffstrom mit 100 ccm Wasser in den Autoklaven gegeben.

SnO gab ein Reaktionsgas folgender Zusammensetzung:

CO_2	11,2%	CH_4	0,9%
CO	59,9 „	Rest	7,6 „ .
H_2	20,4 „		

Die erhaltenen Mengen Ameisensäure sind gering, so daß bei dieser Temperatur die Katalysatorwirkung kaum erkennbar ist; der hohe Wert beim MnO ist dadurch zu erklären, daß damit Formiat gebildet wird, während die anderen Oxyde sich in Ameisensäure nicht oder nur schwer lösen.

Besprechung der Versuchsergebnisse.

Aus den angeführten Ergebnissen lassen sich zweierlei Schlüsse ziehen: erstens, daß es bei der Bildung von Formiaten durch Drucksteigerung und Änderung der Konzentration der Base gelingen wird, die Ausbeute bis zu einem Maximum zu steigern, und zweitens, daß es dafür ein Temperaturoptimum gibt, dessen Überschreiten zu einer mehr und mehr zunehmende Zersetzung von bereits gebildetem Formiat führt, die an der Änderung der Gaszusammensetzung verfolgt werden kann. Auch Merz und Tibiriçá[1]) fanden ja bei ihren Versuchen mit Natron- und Kalikalk eine günstige Temperatur, die aber schon nahe an der Zersetzungstemperatur des Formiates liegt; sie verwendeten festen Kali- oder Natronkalk, während wir in wässeriger Lösung arbeiteten. Die Zersetzung der Formiate bei unseren Versuchen wird wahrscheinlich über freie Ameisensäure erfolgen, die sich primär durch Hydrolyse bildet.

Die Erdalkalien sind den Alkalien an Reaktionsfähigkeit ganz ebenbürtig; hingegen ließ sich 11,1 n. Ammoniak auch durch lange andauerndes Schütteln mit öfters frisch aufgepreßtem Kohlenoxyd zu nicht mehr als 31,6% in Formiat überführen. Daß eine weitere Steigerung nicht möglich ist, beruht auf der leichten Zersetzlichkeit des Ammoniumformiats. So fand Riban[2]), daß 10 ccm einer 5%igen wässerigen Ammoniumformiatlösung nach 41 Stunden Erhitzen auf 175° in einem Glasrohr 0,5 ccm Wasserstoff und 4,4 ccm Kohlenoxyd gegeben hatten, während das Kalium-, Natrium- und Bariumsalz unzersetzt waren, und Calciumformiat nur 0,3 ccm Wasserstoff und 1,7 ccm Kohlenoxyd abspaltete. Die katalytische Wirkung der Eisenwände des Autoklaven kann hierbei auch neben der höheren Konzentration des Ammoniaks zur schnelleren Zersetzung bei unserem Versuche beigetragen haben. Daß die Bildung von Eisenkarbonyl bei den Änderungen der Gaszusammensetzung mitspielt, ist nach blinden Versuchen unwahrscheinlich. Daß die

---

[1]) B. 13, 26 (1880).

[2]) Bl. [2] 8, 108 (1882).

schwachen Basen nur in beträchtlich geringerem Maßstab Formiat bilden würden, war nach den Versuchen Ribans zu erwarten; so

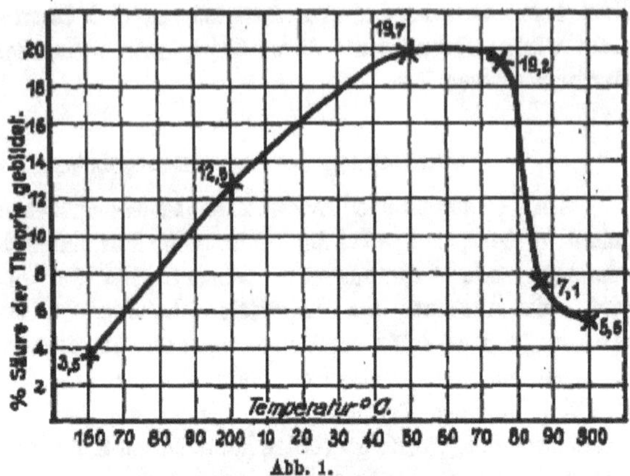

Abb. 1.

zersetzt sich Zinkformiat unter gleichen Bedingungen wie Ammoniumformiat unter Entwicklung von 90 ccm CO_2 und 105,5 ccm H_2 und 1,6 ccm CO, Bleiformiat gibt 31,9 ccm CO_2, 72,3 ccm H_2 und 1 ccm CO.

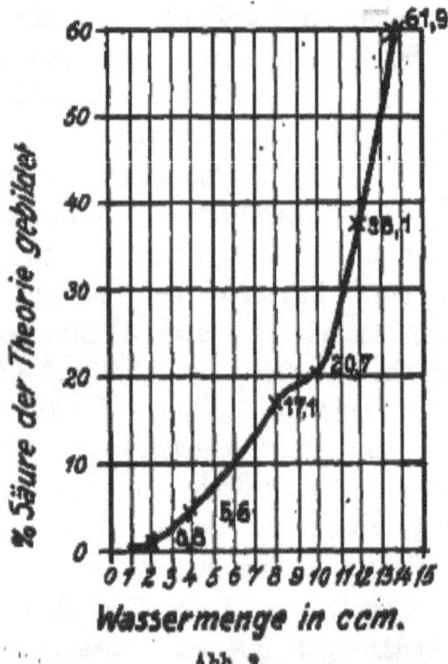

Abb. 2.

Auffällig ist es, daß Bleioxyd so beträchtliche Mengen Formiat bildete, obwohl dieses auch leicht zersetzlich ist.

Die im allgemeinen geringe Ameisensäurebildung der organischen Basen erklärt sich wohl aus ihrer Schwäche; denn Piperidin übertraf das Ammoniak wesentlich an Wirksamkeit. Ebenso ist die Monoforminbildung aus Kohlenoxyd und Glycerin unbeträchtlich, deren glatter Verlauf an eine kontinuierliche Bildung von Ameisensäure, ähnlich der aus Oxalsäure und Glycerin, hätte denken lassen.

Besonders beim Ammoniak zeigte sich, daß schwächere Basen ihrer Natur halber nicht zur Herstellung von Formiaten in größerer

Menge dienen können, auch wenn man die Zersetzung des intermediär gebildeten Formiats zu verhindern sucht.

Von den hydrolysierten Salzen starker Basen konnte man von vornherein Ameisensäurebildung erwarten, da sich ja bei der Reaktionstemperatur ein beträchtlicher Teil des Metalls in Form der freien Base vorfinden mußte, der dann wie diese selbst mit Kohlenoxyd reagiert. Die Versuche bestätigten diese Annahmen durchaus; etwas anders war es bei den Karbonaten, deren Hydrolyse nur bei den leicht löslichen ausschlaggebend ist, während bei denen der Erdalkalien die geringe Konzentration des gelösten Karbonats zur befriedigenden Bildung von Formiat nicht ausreicht. Den Einfluß der Temperatur auf die Formiatbildung aus Calciumkarbonat und Kohlenoxyd zeigt die Kurve in Abbildung 1, aus der sich auch das Temperaturoptimum für die Reaktion ablesen läßt.

Mit Lithiumkarbonat wurde eine Reihe von Versuchen gemacht, um die Rolle des Wassers bei der Reaktion zu erkennen. Es ergibt sich daraus, daß mit zunehmenden Wassermengen die Bildung von Lithiumformiat ganz erheblich ansteigt (Abb. 2).

Mülheim-Ruhr, Februar 1922.

---

38. Über die direkte Vereinigung von Kohlenoxyd mit Alkoholen.

Von

Franz Fischer und **Hans Tropsch.**

Das Kohlenoxyd, das aus Ameisensäure durch Wasserabspaltung entsteht, kann als ein inneres Anhydrid dieser Säure aufgefaßt werden. Seine Wiedervereinigung mit Wasser zu Ameisensäure ist ebenfalls beobachtet. So hat u. a. Wieland[1]) gefunden, daß beim Auftreffen einer kleinen Kohlenoxydflamme auf Eis Ameisensäure entsteht, die er in dem abschmelzenden Wasser nachweisen konnte. Neuerdings hat H. Schrader[2]) die Bildung von Ameisensäure beim Erhitzen von komprimiertem Kohlenoxyd mit Wasser auf höhere Temperatur festgestellt.

Sehr leicht findet ja bekanntlich bei Gegenwart von Wasser die Vereinigung von Kohlenoxyd mit Ätzalkalien zu Alkaliformiaten statt[3]). Über die Vereinigung des Kohlenoxyds mit Ammoniak zu Formamid liegt eine neue Beobachtung von Kurt H. Meyer und L. Orthner[4]) vor. Aus einem Molekül flüssigem Ammoniak und einem Molekül komprimiertem Kohlenoxyd wurden bei 200° und 170 Atm. Gesamtdruck in einem mit Tonscherben gefüllten Stahlapparat $^1/_{50}$ Molekül Formamid = 2 % der Theorie erhalten. Wenn auch die Ausbeute verhältnismäßig gering ist, so beweisen doch die Versuche von Kurt H. Meyer und L. Orthner, daß auch hier das Kohlenoxyd die Fähigkeit besitzt, in Derivate der Ameisensäure überzugehen.

Die Vereinigung von Kohlenoxyd mit Alkoholen ist von Stähler[5]) festgestellt worden, der hochkomprimiertes Kohlenoxyd auf Natriumalkoholate einwirken ließ, die in überschüssigem Alkohol

---

[1]) B. 45, 679 (1912).

[2]) Dieses Buch S. 65. Weitere Literatur s. dort.

[3]) Siehe Literaturzusammenstellung, dieses Buch S. 360.

[4]) B. 54, 1705 (1921).

[5]) B. 47, 580 (1914).

gelöst waren. Die Natriumalkoholate erwiesen sich hierbei als Katalysatoren, denn sie waren imstande, eine größere Menge Kohlenoxyd umzusetzen als ihrer Menge entsprach.

Stähler verwendete für seine Versuche Natriumalkoholate, da er von den Versuchen von Geuther[1]), Wanklyn[2]) und Lieben[3]) ausging, die, entsprechend der Bildung von Formiaten aus Kohlenoxyd und Ätzalkali, die Bildung von Salzen der höheren Fettsäuren aus Kohlenoxyd und den entsprechenden Alkoholaten erwarteten. Diese Bildung erfolgt jedoch nur in Spuren und Stähler hat dann nachgewiesen, daß bei Verwendung von hochkomprimiertem Kohlenoxyd die Reaktion in der Richtung der Ameisensäureesterbildung vor sich geht. Für die Wirkung des Natriumalkoholats bei dieser Ameisensäureestersynthese kann Stähler keine sehr anschauliche Erklärung geben. Er nimmt an, daß das Kohlenoxyd die Fähigkeit besitzt, mit Natriumalkoholat ein Additionsprodukt zu liefern, welches mit überschüssigem Alkohol unter Bildung von Ameisensäureester und Rückbildung von Natriumalkoholat reagiert. Versuche, die Existenz von Zwischenprodukten zu beweisen, lieferten jedoch kein Ergebnis. Stähler vermutet dann, daß vielleicht eine Anhydrisierung des Alkohols unter Äther- bezw. Äthylenbildung stattgefunden haben könnte, dann wäre das für die Bildung des Formylrestes erforderliche Wasser vorhanden gewesen. Eine Reihe von in dieser Richtung angestellten Versuchen lieferten indessen keine Anhaltspunkte für diesen Verlauf.

Eigene Versuche.

Wir haben nun gefunden, daß Formiate der Alkalien die Bildung von Ameisensäureestern aus Alkohol und Kohlenoxyd katalytisch zu beschleunigen vermögen. Die Wirkung des Alkaliformiats kann man sich wohl in der Weise denken, daß dieses befähigt ist, sich mit Alkohol in geringem Maße zu Ameisensäureestern umzusetzen, wodurch freies Alkali entsteht, das dann sofort mit dem Kohlenoxyd unter Rückbildung von Formiat reagiert. Die von Stähler festgestellte Bildung von Ameisensäureester wäre dann so zu erklären, daß neben dem Natriumalkoholat wegen des nur sehr schwer vollständig auszuschließenden Wassers geringe

[1]) A. 109, 78 (1859).
[2]) A. 110, 111 (1859).
[3]) A. 112, 326 (1859).

Mengen Natriumhydroxyd vorhanden sind, aus denen durch Kohlenoxyd Natriumformiat gebildet wird, das dann die Bildung des Ameisensäureesters in der oben angenommenen Weise bewirkt. Stähler findet auch bei seinen Versuchen immer einen gewissen Verbrauch an Natriumalkoholat, den er durch Titrieren des Rückstandes ermittelt, der nach dem Abdestillieren des gebildeten Esters hinterbleibt. Dieser Verbrauch an Natriumalkoholat ist wohl auf die Bildung von Natriumformiat zurückzuführen. Bei den Stählerschen Versuchen scheint die Anwesenheit von überschüssigem Natriumalkoholat insofern günstig zu sein, als damit die vollständige Abwesenheit von Feuchtigkeit gewährleistet wird, die die Reaktion zwischen Kohlenoxyd und Alkohol, wie wir gefunden haben, ungünstig beeinflußt.

Wir haben unsere Versuche in Hochdruckautoklaven aus S. M. Stahl ausgeführt. Eine genaue Beschreibung dieser Apparate ist in der Abhandlung von Franz Fischer und Hans Schrader „Über die Umwandlung der Kohle in Öle durch Hydrierung" zu finden[1]). Den dort erwähnten Eisenstempel, der verhindern soll, daß der Autoklaveninhalt teilweise in den kühleren oberen Teil des Apparats destilliert, haben wir weggelassen, da bei unseren Versuchen keine sehr hohen Temperaturen in Frage kamen und wir außerdem den zur Verfügung stehenden Gasraum nicht unnötig verkleinern wollten.

Das Kohlenoxyd wurde aus einer Stahlbombe mittels einer Kupferkapillare in den mit Alkohol und Katalysator beschickten Autoklaven gepreßt, wobei die erste Füllung mit Kohlenoxyd zur Verdrängung der im Autoklaven vorhandenen Luft abgeblasen wurde. Vor und nach dem Auffüllen des Kohlenoxyds wurde der Autoklav gewogen, so daß das Gewicht des aufgepreßten Kohlenoxyds festgestellt werden konnte. Das Kohlenoxyd stammte von der B. A. S. F. und enthielt, außer 88,7% CO, 2,5% CO_2, 4,7% H_2 und 4,1% N_2.

Nach dem Erhitzen im elektrischen Ofen und Abkühlen auf Zimmertemperatur wurde der Autoklav wieder auf 0,1 g gewogen, so daß eine eventuelle Undichtigkeit sofort durch eine Gewichtsdifferenz festgestellt werden konnte. Der Autoklaveninhalt wurde dann nach dem Abblasen des Kohlenoxyds destilliert, wobei sich der Ester wegen seines tieferen Siedepunktes in den ersten Fraktionen vorfand; die einzelnen Fraktionen wurden mit $^n/_{10}$ NaOH und

---

[1]) Brennstoff-Chemie 2, 168 (1921); Abh. Kohle 5, 476 (1920).

Phenolphthalein als Indikator titriert. Da sich der Ameisensäuremethyl- bezw. -äthylester schon in der Kälte oder bei mäßigem Erwärmen auf dem Wasserbad leicht verseifen läßt, so hat man in der Titration ein bequemes und rasch durchführbares Verfahren zur Bestimmung der gebildeten Estermengen. Um einen Verlust beim Titrieren des Esters in der Wärme auszuschließen, wurde zuerst mit einem Überschuß an Natronlauge in der Kälte stehen gelassen, bis die Rotfärbung längere Zeit bestehen blieb, dann wurde erwärmt und der Überschuß an Lauge zurücktitriert.

Die Bildung von Ameisensäureester erfolgt schon in geringem Umfang durch Erhitzen von komprimiertem Kohlenoxyd mit Methyl- und Äthylalkohol ohne Zusatz von Katalysatoren, wie Tafel 1 zeigt.

Tafel 1.

		Alkoholmenge	CO		Temperatur	Dauer des Erhitzens	Abgeblasene Gasmenge	Zusammensetzung des abgeblasenen Gases				Verbrauch an $^{n}/_{10}$ Lauge für 100 ccm Alkohol	Gebildeter Ameisensäureester pro 100 g Alkohol
		ccm	Atm.	g	°C	St.	l	CO_2	CO	H_2	N_2	ccm	g
1	Methylalkohol	20	60	6,5	180	3	5,55	1,9	74,7	14,2	9,2	121	0,91
2	Äthylalkohol (96%ig)	20	60	6,2	250	8	5,0	17,8	57,6	15,0	9,6	68	0,58

Fassungsraum des Autoklaven 118 ccm.

Die Menge des gebildeten Ameisensäureesters ist sowohl bei Verwendung von Methyl- als auch Äthylalkohol nur gering. Bei der Reaktion entsteht besonders bei 250° Eisenkarbonyl. Das abgeblasene Gas enthielt bei Verwendung von Eisenautoklaven immer mehr Wasserstoff als das zum Versuch benutzte Kohlenoxyd; dieser ist vielleicht durch eine teilweise Zersetzung des Alkohols entstanden. Bei Verwendung von Autoklaven mit Kupfereinsatz entstand dagegen, wie die weiter unten beschriebenen Versuche zeigen, kein Wasserstoff bei der Reaktion.

Bevor wir die Wirkungsweise der Formiate bei der Ameisensäureesterbildung erkannten, haben wir verschiedene andere Substanzen, u. a. auch Kaliumhydroxyd, auf ihre Fähigkeit, die Vereinigung von Alkoholen mit Kohlenoxyd zu beschleunigen, untersucht. Es zeigte sich tatsächlich, daß Ätzkali imstande ist, eine größere Estermenge zu bilden als durch Erhitzen von Kohlenoxyd mit Alkohol allein entsteht.

Bei dreistündigem Erhitzen von 50 ccm Methylalkohol, 6,5 g Ätzkali und 12 g Kohlenoxyd von 60 Atm. in einem 250 ccm fassenden Eisenautoklaven auf 180° wurden auf 100 g Methylalkohol 3,31 g Ester gebildet, also bedeutend mehr als durch Erhitzen von Methylalkohol mit Kohlenoxyd allein. Die Wirkungsweise des Kaliumhydroxyds kann man sich so erklären, daß dieses zuerst Formiat bildet, welches dann die Vereinigung von Alkohol mit Kohlenoxyd in der oben angenommenen Weise katalysiert. Nach diesem Versuchsergebnis lag es nahe, als Katalysator Formiate zu verwenden.

20 ccm Methylalkohol, 2 g Natriumformiat und 60 Atm. Kohlenoxyd in einem Eisenautoklaven 3 Stunden auf 180° erhitzt, gaben pro 100 g Alkohol 4,56 g Ester. Das abgeblasene Gas enthielt 12,6% CO_2, 42,8% CO, 36,5% H_2 und 6,1% N_2.

Da sich bei der Benutzung von Eisenautoklaven immer größere Mengen Wasserstoff im Gas befanden, wurde zu den weiteren Versuchen ein Autoklav benutzt, der einen Einsatz aus Kupferblech besaß. Wie folgender Versuch zeigt, enthielt nun das Gas nach dem Abblasen weder Kohlendioxyd noch Wasserstoff in einer größeren Menge als schon an und für sich in dem verwendeten Kohlenoxyd vorhanden war.

100 ccm Methylalkohol, 2 g Natriumformiat, 60 Atm. Kohlenoxyd wurden 3 Stunden auf 180° erhitzt. Es wurden 17,7 l Gas abgeblasen mit 1,4% CO_2, 82,2% CO, 9,3% H_2 und 7,1% N_2. Auf 100 g Alkohol hatten sich 3,97 g Ester gebildet.

Methylalkohol und Natriumformiat wurden für diese Versuche ohne besondere Trocknung verwendet. Die Ausbeute an Ester steigt, wenn man durch sorgfältiges Trocknen des Methylalkohols und Natriumformiats für den Ausschluß der letzten Spuren von Wasser Sorge trägt. Der Methylalkohol wurde durch Einpressen von Natrium und nachheriges Destillieren, das Formiat durch Schmelzen entwässert. Bei Verwendung der getrockneten Materialien wurden 6,40 g Ester pro 100 g Alkohol gebildet, gegen 3,97 g ohne Trocknung. Die weiteren Versuche wurden daher mit sorgfältig getrockneten Substanzen durchgeführt.

Es wurde nun untersucht, welchen Einfluß die Autoklaven-[illegible] auf die Reaktion besitzt, und gefunden, daß Kupfer am [illegible] wirkt, während bei Verwendung eines Silbereinsatzes [illegible] sonst gleichen Bedingungen eine schlechtere Ausbeute an [illegible] wurde (Tafel 2). Die weiteren Versuche wurden daher [illegible] Autoklaven mit Kupfereinsätzen durchgeführt.

Tafel 2.

	Methyl-alkohol	Natrium-formiat	CO		Autoklavenwand aus	Temperatur	Dauer des Erhitzens	Abgeblasene Gasmenge	CO_2-Gehalt	Verbrauch an n/10 Lauge	Gebildete Estermenge
	ccm	g	Atm.	g		°C	St.	l	%	ccm	g/100 g Alkohol
1	100	2	60	20,2	Cu	180	3	16,7	1,6	858	6,40
2	100	2	60	—	Ag	180	3	18,8	1,8	588	4,41
3	100	2	60	21,1	Al	180	3	17,8	1,4	819	6,14

In Tafel 3 sind Versuche angeführt, die die Abhängigkeit der Ameisensäureesterbildung von der Temperatur und der Dauer des Erhitzens zeigen. Die günstigsten Ausbeuten wurden bei 200° und 3 stündigem Erhitzen erzielt. Bei 220° nahm die Ausbeute an Ester wieder ab. Bei Versuch 4 in Tafel 3 wurde auf 180° erhitzt und, sobald diese Temperatur erreicht war, abkühlen lassen.

Tafel 3.

	Methyl-alkohol	Natrium-formiat	CO		Temperatur	Dauer des Erhitzens	Abgeblasene Gasmenge	CO_2-Gehalt	Verbrauch an n/10 Lauge	Gebildete Estermenge
	ccm	g	Atm.	g	°C	St.	l	%	ccm	g/100 g Alkohol
1	100	2	60	21,8	100	9	20,2	1,1	118	0,85
2	100	2	60	20,7	150	3	17,0	1,1	295	2,21
3	100	2	60	20,5	150	9	17,7	0,7	640	4,80
4	100	2	60	20,0	180	Moment	—	1,1	740	5,55
5	100	2	60	20,2	180	3	16,7	1,6	858	6,40
6	100	2	60	19,5	200	3	16,0	1,2	925	6,94
7	100	2	60	20,7	220	3	16,4	1,4	820	6,15

Wir haben festgestellt, daß nach dem Abdestillieren des Alkohols das als Katalysator verwendete Natriumformiat unverändert geblieben ist. Der Salzrückstand reagierte nach dem Abdestillieren des gebildeten Esters sowie des überschüssigen Alkohols neutral und zeigte, mit Salzsäure versetzt, keine Entwicklung von Kohlendioxyd.

Man muß annehmen, daß die Vereinigung von Alkoholen mit Kohlenoxyd eine umkehrbare Reaktion ist, die durch Natriumformiat katalytisch beschleunigt wird. Tatsächlich begünstigt auch, wie die in Tafel 4 angeführten Versuche zeigen, Natriumformiat die Zersetzung von Methylformiat.

Tafel 4.

	Methylalkohol	Methylformiat	Natriumformiat	Temperatur	Dauer des Erhitzens	Gas erhalten	Zusammensetzung N_2- und O_2-frei ger.				Gebildete Estermenge
	ccm	ccm	g	°C	St.	ccm	CO_2	CO	H_2	CH_4	g
1	100	—	2	180	3	100	2,2	47,3	50,5	—	0,06
2	40	60	—	180	3	90	5,3	58,7	36,0	—	—
3	40	60	2	180	3	350	4,6	66,5	28,6	0,3	—

Die Vereinigung von Kohlenoxyd mit Methylalkohol zu Methylformiat ist eine exotherme Reaktion, die nach der Gleichung $CO + CH_3OH = HCOOCH_3 + 9320$ cal erfolgt. Mit steigender Temperatur wird also die Bildung von Methylformiat zurücktreten. Bei 200° ist wohl die Einstellung des Gleichgewichts im wesentlichen erfolgt, denn bei 180° wurde bei dreistündigem Erhitzen nicht viel mehr Ester gebildet als bei momentanem Erhitzen und bei 220° wurden wieder geringere Esterausbeuten erzielt. Bei einer niedrigeren Reaktionstemperatur, bei der das Gleichgewicht sich auf die Esterseite verschiebt und daher theoretisch größere Esterausbeute zu erzielen wären, ist die Reaktionsgeschwindigkeit bei Verwendung von Natriumformiat als Katalysator zu gering, um in kurzer Zeit zu großen Esterausbeuten zu gelangen. Die Versuche mit neunstündiger Dauer bei 100 und 150° ergaben keine befriedigenden Ausbeuten, es entsteht sogar weniger Ester als bei 180° und momentanem Erhitzen. Stähler[1]) hat auch erst bei sehr langer Reaktionsdauer (bis 2 Wochen) und hohem Kohlenoxyddruck (300 Atm.) bei Zimmertemperatur eine weitgehende Vereinigung von Kohlenoxyd und Alkoholen erzielt. Bei 190° erhielt er dagegen mit Äthylalkohol, Kohlenoxyd und Natriumalkoholat als Katalysator eine Ausbeute von 4%, während wir mit Methylalkohol und Kohlenoxyd bei 200° 6,94 g Ester auf 100 g Alkohol = 3,7% der Theorie bekamen. Unser Befund steht also mit dem Stählers im Einklang. Um bei niedrigerer Temperatur, bei der das Gleichgewicht für die Esterbildung günstiger sein wird, in kurzer Zeit größere Esterausbeuten zu erzielen, muß ein Katalysator gebraucht werden, der die Reaktion stärker beschleunigt als Natriumformiat. Wir haben daher andere Alkaliformiate auf ihre katalytische Wirksamkeit bei der Methylformiatbildung aus Kohlenoxyd und Methylalkohol geprüft und dabei Katalysatormengen angewandt, die den Natriumformiatmengen äquivalent waren. Wir erwarteten, daß besonders das Kaliumformiat wegen der stärker basischen Eigenschaften des Kaliums sich besser als Katalysator eignen würde. Wie Tafel 5 zeigt, ist jedoch auch das Kaliumformiat bei niedriger Temperatur nicht wirksamer als Natriumformiat. Die beabsichtigten Versuche mit Rubidium- und Cäsiumformiat wurden daher nicht ausgeführt.

Tafel 5.

Methylalkohol	Katalysator		CO		Temperatur	Dauer des Erhitzens	Abgeblasene Gasmenge	CO_2-Gehalt	Verbrauch an n/10-Lauge	Gebildete Estermenge
ccm	g	Art	Atm.	g	°C	St.	l	%	ccm	g/100 g Alkohol
100	2,50	HCOOK	60	20,2	180	8	16,7	1,9	922	7,44
100	10,0	"	60	21,0	180	8	16,5	2,1	1032	7,78
100	2,5	"	60	20,7	100	9	18,6	1,8	120	0,90
100	{ 2,5 0,53	HCOOK H_2O }	60	21,5	100	9	17,7	1,3	90	0,68
100	3,8	$(HCOO)_2KH$	60	21,5	100	9	20,1	1,5	204	1,58
100	1,58	HCOOLi	60	21,0	180	8	18,5	1,7	832	6,24
100	{ 2,5 0,6	Piperidin H_2O }	60	20,4	180	8	18,1	0,8	117	0,88

Auch saures Kaliumformiat, sowie Kaliumformiat + 1 Mol. H_2O erwiesen sich bei niedriger Reaktionstemperatur nicht wirksamer als Kaliumformiat. Saures Kaliumformiat gibt zwar eine etwas höhere Esterausbeute, doch ist diese auf die nicht gebundene Ameisensäure zurückzuführen, die mit dem Alkohol in erster Linie reagiert. Eine Titration der Reaktionslösung ohne vorherige Destillation ergab einen Verbrauch von 230 ccm $^n/_{10}$ Lauge für 100 ccm Alkohol. Das Destillat verbrauchte dagegen 204 ccm $^n/_{10}$ Lauge. Die zugesetzte Menge $(HCOO)_2KH$ soll 286 ccm $^n/_{10}$ Lauge verbrauchen. Der größere Teil der nicht an Kalium gebundenen Ameisensäure ist also verestert worden, während ein kleinerer Teil zerfallen ist, wie die verhältnismäßig große Menge abgeblasenen Gases zeigt.

Piperidin gibt, unter gleichen Bedingungen wie Natrium-, Kalium- und Lithiumformiat als Katalysator angewandt, nur wenig Methylformiat. Versuche mit Natriumformiat als Katalysator im Schüttelautoklaven ergaben keine raschere Vereinigung von Kohlenoxyd und Methylalkohol als die im feststehenden Autoklaven. Die Versuche wurden daher nicht weiter fortgesetzt.

Es wurde auch noch versucht, ob Chlorwasserstoff und Kupferchlorür die Vereinigung von Alkohol und Kohlenoxyd begünstigt. 100 ccm Methylalkohol, die 4,1 g HCl enthielten, 3 g CuCl, 60 Atm. CO wurden in einem Autoklaven mit Kupfereinsatz 3 Stunden auf 150° erhitzt. Nach dem Abkühlen wurde das Gas abgeblasen und durch flüssige Luft gekühlt. Es konnte so eine Flüssigkeit kondensiert werden, die sich durch ihren Siedepunkt (—21°) im wesentlichen als Methylchlorid zu erkennen gab.

Durch Einstellen des Autoklaven in warmes Wasser wurde alles Methylchlorid, sowie eventuell gebildetes Methylformiat überdestilliert. Nach dem Verdampfen des Methylchlorids blieben nur einige Tropfen Methylalkohol zurück, die Ameisensäureestergeruch zeigten. Nennenswerte Mengen Methylformiat sind also nicht gebildet worden. Auch beim Erhitzen von Methylalkohol, Kohlenoxyd (60 Atm.) und CuCl ohne HCl auf 150° bildet sich kein Methylformiat.

Zusammenfassung.

Es wurde gefunden, daß Alkaliformiate die Fähigkeit besitzen, die Vereinigung von Alkoholen mit Kohlenoxyd unter Druck zu Ameisensäureestern katalytisch zu beschleunigen. Ein gradueller Unterschied in der Wirksamkeit der einzelnen Alkaliformiate konnte jedoch nicht festgestellt werden.

Mülheim-Ruhr, Oktober 1921.

39. Über die Säuren des Montanwachses.

Von

Hans Tropsch und Alfred Kreutzer.

Brennstoff-Chemie **3**, 177, 193, 212 (1922).

Das durch Extraktion von bitumenreicher mitteldeutscher Braunkohle (Schwelkohle) gewonnene Montanwachs besteht aus einem wachsartigen und einem harzartigen Teil. Außerdem enthält es noch geringe Mengen Huminsäuren, die wohl bei der Benzol- oder Benzol-Alkohol-Extraktion[1]) der Braunkohle mit herausgelöst worden sind. Wachs- und Harzsubstanz lassen sich durch verschiedene Lösungsmittel wenigstens annähernd trennen[2]) und besonders Graefe[3]) hat festgestellt, daß das Montanwachs je nach seiner Herkunft einen sehr schwankenden Harzgehalt aufweist.

Über die Zusammensetzung der eigentlichen Wachssubstanz liegen verschiedene Untersuchungen vor, wonach sie aus Montansäureestern von aliphatischen Alkoholen neben freier Montansäure besteht.

Über die Molekulargröße der Alkohole herrschte lange Zeit große Unklarheit. Kraemer und Spilker[4]) vermuteten im Montanwachs aus Pyropissit Alkohole mit 20—22 Kohlenstoffatomen. Marcusson und Smelkus[5]) erhielten aus dem Acetonextrakt der Kalksalze, die sie durch Fällen mit Chlorcalcium aus den Verseifungsprodukten erhalten hatten, ein nicht einheitliches Gemisch aliphatischer gesättigter Alkohole (Schmp. 78—80°), deren mittleres Molekulargewicht sie zu 356 feststellten, was z. B. einem Alkohol

---

[1]) Riebecksche Montanwerke, D. R. P. 305349; C. **1918**, I, 979.

[2]) Marcusson und Smelkus, Chem. Ztg. **41**, 129 (1917); Braunkohle **17**, 345 (1918); Schneider, Abh. Kohle **4**, 365 (1919); Graefe, Braunkohlen- u. Brikettind. **14**, 297 (1921); Brennstoff-Chemie **3**, 59 (1922).

[3]) a. a. O.

[4]) B. **35**, 1317 (1902).

[5]) a. a. O.

von der Formel $C_{24}H_{50}O$ entspräche. Erst Pschorr und Pfaff[1]) haben aus dem Verseifungsprodukt von Rohmontanwachs aus mitteldeutscher Schwelkohle Tetrakosanol $C_{24}H_{50}O$, Schmp. 83°, Cerylalkohol $C_{26}H_{54}O$, Schmp. 79° und Myricylalkohol $C_{30}H_{62}O$, Schmp. 88° isoliert. Es gelang ihnen die Trennung durch Acetylierung des Alkoholgemisches mit Essigsäureanhydrid, fraktionierte Kristallisation der Acetylverbindungen aus Äther-Alkohol (1 : 1) und Verseifung der reinen Acetate mit alkoholischem Kali.

Eine weit ausgedehntere Literatur besteht über die sauren Bestandteile des Montanwachses bezw. über die Montansäure selbst. Schon 1852 hat Brückner[2]) aus der Braunkohle von Gerstewitz bei Weißenfels eine Säure vom Schmelzpunkt 82° isoliert und sie „Geocerinsäure" genannt. Aus der Analyse des Bleisalzes berechnete er die Formel $C_{28}H_{56}O_2$. Genauere Angaben über diese Säure wurden von Hell[3]) gemacht. Allerdings hat dieser Forscher sowie nach ihm verschiedene andere die „Geocerinsäure" nicht aus dem Rohmontanwachs, sondern aus dem nach dem Verfahren von v. Boyen[4]) technisch durch Destillation mit überhitztem Wasserdampf und Bleichen mit verschiedenen Agenzien erhaltenen „gereinigten" oder „raffinierten" Montanwachs isoliert, das wohl bei diesem Verfahren stärker verändert worden ist, da es nach den Untersuchungen von Grün und Ulbrich[5]) auch ketonartige Verbindungen wie das Montanon enthält, die erst bei der „Raffination" aus der Montansäure entstanden sind.

Hell erhielt die freie Säure durch Verseifen des raffinierten Montanwachses mit Ätzkali, Extraktion der Seife mit Ligroin und Zersetzung des Kaliumsalzes mit Mineralsäure. Sie zeigte den Schmp. 83—84°. Zur Feststellung, ob das vorliegende Produkt eine einheitliche Säure war, löste er es in Alkohol und unterwarf es einer systematischen fraktionierten Fällung mit Magnesiumacetat. Der Schmelzpunkt der aus den einzelnen Fällungen wieder abgeschiedenen Säure differierte nur sehr wenig; es gelang überhaupt nicht, ihn über 84,5° zu erhöhen, auch nicht über das Blei- und Kaliumsalz. Die Elementaranalyse der freien Säure wie auch des

---

[1]) B. 53, 2147 (1920); Brennstoff-Chemie 1, 78 (1920).

[2]) J. pr. [1] 57, 12 (1852).

[3]) Z. ang. 13, 556 (1900).

[4]) D. R. P. 101373; Z. ang. 12, 64 (1899).

[5]) Chem. Umschau d. Fett- u. Harzind. 23, 57 u. 24, 45; C. 1916, II, 409; 1917, 1, 1165.

Bleisalzes führten übereinstimmend zur Formel $C_{29}H_{58}O_2$. Zum weiteren Nachweis der Einheitlichkeit hat Hell die 4. Fällung seiner Säure in den Methylester verwandelt, diesen einer zweimaligen Destillation im Vakuum bei 14 mm Druck unterworfen, wobei er vollständig unzersetzt überging, und aus der ersten zwischen 296—98° übergehenden Fraktion des Destillats die Säure wieder abgeschieden. Ihr Schmelzpunkt lag nur ganz wenig unter 84°, die Analyse des Bleisalzes stimmte auch wieder am besten auf die Formel $C_{29}H_{58}O_2$. Hell kommt nach seinen Untersuchungen zu dem Schluß, daß die sauren Bestandteile des Braunkohlenbitumens fast ausschließlich aus Montansäure bestehen, die bestimmt verschieden ist, schon dem Schmelzpunkt nach, von der Lignocerinsäure wie auch von der Cerotinsäure und Myricinsäure der Wachsarten. Zu der Untersuchung von Hell ist zu bemerken, daß dieser Autor die Zusammensetzung der Montansäure durch Elementaranalyse und Analyse des Bleisalzes bestimmte. Die bei den Elementaranalysen erhaltenen Resultate liegen jedoch bei einer so hochmolekularen Säure, wie es die Montansäure ist, innerhalb der Fehlergrenzen, so daß man auf diesem Wege zu keinen ganz zweifelsfreien Werten gelangt. Einwandfreier ist die Bestimmung der Äquivalentgewichte durch Titration mit alkoholischer Lauge. Diese zuerst von Lewkowitsch[1]) zur Ermittlung der Molekulargröße der Cerotinsäure angewandte Methode ist dann auch später bei der Montansäure in Anwendung gebracht worden.

Die Bezeichnung „Montansäure" für die im Montanwachs vorkommende Säure wurde zuerst von v. Boyen[2]) gebraucht.

Eisenreich[3]) konnte dann die Hellsche Formel für die Montansäure, die er mit einem Schmp. von 82,5° aus raffiniertem Montanwachs von Schliemann erhalten hatte, bestätigen.

Spätere Forscher sind jedoch von der Formel $C_{29}H_{58}O_2$ abgekommen und behaupten, daß die Montansäure der Formel $C_{28}H_{56}O_2$ entspräche. So haben Ryan und Dillon[4]) aus irischem Torf ein gelblichweißes kristallinisches Wachs extrahiert und daraus Montansäure als Kristalle aus Alkohol mit dem Schmp. 83° und von der Zusammensetzung $C_{28}H_{56}O_2$ erhalten. Easterfield und Taylor[5])

---

1) Proc. Chem. Soc. **1890**, 92.
2) Z. ang. **14**, 1110 (1901).
3) Chem. Revue der Fett- u. Harzind. **16**, 211 (1909); C. **1909**, II, 1083.
4) The Scient. Proc. Roy. Dubl. Soc. **12**, 202 (1909); C. **1913**, II, 2048.
5) Soc. **99**, 2302 (1911).

gewannen aus Montanwachs eine Säure, die mehrfach aus Alkohol und Eisessig umkristallisiert den konstanten Schmp. 82,5° zeigte. Der Titrationswert stimmte mit der Formel $C_{29}H_{58}O_2$ überein.

Auf Grund einer sehr eingehenden Untersuchung der Montansäure kommen **Hans Meyer** und **Brod**[1]) zu dem Ergebnis, daß ihr die Formel $C_{28}H_{56}O_2$ zuzuschreiben ist. Als Ausgangsmaterial diente ihnen raffiniertes Montanwachs, das eine weißliche harte bei etwa 70° schmelzende kristallinische Masse darstellte und nach ihren Angaben etwa 90% Säure enthielt. Zur Darstellung reiner Montansäure haben **Hans Meyer** und **Brod** das Wachs in einem Gemisch von Alkohol und Xylol gelöst und durch 10stündiges Erhitzen am Rückflußkühler mit Ätzkali verseift. Das getrocknete Kaliumsalz haben sie durch Extraktion mit siedendem Benzol von nicht verseiften Bestandteilen befreit und daraus durch wiederholtes Kochen mit konzentrierter Salzsäure die freie Säure wieder abgeschieden. Diese schmolz dann über Wasser ganz klar und erstarrte strahlig-kristallinisch. Durch oftmaliges Umkristallisieren aus Eisessig und Benzol unter Zusatz von Tierkohle ließ sich ihr Schmp. auf 83—84° erhöhen. Weitere Reinigungsversuche mit Tetrachlorkohlenstoff und anderen Lösungsmitteln, auch fraktioniertes Fällen der Lithiumsalze, Reinigung derselben durch Extraktion mit hochsiedendem Petroläther ergaben nach Wiederabscheidung der Säure schwankende Resultate bei der Molekulargewichtsbestimmung durch Titration. Bei der Verwandlung der gereinigten Lithiumsalze in das Säurechlorid mittels Thionylchlorids und Umwandlung in den Methylester schieden sich zwar einige Verunreinigungen in Form eines schwarzen Harzes ab, aber bei der nachfolgenden fraktionierten Kristallisation des Esters ergaben die einzelnen Fraktionen verschiedene Schmelzpunkte 68,5°, 72° usw. Der Ester wurde dann mit Lithiumhydroxyd verseift, die aus dem Lithiumsalz abgeschiedene Säure mit Magnesiumacetat fraktioniert gefällt, wieder in das Lithiumsalz verwandelt, nochmals mit Thionylchlorid verestert, die reinste Partie des Esters wieder über das Lithiumsalz gereinigt, endlich verseift und die Säure aus Eisessig umkristallisiert. Sie wurde jetzt in schönen seidenglänzenden Schuppen vom Schmp. 86° erhalten, die Titration ergab den Wert 425,2. Eine Säure von der Zusammensetzung $C_{28}H_{56}O_2$ verlangt den Wert 424,4.

[1]) M. 34, 1143 (1913).

Meyer und Brod haben noch ein anderes Verfahren ausgearbeitet, um kleinere Mengen Montansäure schnell zu reinigen[1]). Die rohe Säure wurde hierbei mit konzentrierter Schwefelsäure eine Stunde lang auf dem Wasserbade verrührt, wobei sie sich vollständig löste; dann wurde in Wasser gegossen, die ausgeschiedene Säure mit Wasser gewaschen, mit konzentrierter Kalilauge verrührt und mit einer 2%igen Permanganatlösung eine Stunde lang gekocht. Nach Zerstörung des überschüssigen Permanganats zeigte jetzt die vollständig farblose Säure, über Wasser mehrfach umgeschmolzen und aus Eisessig zweimal umkristallisiert, das scheinbare Äquivalentgewicht 429,3, welcher Wert wiederum ziemlich gut auf die Formel $C_{28}H_{56}O_2$ stimmt.

Auch Pschorr und Pfaff[2]) haben aus Rohmontanwachs reine Montansäure hergestellt. Sie schlugen dabei folgenden Weg ein: Das Wachs wurde zunächst mit Äther vorextrahiert, dann erschöpfend mit Aceton behandelt. Nach Abdestillieren der Extraktionsmittel erhielten sie aus dem Ätherextrakt ein klebriges braunes Harz, aus dem Acetonextrakt eine krümelige braune Masse. Der extrahierte Rückstand bildete als dritte Fraktion ein staubfeines graubraunes Pulver. Alle drei Anteile wurden getrennt der Verseifung mit alkoholischem Kali unter Zusatz von Benzol unterworfen, die Kaliseife mit Chlorcalcium in die Kalkseife verwandelt und diese erschöpfend mit Aceton extrahiert. Die Extrakte enthielten die Alkohole und das Unverseifbare, die Rückstände die Kalksalze der sauren Bestandteile des Montanwachses. Aus den Kalksalzen aller drei Fraktionen konnten Pschorr und Pfaff Montansäure von der Zusammensetzung $C_{28}H_{56}O_2$ isolieren, und zwar nach einem Verfahren, das sie für zweckmäßiger halten als das von Hans Meyer und Brod. Die Abtrennung der harzigen und schmierigen Bestandteile der Rohsäure wird hier durch Veresterung der Rohsäuren mit Äthylalkohol und Schwefelsäure bzw. Alkohol und gasförmiger Salzsäure bewirkt. Der Montansäureäthylester erwies sich nämlich in Alkohol wesentlich leichter löslich als die Beimengungen und wurde durch Dekantieren der heißen Lösung von diesen getrennt. Nach wiederholtem Umkristallisieren aus Äthylalkohol unter Zusatz von Tierkohle zeigte der Ester den konstanten Schmp. 66,5°, die daraus durch saure Verseifung abgeschiedene freie Säure

---

[1]) a. a. O.
[2]) a. a. O.

schmolz nach mehrmaligem Umkristallisieren aus Eisessig und Benzol bei 83,5°. Die Titration ergab den Wert 426, übereinstimmend mit der Formel $C_{28}H_{56}O_2$.

Kliegl, Schmid und Merkel[1]) versuchten die Frage, ob die Montansäure die Formel $C_{28}H_{56}O_2$ oder $C_{29}H_{58}O_2$ besitzt, auf synthetischem Wege zu lösen, durch Klärung der vermuteten Beziehungen zwischen Montansäure, Cerotinsäure und Melissinsäure. Sie gingen dabei von Montansäureamid aus. Aus diesem wurde auf folgendem Wege das „Montylchlorid" hergestellt: $R \cdot CONH_2 \rightarrow R \cdot CN \rightarrow R \cdot CH_2NH_2 \rightarrow R \cdot CH_2NHCOC_6H_5 \rightarrow R \cdot CH_2Cl$. Durch Kondensation von $R \cdot CH_2Cl$ mit Cyankalium bzw. mit Natriummalonsäureester und entsprechende Weiterverarbeitung der Kondensationsprodukte ließen sich „Montylameisensäure" und „Montylessigsäure" gewinnen. Letztere erwies sich als identisch mit Melissinsäure $C_{31}H_{62}O_2$ (aus Bienenwachs-Myricylalkohol). Andererseits wurden durch Anwendung des Hofmannschen und Krafftschen Säureabbauverfahrens aus Montansäure die beiden nächst niederen Glieder der Reihe dargestellt. Diese erwiesen sich dann als identisch mit den aus Ceryljodid mittels Cyankaliumkondensation bzw. Malonsäureestersynthese erhaltenen Aufbauprodukten der Cerylameisensäure und Cerylessigsäure. Unter der Voraussetzung, daß dem Cerylalkohol (aus Gheddawachs) die Formel $C_{26}H_{54}O$ zukommt, muß dann der Montansäure die Formel $C_{29}H_{58}O_2$ zugeschrieben werden[2]).

Wie aus den zahlreichen Literaturstellen hervorgeht, herrscht bis jetzt keine Übereinstimmung darüber, ob der Montansäure die Formel $C_{28}H_{56}O_2$ oder $C_{29}H_{58}O_2$ zukommt. Die Entscheidung ist deshalb besonders schwierig, weil die Darstellung reiner Säure außerordentlich umständlich ist, dann aber auch, weil die bei der Elementaranalyse erhaltenen Werte keinen sicheren Anhalt geben, da die Prozentzahlen für beide Formeln annähernd gleich sind. Dagegen kann man durch Titration der Fettsäure mit alkoholischer Kalilauge eine Differenz von 14 Einheiten im Äquivalent- bezw. Molekulargewicht sicher erkennen, denn die Säure $C_{28}H_{56}O_2$ mit dem Molekulargewicht 424,45 erfordert bei einer Einwage von 0,5 g

[1]) Chem. Ztg. 45, 201 (1921).

[2]) Erst nach Abschluß unserer Untersuchung brachten wir in Erfahrung, daß die Arbeit von Kliegl, Schmid und Merkel, die uns nur durch ein Referat in der Chem. Ztg. bekannt war, in den Dissertationen von H. Schmid, Tübingen 1915, und M. Merkel, Tübingen 1916, enthalten ist.

11,75 ccm $^n/_{10}$ Lauge zur Neutralisation, während die Säure $C_{29}H_{58}O_2$ mit dem Molekulargewicht 438,46 11,40 ccm verbraucht, Unterschiede, die außerhalb der Fehlergrenzen liegen.

Eigene Versuche[1]).

Die Formel der Montansäure schien uns nach den verschiedenen Untersuchungen noch nicht endgültig entschieden. Die differierenden Befunde konnten möglicherweise darauf zurückzuführen sein, daß das Montanwachs neben der Montansäure noch eine andere in dieselbe Reihe gehörige und ihr sehr ähnliche Säure mit niedrigerem oder höherem Molekulargewicht enthält, die sich nach den angewandten Methoden nur schwer von der Montansäure trennen läßt. Es schien uns auch wenig wahrscheinlich, daß das Montanwachs neben mehreren aliphatischen Alkoholen nur eine einzige der Reihe $C_nH_{2n}O_2$ angehörige Säure enthalten sollte.

Wir haben deshalb das Montanwachs bezw. die daraus isolierten Säuren in dieser Hinsicht untersucht.

Als Ausgangsmaterial diente uns Rohmontanwachs von den A. Riebeckschen Montanwerken A.-G., Halle a. d. S. (Werk Webau).

Das Produkt hatte einen Schmelzpunkt von 80°, die Säurezahl 34,1 und die Verseifungszahl 82,8. Es war von schwarzbrauner Farbe mit glänzender Oberfläche und mattglänzendem muschligen Bruch.

Die Säurezahl wurde nach Eisenreich[2]) bestimmt durch Lösen des Wachses in einem neutralisierten Gemisch von Äthyl- und Amylalkohol (1 : 2) und Titrieren mit $^n/_{10}$ alkoholischer Kalilauge und Phenolphthalein als Indikator. Für die Verseifungszahl erhielten wir verschiedene Werte, je nachdem wir das Montanwachs mit Benzol und $^n/_2$ alkoholischer Kalilauge 6 Stunden am Rückflußkühler verseiften[3]) oder nach Pschorr und Pfaff[4]) nur eine halbe Stunde mit $^n/_{10}$ alkoholischer Kalilauge auf dem Wasserbad kochten. Während nach der Benzolmethode als Verseifungszahl 82,8 gefunden wurde, ergab die Methode von Pschorr und Pfaff nur 63,4.

[1]) Vorläufige Mitteilung, Brennstoff-Chemie 3, 49 (1922).

[2]) Holde, Untersuchung der Kohlenwasserstofföle und Fette, 4. Aufl., S. 321 (1913).

[3]) Holde, a. a. O.

[4]) B. 53, 2147 (1920); Brennstoff-Chemie 1, 73 (1920).

Die in der Arbeit von Pschorr und Pfaff[1]) angeführten Werte für die Verseifungszahl des Montanwachses sind deshalb auch zu niedrig[2]).

Da der Farbenumschlag bei der Titration von so dunkel gefärbten Lösungen, wie die von Montanwachs und seinen Verseifungsprodukten nur schwer zu erkennen ist, so entfernt Salvaterra[3]) die dunkel gefärbten Substanzen durch Ausfällen mit Bariumchloridlösung und titriert in dem farblosen Filtrat den Überschuß an Lauge mit $^n/_2$ HCl und Phenolphthalein zurück.

Wir haben nun gefunden, daß man auch nach der gewöhnlichen Methode, also sechsstündiges Verseifen am Rückflußkühler mit alkoholischer Lauge und Benzol unter Zugabe von Phenolphthalein einen gut zu beobachtenden Farbenumschlag erhält, wenn man gegen Ende der Titration die dunkeln Lösungen mit etwas Wasser verdünnt und die milchig-trübe, alkalische, rotgefärbte Lösung mit Säure bis zum Verschwinden der roten Farbe titriert. Beide Methoden, sowohl die eben geschilderte, als auch die von Salvaterra ergaben übereinstimmende Werte, wobei jedoch unsere Methode rascher durchführbar ist.

Nach Hans Meyer und Brod, die gereinigtes Montanwachs verwendeten, und nach Pschorr und Pfaff, die von rohem Wachs ausgingen, mußte man annehmen, daß die Montansäure leicht in größeren Mengen und in guter Reinheit als einheitliches Produkt aus dem Montanwachs zu isolieren wäre. Vorversuche, die zunächst geschildert werden sollen, bestärkten jedoch die Ansicht, daß im Montanwachs neben der Montansäure zumindest Säuren mit niedrigerem Molekulargewicht, als einer Verbindung von der Formel $C_{28}H_{56}O_2$ entspricht, vorhanden sind.

---

[1]) a. a. O.

[2]) Von Herrn Geheimrat Pschorr wurde uns eine Probe des von ihm in Gemeinschaft mit Pfaff untersuchten Montanwachses zur Verfügung gestellt, dessen Verseifungszahl nach beiden Methoden bestimmt wurde.

Darstellung der Rohsäuren.

Zur Darstellung größerer Mengen der im Rohmontanwachs enthaltenen Fettsäuren wurde anfangs die übliche Verseifung des Wachses durch sechsstündiges Kochen am Rückflußkühler mit einem Gemisch von alkoholischer Kalilauge und Xylol durchgeführt. Beim Erkalten bildete das verseifte Wachs eine dunkelbraune lockere Masse, die feingepulvert von zimtbrauner Farbe war. Mittels Benzol ließen sich daraus reichliche Mengen harzartiger Produkte und Wachsalkohole extrahieren, die nicht weiter untersucht wurden. Als Rückstand blieben nach 16 Stunden die Kaliumsalze der Montanwachssäuren als ein etwas heller gefärbtes gelbbraunes Pulver.

Rascher und billiger kann nach Franz Fischer und W. Schneider[1]) die Verseifung des Montanwachses durch Erhitzen mit 2 n. wässeriger Lauge auf 200° durchgeführt werden. Wir haben stärkere Lauge und niedrigere Temperatur gewählt und dabei eine ebenso glatte Verseifung erzielt.

500 g grobzerkleinertes rohes Montanwachs und 1 l 5 n. Kalilauge wurden in dem von Franz Fischer[2]) konstruierten Schüttelautoklaven von 2,5 l Fassungsraum langsam bis auf 165° erhitzt. Bei dieser Temperatur zeigte das Manometer einen Druck von etwa 10 Atm. an. Die Verseifung war nach 1½stündigem Schütteln bei dieser Temperatur vollendet. Beim Öffnen des erkalteten Autoklaven wurde kein Gasdruck in demselben wahrgenommen, ein Beweis, daß keinerlei Zersetzung unter Gasabspaltung eingetreten war. Die Lauge hatte auch kein Kohlendioxyd, das durch eine eventuelle Zersetzung entstanden sein konnte, aufgenommen, was durch Ansäuern mit Salzsäure festgestellt wurde. Der Inhalt des Autoklaven bestand aus braungefärbter Lauge, aus der sich beim Neutralisieren mit Salzsäure ein brauner huminsäureartiger Körper ausfällen ließ, und aus dem verseiften Wachs, das eine dunkelbraune, ziemlich feste Masse darstellte. Da die gebildeten Kaliumsalze in wässerigem Alkali unlöslich, die Huminsäuren dagegen löslich sind, erzielt man nach dieser Methode schon eine weitgehende Abtrennung dieser Substanzen. Die feste Masse wurde zerkleinert und durch Auswaschen mit kaltem Wasser möglichst von überschüssigem Alkali befreit, dann getrocknet und feingepulvert in einen größeren Extraktionsapparat gegeben, der nach

[1]) Abh. Kohle 4, 181 (1919).

[2]) Abh. Kohle 4, 16 (1919).

dem Soxhletprinzip konstruiert war. Nach dreitägiger Extraktion mit siedendem Benzol lief der Extrakt fast farblos ab und hinterließ beim Abdampfen so gut wie keinen Rückstand. Die Extraktion kann allerdings nicht so weit getrieben werden, daß das Benzol ganz rückstandsfrei wird, da auch die Kaliumsalze der Säuren in geringem Maße von diesem Lösungsmittel bei andauerndem Extrahieren aufgenommen werden. Das herausgenommene rohe Kaliumsalz wurde vom Benzol befreit, nochmals zerrieben und einige Stunden mit Benzol nachextrahiert. Es war, getrocknet und gepulvert, von zimtbrauner Farbe. Aus 500 g Rohmontanwachs wurden 350 g rohes Kaliumsalz erhalten.

Um aus dem rohen Kaliumsalz die Säure in Freiheit zu setzen, wurde es mit konz. Salzsäure übergossen und nach dem Verdünnen mit Wasser solange erhitzt, bis die Säure auf der verdünnten Salzsäure vollständig geschmolzen war. Sie schied sich dann beim Erkalten auf der Oberfläche als dunkelbrauner, fester Kuchen ab, der leicht von der wässerigen Lösung getrennt werden konnte.

Die weitere Reinigung der rohen Säure versuchten wir zuerst nach dem Verfahren von Hans Meyer und Brod[1]) vorzunehmen. Die Säure wurde getrocknet, feingepulvert und mit konz. Schwefelsäure auf dem Wasserbad verrührt. Dabei wurde jedoch trotz längeren Erwärmens keine vollständige Lösung beobachtet. Ein Teil blieb als dunkel gefärbte harzartige Masse ungelöst auf der Schwefelsäure. Es entwickelte sich bei dem Prozeß schweflige Säure. Nach 2 Stunden wurde vorsichtig in Wasser gegossen, wobei sich schwarze Krusten abschieden, die gewaschen und in alkalischer Lösung solange mit Permanganat behandelt wurden, bis die Flüssigkeit deutlich violett blieb. Nach Entfernung des überschüssigen Permanganats mit Bisulfit und Schwefelsäure schied sich die Säure in gelblichweißen Flocken ab. Sie wurde mehrfach über Wasser umgeschmolzen, bis das Waschwasser neutrale Reaktion zeigte, dann zweimal aus Eisessig umkristallisiert und im Vakuumexsikkator über Ätzkali vom Eisessig befreit. Die so erhaltene Säure, die ein amorphes weißes Pulver darstellte, zeigte den Schmelzpunkt 82/83° und ergab bei der Titration den Wert 350 für das Äquivalentgewicht.

Die Bestimmung des Äquivalentgewichtes wurde, wie auch im folgenden, stets so ausgeführt, daß 0,5—1 g der Säure in 50 bis

---

[1]) a. a. O.

100 ccm genau neutralisiertem Alkohol unter Erwärmen gelöst und mit $^n/_{10}$ alkoholischer Kalilauge unter Zusatz von Phenolphthalein als Indikator heiß titriert wurde bis bleibende Rotfärbung auftrat. Das Kaliumsalz der Säure fiel dann beim Erkalten gallertartig aus. Die alkoholische Lauge wurde jedesmal gegen reine Bernsteinsäure mit Phenolphthalein als Indikator eingestellt.

Das oben gefundene niedrige Äquivalentgewicht ließ vermuten, daß der Eisessig selbst im Vakuum nur unvollständig entfernt worden war. Überhaupt wurde die Erfahrung gemacht, daß die Säure auch im geschmolzenen Zustande den Eisessig hartnäckig festhält. Am besten läßt sich dieser entfernen, wenn man die umkristallisierte Säure auf der Nutsche zunächst mit verdünnter Essigsäure und schließlich mit Wasser nachwäscht und dann bei 105° im Vakuum trocknet. Es gelang durch weiteres Umkristallisieren aus Eisessig unter Zusatz von Tierkohle und Nachwaschen mit Wasser Säure vom Schmelzpunkt 84° und vom Äquivalentgewicht 420,2 zu erhalten.

Nach diesen orientierenden Vorversuchen schien es also möglich, auch aus rohem Montanwachs auf dem von Hans Meyer und Brod angegebenen Wege verhältnismäßig schnell zu reiner Säure zu gelangen. Es wurde daher begonnen, nun in größeren Mengen Montansäure darzustellen, um Material für weitere Untersuchungen zu gewinnen. Auch die größere Säuremenge schied sich nach der Behandlung mit Permanganat fast farblos ab, zeigte aber noch den Schmelzpunkt 80° und das Äquivalentgewicht 416,5, das auch durch mehrfaches Umkristallisieren aus Eisessig nicht erhöht werden konnte. Auch mit anderen Lösungsmitteln wurde keine weitere Reinigung der Säure erzielt. Aus Benzol fiel sie noch unansehnlicher aus und zeigte ein Äquivalentgewicht 390,1. Bei einer nochmaligen Behandlung mit Permanganat erhielten wir sogar den Wert 386,9, ein Zeichen, daß weitgehende Veränderung eingetreten war. Das Verfahren von Hans Meyer und Brod wurde daher verlassen, da es zur Darstellung größerer Mengen Montansäure nicht zuverlässig genug erschien und es wurden die aus dem Montanwachs isolierten Rohsäuren nach dem Verfahren von Pschorr und Pfaff von den harzartigen Verunreinigungen befreit.

Veresterung der Rohsäuren.

Pschorr und Pfaff gelang es, auf sehr einfachem Wege ohne umständliche Reinigung Montansäure vom Äquivalentgewicht

426 und einem Schmelzpunkt von 83,5° zu erhalten. Nach dem Verfahren wird die rohe Säure mit Alkohol und Schwefelsäure oder gasförmiger Salzsäure in der üblichen Weise verestert, der Montansäureäthylester durch Umkristallisieren aus Alkohol von harzartigen Verunreinigungen getrennt, durch Tierkohle entfärbt und daraus die freie Säure durch saure Verseifung nach Hans Meyer und Brod wieder abgeschieden.

Zur Veresterung wurden zunächst in einem Vorversuch 50 g Rohsäure mit 400 ccm Äthylalkohol und 30 ccm konz. Schwefelsäure 4 Stunden lang am Rückflußkühler auf dem Wasserbade erwärmt. Beim Verdünnen mit Wasser fiel der Ester in gelblichen Flocken aus, während sich die Verunreinigungen in Form brauner geschmolzener Tropfen absetzten. Die Masse wurde auf einer Nutsche von Wasser und Alkohol befreit, die gröberen erstarrten Tropfen zerkleinert und schwefelsäurefrei gewaschen. Dann wurde das Ganze öfter mit Äthylalkohol ausgekocht und heiß filtriert, wobei die braunen Verunreinigungen zurückblieben. Beim Erkalten schied sich der Ester als eine schleimige Gallerte ab und ließ sich nur sehr schlecht filtrieren. Zur Entfernung der letzten Anteile an Lösungsmittel wurde er schließlich geschmolzen und auf dem Wasserbade längere Zeit erwärmt. Der so erhaltene Ester war von gelbbrauner Farbe.

Ein öfteres Umkristallisieren des Esters wurde nicht vorgenommen, da nach dem beabsichtigten Untersuchungsgang, der Destillation des Esters im Vakuum, sowieso eine Reinigung schon bei der ersten Destillation erzielt wird. Die fraktionierte Destillation des Esters im Vakuum mußte auch darüber Aufschluß geben, ob der im Montanwachs enthaltene saure Anteil nur aus Montansäure besteht, oder ob noch andere Fettsäuren vorhanden sind.

Destillation des Esters im Vakuum.

Es wurden zunächst einige Vorversuche unternommen, um zu sehen, wie sich der rohe Äthylester bei der Destillation im Vakuum verhält.

12 g roher Ester wurden aus einem Fraktionierkölbchen mit [illegible]förmiger Vorlage unter einem Druck von 2 mm Hg destilliert. Zur Vermeidung des Siedeverzugs wurden einige Tonscherben verwendet und das Kölbchen im Ölbad erhitzt. Bei einer Temperatur von [illegible] (2 mm Druck) begann der Ester als schwach gelbgefärbtes

Destillat überzugehen, das zu einer hellgelben, fast weißen Masse in der Vorlage erstarrte. Bei einer Temperatur von 242° trat wegen Siedeverzugs Überschäumen ein, so daß das Destillat verunreinigt war.

Ein weiterer Destillationsversuch wurde mit 31,2 g rohem Äthylester in einem Claisenkolben ausgeführt, an dessen Destillationsrohr eine Kugel angeblasen war, von der zwei Auffanggefäße schräg nach unten abzweigten, so daß es möglich war, verschiedene Fraktionen getrennt aufzufangen. Um sofort ein regelmäßiges Destillieren ohne Gefahr des Überschäumens zu erreichen, haben wir den Ester, wie auch im folgenden, stets durch längeres Erwärmen auf dem Wasserbade und gleichzeitiges Evakuieren mit einer Wasserstrahlpumpe von den letzten Resten Alkohol befreit. Zur Vermeidung des Siedeverzuges wurde diesmal eine feine Kapillare benutzt, mit der bessere Resultate als mit den früher verwendeten Tonscherben erzielt wurden. Die Destillation wurde bei einem Druck von 4 mm Hg vorgenommen und der Kolben wiederum im Ölbad erwärmt. Bei 255° begann das Destillat fast farblos überzugehen und wurde durch Erwärmen mit einem kleinen Flämmchen in eine der Vorlagen herabgeschmolzen und dort durch Kühlen mit Wasser sofort zum Erstarren gebracht. Es gelang auf diese Weise, die nacheinander übergehenden Estermengen in der zylindrischen Vorlage in Schichten abzusetzen, die dann durch geeignetes Auseinanderschneiden in einzelne getrennt zu untersuchende Fraktionen zerlegt werden konnten. Das Thermometer stieg allmählich bis auf 290°, dann wurde die Destillation abgebrochen, da die Vorlagen gefüllt waren.

In einem mit flüssiger Luft gekühlten Gefäß, das sich zur Schonung der Ölpumpe hinter den Vorlagen befand, hatten sich keine nennenswerten Gasmengen kondensiert, so daß also bei der Destillation keine wesentliche Zersetzung eingetreten sein konnte. Das Gefäß enthielt nur geringe Mengen einer unangenehm nach organischen Schwefelverbindungen riechenden wässerigen Flüssigkeit.

Der erstarrte Inhalt der beiden zylindrischen Vorlagen wurde in 6 Fraktionen zu 3,6, 2,0, 3,0, 1,1, 3,4 und 2,2 g zerlegt. Die Fraktionen II und V wurden genauer untersucht. Fraktion II zeigte nach dem Umkristallisieren aus Äthylalkohol, aus dem der Ester in seidenglänzenden Schüppchen ausfiel, den Schmelzpunkt 62°, während die Fraktion V, auf dieselbe Weise gereinigt, bei 65 bis $65^1/_2$° schmolz. Die saure Verseifung des bei 62° schmelzenden

Esters nach dem Verfahren von Hans Meyer und Brod gab wenig befriedigende Resultate, denn wie die Titration der abgeschiedenen Säure, sowie der Schmelzpunkt derselben zeigte, der nur 75° betrug, war die Verseifung nach dieser Zeit noch nicht beendet. Der Ester wurde deshalb mit alkoholischer Kalilauge verseift. Einstündiges Kochen am Rückflußkühler genügte zur vollständigen Verseifung. Aus dem entstandenen Kaliumsalz wurde die Säure durch längeres Digerieren mit konz. Salzsäure abgeschieden und solange über Wasser umgeschmolzen, bis dieses neutrale Reaktion zeigte. Rascher kann man aus dem Kaliumsalz durch Salzsäure die Fettsäuren in Freiheit setzen, wenn man in einem Destillierkolben das Kaliumsalz mit Äther versetzt, dann konz. Salzsäure zugibt, gut durchschüttelt und auf dem Wasserbade erwärmt, wobei der Äther die in Freiheit gesetzte Fettsäure aufnimmt und so das noch nicht zersetzte Kaliumsalz der Einwirkung von Salzsäure zugänglicher macht. Durch weiteres Erwärmen wird dann der Äther abdestilliert, wobei die freie Fettsäure als klare geschmolzene Masse auf der Oberfläche der Flüssigkeit bleibt und dann wie sonst durch öfteres Umschmelzen über Wasser von den letzten Resten Salzsäure befreit wird. Durch Umkristallisieren aus Essigester gelingt es dann, die Säure vollständig aschefrei zu erhalten. Man kommt nach diesem Verfahren viel rascher zu Produkten, die keine Spur von Asche enthalten, als durch die saure Verseifung in Eisessiglösung nach Hans Meyer und Brod. Das Verfahren hat außer der Zeitersparnis auch noch den Vorteil, daß der nur sehr schwer entfernbare Eisessig vermieden wird, von dem auch nur Spuren bei der Bestimmung des Äquivalentgewichts durch Titration erheblich stören.

Die in der Fraktion II enthaltene Säure wurde durch einmaliges Umkristallisieren aus Essigester in schönen Büscheln erhalten, die unter dem Mikroskop wie Tannenzweige aussahen und den Schmelzpunkt $79^1/_2$—80° aufwiesen. Durch Titration mit $^n/_{10}$ alkoholischer Kalilauge wurde das Äquivalentgewicht 407,8 gefunden, was einer Säure von der Formel $C_{27}H_{54}O_2$ entsprechen würde, deren Molekulargewicht 410,43 beträgt.

0,5189 g Substanz verbrauchten 14,30 ccm 0,08685 n. alkoholische Lauge.

Dieser Vorversuch zeigt, daß im Montanwachs auch noch Säuren mit niedrigerem Molekulargewicht, als der Formel $C_{28}H_{56}O_2$ entspricht, vorhanden sind. Eine Trennung dieses Säuregemisches durch fraktionierte Destillation der Ester erschien deshalb aussichtsreich.

Wir gingen dabei jedoch vom Methylester aus, der aus der rohen Säure durchaus nicht so gallertartig schleimig erhalten wurde wie der Äthylester. Auch mußte sich dieser wegen seines niedrigeren Molekulargewichts und wahrscheinlich auch niedrigeren Siedepunkts besser im Vakuum destillieren lassen. Im allgemeinen sind auch die Methylester der Fettsäuren beständiger als die Äthylester, kristallisieren besser und bilden sich leichter[1]).

Wir haben auch den Methylester, der in gleicher Weise wie der Äthylester durch Kochen des rohen Säuregemisches mit Methylalkohol und konz. Schwefelsäure dargestellt wurde, in einer kleinen Menge im Vakuum destilliert. Dazu wurde ein ähnlicher Apparat wie zu dem soeben beschriebenen Versuch benutzt. An einem kleinen Claisenkölbchen war das Destillationsrohr in einem stumpfen Winkel nach aufwärts gebogen und an der tiefsten Stelle des so gebildeten Knies ein zylindrisches Gefäß zur Aufnahme des Destillats angeschmolzen. Der überdestillierende Ester wurde sofort zum Erstarren gebracht und der so erhaltene Wachszylinder konnte dann durch bloßes Auseinanderschneiden in verschiedene Fraktionen zerlegt werden.

6,3 g Methylester wurden in diesem Kölbchen unter einem Druck von 0,12 mm Hg destilliert, wobei das Estergemisch bei 194° zu destillieren begann und bis 220° siedete. Zwei herausgeschnittene Fraktionen wurden aus Methylalkohol umkristallisiert. Aus einem niedriger siedenden Anteil wurde ein bei 63 bis 64° schmelzender Methylester erhalten, der nach der Verseifung eine Säure vom Äquivalentgewicht 417,0 ergab.

0,5570 g Substanz verbrauchten 15,39 ccm 0,0868 n. alkoholische Lauge.

Aus einer höheren Fraktion wurde auf dieselbe Weise eine Säure vom scheinbaren Äquivalentgewicht 424,8 isoliert.

1,0849 g Substanz verbrauchten 29,42 ccm 0,0868 n. alkoholische Lauge.

Es war also auch selbst bei Verwendung einer so kleinen Substanzmenge durch die fraktionierte Destillation eine deutliche Trennung in die Methylester von Säuren mit verschiedenem Äquivalentgewicht eingetreten.

---

[1]) H. Meyer, Analyse u. Konstitutionsermittl. org. Verb., 2. Aufl., 582 (1909).

Es wurde nunmehr eine größere Menge von Methylester der im Montanwachs enthaltenen Säuren hergestellt und dieses Estergemisch einer viermaligen systematischen fraktionierten Destillation unterworfen.

Zur Veresterung der rohen Säuren mit Methylalkohol und konz. Schwefelsäure wurden je 100 g der rohen Säuren mit 2 l Methylalkohol und 100 ccm konz. Schwefelsäure 15 Stunden am Rückflußkühler erhitzt. Wegen der schweren Löslichkeit der Ester als auch der Säuren mußten verhältnismäßig große Alkoholmengen benutzt werden. Da sowohl die Methylester als auch die Säuren in Petroläther leicht löslich sind, wurde versucht, die in einem Gemisch von Methylalkohol und Petroläther gelösten Säuren mit Hilfe von konz. Schwefelsäure zu verestern. Da beim Zusatz von Schwefelsäure eine Trennung der Lösung in eine Alkohol- und eine Petrolätherschicht eintrat, so wurde durch ein Rührwerk kräftig gerührt, um ein Durchmischen der beiden Flüssigkeiten zu erzielen. Es wurde jedoch auch dadurch keine wesentlich raschere Veresterung erreicht, so daß schließlich das zuerst beschriebene Verfahren weiter angewendet wurde, das allerdings verhältnismäßig viel Methylalkohol erfordert, den man jedoch fast vollständig zurückgewinnen kann. Nach beendeter Veresterung wurde durch einen Heißwassertrichter filtriert, wobei auf dem Filter die harzartigen Verunreinigungen, die noch etwas Ester enthielten, zurückblieben. Das beim Erkalten der Lösung in gelben Flocken ausgefallene Estergemisch wurde abfiltriert, neutral gewaschen, getrocknet und ohne weitere Reinigung zur Destillation verwandt. Aus den feingepulverten, neutral gewaschenen, braunen Rückständen konnten durch Extraktion mit Methylalkohol in einem größeren Extraktionsapparat weitere Estermengen erhalten werden, die ebenfalls ohne besondere Reinigung der fraktionierten Destillation unterworfen wurden.

Zur Vakuumdestillation wurde die folgende Apparatur benutzt (Abb. 1). Das Destillationsrohr eines etwa 200 ccm fassenden Claisenkolbens führt senkrecht nach unten abgebogen durch einen doppelt durchbohrten Gummistopfen in eine Vorlage nach Stein-[illegible][1]), ein zylindrisches Gefäß mit aufgeschliffenem Deckel, der [illegible] Tubus besitzt. In der Vorlage steht ein leicht drehbares [illegible]gestell für 6 Auffanggefäße (Reagensgläser), an welchem zwei

[1]) [illegible]-Weyl, Die Methoden der organ. Chemie I, 2. Aufl., S. 567.

nicht zu leichte Eisenstücke so befestigt sind, daß sie der Glaswand der Vorlage möglichst nahe kommen, ohne jedoch die Drehbarkeit des Gestells zu behindern. Mit Hilfe eines an die Außenwand des Gefäßes angelegten kräftigen Elektromagneten, dessen Pole parallel zu diesen Eisenstücken laufen, und die sich auch möglichst eng an die Glaswand des Apparates anlegen, kann das die Auffanggefäße tragende Metallgestell leicht von außen gedreht werden, ohne den Apparat sonst irgendwie zu bewegen. Um ein Erstarren des übergehenden Esters im Destillationsrohr zu verhindern, wurde durch dasselbe ein 1,8 mm breites und $^1/_{10}$ mm

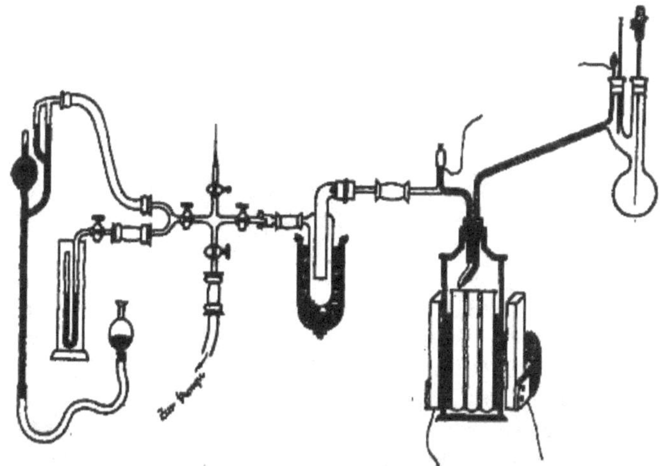

Abb. 1. Apparatur für Vakuumdestillation hochschmelzender Substanzen.

dickes, spiralig aufgerolltes Chromnickelband gezogen, das einerseits durch einen doppelt durchbohrten Gummistopfen in den zur Aufnahme des Thermometers bestimmten Hals des Claisenkolbens ging und anderseits durch ein rechtwinklig gebogenes T-Stück, das sich in einer zweiten Bohrung des Gummistopfens des Vorlagetubus befand. Die Dichtung geschah durch Gummikappen und Verschmieren mit Gummilösung. Die Heizung des Chromnickelbandes erfolgte durch mehrere Akkumulatoren, die auch den Strom für den Elektromagneten der Drehvorrichtung lieferten und durch einen Umschalter je nach Bedarf benutzt werden konnten. An das T-Stück schloß sich eine durch flüssige Luft gekühlte Vorlage und daran ein Vierwegstück, das zur Pumpe, zum Manometer und zu einem Volumometer nach Mac Leod führte. An einer Abzweigung war außerdem mittels eines Kapillarschlauches ein Wohlscher Hahn befestigt[1]), der gestattete, durch geringes Einströmenlassen von Luft den Druck während der Destillation auf einen bestimmten Betrag konstant zu halten. Zur Erzielung regelmäßigen Siedens wurde eine feine Kapillare benutzt; der Destillationskolben wurde mit Hilfe eines Ölbads geheizt.

Zur Destillation wurde der nicht weiter gereinigte Methylester, wie er nach dem früher beschriebenen Verfahren erhalten worden war, verwandt. Die Destillation des Estergemisches verlief ziemlich regelmäßig, nur selten trat durch nicht ganz zu vermeidenden Siedeverzug ein geringes Überschäumen ein. Der übergeschäumte Ester konnte jedoch durch Drehen der Vorlage von dem reinen Destillat getrennt aufgefangen und bei der nächsten Destillation wieder zugesetzt werden. Der Druck wurde konstant auf 5 mm Hg gehalten. Die Destillation begann gewöhnlich bei 225°; bis 260° gingen jedoch nur geringe Mengen Destillat über. Um ein regelmäßiges Destillieren zu erreichen, wurde die Ölbadtemperatur möglichst nur 20—30° höher gehalten als die Destillationstemperatur betrug. Das Destillat ging fast farblos über und erstarrte in der Vorlage zu einer schwach gelblich gefärbten Masse. Durch die elektrische Heizung wurde ein Verstopfen des Destillationsrohres und damit ein unregelmäßiger Verlauf der Destillation sicher vermieden. Insgesamt wurden 428 g roher Ester in 5 Teilen der fraktionierten Destillation unterworfen und das Destillat zunächst in Temperaturintervallen von 15° getrennt aufgefangen. Es wurden erhalten:

Übersicht I.

Fraktion	°C	g	%
1	bis 260	11,5	2,7
2	260—275	137,7	32,2
3	275—290	172,4	40,3
4	290—310	44,1	10,3
Rückstand		52,6	12,3
Verlust		9,6	2,2
	Summe	427,9	100,0

[1]) Houben-Weyl, S. 540.

Als die Temperatur 310° erreicht worden war, hörte die Destillation fast ganz auf und es blieb im Kolben ein harzartiger dunkler Rückstand, der beim Erkalten eine spröde Masse von mattem Bruch darstellte.

Die 4 Fraktionen bis 310°, insgesamt 365,7 g, wurden nun einzeln wiederum einer fraktionierten Destillation unter denselben Bedingungen unterworfen und diesmal die innerhalb 5° übergehenden Anteile gesondert aufgefangen.

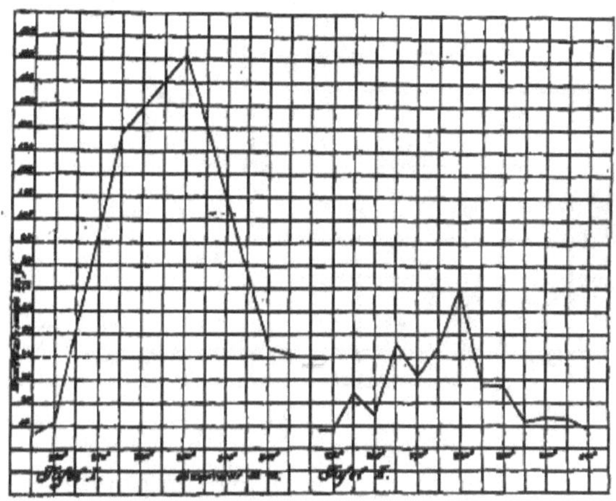

Übersicht II.

Fraktion	°C	g	%
1	bis 250	8,0	2,2
2	250—255	24,5	6,7
3	255—260	14,6	4,0
4	260—265	46,7	12,8
5	265—270	31,1	8,5
6	270—275	43,7	12,0
7	275—280	70,2	19,2
8	280—285	27,4	7,5
9	285—290	27,5	7,5
10	290—295	11,3	3,1
11	295—300	13,4	3,7
12	300—304	13,0	3,6
Rückstand und Destillationsverlust		33,6	9,2
	Summe	365,0	100,0

Die erhaltenen Ausbeuten sind in Tafel 2 graphisch eingetragen. Die einzelnen bei der zweiten Destillation erhaltenen Fraktionen wurden noch einer zweimaligen fraktionierten Destillation bei

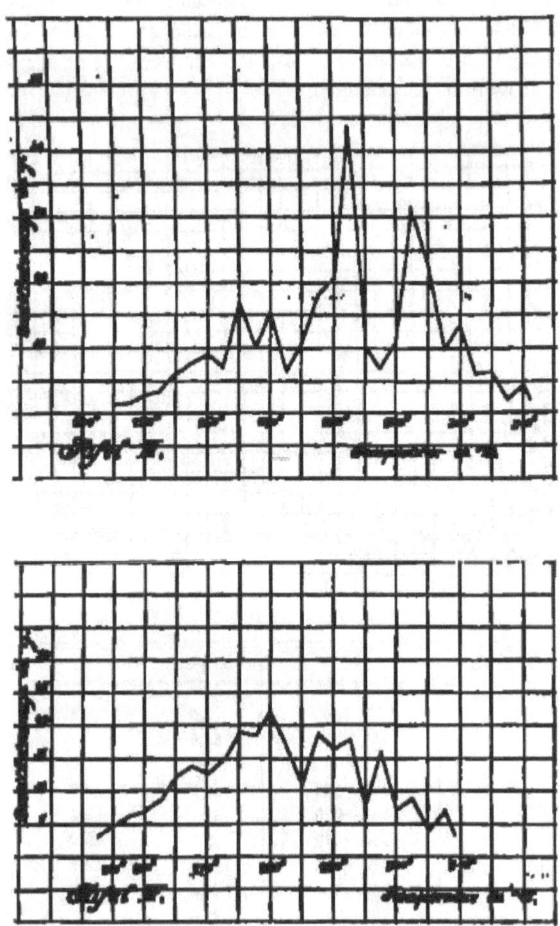

5 mm Druck unterworfen und das Destillat jetzt von $2^1/_2$ zu $2^1/_2{}^0$ aufgefangen. Die Resultate sind in Übersicht III und IV sowie in Tafel 3 und 4 eingetragen.

Übersicht III.

Fraktion	°C	Schmp.	g	%
	bis 242½	—	5,3	1,6
1	242½—245	—	1,1	0,3
2	245—247½	—	1,4	0,4
3	247½—250	—	2,6	0,8
4	250—252½	—	3,3	1,0
5	252½—255	60	6,1	1,9
6	255—257½	—	7,7	2,4
7	257½—260	61	9,0	2,8
8	260—262½	—	7,0	2,2
9	262½—265	62½	16,8	5,2
10	265—267½	—	10,0	3,1
11	267½—270	—	15,4	4,8
12	270—272½	—	6,3	1,9
13	272½—275	—	10,9	3,4
14	275—277½	65	18,5	5,7
15	277½—280	65½	20,6	6,4
16	280—282½	—	43,3	13,4
17	282½—285	67	10,1	3,1
18	285—287½	—	6,7	2,1
19	287½—290	—	10,8	3,3
20	290—292½	70	31,3	9,7
21	292½—295	—	23,0	7,1
22	295—297½	—	9,8	3,0
23	297½—300	—	13,7	4,2
24	300—302½	—	6,0	1,9
25	302½—305	77	6,3	2,0
26	305—307½	—	2,0	0,6
27	307½—310	—	4,3	1,3
Rückstand			11,0	3,4
Verlust			3,3	1,0
		Summe	323,4	100,0

Untersuchung einzelner Fraktionen.

Wie schon durch die Vorversuche festgestellt worden war, enthält das Montanwachs neben der Montansäure, die bisher als einzige Säure darin nachgewiesen wurde und der man die Formel $C_{29}H_{58}O_2$ zuschreibt, auch noch Säuren von niedrigerem Molekulargewicht.

Es wurde daher von den bei der 4. Destillation erhaltenen Einzelfraktionen zuerst die bei 265—267½° siedende untersucht,

Übersicht IV.

Fraktion	°C	g	%
	bis 252½	3,2	1,1
1	252½—255	4,8	1,7
2	255—257½	6,3	2,2
3	257½—260	6,9	2,4
4	260—262½	8,8	3,0
5	262½—265	12,1	4,2
6	265—267½	13,6	4,7
7	267½—270	12,7	4,4
8	270—272½	14,6	5,0
9	272½—275	19,0	6,6
10	275—277½	18,5	6,4
11	277½—280	22,4	7,7
12	280—282½	17,0	5,9
13	282½—285	10,6	3,7
14	285—287½	18,7	6,5
15	287½—290	16,2	5,6
16	290—292½	17,9	6,2
17	292½—295	7,6	2,6
18	295—297½	16,3	5,6
19	297½—300	7,2	2,5
20	300—302½	8,8	3,0
21	302½—305	3,5	1,2
22	305—307½	6,9	2,4
Rückstand		12,9	4,4
Verlust		2,6	0,9
	Summe	289,5	100,0

da diese Fraktion in größerer Menge erhalten worden war, somit hier wohl die Anhäufung des Esters einer bestimmten Säure stattgefunden haben mußte.

Untersuchung der Esterfraktion 265—267½°.

Die Esterfraktion 265—267½° (13,6 g) stellte, wie auch alle andern, eine hellgelbe wachsartige Masse dar (Schmp. 61—61½°). Sie wurde zur Reinigung in ziemlich viel Benzol gelöst, filtriert und langsam erkalten lassen. Dabei fielen aus der gelblich gefärbten Lösung eine geringe Menge kleiner, glänzender, weißer Kriställchen (A) aus, die getrocknet den Schmp. 76,5—77° zeigten (1,19 g), die Mutterlauge (B) wurde weiter eingeengt. Durch viermaliges Umkristallisieren aus Benzol konnte der Schmp. des Produktes A auf

78° erhöht werden, wobei noch 0,99 g Substanz verblieben. Unter dem Mikroskop zeigten die Kristalle die Form von zweigartig angeordneten Nädelchen. Sie erwiesen sich als eine Fettsäure, deren Äquivalentgewicht zu 382,6 gefunden wurde.

0,5195 g Substanz verbrauchten 15,9 ccm 0,0854 n. alkoholische Lauge.

Das gefundene Molekulargewicht stimmt genau auf eine Säure von der Formel $C_{25}H_{50}O_2$, welche das Äquivalentgewicht 382,58 verlangt. Über eine Säure von dieser Zusammensetzung findet sich in der Literatur nur eine einzige Angabe. Carius[1]) hat aus der Fettmasse der Analdrüsentaschen von Hyaena striata eine Säure, die er nach ihrem Ursprung Hyaenasäure nennt, isoliert, deren Analysenwerte durch Verbrennung der freien Säure, des Calcium- und Bleisalzes auf die Formel $C_{25}H_{50}O_2$ stimmen. Der Schmp. betrug nach Carius 77—78°. Ob die gefundene Säure mit der Hyaenasäure identisch ist, muß dahingestellt bleiben. Der Schmp. von 78°, der von uns gefunden wurde, stimmt allerdings auch mit der Angabe von Carius überein. Die Säure ist wohl als eine im Montanwachs enthaltene Verbindung zu betrachten, die bei der Destillation nicht verändert worden ist, da ja sonst aus der Säure entweder ein Kohlenwasserstoff oder ein Keton entstanden sein müßte. Übrigens sind ja auch die Fettsäuren, wenn sie nicht zu hohes Molekulargewicht zeigen, im Vakuum unzersetzt destillierbar.

Aus der eingeengten Mutterlauge B schieden sich beim Erkalten reichliche Mengen kleiner weißer Schüppchen aus, die unter dem Mikroskop als dachziegelartig übereinandergelagert erkennbar waren. Sie zeigten nach dem Trocknen zunächst den Schmelzpunkt 62½ bis 63° und besaßen einen schönen perlmutterartigen Glanz. Wegen der leichten Löslichkeit in Benzol wurde zum weiteren Umkristallisieren Methylalkohol gewählt, worin der Ester sich als sehr schwer löslich erwies. Nach zweimaligem Umkristallisieren zeigten die schneeweißen Schüppchen den Schmelzpunkt 63½—64°. Da die direkte Titration des Esters je nach der Verseifungsdauer verschiedene Werte ergab, die Verseifung also anscheinend nur langsam erfolgte, wurde die Gesamtmenge, etwa 9,0 g, durch fünfstündiges Erhitzen am Rückflußkühler mit Äthylalkohol und Kalilauge vollständig verseift, der Alkohol größtenteils abdestilliert, der Rest auf

---

[1]) A. 129, 168 (1864).

dem Wasserbade verjagt und aus dem so erhaltenen trockenen Kaliumsalz durch konz. Salzsäure und Äther nach dem oben beschriebenen Verfahren die freie Säure abgeschieden. Diese schmolz ganz klar und erstarrte über Wasser strahlig kristallinisch. Sie wurde solange über Wasser umgeschmolzen, bis dieses neutral reagierte, dann getrocknet und zweimal aus Essigester, der sich auch hier für die hochmolekulare Fettsäure als vorzügliches Kristallisationsmittel erwies, umkristallisiert. Die Säure fiel aus dem Essigester in schönen tannenzweig- oder eisblumenartig angeordneten feinen Nädelchen aus und zeigte den Schmelzpunkt 81°. Die Titration ergab allerdings trotz der deutlichen Kristallbildung, die auch unter dem Mikroskop einheitlich erschien, für das Äquivalentgewicht den hohen Wert 450,8. Wir vermuteten daher in der Säure noch geringe Mengen neutraler Verunreinigungen, die natürlich das Äquivalentgewicht bedeutend erhöhen. Die Säure wurde daher durch Lösen in Alkohol und genaues Neutralisieren mit alkoholischer Kalilauge unter Zusatz von Phenolphthalein in das Kaliumsalz verwandelt. Nach dem Abdampfen des Alkohols hinterblieb dieses als weißes amorphes Pulver (8,99 g). Es wurde zunächst 8 Stunden mit Petroläther extrahiert, wobei sich die Menge auf 8,26 g verminderte. Nach nochmaligem dreistündigen Extrahieren mit Benzol wurden nur noch Spuren von Substanzen aus dem Kaliumsalz gelöst. Durch Zersetzen mit konz. Salzsäure in Gegenwart von Äther wurde die freie Säure aus dem Kaliumsalz abgeschieden und wiederum zweimal aus Essigester umkristallisiert. Sie ergab nun bei der Titration das Äquivalentgewicht 406,9.

0,5635 g Substanz verbrauchten 16,06 ccm 0,0858 n. alkoholische Lauge.

Um festzustellen, ob die Säure doch nicht noch neutrale Verunreinigungen enthielt, wurde sie nochmals in das Kaliumsalz verwandelt, dieses 18 Stunden im Soxhlet mit Petroläther extrahiert, wieder in die Säure verwandelt und diese aus Essigester umkristallisiert, wobei sie mit einem Schmelzpunkt von 81° erhalten wurde. Durch Titration wurde das Äquivalentgewicht 409,2 gefunden.

0,6980 g Säure verbrauchten 20,14 ccm 0,0847 n. alkoholische Lauge.

Die Säure war also frei von neutralen Bestandteilen.

Um zu prüfen, ob die Säure einheitlich war, haben wir sie einer fraktionierten Fällung mit Magnesiumacetat nach der Methode von Heintz[1]) unterworfen. 3,0 g der Säure vom Äquivalentgewicht 409,2 wurden in 150 ccm Alkohol gelöst und dreimal mit je 0,15 g Magnesiumacetat heiß gefällt. Die einzelnen Fällungen an Magnesiumsalzen wurden getrocknet, nach dem schon beschriebenen Verfahren mit Salzsäure und Äther in die Säure verwandelt und diese aus Essigester umkristallisiert. Im Alkohol blieb nach dem Fällen mit Magnesiumacetat noch eine geringe Menge Magnesiumsalz zurück, das ebenfalls in die Säure verwandelt und untersucht wurde. In der nachfolgenden Übersicht sind die erhaltenen Resultate zusammengestellt.

Übersicht V.

	Menge der aus Essigester umkristallisierten Säure	Schmelzpunkt	Zur Titration angewandte Menge	Verbrauch an alkoholischer KOH		Äqu.-Gew.
	g	°C	g	ccm	Normalität der Lauge	
1. Fällung . .	0,[illegible]	62	0,5516	10,69	0,0648	[illegible],7
2. „ . .	0,6690	61,5—62	0,6690	16,34	0,0652	411,1
3. „ . .	1,0810	61—61,5	0,3935	9,44	0,0648	410,4
Rückstand . .	0,4616	61—61,5	0,4618	12,50	0,0651	396,8

Da sich bei der Fällung mit Magnesiumacetat eine geringe Beimengung an Substanzen mit niedrigerem und höherem Molekulargewicht ergeben hatte, so haben wir die Fraktionen 2 und 3 vereinigt, nochmals einer zweimaligen Fällung mit Magnesiumacetat unterworfen und dabei die Fraktionen A, B und einen Rückstand C in folgenden Mengen erhalten.

Übersicht VI.

	Menge der aus Essigester umkristallisierten Säure	Schmelzpunkt	Zur Titration angewandte Menge	Verbrauch an 0,1154 n. KOH	Äqu.-Gew.
	g	°C	g	ccm	
Fällung A . . .	0,4815	62	0,4507	9,49	411,5
„ B . . .	0,7966	62	0,5558	12,33	410,0
Rückstand C . . .	0,1150	61,5	—	—	—

[1]) J. pr. [1] 66, 1 (1855).

Die Mikroelementaranalyse nach Pregl ergab[1]):

Fällung A: 2,605 mg Substanz gaben 7,525 mg CO_2 und 3,139 mg H_2O;

„ B: 3,760 mg Substanz gaben 10,880 mg CO_2 und 4,500 mg H_2O;

Fällung A: 78,81% C, 13,48% H,

„ B: 78,94% C, 13,39% H.

Berechnet für $C_{27}H_{54}O_2$: 78,94% C, 13,26% H.

Wie aus der Übersicht VI hervorgeht, wurde sowohl für die Fällung A als auch für die Fällung B ein auf die Formel $C_{27}H_{54}O_2$ stimmendes Äquivalentgewicht gefunden; die beiden Befunde 411,5 und 410,0 weichen von dem theoretisch für $C_{27}H_{54}O_2$ geforderten Wert 410,43 so gut wie gar nicht ab. Die Einheitlichkeit der Verbindung steht somit fest und es ist damit nachgewiesen, daß im Montanwachs eine Säure $C_{27}H_{54}O_2$ vorkommt.

Diese Säure kristallisiert aus Essigester in Nädelchen, die büschelförmig angeordnet sind. Unter günstigen Umständen erhält man manchmal 1—2 cm lange Nadeln. Unter dem Mikroskop betrachtet erscheinen die Nadeln in Form von tannenzweig- oder moosartigen Gebilden, von denen eine Mikrophotographie in 50facher Vergrößerung angefertigt wurde (s. Abb. 2). Eine Säure $C_{27}H_{54}O_2$ vom Schmelzpunkt 82° ist erst kürzlich von Gascard[2]) im chinesischen Wachs aufgefunden worden und er hat ihr Molekulargewicht durch Titration zu 411,0 ermittelt. Gascard hält diese Säure für verschieden von der gewöhnlichen Cerotinsäure $C_{26}H_{52}O_2$ aus Bienenwachs, die den Schmelzpunkt 78—79° zeigt. Die von uns isolierte Säure $C_{27}H_{54}O_2$ zeigt denselben Schmelzpunkt und dasselbe Molekulargewicht wie die von Gascard aus chinesischem Wachs erhaltene und es ist sehr wahrscheinlich, daß beide Verbindungen identisch sind.

Wir schlagen vor, die im Montanwachs vorkommende Säure $C_{27}H_{54}O_2$ Carbocerinsäure zu nennen.

Untersuchung der Fraktion 277½—280°.

Weitere Untersuchungen haben wir mit der zwischen 277½ bis 280° übergegangenen Fraktion, die in einer Menge von 29,4 g

[1]) Die Mikroanalysen wurden von Herrn Dr. Friedrich ausgeführt, dem wir an dieser Stelle bestens danken.

[2]) C. r. 170, 1326 (1920).

erhalten worden war, durchgeführt. Die Fraktionen, die zwischen der vorher untersuchten und der jetzt in Angriff genommenen liegen, haben wir vorläufig außer acht gelassen; da sie in geringeren Mengen als die jetzt zur Untersuchung vorgenommene erhalten worden waren. Die Aufarbeitung geschah in derselben Weise wie bei der Fraktion 265—267½°. Es wurde zunächst wieder aus Benzol umkristallisiert, wobei 4,48 g eines fein kristallinischen, in Benzol schwer löslichen Produktes vom Schmelzpunkt 77° abgetrennt wurde, das sich als eine freie Säure erwies. Der Schmelzpunkt ließ sich durch nochmaliges Umkristallisieren aus Benzol auf 78—79° erhöhen.

Die Säure (3,187 g) wurde in ihr Kaliumsalz übergeführt und dieses 16 Stunden mit Benzol extrahiert. Es ging nur eine ganz geringe Menge (0,009 g) in Lösung, so daß die Säure also frei von neutralen Bestandteilen war. Die aus dem Kaliumsalz auf die übliche Weise wieder abgeschiedene Säure wies nach dem Umkristallisieren aus Essigester und Trocknen im Vakuum einen Schmelzpunkt von 81,5—82° auf. Als Äquivalentgewicht wurde 408,5 gefunden.

0,5909 g Substanz verbrauchten bei der Titration mit alkoholischer Kalilauge 12,36 ccm 0,1170 n. Lauge. Es liegt hier somit Carboceriusäure $C_{27}H_{54}O_2$ vor.

Durch Einengen der Mutterlauge konnten 12,6 g Ester in Form von glänzenden weißen Schüppchen gewonnen werden. Ein weiteres Einengen der Mutterlauge ergab noch 3,11 g eines etwas gelblich gefärbten Esters. Durch Umkristallisieren aus Methylalkohol und aus hochsiedendem Petroläther wurden schließlich aus der ersteren Menge 9,94 g Ester in schönen glänzenden Schüppchen vom Schmelzpunkt 67½—68° erhalten. Der Ester wurde in der üblichen Weise mit alkoholischer Kalilauge verseift und aus einer kleinen Menge des erhaltenen Kaliumsalzes die freie Säure abgeschieden, die bei der Titration ein Molekulargewicht von 473,9 zeigte. Die Hauptmenge des Kaliumsalzes wurde daraufhin 16 Stunden zunächst mit Petroläther und nochmals 16 Stunden mit Benzol extrahiert, wobei geringe Mengen neutraler Bestandteile in Lösung gingen. Aus dem extrahierten Kaliumsalz wurde in der üblichen Weise die freie Säure hergestellt und diese aus Essigester umkristallisiert, aus dem sie in zu Büscheln vereinigten Nädelchen ausfiel, die unter dem Mikroskop tannenzweigartig angeordnet erschienen. Sie zeigten den Schmelzpunkt 85°. Die Titration ergab für das Äquivalentgewicht im Mittel den Wert 480,4.

1. 0,4589 g Substanz verbrauchten 9,04 ccm 0,1170 n. alkohol. Kalilauge. Äqu.-Gew. = 429,1.

2. 0,6525 g Substanz verbrauchten 12,92 ccm 0,1170 n. alkohol. Kalilauge. Äqu.-Gew. = 431,6.

Der für das Äquivalentgewicht gefundene Wert liegt zwischen den Werten 494,45 für $C_{32}H_{62}O_3$ und 438,46 für $C_{28}H_{54}O_3$. Wir haben nun 5,95 g der Säure auch hier der fraktionierten Fällung mit Magnesiumacetat unterworfen und drei Fällungen und einen Rückstand erhalten. Aus den ausgefällten Magnesiumsalzen sowie aus dem Rückstand wurde die Säure in der üblichen Weise abgeschieden und aus Essigester umkristallisiert. Die Resultate sind in folgender Übersicht enthalten.

Übersicht VII.

	Menge der aus Essigester umkristallisierten Säure g	Schmelzpunkt °C	Zur Titration angewandte Menge g	Verbrauch an alkoholischer KOH ccm	Normalität der Lauge	Äqu.-Gew.
1. Fällung . .	0,9365	85,5—86	a) 0,4490	8,82	0,1170	438,5
			b) 0,4693	9,06	0,1170	439,3
2. „ . .	1,0109	85—85,5	a) 0,5991	11,80	0,1170	435,0
			b) 0,3948	7,80	0,1170	435,4
3. „ . .	1,0896	85—85,5	a) 0,4495	8,78	0,1170	434,8
			b) 0,5640	11,09	0,1170	434,1
Rückstand . .	1,7180	84—84,5	a) 0,5519	11,15	0,1170	419,5
			b) 0,8818	17,79	0,1170	420,4

Wie die Übersicht VII zeigt, ließ sich die Säure vom Äquivalentgewicht 430,4 durch fraktionierte Fällung mit Magnesiumacetat insofern reinigen, als dadurch geringe Mengen einer Säure von niedrigerem Molekulargewicht abgetrennt werden konnten. Die Fällung 1 ergab bei der Titration den fast theoretisch auf die Formel $C_{28}H_{54}O_3$ (Äquivalentgewicht 438,46) stimmenden Wert, während die bei den Fällungen 2 und 3 erhaltenen Werte um einige Einheiten zu niedrig waren. Der Rückstand zeigte dagegen ein scheinbares Äquivalentgewicht, das niedriger lag, als der von der Formel $C_{28}H_{54}O_3$ geforderte Wert 494,45, so daß schon daraus die Abwesenheit einer Säure $C_{32}H_{62}O_3$ in dem von uns untersuchten Montanwachs hervorgeht. Um den Beweis des Nicht-

Vorhandenseins einer Säure $C_{29}H_{58}O_2$ noch schärfer zu führen, haben wir den bei der fraktionierten Fällung mit Magnesiumacetat erhaltenen Rückstand einer erneuten Fällung mit Magnesiumacetat unterworfen und dabei die in Übersicht VIII angeführten Werte erhalten.

Übersicht VIII.

	Menge der aus Benzol umkristallisierten Säure g	Schmelzpunkt °C	Zur Titration angewandte Menge g	Verbrauch an 0,1166 n. alkoholischer KOH ccm	Äqu.-Gew.
Fällung A. . . .	0,4388	64,5—65	0,4068	8,08	431,8
„ B. . . .	0,5298	64,5	—	—	—
Rückstand C . . .	0,6498	64—64,5	0,5797	11,88	418,6

Es ist aus dieser Übersicht ganz einwandfrei zu ersehen, daß der Rückstand in zwei Verbindungen auseinandergefallen ist, deren Äquivalentgewichte den Formeln $C_{27}H_{54}O_2$ und $C_{28}H_{56}O_2$ entsprechen. Die Abwesenheit einer Säure $C_{29}H_{58}O_2$ ist damit ganz sicher nachgewiesen. Die bei der ersten fraktionierten Fällung mit Magnesiumacetat erhaltenen Fraktionen 2 und 3 (siehe Übersicht VII) stellten somit eine schon fast reine Säure $C_{28}H_{56}O_2$ dar, die nur geringe Mengen der Säure $C_{27}H_{54}O_2$ enthalten konnte. Eine nochmalige fraktionierte Fällung der beiden vereinigten Fraktionen mit Magnesiumacetat ergab dann auch die in Übersicht IX angeführten Werte, die sehr gut auf die Formel $C_{28}H_{56}O_2$ stimmen.

Übersicht IX.

	Menge der aus Benzol umkristallisierten Säure g	Schmelzpunkt °C	Zur Titration angewandte Menge g	Verbrauch an 0,1166 n. alkoholischer KOH ccm	Äqu.-Gew.
Fällung A. . . .	0,5466	66—66,5	0,4633	9,02	440,5
„ B. . . .	0,6448	66	0,5270	10,80	423,5
Rückstand C . . .	0,5036	65	0,4563	9,17	426,7

Im Rückstand C hatte sich dann, wie aus der Äquivalentgewichtsbestimmung zu ersehen ist, die Säure $C_{27}H_{54}O_2$ schon beträchtlich angereichert und es ist nicht daran zu zweifeln, daß

27*

eine nochmalige Fraktionierung des Rückstandes C eine weitere Trennung herbeiführen würde.

Die Fällung A ergab bei der Mikroanalyse nach Pregl:

3,113 mg Subst.: 9,055 mg CO_2 und 3,735 mg H_2O;
3,971 mg Subst.: 11,570 mg CO_2 und 4,650 mg H_2O.

Gef. 79,35 % C, 13,41 % H;
79,48 % C, 13,10 % H;
Ber. für $C_{29}H_{58}O_2$: 79,37 % C, 13,33 % H.

Die Montansäure $C_{29}H_{58}O_2$ kristallisiert aus Essigester ebenso wie die Carbocerinsäure $C_{27}H_{54}O_2$ in zu Büscheln vereinigten Nädelchen, die sich unter dem Mikroskop ebenfalls als tannenzweigartige Gebilde zu erkennen geben. Abb. 3 gibt eine mikrophotographische Darstellung in 50facher Vergrößerung.

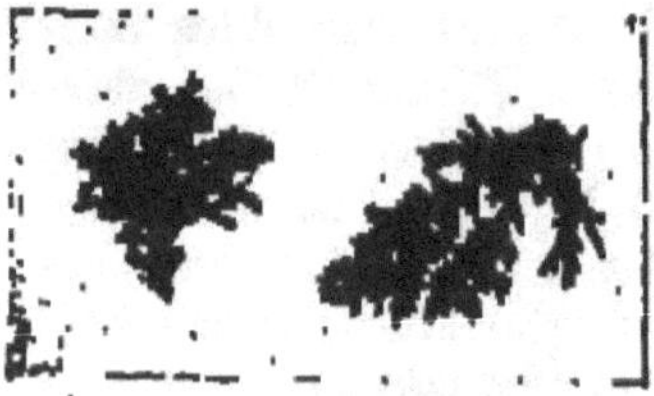

Abb. 2.
Carbocerinsäure $C_{27}H_{54}O_2$
(50 fach vergr.).

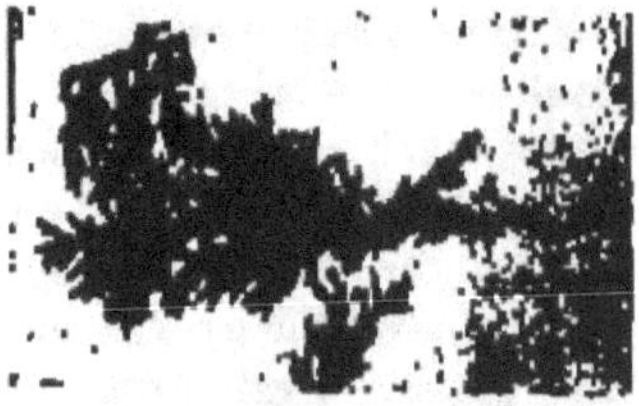

Abb. 3.
Montansäure $C_{29}H_{58}O_2$
(50 fach vergr.)

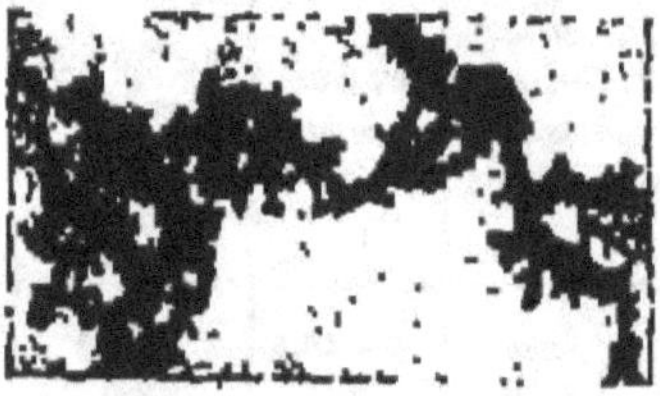

Abb. 4.
Gemisch von $C_{27}H_{54}O_2$ und
$C_{29}H_{58}O_2$ (1 : 1) (50 fach vergr.).

Die Mikroanalyse nach Pregl ergab:
3,608 mg Subst.: 10,485 mg CO_2 und 4,210 mg H_2O;
3,287 mg Subst.: 9,560 mg CO_2 und 3,960 mg H_2O.
Gef.: 79,39% C, 13,07% H;
79,34% C, 13,46% H.
Ber. für $C_{29}H_{58}O_2$: 79,37% C, 13,33% H.

Aus Eisessig kristallisiert die Säure in stark glänzenden Nädelchen, die unter dem Mikroskop zu Büscheln vereinigt erscheinen.

Wir haben also in dem von uns untersuchten Montanwachs 3 Säuren nachgewiesen, die die Formeln $C_{25}H_{50}O_2$, $C_{27}H_{54}O_2$ und $C_{29}H_{58}O_2$ und die Schmelzpunkte 78°, 82° und 86,5° besitzen. Die Säure $C_{25}H_{50}O_2$ wurde allerdings in dem Estergemisch nur in untergeordneten Mengen in einer Fraktion in freier Form gefunden. Die Säuren $C_{27}H_{54}O_2$ und $C_{29}H_{58}O_2$ bilden hingegen die Hauptmasse der von uns untersuchten Hauptfraktionen. Es ist wahrscheinlich, daß die Säure $C_{35}H_{70}O_2$ in Form ihres Esters in den niedersten Esterfraktionen vorkommt; eine diesbezgl. Untersuchung steht noch aus, ebenso eine Untersuchung der höchsten bei der Vakuumdestillation des Esters erhaltenen Fraktionen, in der wahrscheinlich auch noch Säuren von höherem Mol-Gewicht vorhanden sind.

Eine Säure $C_{27}H_{54}O_2$ mit dem Schmelzpunkt 82° ist wie schon erwähnt von Gascard auch im chinesischen Wachs festgestellt worden und wahrscheinlich mit der von uns im Montanwachs aufgefundenen Säure $C_{27}H_{54}O_2$, die denselben Schmelzpunkt aufweist, identisch. Die Identität der Säure $C_{27}H_{54}O_2$ mit der eigentlichen Cerotinsäure aus Bienenwachs, der man nach den Untersuchungen von Lewkowitsch[1]) die Formel $C_{26}H_{52}O_2$ zuschreibt und die auch den niedrigeren Schmelzpunkt von 78° besitzt, ist wohl ausgeschlossen. Es ist daher wünschenswert, daß in der Literatur diese beiden Säuren nicht unter demselben Namen registriert werden.

Für die Montansäure ist schon von Holl[2]) die Formel $C_{29}H_{58}O_2$ aufgestellt worden. Hans Meyer und Brod[3]) haben dann allerdings vor einigen Jahren die Formel $C_{28}H_{56}O_2$ wahrscheinlicher gemacht. Es ist jedoch auffällig, daß diese Autoren in ihrem gereinigten Montanwachs keine Säure von niedrigerem Molekulargewicht als der Formel $C_{28}H_{56}O_2$ entspricht, nachgewiesen haben,

[1]) Proc. Chem. Soc. 1898, 92; Lewkowitsch, Chemische Technologie u. Analyse der Öle, Fette und Wachse 1, Braunschweig 1905, S. 107.
[2]) Z. ang. 13, 556 (1900).
[3]) M. 34, 1143 (1913).

während sie für das Molekulargewicht ihrer Säure oft Werte erhielten, die über 424,45 lagen, trotzdem sie die Säure in Form ihres Lithiumsalzes durch langandauerndes Extrahieren mit verschiedenen organischen Lösungsmitteln, wie Petroläther und Benzol, von neutralen Bestandteilen befreit hatten. Nach unseren Erfahrungen führt die Trennung der sauren Bestandteile von den neutralen durch Extraktion der Salze mit Benzol oder Petroläther durchaus rasch und vollständig zum Ziel.

In dem von uns untersuchten Montanwachs haben wir die Anwesenheit der Säuren $C_{27}H_{54}O_2$ und $C_{29}H_{58}O_2$ sicher nachgewiesen. Für die Existenz einer Säure $C_{28}H_{56}O_2$ ergaben sich dagegen keine Anhaltspunkte. Es muß daraus geschlossen werden, daß eine Säure $C_{28}H_{56}O_2$ im Montanwachs nicht existiert und daß der unter dem Namen Montansäure beschriebenen Verbindung die Formel $C_{29}H_{58}O_2$ zuzuschreiben ist.

Wenn nun die Säuren $C_{27}H_{54}O_2$ und $C_{29}H_{58}O_2$ in ungefähr gleichen Mengen im Montanwachs vorkommen, so ist leicht einzusehen, daß verschiedene Forscher, die für die Trennung dieser Säuren nicht scharfe Trennungsmethoden, wie fraktionierte Destillation und fraktionierte Fällung angewandt haben, leicht zu einem Säuregemisch kommen, dessen Elementaranalyse und Titration sich mit der Formel $C_{28}H_{56}O_2$ und dem Äquivalentgewicht 424,45 vereinbaren läßt. Tatsächlich kam auch Hell, der die Montansäure durch fraktionierte Destillation ihres Esters reinigte, zur Formel $C_{28}H_{56}O_2$.

Über das Aussehen der Montansäure finden sich in der Literatur nur spärliche Angaben. Hans Meyer und Brod erhielten sie aus Kaseig in schönen glänzenden Schuppen vom Schmelzpunkt 80°. Wir haben sie aus diesem Lösungsmittel in glänzenden Nadeln erhalten. Aus Kasigester gibt unsere Säure Kristalle, deren Aussehen unter dem Mikroskop die Abb. 3 veranschaulicht (mikrophotographische Aufnahme in 50facher Vergrößerung). Meist wird sie jedoch, wie aus der Literatur zu ersehen ist, in ziemlich unscheinbarer Form vom Schmelzpunkt 84° erhalten. Ein Versuch zeigte nun, daß ein Gemisch gleicher Mengen der von uns isolierten [illegible] $C_{27}H_{54}O_2$ und $C_{29}H_{58}O_2$ ebenfalls einen Schmelzpunkt von [illegible] besitzt und daß das Kristallisationsvermögen dieses Gemisches gegenüber den reinen Substanzen außerordentlich stark ver[illegible] jedoch immerhin noch deutlich wahrnehmbar ist. Abb. 4 [illegible]photographie dieses aus Kasigester umkristallisierten [illegible] 50facher Vergrößerung.

Es liegt bei der in der üblichen Weise ohne besondere Trennungsmethoden isolierten Montansäure wohl ein ähnlicher Fall vor, wie für ein Gemisch von gleichen Teilen Palmitin- und Stearinsäure, das lange Zeit unter dem Namen Margarinsäure in der Literatur heimisch war, bis es Heintz gelang, dieses Säuregemisch durch fraktionierte Fällung mit Magnesiumacetat zu trennen. Bei der vermeintlichen Margarinsäure liegt allerdings der Schmelzpunkt niedriger als der der beiden Komponenten. In vorliegendem Fall tritt beim Vermischen der Carbocerinsäure $C_{27}H_{54}O_2$ mit dem Schmelzpunkt 82° und der Montansäure $C_{28}H_{56}O_2$ mit dem Schmelzpunkt 86° jedoch keine wahrnehmbare Schmelzpunktsdepression ein und man findet für den Schmelzpunkt das arithmetische Mittel aus den Schmelzpunkten der gemischten reinen Säuren, nämlich 84°. Es ist dies bei so hochmolekularen, in ihrer Konstitution sich nur durch eine kleine Verlängerung in der Kohlenstoffkette unterscheidenden Substanzen begreiflich. Hier liegen eben die Schmelzpunkte für die verschiedenprozentigen Gemische nur auf einer mäßig gebogenen, fast eine Gerade bildenden Linie, während sich im Falle der niedriger molekularen Palmitin- und Stearinsäure eine Schmelzkurve ergibt, deren Eutektikum unter dem Schmelzpunkt der Palmitinsäure liegt.

Was die Konstitution der Montansäure anbetrifft, so wurde von Hans Meyer und Brod[1]) aus dem Schmelzpunkt von 86° und der großen Beweglichkeit des Broms in der α-Brommontansäure auf die Isostruktur der Säure geschlossen. Auch die leichte Angreifbarkeit der Montansäure durch Ozon[2]) würde für das Vorhandensein einer verzweigten Kette sprechen. Der Schmelzpunkt von 86° konnte jedoch nur solange gegen die normale Struktur der Montansäure geltend gemacht werden, als man dieser die Formel $C_{29}H_{58}O_2$ zuschrieb, da die normale Fettsäure von dieser Zusammensetzung allerdings nach der Schmelzpunktsregelmäßigkeit, die bis zu der noch bekannten normalen Säure $C_{34}H_{68}O_2$[3]) besteht, einen bedeutend höheren Schmelzpunkt besitzen müßte. Als Säure $C_{28}H_{56}O_2$ ist jedoch die Montansäure, wie Übersicht X zeigt, ohne weiteres in der Reihe der normalen Säuren unterzubringen. Ebenso lassen sich in diese Reihe auch die Säure $C_{26}H_{52}O_2$ und die Carbocerinsäure $C_{27}H_{54}O_2$ einordnen.

---

[1]) M. 34, 1154 (1913).

[2]) Franz Fischer und H. Tropsch, Abh. Kohle 2, 171 (1917).

[3]) Hans Meyer, L. Brod und W. Soyka, M. 34, 1113 (1913).

Übersicht X.

	Anzahl der Kohlenstoffatome	Schmelzpunkt °C
Heptadecansäure (synth. Margarins.) . . .	17	60—61
Nonadecansäure	19	68,5
Heneikosansäure	21	(70) nicht bekannt
Trikosansäure	23	(74) nicht bekannt
Hyänasäure	25	78
Carbocerinsäure	27	82
Montansäure	29	86—88,5
Melissinsäure	31	90—91
Psyllostearylsäure	33	94—95

Nicht gut zu vereinbaren mit der normalen Struktur der Montansäure ist allerdings der von Melitta Merkel[1]) festgestellte Zusammenhang der Montansäure mit der aus Cerylalkohol hergestellten Cerotinsäure, der nach ihrem Schmelzpunkt von 78° und ihrem von Marie[2]) festgestellten Verhalten gegen Salpetersäure Isostruktur zuzuschreiben wäre.

Zusammenfassung.

Es wurde nachgewiesen, daß im Montanwachs aus mitteldeutscher Schwelkohle neben der Montansäure $C_{29}H_{58}O_2$ noch eine Säure $C_{27}H_{54}O_2$, die Carbocerinsäure genannt wurde, sowie in geringen Mengen auch eine Säure $C_{25}H_{50}O_2$ vorkommen. Die Formel $C_{29}H_{58}O_2$ für die Montansäure wurde sichergestellt und die Abwesenheit einer Säure $C_{28}H_{56}O_2$ bewiesen.

Mülheim-Ruhr, Januar 1922.

In der Diskussion über den Vortrag H. Tropsch, Mülheim-Ruhr: „Über die Zusammensetzung des Montanwachses", der inhaltlich mit vorstehender Veröffentlichung übereinstimmt[3]), wendet sich Pfaff gegen die Verseifung des Montanwachses im Autoklaven,

[1]) Dissertation, Tübingen 1916.

[2]) A. ch. [7] 7, 181 (1896); s. a. Dissertation M. Merkel S. 11.

[3]) Vortrag, gehalten in der Fachgruppe für Brennstoff- und Mineralölchemie auf der Hauptversammlung des Vereins deutscher Chemiker in Hamburg. Siehe Brennstoff-Chemie 3, 180 (1922).

die ihm nicht einwandfrei erscheint, da die verwendete Kalilauge sehr stark (25—28%ig) und die Verseifungstemperatur nach den Druckangaben (etwa 10 Atm.) höher als 165° gewesen ist, so daß die Reaktion von Hell, nämlich die Oxydation der bei der Verseifung entstandenen Alkohole zu Säuren eingetreten sein kann. Selbst wenn die Verseifungsmethode einwandfrei wäre, so müßten von der Säure C_{27} etwa gleiche Mengen im Montanwachs enthalten sein wie von der Säure $C_{[illegible]}$, was auf Grund der Versuche von Pfaff absolut nicht zutrifft. Wenn niedrigere Säuren im Montanwachs noch enthalten sind, kann ihre Menge nur sehr klein sein. Ferner bedarf die Bestimmung des Molekulargewichtes einer sorgfältigen Nachprüfung. Direkte Titration ergibt nach Pfaffs eigenen Versuchen zu hohe Werte durch Bildung der Äthylester beim Lösen in Alkohol nach Holde. Verseifung mit überschüssiger Lauge und Zurücktitrieren mit Säure ergibt meist Werte, die um 5—10 Einheiten niedriger liegen als die der direkten Titration. Die Bestimmung der Molekulargewichte aus der Verseifungszahl der beständigeren Ester erscheint sicherer, da die freie Säure ziemlich unbeständig ist. Tropsch: Die Verseifung im Autoklaven ging ohne Zersetzung vor sich. Nach Hell[1]) beginnt die Reaktion zwischen höheren aliphatischen Alkoholen und Ätzalkalien (Natronkalk) erst bei Temperaturen von 240—250°, unsere Versuche wurden dagegen bei viel niedrigerer Temperatur und mit nur 5 n. Kalilauge durchgeführt. — Bei Eintritt der Hellschen Reaktion hätte sich Wasserstoff entwickeln und somit nach dem Abkühlen ein Überdruck im Autoklaven vorhanden sein müssen, was nicht der Fall war. Die Säuren wurden in der nach der Verseifungszahl des Montanwachses zu erwartenden Ausbeute erhalten, und ebenso konnten die bei der Verseifung entstandenen Alkohole aus den Kaliumsalzen der Fettsäuren extrahiert werden. Die Temperatur konnte sehr genau gemessen werden und wurde dauernd kontrolliert, dagegen ergab die Druckmessung, des verwendeten Instrumentes wegen, nur ungefähre Werte. Melissylalkohol, unter gleichen Bedingungen wie das Montanwachs mit 5 n. Kalilauge erhitzt, ergab keine Spur von Säurebildung. Nach unseren Versuchen sind Carboceriusäure und Montansäure in ungefähr gleichen Mengen im Montanwachs enthalten, während die Säure $C_{[illegible]}H_{[illegible]}O_2$ nur in geringen Mengen vorhanden ist. Die Bestimmung des Äquivalentgewichtes wurde in

[1]) A. [illegible], 275 (1884).

neutralisierten, oben alkalischen Alkohol vorgenommen und es wurden scharfe, immer gut übereinstimmende Werte erhalten. Einem um 14 Einheiten höheren Äquivalentgewicht würde die Bildung von ungefähr 3 % Ester entsprechen, was nicht anzunehmen ist. Bei den niederen Temperaturen, bei denen mit den freien Säuren gearbeitet worden ist, kann auch eine Zersetzung derselben nicht eingetreten sein. Für die besondere Reinheit der isolierten Montansäure spricht auch der bisher von anderer Seite noch nicht erreichte Schmelzpunkt.

Bahr weist anschließend an die Diskussion Pfaff-Tropsch daraufhin, daß nach den Versuchen von Kliegl die Montansäure drei Kohlenstoffatome mehr enthält als Cerotinsäure $C_{26}H_{52}O_2$.

Zu der vorstehenden Diskussion führen wir noch einige experimentelle Einzelheiten an.

Die Prüfung, ob Melissylalkohol, unter gleichen Versuchsbedingungen wie unser Montanwachs mit Kalilauge erhitzt, Melissinsäure liefert, wurde in folgender Weise vorgenommen, wobei die Temperatur noch um 15° höher gehalten wurde als bei der Montanwachsverseifung.

25 g Melissylalkohol (Kahlbaum) und 15 ccm 5,9 n. KOH wurden in einem 325 ccm fassenden eisernen Schüttelautoklaven, aus dem die Luft durch mehrmaliges Aufpressen von Stickstoff und Abblasenlassen verdrängt war, 2½ Stunden auf 190° erhitzt. Das Manometer zeigte dabei einen Druck von 8 Atm. an. Nach dem Abkühlen war kein Überdruck vorhanden. Der als fester Kuchen vorhandene Melissylalkohol wurde zerkleinert und mit kaltem Wasser alkalifrei gewaschen. Er war noch vollständig in Petroläther löslich, enthielt also kein melissinsaures Kalium; auch in der abgetrennten Kalilauge konnte keine Fettsäure nachgewiesen werden, so daß also unter den von uns gewählten Versuchsbedingungen die Hellsche Reaktion nicht eintritt.

Wir haben dann auch noch geprüft, ob die nach unserer Titrationsmethode erhaltenen Äquivalentgewichte mit den nach der Methode von Pfaff erhaltenen übereinstimmen.

0,8111 g reine Stearinsäure (Merck) wurden in 50 ccm neutralisiertem Alkohol gelöst und mit n/10 alkoholischer KOH und Phenolphthalein als Indikator titriert. Verbrauch 26,05 ccm 0,1078 n. alkoh. KOH. Äquivalentgewicht gefunden 290,2.

0,8141 g Stearinsäure wurden mit 30,1 ccm 0,1078 n. alk. KOH und 50 ccm neutralisiertem Alkohol und Phenolphthalein versetzt, erwärmt und mit 0,1007 n. HCl auf schwache Rotfärbung titriert. Verbrauch 4,05 ccm HCl Äquivalentgewicht gefunden 288,7.

Carbocerinsäure wurde unter denselben Bedingungen titriert.

0,4417 g verbrauchten 10,2 ccm 0,1061 n. alkoh. KOH. Äquivalentgewicht gefunden 408,1.

0,4869 g wurden mit 12,26 ccm 0,1061 n. alkoh. KOH versetzt und verbrauchten dann 1,1 ccm 0,1007 n. HCl. Äquivalentgewicht gefunden 409,2.

Es wurden also nach beiden Methoden nahezu gleiche Werte erhalten, so daß die von uns für Carbocerinsäure und Montansäure gefundenen Äquivalentgewichte als richtig zu betrachten sind.

Mülheim-Ruhr, Juni 1922.

40. Über den Schwefel in der Steinkohle und die Entschwefelung des Kokses.

Zusammenfassender Bericht über die neueren englischen und amerikanischen Arbeiten.

Von

Albert Schellenberg.

Brennstoff-Chemie 2, 349, 368 (1921).

Wie Feuchtigkeit und Asche den Wert einer Kohle erheblich beeinflussen, so ist auch ihr Schwefelgehalt von großer Bedeutung, da er, abgesehen vom Heizwert, die Verwendungsmöglichkeiten der Kohle und besonders des für metallurgische Zwecke bestimmten Kokses stark beeinträchtigt. Man ist daher vor allem bei Verwendung schwefelreicher Kohlen stets bemüht gewesen, entweder die vorhandenen Schwefelverbindungen schon vor der Verkokung zu entfernen (Waschprozeß) oder den Koks vor der weiteren Benutzung möglichst zu entschwefeln[1]). In beiden Fällen handelt es sich zunächst darum, durch einwandfreie Methoden Art und Menge der einzelnen Schwefelverbindungen festzustellen[2]) und deren Verhalten bei der Verkokung der Kohlen zu untersuchen. Den neuesten Untersuchungsergebnissen amerikanischer und englischer Forscher auf diesem Gebiete[3]) dürfte daher ein gewisses Interesse entgegengebracht werden.

---

[1]) O. Simmersbach: Kokschemie, II. Aufl., S. 184 (1914).

[2]) Stahl und Eisen 38, 1037 und 1077 (1918).

[3]) A. R. Powell: Determination of sulfur forms in coal, Journ. Ind. and Engin. Chem. 12, 887—890 (1920); A. R. Powell: Reactions of coal sulfur in the coking process, Journ. Ind. and Engin. Chem. 12, 1069—1076 (1920); A. R. Powell: Desulfurizing action of hydrogen on coke, Journ. Ind. and Engin. Chem. 12, 1077—1081 (1920), Coll. Guard. 121, 949 (1921); A. R. Powell: Some factors affecting the sulfur content of coke and gas in the carbonization of coal, Journ. Ind. and Engin. Chem. 13, 33 (1921); Yancey u. Fraser: The distribution of the forms of sulfur in the coal bed, Journ. Ind. and Engin. Chem. 13, 35 (1921); Wheeler, Sulfur in coal, Coll. Guard. 121, 1896 (1921).

1. Herkunft des Kohlenschwefels.

Nach Wheeler stammt sämtlicher Schwefel, ganz gleich in welcher Verbindungsform er in der Kohle auftritt, aus den ursprünglichen Kohlebildnern, deren Protoplasma und Zellkerne ja schwefelhaltige Substanzen enthalten[1]). Während des Vertorfungs- bezw. Inkohlungsprozesses, dem die humifizierten Pflanzenreste unterworfen waren, wurde er infolge des damit verbundenen Reduktionsvorganges und wohl auch anderer Reaktionen aus seinen ursprünglichen Verbindungsformen zum Teil als Schwefelwasserstoff abgespalten. Als solcher wirkte er dann auf das in der Natur weit verbreitete Eisen, das sich als Oxyd bzw. Karbonat in allen Bodenwässern vorfindet, unter Bildung von Eisensulfid ein. Der nicht als Schwefelwasserstoff austretende Schwefel blieb in der Steinkohle als „organischer" Schwefel zurück. Befand sich nun das eisenhaltige Wasser in ständiger Berührung mit der Schwefelwasserstoff abgebenden Masse, so wurde auch das gesamte Kohlenflöz mit dem in allen Teilen entstehenden Eisensulfid durchsetzt. Sickerte dagegen das Wasser nur an vereinzelten Stellen durch die mehr oder weniger kohlenähnliche Masse, so sammelte sich das in diesen Spalten und Rissen aus Schwefelwasserstoff und durch direkte Einwirkung des „organischen" Schwefels entstehende Eisensulfid nur an den Spaltflächen in mehr oder weniger großen Aggregaten an.

2. Verbindungsformen des Kohlenschwefels.

Bekanntlich enthält die Steinkohle den Schwefel zum Teil als Sulfid (Eisen, Zink usw.), in verhältnismäßig geringer Menge als Sulfat im Calcium- und Eisensulfat und zum Teil als organisch gebundenen Schwefel in der eigentlichen Kohlensubstanz. — Das Eisensulfid (Eisendisulfid FeS_2) kommt hauptsächlich als speisgelber regulär pyritoëdrischer Schwefelkies vor und tritt als solcher in den verschiedensten Formen vom massigen Kristall bis zum feinverteilten grauweißen bis schieferfarbenen Pulver auf. Gelegentlich findet sich Schwefelkies auch als Versteinerungsmittel. — Häufig ist das Eisensulfid auch neben Pyrit als grünlich-speisgelber, rhombischer, leicht oxydabler Markasit beobachtet worden. —

[1]) Vgl. hierzu O. Simmersbach: Kokschemie, II. Aufl., S. 162 (1914), der den Schwefelgehalt der Kohle aus dem „hohen Schwefelgehalt der Steinkohlenpflanzen" und „den im Grundwasser des Karbons gelösten Sulfatsalzen von Natrium, Calcium, Magnesium und Eisen" herleitet.

Doch bleibt es nach Wheeler ungewiß, ob die Bestandteile der Kohle, die man mit Pyrit bezeichnet, auch wirklich Pyrit sind oder nicht etwa aus Markasit oder einem Gemisch bzw. einer festen Lösung mehrerer Sulfide bestehen.

Bei Luftzutritt verwittert das primäre Eisensulfid leicht zu Eisensulfat, das dann bei Gegenwart kalkhaltigen Wassers zur Bildung von Calciumsulfat oder Gips führt.

Über die Art und Weise, wie der organische Schwefel in der eigentlichen Kohlensubstanz vorkommt, gehen die Ansichten der einzelnen Forscher auseinander. Wheeler nimmt an, daß der „organische" Schwefel durch die ganze Kohlensubstanz verbreitet ist, da in Anbetracht seines Ursprunges und der Entstehung der Kohle aus den lebenden Pflanzen die meisten Molekülkomplexe, aus denen die eigentliche Kohlensubstanz entsteht, ja von Hause aus ein Schwefelatom besitzen[1]). Er stützt seine Ansicht darauf, daß der Schwefelgehalt der einzelnen Bestandteile der Kohle (z. B. der Pyridin- und Chloroformextrakte, auch α-, β-, γ-Verbindungen genannt) fast gleich und nahezu ebenso groß ist als der der betreffenden Kohle selbst.

Es enthalten z. B.:

Tafel 1.

Bezeichnung der Kohle	ursprüngliche Kohle	α-	β- Verbindung	γ-
Silkstone	1,70[2])	1,43	1,31	1,29
Lieskwitz	2,03	2,21	2,19	2,69

[2]) % S, berechnet auf aschefreie, trockne Kohle.

Powell und Parr unterscheiden auf Grund der weiter unten zu erörternden Arbeit zwischen einem „phenollöslichen" und einem „Humusschwefel".

Wenn Wheeler auch zugibt, daß ein Bestandteil der Kohlensubstanz etwas mehr Schwefel enthalten kann als ein anderer, so hält er es nicht für richtig, daß der organische Schwefel wenn nicht ganz, so doch zum großen Teil in einem besonderen Bestandteil der Kohle und letzterer in dem Extrakt organischer Lösungsmittel, z. B. Phenol, vorkommen soll, ganz abgesehen davon, daß die Wirkungsweise des Phenols zweifelhaft ist und schon deshalb die von Powell und Parr vorgeschlagene Trennung als nicht sehr angebracht erscheint.

[1]) Vgl. jedoch Franz Fischer und Hans Schrader: Über die Entstehung und die chemische Struktur der Kohle, Brennstoff-Chemie 2, 37, 213, 237 (1921).

3. Bestimmungen der einzelnen Schwefelverbindungen in der Kohle.

Zur Bestimmung des Pyritschwefels behandelte Brown[1]) in der Voraussetzung, daß durch Natriumhypobromit wohl der Sulfidschwefel gelöst, der organische Schwefel dagegen nicht in Mitleidenschaft gezogen wurde, die Kohle mit Natronlauge und Brom und fand den organischen Schwefel als Differenz zwischen dem nach Eschka[2]) festgestellten Gesamtschwefel und dem erhaltenen Pyritschwefel. Jedoch zeigte Ferdinand Fischer[3]), daß hierbei auch Anteile des organischen Schwefels mit in Lösung gingen. — Eine andere Methode ging davon aus, daß das gesamte Eisen in der Kohle abzüglich des in Wasser löslichen Anteils als Pyrit (FeS_2) vorhanden sei. Die Differenz: Gesamteisen minus wasserlösliches Eisen ergab gemäß FeS_2 den Wert für den Pyritschwefel. Den etwa vorhandenen Sulfatschwefel bestimmte man durch Behandlung der Kohle mit verdünnter Säure. Aus Gesamtschwefel minus: Pyrit- + Sulfatschwefel erhielt man den Wert für den organischen Schwefel. Da jedoch auch andere Eisenverbindungen (z. B. Silikate) in der Steinkohle vorkommen und diese hierbei nicht berücksichtigt wurden, lieferte diese Analyse nur annäherungsweise brauchbare Resultate. — A. C. Fieldner und F. D. Osgood benutzten die verschiedenen spezifischen Gewichte der Kohlenbestandteile. Mittels einer Zinkchloridlösung vom spezifischen Gewicht 1,35 zerlegten sie die Kohle in zwei Fraktionen. Den Schwefel in der am Boden befindlichen spezifisch schwereren Fraktion betrachteten sie als Pyritschwefel und den in dem schwebenden, spezifisch leichteren Teil als organischen Schwefel. Von letzterem wurde noch die Menge abgezogen, die dem in dieser Fraktion etwa vorhandenen Eisen als FeS_2 entsprach. Wie die vorhergehende Methode lieferte auch diese nur angenäherte Werte. Jedoch zeigte es sich hierbei, daß der Gehalt an organischem Schwefel in den meisten Kohlen erheblich höher war, als man bis dahin ganz allgemein angenommen hatte. — Neuerdings bestimmten J. P. Wibaut und A. Stoffel[4]) den Pyritschwefel, indem sie die wasserlöslichen Eisenverbindungen durch Wasser entfernten, dann den Rückstand stark glühten, das ent-

[1]) Chem. News 43, 69 (1881).

[2]) Graefe, Laboratoriumsbuch für die Braunkohlenteer-Industrie, S. 7 (1908).

[3]) Z. ang. 12, 764 (1899).

[4]) Rec. trav. chim. 38, 132 (1919).

standene Eisenoxyd auszogen und bestimmten und den so für Eisen gefundenen Prozentgehalt gemäß FeS_2 auf Schwefel umrechneten.

Auf die von A. R. Powell und S. W. Parr vor einigen Jahren ausgearbeitete Methode, die sie für ihre neuesten Untersuchungen in gewisser Weise abänderten, sei im folgenden näher eingegangen.

Den Gesamtschwefel bestimmten sie zunächst mittels Natriumperoxyds, erhielten jedoch keine brauchbaren Resultate, da blinde Versuche mit dem angewandten Natriumperoxyd zeigten, daß der Schwefelgehalt selbst derselben Sendung nicht konstant war. Ferner wurde der benutzte Nickeltiegel bei der Alkalischmelze in solchem Maße angegriffen, daß das vom Bariumsulfat okkludierte Nickel die Resultate merklich beeinflußte. — Sie wandten daher zur Bestimmung des Gesamtschwefels sowie des in den Kohlenrückständen vorhandenen Schwefels die Methode von Eschka an[1]).

Den Wert für den Sulfatschwefel erhielten sie, indem sie 5 g Kohle mit 300 ccm 3 °/₀iger Salzsäure 40 Stunden bei 60° extrahierten, die salzsaure Lösung vom Ungelösten abfiltrierten und im Filtrat das Eisen nach Zimmermann-Reinhardt mittels Kaliumpermanganats titrierten und die Schwefelsäure als Bariumsulfat fällten. Weitere Versuche zeigten, daß die vollständige Extraktion der Sulfate auch schon erreicht wurde, wenn man die Kohle 15—20 Minuten mit verdünnter Salzsäure (1 : 2) kochte. Wenngleich auch hierbei eine geringe Zersetzung des Pyrits eingetreten war, so wurden hierdurch in Anbetracht der kurzen Zeit die Resultate nicht beeinträchtigt.

Für die Pyritbestimmung wurde 1 g Kohle mit 30 ccm verdünnter Salpetersäure (1 : 4; Dichte 1,12) 2—3 Tage bei Zimmertemperatur stehen gelassen (unter Benutzung einer Schüttelmaschine war die Zersetzung bereits nach 1—2 Stunden beendet), die salpetersaure Lösung abfiltriert, auf dem Wasserbad zur Trockne eingedampft, der Trockenrückstand mit Salzsäure aufgenommen und hierin Eisen und Schwefelsäure wie vorhin bestimmt. Da in dem auf diese Weise gefundenen Eisen sowohl das mit Salzsäure extrahierbare Sulfat- als auch das Sulfid- (Pyrit-) Eisen gefunden wurde, konnte letzteres aus der Differenz: Gesamteisen minus Sulfateisen berechnet und zur Kontrolle des Pyritschwefels ausgewertet werden. Und ebenso setzte sich die gefundene Schwefelsäure aus der Sulfatschwefelsäure und der Schwefelsäure zusammen, die aus dem Pyrit herrührte. Wenn nun Pyrit-Eisen und -Schwefel im Verhältnis von $Fe:S_2$ gefunden wurde, war nur der Pyritschwefel zu Schwefelsäure oxydiert. Wurde jedoch überschüssiger Schwefel festgestellt, so konnte das Mehr an Schwefel nur von einer Einwirkung der Salpetersäure auf den organischen Schwefel herrühren. Somit wurde durch diese Umrechnungen die Genauigkeit der Pyritbestimmung in jedem Falle nachgeprüft.

In Tafel 2 sind die bei der Behandlung der Kohle mit Salz- und Salpetersäure gefundenen Schwefelwerte im einzelnen angegeben.

Tafel 2.

Nr.	I	II	III	IV	V	VI
Gesamtschwefel	1,31 [1])	1,73	0,36	0,71	4,35	4,06
Schwefel löslich in HNO_3	0,54	1,09	0,09	0,17	2,46	2,31
Schwefel löslich in HCl	0,07	0,30	0,01	0,04	0,71	0,32
also Pyritschwefel	0,47	0,79	0,08	0,13	1,75	1,99
Eisen löslich in HNO_3	0,53	1,06	0,48	0,32	2,48	2,25
Eisen löslich in HCl	0,14	0,37	0,38	0,20	0,94	0,49
demnach Pyriteisen	0,38	0,69	0,06	0,12	1,54	1,76
umgerechnet auf Pyritschwefel	0,44	0,78	0,07	0,14	1,76	2,01
Differenz zwischen den nach den beiden Methoden bestimmten Pyritschwefelwerten	0,03	0,01	0,01	0,01	0,01	0,02

[1]) % berechnet auf lufttrockene Kohle.

Sie zeigen, daß die nach beiden Methoden (Fe- und S-Bestimmung) gefundenen Werte innerhalb geringer Fehlergrenzen gut übereinstimmen.

Aus der Differenz: Gesamtschwefel minus Sulfid + Sulfatschwefel würde sich dann der Wert für den organisch gebundenen Schwefel ergeben.

Phenollöslicher Schwefel: Um sich jedoch zu vergewissern, daß dieser Betrag auch tatsächlich aus organisch gebundenem Schwefel herrührte, extrahierten Powell und Parr 0,5 g Kohle 20 Stunden mit 25 ccm Phenol bei 150°, filtrierten die Lösung mittels eines Porzellan-Goochtiegels mit Asbesteinlage vom Ungelösten ab, wuschen den Rückstand mit Alkohol und Äther aus, verrieben Asbesteinlage und Rückstand mit der Eschka-Mischung (1 Tl. Na_2CO_3 + 2 Tl. MgO) und bestimmten den Schwefel im

Rückstand wie üblich. Der Schwefelgehalt des Phenolauszugs wurde aus der Differenz: Gesamtschwefel der Kohle minus Schwefelgehalt des phenolunlöslichen Rückstandes berechnet. Der Phenolextrakt war aschefrei und daher rein organischer Natur.

Humusschwefel: Zur Bestimmung des Humusschwefels wurden die nach der Behandlung mit Salpetersäure erhaltenen Kohlenrückstände benutzt. Diese wurden zunächst so oft mit konz. Salpetersäure zur Trockne eingedampft, bis sich die Trockenrückstände leicht in Ammoniak lösten, was bei bituminösen Kohlen eine 2—3malige Behandlung erforderte. Die Trockenrückstände wurden dann mit 25 ccm konz. Ammoniak aufgenommen, die Lösungen sich einige Zeit überlassen, filtriert (Dauer: 1 Woche), die dunkelbraunen Filtrate zur Trockne eingedampft und der Schwefel in den aschefreien, also rein organischen Trockenrückständen nach Eschka bestimmt. — War die Kohle zuerst mit Phenol extrahiert, so erhielt man so den Wert für den Humusschwefel, im andern Falle den gesamten organischen Schwefel. — In jedem Falle konnte auf diese Weise leicht festgestellt werden, ob die Summe der erhaltenen Einzelwerte mit dem Gesamtschwefel der Kohle übereinstimmte.

Tafel 3 gibt einen Überblick über die Werte für die einzelnen Schwefelverbindungen.

Tafel 3.

Nr.	I	II	III	IV	V	VI
Pyritschwefel	0,47	0,72	0,08	0,13	1,75	1,99
Sulfatschwefel	0,07	0,28	0,01	0,04	0,71	0,23
Humusschwefel	0,50	0,46	0,44	0,42	1,01	0,38
Phenollöslicher Schwefel	0,12	0,30	0,02	0,06	0,77	0,42
Gesamtschwefel als Summe berechnet	1,16	1,76	0,55	0,65	4,24	3,02
Gesamtschwefel direkt bestimmt	1,21	1,72	0,56	0,71	4,25	3,06
Differenz	0,05	0,04	0,01	0,06	0,01	0,04

Da bei Nr. V der in Salpetersäure lösliche Schwefel zunächst mehr betrug, als dem gefundenen Eisenwert entsprach, war in diesem Falle auch organischer Schwefel gelöst worden. Nach vorausgegangener Extraktion mit Phenol lieferte jedoch auch diese Kohle gute Werte, so daß es sich für die Praxis im allgemeinen empfehlen dürfte, den Pyritschwefel aus dem gefundenen Wert für Pyriteisen zu berechnen. — Mit Rücksicht auf die geringen Differenzen zwischen dem aus den Einzelwerten berechneten und dem nach Eschka gefundenen Gesamtschwefel können also andere als die aufgeführten Schwefelverbindungen in der Steinkohle nicht vorkommen.

4. Verteilung der Schwefelverbindungen in einem Kohlenflöz.

Die Untersuchungen von Yancey und Fraser über die Verteilungen der Schwefelverbindungen im Kohlenlager erstrecken sich nur auf Pyrit und organischen Schwefel, da der Sulfatschwefel in frischer Kohle nur in ganz geringem Betrage vorhanden ist (z. B. betrug er bei einem Gesamtschwefel von 6% nur 0,4%). Daß die Menge des Gesamtschwefels selbst an einem bestimmten Orte eines Flözes schwefelarmer Kohlen nicht konstant ist, ist bekannt. Dieses ist stets dann der Fall, wenn der Pyrit ungleichmäßig oder „gesprenkelt" vorkommt. Die Probenentnahmen (70 Proben aus der Middleforkgrube der U.-S. Fuel Co. aus der Nähe von Benton, Illinois [Nr. 6] und 48 Proben aus zwei Gruben im westlichen Kentucky [Nr. 9 und 12]) haben sie nach der vom „Bureau of Mines" angegebenen Methode vorgenommen. — Den Gesamtschwefel haben sie nach der Methode von Eschka, den Pyritschwefel nach Powell und Parr und den organischen Schwefel als Differenz bestimmt.

Sowohl in der Middleforkgrube als auch in Kentucky Nr. 12 ist der Gehalt an Gesamt- und Pyritschwefel in den obersten und untersten Schichten höher als in den dazwischen liegenden Schichten. Dagegen erreicht er bei Kentucky Nr. 9 auf der Sohle des Flözes den höchsten, in der obersten Kohlenschicht aber den niedrigsten Wert.

Obgleich nun auch der Gehalt an organischem Schwefel in einem Lager nicht durchweg gleich hoch war, haben die Verfasser hier Unterschiede, wie sie sie beim Pyrit- bezw. Gesamtschwefel gefunden haben, in den einzelnen Kohlenbändern nicht feststellen können. Gleichwohl ist auf der nördlichen Seite der Grube bei Benton, Illinois, eine Abnahme des organischen Schwefels bei zunehmendem Pyritschwefel unverkennbar und zwar in der Weise, daß da, wo der Pyritschwefel in einer Schicht höher ist als in der darüber oder der darunter befindlichen Schicht, der

28*

organische Schwefelgehalt in den meisten Fällen niedriger ist. Da aber diese Tendenz weder auf der Südseite der Grube noch in den beiden andern untersuchten Gruben annähernd so offensichtlich zutage trat, nehmen Y. und Fr. einen Zusammenhang zwischen dem organischen Schwefel und der Bildung von Pyrit nicht an.

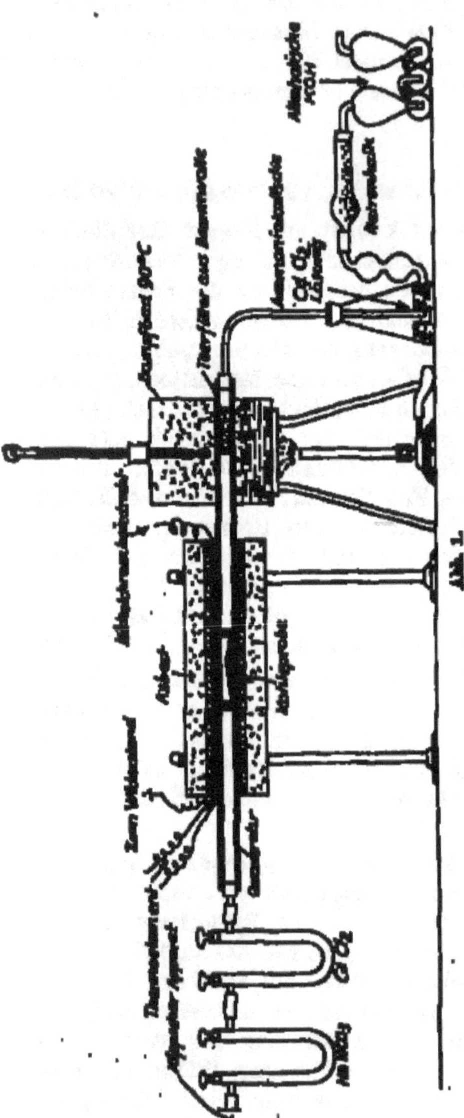

Abb. 1.

Zur näheren Untersuchung über die immerhin mögliche Beziehung dieser beiden Schwefelverbindungen zueinander haben sie dann eine Anzahl besonderer Kohlenproben untersucht, die in Pyrit eingebettet oder von Pyritbändern durchzogen waren. Der organische Schwefelgehalt dieser Proben war jedoch höher oder niedriger als die Durchschnittswerte betrugen, so daß eine offenbare Anreicherung bzw. Abnahme von organischem Schwefel in der Kohle, die sich in unmittelbarer Nähe vom Pyrit befand, nicht zu beobachten war.

Ferner hat es sich gezeigt, daß der in vielen Kohlen relativ hohe Gehalt an organischem Schwefel bei andern Kohlen nur einen geringen Prozentsatz des Gesamtschwefels betrug.

5. Verhalten des Kohlenschwefels bei der Verkokung.

M'Callum[1]) fand bei der Verkokung der anorganischen und organischen Bestandteile, in die er die Kohle nach der Schwebemethode zerlegte, daß im allgemeinen der organische Schwefel zu einem größeren Prozentsatz flüchtig war als der anorganische. Eine scharfe Grenze war jedoch nicht festzustellen. — J. R. Campbells[2]) Untersuchungen ergaben, daß der größte Teil des Kohlenschwefels als Pyrit vorhanden war, 42% des Pyritschwefels bei der Verkokung als Gas entwichen und der Rest im Koks als Pyrrhotit (Magneteisenkies, hexagonal, Fe_nS_{n+1}) zurückblieb. — Nach S. P. Parr[3]), der bei niederer Temperatur den Schwelprozeß durchführte, wurden der organische Schwefel der Rohkohle und die Hälfte des Pyritschwefels von 500° an zum größten Teil vergast, während über 700° der Schwefel der Verbindung FeS, der aus FeS_2 entstanden war, vom Kohlenstoff unter Zurücklassung freien Eisens aufgenommen wurde.

Diese verschiedenen Ergebnisse veranlaßten A. R. Powell, mehrere Kohlen unter genau kontrollierbaren Versuchsbedingungen zu verschwelen und den Charakter und die Natur der in einzelnen Versuchsperioden entstehenden Schwefelverbindungen eingehend zu untersuchen.

Um eine Überhitzung der flüchtigen Schwelprodukte zu vermeiden und eine gleichmäßige und genau kontrollierbare Versuchstemperatur zu erzielen, wurden stets nur etwa 5 g Kohle verkokt. Die Einzelheiten der Versuchsanordnung gehen aus Abbildung 1 hervor.

Zu Beginn und zum Schluß jedes Versuchs wurde durch das Versuchsrohr ein schwacher CO_2-Strom hindurchgeschickt, um den Luftsauerstoff zu verdrängen bzw. um auch die letzten Anteile flüchtiger Schwefelverbindungen auszuspülen. Die Versuchstemperatur wurde im allgemeinen 2 Stunden eingehalten, damit der der Versuchstemperatur entsprechende Endzustand erreicht wurde.

Der Schwefelgehalt des Teers wurde mittels der Eschka-Mischung bestimmt.

Der Schwefelgehalt bzw. die einzelnen Verbindungsformen des Schwefels im Koks wurden in folgender Weise gefunden: Der

---

1) Chem. Engineer 11, 27 (1916).

2) Bull. Amer. Inst. Mining Engineers 1916, 177.

3) Bull. Amer. Instit. Mining Engineers 1919, 1907.

feinpulverisierte Koks wurde mit 100 ccm verdünnter Salzsäure 1:1 übergossen, das Reaktionsgemisch unter dauerndem Durchleiten eines lebhaften Wasserstoffstroms 15 Minuten gekocht und der aus den Metallsulfiden (Eisensulfid, Pyrrhotit usw.) entweichende Schwefelwasserstoff in einer ammoniakalischen Cadmiumchloridlösung aufgefangen. Nach der Behandlung des Niederschlags mittels Salzsäure und überschüssiger titrierter Jodlösung wurde er durch Zurücktitrieren des nicht verbrauchten Jods mit Thiosulfat ermittelt. — Das salzsaure Filtrat des Kokses enthielt den im Koks vorhandenen Sulfatschwefel. — Der im Rückstand vorhandene Schwefel des unzersetzten Pyrits wurde, wie unter 3 ausgeführt, mittels Salpetersäure in Schwefelsäure übergeführt, als Bariumsulfat gefällt und gewogen und durch den entsprechenden Eisenwert nachgeprüft. — Der in dem hiernach erhaltenen Koksrückstand verbliebene organische Schwefel wurde entweder direkt nach Eschka bestimmt oder aus der Differenz: Gesamtschwefel des Kokses minus Summe der Einzelwerte berechnet.

Der bei der Verkokung entstandene Schwefelwasserstoff, der in der mit ammoniakalischer Cadmiumchloridlösung beschickten Vorlage als Cadmiumsulfid niedergeschlagen war, wurde wie vorhin jodometrisch ermittelt.

Zur Prüfung auf den bei dem Schwelprozeß etwa entstandenen Schwefelkohlenstoff wurde die alkoholische Kalilauge aufgekocht, mit Essigsäure angesäuert und mit Kupferacetat versetzt. Der Niederschlag von Kupferxanthogenat bewies die Anwesenheit von Schwefelkohlenstoff.

a) Einfluß der Temperatur auf den Pyrit.

Da im allgemeinen der größte Teil des Gesamtschwefels auf den Pyrit entfällt, untersuchten Powell und Parr zunächst dessen Verhalten bei verschiedenen Temperaturen. Die Ergebnisse sind in Tafel 4 zusammengestellt.

Hieraus geht hervor, daß der Pyrit bei 500° nur zu einem geringen Betrage, bei 1000° jedoch vollständig zersetzt wird. Und zwar ist die Reaktion nahezu quantitativ im Sinne der Gleichung $FeS_2 = FeS + S$ vor sich gegangen. Die geringen Mengen an beobachtetem Schwefelwasserstoff sind auf den Wassergehalt des Pyrits oder anderer in ihm enthaltenen Wasserstoffverbindungen zurückzuführen. — Der Rückstand ist magnetisch. Die Ursache

Tafel 4.

Verbindungsform des Schwefels	Temperatur bei 0° C	Temperatur bei 1000° C
Pyritschwefel	48,53[1]	0,00
Sulfatschwefel	0,16	0,00
Freier Schwefel	0,00	21,88
Sulfid (FeS)-Schwefel	0,00	24,24
Schwefelwasserstoff	0,00	2,56
Gesamtschwefel	48,69	48,68

[1]) % berechnet auf angewandten Pyrit.

hierfür ist in dem entstandenen Pyrrhotit (Fe_nS_{n+1})[1]) zu suchen, der als eine Lösung von Schwefel in Eisensulfid (FeS) zu betrachten ist. — Die Anwesenheit des magnetischen Eisensulfids in einem Koks wurde dadurch festgestellt, daß von einem Hufeisenmagneten über 1% des feinpulverisierten Kokses angezogen wurde. Der magnetische Teil enthielt 2,4%, der nichtmagnetische Teil nur 0,12% Sulfidschwefel. Die Menge gelösten Schwefels ist abhängig von der Temperatur und dem Partialdruck des freien Schwefels. In einer Schwefelwasserstoffatmosphäre bleiben bei 600° maximal 6,0%, bei 1000° 3,5% und bei 1300° 2,0% gelöst. Der Partialdruck des freien Schwefels beträgt bei 1000° 70 mm. Diese geringe bei 1000° über dem Pyrrhotit befindliche Schwefelmenge hält den Betrag an gelöstem Schwefel auf 3,5%. Da jedoch in der Praxis die Schwefelwasserstoffmengen und damit die Mengen des freien Schwefels sehr klein sind, beträgt die Menge des im Eisensulfid (FeS) gelösten Schwefels erheblich weniger als 3,5%. — Nach dem Auflösen des Pyritrückstandes in Säure wird etwa vorhandener freier Schwefel an der schwachen Trübung der Lösung erkannt. Hinsichtlich seiner geringen Menge, die nur einen sehr kleinen Bruchteil eines Prozents ausmachte, haben Powell und Parr ihn bei ihren quantitativen Untersuchungen vernachlässigt.

Freies Eisen ist im Pyrit- (oder Koks-)Rückstand nicht vorhanden; denn nach Zusatz einer Kupfersalzlösung zu dem pulverisierten Rückstand wurde bei der mikroskopischen Untersuchung kein metallisches Kupfer festgestellt.

Als dann weiterhin ein Gemisch aus 50% Pyrit und 50% Kohle von bekannter Zusammensetzung in gleicher Weise bei

---

[1]) Am. J. Sci. 35, 169 (1913).

1000° verkokt wurde, erhielten sie auch in diesem Falle die Hälfte des Pyritschwefels als Sulfid-(FeS-)Schwefel, während der Rest zum Teil sich als freier Schwefel abschied, zum Teil infolge der Anwesenheit der wasserstoffhaltigen Kohle (bzw. des Kokses) sich als Schwefelwasserstoff verflüchtigt hatte.

b) Einfluß der Temperatur auf den Kohlenschwefel.

Von den acht Kohlenproben, die Powell und Parr eingehend untersucht haben, sei im folgenden auf eine Tennesseekohle näher eingegangen. Die Ergebnisse sind in den Tafeln 5 und 6 zusammengestellt.

Tafel 5.

Verbindungsformen des Schwefels	bei Temperatur °C					
	0°	300°	400°	500°	600°	1000°
Pyritschwefel	1,75	1,75	1,48	0,21	0,00	0,00
Sulfatschwefel	0,11	0,08	0,04	0,01	0,01	0,00
Organischer Schwefel . . .	1,79	1,85	1,81	1,70	1,27	1,61
Sulfid- (FeS-) Schwefel . .	0,00	0,15	0,44	0,98	0,82	0,84
Schwefelwasserstoff . . .	0,00	0,13	0,39	1,30	1,39	1,44

% Schwefel, berechnet auf lufttrockene Kohle.

Bis 400° erleidet hiernach der organische Schwefel fast keine Veränderung. Zwischen 400 und 500° jedoch findet eine Umwandlung in der Weise statt, daß er bei der Behandlung des Kokses mit Salpetersäure und Ammoniak nicht mehr in Lösung zu bringen ist. Daß er trotzdem im Koks organisch gebunden und in größerer Menge vorhanden ist als in der ursprünglichen Kohle, ist von Wibaut und Stoffel[1]) nachgewiesen.

Auf Grund der Pyrituntersuchungen ergeben sich aus Tafel 5 folgende Reaktionen:

1. In Anwesenheit einer hinreichenden Menge Kohle entstehen aus Pyrit quantitativ Eisensulfid (FeS-) und Schwefelwasserstoff.
2. Vorhandene Sulfate werden zu Sulfiden reduziert.
3. Der hiernach noch überschüssige Schwefelwasserstoff ist offenbar aus dem organischen Schwefel enstanden.
4. Der Teerschwefel stammt naturgemäß aus den organischen Schwefelverbindungen der Kohle.

[1]) Rec. trav. chim. 38, 132 (1919).

5. Nach Parr[1]) sowie Wibaut und Stoffel[2]) wird ein Teil des Sulfid- (FeS-) Schwefels in nichtflüchtige Schwefelkohlenstoffverbindungen übergeführt. Hierdurch werden dann auch der geringere Sulfid- (FeS-) Schwefelgehalt des Kokses und das langsame Ansteigen des organischen Schwefels erklärt.

Außer diesen Reaktionen spielen sich noch andere weniger einfache Reaktionen ab, die aber hinsichtlich der Schwierigkeiten, sie quantitativ zu erfassen, nicht gemessen sind, so z. B. die Bildung von Pyrrhotit, die charakteristischen Veränderungen des organischen Schwefels zwischen 400 und 500°, die Bildung von Schwefelwasserstoff durch Einwirkung von Wasserstoff auf die organischen Schwefelverbindungen und Einwirkungen des Schwefelwasserstoffs auf den rotglühenden Koks, die z. B. zur Bildung von Schwefelkohlenstoff, der nach Lewes[3]) kein primäres Schwelprodukt darstellt, von Thiophen, Thioäthern und Isothiocyanaten führen.

In Tafel 6 ist der Umfang der genannten 5 Reaktionen für die jeweiligen Temperaturen wiedergegeben und zwar in Prozent Schwefel berechnet auf lufttrockne Kohle.

Tafel 6.

Temperatur °C	$FeS_2 \rightarrow FeS + H_2S$	$FeSO_4 \rightarrow FeS$	Organischer Schwefel $\rightarrow H_2S$	Organischer Schwefel $\rightarrow$ Teer-S	$FeS \rightarrow$ Organischer Schwefel
0—300	0,00	0,18	0,19	0,00	0,00
300—400	0,58	0,11	0,04	0,05	0,00
400—500	1,11	0,42	0,25	0,06	0,49
500—600	0,21	0,00	0,04	0,04	0,26
600—1000	0,00	0,01	0,05	0,00	— 0,02
Gesamtschwefel	1,75	0,71	0,57	0,18	0,73

Hieraus ergibt sich: Die Zersetzung des Pyrits beginnt bei 300°, erreicht ihr Maximum zwischen 400 und 500° und ist vollständig bei 600°. Die Reduktion des Sulfats ist praktisch bei 500° beendet. 1/4 bis 1/3 des organischen Schwefels wird als Schwefelwasserstoff abgespalten. Diese Reaktion findet zum größten Teil unter 500° statt. Bei Verkokungen bei niederer Temperatur findet sich ein kleiner Teil, jedoch nicht mehr als 1/10 des

1) Amer. Inst. Mining Engineers 1919, 1607.

2) Rec. trav. chim. 38, 133 (1919).

3) „The Carbonisation of Coal" S. 274 (1912).

organischen Schwefels, im Teer. Von 400—500° entstehen auf Kosten des Eisensulfids (FeS) nichtflüchtige Schwefelkohlenstoffverbindungen.

Bei einer schwefelarmen halbbituminösen Kohle (Pocahonta), die wenig Pyrit und nahezu keinen Sulfatschwefel, sondern hauptsächlich organisch gebundenen Schwefel enthielt, zeigte sich, daß die Bildung von Schwefelwasserstoff aus organischem Schwefel bei höheren Temperaturen (500—600°) mehr hervortrat und daß über 500° nicht Sulfid- (FeS-) Schwefel in organischen Schwefel umgewandelt wurde, sondern infolge des geringen Pyritgehalts und des großen Überschusses an organischem Schwefel der umgekehrte Fall eintrat. Es scheint sich also hierbei um eine umkehrbare Reaktion zu handeln.

Ebenso waren die Ergebnisse davon abhängig, ob die Kohle im ursprünglichen Rohzustande oder nach dem Waschen (zur Entfernung des Pyrits) verkokt wurde. In einer Rohkohle, die einen größeren Gehalt an anorganischem Schwefel in der Kohle aufwies, wurde ein größerer Betrag des Metallsulfid- (MS-) Schwefels in die organische Form übergeführt als im letzten Falle. In der gewaschenen Kohle, die in der Hauptsache organischen Schwefel enthielt, wurde mehr Schwefel aus den organischen Schwefelverbindungen in Schwefelwasserstoff umgewandelt als bei der Rohkohle. Größe und Umfang der einzelnen Schwefelreaktionen hängen hiernach in Übereinstimmung mit den Ergebnissen bei der Tennesseekohle wesentlich von der Menge und der Art der vorhandenen Schwefelverbindungen in der Kohle ab.

Tafel V[1]).

Bezeichnung der Kohlen	Organ. S in % berechnet auf Gesamtschwefel = 100	Anorgan. S in % berechnet auf Gesamtschwefel = 100	Schwefelgehalt der Kohle	Schwefelgehalt des Koksen	[illegible]
Pocahontaskohle	85,5	14,5	0,56	0,45	
Gewaschene Vandaliakohle .	78,2	21,8	1,15	1,14	
Jelliscokohle	68,3	31,7	0,83	0,75	0,04
Upper-Freeportkohle	58,8	41,2	1,14	1,09	
Tennesseekohle	50,6	49,4	3,84	2,93	
Rohe Vandaliakohle	48,1	51,9	1,86	1,30	
Pittsburghkohle	47,0	53,0	1,49	1,31	

[1]) % S, berechnet auf sulfatfreie, also nur organischen und Pyritschwefel enthaltende lufttrockene Kohle.

e) Der Schwefelgehalt des Kokses.

Tafel 7 gibt die Beziehung zwischen dem Gesamtschwefel der einzelnen Kohlen und dem des Kokses wieder.

Die kaum nennenswerten Unterschiede zwischen dem Schwefelgehalt der Kohlen und dem der entsprechenden Kokse und die Tatsache, daß der Schwefelgehalt des Kokses sich nicht mit dem Wert für den organischen Schwefel ändert, sondern von diesem unabhängig zu sein scheint, deutet darauf hin, daß der Schwefelgehalt des Kokses in der Hauptsache vom Gesamtschwefel der Kohle abhängt, dagegen unabhängig ist von den einzelnen Schwefelverbindungen, und daß insbesondere die Natur der Kohle den Schwefelgehalt des Kokses erheblich beeinflußt. Die bei den beiden Vandaliakohlen erhaltenen Ergebnisse zeigen, daß die durch die Verkokung erzielte Verringerung des Schwefelgehalts (von 1,80 auf 1,14) nicht so groß ist als die, die durch das Waschen der Kohle erreicht ist (von 1,35 auf 1,15). Immerhin entsprechen die Werte für den Koksschwefel ungefähr denen der entsprechenden Kohlenproben.

Auf den Unterschied in dem Schwefelgehalt in den beiden Jolietkoksproben, von denen die 0,57 % S enthaltende bei der vorhin beschriebenen Untersuchungsmethode, die mit 0,64 % S in einem Nebenproduktenkoksofen erhalten war, wird später eingegangen.

Bezüglich der Natur der im Koks vorhandenen Schwefelverbindungen geht aus Tafel 5 hervor, daß sie hauptsächlich organischer Natur sind, während die Menge des Sulfid-(MS-)Schwefels geringer ist.

6. Entschwefelung des Kokses.

Wenngleich auch durch den Waschprozeß 1/4—1/3 des Kohlenschwefels entfernt und damit, wie vorhin erwähnt, eine entsprechende Verringerung des Koksschwefels bewirkt werden kann, so versagt doch die Methode bei der Entfernung des fein verteilten Pyrits und der organischen Schwefelverbindungen.

Man hat daher andrerseits versucht, aus dem Koks den Schwefel durch Überführung in flüchtige oder wasserlösliche Verbindungen nach Möglichkeit zu entfernen. — Scheerer[1]) hat bei der Behandlung des Kokses im Koksofen mit Wasserdampf eine Verminderung des Schwefelgehalts um 0,4 % erreicht. Woltereck[2]) wendet bei nicht

[1]) Groves u. Thorp, „Chemical Technology" 1, 228 (1889).

[2]) D. R. P. 261361, 2. Mai 1912.

über 400° ein Gemisch aus Luft und Wasserdampf an, wodurch der Schwefel als Dioxyd entfernt wird. Der Nachteil des Dampfprozesses besteht darin, daß eine beträchtliche Koksmenge für die Entschwefelung verbraucht wird. — Die Behandlung des rotglühenden Kokses mit Luft ist von Philippart[1]) vorgeschlagen. Die Entfernung des Schwefels als Dioxyd wird hierbei jedoch nur auf Kosten recht erheblicher Koksmengen erreicht. Unter 800° tritt keine Entschwefelung ein. — Stoner[2]) läßt im Anschluß an die Verkokung auf Koks Chlor oder chlorhaltige Gase einwirken und wäscht die löslichen Salze aus. Abgesehen von der Kostspieligkeit des Verfahrens, werden durch das Chlor Koks und die Nebenprodukte teilweise zerstört. Fingerland[3]) führt nach Zugabe gewisser Katalysatoren durch Behandlung des heißen Kokses mit Chlor den Schwefel in flüchtiges Schwefeldichlorid über. — Außer den genannten Gasen wird zur Entschwefelung des Kokses nach mehreren Patenten auch Kohlenoxyd angewandt.

Nach der Methode von Kalvert[4]) wird der Kohle vor der Verkokung Kochsalz beigemengt, um Schwefel und Phosphor in flüchtige Chloride überzuführen. Jedoch nimmt hierdurch, wie es sich gezeigt hat, der Schwefelgehalt des Kokses zu, es sei denn, daß die wasserlöslichen Schwefelverbindungen, wie es das Patent von Rowan angibt, ausgewaschen werden. — Durch Zugabe von überschüssiger Soda soll der Schwefel bei dem Verkokungsprozeß an Natrium gebunden werden. — Mangandioxyd ist von Franck[5]) vorgeschlagen. Mit der Oxydation der organischen Schwefelverbindungen dürfte jedoch auch eine Oxydation der eigentlichen Kohlensubstanz in erheblichem Umfange eintreten. — Bis auf den bekannten Waschprozeß hat keines der genannten Verfahren praktische Bedeutung erlangt.

Neuere Untersuchungen von A. R. Powell haben jedoch gezeigt, daß die Entschwefelung der Kohle bezw. des Kokses unter geeigneten Versuchsbedingungen in weitem Umfange recht wohl möglich und auch im großen durchführbar ist. Davon ausgehend, daß, wie vorhin angegeben, der Koks mehr „organischen" als „anorganischen" (Eisensulfid- [FeS-] oder Pyrrhotit-) Schwefel enthält,

---

1) Groves u. Thorp, a. a. O.
2) U. S. Patent 827144, 13. Mai 1906.
3) D. R. P. 270878, 7. Juni 1912.
4) Groves und Thorp, a. a. O.
5) D. R. P. 274658, 12. April 1912.

wird nach A. R. Powell für die Entschwefelung vor allem der organische Schwefel in Betracht zu ziehen sein. Powells Versuche knüpfen an die schon bekannte Beobachtung Otchas[1]) an, daß der Gesamtschwefel des Kokses durch Wasserstoff im statu nascendi leicht in Schwefelwasserstoff übergeführt und als solcher bestimmt werden kann. Wenn es sich nun auch bei der Nachprüfung dieser Angabe herausstellte, daß bei der Behandlung von pulverisiertem Koks mit Zink (oder Aluminium) und heißer verdünnter Salzsäure der Schwefel nicht vollständig in Schwefelwasserstoff übergeführt wurde, so war die Wirkung des Wasserstoffs doch so erheblich, daß er oder das Kokereigas (mit etwa 50% Wasserstoff) als ein recht gut wirksames Entschwefelungsmittel in Frage kam. —

Die weiteren Versuche und Bestimmungen des Koksschwefels als Sulfat-, Sulfid- und organischer Schwefel wurden analog den unter 3 und 5 angegebenen Versuchsbedingungen durchgeführt und aufgearbeitet. Durch Vergleiche der Ergebnisse, die bei Versuchen ohne Wasserstoff erhalten waren, mit den entsprechenden Resultaten der Wasserstoffversuche konnte die entschwefelnde Wirkung des Wasserstoffs leicht quantitativ festgestellt und verfolgt werden.

Nach 2stündigem Erhitzen der Pittsburgh-Kohle auf 1000° wurden zunächst eine Stunde hindurch $\frac{100\ \text{ccm}}{1\ \text{Minute}}$ reiner Wasserstoff durch das Rohr geleitet, so daß der Wasserstoff nicht während des Verkokungsprozesses zur Wirkung gelangte, sondern erst auf den Koks einwirkte.

Die Ergebnisse sind in folgender Tafel zusammengestellt.

Tafel 8.

	ohne Wasserstoff	mit Wasserstoff	
Gesamtschwefel	1,73[1])	1,73	% S berechnet auf lufttrockene Kohle
Schwefel als Schwefelwasserstoff . .	0,58	0,74	
Schwefel im Koks	1,14	0,98	
Schwefel im Koks	1,30	1,35	% S berechnet auf lufttrockenen Koks

[1]) 0,79% Pyritschwefel,
0,26% Sulfidschwefel,
0,70% organischer Schwefel,
1,73% Gesamtschwefel.

[1]) Z. ang. 10, 330 (1897).

Durch die Einwirkung des Wasserstoffs auf den Koks war somit dessen Schwefelgehalt von 1,90 auf 1,55 vermindert worden. Als nun die Temperatur auf 500° erniedrigt wurde, hörte die Schwefelwasserstoffentwicklung auf, trat aber bei Erhöhung der Temperatur auf 1000° sofort wieder im früheren Umfange ein.

Ein zweiter Versuch mit derselben Kohle, bei dem ein kontinuierlicher Wasserstoffstrom $\left(\frac{100 \text{ ccm}}{1 \text{ Minute}}\right)$ während der Verkokung bei 500° durch das Versuchsrohr geschickt wurde, ergab, daß bei dieser Temperatur 1,6 mal soviel Schwefelwasserstoff sich bildete als bei dem entsprechenden Versuch ohne Wasserstoff. Als die Versuchstemperatur allmählich auf 1000° erhöht und zwei Stunden innegehalten wurde, wurden folgende Resultate erhalten (Tafel 9):

Tafel 9.

	ohne Wasserstoff	mit Wasserstoff	
Gesamtschwefel der Kohle	1,79	1,79	% S berechnet auf lufttrockene Kohle
Schwefel als H_2S	0,58	1,15	
Sulfidschwefel im Koks	0,16	0,08	
Gesamtschwefel im Koks	1,14	0,53	
Gesamtschwefel im Koks	1,90	0,86	% S berechnet auf lufttrockenen Koks

Hierbei war also mehr als die Hälfte des Koksschwefels entfernt worden (1,90—0,86). Ein geringer Zusatz von feuchtem Salzsäuregas zum Wasserstoff unterstützte die Entschwefelung nicht.

Bei der Upper-Freeport-Kohle wurden sogar 90% des Koksschwefels entfernt. Die hierbei erhaltenen Resultate, für die einzelnen Schwefelreaktionen wie früher ausgewertet, waren folgende (Tafel 10):

Tafel 10.

Zeit St.	Temperatur °C	$FeS_2 \rightarrow FeS + H_2S$	$MSO_4 \rightarrow MS$	Organ. S $\rightarrow H_2S$	Organ. S $\rightarrow$ Teer S	MS $\rightarrow$ Organ. S
			ohne Wasserstoff			
2	0—500	0,14	0,06	0,16	0,03	0,04
2	500—1000	0,22	0,01	0,06	0,00	0,14
			mit feuchtem Wasserstoff			
1	0—500	0,46	0,05	0,13	0,06	0,12
1	500—1000	0,01	0,01	0,56	2,00	0,13

% S berechnet auf lufttrockene Kohle.

In Gegenwart von Wasserstoff begann also die Zersetzung des Pyrits schon bei niedriger Temperatur und war bei 500° schon vollständig, während unter 500° ohne Wasserstoff kaum ⅓ zersetzt war; ein Umstand, der darauf zurückzuführen war, daß durch den überschüssigen Wasserstoff die Menge des freien Schwefels praktisch auf Null, somit der Partialdruck des Schwefels sehr klein gehalten und die weitere Zersetzung des Pyrits begünstigt wurde. Jedoch wurde durch diese bei niederer Temperatur stattfindende Pyritzersetzung die Entschwefelung selbst nicht unterstützt, vielmehr entstand der aus dem Pyrit gebildete Schwefelwasserstoff nur während einer früheren Schwelperiode. — Dagegen kam die entschwefelnde Wirkung des Wasserstoffs in ganz erheblichem Maße bei der hauptsächlich über 500° stattfindenden Umwandlung des Sulfidschwefels in organischen Schwefel und der Überführung des letzteren in Schwefelwasserstoff zur Geltung. — Die Umwandlung des Sulfidschwefels in organischen Schwefel dürfte nach Powell weniger auf eine unmittelbare Einwirkung des Wasserstoffs als vielmehr auf eine Massenwirkung zwischen dem Eisensulfid und den organischen Koksbestandteilen zurückzuführen sein. Denn sowohl die Zunahme des Eisensulfids, die infolge der Zersetzung des Pyrits unter 500° stattfand, als auch die Abnahme des organischen Schwefels, die mit der über 500° stattfindenden Bildung von Schwefelwasserstoff verbunden war, begünstigten die über 500° eintretende Umwandlung des Sulfidschwefels in organischen Schwefel. Wenn also der Wasserstoff mit dem Schwefel des Eisensulfids auch nicht direkt in Reaktion trat, so wurde dieser in Anwesenheit des Wasserstoffs doch zu einem größeren Betrage über die reaktionsfähigere organische Form in Schwefelwasserstoff übergeführt.

Die Ergebnisse der Versuche, bei denen statt des reinen Wasserstoffs ein Kokereigas mit 50% Wasserstoff, 25% Methan, 25% Kohlenoxyd und 10% Luft, Kohlensäure usw. verwandt wurde, sind in Tafel 11 zusammengestellt.

Tafel 11.

	H_2S als % S berechnet auf lufttrockene Kohle nach				% S im Koks
	1 St.	1 St.	3 St.	5 St.	
Gewöhnliche Destillation .	0,17	—	0,40	—	1,30
Kokereigas	0,40	—	0,86	0,86	0,84
rein. Wasserstoff	0,72	1,08	1,11	1,11	0,11

Die entschwefelnde Wirkung des angewandten Kokereigases war somit wesentlich geringer als die des reinen Wasserstoffs. Immerhin war auch in diesem Falle eine Verminderung des Koksschwefels von 1,20 auf 0,84 % erreicht worden. Nicht gereinigtes Gas erhöhte den Schwefelgehalt des Kokses, gereinigtes Koksofen-

Abb. 8.

Graphische Darstellung der Entschwefelung der Upper-Freeport-Kohle bei verschiedenen Versuchsbedingungen.

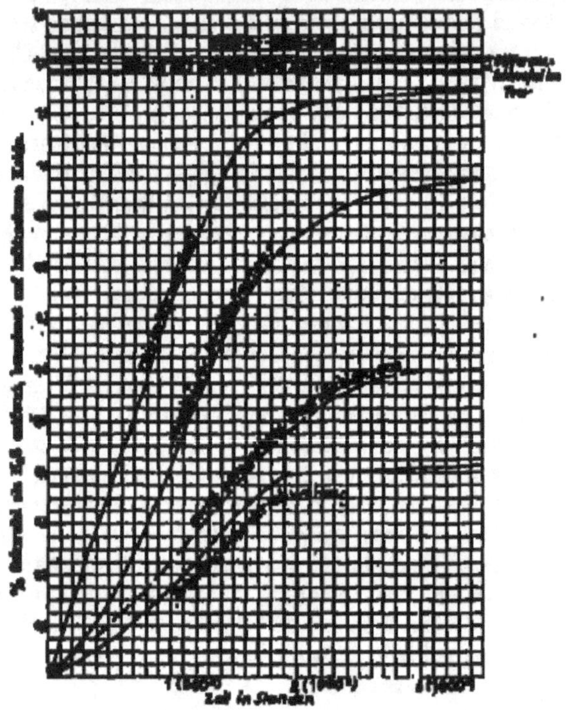

gas dagegen bewirkte eine Entschwefelung um 15 %. Hierdurch wurde auch erklärt, warum die während der letzten Destillationsstunden erhaltenen Gase schwefelhaltig sind, obgleich die Kohle selbst über 600° praktisch keinen Schwefel abgibt. Ferner standen hiermit in Einklang auch die graphische Darstellung der Entschwefelung der Upper-Freeport-Kohle bei verschiedenen Versuchsbedingungen. Schwefelbestimmungen im Koks von verschiedenen

Stellen der Retorte, die ergaben, daß Koks am Retortenboden den höchsten, in der Mitte den niedrigsten Schwefelgehalt aufwies, da die Mitte durch die Kokereigase weitgehend entschwefelt war. Bei Koksöfen wurden diese Unterschiede wohl infolge der langsameren Erhitzung nicht festgestellt.

Durch diese Ergebnisse war dann auch die Erklärung dafür gegeben, daß der aus einem Nebenproduktenofen stammende Joliet-koks (Tafel 7) weniger Schwefel enthielt als der Koks der gleichen Kohle, der unter den von Powell und Parr angegebenen Versuchsbedingungen erhalten wurde. — Die Korngröße der angewandten Kohlen war ohne Einfluß auf die erzielte Entschwefelung. Da die Kohle in dem Temperaturintervall 500—1000°, wo die eigentliche Entschwefelung stattfand, sich ohnehin in geschmolzenem Zustand befindet, konnte auch schon deshalb der Verteilung der ursprünglichen Kohle keine Bedeutung zukommen.

Da dieses Entschwefelungsverfahren bei Verwendung von Kokereigas ohne große Kosten den Schwefelgehalt des Kokses bedeutend herabsetzt, anderseits ohne erhebliche Abänderung der bestehenden Anlage durchführbar ist und die Koksausbeute weder quantitativ noch qualitativ ungünstig beeinflußt, wäre es, wenn auch im großen durchgeführte Versuche ähnlich günstige Resultate ergaben, für die Praxis fraglos von höchster Bedeutung.

Mülheim-Ruhr, September 1921.

---

41. Die direkte Bestimmung der flüchtigen Bestandteile bei der Urverkokung.

Von

Wolfram Fritsche.

Brennstoff-Chemie 2, 360 (1921); 3, 4, 18 (1922).

Besprechung bestehender Methoden.

Die Bestimmung der flüchtigen Bestandteile kann auf direktem und indirektem Wege geschehen. Die indirekte Bestimmung der Summe der flüchtigen Bestandteile wurde bereits früher[1]) unter der Überschrift „Verkokungsprobe" genauer beschrieben. Dieselben bilden da einfach die gewichtsmäßige Differenz zwischen Einwage und Koksausbeute, doch hat die Anwendung dieser Methode nur einen Zweck, wenn man lediglich über Menge und Beschaffenheit des zurückbleibenden Koksen Aufschluß haben will. Kommt es dagegen hauptsächlich auf die Ausbeuten an Teer und Gasen an, so ist es unbedingt erforderlich, den direkten Weg der Bestimmung einzuschlagen.

Die systematische Untersuchung der Brennstoffe in dieser Hinsicht unter Zugrundelegung der Urverkokung ist durch Franz Fischer und W. Gluud[2]) in dem Drehtrommelverfahren ausgearbeitet worden, welches die Bestimmung der Mengen anfallenden Teers, Schwelwassers, Halbkokses und der Gase einwandfrei gewährleistet, sowie darüber hinaus noch eine weitgehende Untersuchung der Einzelprodukte auf ihre chemische Natur und praktische Verwendungsmöglichkeit hin gestattet. Doch werden in den meisten Fällen nicht die umfangreiche Apparatur und der zur Aufstellung derselben notwendige Raum zur Verfügung stehen, und es ist deshalb erforderlich, zu Methoden zurückzugreifen, die sich in kleinerem Umfange in jedem Laboratorium ausführen lassen.

[1]) Brennstoff-Chemie 2, 362 (1921).

[2]) Franz Fischer und W. Gluud, Über das Wesen und die zweckmäßige Durchführung der Tieftemperaturverkokung. Abh. Kohle 1, 116 (1915/16).

Eine einheitliche technische Untersuchungsmethode, die sämtliche Einzelprodukte, wie bei oben genanntem Verfahren, direkt bestimmt, bestand bisher noch nicht. Gewöhnlich wird nur die Teer-, Schwelwasser- und Koksausbeute direkt bestimmt, während die anfallende Gasmenge meistens gewichtsmäßig als Differenz, die gleichzeitig die Summe der Fehler in sich birgt, ermittelt wird.

Die erste allgemein angewandte Laboratoriumsmethode ist die Retortenverschwelung nach Graefe[1]). Dieselbe lehnt sich in ihrem Wesen an die Verarbeitung der Kohle in der Braunkohlenschwelindustrie an und sie hat sich dementsprechend hauptsächlich innerhalb dieser Industrie eingebürgert, da sie sich auf Untersuchungen nach anderen Gesichtspunkten nicht ohne weiteres übertragen läßt.

In Anlehnung an die Leuchtgasfabrikation arbeitete Strache[2]) die sogenannte Röhrchenentgasung aus. In Anbetracht der äußerst geringen Einwage (0,1—0,2 g) liefert jedoch diese Methode nur annähernd brauchbare Werte für die Gasausbeute, während die Bestimmung der Koksausbeute auf diesem Wege vom Verfasser selbst wieder fallen gelassen wurde und die Teerausbeute auch ziemlich unsichere Resultate ergibt. Durch apparative Abänderung gelang es Hiller[3]), diese Methode in bezug auf die Teerbestimmung zu verbessern. Eine Variation der Röhrchenentgasung nach Strache schuf Gröppel[4]) unter Verwendung einer sogenannten Entenlyra. Gröppel beschränkt sich aber auf die direkte Bestimmung von Teer, Wasser und Koks, während er die Gasmenge gewichtsmäßig aus der Differenz errechnet. Er findet ungewöhnlich hohe Teerwerte, weshalb er der Ansicht ist, daß die so gefundenen Werte für die Technik wenig Wert haben.

Ebenfalls in Anlehnung an die Röhrchenentgasung von Strache haben Mezger und Müller[5]) eine Methode ausgearbeitet, die hauptsächlich den Zweck verfolgen soll, die Heizwertzahl der flüchtigen Bestandteile zu ermitteln. Die Temperatur wird hier mittels eines Pyrometers kontrolliert, was einen prinzipiellen Fortschritt gegenüber den vorgenannten Methoden bedeutet. Das Gas wird in einer Buntebürette aufgefangen und mit dem Junkerskalorimeter auf seinen Heizwert hin untersucht.

---

1) E. Graefe, Laboratoriumsbuch f. d. Braunkohlenteerindustrie, Halle 1908, S. 30.
2) H. Strache, Gasbeleuchtung und Gasindustrie, Braunschweig 1913, S. 292.
3) Hiller, J. f. Gasbel. 59, 190 (1916).
4) Gröppel, Abh. Kohle 2, 301 (1917).
5) J. f. Gasbel. 63, 649 (1920).

29*

Eine weitere Variation der Röhrchenentgasung wurde von Dr. Dolch[1]) ausgearbeitet. Er verwendet zur Beheizung des Röhrchens, das zur Aufnahme einer Einwage von 1—2 g vergrößert wurde, einen kleinen elektrischen Ofen, der eine gleichmäßigere Erhitzung gewährleistet, was eine größere Vergleichbarkeit der Resultate untereinander ermöglicht. Da aber die Entgasung bei einer Endtemperatur von 900° vorgenommen wird, so ist eine direkte Vergleichbarkeit mit den Verhältnissen der Leuchtgasfabrikation und der Urverkokung nicht möglich und daher hat diese Arbeitsweise für die Praxis keine Bedeutung.

Alle die genannten Methoden, die auf dem Prinzip der Röhrchenentgasung fußen, haben den Nachteil gemeinsam, daß sie mit außerordentlich geringen Einwagen arbeiten und ausgenommen bei den beiden letztgenannten die Einhaltung gleicher Versuchsbedingungen nicht möglich ist. Dies hat einerseits die Folge, daß durch die geringen Einwagen die Fehlergrenzen sehr weit sind, andererseits ist die systematische Vergleichbarkeit nicht sichergestellt. Auch ist eine weitere Beurteilung des erhaltenen Kokses und Teers nicht möglich.

Eine Arbeitsweise, die diese Nachteile vermeidet, sich aber vorläufig wie bei der Graefeschen Retortenverschwelung nur auf die Ermittlung von Teer, Koks und Schwelwasser beschränkte, ist dann in neuerer Zeit durch Franz Fischer und H. Schrader geschaffen worden. Zur Verwendung gelangte eine Aluminiumretorte mit eingeschliffenem Deckel[2]). Als Material wurde Aluminium genommen, da dieses eine sehr hohe Leitfähigkeit besitzt und so eine gleichmäßige Erhitzung des Schwelgutes gewährleistet, was dadurch noch erhöht wurde, daß die Wandungen der Retorte sehr stark gewählt wurden. Eine örtliche Überhitzung des Apparates ist so ausgeschlossen.

Die Arbeitsweise beruht auf dem Prinzip der Urverkokung. Dieselbe gibt am ehesten Aufschluß über das Verhalten eines Brennstoffs bei der trocknen Destillation, da hier die anfallenden Schwelprodukte in ihrer ursprünglichen Zusammensetzung erhalten

---

[1]) Dolch, Mitteilungen des Institutes f. Kohlenvergasung, Wien 8, 1 (1921). Brennstoff-Chemie 2, 181, 233 (1921).

[2]) Franz Fischer und H. Schrader, Z. ang. 33, 172 (1920). Brennstoff-Chemie 1, 87 (1920). Der Apparat ist mit allem Zubehör zu beziehen von Andreas Hofer, Feinmechaniker, Mülheim-Ruhr, Institut für Kohlenforschung.

werden. Wie die Ausbeuten bei technischen Verfahren, wie der Leuchtgasfabrikation und der Kokerei, ausfallen, ist in weitestgehendem Maße von der jeweiligen Art und Beschaffenheit der verwandten Öfen sowie Kühlung abhängig. Nach einer Untersuchungsmethode, welche in dieser Hinsicht Werte von allgemeiner Gültigkeit und unbedingter Vergleichbarkeit liefert, zu suchen, ist deshalb von vornherein aussichtslos. Die Urverkokung wird aber in jedem Falle sichere Vergleiche über das Verhalten und die Natur verschiedener Brennstoffarten und -sorten untereinander nach einheitlichen Gesichtspunkten zulassen. Soll die Eignung des Brennstoffs für die Herstellung von metallurgischem Koks oder die Gasergiebigkeit desselben bei der Leuchtgasfabrikation festgestellt werden, so muß eben die im ersten Teil der Arbeit behandelte Verkokungsprobe bezw. die Röhrchenentgasung ohne Berücksichtigung der kondensierbaren Bestandteile in ergänzender Weise vorgenommen werden, was ja nur eine geringe Mühe bedeutet.

Die von Franz Fischer und Schrader vorgeschlagene Arbeitsweise ist folgende: 20,00 g der zu untersuchenden Substanz werden auf einer Hornschalenwage gewogen und in den vollkommen trocknen Apparat eingebracht. Über das untere Ende des Destillationsrohrs wird ein Kölbchen von ca. 50 cm³ Rauminhalt geschoben und die auf dem Rohr beweglich angebrachte, als Anschlag für den Kolbenhals dienende Klammer so eingestellt, daß das Ende des Rohrs ca. 1 cm tief in den kugelförmigen Teil des Kölbchens hineinragt. Letzteres taucht man zur Kühlung möglichst tief in ein mit Eiswasser gefülltes Becherglas ein. Durch den Auftrieb wird das Kölbchen mit dem Hals an die verschiebbare Klammer angedrückt, so daß dasselbe während des Versuchs seine Lage nicht verändern kann. In die an der Außenseite des Apparats angebrachte vertikale Bohrung wird zur Messung der Temperatur ein bis 550° anzeigendes Stickstoffthermometer oder ein Thermoelement eingeführt. Nach Einsetzen des konisch eingeschliffenen Deckels wird nun mit Hilfe eines Dreibrenners der Apparat so erhitzt, daß die Temperatur nach 30 Minuten 500—520° erreicht, und diese Temperatur wird dann noch so lange beibehalten, bis das Abtropfen des Teers in die Vorlage aufgehört hat. Nach Beendigung des Versuchs entfernt man das Becherglas mit dem Kühlwasser und bafächelt das Ansatzrohr vorsichtig mit einem Brenner, um im unteren kühleren Teil des Rohrs niedergeschlagenes Kondensat noch in die Vorlage gelangen zu lassen.

Man bringt dann das Kölbchen zur Wägung und erhält nach Abzug dessen Leergewichts die Summe von Teer + Schwelwasser. Nun schließt man eine Wasserbestimmung des Teers durch Xyloldestillation in der früher[1]) beschriebenen Weise an. Die Menge des Teers ergibt sich dann aus der Differenz (Teer + Wasser) — Wasser.

Aus dem nach der Wasserbestimmung im Kölbchen verbleibenden Rückstand, der aus dem Teer und etwas Xylol besteht, kann man nun noch den Gehalt des Teers an Phenolen bezw. an alkalilöslichen Bestandteilen ermitteln. Man wägt das Kölbchen samt Rückstand und nimmt diesen in Äther auf, schüttelt die Lösung mit 2 ¹/₂ n. Natronlauge aus und trennt das Phenolat ab. Die Kohlenwasserstoff-Äther-Lösung wird durch ein trocknes Filter in ein gewogenes Kölbchen gebracht, in demselben der Äther abdestilliert und das Kölbchen nebst Rückstand gewogen. Man hat so erst die Menge des Rückstandes mit, dann dieselbe ohne Phenole ermittelt und findet aus der Differenz das Gewicht der Phenole. Da einerseits bei der Wasserbestimmung ein geringer Teil der tiefsiedenden Kohlenwasserstoffe mit dem Xylol verlorengeht, andererseits beim Abdampfen des Äthers ebenfalls geringe Mengen derselben mit übergehen können, so fallen die Werte für die Phenole leicht einige Prozente zu hoch aus. Die Phenolbestimmung kann somit nur zur allgemeinen Orientierung dienen, nicht aber als einwandfreie quantitative Methode aufgefaßt werden.

Auch über den Paraffingehalt des Teers kann man Aufschluß erhalten, doch ist es da erforderlich, besonders bei paraffinarmen Kohlen, um eine größere Menge Ausgangsmaterial zu erhalten, die Verschwelung in einem größeren für 100 g Einwage bestimmten Apparat auszuführen oder die Teermenge von mehreren Verschwelungen zu verwenden.

Zur Bestimmung des Paraffins können die Methoden von Zaloziecki und Holde angewandt werden.

Nach Zaloziecki[2]) löst man 5 g des Teers — bei paraffinarmen Teergemischen entsprechend mehr — in der fünf- bis zehnfachen Menge Amylalkohol und setzt das gleiche Volumen Äthylalkohol zu. Zaloziecki verwendet Alkohol von 75 Volumprozent, während Graefe sich mit gutem Erfolg 95°/₀igen Alkohols bediente.

[1]) Brennstoff-Chemie 2, 340 (1921).

[2]) Graefe, Laboratoriumsbuch f. d. Braunkohlenteerindustrie, Halle 1908, S. 34.

Das Becherglas mit dem Gemisch wird 3 Stunden im Eisschrank auf 0 bis — 5° abgekühlt. Sodann bringt man die Masse auf ein Filter und wäscht in der Kälte mit abgekühltem Alkohol nach, bis das Filtrat farblos erscheint. Man bringt nun das Filter mit Filterrückstand in ein Schälchen und verjagt auf dem Wasserbade den Alkohol. Den nun verbleibenden Rückstand bringt man als Paraffin zur Wägung.

Nach Holde[1]) werden 5 g des Teers bei Zimmertemperatur in so viel eines Gemisches von gleichen Teilen Äther und absolutem Alkohol gelöst, daß eine klare Lösung entsteht. Diese wird dann auf —20° abgekühlt und so viel Äther-Alkohol-Mischung zugegeben, bis alle öligen Teile verschwunden sind. Die in der Lösung schwebenden Paraffinteilchen werden in einem durch Kältemischung gekühlten Trichter abfiltriert, der Filterrückstand mit gekühltem Lösungsmittel ausgewaschen und wie oben auf dem Wasserbade von der Äther-Alkohol-Lösung befreit und als Paraffin gewogen.

Bei beiden Methoden bedient man sich vorteilhaft des Apparats von Fleischer[2]). Derselbe besteht aus einem doppelwandigen Büchnertrichter, in dessen innerem Teil das Abfiltrieren und Auswaschen des Paraffins stattfindet und dessen äußerer Teil mit einer Kältemischung beschickt ist.

Die Bestimmung des bei der Verschwelung zurückbleibenden Halbkokses geschieht in einfacher Weise durch Wägen desselben nach dem Erkalten.

Aus der Gewichtsdifferenz der Summe aller direkt bestimmten Produkte gegenüber der Einwage bestimmt sich die Menge an Urgas gewichtsmäßig, doch birgt diese Zahl noch die Summe der Fehler in sich. Die direkte Bestimmung der Gasausbeute und die Untersuchung der Gase auf ihre Zusammensetzung bei der Schwelanalyse im Aluminiumschwelapparat soll nun das Ziel der folgenden experimentellen Arbeiten sein.

Die quantitative Erfassung des bei der Verkokung im Aluminiumschwelapparat anfallenden Urgases.

Die apparative Durchbildung.

Um die genannte Aufgabe zu erfüllen, muß folgenden Erfordernissen entsprochen werden:

---

[1]) Holde, Untersuchung der Mineralöle, Berlin 1918, S. 99.

[2]) Fleischer, Chem.-Ztg. 29, 869 (1905).

1. Der Deckel des Apparats muß vollkommen gasdicht schließen.
2. Der Hals des als Vorlage dienenden Kölbchens muß gasdicht mit dem Ansatzrohr des Apparats verbunden werden.
3. Das Gas muß in einem geeigneten Gefäß quantitativ aufgefangen werden.
4. Der in dem Apparat herrschende Druck muß meßbar und regulierbar sein.
5. Eine gewünschte Endtemperatur muß scharf eingehalten werden können.

Ein vollkommen dichtes Schließen des Deckels konnte dadurch leicht erreicht werden, daß derselbe mit Vaseline etwas eingefettet und unter festem Andrücken desselben gegen den Apparat mehrere Male hin und her gedreht wurde. Der Deckel setzt sich dann so fest, daß er unbedingt gasdicht schließt. Da der Deckel konisch eingesetzt ist, so kann er bei einem plötzlich auftretenden größeren Überdruck eventuell hinausgedrückt werden. Um dieser Gefahr vorzubeugen, macht man den oberen Teil des Apparates durch Fächeln mit einem Brenner lauwarm und dreht dann sofort den kalten Deckel in die konisch eingeschliffene Öffnung hinein. Beim Wiedererkalten zieht sich der Deckel dann dermaßen fest, daß er sich nach dem Versuch nur durch starkes Klopfen mit dem dem Apparat beigegebenen Schlüssel wieder lockern läßt. Sollten nach längerem Gebrauch die aufeinander geschliffenen Flächen nicht mehr in ihrer ganzen Ausdehnung gut aufeinanderpassen oder der Deckel beim Hineindrehen wackeln, so macht es sich erforderlich, denselben mit Hilfe von Schmirgel oder Bimssteinpulver neu einzuschleifen.

Zwischen Ansatzrohr und Vorlage wurde die Dichtung mittels eines Stückchens Gummischlauch hergestellt, das den Zwischenraum zwischen Rohr und Kolbenhals straff ausfüllt. Man verwendet hierzu am besten hitzebeständigen „Dampfschlauch". Je nach der Qualität des verwendeten Materials muß die Dichtung in gewissen Zeiträumen erneuert werden. Als Vorlage wählt man am vorteilhaftesten ein Destillationskölbchen von ca. 25 cm³, bei sehr wasserreichen Substanzen eins von 50 cm³ Inhalt, dessen Destillationsrohr möglichst tief sitzen soll. Den langen Hals sprengt man am besten 3 cm oberhalb des Ansatzes ab. Man erreicht dadurch einerseits, daß die Gummischlauchdichtung möglichst tief auf das Ansatzrohr des Apparats zu sitzen kommt, also an einer Stelle sitzt, die von dem heißen Apparat möglichst weit entfernt ist. Andererseits hat man

bei der später erfolgenden Wasserbestimmung durch Xyloldestillation den Vorteil, daß sich in dem durch einen langen Hals gebildeten schädlichen Raum oberhalb des Ansatzes kein Wasser niederschlagen kann, welches sich der Bestimmung entziehen würde. Um die Dichtung möglichst vor Zerstörung durch zu große Erhitzung zu schützen, taucht man die Vorlage so tief in das zur Kühlung mit Eiswasser beschickte Becherglas ein, daß das Gummischlauchstück von der Flüssigkeit benetzt wird.

Zum Auffangen des Gases wurde eine am Boden tubulierte Flasche von 2 Liter Inhalt[1]) benutzt, deren Hals mit einem doppelt

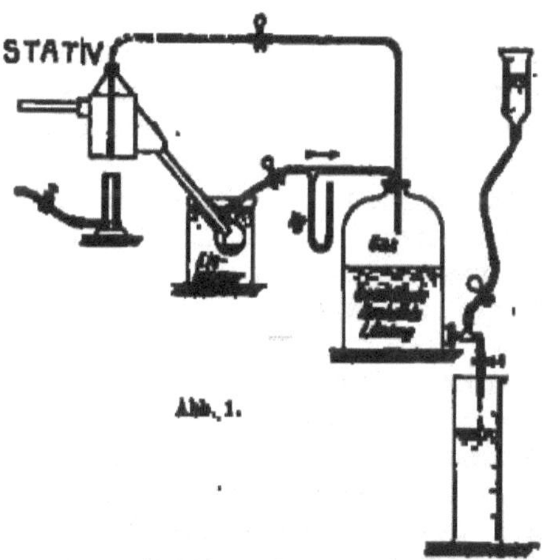

Abb. 1.

durchbohrten Gummistopfen verschlossen wurde. Durch die eine Bohrung desselben geht das Gaseinleitungsrohr, welches mit dem Destillationsrohr der Vorlage durch ein Gummischlauchstück verbunden ist, durch die andere ein oben rechtwinklig umgebogenes Kapillarrohr, welches zum Abnehmen der Gasproben dienen soll. Der untere Tubus ist ebenfalls mit einem Gummistopfen verschlossen, dessen Bohrung ein Überlaufrohr aufnimmt. An dasselbe ist ein Dreiwegstück angeschlossen, durch dessen unteres Ende die in der Flasche befindliche Absperrflüssigkeit in einen darunter stehenden Meßzylinder ausfließen kann. Der seitliche Weg des Dreiwegstücks ist durch einen langen Schlauch mit einem Niveaugefäß verbunden.

[1]) Man kann auch praktischerweise einen sogenannten Bunsenschen Gasometer benutzen, an dem man das Gasvolumen direkt an der Kalibrierung ablesen kann.

Der Auslauf kann durch einen Schraubenquetschhahn verschlossen bezw. reguliert werden, während die Verbindung mit dem Niveaugefäß durch einen gewöhnlichen Quetschhahn abgesperrt werden kann.

Als Sperrflüssigkeit wurde gesättigte Kochsalzlösung gewählt, die allgemein zu gleichen Zwecken verwendet wird. Versuche mit gewöhnlichem Wasser, das mit dem zu untersuchenden durch blinde Versuche gewonnenen Gase möglichst abgesättigt wurde, führten zu keinen befriedigenden Ergebnissen. Man kann auch auf das Absperrwasser eine Schicht Paraffinöl gießen, die ein Lösen von Gasbestandteilen in der Sperrflüssigkeit am besten verhindert, doch ist es auf diese Weise nicht möglich, den Gehalt des Gases an Wasserdampf auf einfache Weise rechnerisch zu bestimmen, was erforderlich ist, wenn man die erhaltene Gasmenge auf trocknes Gas umrechnen will. Aus diesem Grunde wurde von der Verwendung einer Ölschicht Abstand genommen und die gegenüber gewöhnlichem Wasser bedeutend herabgesetzte Löslichkeit der Gase in gesättigter Kochsalzlösung in Kauf genommen. Nach längerem Gebrauch derselben mit ein und demselben Gas können meßbare Fehler kaum noch auftreten. Der Dampfdruck des Wassers über einer gesättigten Kochsalzlösung wurde von Emden für einige Temperaturen[1]) ermittelt. Durch Aufzeichnen der Werte als Kurve über der Temperatur lassen sich die zur Berechnung notwendigen Zahlen inter- bezw. extrapolieren.

Das Verbindungsrohr zwischen Gasmotor und Vorlage wurde mit einem U-förmig gebogenen Ansatz versehen, der mit Quecksilber gefüllt wurde, dessen Stand den Druck in der Apparatur anzeigt. Während des Versuchs regelt man den Druck durch weiteres Öffnen bezw. Schließen des Auslaufs. Nach dem Versuch kann durch Heben oder Senken des Niveaugefäßes nötigenfalls Druckausgleich geschaffen werden.

Zur Messung der Temperatur wurde ein Kupfer-Nickel-Thermoelement benutzt und dieselbe an einem Millivoltmeter abgelesen.

Um eine möglichst große Vergleichbarkeit der Versuche untereinander sicherzustellen, ist es erforderlich, stets dasselbe Instrument zu benutzen, da zwar jede Kupfer-Nickel-Lötstelle bei entsprechender Erhitzung theoretisch dieselbe Spannung liefert, aber die Skala jedes Millivoltmeters geringe Abweichungen in bezug auf die Eichung andern Instrumenten gegenüber aufweist. Es ist so möglich, die

---

[1]) Landolt-Börnstein, Physik.-Chem. Tabellen, Berlin 1912, S. 410.

Temperatur auf ± 5° genau einzuhalten. Bei der Verwendung eines Thermometers muß berücksichtigt werden, daß dasselbe nur richtig anzeigt, wenn sich die ganze Quecksilbersäule in der zu messenden Temperaturzone befindet. Will man also hier ein Thermometer verwenden, so müßte dies erst für verschiedene Zimmertemperaturen nachgeeicht werden, was einerseits Fehlermöglichkeiten bedingt, andererseits ist es im allgemeinen nicht ratsam, bei genauen Arbeiten die Messungen an der äußersten Grenze des Maßbereichs eines Instruments vorzunehmen. Es wurde aus diesen

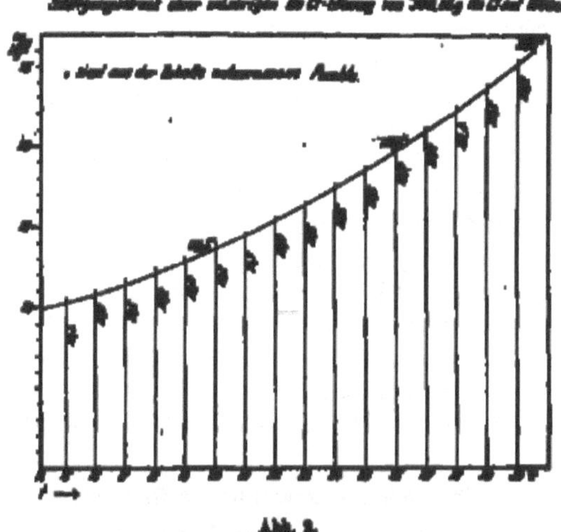

Abb. 2.

Gründen dem Thermoelement der Vorzug gegeben. Bei Beginn des Versuchs muß mit Hilfe der Justierung der Zeiger auf ungefähre Zimmertemperatur eingestellt werden.

Die Arbeitsweise.

Nachdem man die Apparatur in der beschriebenen Weise zusammengestellt hat, füllt man zunächst den Gasometer mit gesättigter Kochsalzlösung, indem man dieselbe durch einen Trichter in das Niveaugefäß einfließen läßt, während man den Schraubenquetschhahn des Auslaufs schließt. Ist alle Luft, welche durch das Einleitungsrohr entweicht, aus der Flasche verdrängt, so klemmt man den Verbindungsschlauch mit dem Niveaugefäß durch den

Quetschhahn ab und stellt Verbindung zwischen Vorlage und Gasometer her. Darauf beschickt man den Apparat mit der zu untersuchenden Substanz und verschließt den Deckel in der im vorigen Abschnitt beschriebenen Weise. Sodann heizt man mit Hilfe eines Dreibrenners den Apparat gleichmäßig bis zu der gewünschten Endtemperatur derart an, daß man zunächst in ca. 5 Minuten 250° erreicht, dann die Temperatur weiter um 10° in einer Minute steigert und während der Periode der größten Gasentwicklung die Wärmezufuhr so regelt, daß eine Gasgeschwindigkeit von 25 cm³ in einer Minute nicht überschritten wird[1]). Hat man die Endtemperatur erreicht, so hält man dieselbe so lange inne, bis die Gasentwicklung ganz aufgehört hat, was gewöhnlich nach 1/2—3/4 Stunde erreicht ist. Sodann schließt man die Gummischlauchverbindung zwischen Vorlage und Einleitungsrohr durch einen Quetschhahn und entfernt das Kühlwasser. Durch die Wärmeleitfähigkeit des Eisens strömt nun die Wärme in den unteren Teil des Ansatzrohrs und bewirkt, daß aller darin durch die Kühlung noch haften gebliebene Teer in die Vorlage tropft. Ist kein Abtropfen mehr zu bemerken, so nimmt man die Vorlage ab und verschließt die Öffnung des Ansatzrohrs des Apparats mit einem Chlorcalciumrohr. Letzteres soll verhindern, daß der Koks beim Abkühlen Feuchtigkeit aus der eingesaugten Luft aufnimmt. Nach vollständigem Erkalten öffnet man den Apparat in der schon beschriebenen Weise und bringt den Koks rasch zur Wägung, da derselbe sehr hygroskopisch ist.

Die quantitative Berechnung der Gasausbeute.

Bei der zur Ansammlung des Gases eingehaltenen Arbeitsweise muß berücksichtigt werden, daß einerseits die im Gasometer aufgefangene Gasmenge mit der vor dem Versuch im Apparat befindlichen Luftmenge verunreinigt ist und daß anderseits nach dem Versuch noch ein Teil der Gase sich in dem Apparat befindet.

Bezüglich der Menge des anfallenden Gases ist zu sagen, daß die nach dem Versuch verdrängte Sperrflüssigkeitsmenge der entwickelten Gasmenge nicht direkt entspricht. Man muß berücksichtigen, daß das tatsächliche Volumen des beim Abbrechen des Versuchs in der Aluminiumretorte verbleibenden Gasrestes infolge der höheren Temperatur geringer ist als das vor dem Versuch in

[1]) Näheres darüber siehe später unter der Überschrift: „Einfluß der Anheizgeschwindigkeit auf die Ausbeuten bei der Verschwelung".

derselben befindliche Luftvolumen. Es ist also erforderlich, eine dementsprechende Korrektur anzubringen. Diese kann sowohl auf rechnerischem als auch auf experimentellem Wege ermittelt werden. Der rechnerische Weg ist folgender:

Der Inhalt der Retorte stellt einen abgestumpften Kegel dar. Die zu dessen Berechnung notwendigen Größen werden mit einer Leere ermittelt und so das Volumen $\mathfrak{V}a$ ein für allemal berechnet. Davon abzuziehen ist noch das Volumen der Substanz- bezw. Koksmenge. Dasselbe kann, ohne die Fehlergrenzen zu erweitern, für 20 g Einwage mit $v = 15$ cm³ angenommen werden. Wollte man ganz exakt vorgehen, so könnte man das Volumen der angewandten Substanz und das des Rückstandes nach der Verschwelung durch Wasserverdrängung in einem Meßzylinder genau feststellen und die so ermittelten Größen entsprechend in Anrechnung bringen. Doch handelt es sich da nur um wenige Kubikzentimeter, also Promille bezogen auf die erhaltene Gasausbeute. Für den für 20 g Einwage konstruierten im Handel erhältlichen Apparat berechnet sich das Volumen $\mathfrak{V}a$ mit 111 cm³. Das in Abzug zu bringende Volumen $\mathfrak{V}a_0$ bei einer Temperatur von 550° beim Abbruch des Versuchs und $t = 20°$ Zimmertemperatur ist dann:

$$\mathfrak{V}a_0 = (\mathfrak{V}a - v)\frac{273}{T - t}$$

oder unter Berücksichtigung der hier in Frage kommenden Größen:

$$\mathfrak{V}a_0 = (111 - 15)\frac{273}{823 - 20} = 33 \text{ cm}^3.$$

Will man den experimentellen Weg einschlagen, so darf man die Apparatur erst nach vollständigem Abkühlen derselben auf Zimmertemperatur auseinandernehmen. Es entsteht dann in derselben ein Unterdruck. Zur Ermittlung der in Abzug zu bringenden Korrektur verfahre man folgendermaßen: Sofort nach Abbrechen des Versuchs lese man nach Herstellung von Druckausgleich den Stand der Flüssigkeit in dem Niveaugefäß ab. Nach vollständigem Erkalten stelle man dann abermals Druckausgleich her. Während des Abkühlens ist nun ein Teil der in dem Niveaugefäß befindlichen Flüssigkeit in den Gasometer zurückgetreten. Nach Feststellung des nunmehrigen Standes ergibt sich das abzuziehende Volumen $\mathfrak{V}a$ aus der Differenz der beiden Ablesungen. Steht ein graduiertes Niveaugefäß zur Verfügung, so ist dieser Weg unbedingt vorzuziehen.

Um die Ergebnisse untereinander vergleichen zu können, ist es natürlich notwendig, das erhaltene Volumen auf Normalzustand umzurechnen. Es kommt dabei in Frage Umrechnung auf trocknes oder feuchtes Gas von 15°/737,4 mm Hg (technische Atmosphäre) bezw. trocknes oder feuchtes Gas von 0°/760 mm Hg (alte Atmosphäre). In folgenden Ausführungen ist stets auf trocknes Gas 0°/760 mm Hg bezogen. Die Umrechnung gestaltet sich nach folgender Gleichung:

$$\mathfrak{V}_0 = \mathfrak{V} \cdot \frac{273 \cdot (b_0 - p_w)}{T \cdot 760} \text{ cm}^3 \; 0°/760 \text{ mm.}$$

Dabei ist b_0 der auf 0° reduzierte Barometerstand, p_w der Sättigungsdruck des Wasserdampfes über gesättigter Kochsalzlösung bei t°[1]) und T die absolute Temperatur (273 + t)° C.

Die tatsächliche Gasausbeute erhält man nun, indem man die auf experimentellem Wege ermittelte Korrekturgröße $\mathfrak{V}_a$ von dem im Standzylinder abgelesenen Bruttovolumen $\mathfrak{V}$ abzieht oder bei rechnerischer Ermittlung der Korrekturgröße den Betrag $\mathfrak{V}_{a_0}$ von dem bereits umgerechneten Volumen $\mathfrak{V}_0$ in Abzug bringt.

Das nun zur weiteren Untersuchung auf seine Bestandteile zur Verfügung stehende Gas ist mit der vor dem Versuch in der Apparatur befindlichen Luftmenge verunreinigt. Die aus der volumetrischen Gasanalyse erhaltenen Werte müssen also auf luftfreies Gas umgerechnet werden.

Der Luftgehalt kann nun wieder entweder rechnerisch oder analytisch bestimmt werden.

Rechnerisch bestimmt man die Luftmenge, indem man die Apparatur ein für allemal eicht; dies geschieht in der Weise, daß man mit Kohlensäure aus einem luftfreien Kippschen Apparat die Apparatur quantitativ ausspült, die verdrängte Luftmenge $\mathfrak{V}l$ in einem Eudiometer auffängt und auf Normalvolumen $\mathfrak{V}l_0$ umrechnet. Den Prozentgehalt an Luft findet man dann aus dem Ansatz:

$$\text{Luft } \% = \frac{\mathfrak{V}l_0 \cdot 100}{\mathfrak{V}_0}$$

Will man analytisch verfahren, so bestimmt man in der üblichen Weise den Prozentgehalt des Gases an Sauerstoff und findet den Luftgehalt direkt in Prozenten aus der Gleichung:

$$\text{Luft } \% = \frac{O_2 \% \cdot 100}{21}$$

Ein Betrag $(N_2)l$ = Luft % · 0,79 muß dann in beiden Fällen von dem gefundenen Stickstoffgehalt abgezogen werden. In derselben Weise wie bei festen Brennstoffen die Umrechnung

[1]) Siehe Kurve in Abb. 2.

auf wasser- und aschefreie Substanz vorgenommen wird, findet dann hier eine Umrechnung auf luftfreies Gas statt.

Gegen die dieser Arbeitsweise zugrunde liegenden Überlegungen könnte eingewendet werden, daß die Gase auch Sauerstoff enthalten könnten, der nicht aus der Luft stammt. Wiederholte Verschwelungen von Lohbergkohle in mit Kohlensäure ausgefüllter Apparatur haben jedoch bei sorgfältiger Arbeitsweise den empirischen Beweis erbracht, daß freier Sauerstoff in dem Destillationsgas nicht vorhanden ist. Theoretisch war dies auch nicht anders zu erwarten, denn bei der pyrogenen Zersetzung von organischen Substanzen kann unmöglich elementarer Sauerstoff frei werden. Auch aus der Mineralsubstanz kann kein Sauerstoff gebildet werden, denn Salze und Oxyde, die bei ihrer Erhitzung freien Sauerstoff abgeben, dürften in der Asche kaum vorkommen.

Andererseits könnte der Einwand erhoben werden, daß Luftsauerstoff während der Verschwelung mit der Kohle in Reaktion tritt. Dies ist jedoch nicht der Fall, denn beim Anheizen bildet sich bei 20,00 g Einwage nicht getrockneter Substanz eine große Menge Wasserdampf, die dazu ausreicht, die Luft so weit zu verdrängen, daß ein Verbrauch an Sauerstoff praktisch ausgeschlossen ist. Es ist daher zu empfehlen, stets feuchte Kohle zu verschwelen. Sollte aus besonderen Gründen die Verwendung von getrockneter Substanz erforderlich sein, so muß eben in Gegenwart von Kohlensäure gearbeitet werden.

Bei den später angestellten zahlreichen Untersuchungen wurde bis auf wenige Ausnahmen, die auf Undichtigkeit der Apparatur zurückzuführen waren, auf dem analytischen Wege der der gedichten Luftmenge entsprechende Sauerstoffgehalt innerhalb der Fehlergrenzen (± 0,2%) wiedergefunden.

Nun ist noch zu berücksichtigen, daß der beim Auseinandernehmen der Apparatur nach dem Versuch in der Aluminiumretorte und der Vorlage zurückbleibende Gasrest von etwas anderer Zusammensetzung ist als die im Gasometer befindliche Hauptmenge. Wie aus der später folgenden Tabelle L hervorgeht, ist die Zusammensetzung der zuletzt übergegangenen 120 cm³ gegenüber der der vorher übergegangenen 250 cm³ nur sehr wenig verschieden, andererseits ist der nicht erfaßte Rest (etwa 60—70 cm³) sehr klein gegenüber der insgesamt anfallenden Gasmenge von etwa 1600 cm³. Die auf diese Weise entstehende Verschiebung der bei der Gasanalyse erhaltenen Resultate wird also sehr gering ausfallen.

Um diesen Fehler zu umgehen und um die Größe desselben festzustellen, wurde folgende Versuchsanordnung getroffen:

Das Gaseinleitungsrohr des Retortendeckels wurde mit dem zur Abnahme der Gasprobe dienenden rechtwinklig umgebogenen Rohr des Gasometers durch ein kurzes Gummischlauchstück verbunden und dasselbe mit einem Quetschhahn versehen. Auf diese Weise ist eine doppelte Verbindung zwischen Gasometer und Retorte ermöglicht. Nach vollständigem Erkalten der Retorte wurde durch Heben des Niveaugefäßes in der Apparatur größerer Überdruck erzeugt und darauf der Quetschhahn zwischen Gasometer und Vorlage geschlossen. Sodann wurde der obere Quetschhahn geöffnet und im Gasometer durch Senken des Niveaugefäßes ein größerer Unterdruck erzeugt. Dann wurde wieder der obere Hahn geschlossen, der untere geöffnet und Überdruck erzeugt. Durch periodisches, beliebig häufiges Wiederholen dieser Handgriffe wird eine ständige in sich geschlossene Zirkulation des Gases und so mit der Zeit eine vollständige Mischung desselben hervorgerufen.

Bei einer Verschwelung von Gasflammkohle (Lohberg) bei einer Endtemperatur von 550° wurde nach $1^1/_2$stündigem Stehen (entsprechend der Dauer des Abkühlens) ohne nachträgliche Mischung die unter I angegebene Rohanalyse gefunden. Nach Mischen des Gases in obiger Weise bei einer unter sonst gleichen Versuchsbedingungen vorgenommenen Verschwelung und dann sofort vorgenommenen Untersuchung wurde die unter II angegebene Rohanalyse gefunden.

	I	II
$CO_2 + H_2S$.	10,4 %	10,2 %
unges. K.W.	4,8 „	4,7 „
O_2	2,2 „	2,1 „
CO . . .	5,4 „	5,5 „
H_2 . . .	13,9 „	14,2 „
CH_4 + Hom.	52,9 „	53,1 „
N_2 . . .	10,4 „	10,2 „

Die Unterschiede liegen also innerhalb bzw. an der Grenze der Fehler der Gasanalyse und deshalb kann für gewöhnlich von einem nachträglichen Mischen Abstand genommen werden. Je geringer die Gesamtausbeute ausfällt, desto größer wird natürlich dieser Fehler sein. Unterhalb einer Gasausbeute von 1000 cm³, also bei niederen Endtemperaturen, wo die Unterschiede der Zusammensetzung innerhalb verschiedener Temperaturgrenzen größer sind, wird sich jedoch ein Mischen in der beschriebenen Weise erforderlich machen. Anderseits ist, wie in den meisten Fällen möglich, die sofortige Inangriffnahme der Untersuchung vorzuziehen, um zu vermeiden, daß sich das Gas während der Dauer der Abkühlung in bezug auf seine Zusammensetzung verändert. Auch liefert ja die abgekürzte Arbeitsweise relativ ganz einwandfreie Werte, wenn man von dem Standpunkt ausgeht, daß die Endtemperaturen willkürlich gewählt sind, was ja doch tatsächlich der Fall ist. Würde man die Temperatur beispielsweise bei 500° um noch ca. 10° erhöhen, so würden die dann noch gebildeten Gase ausreichen, um den noch in der Apparatur befindlichen Rest in den Gasometer hinüberzuspülen.

Die Analyse des Gases.

Im allgemeinen waren für die Untersuchung des Gases die durch Hempel für die technische Analyse des Leuchtgases gegebenen Richtlinien maßgebend. Hinzukommt bei der Analyse des hier anfallenden „Urgases", daß in demselben eine zuweilen erhebliche Menge an Schwefelwasserstoff auftritt, dessen von der Kohlensäure getrennte Bestimmung sich unbedingt erforderlich macht. Anderseits bedingt die Anwesenheit von höheren Homologen des Methans, hier zur Bestimmung von Wasserstoff und Methan andere Wege einzuschlagen.

Die Bestimmung des Schwefelwasserstoffs [1]).

Zur Bestimmung des Schwefelwasserstoffs wurde die von Bunte ausgearbeitete, später von Ozako [2]) verbesserte Methode der Titration mit Jodlösung als die geeignetste befunden und angewandt.

---

[1]) C. Phillips, „Schwefelwasserstoffbestimmung", Amer. Gas Light Journ. 69, 434 (1898), s. a. J. f. Gasbel. 42, 21 (1899). A. Müller, „Zur Schwefelwasserstoffbestimmung im Leuchtgase", J. f. Gasbel. 43, 793 (1900). C. Tutwiler, „Quantitative Schwefelwasserstoffbestimmung im Leuchtgase", Journ. Amer. Chem. Soc. 23, 173 (1901), s. a. Chem.-Ztg. 25, 1216 (1901). F. van Simborsh, „Schwefelwasserstoffbestimmung", Het Gas, 8, 345 (1908), s. a. J. f. Gasbel. 52, 104 (1909). W. Sommerville, „Schwefel und Schwefelwasserstoff im Leuchtgase", Journ. of Gaslighting 112, 28 (1910), s. a. J. f. Gasbel. 54, 426 (1911). P. Harding und B. Johnson, „Ein Apparat und ein Verfahren zur Bestimmung von Schwefelwasserstoff im Leuchtgase", Journ. Ind. Eng. Chem. 5, 836 (1913).

[2]) R. Ozako, „Die titrimetrische Bestimmung des Schwefelwasserstoffs in Gasgemischen", J. f. Gasbel. 56, 433 (1913).

Die Titration beruht auf folgender chemischen Reaktion:

$$H_2S + J_2 = 2\,HJ + S.$$

Verwendet werden als Titerflüssigkeiten eine $^1/_{10}$ gasnormale Jodlösung und eine $^1/_{10}$ gasnormale Arsenitlösung. Eine $^1/_{10}$ gasnormale Jodlösung enthält diejenige Menge Jod im Liter, die nach obiger Gleichung für 100 cm^3 Schwefelwasserstoffgas verbraucht werden. Sie wird hergestellt, indem man 10,56 g reinstes Jod in einer Lösung von 15 g Jodkalium in 25 cm^3 Wasser auflöst und auf 2000 cm^3 auffüllt. 400 cm^3 dieser $^1/_2$ gasnormalen Vorratslösung werden dann zur Herstellung der zur Titration erforderlichen $^1/_{10}$ gasnormalen Lösung wiederum auf 2000 cm^3 aufgefüllt.

Die Arsenitlösung stellt man her, indem 4,117 g reinste arsenige Säure in einer Lösung von 6,0 g reinstem NaOH in 25 cm^3 Wasser in einer kleinen Porzellanschale warm gelöst und nach dem Erkalten quantitativ in einen 1000 cm^3 Meßkolben hinübergespült werden. Nach Zugabe von 1 Tropfen Phenolphthalein wird nun mit 1 n. H_2SO_4 auf farblos eingestellt, eine filtrierte Lösung von etwa 20 g reinstem Na_2CO_3 in 500 cm^3 Wasser zugegeben und auf 1000 cm^3 aufgefüllt. Von dieser gasnormalen Arsenitlösung werden nun 200 cm^3 auf 2000 Liter aufgefüllt und so die $^1/_{10}$ gasnormale Lösung erhalten. Die durch genauestes Abwägen und Auffüllen hergestellte Arsenitlösung wird als „normal" angesprochen und die Jodlösung gegen diese eingestellt.

Bei späteren Arbeiten stellte sich jedoch heraus, daß bei Verwendung von $^1/_{10}$ gas-n. Arsenitlösung der Farbenumschlag bei der Titration nicht immer scharf war, vielmehr nach wiederholtem Zusatz von Jodlösung sich die Lösung immer wieder entfärbte, ohne daß ein Zustand erreicht werden konnte, bei dem dieselbe blau blieb. Es mag dies auf Chlorgehalt der Atmosphäre zurückzuführen sein. Es ist daher zu empfehlen, in solchen Fällen $^1/_{10}$ gas-n. Thiosulfatlösung zur Titration zu verwenden, die stets einen scharfen Farbenumschlag gewährleistet, jedoch bei jedesmaliger Verwendung neu einzustellen ist.

Zur Ausführung der Reaktion wird eine Buntebürette verwendet, die sowohl von oben nach unten als auch von unten nach oben geeicht ist, so daß man sowohl den Stand der Flüssigkeit als auch das Gasvolumen genau ablesen kann. In die vollkommen mit Jodlösung gefüllte Bürette wird eine Menge von ca. 100 cm^3 des zu untersuchenden Gases, bei schwefelwasserstoffreicheren Gasen entsprechend weniger, eingesaugt, darauf beide Hähne geschlossen und der Inhalt der Bürette einmal kräftig durchgeschüttelt. Danach liest man den Stand der Jodlösung ab. Sodann stellt man durch Zulauf von Wasser aus dem Trichtergefäß in der üblichen Weise Druckausgleich her und liest das jetzt schwefelwasserstofffreie in der Bürette befindliche Gasvolumen ab. Das Niveaugefäß wird nun mit destilliertem Wasser gefüllt und mit demselben der Gasrest zur weiteren Untersuchung in eine Hempelsche Bürette hinübergedrückt. Die nun in der Bürette befindliche mit destilliertem Wasser verdünnte Jodlösung läßt man dann in ein Erlenmeyerkölbchen laufen, spült mit destilliertem Wasser quantitativ nach und titriert mit der $^1/_{10}$ gasnormalen Arsenitlösung unter Anwendung von Stärkelösung als Indikator die unverbrauchte Jodmenge zurück.

Der Prozentgehalt an Schwefelwasserstoff berechnet sich dann in folgender Weise:

a = angewandte Menge Jodlösung in cm^3,
v = abgelesenes H_2S-freies Gasvolumen in cm^3,
b = unverbrauchte Menge der Jodlösung in cm^3,
x' = H_2S-Gehalt in cm^3,
x = H_2S-Gehalt in %,
f = Faktor der Jodlösung.

$$x' = \frac{(a-b)\,f}{10}\ cm^3\,H_2S$$

$$x = \frac{x' \cdot 100}{x' + v} = \%\ H_2S$$

Bei Anwendung dieser Methode auf Steinkohlengas fand Ozako stets einwandfreie Resultate. Es muß jedoch mit dem Umstand gerechnet werden, daß ein Teil des Jods durch die ungesättigten Kohlenwasserstoffe verbraucht wird, man also für den Schwefelwasserstoff theoretisch zu hohe Werte finden muß. Ozako stellte diesen Fehler zu 0,02 % fest, praktisch ist er also ohne Bedeutung, jedoch kann er größer werden, wenn im Gas ungesättigte Bestandteile in größeren Mengen auftreten. In den hier vorliegenden Fällen überschreitet der Gehalt an ungesättigten Kohlenwasserstoffen nie 10 %, die Methode kann also ohne Bedenken angewendet werden.

Eine andere bedeutende Fehlerquelle, die diese Methode in sich birgt, wurde aber bei der Anwendung derselben auf das Urgas aufgedeckt. Beim Schütteln der Gasprobe mit der Jodlösung wird ein Teil der in dem Gas befindlichen Kohlensäure durch diese sehr

30*

verdünnte wässerige Lösung absorbiert. Man wird also bei der späteren Prüfung des Gases auf CO_2 in der Kalipipette zu niedere Werte, bei der Umrechnung des gefundenen Schwefelwasserstoffs in Volumprozent zu hohe Werte erhalten. Beim Leuchtgas, wo der CO_2-Gehalt des Gases 3—4 % nicht übersteigt, sind diese Fehler ohne wesentlichen Einfluß auf die Resultate. Aber schon bei einem Kohlensäuregehalt von ungefähr 10 % wurden Fehler von 1—2 % bei der Kohlensäure festgestellt, bei höherem Kohlensäuregehalt, wie bei Schwelgasen von Braunkohlen und Torf, führt dann die Methode in dieser Ausführung zu gänzlich unbrauchbaren Werten.

Es mußte deshalb zur Umgehung dieses Fehlers zu einer zweckentsprechenden Abänderung der Arbeitsweise geschritten werden. Die Untersuchung des schwefelwasserstoffreien Gasrestes auf seine übrigen Bestandteile ist nach Obengesagtem also nicht möglich. Es muß demnach in einer Probe der Schwefelwasserstoff in der Buntebürette für sich, in einer andern parallel gezogenen Probe die Summe von CO_2 und H_2S durch Absorption in einer Kalipipette gemeinsam bestimmt werden. Aus der Differenz ergibt sich dann der Prozentgehalt an Kohlensäure. Das Ablesen des Gasvolumens in der Buntebürette kann nun infolge der Löslichkeit der Kohlensäure auch nicht in der oben beschriebenen Weise geschehen. Es muß das zu untersuchende Gasvolumen vorher in einer (Hempelschen) Bürette, die mit dem zu untersuchenden Gase abgesättigtes Wasser als Sperrflüssigkeit enthält, genau abgelesen und dann in die Bürette, in der die Reaktion stattfinden soll, hinübergedrückt werden. In dieser Form ist die Methode mit gutem Erfolg auf alle Urgase anwendbar.

Die Bestimmung der Kohlensäure[1].

Die Bestimmung der Kohlensäure durch Absorption in einer Kalipipette ist so einfach, daß darüber nichts weiter zu sagen ist. Nur muß oben berücksichtigt werden, daß das Urgas neben CO_2 auch eine größere Menge H_2S als alkalilöslichen Bestandteil enthält. Da letzterer von der Kalilauge nicht so plötzlich absorbiert wird wie CO_2, so genügt hier nicht kurzes einmaliges Überleiten, insbesondere dann nicht, wenn die Pipette mit den allgemein gebräuchlichen Glasperlen gefüllt ist, die ja eine ganz wesentlich ge-

[1] Hempel, Gasanalytische Methoden, Braunschweig 1913, S. 212.

ringere Oberfläche besitzen als die von Hempel angewandten Kupferdrahtröllchen. Man muß sich also stets, und das gilt auch für alle übrigen Absorptionen, davon überzeugen, daß jeweils keine Volumabnahme mehr festzustellen ist.

Die Bestimmung der ungesättigten Kohlenwasserstoffe[1]).

Die Bestimmung der ungesättigten Bestandteile geschieht am einfachsten durch Absorption mittels rauchender Schwefelsäure[2]) oder mittels Bromwassers[3]). Die Schwefelsäure ist brauchbar, solange noch beim Zurückleiten des Gases in die Bürette Nebel von SO_3-Dämpfen auftreten. Letztere müssen vor dem Ablesen unbedingt erst in einer Kalipipette absorbiert werden.

Vielfach findet man in der Literatur für den auf diese Weise gefundenen Wert die Bezeichnung „Gehalt an Äthylen". Dies ist jedoch nicht richtig, denn auf diesem Wege kann nur die Summe sämtlicher ungesättigter Bestandteile festgestellt werden. In Wirklichkeit werden außer Äthylen auch noch die höheren Homologen desselben, wie Propylen und Butylen, ferner Acetylen, Allylen usw. durch die rauchende H_2SO_4 absorbiert. Treadwell und Tauber haben eine Methode ausgearbeitet, die Kohlenwasserstoffe der Äthylen- und Acetylenreihe getrennt voneinander zu bestimmen. Eine genaue Trennung der einzelnen Homologen untereinander ist jedoch nur möglich durch Verflüssigung des Gases mittels flüssiger Luft und nachträglicher fraktionierter Destillation. Um dies experimentell durchzuführen, reichen natürlich die hier erhaltenen Mengen nicht aus.

Auf sehr schnellem und bequemem Wege kann man über die Anwesenheit von höheren Homologen des Äthylens und Acetylens Aufschluß erhalten, indem man den Heizwert des durch Schwefelsäure absorbierbaren Gasanteils ermittelt. Je höher derselbe, desto

---

1) Cl. Winkler, „Verhalten der schweren Kohlenwasserstoffe gegen rauch. H_2SO_4, Br_2 und HNO_3", J. f. Gasbel. [illegible], [illegible] ([illegible]). P. Fritzsche, „Bestimmung des Äthylens in Gasgemischen", Z. ang. 9, 456 (1896). Haswey, „Nachweis des Äthylens im Leuchtgas", B. 29, 2697 (1896). A. Tucker und R. Moody, „Trennung von C_2H_4 und C_2H_2", Journ. Amer. Chem. Soc. 23, 671 (1901). W. Treadwell u. A. Tauber, „Ein Beitrag zur gasanalytischen Trennung von C_2H_4, C_2H_2 und C_6H_6", Helv. chim. Acta 2, 601 (1919).

2) Hempel, Gasanal. Methoden, Braunschweig 1913, S. 204.

3) Rauchende Schwefelsäure absorbiert auch einen Teil der dampfförmigen Kohlenwasserstoffe; es ist demnach dem Bromwasser der Vorzug zu geben.

größer das Vorhandensein von höheren Homologen. Da bis vor kurzem keine Apparatur bestand, die die Heizwertbestimmung in geringen Gasmengen ermöglichte, so war natürlich dieser Weg bisher auch nicht gangbar. Das vor einigen Monaten von der Unionapparatebaugesellschaft in Karlsruhe in den Handel gebrachte Uniongaskalorimeter[2]) ist hingegen für diesen Zweck mit gutem Erfolg zu verwenden.

Verfasser schlägt dafür folgende Arbeitsweise vor:

Man entnimmt in der üblichen Weise 2 Gasproben von je 100 cm³; die eine befreit man durch Absorption von H_2S und CO_2, die andere von H_2S, CO_2 und den ungesättigten Kohlenwasserstoffen und führt danach von jeder Probe die Heizwertbestimmung aus. Man erhält so folgende vier bestimmbaren Größen:

Gasrest nach Absorption von $H_2O + CO_2$ = a cm³

Gasrest nach Absorption der ungesättigten Kohlenwasserstoffe und alkalilöslichen Bestandteile = b cm³

Heizwert des von $H_2S + CO_2$ befreiten Gases = H_1 WE/m³

Heizwert des von H_2S, CO_2 und ungesättigten Kohlenwasserstoffen befreiten Gases = H_2 WE/m³.

Der Heizwert der ungesättigten Kohlenwasserstoffe berechnet sich dann aus der Gleichung:

$$H_{KW} = \frac{(a \cdot H_1 - b \cdot H_2) \cdot 100}{a - b} \text{ WE/m}^3.$$

Auf diesem Wege wurde in dem aus Gasflammkohle Zeche Lohberg bei einer Endtemperatur von 450° erhaltenen Urgas der Heizwert der ungesättigten Kohlenwasserstoffe mit 20120 WE/m³ 0°/760 mm bezw. auf trocknes Gas festgestellt[3]). Demgegenüber ist der Heizwert des Äthylens 14990 WE und der des Propylens 22020 WE. Es ist daraus ersichtlich, daß in diesem Falle eine ganz erhebliche Menge an höheren Homologen zugegen sein muß. Wenn auch die einzelnen Bestandteile auf diesem Wege nicht getrennt voneinander bestimmt werden können und die Fehlergrenzen des Uniongaskalorimeters bei so hohen Heizwerten ca. ± 2% betragen, so gestattet doch dieses Verfahren eine schnelle Orientierung über den Charakter der ungesättigten Bestandteile.

---

[2]) Beschreibung und Arbeitsweise folgt später.

[3]) Der Berechnung lagen folgende gefundene Werte zugrunde: a = 83,3 cm³; b = 74,3 cm³; H_1 = 10280 WE; H_2 = 9100 WE.

Die Bestimmung des Sauerstoffs[1].

Die Bestimmung des Sauerstoffs geschieht in der üblichen Weise durch Absorption mittels gelben Phosphors, einer alkalischen Pyrogallollösung oder einer Natriumhydrosulfitlösung. Im vorliegenden Fall wurde alkalische Pyrogallollösung verwendet. Es ist dabei zu beachten, daß letztere bei einer Temperatur unter 15° C sehr träge und unter Umständen nicht quantitativ reagiert. Natriumhydrosulfitlösung absorbiert auch bei gewöhnlicher Temperatur sehr langsam, doch stets quantitativ. Die Sauerstoffbestimmung ist mit besonderer Sorgfalt auszuführen, da hier gemachte Fehler sich bei der Berechnung des Luftgehalts mit 5 multiplizieren. Ein Fehler von 0,2 % würde also in bezug auf die Luft einen solchen von 1 % nach sich ziehen. Bei Umrechnung auf Reingas bedingt dies bei Methan oder Kohlensäure, welche in größerer Menge auftreten, bei einem Gehalt von 50—60 % einen Fehler von 0,5 %, bei den in geringerem Maße auftretenden Bestandteilen einen bedeutend kleineren Betrag, bei Werten unter 10 % z. B. nur 0,0—0,1 %.

Die Bestimmung des Kohlenoxyds[2].

Zur Bestimmung des Kohlenoxyds kann die in der Praxis gebräuchlichste Methode der Absorption mittels ammoniakalischer oder salzsaurer Kupferchlorürlösung hier ohne jede Abänderung angewandt werden.

Die Bestimmung des Wasserstoffs[3].

Wie eingangs bereits erwähnt, kann die bei der technischen Gasanalyse allgemein übliche Methode der Verbrennung in einer

---

[1]) O. Pfeiffer, „Bestimmung des Sauerstoffs im Leuchtgas", J. f. Gasbel. 40, 354 (1897); Sußberger, „Bestimmung des Sauerstoffs im Leuchtgas", J. f. Gasbel. 41, 633 (1898); Binder u. Weinland, „Über eine neue Reaktion auf elementaren Sauerstoff", B. 46, 255 (1913); Hempel, Gasanal. Methoden, Braunschweig 1913, S. 120.

[2]) Gautier u. Clausmann, „Über einige Schwierigkeiten bei der Bestimmung von CO in Gasgemischen", Bull. [4] 1, 1103 (1907); Czako, „Ein neuer Apparat zur Bestimmung von CO", J. f. Gasbel. 55, 647 (1912); Czako, „Bemerkungen über die Leuchtgasanalyse mit der Buntebürette, besonders über die Bestimmung von CO", J. f. Gasbel. 57, 169 (1914); E. Glaser, „Prüfung einiger fester Absorptionsmittel für CO", Feuerungstechnik 6, 149 (1917/18); Winter, „Das Verhalten der Grubengase bei höheren Temperaturen für sich und in Berührung mit den übrigen Bestandteilen der Schlagwetterexplosion", Brennstoff-Chemie 1, 21 (1920); Hempel, Gasanal. Methoden, Braunschweig 1913, S. 155.

[3]) E. Terres und H. Maugenin, „Fraktionierte Verbrennung von Gasen über

Explosionspipette zur Bestimmung von Wasserstoff neben Methan beim Urgas nicht zur Anwendung gelangen, da die Verbrennungsgleichungen durch die Anwesenheit der höheren Methanhomologen nicht mehr in dem Sinne erfüllt sind, daß sich die gesuchten Unbekannten herausrechnen lassen. Es ist hier also unbedingt erforderlich, den Wasserstoff für sich allein vor der Prüfung auf die gesättigten Kohlenwasserstoffe zu bestimmen. Dies kann geschehen durch Absorption mittels Palladiums, durch fraktionierte Verbrennung in der Drehschmidtschen Kapillare oder durch fraktionierte Verbrennung über CuO. Theoretisch ist jede dieser Methoden mit gleich gutem Erfolg anwendbar. Ohne die Beschaffung einer besonderen Apparatur oder eines teuren Reagens notwendig zu machen, läßt sich die von Jaeger vorgeschlagene fraktionierte Verbrennung über CuO durchführen, weshalb dieser Arbeitsweise hier der Vorzug gegeben wurde.

Die Methode beruht auf der Tatsache, daß Wasserstoff über CuO bereits bei 250° quantitativ zu Wasserdampf verbrennt, während die Kohlenwasserstoffe der Methanreihe erst bei bedeutend höheren Temperaturen mit dem Sauerstoff des CuO in Reaktion treten. Zwischen die Gasbürette und eine gewöhnliche Kalipipette schaltet man ein ca. 12 cm langes und ca. $^{3}/_{4}$ cm weites an beiden Seiten kapillar verengtes, schwer schmelzbares Glasrohr, das, mit auf Grießkorngröße zerkleinertem CuO gefüllt, auf eine Temperatur von etwas über 250° erhitzt wird, und leitet das zu untersuchende Gas solange über dem CuO hin und her, bis in der Bürette keine Volumabnahme mehr festzustellen ist, was für gewöhnlich nach 3—4maligem Hin- und Herleiten erreicht ist. Die Volumabnahme entspricht dem Prozentgehalt des Gases an Wasserstoff.

Die Einhaltung einer gleichmäßigen Temperatur wird dadurch kontrolliert, daß das Röhrchen von einem Blechgehäuse umgeben wird, durch dessen Deckel man ein Thermometer so einführt, daß sich das Quecksilbergefäß in Höhe des Röhrchens befindet. Derartige Gehäuse sind im Handel erhältlich, lassen sich aber ohne Schwierigkeiten im Laboratorium selbst herstellen.

CuO", J. f. Gasbel. 56, 8 (1913); K. A. Hofmann, „Vereinfachte Wasserstoffbestimmung", Braunkohle 16, 91 (1917); Hempel, Gasanal. Methoden, Braunschweig 1913, S. 190; Gräfe, J. f. Gasbel. 46, 524 (1903); Jaeger, „Fraktionierte Verbrennung von Gasen über CuO", J. f. Gasbel. 41, 764 (1898); Treadwell, „Lehrbuch der analyt. Chemie", Leipzig, 1913, II, 655.

Bei der Bewertung des Resultats ist noch zu berücksichtigen, daß das Röhrchen vor der Verbrennung mit Luft gefüllt war, deren Sauerstoff durch das während der Verbrennung reduzierte Kupfer aufgenommen wird. Es muß also eine dementsprechende Korrektur angebracht werden. Man bestimmt zu diesem Zweck den Luftinhalt des zur Verwendung gelangenden Röhrchens durch Eichung und zieht von dem erhaltenen Wasserstoffvolumen den fünften Teil des gefundenen Luftinhaltes ab. Bei der weiteren Untersuchung des verbliebenen Gasrestes kommt dann noch in Betracht, daß das Stickstoff-Kohlenwasserstoff-Gemisch nunmehr mit dem Stickstoff des Luftinhalts des Röhrchens verunreinigt ist, man also für die Kohlenwasserstoffe zu niedere, für den Stickstoff zu hohe Werte finden wird.

Umgangen werden diese Nachteile in sehr einfacher Weise, indem man die Luft vorher durch einen lebhaften Kohlensäurestrom verdrängt und zum Schluß den in dem Röhrchen verbleibenden Gasrest wieder mit Kohlensäure — es genügen ca. 25 cm³ — in die Bürette zurückspült. Nach Absorption der verwandten Kohlensäure in einer Kalipipette liest man dann direkt die Volumabnahme ab und findet so einen einwandfreien Wasserstoffwert, der keiner nachträglichen Korrektur bedarf. Verfasser verwandte zu diesem Zweck mit gutem Erfolg eine Kalipipette, die mit einem Dreiweghahn versehen war, dessen freier Ansatz an einen Kippschen Apparat angeschlossen wurde.

Die Bestimmung der gesättigten Kohlenwasserstoffe[1]).

Wie im vorigen Abschnitt bereits erwähnt, handelt es sich hier nicht nur um Bestimmung des Methans, wie dies beim Leuchtgas

[1]) E. Jaeger, „Bestimmung von CH_4, H_2 und N_2 in Gasgemischen durch fraktionierte Verbrennung über CuO", J. f. Gasbel. 41, 764 (1898). Wibaut, „Eine Abänderung der Jaegerschen Methode zur Bestimmung von H_2 und CH_4", Gaslight, 6, 174 (1914). R. Ott, „Zur Frage der gasanalytischen Verbrennung über CuO", J. f. Gasbel. 62, 89 (1919). C. Schmidt, „Bestimmung von CH_4, H_2 und N_2", J. f. Gasbel. 43, 981 (1900). W. Hempel, „Bestimmung von H_2 und CH_4 in Gasgemischen", J. f. Gasbel. 55, 1041 (1912). E. Graefe, „Über das Vorkommen und die Bestimmung der Methanhomologen im Ölgas", J. f. Gasbel. 48, 894 (1905). K. A. Hofmann, „Eine neue Methode zur Trennung von CH_4 und H_2", B. 48, 1585 (1915). A. Burrel und F. Seibert, „Gasanalysen durch fraktionierte Destillation bei tiefer Temperatur", Amer. J. of Gaslight, 6, 97 (1914), s. a. J. f. Gasbel. 60, 117 (1917). Lebeau u. Damiens, „Sur une méthode d'analyse des mélanges d'hydrogène et d'hydrocarbures saturés gazeux, hydrogène, méthane, éthane et propane", C. r. 156, 144, 325, 557, 797, 1987 (1913); 157, 214 (1913), s. a. R. Czako, „Über die Untersuchung kohlenwasserstoffhaltiger Gasgemische durch Anwendung tiefer Temperaturen", J. f. Gasbel. 56, 1034 (1913).

der Fall ist, sondern auch um die gleichzeitige Bestimmung der höheren Homologen, wie Äthan, Propan und Butan.

Aus dem nach Absorption sämtlicher bisher genannten Bestandteile nunmehr verbleibenden Rest wird die Summe der gesättigten Kohlenwasserstoffe als verbrennbares Gas in diesem Rest bestimmt, während der unverbrennliche Anteil als Stickstoff anzusprechen ist. Die Bestimmung kann nun erfolgen durch Verbrennung in einer Explosionspipette in der für die technische Gasanalyse üblichen Weise[1]), durch Verbrennung über glühendem Palladium oder Platin in der Drehschmidtschen Kapillare oder durch Verbrennung über glühendem Kupferoxyd nach Jaeger[2]).

Versuche, die Verbrennung in einer Explosionspipette auszuführen, ergaben, daß gut übereinstimmende Werte erzielt wurden, solange das Mengenverhältnis von angewandtem Gas, Sauerstoff und Stickstoffballast immer das gleiche war. Wurde dieses verschoben oder wurde ein Kohlenwasserstoffgemisch von anderer Zusammensetzung genommen, so ergaben sich zum Teil ganz erhebliche Abweichungen der Ergebnisse untereinander. Dies ist darauf zurückzuführen, daß einerseits bei der hohen Verbrennungstemperatur des Methans ein Teil des Stickstoffs mit verbrennt, andererseits ein Teil des Methans, besonders bei hohem Stickstoffballast unverbrannt bleibt. Im allergünstigsten Falle könnten sich diese beiden Fehler gegenseitig aufheben, doch wird dies nur in den seltensten Fällen vorkommen. Für gewöhnlich muß man mit größeren Fehlern in der einen oder andern Richtung rechnen. Besonders schwer fallen dieselben dann ins Gewicht, wenn man aus den erhaltenen Versuchsdaten, wie Kontraktion, Sauerstoffverbrauch und Kohlensäurebildung, mit Hilfe der aufgestellten Verbrennungsgleichungen aus einem Methan-Äthan-Gemisch diese Gase einzeln berechnen will. Herabgemindert werden diese Fehler durch Anwendung der Dietzschen Verbrennungspipette[3]).

Gänzlich umgangen werden dieselben bei Anwendung der Drehschmidtschen Platinkapillare oder der Verbrennung über Kupferoxyd nach Jaeger.

Wie bei der Bestimmung des Wasserstoffs wurde hier zur Jaegerschen Methode gegriffen. Die Versuchsanordnung und Arbeitsweise ist die gleiche wie im vorigen Abschnitt bereits be-

---

[1]) W. Hempel, „Gasanalytische Methoden", Braunschweig 1913, S. 204.

[2]) Treadwell, Lehrb. d. analyt. Chemie, Leipzig und Wien 1918, II. Teil, S. 656.

[3]) Brennstoff-Chemie 2, 67 (1921).

schrieben, bloß wird hier das Verbrennungsröhrchen auf helle Rotglut erhitzt; auch gelangt hier besser ein Quarzrohr zur Verwendung. Die nach Absorption der Spülkohlensäure festgestellte Volumabnahme entspricht direkt der Gesamtmenge an gesättigten Kohlenwasserstoffen ausgedrückt in Volumprozenten.

Die genaue quantitative Trennung der einzelnen Glieder der Methanhomologen ist nur durchführbar durch Verflüssigen des Gasgemisches bei tiefer Temperatur und nachträglicher fraktionierter Destillation[1]). Bei Anwendung der kleinen hier in Frage kommenden Mengen ist dies jedoch nicht durchführbar.

Geht man von der Voraussetzung aus, daß nur Äthan neben Methan in größerer Menge auftritt, Propan und Butan dagegen nur in sehr geringem Maße zugegen sind, wie dies auch aller Voraussicht nach der Fall ist, so können diese beiden Gase aus den aufgestellten Verbrennungsgleichungen einzeln errechnet werden. Es ist dazu aber erforderlich, vorher die gebildete Kohlensäure zu bestimmen, wobei man natürlich nicht in der beschriebenen Weise arbeiten kann, sondern das schädliche Luftvolumen wie ursprünglich nach Jaeger durch Eichung feststellen müßte und auch zur Verhinderung der Absorption der gebildeten Kohlensäure über Quecksilber, mindestens aber über gesättigter Kochsalzlösung arbeiten müßte. Zur Berechnung der einzelnen Glieder stehen dann folgende Gleichungen zur Verfügung, die nach x und y aufzulösen sind:

x cm^3 Methan + y cm^3 Äthan = a cm^3 verbranntes Gas
x „ „ + 2y „ „ = b „ gebildetes CO_2

Ohne Abänderung der beschriebenen Arbeitsweise kann man unter Zugrundelegung derselben Voraussetzungen Aufschluß über das Vorhandensein höherer Methanhomologen erhalten, indem man den Heizwert des nach Absorption aller übrigen Bestandteile verbleibenden Kohlenwasserstoff-Stickstoff-Gemisches bestimmt, was ja das bereits erwähnte Unionsgaskalorimeter neuerdings ermöglicht. Zur Berechnung von Äthan neben Methan hat Verfasser folgenden Weg eingeschlagen:

Als bekannt vorausgesetzt ist der obere Heizwert des Methans mit 9500 WE/m^3[2]) und der des Äthans mit 16770 WE/m^3[2]). Vorher bestimmt war das Volumen der gesättigten Kohlenwasserstoffe

---

[1]) Literatur s. S. 473, Anm. 1.

[2]) Bezogen auf trockenes Gas bei 0° und 760 mm Hg.

= a cm³ brennbares Gas. Ermittelt wird nun noch der obere Heizwert des Gasrestes (C_nH_{2n+2} + N_2) = H' WE/m³ und dieser wird umgerechnet auf stickstofffreies Gas = H WE/m³. Es bestehen dann folgende Gleichungen:

$$x \text{ cm}^3 \text{ Methan} + y \text{ cm}^3 \text{ Äthan} = a \text{ cm}^3 \text{ brennbares Gas}$$

$$x \cdot 9500 \cdot 10^{-6} + y \cdot 16770 \cdot 10^{-6} = a \cdot H \cdot 10^{-6}.$$

Durch Auflösen dieser beiden Gleichungen nach x und y erhält man dann den Gehalt des Gasgemisches an Methan und Äthan direkt in Prozenten.

Beispiel:

$$\text{Gasrest} = 40{,}6 \text{ cm}^3 \quad H' = 7390 \text{ WE/m}^3$$

$$a = 29{,}0 \quad ; \quad H = 10240 \;\;"$$

$$x + y = 29$$

$$x \cdot 0{,}0095 + y \cdot 0{,}0168 = 0{,}297$$

$$(29 - y) \cdot 0{,}0095 + y \cdot 0{,}0168 = 0{,}297$$

$$0{,}276 - 0{,}0095\,y + 0{,}0168\,y = 0{,}297$$

$$0{,}0073\,y = 0{,}021$$

$$y = \frac{0{,}0210}{0{,}0073} = 2{,}9 \text{ cm}^3 \text{ Äthan}$$

$$x = \quad 26{,}1 \text{ cm}^3 \text{ Methan.}$$

Da die Voraussetzung, daß Propan und Butan quantitativ abwesend sind, nicht ganz erfüllt ist und da die bei der Heizwertbestimmung erhaltenen Werte bei den hier meistens sehr hohen Heizwerten einen Fehler von ca. ± 2% in sich bergen, so führt diese Arbeitsweise natürlich nicht zu völlig einwandfreien Resultaten. Sie gibt jedoch rasch ein Bild, in welchem relativen Mengenverhältnis die höheren Homologen des Methans in dem in Frage kommenden Gasgemisch zugegen sind.

Die Bestimmung des Stickstoffs[1]).

Die Bestimmung des Stickstoffs erfolgt durch Feststellung des nach Absorption und Verbrennung aller übrigen Bestandteile verbleibenden unverbrennlichen Restes. Von diesem Rest ist noch ein dem gefundenen Luftgehalt entsprechender Betrag in Abzug zu bringen, um den wirklich dem Schwelgas zukommenden Prozentgehalt an Stickstoff zu finden.

---

[1]) G. Arth, „Bestimmung des Stickstoffes im Leuchtgas", Bull. [3] 17, 505 (1897). K. Smith, „Bestimmung von Stickstoff im Leuchtgas", Soc. Chem. Ind. 18, 218 (1899). O. Johannsen, „Zur Stickstoffbestimmung in Koksofengasen", Braunkohle 17, 190 (1918); Stahl u. Eisen 38, 297 (1918).

Bestimmung der dampfförmigen Kohlenwasserstoffe.

Der Gehalt an dampfförmigen Kohlenwasserstoffen — es kommen hier nur Benzine, nicht Benzoldampf in Frage — ist kein Charakteristikum für die Zusammensetzung eines Urgases, sondern ist in weitestgehendem Maße abhängig von der Art der Kühlung und Beschaffenheit der jeweils angewandten Apparaturen. Franz Fischer und Glund[1]) fanden bei der Destillation von Gasflammkohle (Lohberg) 450 g Gasbenzine in etwa 7500 l Gas, das entspricht einem Gehalt von 1,65 Volumprozenten.

Die Anwendung der von Hempel[2]) vorgeschlagenen Arbeitsweise, die darin besteht, daß die dampfförmigen Kohlenwasserstoffe in einer mit 1 cm³ absol. Alkohol beschickten Quecksilberpipette absorbiert werden, setzt voraus, daß vorher der Schwefelwasserstoff aus dem Gas entfernt wird, da dieser mit dem Quecksilber unter Bildung von HgS reagiert. Da nun aber bei der Absorption des Schwefelwasserstoffs auch ein unbekannter Betrag an Kohlensäure verschwindet, so führt diese Methode hier nicht zu brauchbaren Ergebnissen. Es wurden von parallel gezogenen Gasproben Werte gefunden, die zwischen 1,0 und 2,4 % schwankten. In Anbetracht dieser Unsicherheiten wurde von der Bestimmung der dampfförmigen Benzine Abstand genommen, da es sich ja auch nur um geringe Beträge handelt, die, wie oben bereits ausgeführt, nicht zu den eigentlichen Bestandteilen des Gases gehören. Die Rückwirkung dieser Vernachlässigung auf die übrigen Werte kommt in nur geringem Maße zum Ausdruck bei den in größeren Mengen auftretenden Gasen. Von größerem Einfluß jedoch ist der Gehalt an dampfförmigen Kohlenwasserstoffen auf den Heizwert des Gases (wird später behandelt).

Die Bestimmung des Heizwerts.

Zur Bestimmung des Heizwerts von Gasen standen bisher das Graefesche, das Hempelsche, das Junkersche sowie das Ferd. Fischersche Gaskalorimeter zur Verfügung, die zwar gute Dienste leisteten, jedoch erforderten, daß eine große Menge des zu untersuchenden Gases zur Verfügung stand. Mit einer weit geringeren Menge konnte man bei Anwendung des Stracheschen Gaskalorimeters auskommen, doch hat sich dieses Instrument infolge seiner

[1]) Abh. Kohle 2, 219 (1917).

[2]) Hempel, Gasanal. Methoden, Braunschweig 1913, S. 242.

komplizierten Anordnung sowie auch wegen der großen Fehlermöglichkeiten nicht eingebürgert. Größere Erwartungen kann man dagegen an das vor einigen Monaten von der Unionapparatebaugesellschaft m. b. H. in Karlsruhe auf den Markt gebrachte Uniongaskalorimeter knüpfen. Dieses ermöglicht die Untersuchung von noch viel kleineren Gasmengen sowie auch die Untersuchung von sehr armen Gasgemischen auf ihren Heizwert, was mit dem Junkersschen und Fischerschen Gaskalorimeter nicht möglich ist, da bei armen Gasgemischen keine Flammenbildung auftritt.

Der Anwendungsbereich des Apparats erstreckt sich auf sämtliche Heizgase, Abgase von Großgasmaschinen, Explosions- und Verbrennungsmotoren zur Bestimmung der unverbrannten Bestandteile sowie auf die Untersuchung von Grubenwettern auf ihren Methangehalt. Die günstigsten Ergebnisse werden erzielt, wenn bei den genannten Gasen folgende Mengen angewandt werden: Acetylen 4—6 cm³, Methan 5—8 cm³, Ölgas 5—10 cm³, Steinkohlengas 9—14 cm³, Wassergas 15—20 cm³, Braunkohlenschwelgas 20 bis 25 cm³, Generatorgas 25—40 cm³, Gichtgas 50—60 cm³ [1]).

Der Apparat besteht aus einer in ihrem oberen Teil zwecks Erhöhung der Ablesegenauigkeit verengten Bürette, in die das Versuchsgas durch Senken eines mit ihr verbundenen Niveaugefäßes eingemessen wird. In dieser Bürette geschieht gleichzeitig die Verbrennung, welche dadurch herbeigeführt wird, daß das Gasgemisch durch eine elektrische Funkenstrecke zur Entzündung gebracht wird. Im unteren Teil der Bürette sind zwei Elektroden eingeschmolzen, die mit einem Akkumulator verbunden sind; durch den Strom desselben wird das als Sperrflüssigkeit dienende mit etwas H_2SO_4 angesäuerte Wasser elektrolytisch zerlegt und so Knallgas entwickelt, welches sich im oberen Teil der Bürette ansammelt. Dasselbe dient entweder als Vergleichsgas oder zum Verstärken von armen Gasgemischen.

Um die Bürette ist ein äußerer Mantel geschmolzen, dessen Zwischenraum mit Petroleum angefüllt ist, welches sich, durch die Explosion des Gasgemisches erwärmt, ausdehnt. Diese Ausdehnung wird an einer auf den Mantel angeschmolzenen Meßröhre, welche Millimetereinteilung trägt, direkt abgelesen.

Die Durchführung einer Bestimmung gestaltet sich folgendermaßen: Vor Beginn der Untersuchung wird die Bürette bis zum

[1]) S. a. Brennstoff-Chemie 2, 136 (1921), dort auch Abbildung.

oberen Hahn gänzlich mit Sperrflüssigkeit angefüllt. Sodann wird die Zuführungsleitung mit dem zu untersuchenden Gas ausgespült, danach durch Senken des Niveaugefäßes die gewünschte Menge eingesaugt und dieselbe in bekannter Weise durch Herbeiführung von Druckausgleich an der Teilung der Bürette abgelesen. Darauf wird durch weiteres Senken des Niveaugefäßes so viel Luft eingesaugt, daß die Sperrflüssigkeit bis an den unteren Hahn der Bürette zurückgedrängt ist, der dann geschlossen wird. Ist dies geschehen, so wird durch Betätigung eines Kontaktknopfes sofort Zündung herbeigeführt und das Steigen des Petroleumfadens in der Kapillare bis zur Erreichung eines Maximums beobachtet.

Hierauf füllt man die Bürette wieder mit Sperrflüssigkeit, entwickelt durch Einschalten des Akkumulatorenstroms 20 cm³ Knallgas und führt die Bestimmung in oben beschriebener Weise mit diesem nochmals durch.

Aus den abgemessenen Gasmengen, den Ausschlägen der Kapillare und dem für Knallgas als bekannt vorausgesetzten Heizwert von 2020 WE/m³ läßt sich dann in einfacher Weise der Heizwert des zu untersuchenden Gases errechnen. Hat man mehrere Bestimmungen hintereinander auszuführen, so braucht man natürlich die Bestimmung mit Knallgas nur einmal auszuführen.

Soll die Bestimmung für arme Gasgemische ausgeführt werden, die nicht allein durch die Funkenstrecke zur Entzündung gebracht werden können, so wird dem Gasgemisch eine in der Bürette selbst entwickelte gemessene Menge Knallgas beigemischt und so verbrannt.

Durch das Gasinstitut in Karlsruhe ist der Apparat einer eingehenden Prüfung unterzogen und für die verschiedenartigsten Gase durchprobiert worden. Die Ergebnisse sind in „Gas und Wasserfach" 1921, Jg. 64, Heft 6, S. 83, veröffentlicht und die da gefundenen Fehler liegen im allgemeinen zwischen ± 1,2 %. Nur bei Wasserstoff und armen Gasgemischen wurden größere Fehler festgestellt, die aber 4,9 % nicht überschritten. Auch der Einfluß der Fadenkorrektur, des Wärmeausgleichs und der Löslichkeit der schweren Kohlenwasserstoffe des Leuchtgases auf das Ergebnis ist dort ermittelt und in genanntem Aufsatz behandelt.

Einfluß der Ablesegenauigkeit, der Veränderung des Anfangszustandes sowie Fehler, die durch in der Bürette zurückbleibende Wassertropfen hervorgerufen werden können, sind durch Verfasser nachgeprüft und die Ergebnisse in der „Brennstoff-Chemie" 1921, Heft 10, S. 155, veröffentlicht.

Tafel A.

Chemisch-physikalische Konstanten der im Urgas vorkommenden Bestandteile.

	Mol.[1]) Gewicht	Mol.-Vol.[2]) l	Gewicht[3]) von 1 l bei 0°/760 mm	Siedepunkt °C	oberer Heizwert[6]) cal/1 g bei konst. Druck	oberer Heizwert[8]) [9]) WE/1 m³ 0°/760 mm	100 cm³ H_2O lösen bei 20° cm³	Tension bei mm Hg
Kohlensäure CO_2	44,00	22,260	1,9768	—78[10])	—	—	87,8	—
Kohlenoxyd CO	28,00	22,397	1,2505	—193	2 419	3 040	2,32	—
Wasserstoff H_2	2,016	22,406	0,08987	—252,5	34 080	3 080	1,82	—
Acetylen C_2H_2	26,016	22,14	1,1621	—84	11 926	13 900	103,0	—
Aethylen C_2H_4	28,032	22,24	1,2601	—103	11 906	14 990	12,2	—
Propylen C_3H_6	42,048	22,4[5])	1,8780	—50	11 789	22 030	22,5	—
Butylen C_4H_8	56,064	22,4[5])	2,503[4])	—5/+1	11 618	29 150	—	—
Methan CH_4	16,032	22,4[5])	0,7168	—160	13 247	9 500	3,31	—
Äthan C_2H_6	30,048	22,16[5])	1,3567	—88,5	12 349	16 770	4,72	—
Propan C_3H_8	44,064	22,4[5])	2,008[4])	—38	12 027	24 360	—	—
Butan C_4H_{10}	58,080	22,00[2])	2,594	—10/+6	11 849	30 750	—	—
Pentan C_5H_{12}	72,096	22,4[5])	3,263[4])	0,5/37	11 765	38 600	—	480,2
Hexan C_6H_{14}	86,112	22,4[5])	3,844[4])	48/71,5	11 619	44 700	—	100,56
Stickstoff N_2	28,02	22,41	1,2505	—195,7	—	—	1,54	—
Sauerstoff O_2	32,00	22,39	1,4289	—182,9	—	—	3,17	—
Schwefelwasserstoff H_2S . .	34,086	22,16	1,5392	—62	4 020[7])	6 160[7])	225,73	—

[2]) Land.-Börnst., S. 146 ff. [3]) Trautw., Bd. II. [5]) Angenommen. [4]) Errechnet aus Spalte 1 und 2. [6]) Errechnet aus Spalte 1 und 3. [8]) Land.-Börnst., Physik.-Chem. Tabellen, S. 908 ff. [7]) Errechnet aus Verbrennungswärme von S zu SO_2 = 2221 cal/g und H_2 zu H_2O. [8]) Errechnet aus Spalte 3 und 5. [9]) Bezogen auf trockenes Gas bei konstantem Druck. [10]) Sublimationspunkt.

Bei kohlensäurereichen Gasen, wie z. B. Braunkohlenschwelgas und Torfschwelgas, besteht die Gefahr, daß sich ein Teil der Kohlensäure während des Einmessens in der Sperrflüssigkeit löst und man infolgedessen zu zu hohen Heizwerten kommt. Will man da genaue Resultate erzielen, so empfiehlt es sich, die Kohlensäure vorher mittels einer Kalipipette zu absorbieren und den für das kohlensäurefreie Gas gefundenen Wert nachträglich auf die ursprüngliche Zusammensetzung umzurechnen.

Da die in vielen technischen und chemischen Handbüchern über die Heizwerte der Gase gemachten Angaben zuweilen erheblich untereinander differieren, so seien die Werte, die den späteren Betrachtungen zugrunde gelegt wurden, sowie die übrigen wichtigsten chemisch-physikalischen Konstanten in Tafel A aufgeführt.

Der Einfluß verschiedener Versuchsbedingungen auf die Ausbeuten bei der Urverkokung im Aluminiumschwelapparat.

Einfluß der Anheizgeschwindigkeit.

Daß die Art der Beheizung von wesentlichem Einfluß auf die Ausbeuten bei der trocknen Destillation von Brennstoffen ist, beweisen die Erfahrungen der Kokereien und der Leuchtgasfabrikation. Eine gleichmäßige Erhitzung, wie sie in der Praxis nie erreicht werden kann, ist aber bei dem Aluminiumschwelapparat durch die Wahl des Materials, wie im vorigen Abschnitt bereits näher erläutert, gewährleistet. Unterschiede der Resultate, die auf diesen Umstand zurückzuführen sind, sind also nicht zu erwarten, was auch durch zahlreiche Versuche sich als richtig erwiesen hat.

Von großem Interesse ist es hingegen, in Erfahrung zu bringen, welchen Einfluß die Anheizgeschwindigkeit auf die Ausbeuten ausübt. Zu diesem Zweck wurde unter sonst gleichen Versuchsbedingungen Gasflammkohle der Zeche Lohberg (Dinslaken) bei verschieden großen Temperaturerhöhungen in der Zeiteinheit (Δt/Min.) vorgenommen. Die erzielten Ergebnisse sind in Tafel B aufgeführt.

Wie aus der Tafel ersichtlich, weichen die Ausbeuten zwischen einer Anheizdauer von 5°/1 Min. und 20°/1 Min. nur unwesentlich voneinander ab. Dasselbe gilt von der Zusammensetzung der Gase. Nur bei $\Delta t = 2\frac{1}{2}$°/1 Min. ist eine Abnahme des Teers und eine Zunahme an Zersetzungswasser zu verzeichnen. Dies ist darauf zurückzuführen, daß die Teerdämpfe hier unverhältnismäßig lange in der Retorte verweilen und dabei einer weiteren pyrogenen

Tafel B.

Hessenbraunkohle Lohberg. Einwage: 20,00 g; H_2O: 8,8%; Asche: 11,0%; bis ca. 500°.

Anheizdauer Δt°	2,5° je 1 Min.	5° je 1 Min.	10° je 1 Min.	15° je 1 Min.	20° je 1 Min.
Teerausbeute in Gramm	2,24	2,45	2,48	2,45	2,45
Teer in %	13,0	14,3	14,3	14,4	14,3
Zersetzungswasser ccm	1,0	1,5	1,45	1,4	1,45
Halbkoks in Gramm	14,21	14,56	14,55	14,53	14,56
Gesamtgasmenge an Gas ccm	1420	1860	1840	1866	1849
Dessen oberer Heizwert	9070	9040	9040	9030	9100
davon H_2S %	4,0	4,3	4,4	4,2	4,3
CO_2 %	6,9	7,2	7,1	7,3	7,1
unges. K.W.	4,3	5,1	5,2	5,2	5,3
CO	6,5	6,1	6,2	6,0	6,1
H_2	18,4	16,7	16,7	18,4	18,3
CH_4 + Homologe	57,0	57,5	57,3	57,7	57,9
N_2	3,0	3,1	3,0	3,3	3,1

Zersetzung anheimfallen, die als Endprodukte geringe Mengen Zersetzungswasser und Gase liefert. Bei schnellerem Anheizen dagegen werden die Teerdämpfe durch die folgenden Destillationsprodukte aus der Retorte hinausgedrängt, bevor sie einer Überhitzung ausgesetzt werden können. Die bei $\Delta t = 2\frac{1}{2}°/1$ Min. erhaltenen Gase weisen in ihrer Zusammensetzung nur geringe Abweichungen gegenüber den bei größeren Anheizgeschwindigkeiten gefundenen Werten auf. Dem geringen Fehlbetrag an ungesättigten Bestandteilen steht eine geringe Zunahme an Wasserstoff gegenüber, die man auf einen weiteren Abbau der ungesättigten Kohlenwasserstoffe in CH_4, C und H_2 zurückführen kann.

Da die so erzielten Ergebnisse bei den übrigen Anheizgeschwindigkeiten keinerlei Rückschlüsse auf irgendwelche Gesetzmäßigkeit zulassen, so wurde diese Versuchsreihe unter Anwendung von Lignin, bei welchem im Hauptlaboratorium des Instituts bereits früher größere Differenzen der Ausbeuten untereinander festgestellt wurden, wiederholt. Bei gleicher Einwage und einer Anheizgeschwindigkeit von 10°/1 Min. nahm die Gasentwicklung zwischen 430 und 450° einen derart stürmischen Verlauf, daß der größte Teil des Teers mit in den Gasometer hinübergerissen wurde und sich erst dort an den Wänden und auf der Sperrflüssigkeit niederschlug. Es machte sich daher erforderlich, die Einwage auf die Hälfte zu reduzieren. Es ergab sich dann folgendes Bild:

Tafel C.

Lignit. Einwage: 10,00 g; H_2O: 7,00 %; te = 500°.

Anheizdauer $\Delta t°$	2,5° je 1 Min.	5° je 1 Min.	7,5° je 1 Min.	10° je 1 Min.	15° je 1 Min.
Teerausbeute in Gramm . .	0,80	0,84	1,04	0,98	0,87
Teer in %	8,6	9,0	11,2	10,5	9,4
Zersetzungswasser ccm . .	1,2	1,3	1,1	1,1	1,1
Halbkoks in Gramm	5,69	5,60	5,64	5,67	5,66
Gesamtausbeute an Gas ccm	1105	1100	1060	1065	1070
Dessen oberer Heizwert . .	3230	3190	3320	3430	3450
davon H_2S %	—	—	—	—	—
CO_2 %	40,1	40,2	39,6	40,2	40,1
ungesätt. K.W.	2,8	2,2	3,0	3,0	3,5
CO	29,6	29,4	29,6	30,2	30,0
H_2	3,3	3,3	3,1	2,9	2,9
CH_4 + Homologe . .	21,5	22,1	22,5	22,1	21,5
N_2	2,0	1,9	2,0	1,8	1,9

Die Ergebnisse bestätigen einerseits die Annahme, daß die Teerdämpfe bei längerem Verweilen in der Retorte, also bei langsamen Anheizen, einer Zersetzung anheimfallen, andererseits ist deutlich ersichtlich, daß bei schnellerem Anheizen, also bei zunehmender Gasgeschwindigkeit die Niederschlagsmöglichkeit für die Teerdämpfe in der Vorlage mehr und mehr herabgesetzt wird. Das Gas hat dann einen Mehrgehalt an dampfförmigen Kohlenwasserstoffen, was aus den steigenden Heizwerten hervorgeht. Die Zusammensetzung der Gase zeigt auch hier nur geringe Abweichungen, die keine weiteren Schlüsse zulassen.

Höchstausbeuten für den Teer wurden bei $\Delta t = 7^1/_2°/1$ Min. erzielt, was einer Gasgeschwindigkeit von ca. 25 cm³ in einer Minute während der Periode der größten Gasentwicklung entsprach. Auf Grund dieser Erfahrungen kann folgende Arbeitsweise zur Erzielung von guten Teerausbeuten anempfohlen werden.

Zunächst heize man möglichst rasch an, damit die Luft durch den entstehenden Wasserdampf möglichst schnell und restlos aus der Retorte verdrängt wird. Die vollendete Verdrängung der Luft gibt sich dann dadurch zu erkennen, daß bei verschlossenem Auslauf kein Überdruck mehr entsteht, da die dann folgenden Wasserdämpfe sich in der Vorlage kondensieren, wobei zuweilen sogar ein geringer Unterdruck wahrzunehmen ist. Die Temperatur wird auch dann noch möglichst rasch gesteigert, um zu verhindern,

31*

daß bei Eintreten der ersten Teerbildung die Substanz bereits vollkommen getrocknet ist, so daß die letzten Wasserdämpfe noch schützend auf die ersten Destillationsprodukte einwirken können. Das Auftreten derselben erkennt man daran, daß das Manometer einen kleinen Überdruck anzeigt. Man läßt dann die Flüssigkeit in der Weise auslaufen, daß man stets einen ganz geringen Unterdruck hält, und steigert die Temperatur nun weiter um ca. 10° in einer Minute, bis die Gasentwicklung beginnt lebhaft zu werden. Sodann regelt man die Wärmezufuhr derart, daß die Gasentwicklung 25 cm³ in einer Minute nicht übersteigt. Nach Zurückgehen der Gasentwicklung steigert man dann die Temperatur wieder um ca. 10° in einer Minute, bis die gewünschte Endtemperatur erreicht ist, welche man solange hält, bis keine Gasentwicklung mehr festzustellen ist.

Der Einfluß des Feuchtigkeitszustandes.

Bereits kurz nach der Veröffentlichung der Arbeitsweise mit dem Aluminiumschwelapparat durch Franz Fischer und H. Schrader[1]) wurde bei den Arbeiten in der Analytischen Abteilung des Kaiser-Wilhelm-Instituts für Kohlenforschung die Beobachtung gemacht, daß beim Verschwelen vorher getrockneter Kohle relativ geringere Teerausbeuten erhalten wurden als beim Verschwelen grubenfeuchter Substanz. Eingehendere Untersuchungen in dieser Richtung wurden daraufhin von A. Schellenberg[2]) vorgenommen. Bei der Gegenüberstellung der erhaltenen Resultate für die verschiedenen Braunkohlen zeigte sich, daß bei grubenfeuchter Kohle Höchstausbeuten für den Teer gefunden wurden. Schon bei Verschwelung lufttrockener Kohle nahm die Teerausbeute ab und wurde ganz erheblich geringer bei Anwendung von bei 105° getrockneter Kohle, wobei noch festgestellt wurde, daß bei 105° in Gegenwart von Kohlensäure getrocknete Kohle noch schlechtere Teerausbeuten lieferte. Verrühren getrockneter Kohle mit Wasser hatte nicht zur Folge, daß die Ausbeuten grubenfeuchter Kohle wieder erreicht wurden, sondern es konnte nur ein geringes Zunehmen des erhaltenen Teers erzielt werden. Sichere Unterlagen für die Ursachen dieser Erscheinung konnten nicht festgestellt werden, doch

[1]) Z. angew. 33, 172 (1920).

[2]) Franz Fischer, W. Schneider u. A. Schellenberg, „Über die Schwankungen der Urteerausbeuten bei der Braunkohlendestillation", Brennstoff-Chemie 2, [illegible] (1921).

liegt die Vermutung nahe, daß während des Trocknungsvorgangs die Teerbildner infolge innerer Oxydation bereits verändert werden.

Analoge Versuche unter Berücksichtigung des anfallenden Gases wurden nun hier für sächsische Schwelkohle der Riebeckschen Montanwerke angestellt. Abweichend von der durch Schellenberg eingehaltenen Arbeitsweise wurde dabei so vorgegangen, daß die Einwage in jedem Falle so bemessen wurde, daß der Gehalt an Reinkohle immer der gleiche war, wodurch eine größere Vergleichbarkeit der Resultate untereinander sichergestellt wurde. Ferner wurde die Endtemperatur von 550° so lange konstant beibehalten, bis die Gasentwicklung vollständig aufhörte. Die erhaltenen Ergebnisse gehen aus Tafel D hervor.

Die Teerausbeuten zeigen im Prinzip dieselbe Gesetzmäßigkeit, die aus den von Schellenberg für rheinische Braunkohle erhaltenen Resultaten hervorgeht. Die Unterschiede der anfallenden Teermengen untereinander erscheinen aber hier nicht so groß. Dies mag einerseits auf die Wahl des Materials zurückzuführen sein, anderseits aber auch auf die Arbeitsweise, denn wenn 20,00 g getrocknete Substanz angewandt wurden, so entspricht das einer doppelten Menge Reinkohle gegenüber der gleichen Menge grubenfeuchter Substanz. Dementsprechend verdoppelt sich sich auch die Gasgeschwindigkeit und verringert sich die Niederschlagsmöglichkeit für den Teer, wie dies aus der im vorigen Abschnitt besprochenen Versuchsreihe deutlich hervorgeht. Da aber das Gas nicht aufgefangen wurde, so war dort eine Kontrolle über die Gasgeschwindigkeit nicht möglich.

Die Ausbeuten an Koks sind überall gleich, differieren nur innerhalb der Fehlergrenzen. Wenn bei den von Schellenberg erhaltenen Koksausbeuten Schwankungen aufgetreten sind, so ist dies darauf zurückzuführen, daß bei Nichtauffangen des Gases der Zeitpunkt der vollkommenen Entgasung nicht festgestellt werden konnte.

Die Menge des anfallenden Zersetzungswassers wurde ermittelt, indem von der Gesamtmenge des gefundenen Schwelwassers die dem Feuchtigkeitsgehalt der Kohle entsprechende Wassermenge abgezogen wurde. Aus den Ergebnissen geht hervor, daß die Menge des Zersetzungswassers mit fallender Teerausbeute mäßig ansteigt, was auf teilweise pyrogene Zersetzung des Fehlbetrages zurückgeführt werden kann.

Tafel

Schwelkohle (Riebeck-Montan)	Feuchtigkeit %	Asche %	Einwage in Reinkohle g	Koks Rückstand g	Zersetzungswasser g	Teer g
	Bruttoeinwage					
Grubenfeucht	47,3	4,6	9,64	4,59 4,64	0,6 0,6	3,66 3,68
	20,00 g					
Bei 25° an der Luft getrocknet	11,1	7,6	9,64	4,65 4,58	0,6 0,65	3,55 3,59
	11,88 g					
Bei 105° an der Luft getrocknet	—	8,6	9,64	4,67 4,66	0,75 0,80	3,25 3,20
	10,54 g					
Bei 105° im CO_2-Strom getrocknet	—	8,6	9,64	4,67 4,65	0,80 0,75	3,35 3,33
	10,54 g					
Bei 105° an der Luft getrocknet, mit 9,46 g Wasser verrührt	47,3	4,6	9,64	4,68 4,55	0,70 0,80	3,31 3,42
	20,00 g					

Bestätigt wird ein Zersetzungsvorgang durch das in derselben Weise auftretende Ansteigen der Gasausbeuten. Die Zusammensetzung und der Heizwert der Gase weisen keine Unterschiede auf, aus denen man auf eine die Verschiedenheiten der Teerausbeuten bedingende Ursache schließen könnte. Von dem Sauerstoff der vor dem Versuch in der Retorte befindlichen Luft wurde bei Verschwelung von bei 105° getrockneter Substanz ein Teil verbraucht. Bei grubenfeuchter und lufttrockner Kohle wurden durch die Gasanalyse im Gesamtgas 38 cm^3 Sauerstoff gefunden, bei Anwendung von bei 105° in Gegenwart von CO_2 getrockneter Substanz nur 22 cm^3 O_2 und bei Verschwelung von bei 105° an der Luft getrockneter Kohle dagegen 25—26 cm^3 O_2. Der durch die Gegenwart des Sauerstoffs bedingte Abbrand müßte theoretisch gewichtsmäßig bei der Koksausbeute in Erscheinung treten, doch handelt es sich dabei praktisch nur um geringe Unterschiede, die innerhalb der Fehlergrenzen liegen.

Durch Arbeiten in Gegenwart von Kohlensäure hätte dieser Umstand ganz ausgeschaltet werden können, doch wurde davon

D.

Teerausbeuten auf Reinkohle %	Mittel	Gasausbeute cm³	H_2S %	unges. K.W. %	CO_2 %	CO %	H_2 %	CH_4 + Hom. %	N_2 %	Heizwert WE/m³ 0°/760 mm Hg bei konst. Druck
38,0 37,7	37,8	1265	11,0	6,5	37,9	8,1	6,6	26,5	3,5	5010
36,8 36,5	36,7	1285	11,0	6,8	36,1	8,9	6,9	26,1	3,4	5050
33,8 33,2	33,5	1290	10,7	6,8	36,2	8,9	7,0	26,0	3,6	5060
33,8 34,4	34,1	1290	10,9	6,9	35,6	8,0	6,2	26,9	5,9	4990
34,5 35,0	34,7	1300	11,0	6,9	36,8	8,1	6,7	26,5	3,4	5000

Abstand genommen, um durch möglichst weitgehende Einhaltung der von Schellenberg angewandten Arbeitsweise eine bessere Vergleichbarkeit der für die Teerausbeuten erhaltenen Werte zu erzielen.

Beobachtet wurde ferner noch, daß bei Verschwelung von grubenfeuchter und lufttrockner Substanz sich an der oberen Wölbung des vorgelegten Kölbchens eine gelblich-weiße Substanz niederschlug, die mit dem Wasserdampf sublimierte. Bei Verschwelung von bei 105° getrockneter Substanz fehlte dieser Niederschlag gänzlich, während er bei mit Wasser verrührter Substanz in mäßigem Umfang wieder auftrat.

Versuche, die Verschwelung unter gleichzeitigem Durchleiten von Wasserdampf durchzuführen, scheiterten daran, daß bei Anwendung der beschriebenen Apparatur ein gleichmäßiger Dampfstrom sich nicht erzielen ließ und zeitweise durch den Dampf Teile der Substanz mitgerissen wurden, welche Beobachtung bereits durch Schellenberg gemacht wurde. Für diese Zwecke müßte ein für Dampfeinleitung speziell konstruierter Apparat, wie er neuerdings von H. Schrader[1]) entworfen wurde, zur Verwendung gelangen.

Aus den bei dieser Versuchsreihe erhaltenen Ergebnissen wurden einerseits die von Schellenberg gemachten Beobachtungen bestätigt, andererseits kann auf Grund dieser Erfahrungen die Regel abgeleitet werden, daß zur Erzielung von Höchstausbeuten für den Teer grubenfeuchte Kohle zur Untersuchung zu verwenden ist.

Der Einfluß der Endtemperatur auf die Ausbeuten bei der Urverkokung.

Von ausschlaggebender Bedeutung für die Einführung der Urverkokung in die Praxis ist es, zu wissen, welchen Einfluß die angewandte Höchsttemperatur auf die Ausbeuten an Teer, Gasen und Halbkoks hat.

Tafel 3.

Gasflammkohle Lohberg (Dinslaken). H_2O: 2,5 %; Asche 11,0 %; Einwaage 20,00 g; Anheizdauer 10°/1 Min.

Endtemperatur te	425	450	475	500	525	550	575	°C
Gesamtausbeute								
an Teer	1,15	1,84	2,10	2,45	2,40	2,45	2,45	g
an Zersetzungswasser .	0,3	0,3	0,4	0,6	0,7	0,85	0,95	cm³
an Halbkoks . . .	17,69	16,48	16,11	15,46	15,20	14,88	14,66	g
an Urgas (luftfrei) 0°/760 mm Hg trocken Gas . .	510	600	680	815	1060	1240	1440	cm³
Ob. Heizwert WE/1 m³ 0°/760 mm Hg	8100	10 650	11 800	11 290	9780	9040	8490	WE¹)
trocken Gas . .	7090	9 020	9 260	9 220	8970	8200	7895	„ ²)
Zusammensetzung								
H_2S	6,6	7,3	6,6	5,9	5,1	4,4	4,2	%
CO_2	16,4	11,9	8,2	6,5	6,6	7,0	7,5	%
ungesätt. K.W.	8,9	9,7	8,0	6,6	6,0	5,3	4,0	%
CO	7,1	6,8	5,5	5,2	5,0	6,2	6,9	%
H_2	4,0	5,8	7,8	10,0	12,2	16,7	16,8	%
N_2	11,8	7,2	5,5	4,8	5,6	3,1	3,0	%
CH_4 + Homol.	40,7	51,5	58,6	61,1	60,5	57,4	55,5	%
Oberer Heizwert . .	12 420	11 920	11 740	11 900	11 800	10 780	10 800	WE

¹) Gefunden.
²) Errechnet.

[1]) Brennstoff-Chemie 2, 183 (1921).

An Hand vorstehender Versuchsreihe soll nun gezeigt werden, wie man in einfacher Weise bei Anwendung des Aluminiumschwelapparats über das diesbezügliche Verhalten eines Brennstoffs Aufschluß erhalten kann.

Verwendet wurde Gasflammkohle der Zeche Lohberg (Dinslaken) und die Verschwelung unter sonst gleichen Versuchsbedingungen bei verschiedenen um 25° auseinanderliegenden Endtemperaturen durchgeführt. Aus Tafel E sind die erhaltenen Ergebnisse ersichtlich.

Die aus den Resultaten hervorgehenden Gesetzmäßigkeiten treten noch deutlicher in Erscheinung, wenn man die gefundenen

Ausbeuten bei verschiedenen Endtemperaturen.

Gasflammkohle Lohberg. H_2O = 2,3 %; Asche 11,0 %; Einwage 20,00 g.

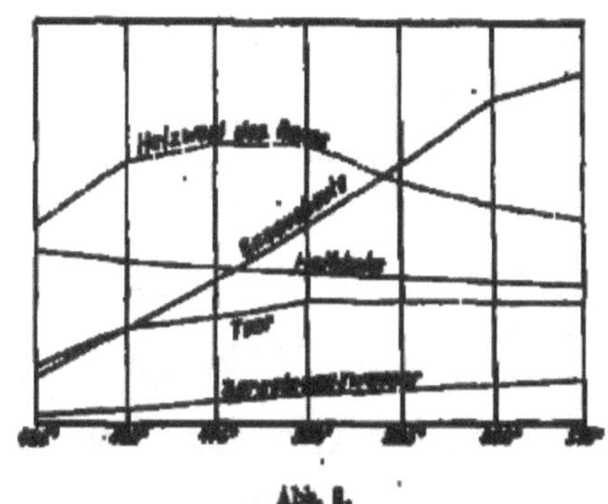

Abb. 3.

Werte graphisch als Kurve über der Endtemperatur aufzeichnet (Abb. 3 u. 4). Bis zu einer Endtemperatur von 500° nehmen die Teerausbeuten ständig zu, während dieselben dann bei höheren Endtemperaturen konstant bleiben. Die Menge des auftretenden Zersetzungswassers nimmt fast linear, aber nur in geringem Umfang zu. Die Ausbeuten an Halbkoks nehmen entsprechend ab. Bei einer Endtemperatur von 425° ist der Halbkoks gebläht und ganz locker gebacken, so daß er beim Zerdrücken in der Hand leicht auseinanderfällt. Bei 450° ist er dann etwas fester, während bei höheren Endtemperaturen der Kokskuchen nur unter Anwendung von Gewalt zerkleinert werden kann. Die Ausbeuten an Urgas steigen auch bei Überschreitung einer Endtemperatur von 500° noch erheblich, während der Heizwert mit zunehmender Endtemperatur zurückgeht.

In Tafel F sind die Ausbeuten an Einzelgasen in Kubikzentimetern, bezogen auf trockenes Gas bei 0°/760 mm Hg zusammengestellt.

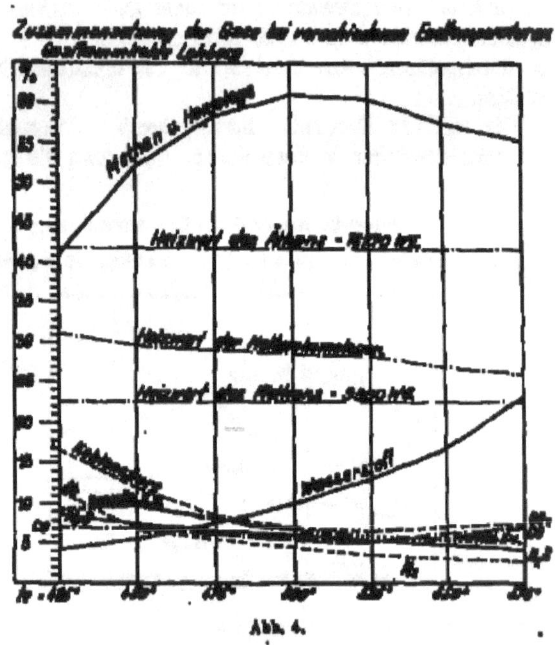

Abb. 4.

Tafel F.

Gesamtausbeuten an Einzelgasen in Kubikzentimetern (Gasflammkohle Lohberg); Einwage 20,00 g.

bis	425°	450°	475°	500°	525°	550°	575°
Gesamtgas	210	390	550	818	1080	1340	1440
H_2S	16,0	25,4	33,3	43,1	54,0	59,0	66,5
CO_2	34,5	44,4	52,5	60,5	70,0	82,8	106,0
ungs. K. W.	16,7	37,5	46,4	56,6	63,4	69,5	70,5
CO	14,9	25,5	37,7	41,8	58,0	61,7	97,9
H_2	6,4	20,7	42,5	81,5	158,8	324,0	563,3
CH_4 + Hom.	89,5	209,0	340,0	496,0	642,0	769,0	800,0
N_2	23,7	27,3	31,8	34,8	37,9	41,1	42,3

Tafel G.

Dieselben Werte ausgedrückt in Grammen.

bis	425°	450°	475°	500°	525°	550°	575°
Gesamtgas	0,3830	1,4940	0,7088	0,8868	1,0488	1,2256	1,3975
H_2S	0,0277	0,0487	0,0658	0,0740	0,0651	0,0807	0,0820
CO_2	0,0631	0,0877	0,1058	0,1198	0,1353	0,1856	0,2076
ungesätt. K. W.	0,0300	0,0605	0,0742	0,0890	0,1030	0,1120	0,1180
CO	0,0157	0,0388	0,0478	0,0580	0,0664	0,1031	0,1235
H_2	0,0008	0,0019	0,0038	0,0075	0,0135	0,0209	0,0259
CH_4 + Hom.	0,108	0,233	0,374	0,468	0,567	0,661	0,685
N_2	0,0267	0,0350	0,0400	0,0448	0,0475	0,0515	0,0528

Tafel H zeigt dann die Ergebnisse derselben Versuchsreihe unter Umrechnung der Werte auf 1 kg Reinkohle.

Tafel H.

1 kg Reinkohle (Gasflammkohle Lohberg) ergibt eine Gesamtausbeute an:

bis —	425°	450°	475°	500°	525°	550°	575°
Teer in g	66,0	112,0	124,0	141,0	141,0	141,0	141,0
Zersetzungswasser	11,6	17,4	23,2	34,8	40,6	46,4	52,2
Halbkoks	895	839	808	775	755	752	722
Gas in Liter	12,2	23,6	33,7	47,3	61,6	77,7	87,3
Davon: H_2S	1,04	1,66	2,23	2,70	3,14	3,43	3,51
CO_2	2,00	3,56	3,11	5,51	4,06	5,45	6,10
ungesätt. K. W. . . .	1,09	2,20	2,70	3,28	3,69	4,05	4,10
CO	0,87	1,84	2,18	2,40	3,06	4,75	5,66
H_2	0,40	1,20	2,46	4,75	8,02	13,01	15,21
CH_4 + Hom. . . .	5,20	11,72	19,75	23,40	37,30	44,35	46,30
N_2	1,28	1,62	1,28	2,10	2,30	2,39	2,51

Die aus diesen Zahlen sich ergebenden Gesetzmäßigkeiten sind aus der folgenden Abbildung 5 u. 6 noch leichter ersichtlich.

temperatur von 450° wurden bereits durch Börnstein unter Anwendung einer andern Versuchsanordnung vorgenommen. Ferner wurden neuerdings von F. Foerster[1]) die bei der Verkokung sächsischer Steinkohlen anfallenden Urgase in drei aufeinanderfolgenden Temperaturabschnitten auf ihre prozentuale Zusammensetzung hin untersucht. Die Entgasung erfolgte dabei im Fischerschen Drehtrommelapparat.

Unter Zugrundelegung der Ergebnisse der vorigen Versuchsreihe kann man die Zusammensetzung des Gases in einzelnen Temperaturintervallen auf rechnerischem Wege ermitteln. Man findet zunächst die Menge der in den betreffenden Temperaturintervallen auftretenden Einzelgase in Kubikzentimetern, indem man zwischen den Ausbeuten bei den jeweils aufeinanderfolgenden Endtemperaturen (Tafel F) die Differenzen bildet. Dividiert man nun die so gefundenen Werte für die Ausbeuten an Einzelgasen durch die Gesamtmenge des in dem betreffenden Temperaturintervall anfallenden Gases, so erhält man die Zusammensetzung desselben, ausgedrückt in Volumprozenten:

Tafel I.

Zusammensetzung der Gase in einzelnen Temperaturintervallen, ausgedrückt in Volumprozenten.

Temperaturzone	bis 425°	425 bis 450°	450 bis 475°	475 bis 500°	500 bis 525°	525 bis 550°	550 bis 575°
Gesamtgas	210	150	190	285	245	290	100 cm³
H_2S	8,6	5,7	5,3	4,3	3,4	1,8	1,3%
CO_2	16,4	5,5	5,7	3,0	3,0	5,5	11,3%
ungs. K.W.	8,9	10,6	4,5	5,8	5,5	2,3	0,3%
CO	7,1	6,9	5,5	5,2	4,7	10,2	16,1%
H_2	4,0	6,8	11,4	16,6	28,4	30,7	33,3%
CH_4 + Hom.	40,7	66,5	74,5	71,6	55,4	46,0	32,6%
N_2	11,5	2,5	2,1	1,7	1,3	1,15	1,1%

Geht man in entsprechender Weise mit den Werten der Tafel G vor, so erhält man die Zusammensetzung der Gase in einzelnen Temperaturintervallen, ausgedrückt in Gewichtsprozenten:

[1]) Brennstoff-Chemie 2, 66 (1921), s. a. J. f. Gasbel. 63, 124 (1920).

Ausbeuten aus 1 kg Reinkohle (Gasflammkohle Lohberg)

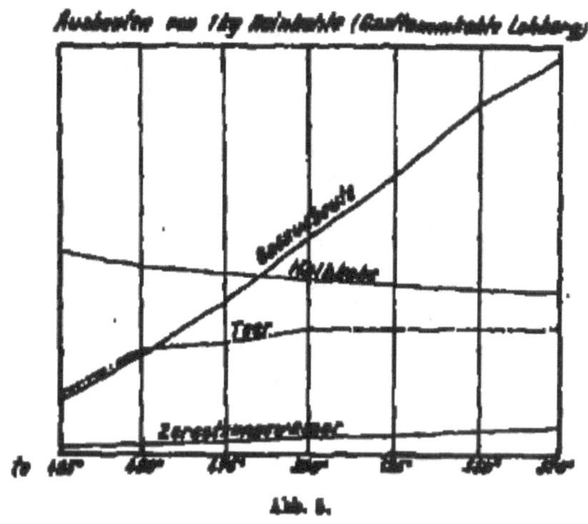

Abb. 5.

Ausbeute an Einzelgasen (zu Tafel F).

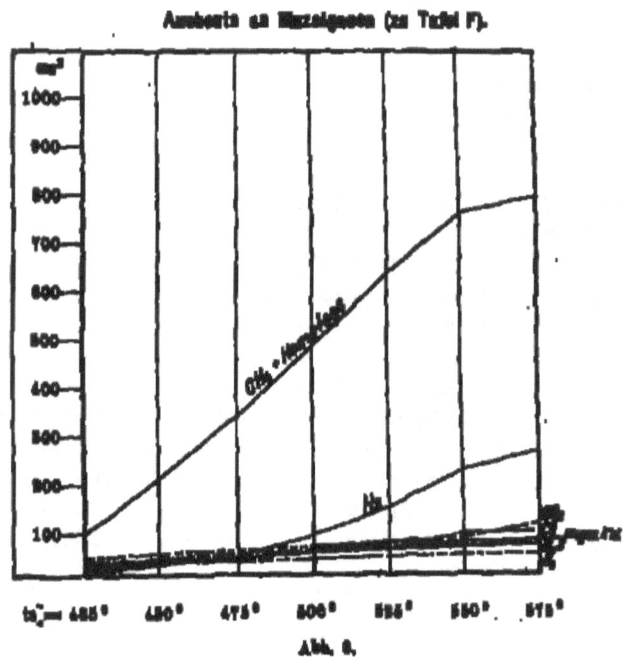

Abb. 6.

Tafel X.

Zusammensetzung der Gase in einzelnen Temperaturintervallen, ausgedrückt in Gewichtsprozenten.

Temperaturzone	bis 425°	425 bis 450°	450 bis 475°	475 bis 500°	500 bis 525°	525 bis 550°	550 bis 575°
Gesamtgas	0,335	0,209	0,290	0,162	0,310	0,176	0,075 g
H_2S	8,7	7,7	7,3	6,3	5,7	4,8	3,1 %
CO_2	24,9	2,4	2,5	7,7	11,5	26,9	30,4 %
ungesätt. K. W.	10,5	14,6	6,5	6,1	6,0	5,7	1,5 %
CO	6,6	6,9	6,7	5,5	6,2	10,2	27,3 %
H_2	0,3	0,5	0,9	1,0	3,3	4,4	4,6 %
CH_4 + Hom.	37,9	59,5	67,8	67,3	61,5	36,4	32,0 %
N_2	10,4	2,5	2,4	2,6	2,4	2,2	1,5 %

Aus den Ergebnissen ist folgendes ersichtlich: Die Hauptmenge des Schwefelwasserstoffs entweicht zu Beginn der Destillation, während gegen Ende der Entgasung derselbe nur in sehr geringem Maße auftritt. Dasselbe ist von dem aus der Kohle in elementarer Form entweichenden Stickstoff zu sagen. Kohlensäure und Kohlenoxyd nehmen ebenfalls erst ab, erreichen zwischen 450 und 500° ein Minimum, worauf wieder eine wesentliche Zunahme zu verzeichnen ist. Letzteres wurde auch von F. Foerster[1]) bei der Untersuchung sächsischer Steinkohlen festgestellt und von ihm darauf zurückgeführt, daß durch das Hindurchleiten von Wasserdampf durch die angewandte Drehtrommel eine Wassergasbildung auftritt, bei der das Gleichgewicht

$$CO_2 + C \rightleftarrows 2\,CO$$

infolge der niederen Temperatur zugunsten der Kohlensäure verschoben ist. Bei der hier angewandten Arbeitsweise wird aber kein Wasserdampf angewandt. Das Auftreten von Wassergas kann hier also nur auf die Einwirkung des entstehenden Zersetzungswassers zurückgeführt werden. Bei einer Temperatur zwischen 500 und 550° bleibt bei dem Wassergasprozeß etwa die Hälfte des Wasserdampfes unzersetzt. Man kann daraus schließen, daß innerhalb dieses Temperaturintervalls ungefähr die gleiche Menge an Zersetzungswasser, die als solche direkt anfällt, vorher mit der Kohle unter Bildung von CO, CO_2 und H_2 in Reaktion getreten ist. Das wären in diesem Falle 0,25 cm^3 Wasser oder 310 cm^3

[1]) Brennstoff-Chemie 2, 68 (1921).

Wasserdampf, welche ca. 50 cm³ CO_2 oder 100 cm³ CO bilden könnten. Andererseits wird aber sicher die Kohlensäure- und Kohlenoxydbildung noch unterstützt durch die zwischen 500 und 600° beginnende[1]) Dissoziation der in der Mineralsubstanz der Kohle befindlichen Karbonate. Die Verschiebung des Boudouardschen Gleichgewichts bei zunehmender Temperatur zugunsten des Kohlen-

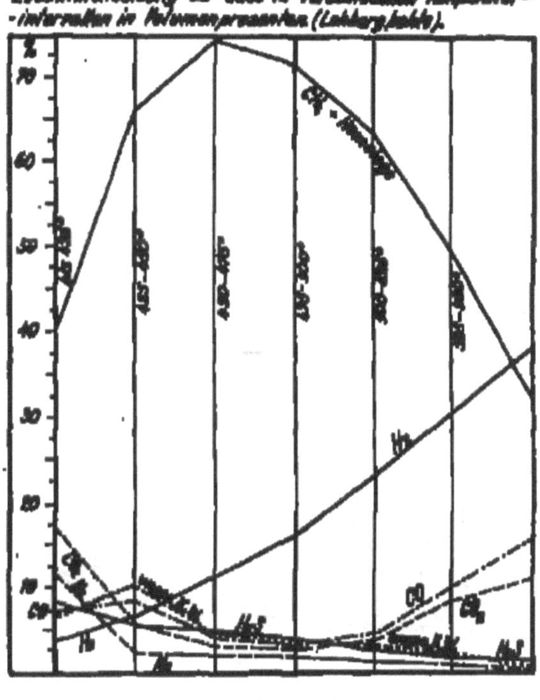

Abb. 7.

oxyds kommt in Abb. 8 durch das relativ stärkere Ansteigen der Kohlenoxydlinie gegenüber der Kohlensäurelinie zwischen 500 und 570° deutlich zum Ausdruck.

Der Wasserstoff nimmt mit steigender Temperatur fast linear zu. In bezug auf sein Volumen überwiegt er sogar bei einer

[1]) Richter-Klinger, Lehrb. d. anorg. Chemie, Bonn 1914, S. 461.

Temperatur von 550—575° die gesättigten Kohlenwasserstoffe. Das Zunehmen des Wasserstoffs ist zum geringen Teil auf die schon erwähnte Wassergasbildung zurückzuführen, in der Hauptsache aber tritt er als Abbauprodukt der höheren Glieder der gesättigten und ungesättigten Kohlenwasserstoffe auf, was dadurch bestätigt wird, daß mit zunehmendem Wasserstoffgehalt die höheren Homo-

Zusammensetzung der Gase in verschiedenen Temperaturintervallen in Gewichtsprozenten (Leibergkohle).

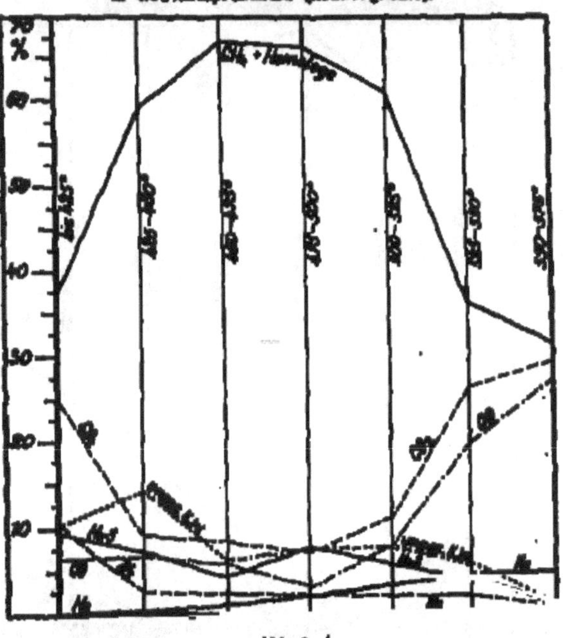

Abb. 8.

logen des Methans entsprechend abnehmen und bei 525° so gut wie ganz verschwinden. (Siehe Tafel L und Abb. 9.) Das gleiche gilt ... den ungesättigten Kohlenwasserstoffen. Letztere sind sicherlich ...te einer pyrogenen Zersetzung der Teerdämpfe, da sie während ... der größten Teerbildung am stärksten auftreten mit ... Teerbildung dagegen ebenfalls zurücktreten. Aber ...züglich ihrer Konstitution bisher noch nicht genau ... Wasserstoff-Sauerstoff-Komplexe nehmen in ... Zersetzung und Wasserstoffabspaltung teil.

Bestätigt wurden die aus dieser Versuchsreihe gefundenen Gesetzmäßigkeiten über die Zusammensetzung der Gase in einzelnen Temperaturintervallen durch kontinuierliche Abnahme der Gasproben

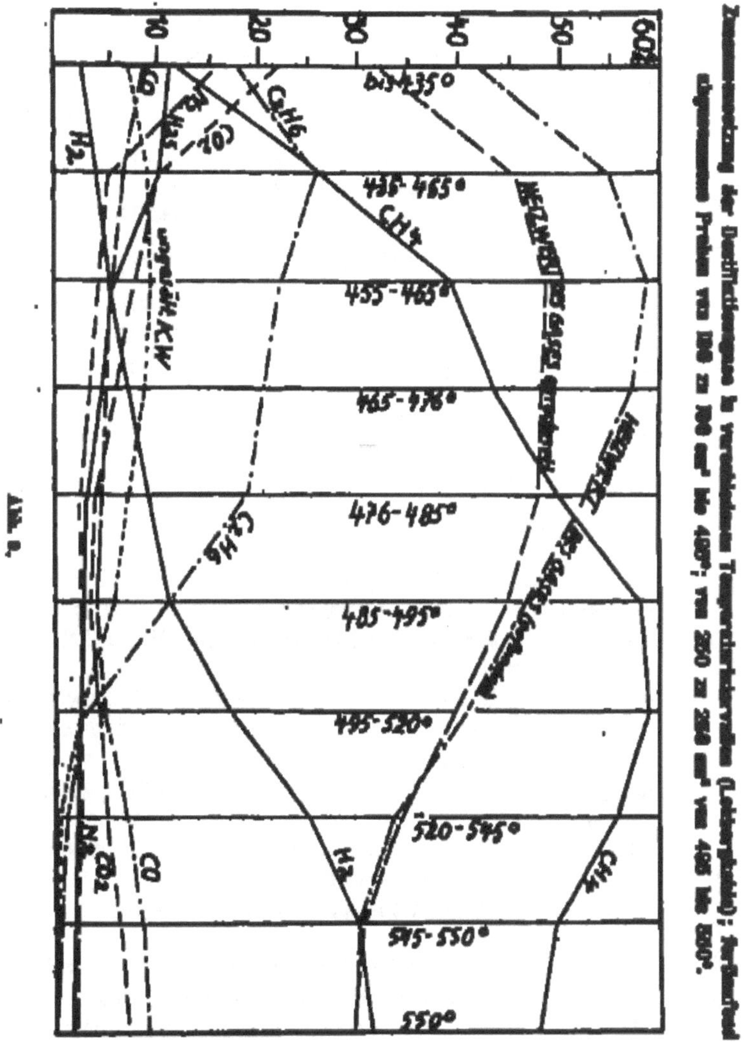

Abb. 9.

Zusammensetzung der Destillationsgase in verschiedenen Temperaturintervallen (Laboratoriumsversuch); fortlaufend abgenommene Proben von 100 zu 100 cm³ bis 485°; von 250 zu 250 cm³ von 485 bis 550°.

Tafel L.

Zusammensetzung der Destillationsgase in verschiedenen Temperaturintervallen.
Gasflammkohle Zeche Lohberg (Dinslaken). Feuchtigkeit: 2,9%; Asche: 11,0%;
Aufheizdauer 2½°/1 Min.

Temperatur	bis 445°	445 bis 455°	455 bis 465°	465 bis 475°	475 bis 485°	485 bis 495°	495 bis 520°	520 bis 545°	545 bis 560°	bei 560°
H_2S . . . . . %	11,5	10,3	6,0	4,7	3,3	2,5	2,2	2,2	2,2	2,0
CO . . . . . . %	22,3	10,3	8,0	6,1	4,0	3,5	2,9	3,1	6,6	7,0
ungesätt. K. W. %	7,6	9,1	9,4	9,0	7,3	5,5	2,6	0,5	0,2	0,1
CO . . . . %	2,8	7,0	5,4	4,9	4,3	4,0	4,2	2,9	2,4	3,0
H_2 . . . . . . %	0,9	4,4	5,9	7,3	9,6	11,3	17,3	25,6	30,2	31,3
CH_4 + Hom. %	50,6	63,5	61,1	64,3	68,3	69,7	66,0	56,9	48,9	48,1
N_2 . . . . . . %	10,4	5,5	4,8	2,7	3,8	3,0	5,0	2,6	2,5	2,4
Heizwert der	WE	WE	WE	WE	WE	WE	WE	WE	WE	WE
K. W.	12650	11810	11480	11300	10900	10520	9910	9680	9560	9540
Davon CH_4 . .	15,8	27,1	36,5	43,7	50,3	58,7	59,0	55,6	48,4	47,9
C_2H_6 .	16,8	26,4	22,6	20,7	18,1	11,0	5,0	1,3	0,5	0,2
Heizwert des Gesamtgases[1]) . .	8500	11000	11700	11520	10440	9800	8140	6710	5960	5900
WE/m³ 0°/760 mm tr. Gas[2])	6490	8170	9750	9520	9580	9050	7924	6750	6150	5900

[1]) Gefunden. — [2]) Errechnet.

für sich getrennt aufgefangen und die beim Wechseln der Vorlage herrschende Temperatur jedesmal abgelesen wurde. Die nachträgliche Untersuchung der Einzelproben ergab dann die in Tafel L aufgeführten Werte.

Hier wurde aus dem für die gesättigten Kohlenwasserstoffe gefundenen Heizwert das ungefähre Verhältnis von Methan zu Äthan errechnet. Interessant ist hier auch der Verlauf der Linien für den gefundenen und den errechneten Heizwert (siehe Abb. 9). Es ist daraus deutlich ersichtlich, wie der Heizwert während der Teerperiode durch die auftretenden dampfförmigen Kohlenwasserstoffe erhöht wird. Über 500°, wo kein Teer mehr gebildet wird, stimmen dann gefundener und errechneter Heizwert gut überein.

Die Anwendung der Arbeitsweise auf verschiedene Brennstoffe.

Die den vorigen Versuchsreihen zugrunde liegende Arbeitsweise wurde dann noch auf die verschiedensten Brennstoffe an-

Tafel II.

Substanz	H_2O	Asche	Einwaage	Ausbeuten in % bezogen auf grubenfeuchte Substanz			Ausbeuten in % bezogen auf asche- und wasserfr. Subst.			Gasausbeute cm³ [5]	Gasausbeute v. 1 kg tr. Subst. Liter [5]	oberer Heizwert des Gases [6]	H_2S	CO_2	unges. K.W.	CO	H_2	C_2H_6	CH_4	N_2
	%	%	g	Teer	Schwelwasser	Halbkoks	Teer	Schwelwasser	Halbkoks				%	%	%	%	%	%	%	%
Fettkohle, Zeche Rheinpreußen (Homberg a. Rhein)	1,6	1,8	20,0	6,2	2,0	85,5	6,4	1,0	86,3	1260	88,6	8300	4,8	0,5	2,0	0,7	33,5	11,0	36,1	4,3
Gasflammkohle, Zeche Lohberg (Dinslaken)	2,9	11,0	20,0	12,3	7,25	74,3	14,2	4,9	78,3	1840	88,0	9040	4,4	7,0	5,3	6,2	16,7	10,1	47,5	3,1
Deutsche Cannelkohle, Zeche Lohberg (Dinslaken)	1,1	15,4	20,0	17,5	4,36	70,4	21,0	3,6	66,0	1426	72,6	7120	4,9	16,7	5,5	2,7	22,9	10,1	35,6	2,5
Bayr. Pechkohle, Gewerkschaft Marienstein	7,6	14,1	15,0	10,3	14,0	62,5	12,0	8,5	84,6	1185	96,8	8700	18,0	20,7	4,1	11,1	6,5	6,5	29,1	4,0
Böhm. Braunkohle, Brüxer Kohlenwerke	30,6	2,6	15,0	11,1	22,7	51,6	16,3	10,7	71,6	1285	108,7	5660	2,6	35,1	4,6	15,9	7,6	5,4	20,7	4,1
Sächsische Schwelkohle, Riebecksche Montanwerke	47,8	4,5	20,0	13,9	58,0	25,1	37,8	6,2	48,0	1265	130,0	5010	11,0	37,9	4,9	8,1	6,6	5,1	21,1	3,6
Lausitzer Lignitkohle, Grube Ilse	56,8	2,3	20,0	5,0	62,5	24,3	12,9	10,8	54,8	1340	150,5	3400	3,9	49,0	2,5	14,6	7,8	2,9	16,1	3,3
Rhein. Braunkohle (Rheinische Braunkohlen- und Brikettindustrie)	60,3	2,5	20,0	5,5	63,5	23,5	14,9	8,1	56,5	1100	138,2	3060	2,8	55,0	2,9	18,9	6,3	2,8	14,4	2,0
Oberbayerischer Torf	12,3	1,8	15,0	12,7	33,0	38,0	14,7	24,3	43,3	1000	121,3	2800	0,6	54,5	2,8	20,0	3,9	1,6	14,6	2,3
Westfäl. Torf, Landsbergsche Torfstreufabrik (Münster)	12,2	0,6	15,0	10,5	36,6	41,6	11,8	26,4	47,8	1610	133,4	3770	1,3	50,5	2,8	21,0	3,0	1,6	10,5	2,4
Lignin [4] (Th. Goldschmidt, Essen)	7,0	—	10,0	10,4	16,0	46,5	11,3	11,5	61,8	1060	116,0	2820	—	33,8	3,0	28,9	3,1	2,1	20,4	2,0

[4]) bis 500°. [5]) Ber. auf trockn. Gas 0°/760 mm Hg. [6]) WE, ber. auf trockn. Gas bei 0°/760 mm Hg bei konst. Druck.

32*

gewendet und so eine interessante Übersicht über das Verhalten der typischen Vertreter der in Deutschland vorkommenden Kohlen- und Torfarten bei der Urverkokung erhalten.

Die Einwage wurde jedesmal so bemessen, daß die zu erwartende Gasmenge von der als Gasometer dienenden, hier verwendeten Flasche aufgenommen werden konnte. Steht ein anderer Gasometer zur Verfügung, so kann selbstverständlich auch eine entsprechend größere Einwage gewählt werden. Angewandt wurde stets grubenfeuchte Substanz, nur bei Torf wurde, um den unverhältnismäßig hohen Wasserballast zu umgehen, lufttrockenes Material genommen. Im übrigen wurde bei einer Endtemperatur von 550° unter sonst gleichen Versuchsbedingungen gearbeitet. In der Tafel M sind die so erzielten Ergebnisse zusammengestellt.

Mülheim-Ruhr, Juli 1922.

42. Ziele und Ergebnisse der Kohlenforschung[1]).

Von

Franz Fischer.

(Elektrotechnische Zeitschrift 1921, Heft 30.)

Wie überall, so muß auch auf dem Gebiete der Kohle die Forschung bestrebt sein, unter Einsatz aller wissenschaftlichen und technischen Hilfsmittel großzügig zu arbeiten, d. h. sie muß bemüht sein, ohne Rücksicht auf die sofortige Nutzbarmachung ihrer Resultate die Grenzen des Wissens möglichst weit auszudehnen, um das Beobachtungsmaterial zu vermehren und einen klaren Überblick über die Zusammenhänge der Erscheinungen zu gewinnen. Was die Beziehungen der Kohlenforschung zur Technik angeht, so soll die Forschung neue Wege zeigen und nachweisen, was in irgendeiner Richtung überhaupt möglich und anderseits, was von vornherein aussichtslos ist. Dadurch, daß der Industrie das Erreichbare gezeigt, daß sie anderseits vor aussichtslosen Millionenopfern gewarnt wird, wird ihr ein großer Dienst geleistet. Im allgemeinen wird es der Industrie überlassen bleiben müssen, selbst nachzuprüfen, ob die neuen Wege aus technischen und wirtschaftlichen Gründen für sie gangbar sind. Anderseits ist die Forschung auch berufen, die Industrie bei der Verwirklichung der Forschungsergebnisse zu unterstützen, falls dies gewünscht wird; aber ihre Hauptaufgabe muß bleiben die Förderung der Erkenntnis im allgemeinen, die Auffindung neuer Wege und Methoden zur besseren Ausnutzung der Kohle. Wenn ich nun versuche, im Nachfolgenden eine Darstellung der Ziele und bisherigen Ergebnisse der Kohlenforschung zu geben, so muß ich mir weitgehende Beschränkung auferlegen. Ich will versuchen, die größeren Ziele und die dabei schon erreichten Resultate zu skizzieren; Teilziele und Teilergebnisse, so wichtig und interessant sie vielleicht auch da

[1]) Vortrag, gehalten auf der Jahresversammlung des Verbandes Deutscher Elektrotechniker in Essen am 30. Mai 1921.

und dort sind, muß ich zurückstellen. Unter diesem Gesichtspunkte möchte ich zunächst, da diese Kenntnisse für jede chemische Verarbeitung der Kohlen von grundlegender Bedeutung sind, die Anschauungen andeuten, zu denen man heute bezüglich der Entstehung und der chemischen Struktur der Kohle gelangt ist. Dann möchte ich etwas über die in der Entwicklung befindlichen Methoden der völligen chemischen Verarbeitung der Kohle sagen. Zwischen ihnen und der Aufklärung der chemischen Struktur der Kohle ist eine fruchtbare Wechselwirkung mit Sicherheit zu erwarten. Hieran werde ich einen Überblick über die Gewinnung der sogen. Nebenprodukte vor der Verbrennung der Kohle bezw. des Kokses anschließen. Die Bedeutung und die wirtschaftliche Notwendigkeit der Gewinnung der Nebenprodukte wird in dem Maße wachsen, als die Veredelung der Nebenprodukte und damit der Wert der aus ihnen hergestellten Erzeugnisse die Kosten ihrer Gewinnung überwiegen wird. Nicht bloß die Abscheidung der Nebenprodukte, sondern die Herstellung wertvoller Stoffe aus ihnen ist eine der nächsten wichtigen Aufgaben. In dem 4. Abschnitt möchte ich zeigen, wie weit man auf dem Gebiete der elektrischen Brennstoffelemente im Laufe des letzten Jahrzehntes gekommen ist. Hierzu kämen naturgemäß die Kohlen erst nach Abgabe ihrer Nebenprodukte und evtl. nach ihrer Vergasung in Frage. Das allgemeine Interesse für die direkte Umwandlung der Brennstoffenergie in elektrische ist zwar im Laufe des letzten Jahrzehntes in eine latente Form übergegangen; die geräuschvoll angekündigten Erfindungen in der Zeit vor 10 Jahren sind inzwischen durch stille systematische wissenschaftliche Arbeiten ersetzt worden. Zum Schlusse darf ich dann wohl noch eine schematische Übersicht einer Art der Kohlenverwendung geben, die weniger ein Programm sein soll als ein Schulbeispiel, aus dem man ersehen mag, aus welchen Abteilungen und Abzweigungen ein Kohlenverarbeitungsprozeß besteht, der nicht nur elektrische Energie, sondern auch landwirtschaftliche und industrielle Produkte liefern soll. Die dabei dargestellte starke Unterteilung des Prozesses hat nicht nur didaktischen Wert, es ist wahrscheinlich, daß man im Laufe der Zeit tatsächlich derartige scharfe Unterteilungen des Produktionsprozesses auch in der Praxis als notwendig erkennen wird, um zu einer völligen Beherrschung zu gelangen.

Einen Überblick über die Hauptergebnisgebiete gibt nachstehende Tafel 1.

Tafel 1.

Hauptarbeitsgebiete.

a) Erforschung der Entstehung und chemischen Struktur der Kohle.
b) Völlige chemische Verarbeitung der Kohle.
c) Gewinnung chemischer Nebenprodukte vor der Verbrennung der Kohle.
d) Elektrochemische Verbrennung unter Stromerzeugung nach der Gewinnung der Nebenprodukte.

Seit man weiß, daß die Kohle, wozu im folgenden auch der Torf gerechnet wird, von vermoderter bezw. vertorfter Pflanzensubstanz abstammt, hat man in dem Hauptbestandteil der festen Pflanzenstoffe, der Cellulose, die Ursprungssubstanz des Torfes und der Kohle gesehen. Auch den Wachsen und Harzen pflanzlicher Herkunft hat man eine gewisse Bedeutung bei der Bildung der Kohle zugeschrieben. Aus nachstehender Tafel 2 ist zu ersehen, wie man sich die Entstehung der Kohle im wesentlichen bisher vorgestellt hat.

Tafel 2.

Cellulosestammbaum der Kohle.

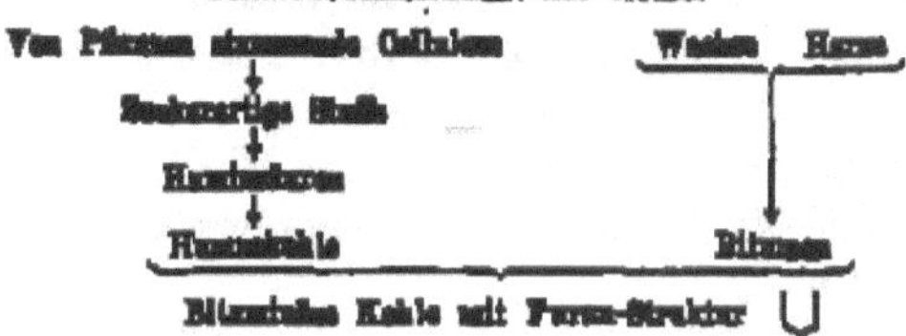

Danach würde die von den Pflanzen stammende Cellulose zunächst in zuckerartige Stoffe übergehen, diese dann in die dunkelgefärbten Huminsäuren, und schließlich daraus sich die Humuskohle bilden. Die Wachse und Harze anderseits würden sich nach den bisherigen Anschauungen im Bitumen der Kohle wiederfinden. Das Gemenge der Humuskohle und des Bitumens wäre demnach identisch mit der sogenannten bituminösen Kohle. Was nun die chemische Struktur des Hauptbestandteiles der Kohle, d. h. ihres Humusanteiles angeht, so hat man aus der Tatsache, daß man in den zuckerartigen Stoffen die Furanstruktur annehmen darf, den Schluß gezogen, daß diese Struktur auch den Huminsäuren und der Humuskohle selbst zugrunde liegt. In dem unter meiner Leitung stehenden Institut habe ich in Gemeinschaft mit Herrn Dr. Schrader umfangreiche Untersuchungen ausgeführt, die den Zweck hatten, die Kohle durch das von uns ausgearbeitete Verfahren der Druckoxydation in verwertbare chemische Produkte überzuführen.

Wir haben den bis dahin geltenden Anschauungen entsprechend das Auftreten von Furankarbonsäuren erwartet, aber keine erhalten; an deren Stelle sind Benzolkarbonsäuren aufgetreten. Bei weiterer Verfolgung der Angelegenheit sind wir dann überhaupt zu einer andern Anschauung über die Entstehung der Kohle gekommen, nämlich, daß sich die Kohle, im wesentlichen wenigstens, aus einem bisher in dieser Hinsicht nicht beachteten Bestandteil der Pflanzen bildet, aus dem sogenannten Lignin. Die älteren und namentlich die holzartigen Pflanzenteile bestehen nämlich im wesentlichen nicht nur aus Cellulose, Wachsen und Harzen, sondern auch aus Lignin bzw. ligninartigen Stoffen. Eichenholz enthält z. B. 30 % Lignin, die Schalen der Wallnuß sogar 50 %. Für dieses Lignin haben verschiedene Forscher bereits wahrscheinlich gemacht, daß ein Teil des Moleküls die Benzolstruktur besitzt. In Ergänzung hierzu haben wir gefunden, daß das Lignin und die natürliche Humussäure, ferner die vom Bitumen befreite Braunkohle und Steinkohle bei der Oxydation Benzolkarbonsäuren liefern, während die Cellulose das nicht tut. Von ihr und den zuckerartigen Stoffen erhält man bei der Druckoxydation Furanverbindungen, von Lignin, Humussäure und Humuskohle aber nicht. Durch Kombination dieser experimentellen Befunde mit dem Studium der Vorgänge in der Natur sind wir zu dem Ergebnis gekommen, welches durch die Tafel 8 dargestellt wird.

Tafel 8.

Ligninstammbaum der Kohle.

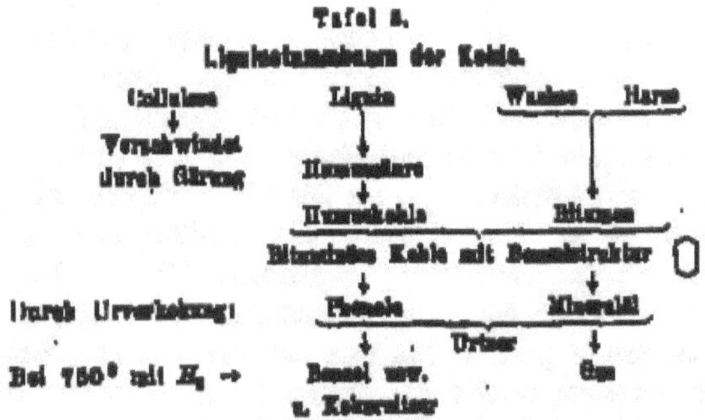

Hiernach verschwindet die Cellulose während des Torfstadiums weitgehend durch bakterielle Prozesse, das Lignin aber bleibt zunächst erhalten und geht im Laufe der Zeit in Humussäure und Humuskohle über, die mit dem Bitumen zusammen die bituminöse Kohle repräsentiert. Der Kohle aber liegt, im Gegensatz zu der bisherigen Anschauung, die Benzolstruktur zugrunde. Wir haben weiter Gründe, anzunehmen, daß bei der Destillation der Kohle bei niedriger Temperatur die Phenole des Urteeres aus den Humusanteilen der Kohle, damit also aus dem früheren Lignin entstehen, während der Mineralölanteil des Urteeres sich durch Zersetzung des Bitumens bildet, also aus den ursprünglichen Wachsen und Harzen der Kohle entsteht. Werfen wir noch einen Blick auf die Vorgänge bei noch höherer Temperatur, so zeigt sich, wie wir gefunden haben, daß die Phenole bei Temperaturen über 750°, insbesondere bei Gegenwart von Wasserstoff, in Benzol und die übrigen Produkte des Kokereiteeres übergehen, während der Mineralölanteil des Urteeres sich bei 750° (ähnlich wie beim Ölgasprozeß) in Gas verwandelt.

Wir sehen also, daß die aromatischen Kohlenwasserstoffe des Kokereiteeres, insbesondere das Benzol und seine Abkömmlinge, in der Hauptsache jedenfalls vom Lignin der vermodernden Pflanzen abstammen. Die Untersuchungen über die chemische Struktur der einzelnen für die Kohlebildung in Frage kommenden Bestandteile und über die chemische Struktur der Kohle selbst und ferner über die aus ihr durch Wärmebehandlung hergestellten Produkte haben nicht lediglich das Ziel, die genetische Entwicklungsreihe aufzufinden. Die Kenntnis des chemischen Aufbaues der Kohle ist auch für jegliche Art chemischer Verarbeitung derselben von großer Wichtigkeit, kann man doch danach beurteilen, welche Arten von Verbindungen bei den chemischen Eingriffen zu erwarten sind, und wird es doch dadurch möglich, die chemischen Verarbeitungsmethoden dem chemischen Aufbau der Kohle anzupassen.

Bis heute hat die chemische Industrie sich, soweit sie sich mit der Gewinnung chemischer Produkte aus der Kohle befaßt hat, hierzu ausschließlich die bei der Destillation der Kohle entstehenden Teere herangezogen und zwar speziell die Teere der Steinkohlen verarbeitenden Kokereien und Gasanstalten. Wenn man bedenkt, daß diese Teere bis jetzt nur wenige Prozente der zur Teergewinnung verwandten Kohle betrugen, und sich andererseits vergegenwärtigt, welche große Industrien, ich erinnere nur an die Farbenindustrie, an die Heilmittelindustrie und an die Sprengstoffindustrie, sich auf diese Produkte aufgebaut haben, so kann man sich vorstellen, daß die Auffindung anders gearteter chemischer Verarbeitungsmethoden für Kohle nicht ohne Einfluß auf die Entwicklung der chemischen Industrie bleiben wird.

Für die völlige chemische Verarbeitung der Kohle, also für die Überführung der gesamten Substanz der Kohle in chemische Produkte stehen die in Tafel 4 verzeichneten drei prinzipiellen Wege zur Verfügung.

Tafel 4.

Völlige chemische Verarbeitung der Kohle.

1. Ozonisierung.
2. Druckoxydation.
3. Hydrierung.

Die ersten beiden, die Ozonisierung und die Druckoxydation, bedienen sich des Sauerstoffes, die dritte Methode des Wasserstoffes. Sowohl bei der Methode der Ozonisierung als derjenigen der Druckoxydation wird durch Gegenwart von Wasser dafür gesorgt, daß keine Entflammung und Verbrennung zu Kohlensäure stattfinden kann, sondern daß die Verbindungen, aus denen die Kohle besteht (sie besteht, wie man heute weiß, nicht aus elementarem Kohlenstoff, sondern nur aus Verbindungen desselben, die allerdings prozentisch sehr reich an Kohlenstoff sind), durch chemischen Abbau in andere und zwar wertvolle Stoffe umgewandelt werden.

Durch die Methode der Ozonisierung ist es uns gelungen, alle Kohlenarten in wasserlösliche organische Verbindungen umzuwandeln. Die Natur dieser Verbindungen haben wir nicht weiter verfolgt, weil sich herausgestellt hat, daß die Herstellung des Ozons für diese Zwecke einstweilen zu kostspielig ist, und weil wir in der Druckoxydation ein geeigneteres Mittel zu demselben Zwecke gefunden haben. Diese Methode und die damit herstellbaren Produkte haben wir einer eingehenden Untersuchung unterworfen. Die Ergebnisse sind ausführlich in den von mir herausgegebenen „Gesammelten Abhandlungen zur Kenntnis der Kohle“[1]), in gekürzter Form ferner in der Zeitschrift „Brennstoff-Chemie“[2]) zu finden. In diesen beiden Publikationsorganen sind auch alle übrigen Arbeiten des Mülheimer Kohlenforschungsinstitutes niedergelegt.

Was nun die Ausführung der Druckoxydation angeht, so gibt Abb. 1 das Bild eines hierzu verwendeten Apparates.

In dem senkrecht aufgestellten Stahlrohr des Autoklaven befindet sich eine wässerige Lösung von Natriumkarbonat und fein gepulverte Kohle. Bei einer Temperatur von 170 bis 200° wird komprimierte Luft durch den flüssigen Autoklaveninhalt durchgepreßt, und zwar nicht nur einmal, sondern mit Hilfe der seitlich angebrachten Zirkulierpumpe vielmals. Die verbrauchte Luft wird durch einen Druckkühler geführt, in dem sich das Wasser abscheidet und in den Apparat zurückläuft, während aus dem, auf dem Druckkühler aufsitzenden Abblaseventil die trockene, verbrauchte Luft abströmt und dann bezüglich ihrer Menge mit einer Gasuhr, bezüglich ihres Sauerstoff- und Kohlensäuregehaltes mit einem Orsatapparat geprüft werden kann. Durch die Einwirkung des Sauerstoffes der Luft gelingt es so, alle Arten von Kohlen vollständig in lösliche organische Verbindungen überzuführen, mit Ausbeuten von 60% des Kohlengewichtes. Von diesen Verbindungen ist uns einstweilen erst ein Teil bekannt. Während z. B. magere Steinkohle auf diese Weise 40% nicht flüchtige organische Säuren liefert, haben wir von diesen einstweilen mehr als ein Viertel identifiziert. Es sind unter ihnen, auf die Kohle berechnet, rund 12% eines Gemisches von Benzoesäure und Phthalsäure erhalten worden.

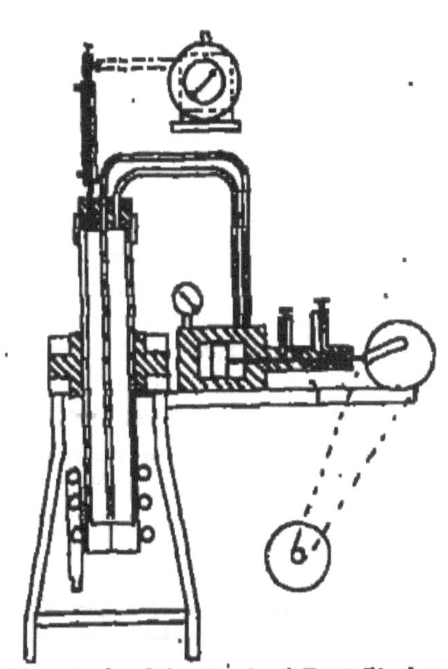

Abb. 1. Druckoxydationsapparat nach Franz Fischer. Temp. 200°. Druck 50 Atm. (Produkte: Benzoesäure, Phthalsäure usw.)

Zu anderen Produkten führt naturgemäß die Einwirkung des Wasserstoffes.

Abb. 2 zeigt ein Schema für die Einwirkung von Wasserstoff nach dem Verfahren von Bergius, bei welchem bei einer Temperatur von etwa 400° und einem Druck von einigen hundert Atmosphären Kohle in einem Stahlapparat unter Umrühren mit Wasserstoff behandelt wird. Der durch eine Kreiselpumpe im Umlauf erhaltene Wasserstoff nimmt aus dem Stahlapparat die entstandenen flüchtigen Öle mit und führt sie in einen Druckkühler, in welchem sie zur Abscheidung gelangen, während der übriggebliebene Wasserstoff zur Stahlapparatur zurückkehrt. In dem Maße, in welchem er verbraucht wird, wird er durch neuen ergänzt. Nach Angabe von Bergius ist es möglich, mit diesem Verfahren rund 80% der Kohle in Öle umzuwandeln, über die nähere Beschaffenheit und die Natur dieser Öle ist jedoch noch nichts bekannt geworden.

Aus dem Vorhergehenden ist zu ersehen, daß die Methoden der völligen Umwandlung der Kohle in chemische Produkte nunmehr, und zwar bei uns in Deutschland, ausgearbeitet sind, daß aber andererseits diese Methoden druckfeste Apparaturen erfordern.

Technisch einfacher werden nach wie vor diejenigen Arbeitsverfahren bleiben, die der Anwendung hoher Drucke nicht bedürfen, wenn dabei auch keine vollständige Umwandlung der Kohle in chemische Produkte stattfindet. Diese einfachen Arbeitsverfahren bedienen sich im wesentlichen lediglich der Einwirkung der Wärme.

Die erste Stufe der Wärmebehandlung führt zur Trocknung der Kohle. Daß hierzu unter Umständen ein recht großer Wärmeaufwand erforderlich ist, ist aus Tafel 5 ersichtlich.

Tafel 5.

Trocknung der Kohle. Grubenfeuchtigkeit der Kohle. Ursache (Wasseradsorption durch Humussäure?).

Torf	90 bis 95%	fallend mit steigendem geologischen Alter
Rhein. Braunkohle	40 „ 60%	
Gasflammkohle	4 „ 8%	
Fettkohle	1 „ 3%	
Anthrazit	0,5%	

Künstliche Trocknung der Braunkohle vor der Brikettierung.

Die sogenannte Grubenfeuchtigkeit der Kohle einschl. des Torfes ändert sich in großem Umfange mit dem geologischen Alter des Brennstoffes und zwar fällt sie mit seinem steigenden Alter.

Um gewöhnliche Nässe handelt es sich hierbei nicht, sondern das Wasser wird durch gewisse Bestandteile der Brennstoffe, die vermutlich der Humussäure nahe stehen, festgehalten, die mit dem Wasser eine Art Gel bilden. Wenn man bedenkt, daß in einer

Tonne Torf über 900 kg Wasser und unter 100 kg Brennstoff vorhanden sind, dann kann man sich leicht vorstellen, welcher Brennstoffaufwand zur künstlichen Trocknung des Torfes erforderlich ist. Die natürliche Trocknung des Torfes durch die Wärme des Sommers läßt sich nur in kleinem Maßstabe ausführen, die künstliche Trocknung ist einstweilen zu kostspielig. Auch das an und für sich schöne Verfahren der Elektroosmose, das Graf Schwerin ausgearbeitet hat, hat sich bisher nicht eingebürgert.

Während beim Torf die künstliche Trocknung unwirtschaftlich ist, ist sie bei der Steinkohle nicht notwendig — in dem geringen Wassergehalt der Steinkohle beruht ja auch ihre wirtschaftliche Bedeutung. Bei der Braunkohle, die im grubenfeuchten

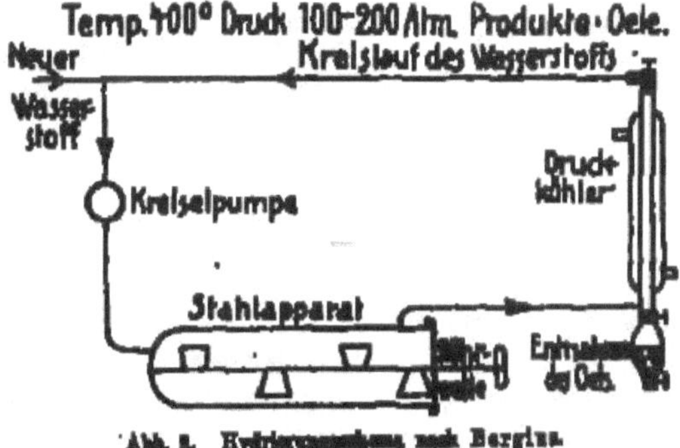

Abb. 2. Hydrierungsschema nach Bergius.

Zustande 40—60 % Wasser enthält, wird die künstliche Trocknung vor der Brikettierung im großen Maßstabe ausgeübt, sie ist wärmetechnisch schon hoch entwickelt, bietet aber immerhin noch eine Reihe von Problemen.

Tafel 6.

Brikettierung der Kohle.

Brikettierung der Steinkohle mit Pechzusatz.
Brikettierung der Braunkohle ohne Zusatz infolge der Plastizität und des Bitumengehaltes.

Wie aus Tafel 6 ersichtlich, wird die Brikettierung der Kohle verschieden gehandhabt. Für die Brikettierung der Steinkohle ist ein Pechzusatz erforderlich, und es geht das Bestreben dahin, die Menge des im Vergleich zu der Kohle immerhin teuren Zusatzes möglichst zu verkleinern, ohne der Festigkeit der Briketts zu schaden.

Die Brikettierung der Braunkohle kann ohne Zusätze von Pech ausgeführt werden, da einerseits die erdige Braunkohle selbst eine gewisse Plastizität hat, anderseits der Gehalt an leicht schmelzbarem Bitumen die Rolle des Pechs übernimmt. Daß der Bitumengehalt der Steinkohle von dem der Braunkohle recht verschieden ist, zeigt Tafel 7.

Tafel 7.

Extraktion der Kohle.

	Extraktionsverfahren	Produkt
Mitteldeutsche Braunkohle . .	Benzol	10 bis 20 % Montanwachs, Montanharz
" " . .	fl. SO_2	Harz
Steinkohle	Benzol	1 % Öl
"	fl. SO_2	1 % Öl
"	Benzol bei 250° unter Druck	6 % ölhaltiges festes Bitumen

Man sieht, daß mit Benzol z. B. aus mitteldeutscher Braunkohle 10—12 % Montanwachs bzw. Montanharz extrahiert werden können. Aus der Steinkohle wird unter gleichen Umständen durch Benzol etwa 1 % Öl extrahiert, ein Öl, das dem gewöhnlichen Erdöl durchaus entspricht und Bestandteile der verschiedensten Siedepunkte enthält. Mit flüssiger schwefliger Säure erhält man aus der Braunkohle Harz, aus der Steinkohle etwa 1 % Öl. Will man aus der Steinkohle mehr Bitumen herauslösen, so ist man genötigt, das Benzol bei Temperaturen von etwa 250° unter Druck anzuwenden, dann kommt man bis zu rd. 6 % ölhaltigem Bitumen. Ein besseres Extraktionsmittel für Steinkohle als das Benzol ist das Pyridin. Umfangreiche Untersuchungen auf letzterem Gebiete macht zurzeit Professor Fritz Hofmann in Breslau.

Wenn man mit der Temperatur beim Erhitzen der Kohle von der zur Trocknung nötigen Temperatur ab langsam höher geht, so kommt man in der Gegend von etwa 350° zu einer Einwirkung, die man künstliche „Inkohlung“ nennen kann. Tafel 8 gibt einen Überblick über die bei den verschiedenen Temperaturen eintretenden Vorgänge.

Tafel 8.

Künstliche Inkohlung (Bertinierung) junger Brennstoffe bei etwa 330°.

Abspaltungsfolge der Produkte:

100°	Wasserdampf
etwa 330°	$CO_2 + H_2S$
etwa 500°	Urgas und Urteer
„ 800°	Ammoniak und Wasserstoff
„ 1000°	Wasserstoff

Um zunächst bei der Temperatur bei 330° zu bleiben, so ist bei dieser Temperatur bemerkenswert die starke Abspaltung von Kohlensäure und Schwefelwasserstoff. Je jünger der Brennstoff ist, um so sauerstoffhaltiger ist er, und um so größer dementsprechend die bei etwa 330° einsetzende Kohlensäurebildung. Für diese sogenannte künstliche Inkohlung, für die auch der Ausdruck „Bertinierung" gebraucht wird, ist die Zunahme des Heizwertes der Kohle charakteristisch, anderseits wird noch kein Teer und auch praktisch noch kein brennbares Gas entwickelt, sondern im wesentlichen nur Kohlensäure und Schwefelwasserstoff. Der Schwefelwasserstoff kann leicht in Schwefel nach dem Clausverfahren übergeführt werden, so daß also die Möglichkeit vorliegt, durch die künstliche Inkohlung einerseits den Heizwert des Brennstoffes beträchtlich zu erhöhen, anderseits Schwefel zu gewinnen. Die Berechtigung für den Namen künstliche Inkohlung kann man darin sehen, daß der Vorgang bezüglich der Vermehrung des Heizwertes der Kohle unter Abspaltung von Kohlensäure ähnlich verläuft wie der in der Natur sich bei gewöhnlicher Temperatur abspielende Inkohlungsvorgang, bei dem die Zunahme des geologischen Alters verknüpft ist mit einer Abspaltung von Kohlensäure und einer damit verbundenen Verminderung des Sauerstoffgehaltes im Brennstoff. Die Abnahme des Sauerstoffgehaltes im Brennstoff macht sich, wie erwähnt, praktisch in der Erhöhung des Heizwertes für die Gewichtseinheit bemerkbar. Will man aus Mangel an Steinkohlen zur Leuchtgasbereitung aus Braunkohle übergehen, so wird man deshalb zweckmäßigerweise die Braunkohle, ehe man sie in die Leuchtgasretorte bringt, der künstlichen Inkohlung unterwerfen. Dadurch, daß man die Kohlensäureabspaltung vor der eigentlichen Entgasung vornimmt, erhält man naturgemäß ein kohlensäureärmeres und heizkräftigeres Gas.

Werfen wir nun noch einen Blick auf die Vorgänge, die bei weiter gesteigerter Temperatur sich an der Kohle vollziehen. Etwa zwischen 350 und 500° vollzieht sich die eigentliche Zersetzung der Kohle. Man erhält als Destillationsprodukte dieser sogenannten Tieftemperaturverkokung den Urteer und das Urgas. Als Rückstand bleibt der sogenannte Halbkoks, der noch fast allen Stickstoff der Kohle enthält und ferner noch, je nach der Kohlenart, bis zu 10 % flüchtige Bestandteile.

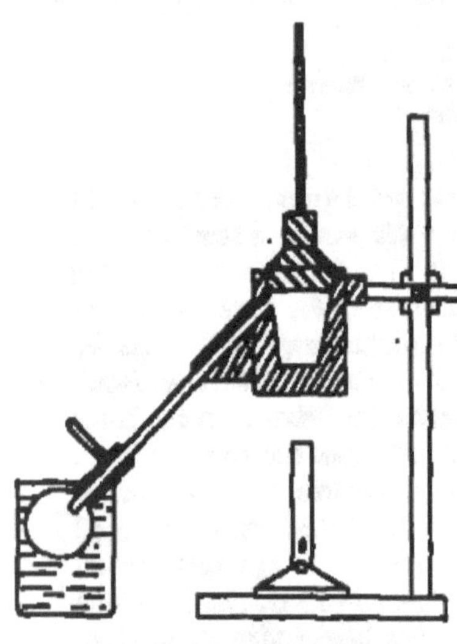

Abb. 8. Aluminium-Schwelapparat. Urverkokung (350—500°).

Erhitzt man den Halbkoks weiter auf rd. 800°, dann werden diese flüchtigen Bestandteile in zunehmendem Maße in Form von Wasserstoff abgespalten, desgleichen ein Teil des Kohlenstickstoffes in Form von Ammoniak, und es hinterbleibt Koks, der bei weiterer Temperatursteigerung über 1000° immer noch kleine Mengen Wasserstoff abgibt.

Wünscht man Brennstoffe auf ihre Eignung zur Gewinnung von Urteer zu untersuchen, so bedient man sich zweckmäßigerweise

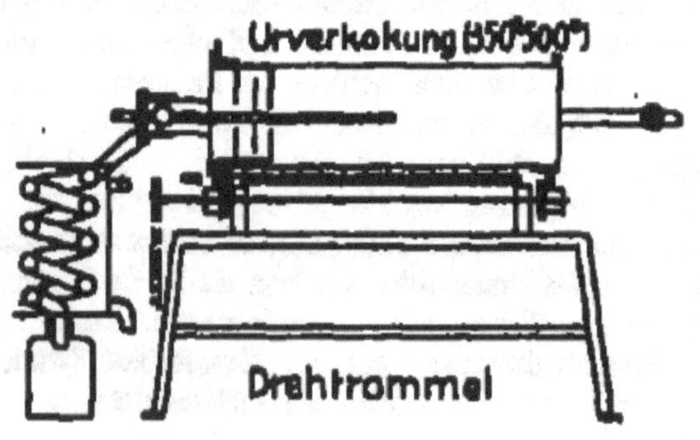

des guten Wärmeleitvermögens des Aluminiums eine gleichmäßige Erhitzung der darin befindlichen Kohle gestattet. Der abdestillierende Urteer wird in einer kleinen gläsernen Vorlage aufgefangen und gewogen. Zu einer derartigen Bestimmung sind etwa 20 g Kohle erforderlich, die also bei einer zehnprozentigen Teerausbeute 2 g Teer liefern.

Wünscht man den entstehenden Urteer einer genaueren Untersuchung zu unterwerfen, so ist natürlich eine größere Menge desselben erforderlich, und man bedient sich dann zu seiner Gewinnung zweckmäßigerweise des in Abb. 4 dargestellten Apparates.

In diesem Apparat wird eine Überhitzung der Kohle dadurch vermieden, daß sie dauernd in Bewegung gehalten wird. In die auf einem Rollenlager sich drehende, aus Schwarzblech hergestellte

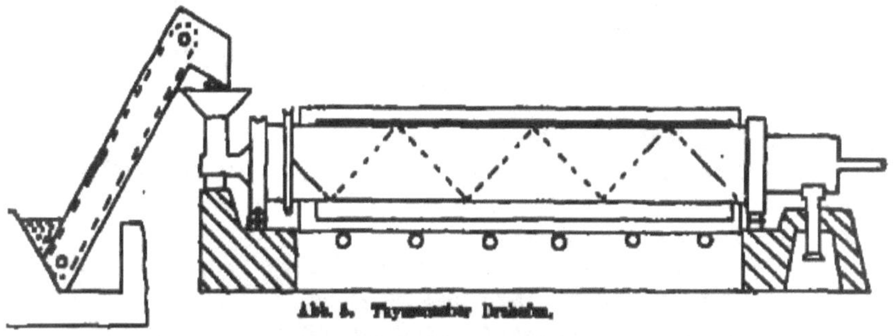

Abb. 5. Thyssenscher Drehofen.

Trommel[1]) werden 10 bis 25 kg Kohle gegeben, dann wird sie verschlossen und mit Gas langsam geheizt. Dadurch, daß die Wärme nicht durch eine dicke Brennstoffschicht durchzudringen braucht, kann die Temperatur der Wand niedrig gehalten werden, die Kohle erhält ihre Wärme infolge der Drehung der Trommel durch direkte Berührung mit der Wand. Ein in die Trommel eingebauter Staubfänger und eine an eine Stopfbüchse angeschlossene Teervorlage vervollständigen die Einrichtung. In etwa zwei Stunden kann so ohne jede Überhitzung die Destillation beendet werden.

Wir haben in Mülheim diese Trommel im Jahre 1916 eingeführt und in der Zwischenzeit damit eine systematische Untersuchung aller deutschen Steinkohlenvorkommen angestellt. Dasselbe

[1]) Der Drehtrommelapparat ist ebenfalls vom Institutsmechaniker Hofer in

Prinzip benutzt in neuerer Zeit die Firma Thyssen & Co. in Gestalt des Thyssenschen Drehofens, der mit kontinuierlicher Kohlenzufuhr und kontinuierlicher Halbkoksaustragung ausgerüstet ist (Abb. 5). Derartige Drehöfen, die für einen täglichen Durchsatz von etwa 100 t Kohle bestimmt sind, geben dieselben guten Ausbeuten, sowohl was die Art als auch die Menge des Urteers angeht, wie unser Laboratoriumsapparat.

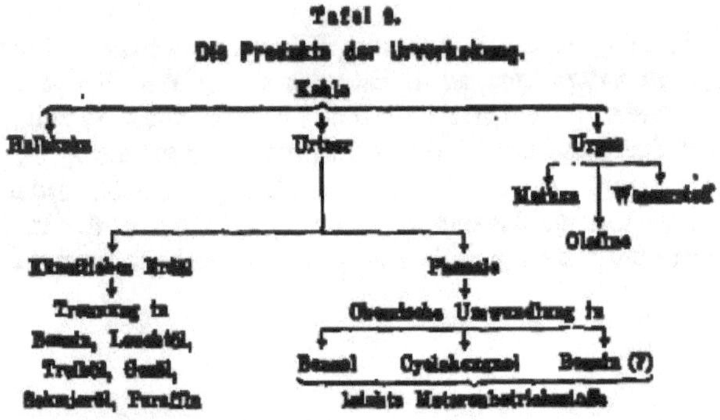

Tafel 9.
Die Produkte der Urverkokung.

Tafel 9 gibt eine Übersicht über die Produkte der Urverkokung und deren weitere Verwendung und soll zeigen, welche Probleme auf diesem Gebiete bereits als gelöst zu betrachten sind und welche noch gelöst werden müssen.

Wir sehen als Produkte der Urverkokung Halbkoks, Urteer und Urgas angeführt. Der Halbkoks kann, wie wir später sehen werden, verschieden weiter verarbeitet bzw. weiter verwendet werden. Der Urteer muß zunächst in seine beiden hauptsächlichen Komponenten, nämlich das künstliche Erdöl einerseits, die alkalilöslichen Bestandteile (im wesentlichen Phenole) andererseits zerlegt werden. Geeignete Trennungsmethoden hierzu sind vorhanden, aber es fehlt noch an einem wirklich wirtschaftlich arbeitenden Verfahren.

Die Verwendung des künstlichen Erdöles ist gegeben. Es wird zweckmäßigerweise nach den Methoden der Erdölindustrie aufgearbeitet werden in Benzin, Leuchtöl, Treiböl, Gasöl, Schmieröl und Paraffin, dagegen ist die zweckmäßigste Verwendung der Phenole noch nicht völlig geklärt. Daß die Lösung dieser Frage von wesentlicher Bedeutung ist, geht daraus hervor, daß die Menge der Phenole bei den an Teer ergiebigsten Steinkohlenarten rund die Hälfte des Teeres ausmacht, aber eine gewisse Klärung ist doch schon eingetreten. Abgesehen davon, daß man die Phenole in harz- und asphaltartige Stoffe umwandeln kann, bietet sich die wahrscheinlich wichtigere Möglichkeit, sie in leichte Motorenbetriebsstoffe durch Behandlung mit Wasserstoff überzuführen. Nach einem in unserm Institut gefundenen Verfahren können sie durch Erhitzen mit Wasserstoff auf 750° in einer innen verzinnten Eisenapparatur bei gewöhnlichem Druck in sehr guten Ausbeuten in Benzol und Toluol umgewandelt werden. Nach dem Verfahren der Tetralin G. m. b. H. ist es möglich, die Phenole bei Gegenwart von feinverteiltem Nickel mit Wasserstoff unter geringem Druck in Cyclohexanol, ein neutrales, als Motorenbetriebsstoff geeignetes Produkt umzuwandeln. Auch nach dem Verfahren von Bergius dürfte es möglich sein, durch Einwirkung von Wasserstoff von einigen hundert Atmosphären und bei einer Temperatur von 400° ohne Anwendung eines Katalysators die Phenole in leichten Motorenbetriebsstoff überzuführen.

Werfen wir nun noch einen Blick auf das Urgas und die in ihm enthaltenen Olefine, so sehen wir, daß auch die letzteren die Möglichkeit bieten, durch Umwandlung in Alkohol Motorenbetriebsstoffe zu erzeugen.

Die Urverkokung, sowohl der Steinkohle als auch der Braunkohle, gibt demnach die Möglichkeit, alle Erdölprodukte und die verschiedensten Arten leichter flüssiger Betriebsstoffe für Motoren zu erzeugen.

Tafel 18.

Die Vergasung des Halbkokses.

Ausgangsstoffe: Halbkoks (N-haltig),
Luft,
Dampf.

Endstoffe: Generatorgas,
Ammoniak.

Verteilung der Vorgänge auf die Zonen des Generators.

Der Halbkoks, der bei der Urverkokung hinterbleibt, enthält noch fast sämtlichen Kohlenstickstoff, und da die Vergasung bei Gegenwart von viel Wasserdampf der geeignetste Weg ist, um den Kohlenstickstoff als Ammoniak zu gewinnen, so scheint die Vergasung des Halbkokses die zweckmäßigste Verwendung desselben zu sein. Der aus Steinkohlen gewonnene Halbkoks besitzt nicht mehr die Fähigkeit zu backen und eignet sich deshalb besonders für einen ungestörten Generatorbetrieb. Das entstehende

33*

Generatorgas ist frei von Teerdämpfen, da der Teer bei der Urverkokung ja bereits gewonnen wurde, der Reinheit des aus dem Generatorgas gewinnbaren Ammoniaks dürfte diese Tatsache zustatten kommen. Was die Verteilung der Vorgänge auf die einzelnen Zonen des Generators angeht, so findet gleichzeitig mit der Vergasung des Kohlenstoffs die Bildung des Ammoniaks aus den im Koks enthaltenen Stickstoffverbindungen statt. In dem Maße wie diese Verbindungen während des Vergasungsvorganges freigelegt und dem Wasserdampf zugänglich gemacht werden, erfolgt die Entstehung des Ammoniaks. Da das Ammoniak bei hohen Temperaturen in Wasserdampf und Stickstoff zerfällt, muß entweder die Vergasung selbst bei der niedrigsten, eben noch möglichen Temperatur ausgeführt, oder doch wenigstens das Ammoniak möglichst schnell aus dem Bereich hoher Temperatur fortgeführt werden. Beides wird durch Zusatz größerer Mengen Wasserdampf erreicht (Mondgasverfahren). Die von dem unteren Teil des Generators aufsteigenden, mit Ammoniak und Wasserdampf beladenen heißen Gase treiben in den oberen Zonen des Generators aus dem Halbkoks den letzten Rest seiner flüchtigen Bestandteile in Form von Wasserstoff und etwas Methan aus.

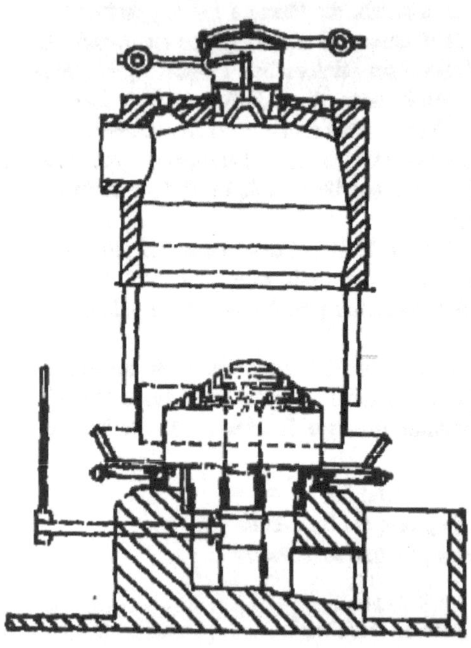

Abb. 6. Drehrostgenerator von Kerpely.

Abb. 6 zeigt einen für die Vergasung von Halbkoks geeigneten Gaserzeuger. Nimmt man nun als Kohlenverarbeitungsprozeß beispielsweise die Reihenfolge Trocknen, künstliche Inkohlung, Urverkokung, Vergasung des Halbkokses an, so ergeben sich für die Verwendung der dabei entstehenden Nebenprodukte die in Tafel 11 zusammengestellten Gesichtspunkte.

Tafel 11.

Verwendung der Nebenprodukte.

1. Schwefel: Landwirtschaft und chemische Industrie.
2. Ammoniak: Landwirtschaft.
3. Urteerbestandteile: Krafterzeugung mit Ölmotoren bzw. Ölturbinen.
4. Urgas: für chemische Verarbeitung.

Verwendung der Hauptprodukte.

1. Halbkoks:
   a) Heizmaterial.
   b) zur Brikettierung.
   c) zur Kohlenstaubfeuerung.
2. Generatorgas durch Vergasung von Halbkoks:
   a) Feuerungszwecke.
   b) für Gasmaschinen.
   c) für elektrische Brennstoffelemente.
   d) für Thermoelemente.
   e) Umwandlung der Gase in Öle oder chemische Produkte, z. B. durch elektrische Entladungen.

Der Schwefel, der aus dem Schwefelwasserstoff der künstlichen Inkohlung entstand, kommt sowohl für die Landwirtschaft als für die chemische Industrie in Frage. Die bei der Urverkokung entstehenden Bestandteile des Urteeres können zu Ölen für Schwerölmotoren, andererseits zu leichten Betriebsstoffen Verarbeitung finden. Auch das Urgas kann durch verhältnismäßig einfache chemische Prozesse flüssige Brennstoffe in Form von Alkoholen liefern. Das bei der Vergasung des Halbkokses entfallende Ammoniak kommt wohl in erster Linie für landwirtschaftliche Zwecke in Frage.

Der Menge nach, in der die erwähnten Produkte entfallen, handelt es sich um Nebenprodukte, das Hauptprodukt der Urverkokung ist jedoch der Halbkoks. Selbstverständlich kann er als rauchlose, aber seiner flüchtigen Bestandteile wegen noch mit längerer Flamme brennende Kohle als Brennstoff verwendet werden. Der Halbkoks vieler Steinkohlen ist sehr zerreiblich, ebenso der der Braunkohlen. Es wird deshalb häufig zweckmäßig sein, ihn unter Pechzusatz zu brikettieren. Die leichte Zerreiblichkeit des Halbkokses hat jedoch auch ihre guten Seiten, er läßt sich leicht mahlen und dürfte für zweckmäßig gebaute Kohlenstaubfeuerungen ein vorzügliches Material sein. Leider aber sind sich die Konstrukteure der Kohlenstaubfeuerungen häufig nicht darüber klar, daß auch die kleinsten Kohlenstaubteilchen immer noch weit entfernt von dem gasförmigen Zustand sind, sie bestehen aus tausenden zusammengeballten Molekülen, die deshalb eine längere Abbrandzeit erfordern, im Gegensatz zu den schnell abbrennenden Gemengen von Gasen. Der Kohlenstaub muß deshalb, wenn er völlig abbrennen soll, Gelegenheit haben, genügend lange Zeit in einem Raum von hoher Temperatur zu schweben oder sich zu bewegen.

Wie ich schon erwähnt habe, ist es, wenn man Wert darauf legt, den Stickstoff des Halbkokses für Ammoniak zu gewinnen, am zweckmäßigsten, den Halbkoks zu vergasen. Das dabei entstehende Generatorgas findet seine einfachste Verwendung zu Feuerungszwecken, auch zur Krafterzeugung mit Hilfe von Gasmaschinen oder Gasturbinen kann es herangezogen werden.

Leider fehlt es bis heute an geeigneten thermoelektrischen Batterien, die mit einigermaßen brauchbarem Nutzeffekt Wärme direkt in elektrische Energie umsetzen. Über eine Ausbeute von 2 bis 3% ist man bis heute nicht hinausgekommen, sonst wäre die Beheizung thermoelektrischer Batterien mit Generatorgas eine ideale Lösung.

Aber auch zum Betriebe von elektrischen Brennstoffelementen eignet sich das Generatorgas. Ich werde auf diese Verwendungsart gleich zurückkommen. Eine weitere Verwendungsmöglichkeit des Generatorgases bezw. des Wassergases ist in der prinzipiellen Möglichkeit der Umwandlung dieser Gase in flüssige Brennstoffe oder in chemische Produkte zu sehen, aber hier steckt man erst in den Anfängen. Die stille elektrische Entladung bietet hier Möglichkeiten, aber einstweilen scheint dieser Weg noch zu kostspielig, entweder muß er verbilligt, oder es muß ein anderer gefunden werden.

Tafel 12 soll ein Bild von der bisherigen Entwicklung der Brennstoffelemente geben. Gewissermaßen an Stelle des Zinks der galvanischen Elemente kann man entweder die Kohle selbst in leitendem Zustande als Elektrode verwenden (die Kohle wird durch Erhitzen auf 600 bis 700° leitend und behält dann ihre Leitfähigkeit auch beim Abkühlen), oder es kann eine unveränderliche Elektrode mit den aus Kohlen hergestellten Gasen beladen werden, wobei dann die Oxydation dieser Gase zur Stromlieferung benutzt

Tafel 18.

Die bisherige Entwicklung der Brennstoffelemente.

	Brennstoff	+ Elektrode	Elektrolyt	− Elektrode	Oxydationsmittel	Temperatur	EMK
a) Kohle als Lösungselektrode.							
1. Kalte Elemente . .	—	—	—	—	—	—	—
2. Heiße Elemente:							
Jacques	—	Kohle	$NaOH$	Fe	Luft	—	—
Karda	—	„	K_2CO_3	Cu	„	900	1,1
Baur	—	„	K_2CO_3	Ag	„	—	—
b) Gas als stromliefernde Stoffe.							
1. Kalte Elemente:							
Mond und Langer .	H_2	Pt	H_2SO_4	Pt	„	—	—
K. A. Hofmann . .	CO	Cu	$NaOH$	Cu	„	—	—
2. Heiße Elemente:							
Allmann	H_2	Pb	PbO	Ag	„	—	—
Baur und Treadwell	$H_2 + CO$	Fe	Na_2CO_3 K_2CO_3	Fe_3O_4	„	800	1

wird. Von Elementen, die mit Kohle als Lösungselektrode bei gewöhnlicher Temperatur arbeiten (kalte Kohlenelemente), ist keine in Betracht kommende Konstruktion bekannt geworden. Erst in der Hitze wird die Kohle so reaktionsfähig, daß nennenswerte Ströme entnommen werden können. Aber die mit Kohle als Elektrode arbeitenden Elemente haben alle den Nachteil, daß der Elektrolyt durch die Asche der Kohle bald verunreinigt ist, auch ist die Herstellung besonderer Kohlenelektroden kostspielig. Das Element von Jacques hat den Nachteil, daß das Ätznatron beim Betrieb des Elementes in kohlensaures Natron übergeht.

Besser steht es mit den Gaselementen aus. Das Element von Mond und Langer ist eine Nachbildung der Groveschen Gaskette. Poröse, mit verdünnter Schwefelsäure vollgesaugte Steinplatten, die auf den gegenüberliegenden Seiten mit Platin belegt sind, sind ausprobiert worden. Aber schon allein die Notwendigkeit von Platin dürfte einer Verwendung im großen Maßstabe entgegenüberstehen. Ein anderes in der Kälte arbeitendes Element benutzt statt Wasserstoff das Kohlenoxyd, statt Platin das Kupfer, statt Schwefelsäure eine Ätznatronlösung. Aber bei diesem Element ist wieder die Forderung nach der Unveränderlichkeit des Elektrolyten nicht erfolgt. Die Natronlauge geht durch die Oxydation des Kohlenoxyds in eine Natriumkarbonatlösung über. Außerdem teilt dieses Element die Eigenschaft aller kalten Gaselemente, daß es verhältnismäßig träge arbeitet und die Entnahme großer Stromstärken, ohne daß das Element ungeheure Dimensionen annimmt, nicht gestattet.

Bezüglich der heißen, mit schmelzflüssigen Elektrolyten arbeitenden Gaselemente ist in Tafel 12 auf das Element von Atkinson hingewiesen. Es benutzt als Elektrolyten geschmolzenes Bleioxyd, als negative Elektrode geschmolzenes Silber, als positive Elektrode geschmolzenes Blei. Das geschmolzene Silber hat die Eigenschaft, aus der Luft Sauerstoff aufzunehmen und sich dadurch in eine gute Sauerstoffelektrode zu verwandeln. Bei Betrieb des Elementes wird das Blei oxydiert, das Silber aber reduziert. Durch Einblasen von Luft in das Silber und von Wasserstoff in das Blei wird der alte Zustand wiederhergestellt. Einen weiteren Fortschritt diesem Element gegenüber stellt nun das neue Brennstoffelement von Baur und Treadwell dar, auf welches ich etwas näher eingehen möchte.

In Abb. 7 sind die Prinzipien dieser Konstruktion angedeutet. Für die Sauerstoffelektrode benutzt das Element Eisenoxyde, für die Gaselektrode Eisen. Als Elektrolyt dient ein hälftiges Gemisch von geschmolzenem Natriumkarbonat und Kaliumkarbonat. Dieser Elektrolyt befindet sich in aufgesaugtem Zustand in porösen Steinen aus Magnesia, dem einzigen Material, das von diesem Elektrolyten nicht angegriffen wird. Kanäle in diesen Steinen sind mit Eisendrähten zur Stromabführung versehen, die Eisendrähte selbst sind entweder mit Eisenoxyden oder mit feinverteiltem metallischen Eisen umgeben. Durch die Oxydkanäle wird Luft, durch die Metallkanäle Brenngas geleitet. Eine derartige Zelle hat bei 800° eine EMK von 1 V, die Nutzleistung in Form elektrischer Energie schätzen Baur und Treadwell auf etwa 60%. Allerdings wird für eine Zelle, die ein Kilowatt liefern soll, etwa 1 m^3 Magnesia-Kanalmauerwerk erfordert, das von vielen Kanälen durchzogen und dauernd auf einer Temperatur von 800° gehalten werden muß. Die Baursche Zelle stellt durch den Verzicht auf teure Metalle, durch die Verwendung eines unveränderlichen Elektrolyten und durch die Leistungsfähigkeit der Zelle zweifellos einen wissenschaftlichen Fortschritt dar. An die technische Ausführung einer größeren derartigen Zelle ist man aber bisher nicht herangetreten.

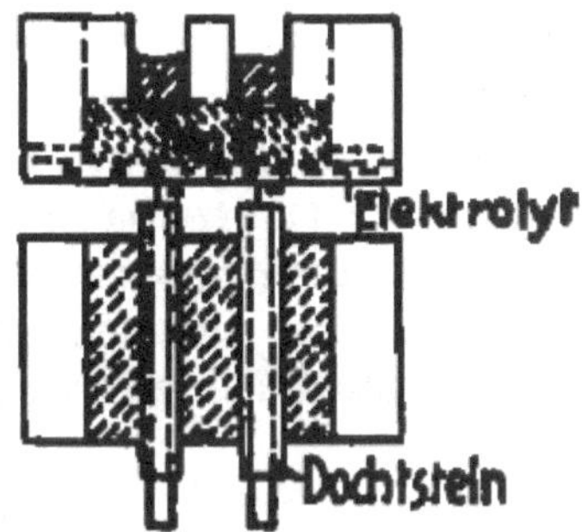

Abb. 7. Die Baursche Konstruktion und ihr Nutzeffekt. Die Zelle für 1 kW erfordert etwa 1 m³ Magnesia-Kernmauerwerk. E.M.K. rd. 1 Volt bei 800°. Nutzleistung in Form elektrischer Energie höchstens 60% der Verbrennungswärme der Kohle.

Überblicken wir nun zum Schlusse den in seinen einzelnen Abschnitten bereits besprochenen Kohlenverarbeitungsprozeß, der keineswegs ein Problem, sondern nur ein lehrreiches Schulbeispiel sein soll, im Zusammenhange, so ergibt sich das Bild der Abb. 8.

Die feuchte Kohle wird durch Außenbeheizung in einem beweglichen Trockner getrocknet. Der entweichende Dampf wird später in einem Gaserzeuger verwendet. Die trockene Kohle wird

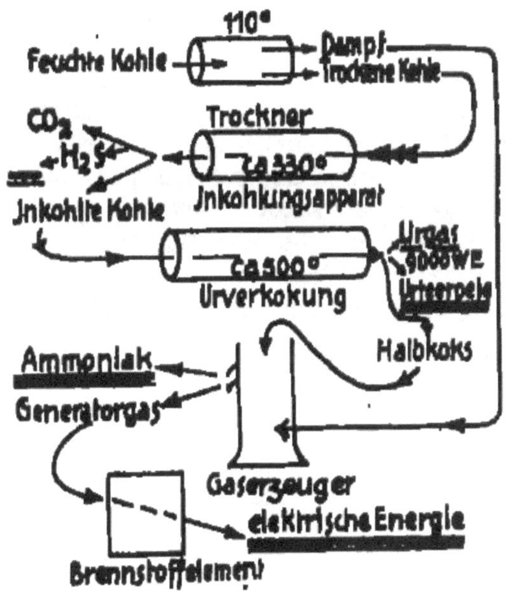

zunächst (unter Gewinnung des Schwefels) der Inkohlung (die Inkohlung spielt nur für jüngere Brennstoffe eine Rolle) und dann der Urverkokung unterworfen. Das Urgas von hohem Heizwert (8000 WE) und die Urteeröle werden gewonnen und in besonderen Prozessen weiter verarbeitet. Der Halbkoks wird noch heiß einem Gaserzeuger zugeführt und dort in Generatorgas und Ammoniak verwandelt. Das Ammoniak wird ausgeschieden, das Generatorgas aber in Brennstoffelementen unter Stromerzeugung verbraucht.

Schluß.

Wie ich schon eingangs sagte, will das Bild, das ich hier von den Zielen und bisherigen Ergebnissen der Kohlenforschung entworfen habe, keinen Anspruch auf Vollständigkeit machen. Nicht nur neue Ergebnisse und Möglichkeiten, sondern auch neue Ziele werden im Laufe der Entwicklung sichtbar werden. Mögen heute manche Forschungsergebnisse technisch oder wirtschaftlich undurchführbar erscheinen, andere Zeiten, die über fortgeschrittenere technische Hilfsmittel verfügen, werden dann die Verwirklichung ermöglichen. Weder darf es den Forscher entmutigen, wenn seine Ergebnisse nicht sofort Anwendung finden, noch dürfen diejenigen, die die Mittel der Forschung zur Verfügung stellen, in solchem Falle fruchtlose Arbeit sehen. Denn die Umwandlung der Unkenntnis in Wissen ist unter allen Umständen und auf jedem Gebiete ein erfolgreicher Vorgang, die wissenschaftliche Aufklärung ist die solide Grundlage des technischen Erfolges.

Mülheim-Ruhr, Mai 1921.

43. Was lehrt die Chemie über die Entstehung und die chemische Struktur der Kohle?[1])

Von

Franz Fischer.

(Die Naturwissenschaften 1921, Heft 47).

Als bereits nachgewiesen kann ich voraussetzen, daß Torf, Holz und Kohlen aus vermoderter bezw. vertorfter pflanzlicher Substanz im Laufe der Zeit entstanden sind. Eine andere Voraussetzung, die man ebenfalls zweifellos machen darf, ist, daß, von chemischen Gesichtspunkten aus gesehen, die Pflanzen von jeher in der gleichen Weise aufgebaut worden sind, ganz gleichgültig, um welche Sorten es sich vom botanischen Standpunkt aus handelt. Wir dürfen annehmen, daß die Assimilation der Kohlensäure der Luft durch das Blattgrün der Pflanze zu allen Zeiten stattgefunden hat und daß sie immer sich vollzog unter Bildung von Kohlehydraten nach der Gleichung Kohlensäure + Wasser + Lichtenergie = Kohlehydrat + Sauerstoff.

Es ist bekannt, daß man annimmt, daß zunächst das einfachste Kohlehydrat, der Formaldehyd, entsteht, und daß dieser reaktionsfähige Körper sich in der Pflanze sofort in der verschiedensten Weise polymerisiert, das heißt, sein Molekül vervielfacht unter Bildung von Zucker oder Cellulose oder Stärke. Die Pflanze besitzt die Fähigkeit, diese Stoffe nach Belieben ineinander umzuwandeln, im Gegensatz zum Chemiker, der das bis heute nur in bestimmter Richtung kann. Der für den Bau der Pflanze wichtigste dieser drei Körper ist nun die Cellulose oder besser gesagt die Celluloseарten, daneben enthält sie auch Wachse, Harze, Fette und Eiweißstoffe[2]). Außer der Cellulose be-

[1]) Vortrag, gehalten am 19. Juli 1921 in der 18. Vortragssitzung des Kaiser-Wilhelm-Instituts für Kohlenforschung im Kruppschen Saale auf der Kaupenhöhe in Essen-Ruhr.

[2]) Ein wesentlicher Bestandteil jeder lebenden Pflanze ist natürlich das Wasser.

findet sich aber in der Pflanze, insbesondere wenn sie älter wird, noch ein zweiter Bestandteil, der ihr eine gewisse mechanische Festigkeit gibt, das Lignin, der charakteristische Bestandteil der Hölzer, daher auch der Name. Das Lignin oder besser die Ligninarten spielen nun bei den neueren Anschauungen über die Entstehung der Kohle, zu denen uns unsere Forschungen geführt haben, eine besondere Rolle. Deswegen möchte ich gern auf den chemischen Aufbau des Lignins, im Gegensatz zur Cellulose, kurz eingehen. Weder der Bau des Cellulosemoleküls noch der Bau des Ligninmoleküls sind bis heute einwandfrei aufgeklärt. Alle die vielen Formelbilder, die bis heute aufgestellt worden sind, sind nur hinsichtlich einiger Teile bewiesen.

Das einzige was von den Formeln sicher ist, ist bei der Cellulose, daß sie aufgebaut ist aus mehreren Molekülen d-Glukose, einer Zuckerart, und daß die Glukose wiederum eine furanartige Struktur besitzt, deren Kern aus vier Kohlenstoffatomen und einem Sauerstoffatom besteht. Furan und Abkömmlinge des Furans sind nun leicht mit gewissen Reagenzien zu erkennen (Grünfärbung eines mit Salzsäure befeuchteten Fichtenspanes durch Furan), andererseits läßt sich Cellulose durch Säuren in Zucker überführen, also löslich machen. Die Zucker- bezw. die Furanbildung geben also die Möglichkeit, der Cellulose und deren Abkömmlingen in den Pflanzen, im Torf und in den Kohlen nachzuspüren.

Ebenfalls aus Kohlenstoff, Wasserstoff und Sauerstoff, aber in anderem Verhältnis und in anderer Weise aufgebaut, ist das Molekül des Lignins; charakteristisch für es ist, daß es sich durch konzentrierte Salzsäure nicht verzuckern läßt, sondern darin unlöslich bleibt, daß es Kerne aus sechs Kohlenstoffatomen enthält, also sogenannte Benzolkerne, und daß es verschiedene, leicht nachweisbare Seitengruppen besitzt, ich nenne die Acetylgruppe und die Methoxylgruppe OCH_3. Letztere interessiert besonders, weil sie sich mit der sogenannten Zeiselschen Reaktion leicht nachweisen läßt.

Es ist nun interessant zu sehen, in welchen Mengen die beiden, uns hauptsächlich interessierenden Stoffe des festen Pflanzengerüstes in ihm auftreten.

Im Sphagnummoos, welches als Moorbildner vielfach in Betracht kommt, ist nur etwa 8% Lignin enthalten, wenn man den Ligningehalt aus der analytisch festgestellten Menge Methoxyl berechnet. Ein größerer Prozentgehalt ergibt sich, wenn man die

Cellulose des Sphagnummooses verzuckert, es hinterbleibt dann nach Professor Keppeler zwischen 9 und 13% Salzsäureunlösliches. Man darf deshalb wohl annehmen, daß es auch methoxylarme, vielleicht auch methoxylfreie Ligninarten gibt. Anderseits aber spricht ein positiver Ausfall der Prüfung auf Methoxyl immer für das Vorhandensein von Lignin. Beim Kiefernholz haben wir einen Ligningehalt bis 28%, beim Eichenholz bis zu 37 und bei Nußschalen bis zu 47%. Man sieht, daß, je härter der betreffende Stoff erfahrungsgemäß ist, um so mehr Lignin er auch enthält. Eine ähnliche Rolle wie das Knochengerüst im menschlichen Körper spielt hinsichtlich der Verfestigung in der Pflanze das Lignin. Man könnte daher besonders im Hinblick auf das, was später noch erwähnt wird, das Lignin die Skelettsubstanz der Pflanze nennen. Was in den Hölzern nicht Lignin ist, ist größtenteils Cellulose. Immer ist die Cellulose in größerer Menge vorhanden als das Lignin, nur in den Schalen der Walnuß sind die Mengenverhältnisse annähernd gleich. Es ist deshalb kein Wunder, daß man bisher und bis in die neueste Zeit hinein die Kohle sich auf dem Wege über den Torf aus der Cellulose entstanden dachte.

Ehe ich nun auf die einzelnen Theorien eingehe, möchte ich auf die Trennungsmethoden für Cellulose und Lignin hinweisen, die ja auch in der Technik eine gewisse Rolle spielen. Man kann die Trennung entweder in der Weise durchführen, daß man die Cellulose auflöst und das Lignin zurückläßt, oder umgekehrt, indem man das Lignin zur Auflösung bringt, während die Cellulose hinterbleibt. Eine ammoniakalische Kupferoxydlösung, das sogenannte Schweizersche Reagens, besitzt die Fähigkeit, Cellulose zu lösen, und aus ihr kann man die Cellulose, wenn auch in etwas veränderter Form, wiedergewinnen. Man macht von dieser Methode industriellen Gebrauch bei der Kunstseidenfabrikation, das dabei erzeugte Produkt führt den Namen Glanzstoff.

Ein weiterer Weg, die Cellulose aufzulösen und das Lignin zu hinterlassen, besteht in der Behandlung mit hochkonzentrierter Salzsäure nach der Methode von Willstätter und Zechmeister. Hierbei wird die Cellulose in Zucker umgewandelt.

Der umgekehrte Weg, die Auflösung des Lignins unter Zurücklassung der Cellulose, wird von der Zellstoffabrikation benutzt. Man bedient sich entweder dazu des sauren schwefligsauren Kalks und enthält dabei als Abfallprodukt die bekannte Sulfitlauge und als gewünschtes Produkt den Zellstoff, oder man benutzt Natronlauge, welche zu dem sogenannten Natronzellstoff führt, während das Lignin sich unter Bildung der sogenannten Schwarzlauge, die einstweilen ebenfalls nur Abfallprodukt ist, auflöst.

Nach dieser kleinen Abschweifung möchte ich nun ein Bild geben, wie man sich, insbesondere in England und Frankreich, die Entstehung der Kohle bisher gedacht hat. Aus dem in Tafel 1 wiedergegebenen Schema von Wheeler kann man dessen Auffassung über die Entstehung der Kohle ersehen. Danach besteht die fertige Kohle aus cellulosischen und harzartigen Verbindungen. Der Voraussetzung entsprechend, daß die Kohle von der Cellulose abstammende Verbindungen enthält, nimmt Wheeler in ihr den Furankern an, der nach seiner Meinung die Ursache für das Auftreten der Phenole bei der Destillation der Kohle ist. Einen

Tafel 1.
Kohleaufbau nach Wheeler.

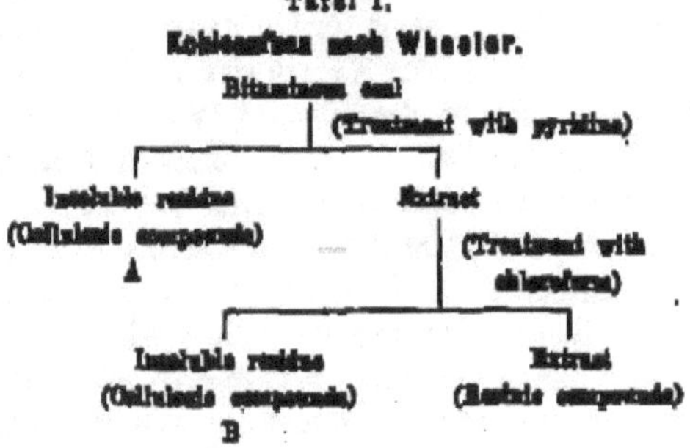

besonderen Beweis für die Richtigkeit seiner Annahme hat Wheeler nicht geführt, man kann aber seine Ansicht durchaus verstehen auf Grund der Selbstverständlichkeit, mit der man bisher überall die Cellulose als Ursprungssubstanz der Kohle ansah, verführt wahrscheinlich durch die Tatsache, daß die Cellulose immer der überwiegende Teil der pflanzlichen Substanz ist.

Tafel 2 gibt ein Schema der Entstehung nach Chardet. Nach ihm würde die Cellulose bei der Vertorfung in Zucker und dann in die bekannten, braunen Huminsäuren übergehen, schließlich in Kohle bezw., wie Chardet sich ausdrückt, in Kohlenstoff. Diesem Schema liegt nach meiner Ansicht ein prinzipieller Irrtum zugrunde, der aber auch von vielen anderen Forschern begangen wird. Es ist wohl möglich, daß die Cellulose unter den biologischen Verhältnissen der Natur in Zucker übergehen kann. Aber es ist bisher von niemandem nachgewiesen, daß Zucker oder Cellulose

Tafel 9.

Kohlenentstehungsschema nach Chardet.

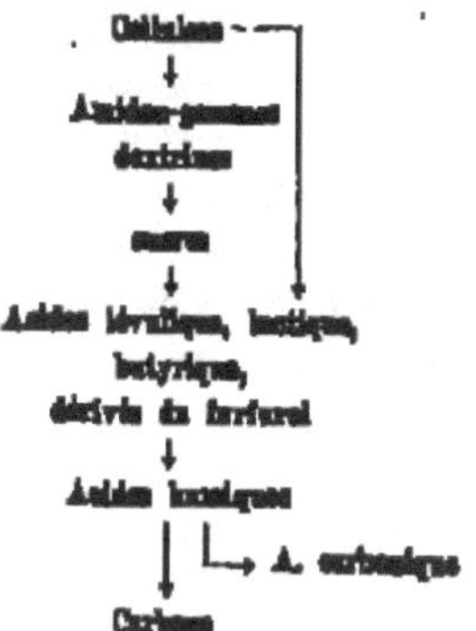

in der Natur in die bekannten braunen Huminsäuren oder Humusstoffe übergehen. Im Laboratorium gelingt es allerdings, durch Erhitzen mit konzentrierter Salzsäure aus Zucker humusähnliche Stoffe zu erzeugen, aber weder liegen in der Natur derartige Verhältnisse vor, noch ist eine Übereinstimmung des auf diese Weise künstlich gewonnenen Humusstoffs mit den natürlichen bewiesen worden, die rein äußerlichen Merkmale sind kein Beweis.

Ich erwähnte schon, daß auch in Deutschland fast allgemein der Ansicht gehuldigt wird, daß die Cellulose die Ursprungssubstanz der Kohle sei, und gerade in der letzten Zeit haben sich, veranlaßt durch die Veröffentlichung der von meinem Mitarbeiter Herrn Dr. Schrader und mir aufgestellten Lignintheorie der Kohle, zahlreiche Verfechter der Celluloseabstammung zum Wort gemeldet, die von der Stichhaltigkeit unserer Gründe noch nicht überzeugt sind, so Marcusson, Keppeler, Bergius, Jonas, Klever.

Es ist uns aber inzwischen gelungen, noch eine Reihe weiterer Beweise ausfindig zu machen, denen sich unsere Gegnerschaft auf die Dauer nicht entziehen kann.

Wenn der Chemiker vor die Aufgabe gestellt wird, die Beziehungen verschiedener organischer Stoffe zueinander zu ermitteln, so ist er häufig gezwungen, zu der Methode des sogenannten chemischen Abbaues zu greifen. Diese Methode besteht darin, daß man durch Anwendung möglichst mildwirkender Mittel die zu untersuchenden Moleküle durch sukzessive Abspaltung einzelner Teile so lange verkleinert oder durch Anlagerung anderer Gruppen so lange verändert, bis man zu Stoffen kommt, die man schon kennt. Im Falle der Kohle und ihrer etwaigen Vorstufen kann man also auf diese Weise gemeinschaftliche Grundbestandteile erkennen. Die Methode, die wir benutzt haben, nennen wir die Druckoxydation. Wir haben sie zwar zu technischen Zwecken entwickelt, sie hat uns aber auch für wissenschaftliche Zwecke unerwartete, interessante Aufschlüsse gegeben. Die Druckoxydation besteht darin, daß wir die betreffenden Stoffe feingepulvert in verdünnter Sodalösung aufschlämmen und in einer stählernen Apparatur, die auf Tafel 3 abgebildet ist, auf 180° erhitzen und gleichzeitig mit komprimierter Luft behandeln. Es findet dabei eine Oxydation bei niedriger Temperatur durch den Luftsauerstoff statt, und die Brennstoffe gehen dabei im Laufe der Zeit vollständig in wasserlösliche Verbindungen über.

Tafel 3.

Unser Druckoxydationsapparat der Tafel 3 ist so eingerichtet, daß er mit Hilfe einer besonderen innen angebrachten Pumpe ein vielfaches Durchpressen der komprimierten Luft durch den flüssigen Autoklaveninhalt gestattet. Hierdurch wird ein gutes Durchrühren des aufgeschlämmten Brennstoffes und ein schnelles Arbeiten erzielt. Die verbrauchte Luft geht dann durch einen besonderen Druckkühler, in welchem der Wasserdampf kondensiert und als Wasser in den Apparat zurückgeleitet wird. Am oberen Ende des Druckgefäßes wird die Luft entspannt und strömt völlig trocken durch eine Gasuhr. Aus der Tafel 4 erkennt man, welche Stoffe wir auf diese Weise dem chemischen Abbau durch Druckoxydation unterworfen haben. Wir haben untersucht: Cellulose, Lignin, Zucker, künstliche Huminsäuren aus Zucker, natürliche Huminsäuren, Braunkohle und Steinkohle. Gleich bei Beginn der Versuche zeigte sich ein interessanter Unterschied zwischen dem Verhalten der Zellulose und dem des Lignins. Lignin löste sich unter Bildung einer humusbraunen Lösung, Cellulose aber gab eine helle Lösung. In den Spalten der Tafel 4 sieht man nun, bei welchen Stoffen wir als Abbauprodukte Furanderivate und bei welchen wir Benzolderivate haben nachweisen können. Ordnet man nun die-

Tafel 4.

Ergebnis des Abbaues der verschiedenen Stoffe	Furan nachgewiesen	Benzolkarbonsäuren nachgewiesen
Cellulose	ja	nein
Lignin	nein	ja
Zucker	ja	nein
Künstliche Huminsäuren aus Zucker .	ja	ja
Natürliche Huminsäuren	nein	ja
Braunkohle	nein	ja
Steinkohle	nein	ja

Es entsteht nach geol. Alter geordnet folgende Reihe:

Benzolreihe	Daneben die Furanreihe
Lignin	Cellulose
Natürliche Huminsäuren	Zucker
Braunkohle	Künstliche Huminsäuren
Steinkohle	

jenigen Naturprodukte, bei denen wir Benzolderivate haben nachweisen können, nach dem geologischen Alter in eine Reihe, so gibt sich als Benzolreihe ganz zwanglos: Lignin, natürliche Huminsäure, Braunkohle, Steinkohle, während sich die Cellulose in der Furanreihe befindet. Daraus schließen wir nun, daß das Lignin und nicht die Cellulose die Muttersubstanz der natürlichen Humusstoffe und der Kohlen ist.

Tafel 5 zeigt noch etwas Näheres über die Menge und die Art der durch die Druckoxydation bisher gewonnenen Abbauprodukte der einzelnen Stoffe. Neben der Kohlensäure haben wir immer erhalten: flüchtige Säuren, wie Ameisensäure, Essigsäure usw. und nichtflüchtige, wasserlösliche Säuren. Die Menge der letzteren, bezogen auf den Brennstoff, zeigt Spalte 2. Es ist uns noch nicht gelungen, die Individuen sämtlich zu identifizieren, was angesichts der Schwierigkeit der Arbeit nicht verwunderlich ist. Was wir bereits nachgewiesen haben nach Menge und Art, ist in Spalte 3 aufgeführt und zeigt eben, daß wir bei Lignin, Torf und Kohle durchweg Benzolkarbonsäuren gefunden haben. Wenn wir deshalb sagen, daß es sich bei diesen um eine Entwicklungsreihe handelt, so sagen wir gleichzeitig, daß wir zu dem Ergebnis gekommen sind, daß diesen Stoffen gemeinsam die Benzolstruktur zugrunde liegt,

Tafel 5.

Nähere Angaben über die bei der Druckoxydation erhaltenen Abbauprodukte nach Menge und Art, angegeben in Prozenten auf das Ausgangsmaterial.

	Flüchtige Säuren	Nicht flüchtige Säuren	Davon bis jetzt identifiziert Menge	Art
Cellulose	ca. 20	ca. 14	0,7 5,0	Fumarsäure Bernsteinsäure Oxalsäure
Lignin	ca. 11	ca. 24	> 0,5 8,7 7,3	Mellithsäure Benzolpentakarbonsäure Oxalsäure
Braunkohle	ca. 14	ca. 24		Mellithsäure Benzolpentakarbonsäure Pyromellithsäure Phthalsäure Benzoesäure
Steinkohle	nicht bestimmt	ca. 50	0,38 0,92 0,23 0,25	Mellithsäure Benzolpentakarbonsäure Trimesinsäure Phthalsäure Isophthalsäure Benzoesäure
		nach Erhitzung unter Druck hieraus	11 %	Benzoesäure und Phthalsäure

mag auch das Molekül durch Häufung von Gruppen noch so kompliziert sein.

Es war uns aber ein natürliches Bedürfnis auch noch andere Beweise für die chemische Verwandtschaft des Lignins und der Vorstufe der Kohlenbildung, der Huminsäure, aufzusuchen. Herr Dr. Tropsch und Herr Dr. Schellenberg haben sich bei uns mit der Behandlung dieser Stoffe mit Salpetersäure befaßt. Sie haben gefunden, daß sowohl das Lignin als die Huminsäure durch Einwirkung von Salpetersäure gelbe Nitroverbindungen liefern. Speziell beim Lignin, dessen aromatische bezw. Benzolstruktur noch vielfach bezweifelt wird, ist es Dr. Tropsch gelungen, nachzuweisen, daß schon durch verdünnte Salpetersäure sich ein in Wasser unlöslicher, aber in Alkohol, Aceton und in Alkali löslicher Nitrokörper bildet, der scheinbar ein Nitrophenol ist. Aus den verschiedenen Nitroverbindungen der Huminsäuren wurden von

Dr. Schellenberg bis jetzt 4% eines kristallisierten, einheitlichen Körpers isoliert, der den bitteren Geschmack der Pikrinsäure und ein ausgezeichnetes Färbevermögen für Wolle besitzt. Ich will auf die weiteren Einzelheiten hier nicht eingehen, sondern auf unsere Veröffentlichungen in der „Brennstoff-Chemie"[1]) und in unsern „Gesammelten Abhandlungen zur Kenntnis der Kohle"[2]) verweisen. Soviel aber kann gesagt werden, daß das Verhalten von Lignin und Huminsäure gegen Salpetersäure außerordentlich ähnlich ist, und daß die Bildung von Nitrophenolen unsere Anschauung von der aromatischen Natur der beiden Körper bestätigt.

Tafel 6.
Ergebnisse unserer Versuche über die Sauerstoffaufnahme (Oxydation) der alkalisch befeuchteten Stoffe.

Material	5 g nahmen in 15 Tagen ccm O_2 auf	Sichtbare Veränderung
Cellulose[3])	70	nur Quellung
Lignin[4])	260	tiefbraune Lösung
Rheinische Braunkohle	140	tiefbraune Lösung
Steinkohle (selbstentzündlich)	10	keine Veränderung

[3]) Filtrierpapier.
[4]) Willstättersches Lignin.

Interessant sind nun auch die Versuche, die wir bezüglich der leichten Oxydierbarkeit angestellt haben. Wir haben Lignin, ferner Cellulose, Braunkohle und Steinkohle feingepulvert, mit etwas Alkalilauge in Berührung gebracht und der Einwirkung von Sauerstoff bei gewöhnlicher Temperatur ausgesetzt. Lignin und Braunkohle zeigten eine außerordentlich starke Sauerstoffabsorption und Lignin löste sich im Gegensatz zur Cellulose langsam unter Bildung einer tiefbraunen Lösung auf. Man sieht aus diesen Versuchen, daß tatsächlich das Lignin schon bei gewöhnlicher Temperatur durch Oxydation humusähnliche Stoffe bildet, die Cellulose aber nicht. Ganz dazu passende Ergebnisse lieferten uns unsere Gärungsversuche. Wir haben Cellulose, ferner Lignin und ferner Holz- und Sphagnummoos, jeden Stoff für sich, mit einer anorganischen Nährlösung versetzt, durch Ausziehen von Gartenerde mit

[1]) Verlag Girardet in Essen-Ruhr.
[2]) Verlag Gebr. Borntraeger, Berlin.

34*

Tafel 7.

Ergebnisse unserer Gärungsversuche mit Bakterien aus Humuserde (Gartenerde) in mineralischer Nährlösung schwimmend bei 37° im Brutschrank.

Material	Die ersten Pilzkolonien werden sichtbar nach wieviel Tagen
Sphagnum	3
Sägespäne (Kiefer)	5
Künstliches Gemisch von Cellulose²) und Lignin¹)	18, aber nur auf dem Filtrierpapier
Cellulose²)	9
Lignin¹)	gar nicht

¹) Das Lignin war nach der Willstätterschen Methode gewonnen.
²) Filtrierpapier.

Wasser die nötigen Bakterien hineingebracht und im Brutschrank bei 37° sich selbst überlassen. Am schnellsten begannen die Pilzkulturen auf Sphagnum zu wachsen, ungefähr gleich schnell schritten sie fort auf Holz und auf Cellulose. Die Cellulose war schließlich vollkommen bedeckt mit einer Schicht weißer, fadenförmiger Pilze, bei dem Lignin war nichts zu sehen. Diese Gärungsversuche ergänzen die kurz vorher angeführten Oxydationsversuche. Beide zusammengefaßt führen zu dem Schluß, daß das Lignin in der Natur (möglicherweise durch Oxydation) in Huminsäure übergeht, während die Cellulose von den Bakterien vergoren wird.

Unsere Gärungsversuche bestätigen, was ich schon einmal erwähnt habe, daß bisher niemand unter natürlichen Verhältnissen hat nachweisen können, daß aus Cellulose Huminsäuren entstehen. Als Zeugen kann ich da anführen: Hoppe-Seyler, Professor Ehrenberg, Professor Keppeler und Stoklasa. Die Tatsache, daß die Cellulose der Vergärung jedenfalls sehr viel schneller anheimfällt als das Lignin, muß sich nun in der Natur bei der Vermoderung des Holzes und bei der Bildung der Torfmoore nachweisen lassen. Ehe ich jedoch darauf eingehe, möchte ich noch einmal daran erinnern, daß der Ligningehalt durch die Bestimmung der Methoxylgruppe nach Zeisel erkannt werden kann, oder wenn wir den Begriff Lignin etwas weiter fassen wollen, dann sind diese ligninähnlichen Stoffe auch dadurch nachweisbar, daß sie bei der Verzuckerung der Zellulose mit hochkonzentrierter Salzsäure unlöslich hinterbleiben.

Tafel 6.

Tabelle von Rose und Lisse über das Verschwinden der Cellulose und die Anreicherung des Lignins bei der Vermoderung des Holzes.

	Cellulose	Methoxyl-gruppen	alkali-löslich	in kaltem Wasser löslich	in heißem Wasser löslich
Frisches Holz	58,6	3,9	10,6	4,0	3,9
Halbvermodertes Holz . .	41,7	5,3	38,1	1,5	4,9
Ganzvermodertes Holz . .	6,7	7,8	63,3	1,9	7,8

Tafel 6 gibt eine Zusammenstellung der Ergebnisse von Rose und Lisse über die Vorgänge bei der Vermoderung des Holzes. Rose und Lisse haben frisches, halbvermodertes und schließlich ganz vermodertes Holz eines Baumes untersucht und dabei folgende interessante Ergebnisse gefunden. Die nachweisbare Cellulose nahm mit der Vermoderung von 59 auf $6^1/_2$% ab, der Methoxylgehalt dagegen verdoppelte sich. Daraus geht ohne weiteres hervor, daß das Lignin, das vorher etwa 30% ausmachte, im Verlauf der Vermoderung des Holzes mindestens auf 60% angestiegen ist. Auch die Menge der alkalilöslichen Stoffe nimmt während der Vermoderung gewaltig zu. Die Berechnung ergibt, daß mindestens die Hälfte der alkalilöslichen Bestandteile aus einer methoxylhaltigen Huminsäure bestehen muß. Bezüglich der anderen Hälfte ist es immer noch möglich, daß er ebenfalls dem Lignin entstammt, aber infolge des Verlustes der Methoxylgruppe an dieser nicht mehr erkannt werden kann.

Wir haben nun unter Mitarbeit von Herrn Dr. Friedrich in unserm Institut gefunden, daß in einem Torflager (Velen i. W.) der Methoxylgehalt des Torfes zunächst deutlich mit der Tiefe, das heißt mit dem Alter des Torfes zunimmt, was also für eine Anreicherung des Lignins mit dem Alter des Torfes spricht. Auch die andere Untersuchungsmethode auf ligninartige Abkömmlinge, die Untersuchung mit hochkonzentrierter Salzsäure, zeigt, daß mit zunehmendem Alter die Menge der in hochkonzentrierter Salzsäure unlöslichen Teile zunimmt. Eine Proportionalität zwischen der Zunahme des Methoxylgehaltes und der Zunahme der in Salzsäure unlöslichen Teile darf man allerdings nicht verlangen, denn es ist sehr gut möglich, daß dauernd nebenher eine gewisse Abspaltung von Methoxylgruppen stattfindet, über deren Tempo wir natürlich nichts wissen. Auch ist zu bedenken, daß ein immerhin ab und zu auftretender Vegetationswechsel bei der Bildung der Torfmoore stattgefunden haben kann. Wer sich für Untersuchungen über den Vertorfungsgrad der Moore interessiert, sei auf die Arbeiten von Professor Keppeler in Hannover verwiesen. Ein älterer Torf, den wir noch untersucht haben, der aus Lauchhammer stammt, zeigt ebenfalls mit zunehmender Tiefe eine Zunahme der in Salzsäure unlöslichen Bestandteile. Lediglich zufälligerweise schließen sich diese Zahlen an diejenigen des Velener Torfes an. Bei dem Lauchhammer Torf aber kann man deutlich erkennen, wie die Methoxylzahl mit steigendem Alter wieder abnimmt, das würde also heißen, daß die aus dem Lignin entstandenen Huminsäuren im Laufe der weiteren Entwicklung ihre Methoxylgruppe verlieren. Tatsache ist, daß, während man bei der Braunkohle das Methoxyl noch nachweisen kann, dieser Nachweis bei der Steinkohle nicht mehr gelingt.

Tafel 9.

Die Zunahme der ligninartigen oder der von ihm abstammenden Stoffe mit dem Alter (Tiefe) des Torfes.

	Tiefe m	Aschegehalt %	Methoxyl %	In hochkonzentrierter Salzsäure unlöslich %	In Natronlauge löslich %	Bitumengehalt %
Velener Torf 1	0	1,8	0,48	39,6	11	3,0
„ „ 2	0,9	1,7	1,23	56,0	20	4,9
„ „ 3	1,8	1,9	1,67	72,5	36	7,7
Lauchhammer Torf 3 .	[illegible]	7,1	2,97	74,5	—	6,5
„ „ 4 .	[illegible]	6,3	2,72	77,5	—	6,9
„ „ 5 .	[illegible]	6,6	1,86	85,5	—	12,2

Andere interessante Aufschlüsse gibt die letzte Spalte der Tafel 9. Sie zeigt, wie bei beiden Torfarten der Bitumengehalt mit steigendem Alter zunimmt. Man könnte daraus ja schließen, daß in früheren Zeiten die Pflanzen wachsreicher waren, aber sehr viel einfacher erscheint die Erklärung, daß ebenso wie der Ligningehalt sich prozentisch durch das Verschwinden der Cellulose anreichert, dies natürlich auch der Wachsgehalt tun muß. Wenn wir die Ligninabkömmlinge oder die Humussubstanz mit dem übrigbleibenden Knochengerüst einer Leiche vergleichen, dann können wir auch die relative Zunahme des Bitumengehaltes in Vergleich setzen mit dem bei der Verwesung übrigbleibenden Leichenwachs.

Tafel 10.
Erkennung zusammengehöriger Stoffe am Methoxyl-(OCH_3-) Gehalt.

	%
Cellulose	0
Lignin	15
Natürliche Huminsäuren	1—2
Ligninhuminsäuren	14
Zuckerhuminsäuren	0
Torf	ca. 2
Braunkohle	ca. 2
Steinkohle	0

Die methoxylhaltigen Stoffe nach geologischem Alter geordnet:

Lignin,
natürliche Huminsäuren,
Torf,
Braunkohle,
Steinkohle?

Wie Tafel 10 zeigt, kann überhaupt die Untersuchung der in Frage kommenden Stoffe auf einen Methoxylgehalt herangezogen werden zur Beantwortung der Frage nach der Ursprungssubstanz der Kohle. Wir sehen, daß, wenn wir die in der ersten Tafel als methoxylhaltig erkannten Substanzen nach ihrem geologischen Alter anordnen, daß wir auch dann wieder zu der schon mehrfach erwähnten Reihe: Lignin, natürliche Huminsäuren, Torf, Braunkohle kommen, während die Stoffe Cellulose, Zucker und Zuckerhuminsäuren nicht hineinpassen. Als letztes Glied ist in die untere Tafel die Steinkohle eingesetzt, die zwar kein Methoxyl nachweisen läßt, für die wir aber in anderer Weise, nämlich durch die Druckoxydation, die Zugehörigkeit zur Reihe nachgewiesen haben. Aber es gibt noch eine andere Möglichkeit, die Beziehung der Steinkohle zur Braunkohle und zum Torf zu veranschaulichen. Man kann nämlich dazu die Untersuchung der Wachse bezw. der aus diesen bei der Destillation entstehenden Paraffine heranziehen. Sowohl das Wachs des Torfes als der Braunkohle enthält vorwiegend eine

Tafel 11.

Die im Bitumen enthaltenen höheren Fettsäuren und die daraus durch Destillation entstehenden Paraffine.

	Fettsäure	Paraffin
Torf	C_{28} (Montansäure)	C_{27}
Braunkohle	C_{28}	C_{27}
Steinkohle	?	C_{27}

hochschmelzende Fettsäure, die den Namen Montansäure führt und 28 Kohlenstoffatome hat. Bei geeigneter Destillation geht sie unter Verlust von einem CO_2 über in einen Paraffinkohlenwasserstoff mit 27 Kohlenstoffatomen. Bei der Steinkohle ist uns der Nachweis Montansäure bisher nicht geglückt, aber in Gemeinschaft mit Gluud habe ich schon früher darauf hingewiesen, daß die festen Paraffine des Steinkohlenurteers ebenfalls den Kohlenwasserstoff C_{27} enthalten. Die Übereinstimmung in den Paraffinen des Urteers weist also die Steinkohle ebenfalls als Endglied in die Reihe Lignin, Torf, Braunkohle.

Das Schema der Tafel 12 deutet an, daß nach unserer Auffassung die Cellulose im Laufe des Vertorfungsstadiums weitgehend verschwindet, während das Lignin unter Abspaltung der Acetylgruppe und vielleicht unter Aufnahme von Sauerstoff in methoxylhaltige Huminsäuren übergeht und demnach eine relative Anreicherung erfährt. Es ist nun zwar von anderer Seite darauf hingewiesen worden, daß das Verschwinden der Cellulose nicht möglich sei, weil sonst die Zellstruktur, die man in den Kohlen noch häufig trifft, nicht mehr erhalten sein könne. Dieser neuerdings von Herrn Professor Erdmann (Halle) uns gemachte Einwand ist aber durchaus hinfällig, denn man kann an dem nach Willstätter mit hochkonzentrierter Salzsäure aus Holz hergestellten Lignin noch gut die Holzstruktur erkennen. Sogar die Form der Sägespäne, die dazu verwendet wurden, bleibt trotz des Verschwindens der Zellulose erhalten. Aber einen noch viel besseren Beweis für die Bedeutungslosigkeit des Erdmannschen Einwandes habe ich vor kurzem in die Hände bekommen. Herr Geheimrat König aus Münster schickte mir eine unter seiner Leitung ausgeführte Dissertation über die Chemie und Struktur der Pflanzenzellmembran und schreibt dazu: „Gleichzeitig beehre ich mich, Ihnen eine hier unter

Tafel 19.

Schema I.

Cellulose + Lignin + Wachs, Harz

Cellulose → CO_2, CH_4, Aliphatische Säuren

Lignin → $CH_3 \cdot COOH$

Lignin → Methoxylhaltige Humussäuren

Methoxylhaltige Humussäuren → $CH_3 \cdot OH$

Methoxylhaltige Humussäuren → Methoxylfreie Humussäuren

Methoxylfreie Humussäuren → H_2O

Methoxylfreie Humussäuren → Alkaliunlösliche Humusstoffe

Wachs, Harz → Bitumen

Alkaliunlösliche Humusstoffe → H_2O, CO_2, CH_4

Alkaliunlösliche Humusstoffe + Bitumen → Kohle ← Wärme von 500°

Kohle → CH_3 / OH (Kresol, Sechsring)

Kohle → C_nH_{2n+x}

Urteer ← Wärme von 900°

Urteer → H_2O, CH_4

Urteer → Kokereiteer (Sechsring)

Urteer → CH_4, H_2 usw. Leuchtgas

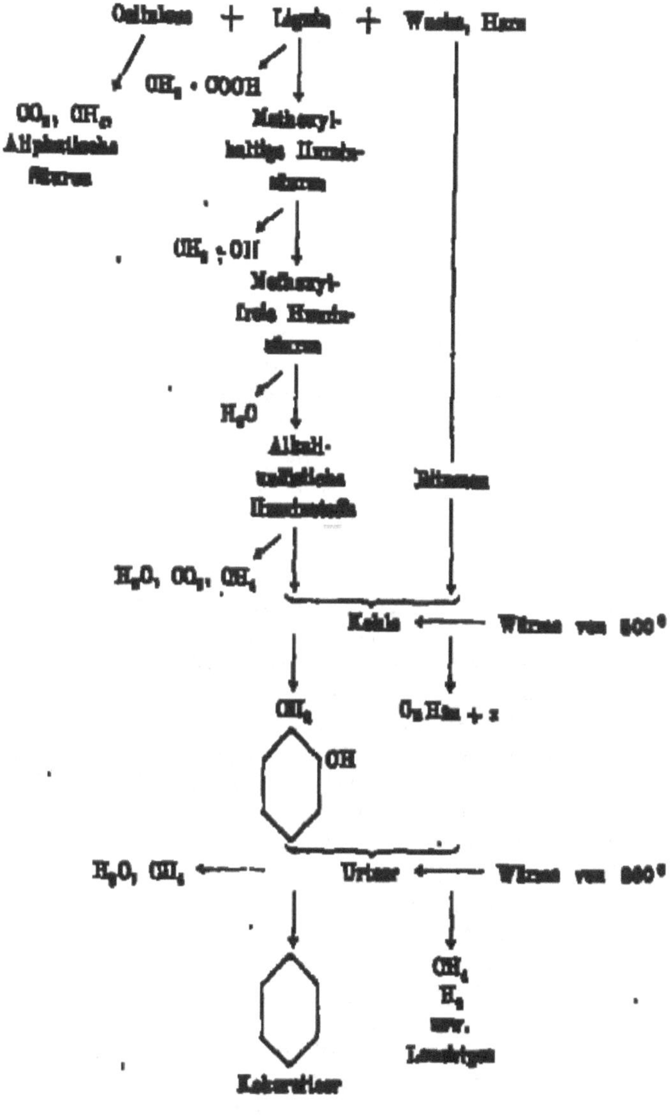

Die Mitteilungen des Herrn Geheimrat König zeigen also sehr schön, daß die Beobachtung der Formen der Zellmembran in den Kohlen nicht gegen deren Entstehung aus dem Lignin spricht.

Kehren wir nun zu dem Schema der Tafel 12 wieder zurück, so sehen wir, daß auf die methoxylfreien Huminsäuren in der Entwicklung wahrscheinlich alkaliunlösliche Huminstoffe folgen, die schließlich durch Vorgänge, über die man verschiedener Meinung sein kann, unter Abspaltung von Wasser, Kohlensäure und Methan in die Kohle sich verwandeln. Die ursprünglich in der Pflanze vorhandenen Wachse und Harze sind in dieser Zeit in das sogenannte Bitumen der Kohle übergegangen. Die Summe der aus dem ursprünglichen Lignin entstandenen Stoffe, das heißt der Humusanteil der Kohle + dem Bitumen repräsentiert die bituminöse Kohle. Um sich ein ungefähres Bild zu machen über den Materialschwund und die relative Anreicherung der Lignin- und Wachsabkömmlinge bei der Bildung der Kohle, kann man sich des Schemas der Tafel 13 bedienen. Hier erkennt man, wie während der Vertorfungszeit die Cellulose verschwindet, während die Lignin- und Wachsabkömmlinge sich zwar nicht absolut, aber doch relativ anreichern. Ob bei der Bildung der Steinkohle wirklich höhere Temperaturen mitgewirkt haben, erscheint fraglich, notwendig ist die Annahme meiner Meinung nach nicht, denn in den ungeheueren Zeiträumen, um die es sich handelt, können Vorgänge sich abgespielt haben, zu deren schnelleren Durchführung man im Laboratorium allerdings der höheren Temperatur bedarf.

Doch wenden wir uns noch einmal zu der unteren Hälfte des Schemas in Tafel 12 zurück! Erhitzen wir die Kohle, ganz gleichgültig, ob es Braunkohle oder Steinkohle ist, langsam auf Temperaturen bis 500°, so zersetzt sich der Humusanteil unter Abgabe von Phenolen, der wachsartige Bitumenanteil unter Bildung von Kohlenwasserstoffen, die dem Erdöl nahestehen. Das Gemisch der Phenole und des künstlichen Erdöls ist nichts anderes als der Urteer der betreffenden Kohle.

Erhitzt man nun diesen Urteer bis auf 800° in Gegenwart von Wasserstoff oder stürzt man die Kohle zwecks ihrer Destillation gleich in entsprechend heiße Retorten oder Kammern, wie es ja in den Gasanstalten und Kokereien auch geschieht, dann wird der Urteer weiter verändert; ob vollständig oder nicht, hängt natürlich von den Arbeitsbedingungen ab. Aus den Phenolen entsteht durch Reduktion, wie wir gefunden haben, nun das Xylol, das Toluol und das Benzol, und zwar vorwiegend das letztere, während die erdölartigen Bestandteile des Urteeres, ähnlich wie beim Ölgasprozeß, in Gas verwandelt werden. Nach unseren Ergebnissen stammen also das Benzol und die anderen aromatischen Bestandteile des gewöhnlichen Steinkohlenteeres im wesentlichen aus dem Lignin der ursprünglichen Pflanze. Ich könnte zur Stütze unserer

Tafel 12.

Schema 2.

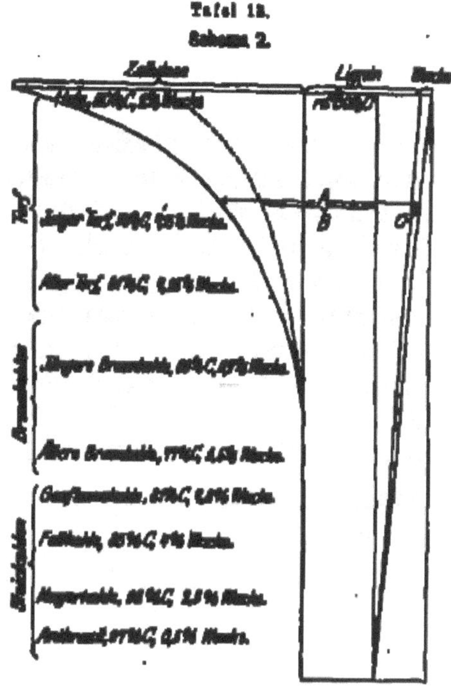

Auffassung noch mancherlei anfügen und zeigen, daß nicht nur die Huminsäuren, sondern schon das Lignin die besondere Eigenschaft hat, einen phenolreichen Teer zu liefern, dessen Phenol wir später in Form von Benzol erhalten, aber das würde hier zu weit führen.

Nicht nur für wissenschaftliche Zwecke sind solche Untersuchungen notwendig, auch ihre praktischen Ausblicke sind nicht zu unterschätzen. Denken wir nur an die vielerörterte Frage, ob es möglich sei, direkt aus Kohlen menschliche Nahrungsmittel wie vielleicht Zucker oder Stärke und dergleichen zu erzeugen. Diese Möglichkeit muß man nach unserer Meinung verneinen, denn die dazu notwendigen Grundstoffe, nämlich die Cellulose und ihre Abkömmlinge, sind längst ein Opfer der Bakterien oder anderer Prozesse geworden, beim Torf sind sie in den jungen Schichten noch vorhanden, in den älteren schon stark geschwunden. Es ist wohl überhaupt gar nicht die Aufgabe der Chemie, in normalen Zeiten menschliche Nahrungsmittel aufzubauen, das überläßt man viel besser der Landwirtschaft oder tut es auf dem Wege über die Landwirtschaft durch Erzeugung von Nährstoffen für die Pflanzen.

Mülheim-Ruhr, Juli 1921.

44. Über die Herstellung leichter Motorenbetriebsstoffe aus den Urteeren der Steinkohle und der Braunkohle, insbesondere über die Umwandlung der Phenole beziehungsweise des Kreosots in Benzol[1]).

Von

Franz Fischer.

Brennstoff-Chemie 2, 337, 347 (1921).

Die Gewinnung der Urteere aus den Kohlen kann ich als bekannt voraussetzen. Erinnert sei, daß für die laboratoriumsmäßige Herstellung für kleine Mengen heute der Aluminiumschwelapparat, für größere Mengen die Drehtrommel benutzt werden kann, daß anderseits der Technik die Gaserzeuger mit oder ohne besondere Vorrichtungen, ferner im Auslande stehende Retorten, bei uns der Thyssensche Drehofen und ähnliche Konstruktionen zur Verfügung stehen. Die erzeugten Produkte sind an Menge, Zusammensetzung und Art nicht völlig gleich. Es kann vorkommen, daß Überhitzungen der Urteere stattfinden, anderseits, daß durch zu frühzeitige Kondensation innerhalb des Apparats die hochsiedenden Teile in den Apparat immer wieder zurücklaufen, oder, daß durch ungenügende Kühlung oder durch die Größe der Gasmenge — letzteres bei den Generatoren — die benzinartigen Teile aus dem Gas nicht gewonnen werden.

Die Urteerausbeute aus verschiedenen Steinkohlen zeigt Tafel 1. Wer sich für Näheres interessiert, sei auf die Untersuchung der deutschen Steinkohlen auf ihr Verhalten bei der Tieftemperaturverkokung[2]) verwiesen. Für die sogenannte Humussteinkohle kann man sagen, daß die Urteerausbeute um so größer ist, je jünger die Kohle und je größer ihr Sauerstoffgehalt ist. Ebenso ist der prozentische Gehalt des Teers an alkalilöslichen Bestandteilen

---

[1]) Vortrag, gehalten am 26. Juli 1921 vor dem Kuratorium und Ausschuß des Kaiser Wilhelm-Instituts für Kohlenforschung zu Mülheim-Ruhr.

[2]) Abh. Kohle 3, 1, 348, 370 (1918), ferner Abh. Kohle 4, 1 (1919).

Tafel 1.
Urteerausbeuten aus verschiedenen Steinkohlen.

Kohlenart	% Urteer	Gehalt des Urteers an festem Paraffin	Gehalt des Urteers an Phenolen
Magerkohle	ca. 1,5	?	0
Fettkohle	ca. 3,5	1—2	15—20
Gaskohle	ca. 8	1—2	ca. 30
Gasflammkohle	ca. 12	1—2	ca. 45
Cannelkohle	ca. 20	?	5—10

(vorwiegend Phenole) um so größer, je jünger die Kohle ist. Daß die Cannelkohle, eine Sapropelkohle, eine Sonderstellung einnimmt, ist bekannt, die Ausbeute an Urteer ist größer, dessen Gehalt an alkalilöslichen Bestandteilen verhältnismäßig klein.

Tafel 2.
Urteerausbeuten aus verschiedenen Braunkohlen.

Kohlenart	% Urteer auf bei 105° getr. Kohle	Gehalt des Urteers an festem Paraffin	Gehalt des Urteers an Phenolen
Sächsische Schwelkohle	ca. 24	29	15
Rheinische Braunkohle	ca. 7,8	18	23—26
Westerwälder Lignit	ca. 2,7	2	37

Tafel 2 gibt einige Beispiele für die Urteerausbeuten aus verschiedenen Braunkohlen. Man sieht, daß es auch Braunkohlenurteere von recht beträchtlichem Phenolgehalt gibt. Sowohl für die Urteere der Steinkohle als auch der Braunkohle ist demnach die Frage nach einer geeigneten Verwendung der Phenole[1]) von großer Bedeutung und wird uns im zweiten Teil dieses Aufsatzes besonders beschäftigen.

a) Leichtsiedende Bestandteile aus dem Gas der Urverkokung.

Daß auch bei den Steinkohlen die Gase der Urverkokung Benzine enthalten, ist schon früher gezeigt worden[2]), in Tafel 3

[1]) Ob die Abtrennung der Phenole durch Alkali oder die sog. Spiritwäsche nicht noch durch ein wirtschaftlicheres Verfahren ersetzt werden kann, ist eine offene Frage. Über die Anwendung von Schwefelnatrium werden wir demnächst berichten, betr. anderer Versuche siehe Abh. Kohle 4, 311 (1921).

[2]) Abh. Kohle 2, 315 (1917).

Tafel 3.

Niedrigsiedendes Gasbenzin in Gew.-% der Kohle aus		
	Fettkohle (Ruhr)	0,17
	Fettkohle (Minden)	0,3
	Gasflammkohle (Lohberg)	0,3

sind diese Zahlen wiedergegeben. Sie wurden seinerzeit dadurch erhalten, daß größere Mengen Urgas in Stahlflaschen komprimiert wurden, welche Paraffinöl enthielten. Aus dem Paraffinöl wurde später das aufgenommene Benzin abdestilliert. Heute könnte man bequemer mit aktiver Kohle (Farbenfabriken vorm. Friedr. Bayer & Co., Leverkusen bei Köln) arbeiten, die vielleicht auch gerade für die Herausnahme stark verdünnter Benzindämpfe aus Generatorgas Bedeutung erlangen kann. Die Menge solchen Benzins ist nicht beträchtlich, bis zu ½% vom Gewicht der angewandten Kohle ist gewinnbar.

Tafel 4.

Zusammensetzung von Urgas aus Steinkohle (80 l je 1 kg Kohle)	
CO_2	8—18
Schw. K.-W.-Stoffe	5—15
CO	3—8
H_2	5—17
CH_4 und Homologe	35—74
Dämpfe	Benzin

b) Alkohole aus dem Gas der Urverkokung.

Noch in anderer Weise können die Gase der Urverkokung als Quelle für flüssige Motorenbetriebsstoffe herangezogen werden. Es sind in ihnen Äthylen und Homologe desselben bis zu 10% enthalten. Durch Absorption der höheren Olefine mit konzentrierter Schwefelsäure und nachher des Äthylens mit Chlorsulfonsäure (letztere absorbiert nach W. Traube leicht und quantitativ) können sämtliche Olefine aus dem Gas herausgenommen werden; durch Zersetzung mit Wasser erhält man die entsprechenden Alkohole.

Tafel 4a zeigt die im Laufe einer Urverkokung von Kohlen der oberen Fettkohlenpartie aus den Flözen Catharina und Mathias der Zeche Preußen I erhaltenen Gehalte an ungesättigten Verbindungen im Schwelgas. Propylen, Butylen und die andern Äthylenhomologen werden durch kalte, konz. Schwefelsäure fast momentan herausgenommen. Ebenso momentan wirkt auf Äthylen nach W. Traube die Chlorsulfonsäure, die wir mit gutem Erfolge benutzt haben.

Tafel 4a.

Stadium der Verschwelung °C	Ungesättigte, in kalter konz. H_2SO_4 lösliche Verbindungen in Vol.-% d. G.	Ungesättigte, in kalter konz. H_2SO_4 unlösliche, aber in SO_3HCl lösliche Verbindungen in Vol.-% d. G.	Summe der ungesättigten Verbindungen in Vol.-% d. G.
400	5,6	6,4	12,0
425	5,6	8,4	14,0
450	3,2	5,2	8,4
475	2,0	2,4	4,4

c) Leichtsiedende Bestandteile aus dem Urteer.

Im Gegensatz zu den Benzinen des Gases nennen wir die Benzine des Urteers Teerbenzine. Ob das Benzin im Gas oder im Teer gefunden wird, hängt im wesentlichen nur von der Art und Güte der Kühlung ab.

Tafel 5.

Teerbenzin verschiedener Urteere bis 200° siedend; in % des Teers		
	Gasflammkohle	10
	Rheinische Braunkohle	3,4
	Sächsische Schwelkohle	6

In Tafel 5 sieht man die leichtsiedenden Bestandteile verschiedener Urteere aufgeführt, welche außer den in den Gasen befindlichen Benzinen zur Verfügung stehen. Man sieht, daß der Urteer der Gasflammkohle bis zu 10% unter 200° siedende Bestandteile enthält, daß macht, da die Gasflammkohle ca. 10% Urteer liefert, auf die Kohle berechnet, 1% Teerbenzin.

d) Benzine durch thermische Zersetzung höhersiedender Teerbestandteile.

Es ist bekannt, daß sich aus den Kohlenwasserstoffen der Urteere, insbesondere aus den über 300° siedenden, durch längeres Erwärmen auf diese oder höhere Temperatur auf dem Wege der Molekülspaltung neben Gasen leichtsiedende Kohlenwasserstoffe, benzinartige Produkte bilden. Ein beträchtlicher Teil der letzteren ist ungesättigter Natur und führt leicht durch Sauerstoffaufnahme oder durch Polymerisation zur Bildung harzartiger Produkte. Für viele Zwecke würde es deshalb darauf ankommen, das Verfahren der Herstellung so zu leiten, daß möglichst wenig von den ungesättigten Stoffen entsteht bzw. daß sie gleichzeitig hydriert werden.

Tafel 6.

Thermische Zersetzung des sächsischen Braunkohlen-Urteers.

Ausbeute in % des Teers.

Zersetzungsdestillation.				
60—100°		2,6	7	14
100—150°		4,3		
150—200°		7,1		
Spaltung bei gew. Druck				
bis 150°			15	26
150—200°			11	
Spaltung unter Druck				
	vorher	nachher		
bis 100°	0,5	11,4	25	36
100—150°	1,1	13,6		
150—200°	8,7	11		
Bergius-Verfahren mit Braunkohlengeneratorteer				
	vorher		nachher	
bis 210°	20		35	
210—300°			39	
über 300°	80			

In Tafel 6 sind in den ersten 3 Abschnitten von W. Schneider stammende Versuche[1]), zusammengestellt, welche die Ergebnisse zeigen, die mit einem sächsischen Braunkohlenteer durch verschiedene Spaltungsmethoden erzielt wurden. In dem dritten Abschnitt ist angegeben, welche leichtsiedende Bestandteile der Teer vor der Behandlung hatte, nämlich bis 100° 0,5%, von 100 bis 150° 1,1%, von 150 bis 200° 8,7%.

Dieser Teer ergab bei der sogenannten Zersetzungsdestillation, das ist bei einer äußerst verlangsamten Destillation der hochsiedenden Teile im ganzen 7% bis 150° Siedendes gegenüber 1,6% vorher.

Beim Durchleiten der Teerdämpfe durch ein auf etwa 600° erhitztes Rohr ergaben sich 15% bis 150° Siedendes.

[1]) Abh. Kohle 1, 211 (1916), 2, 86 (1917), 3, 183 (1918).

Wurde der Teer in einen Autoklaven gebracht und darin bis auf über 400° erhitzt, so wurden nachher 25 % bis 150° Siedendes festgestellt. Bei dieser letzteren Methode war die Menge der ungesättigten Bestandteile erheblich geringer als bei den zuvor beschriebenen Methoden. Vergleichen wir die gesamten bis 200° siedenden Anteile der drei Behandlungsweisen, so sehen wir eine Steigerung von ursprünglich 10 % auf 14, beim zweiten Verfahren auf 26 und beim dritten auf 35 %.

Im 4. Abschnitt dieser Tafel sind die Ergebnisse eines Versuchs aufgenommen, den Bergius in seiner Abhandlung „Neue Methode zur Verarbeitung von Mineralölen aus Kohle"[1]) veröffentlicht hat. Danach bilden sich bei seinem Verfahren leichtsiedende Bestandteile aus Braunkohlengeneratorteer, und zwar mit einem Siedepunkt unter 210° etwa 25 %. Vergleicht man sie mit den andern Abschnitten der Tafel 6, so sieht man, daß dort 14, 26, ja sogar 35 % bis zu 200° Siedendes erhalten wurde. Was die Menge angeht, so leistet jedenfalls das Bergiusverfahren hier nichts Hervorstechendes. Der Vorteil des Verfahrens müßte dann eben in der Abwesenheit ungesättigter Bestandteile liegen. Wie weit dies in diesem Falle zutrifft, kann ich mangels Unterlagen nicht beurteilen. Die Tatsache aber, daß B. überhaupt nur 25 gegenüber 35 % bis 200° Siedendes bekommt, darf man wohl aus einer weniger günstigen Beschaffenheit des von ihm verwendeten Teers erklären.

Während die in den ersten drei Spalten der Tafel 6 niedergelegten Ergebnisse ein Auszug aus umfangreichen Arbeiten sind, die von W. Schneider schon vor einigen Jahren in unserm Institut ausgeführt wurden, komme ich nun im folgenden auf Arbeiten zu sprechen, an denen außer mir hauptsächlich mein Mitarbeiter Hans Schrader und seine Assistenten beteiligt gewesen sind.

e) Benzol und Toluol durch Reduktion von Phenolen und durch Entmethylierung von höheren Homologen des Benzols.

Es handelt sich nämlich um die Reduktion der in den Urteeren vorkommenden Phenole zu leichtsiedenden aromatischen Kohlenwasserstoffen, insbesondere zu Benzol und Toluol. Was man auf diesem Gebiete überhaupt theoretisch erreichen kann, ist aus Tafel 7 zu ersehen, z. B., daß man aus Xylenol infolge der Abspaltung zweier Methylgruppen in Form von Methan und einem

[1]) Z. ang. 34, 341 (1921).

Tafel 7.

Theoretisch erhältliche Ausbeuten in % des Ausgangsmaterials.

Aus	M. Gew.	Xylol	Toluol	Benzol
Xylenol	122	87	75	64
Kresol	108		85	72
Carbolsäure	94			83
Xylol	106		87	74
Toluol	92			85

Sauerstoffatom in Form von Wasser überhaupt nur zu 64 % Benzol gelangen kann. Vom Kresol ausgehend liegen die Verhältnisse etwas günstiger, 72 Gewichtsprozent sind dort die theoretische Ausbeute. In der Tafel sind als Ausgangsstoffe für Benzol auch noch die Kohlenwasserstoffe Xylol und Toluol aufgeführt. Man sieht, daß man aus Xylol 74 Gewichtsprozent Benzol, aus Toluol 85 % erhalten kann. Wenn in den folgenden Tafeln bei den Ausbeuten von Prozenten der Theorie die Rede ist, können die absoluten Ausbeuten unter Heranziehung der Tafel 7 leicht berechnet werden.

Daß eine Temperatur zwischen 700 und 800° die zweckmäßigste für die Reduktion der Phenole ist, war bald festgestellt. Dagegen bemerkten wir, daß die Art des Rohrs, mit welchem wir unsere Reduktion vornahmen, von großer Bedeutung für das Ergebnis war, insbesondere hinsichtlich der Abscheidung von Kohlenstoff, der unter gleichzeitiger Verminderung der Ausbeuten an den gewünschten Produkten sich durch Verstopfen der Röhren äußerst unangenehm bemerkbar machte. Für die Versuche verwendeten wir Kresol mit einem großen Überschuß von Wasserstoff bei einer Temperatur zwischen 700 und 800°. Näheres über die Versuche ist zu finden einesteils in unserm Aufsatz „Woraus entsteht das Benzol im Koksofen und in der Gasretorte?“[1]) und in unseren „Gesammelten Abhandlungen zur Kenntnis der Kohle“[2]). Ein innen glasiertes Porzellanrohr lieferte mit 72 % der Theorie sehr gute Ausbeuten. Wurde es zur Vergrößerung der inneren Oberfläche mit rauhen Tonscherben gefüllt, dann schied sich Kohlenstoff aus und die Ausbeute sank auf 36 % d. Th.

[1]) Brennstoff-Chemie 1, 4 (1920).

[2]) Abh. Kohle 4, 378 (1919); Abh. Kohle 5, 412 (1920).

35*

Bei einem andern Versuch legten wir in das Innere des Rohrs ein Bündel langer Kupferstangen, um eine möglichst gleichmäßige Temperatur im Rohr infolge der hohen Wärmeleitfähigkeit des Kupfers zu erhalten. Das Ergebnis war aber Kohlenstoffabscheidung und Abfall der Ausbeute auf 32 % d. Th. Von Mißerfolg begleitet war die Füllung des Rohrs mit verkupfertem Bimsstein. Bei Verwendung reiner Eisennägel, die als Kontaktmasse dienen sollten, schied sich sehr viel Kohlenstoff ab. Die Ausbeute fiel auf 7,2 % d. Th. hinunter. Die Anwendung verkupferter Eisennägel lieferte zwar eine geringere Kohlenstoffabscheidung, die Ausbeute betrug aber nur 33 % d. Th. Wurden die Eisennägel verzinnt, dann blieb die Kohlenstoffabscheidung weg und die Ausbeute hob sich auf 53 %. Die Verzinnung hatten wir angewandt, erstens, weil das Zinn in keiner Weise flüchtig ist, und zweitens, weil seine Sauerstoff- und Schwefelverbindungen durch Wasserstoff wieder reduziert werden, so daß also seine Oberfläche bei Gegenwart von Wasserstoff weder oxydiert noch seine katalytische Wirksamkeit durch Schwefel vergiftet werden kann. Wir haben die Richtigkeit dieser Vermutungen in der Weise nachgeprüft, daß wir ein Eisenrohr einmal ohne Vorbehandlung, das andere Mal innen verzinkt und das dritte Mal innen verzinnt verwendeten[1]). In dem innen ver-

Tafel 8.
Einfluß der Art des Rohres.

Kresol mit großem H_2-Überschuß bei 700—800°	Rohphenol % der Theorie	Bemerkung
1. Porzellanrohr.		
a) innen glasiert	72	
b) mit Tonscherben	36	C
c) mit Cu-Stangen	32	C
d) verkupferter Bimsstein	?	C
e) verkupferte Eisennägel	33	ziemlich viel C
f) reine Eisennägel	7,2	viel C
g) verzinnte Eisennägel	53	
2. Eisenrohr.		
a) nicht behandelt	35	viel C
b) verzinkt innen	47	viel C Fe verkupfert
c) verzinnt innen	72	kein C

[1]) Über die Haltbarmachung der Eisenrohre durch äußere Alumitierung siehe Brennstoff-Chemie 2, 343 (1921); dieses Buch S. 161.

zinnten Eisenrohr fand keine Kohlenstoffabscheidung statt. Die Ausbeute an Benzol betrug 72% d. Th., während das innen verzinkte Rohr der Temperatur nicht standhielt, das Zink dampfte allmählich heraus und es schied sich wieder Kohlenstoff aus.

Aus Tafel 9 sieht man etwas näheres über den Einfluß der Temperaturhöhe bei Verwendung eines verzinnten Eisenrohrs. Unter 700° findet noch keine Reduktion statt, über 800° weitgehende Zersetzung unter Naphthalinbildung. Eine Temperatur von 750° hat sich bisher als die günstigste herausgestellt.

Tafel 9.

Einfluß der Temperaturhöhe.

Verzinntes Eisenrohr . . .	unter 700° . .	unverändertes Kresol,
10f.-H_2-Überschuß . . .	750° . .	Benzol und Toluol,
o-Kresol	über 800° . .	Zersetzung unter Naphthalin-Bildung.

Eine andere Versuchsreihe sollte zeigen, ob der Wasserstoff auch durch andere Gase ersetzt werden kann. Man sieht aus Tafel 10, daß bei Verwendung eines innen glasierten Porzellanrohrs ein hälftiges Gemisch von Kohlenoxyd und Wasserstoff, also Wassergas gleich günstig wirkt wie Wasserstoff, wenigstens wenn es in großem Überschuß verwandt wird. Kohlenoxyd statt Wasserstoff lieferte nur 47% d. Th. Aber auch bei Abwesenheit reduzierender Gase, nämlich bei Verwendung von Stickstoff, werden 41% d. Th. an Benzol gebildet. Die Erklärung hierfür ist wahrscheinlich darin zu suchen, daß durch Zerfall eines Teils des Kresols der Wasserstoff für die Reduktion des andern Teils geliefert wird. Während die vorstehenden Versuche im innen glasierten Porzellan-

Tafel 10.

Einfluß der Art der Gase.

Kresol bei 750°	% der Theorie
im Porzellanrohr	
H_2	72
N_2	41
CO	47
CO + H_2	73
im verzinnten Eisenrohr	
H_2	69
Leuchtgas	73

rohr ausgeführt worden sind, sind die nachfolgenden im verzinnten Eisenrohr durchgeführt. Hier sind wir mit Wasserstoff zu 99% d. Th. gekommen, mit Leuchtgas haben wir 75% erreicht.

Bei den früheren Versuchen im Porzellanrohr haben wir mit sehr großem Wasserstoffüberschuß gearbeitet. Es war nun natürlich wesentlich, zu sehen, wie weit man die Wasserstoffmenge verringern kann bezw. wie nahe man mit der Verringerung an die theoretisch erforderliche Wasserstoffmenge herangehen kann. Die praktische Bedeutung eines annähernd theoretischen Wasserstoffbedarfs liegt darin, daß sich das Benzol dann großenteils bei der Abkühlung von selbst ausscheidet und daß nur ein kleines Gasvolumen zwecks Auswaschung des Benzols behandelt werden muß. Wenn uns heute auch in Form der aktiven Kohle der Farbenfabriken vorm. Friedr. Bayer & Co., Leverkusen bei Köln, ein sehr gutes Material zur Herausnahme der letzten Spuren Benzol zur Verfügung steht, so ist es doch vorteilhaft, wenn nur wenig Gas diesem Prozeß unterworfen werden muß. Tafel 11 zeigt nun, daß für ein Molekül Kresol zwei Moleküle Wasserstoff erforderlich sind, um es unter Bildung von Methan und Wasser in Benzol überzuführen. Wie nahe man im verzinnten Eisenrohr an diese

Tafel 11.

Einfluß der Menge des Wasserstoffs im verzinnten Eisenrohr für m-Kresol bei 750°.

Theoretisch erforderlich 2 Mol H_2 für $CH_3C_6H_4OH + 2\,H_2 = C_6H_6 + CH_4 + H_2O$

10 Male H_2	99%
3 Male H_2	95%

Mengen herangehen kann, ohne daß unerwünschte Nebenreaktionen eintreten, sieht man daraus, daß man bei Verwendung von 10 Molekülen H_2, also dem Fünffachen der Theorie auf 99% bei Verwendung von 3 Molekülen H_2, also dem Eineinhalbfachen d. Th. auch noch 95% der theoretischen Ausbeute an Benzol erhält.

Tafel 12.

Durchsatzgeschwindigkeit: 100 ccm Gas je 1 Minute bei 3 cm Durchmesser und 1 m Länge.

Kl. Rohr liefert 5—6 g Benzol je Stunde.

Über die Durchsatzgeschwindigkeit gibt Tafel 12 Auskunft. Durch unser Rohr von etwa 3 cm Durchmesser und 1 m Länge konnten wir in der Minute etwa 100 ccm Gas durchsetzen, ohne daß unverändertes Kresol auftrat. Danach berechnen sich die

Dimensionen größerer Apparate, falls es nicht noch gelingt durch Einsetzen von Kontaktkörpern die Rohre wirksamer zu machen[1]). Anders ausgedrückt kann gesagt werden, daß ein Rohr von den angegebenen Dimensionen stündlich 5—6 g Benzol liefert.

Tafel 13.

Eignung der verschiedenen Phenole.

	Rohbenzol		Gas	
	% der Theorie	% der angew. Menge		
Carbolsäure	65	—	Leuchtgas	Verzinntes Eisenrohr
m-Kresol	86	—	H_2	
Xylenol	73	—	H_2	
Urteerphenole 200—230° aus Steinkohle .	—	64	H_2	
Urteerphenole 230—240° aus Steinkohle .	—	15	H_2	
Urteerphenole 200—240° aus Braunkohle (Kreosot D. R. A. G.)	—	30	H_2	

Tafel 13 zeigt nun, wie sich die verschiedenen Phenole bei der Behandlung mit Wasserstoff im verzinnten Rohr verhalten. Bezüglich der Werte muß gesagt werden, daß es Mindestwerte sind, die vielleicht, durch Auswahl etwas anderer Temperaturen oder Strömungsgeschwindigkeiten weiter gesteigert werden können, denn die günstigsten Bedingungen sind für das m-Kresol ausprobiert worden, und unter diesen Bedingungen sind auch alle andern Phenole zur Untersuchung gelangt. Ferner muß darauf hingewiesen werden, daß die obere Hälfte der Tafel 13, wo es sich um einheitliche Verbindungen handelt, die Prozente der Theorie angibt, während für die technischen Gemische der unteren Hälfte naturgemäß nur die Prozente der angewandten Menge angegeben werden konnten. Man kann aber erkennen, daß auch bei letzteren die Fraktionen von 200—230°, die dem Siedepunkt nach, also den Kresolen und den Xylenolen entsprechen, sowohl bei Steinkohlenurteer als auch bei Braunkohlenurteer sehr günstige Ergebnisse liefern, denn aus Xylenolen können, wie in der Tafel 7 gezeigt worden ist, aus theoretischen Gründen überhaupt nur 64 % Benzol gewonnen werden. Demnach erfolgt die Umwandlung der Urteer-

[1]) Nach unseren Versuchen leistet das Rohr, wenn es mit verzinnten Eisendrehspänen gefüllt ist, etwa die Hälfte mehr.

phenole zwischen 200 und 250° siedend — und das ist die Hauptfraktion der Phenole — in Benzol im verzinnten Eisenrohr recht günstig. Daß die höhersiedenden Phenole prozentisch weniger Benzol geben können, unterliegt keinem Zweifel. Die 15 % der angewandten Menge sind schätzungsweise 25—33 % d. Th., hier kann vielleicht die Wahl anderer Versuchsbedingungen noch eine Besserung bringen.

Tafel 14 zeigt das Verhalten verschiedener Kohlenwasserstoffe im verzinnten Eisenrohr, und zwar wie stets bei einer Temperatur von 750°. Man sieht, daß Hexan nur mit einer Ausbeute von etwa 7 % der angewandten Menge in Benzol übergeht, eine Beobachtung, die sich durchaus mit den alten Arbeiten von Haber[1]) deckt und ihre Erklärung darin findet, daß die Bildung des Benzols aus Hexan nicht durch Dehydrierung und Ringschluß in glatter Weise erfolgt, sondern daß dieses Benzol aus den durch den Zerfall des Hexans entstandenen Gasen, vielleicht aus Acetylen, synthetisch entstanden ist. Ähnliches gilt für die andern in Tafel 14 aufgeführten Erdölprodukte und auch für die Urteerkohlenwasserstoffe aus Steinkohle, die ohnehin dem Erdöl nahestehen.

Tafel 14.

Eignung der Kohlenwasserstoffe.

	Verzinntes Eisenrohr mit H_2 Benzol bei 750°
Aliphatische K-W-Stoffe	
Hexan (Benzin)	7,2 % der angew. Menge
Petroleum	18,0 % „ „ „
Rohöl Wietze	18,0 % „ „ „
U-T-K-W-Stoffe 275—300° aus Steinkohle	10,0 % „ „ „
Aromatische K-W-Stoffe	
Toluol	100 % der Theorie
Toluol + Hexan	47 % der angew. Menge
Paracymol	74 % der Theorie
Lösungsbenzol I	61 % der angew. Menge
„ II	44 % „ „ „
Anthracenöl	11 % „ „ „
Diphenyl	95 % der Theorie
Naphthalin	unverändert
Anthracen	„

[1]) J. f. Gasbel. 39, 377 (1896).

Anders und viel günstiger verhalten sich die aromatischen Kohlenwasserstoffe bei ihrer Überführung in Benzol. Wir sehen, daß Toluol mit einer Ausbeute von 100% d. Th. in Benzol übergeht. Ein hälftiges Gemisch von Toluol und Hexan liefert 47% der angewandten Menge, genau so viel, wie erwartet werden konnte. p-Cymol gibt 74% d. Th. an Benzol, ebenso ist die Ausbeute bei den beiden Lösungsbenzolen noch sehr günstig.

Während Diphenyl unter Aufnahme eines Moleküls Wasserstoff mit 99% d. Th. sich in Benzol verwandelt, ist die Ausbeute beim Anthracenöl bescheiden, Naphthalin und Anthracen werden unter unsern Bedingungen überhaupt nicht verändert. Die Eignung verschiedener Urteeröle, also von Fraktionen des Urteeres, die sowohl die Kohlenwasserstoffe als auch die Phenole und geringe Mengen Basen enthalten, zeigt Tafel 15.

Tafel 15.

Eignung der Urteer-Öle.

	Rohbenzol, % der angew. Menge	Gas	Rohr
Urteeröl—300°	20	H_2	Verz. Fe
Urteeröl (Steinkohle) 250—270°	13	H_2	Porzellan, verzinnte Nägel
Mittelöl von Kokerei-Teer (20% Phenole)	45	H_2	Verz. Fe
Braunkohlen-Urteer	29	H_2	Verz. Fe
Urteeröle (Steinkohle) 200—250° (50% Phenole)	40	H_2	Verz. Fe
Urteeröle (Steinkohle) 250—300° (40% Phenole)	38	H_2	Verz. Fe

Die Ausbeuten sind aus erwähnten Gründen in Prozenten der angewandten Menge angegeben; auch hier sieht man wiederum, daß die zwischen 200 und 250° siedenden Fraktionen die besten Ausbeuten geben. Was speziell die beiden Versuche mit Steinkohlenurteeröl von 200 bis 250° und von 250 bis 300° angeht, die wir durch Destillation von Steinkohlenurteer auf Koks und nachheriges Fraktionieren des Gesamtdestillats erhalten hatten, ergibt sich folgendes Bild.

Im ganzen darf man sagen, daß unter Umständen auch die Behandlung des gesamten Teers bei 750° mit Wasserstoff im verzinnten Rohr zwecks Benzolgewinnung Bedeutung haben kann.

Die leichtsiedenden Bestandteile des Teers wird man allerdings zweckmäßigerweise vorher abdestillieren.

Ein Bild von der relativen Beständigkeit der einzelnen Benzolhomologen gegen die Entmethylierung gibt Tafel 16. Man sieht, daß bei einer Temperatur von 650° um so leichter Entmethylierung eintritt, je höher methyliert das betreffende Produkt ist.

Tafel 16.

Beständigkeit der Benzolhomologen bei 650°. Es wird unter CH_4-Bildung zu Benzol reduziert:	
Cymol	fast völlig
Xylol	zum Teil
Toluol	kaum

Aus Kresol bildet sich bei 700° Benzol, aber auch Carbolsäure.

Es wurde bisher immer nur erwähnt, daß eine Reduktion bezw. Entmethylierung zu Benzol stattfindet. In Wirklichkeit ist aber stets etwas Toluol vorhanden, und zwar, wie aus Tafel 17 ersichtlich ist, bildet sich im allgemeinen immer ein Gemisch von annähernd 5 Teilen Benzol auf 1 Teil Toluol, ein Gemisch, das als Motorenbetriebsstoff schon infolge seiner Kältebeständigkeit Vorzüge vor dem reinen Benzol besitzt. Mit Benzol ist dabei jeweils bezeichnet worden, was zwischen 80 und 95°, mit Toluol, was zwischen 95 und 115° überging.

Tafel 17.

Menge des Benzols im Verhältnis zum Toluol		
aus Kresol	13,5 : 2,7	5 Teile Benzol auf 1 Teil Toluol
aus Urteerphenolen	15,6 : 3,4	

Dabei das Destillat 80—95° als Benzol und das Destillat 95—115° als Toluol gerechnet.

Zweifellos gibt es auch noch andere Wege als die vorstehend beschriebene Reduktion im verzinnten Eisenrohr mit Wasserstoff bei 750°, um von den Phenolen zu Neutralölen zu gelangen. In Tafel 18 sind derartige Wege angedeutet, es dürfte sich aber dabei weniger um die Herstellung des leichtsiedenden Benzols als um die Gewinnung von Cyclohexanol oder dergleichen handeln; bezüglich der technischen Einfachheit dürften die Methoden für die Phenole weniger geeignet sein als die Reduktion im verzinnten Rohr.

Tafel 18.

Umwandlung von Phenolen in neutrale Öle auf anderem Wege.

1. Mit H_2 und Ni als Katalysator (Tetralin, Fetthärtung).
2. Mit H_2 unter Hochdruck nach Bergius.
3. Mit CO unter Druck nach F. und Sch.

Schluß.

Zum Schluß soll Tafel 19 noch einen Überblick über die Mengen an leichten Betriebsstoffen geben, die man z. B. aus Gasflammkohle auf Grund der bisherigen Kenntnisse erhalten kann.

Tafel 19.

Übersicht der leichten Betriebsstoffe aus Gasflammkohle.

	% v. Gew.	% v. Gew. des Teers	% v. Gew. der Kohle
Gasbenzin	—	—	0,25
Teerbenzin	—	10	1
Crackbenzin	d. K-W 15	8	0,8
Benzol	d. Phenole ca. 40	20	2,0
Alkohole	12 g aus 50 l Urgas	—	1,2
Alkohole	aus [illegible]	?	?
	Summe der leichten Betriebsstoffe		5,25

Bei der in der letzten Spalte vorgenommenen Umrechnung auf Prozente vom Gewicht der Kohle verschwinden natürlich die großen Zahlen und die Ausbeuten bekommen eine etwas nüchterne Kleinheit. Absolut genommen aber sind sie doch recht groß, wenn man bedenkt, daß man aus einer Tonne Kohlen, abgesehen von dem Halbkoks, dem Schwelgas und den nicht zur Verwendung gelangten Teilen des Teers immerhin rund 50 Liter leichten Motorenbetriebsstoff erzeugen kann.

Mülheim-Ruhr, Juli 1921.

C. Anhang.

Weitere neu hinzugetretene Mitglieder des Ausschusses.

(Vergl. Anhang von Bd. 2, 3, 4 und 5.)

Name des Mitgliedes	Sitz
A. Durch laufende Beiträge.	
Gewerkschaft des Steinkohlenbergwerkes Adler	Kupferdreh
Magdeburger Bergwerks-Aktiengesellschaft Zeche „Königsgrube"	Röhlinghausen
B. Durch einmalige Beiträge.	
Deutsche Kohlenhandelsgesellschaft m. b. H.	Bremen
Westfälisches Kohlen-Kontor, G. m. b. H.	Hamburg 1

Arbeiten des
Kaiser-Wilhelm-Instituts für Kohlenforschung
in Mülheim-Ruhr

Gesammelte Abhandlungen
zur
Kenntnis der Kohle

herausgegeben

von

Professor Dr. Franz Fischer
Geheimer Regierungsrat
Direktor des Kaiser-Wilhelm-Instituts für Kohlenforschung in Mülheim-Ruhr

Gesamtregister von Band 1—8

Berlin
Verlag von Gebrüder Borntraeger
W 35 Schöneberger Ufer 12a
1928

Systematisches Register

Übersicht über die verschiedenen Gruppen

1. Allgemeines über Kohle und andere Brennstoffe

1*

2. Löslichkeit, Extraktionen und Extrakte

3. Urdestillation von Kohlen und anderen Brennstoffen

4. Destillation unter verschiedenen Bedingungen

5. Gewinnung von Teeren (Urteere und andere), Trennung in einzelne Bestandteile und Weiterbehandlung derselben

I. Urteere

a) aus Steinkohle

b) aus Braunkohle

II. Andere Teere

6. Thermische Behandlung von Produkten aus Kohle

7. Ozonisierung

8. Oxydation bei Atmosphärendruck mit molekularem Sauerstoff und anderen Oxydationsmitteln

9. Druckoxydation mit molekularem Sauerstoff

10. Druckerhitzung

11. Hydrierung

12. Verschiedenartige Arbeiten

13. Literaturübersichten

14. Vorträge und anderweitige Veröffentlichungen

Stichwortregister

Benzoesäure

Benzol

Extraktionsmittel für Kohle

Faulschlamm

Fette

Fettkohle

Fettpilze

Fettsäuren

3*

Humuskohle

Humusstoffe

Hydrierung

II. Kohlen verschiedener Herkunft

a) Braunkohlen

b) Steinkohlen

Kohlenchemie

Kohlendioxyd

Kohlenforschung

Kohlenoxyd

Lithium

Löslichkeit

Lösungsbenzol

Luftsauerstoff

Magerkohle

Magnesium

Mangan

Märkische Braunkohle

Mattkohlen

Melen

Mellithsäure

4*

Montanwachs

Schrittschaltproblem 4, 15 f.

Schwefel

Schwefelkohlenstoff

Schwefelsäure

3*

Zeitfracht Medien GmbH
Ferdinand-Jühlke-Straße 7
99095 Erfurt, Deutschland
produktsicherheit@kolibri360.de